KB231219

軍人事法 I

軍人事法 I

임천영 지음

KSI 한국학술정보[주]

▌머리말▐

저자는 20년 이상 군법무관으로 복무하면서 군사법 및 국방관계법령 유권해석 업무에 종사하여 왔다. 2003. 9. '군인사법'(법률문화원 출간) 저서를 출간하면서 군인사법과 특별한 인연을 맺게 되었다. 체계적이면서도 알기 쉬운 군인사법 해설서를 만들어 보겠다는 욕심을 가지고 초판을 출간하였는데 천만다행으로 위 책은 군인사 실무자 및 선후배 동료 등으로부터 많은 호응을 받았다. 그 후에도 군인사법상의 주요 쟁점에 대해 연구논문을 발표하고 군인사 판례에 대해서는 판례 평석을 작성하여 법률신문 등에 투고한 바 있다. 이러한 연구논문 및 판례평석 등을 한데 모아 책으로 출간한다면 독자들에게 매우 편리하겠다는 생각을 늘 해 왔다. 금번에 이러한 자료들을 한데 모아 『**軍人事法 Ⅰ**』이란 책 이름으로 출간하게 되어 매우 기쁘게 생각한다.

이 책은 군인사법에 대한 기본적인 해설서가 아니고 군인사법상 주요 쟁점에 대한 연구논문과 중요 판례에 대한 평석 등을 한데 모은 전문적인 연구서이다.

발표 논문에 대해서는 가능한 한 수정을 하지 않았다. 논문 작성 당시의 법률과 판례를 근거로 하여 조문 해석과 개선방안 등을 제시하였기 때문이다. 다만 일부 변경된 부분에 대해서는 각주에 표시를 하여 두었다.

이 책에 대한 기본적인 사항에 대해서는 『군인사법(제3판)』(법률문화원 출간, 2007)을 참고하여 주기 바란다. 이 책의 구성은 군인사법 체제와 같이 제1장에서부터 제10장으로 편성하였다.

최근에 헌법재판소 및 대법원 등에서 다양한 판례가 축적되고 있다. 군인사법 분야에 있어서도 국민의 권리의식의 강화로 인해 다양하게 소송이 제기되고 있으며 이로 인해 많은 판례가 집적되고 있다. 이러한 판례의 형성은 인사 실무뿐만 아니라 군인사 연구에도 매우 중요한 역할을 하고 있다. 이에 따라 군인사법

분야도 크게 발전하리라고 믿고 있다.

이 책이 여러 면에서 부족하지만 군인사법을 연구하거나 군인사법 실무에 종사하는 분들에게 조금이라도 도움이 되었으면 하는 바람이다. 부족한 점은 다음 기회에 더욱 알차게 보정하리라 다짐을 해 본다.

이 책이 출간될 수 있도록 많은 도움을 주신 여러분들께 감사드린다. 특히 김태영 장관님, 장수만 차관님, 조동양 법무관리관님, 고석 법무실장님께 감사드린다. 또한 어려운 출판 여건에도 이 책을 기꺼이 출간해 주신 한국학술정보(주) 채종준 대표이사님과 권성용님, 편집 · 교정으로 애쓰신 분들께도 감사를 드린다.

2010년 2월 국방부에서

임천영

▌목차▐

제1편
총칙

1. 무관후보생의 법적 지위에 대한 고찰*

목 차

Ⅰ. 개요

2006. 12. 21. 대법원은 법무사관후보생 교육기간은 공무원연금법상의 공무원 재직기간에 포함되지 않는다는 판결을 하였다.[1] 즉 "병역법과 군인사법의 관련 조항에 의하면 장교·준사관·부사관으로 임용되기 위해 교육 중에 있는 신분인 무관후보생과 장교 등의 신분은 명확히 구분되고, 무관후보생의 교육기간은 장교 등의 복무기간에 산입되거나 상호 통산되지 않는다는 것이다. 또한 교육과정에 있는 무관후보생을 군인연금법 제2조[2] 소정의 '군에 복무하는 군인'으로 보기는 어려우므로 그 교육기간은 군인연금법상 군인의 복무기간에 해당하지 않고, 명시적인 조항이 없는 이상 장교 등의 복무기간에 산입하거나 통산할 수도 없다."라고 판시하였다. 본 논문에서는 위와 관련된 대법원 판례의 내용에 대해 알아보고, 또한 군인사법상 무관후보생의 법적 지위에 대해 설명한다.

---

* 게재지: 인사보(제101호), 육군본부, 2007. 6.

1) 대법원 2006. 12. 21. 선고 2004두14748 판결(이 판결에 대한 2심 판결은 서울고등법원 2004. 11. 26. 선고 2003누17162 판결이며, 1심 판결은 서울행정법원 2003. 9. 4. 선고 2003구합13885 판결이다).

2) 군인연금법 제2조(적용범위) "이 법은 현역 또는 소집되어 군에 복무하는 군인에게 적용한다. 다만, 지원에 의하지 아니하고 임용된 부사관 및 병에게는 제31조에 한하여 이를 적용한다."

Ⅱ. 사실관계

1) 원고는 제24회 사법시험에 합격하여 1983. 1. 3. 사법연수생으로 임명되고, 2년간의 수습기간을 거쳐 1984. 12. 31. 사법연수원을 수료한 다음, 1985. 1. 4. 법무사관후보생으로 입영하여 군사교육을 받고, 1985. 4. 19. 법무장교로 임관되어 복무하다가 1988. 1. 31. 전역하였다.

2) 그 후 원고는 1988. 3. 2. 법관으로 임용되어 근무하다가 2003. 2. 8. 피고에게 국가공무원법 제72조의 2, 법관 및 법원공무원명예퇴직수당 등 지급규칙(2002. 8. 26. 대법원규칙 제1789호) 제6조에 의하여 명예퇴직원을 제출하면서 명예퇴직수당지급신청을 하였다.

3) 국가공무원법 제72조의 2 제1항은 "공무원으로서 20년 이상 근속한 자가 정년 전에 자진하여 퇴직하는 경우에는 예산의 범위 안에서 명예퇴직수당을 지급할 수 있다."고 규정하고 있고, 법관 및 법원공무원명예퇴직수당 등 지급규칙 제3조는 제1항에서 "명예퇴직수당을 지급받을 수 있는 자는 법관 · 일반직공무원 및 기능직공무원으로 20년 이상 근속한 자로서 정년퇴직일 전 1년 이상의 기간 중 자진 퇴직하는 자로 한다."고 규정하는 한편 그 제3항에서 "제1항의 근속연수는 퇴직 당시의 당해 공무원의 공무원연금법상의 재직기간에 따라 계산한다."고 규정하고 있다.

공무원연금법 제23조 제1항은 "공무원의 재직기간은 공무원으로 임명된 날이 속하는 달로부터 퇴직 또는 사망한 날이 속하는 달까지의 연월 수에 의한다."고 규정하고 있고, 그 제2항은 "퇴직한 공무원 · 군인 또는 사립학교 교직원(공무원연금법 · 군인연금법 또는 사립학교교직원연금법의 적용을 받지 아니하였던 자는 제외한다.)이 공무원으로 임용된 때에는 본인이 원하는 바에 따라 종전의 해당 연금법에 의한 재직기간 또는 복무기간을 제1항의 재직기간에 합산할 수 있다."고 규정하고 있다.

4) 피고는 2003. 2. 12. '원고의 공무원연금법상의 재직기간은 19년 10개월에 불과하여 20년에 미달한다'는 이유로 원고를 명예퇴직수당지급대상자에서 제외하는 처분(이하 '이 사건 처분'이라고 한다.)을 하였는바, 피고가 원고의 공무원연금법상의 재직기간을 19년 10개월로 본 이유는 다음과 같다.

즉 "무관후보생으로 임용된 날이 속하는 달의 익월부터 무관으로 임용된 날이 속하는 달의 전월까지의 기간은 군인의 복무기간에서 공제한다."는 구 군인연금법 시행규칙(1994. 9. 30. 국방부령 제449호로 전문 개정되기 전의 것, 이하 같다.) 제10조 제3호(위 전문개정 후로는 제3조 제3항 제3호에 똑같은 내용이 규정되어 있다.)의 규정에 의하여 원고가 법무사관후보생으로서 군사교육을 받은 기간은 군인연금법상의 재직기간에서 제외되어, 원고가 실제로 법무장교로 복무한 기간(2년 10개월)만이 공무원연금법 제23조 제2항에 의하여 공무원의 재직기간에 합산되었으므로, 원고의 공무원연금법상의 총재직기간은 19년 10개월(사법연수원 수습기간 2년+법무장교 복무기간 2년 10개월 +법관 임용기간 15년)이 된다는 것이다.

Ⅲ. 당사자의 주장 및 법원의 판단

1. 원고의 주장

원고가 법무사관후보생으로서 군사교육을 받는 기간도 공무원연금법 제23조 제2항에 의하여 공무원의 재직기간에 합산되어야 하며 원고의 공무원연금법상의 재직기간은 20년 1개월이라고 주장하고 있다. 법무사관후보생 교육기간을 공무원 재직기간에서 제외하는 군인연금법 시행규칙은 군인연금법에 위배되는 것으로 무효이며 또한 헌법 제39조 제2항, 평등의 원칙에 위배된다고 주장하였다. 첫째로 군인연금법 시행규칙 제10조 제3호의 위법성을 주장하였다. 즉 군인연금법 제16조 제1항은 "군인의 복무기간은 그 임용된 날이 속하는 달부터 퇴직한 날의 전날 또는 사망한 날이 속하는 달까지의 연월 수에 의한다."고 규정하고 있을 뿐이므로, 무관후보생의 교육기간을 군인의 복무기간에서 제외하도록 규정하고 있는 구 군인연금법 시행규칙 제10조 제3호는 그와 같은 제외규정을 두고 있지 않은 상위법인 군인연금법에 저촉되어 무효이다. 둘째로 병역의무의 이행으로 인한 불이익 처분에 해당한다는 것이다. 즉 "누구든지 병역의무의 이행으로 인하여 불이익한 처우를 받지 아니한다."고 규정한 헌법 제39조 제2항이나 평등의 원칙을 규정한 헌법 제11조 제1항, 국민의 모든 자유와 권리는 '법률'에 의해서만 제한하도록 규정한 헌법 제37조 제2항 등에도 위반되어 무효이다.

2. 법원의 판단

가. 구 군인연금법 시행규칙 제10조 제3호의 위법성 여부

군인의 임용, 복무, 교육훈련 등에 관한 기본법인 군인사법 제2조는 당해 법의 적용범위를 ① 현역에 복무하는 장교 · 준사관 · 부사관 및 병, ② 사관생도 · 사관후보생 및 부사관후보생, ③ 소집되어 군에 복무하는 예비역 및 보충역으로 규정하고 있고, 군인연금법 제2조는 당해 법의 적용범위를 "현역 또는 소집되어 군에 복무하는 군인에게 적용한다."고 명시하고 있는바, 다른 특별한 규정이 없는 이상 위 규정들을 종합하여 보면 '무관후보생'이 현역에 복무하는 장교 · 준사관 · 부사관 및 병 또는 '소집되어 군에 복무하는 예비역 및 보충역'에 해당하지 아니함은 명백하므로 구 군인연금법 시행규칙 제10조 제3호(현행 규정상으로는 제3조 제3항 제3호)가 무관후보생으로서 군사교육을 받은 기간을 복무기간에서 공제하는 규정을 두었다 하더라도 이는 상위법인 군인사법 및 군인연금법의 규정에 따른 당연한 주의적 규정에 불과할 뿐이다(무관후보생의 신분 자체가 군인연금법의 적용대상이 아니므로 무관후보생으로서의 교육기간 역시 군인연금법상의 복무기간에서 제외된다고 볼 것이고, 위 시행규칙의 규정이 무관후보생으로 임용된 날이 속하는 달의 익월부터 무관으로 임용된 날이 속하는 달의 전월까지를 복무기간에서 공제하도록 정하고 있는 점에 비추어 위 규정에 독자적인 의미를 굳이 부여한다면, 위 규정은 부사관이 장교 또는 준사관으로 임용되거나 준사관이 장교로 임용되는 등의 경우에 각 그 임용 전에 거치게 되는 무관후보생교육기간을 공제할 때의 계산방법을 나타내는 정도의 것이라고 볼 수 있다.). 따라서 위 군인연금법 시행규칙이 모법인 군인연금법의 위임 없이 모법이 예정하고 있지 아니한 공제규정을 함부로 둔 것이라고 볼 수 없으므로 헌법 제37조 제2항에 위반된다는 주장은 이유 없다.[3]

---

3) 서울고등법원 2004. 11. 26. 선고 2003누17162 판결.

나. 병역의무의 이행으로 인한 불이익 처분 해당 여부

헌법 제34조 제1항은 "모든 국민은 인간다운 생활을 할 권리를 가진다."고 규정하고 있고 제2항은 "국가는 사회보장 · 사회복지의 증진에 노력할 의무를 진다."고 규정하고 있다. 이에 따라 국가는 국민의 인간다운 생활을 보장하기 위하여 노력하여야 하고, 입법자는 사회보장과 사회복지의 증진을 위하여 적극적인 입법활동을 하며, 이러한 법률을 재정할 때에는 국가의 재정능력, 국민 전체의 소득 및 생활수준, 기타 여러 가지 사회적 · 경제적 여건 등을 종합하여 합리적인 수준에서 결정하여야 하며 그와 같은 정책판단의 과정에서 입법자는 광범위한 입법형성의 자유를 가진다. 그리고 연금제도는 대표적인 사회보장제도이며, 군인연금제도와 공무원연금제도는 군인 또는 공무원이 퇴직하거나 사망한 때에 본인 및 그 유족의 생활안정과 복리향상에 기여하기 위한 사회보험으로서, 연금법상의 급여는 본인들이 기여금을 납부한다는 점에서 후불임금의 성격도 가미되어 있고, 아울러 공로보상 또는 은혜적 급여의 성격도 함께 가지고 있기는 하나, 기본적으로는 사회보장적 급여로서의 성격을 가진다. 따라서 입법자는 연금수급권의 구체적 내용, 즉 그 시행시기를 언제부터로 할 것인지, 지급대상을 어떤 범위로 한정할 것이며 지급액은 어느 정도로 할 것인지, 급여액 산정의 기초가 되는 재직기간은 얼마로 할 것이며 재직기간의 계산은 어떤 방법으로 할 것인지 등을 법률로 형성함에 있어 광범위한 형성의 자유를 가진다(헌법재판소 1999. 9. 16. 97헌바28 결정 등 참조).

살피건대, 장교 · 준사관 및 지원에 의하여 임용된 부사관 등은 국방의 의무의 범위를 넘어 전문적으로 복무하는 군인으로서, 그 의무복무기간이 비교적 장기간이고, 그 임용에 관계되는 사항이 법률로 엄격하게 규정되어 있으며, 봉급도 일반 공무원에 상응하는 수준이다. 따라서 군복무를 마친 이후 사회보장적 제도를 마련해 주어야 할 필요성이 매우 크며 봉급의 일부를 강제로 적립하게 하는 연금제도를 시행하는 데에 적합하다. 이에 반하여, 무관후보생은 장교 등으로 임용되기 전의 신분만을 가진 자로서 그 상태만으로는 신분보장 등의 필요성이 상대적으로 크다고 할 수 없고, 교육기간도 비교적 단기간이며, 봉급 또한 극히 소액이다. 따라서 그에 대하여 특별히 사회보장적 제도를 마련하여야 할 필요성이 크지 않으며, 봉급 면에서도 연금제도에 적합하지 않다(이는 무관후보생이 나중에 장교 등으로 임관되었다 하여 달리 볼 것은 아니고, 설사 무관후보생으로서의 복무가 직업군이 되기 위하여 그 전 단계를 거치는 것이 아니라 병역의무의 이행을 위한 것이라 하여도 마찬가지로 할 것이다.). 따라서 이와 같은 법률적 지위와 사회보장의 필요성 및 연금제도에의 적합성 등의 차이에 근거하여 공무원의 재직기간을 합산함에 있어 장교 등으로서의 복무기간과 무관후보생으로서의 교육기간을 달리 취급하는 것은 합리적인 이유가 있다 할 것이므로 이를 들어 "누구든지 병역의무의 이행으로 인하여 불이익한 처우를 받지 아니한다."고 규정한 헌법 제39조 제2항이나 평등의 원칙을 규정한 헌법 제11조 제1항에 위반되는 조처라고도 볼 수 없다(현행 법령상 무관후보생으로서의 교육기간을 공무원의 재직기간에서 공제하는 것은 단기복무 장교나 장기복무 장교나 마찬가지이다.).[4]

Ⅳ. 해설

1. 무관후보생의 법적 지위

가. 개념 및 구분

1) 개념

무관후보생이란 현역의 사관생도 · 사관후보생 · 준사관후보생 · 부사관후보생과 제1국민역의 사관후보생 및 부사관후보생을 말한다(병역법 제2조 제1항 제4호). 병역법에서는 병역의 종류를 현역 · 예비역 · 보충역 · 제1국민역 · 제2국민역으로 구분하고 있으며 현역이란 징집 또는 지원에 의하여 입영한 병과 이 법 또는 군인사법에 의하여 현역으로 임용된 장교 · 준사관 · 부사관 및 무관후보생을 말한다(병역법 제5조 제1항). 군인사법에서는 군인을 현역, 생도 및 후보생, 예비역 및 보충역으로 구분하고 있다.[5]

4) 서울고등법원 2004. 11. 26. 선고 2003누17162 판결.

5) 군인사법 제2조 이 법은 다음 각 호의 자에게 적용한다. 1. 현역에 복무하는 장교 · 준사관 · 부사관 · 병, 2. 사관생도 · 사관후보생 · 부사관후보생, 3. 소집되어 군에 복무하는 예비역 및 보충역.

2) 구분

무관후보생은 사관생도와 후보생으로 구분할 수 있다. 사관생도란 사관학교설치법에 의하여 사관학교에서 수학하는 자를 말한다.[6] 각 군 사관학교의 사관생도, 3사관학교의 사관생도, 간호사관학교의 간호사관생도는 사관생도의 군적에 편입되며, 이들은 준사관에 준하는 대우를 받으며, 보수는 군인보수법이 정하는 바에 의한다. 후보생이란 현역의 병적에 편입되기 전에 후보생 병적에 편입되어 교육을 받고 있는 무관후보생을 말하며 이들은 현역인 군인은 아니지만 군인사법의 적용을 받고 있다. 여기에는 사관 · 준사관 · 부사관 후보생이 있다.

나. 법적 지위

1) 교육 중인 무관후보생은 국군의 정원에 포함되지는 않고 있지만 그 정원을 따로 정하여 관리하고 있다. 즉 국방조직 및 정원에 관한 통칙 제6조에 "국방부장관은 국군의 정원 수준과 군별 · 계급별 정원을 대통령의 승인을 얻어 정한다. 다만, 법령에 의하여 국가기관 · 교육기관 또는 연구기관에 파견 중인 인원은 정원이 따로 있는 것으로 보며, 교육 중인 무관후보생은 국군의 정원에 포함하지 아니하고 그 정원을 따로 정하여 관리한다."라고 규정하고 있다.[7]

2) 군형법 및 군사법원법의 피적용자이다. 즉 군형법은 군인과 준군인에게 적용되는데 군인이란 현역에 복무하는 장교, 준사관, 부사관, 병을 말하며(군형법 제1조 제2항), 준군인이란 ① 군무원, ② 군적을 가진 군 학교의 학생 · 생도와 사관후보생 · 부사관후보생 및 병역법 제57조의 규정에 의한 군적을 가지는 재영 중인 학생, ③ 소집되어 실역에 복무 중인 예비역 · 보충역 및 제2국민역인 군인을 말한다(동 조 제3항). 군사법원은 군형법 제1조 제1항 내지 제4항에 규정된 자가 범한 죄에 대하여 재판권을 가진다(군사법원법 제2조 제1항). 따라서 무관후보생 범위를 좁혀 사관후보생은 헌법상 특별법원에 해당하는 군사재판을

6) 육 · 해 · 공군의 정규장교가 될 자에게 필요한 교육을 과하기 위하여 육군 · 해군과 공군에 각각 사관학교(사관학교설치법 제1조), 육군의 장교가 될 자에게 필요한 교육을 실시하기 위하여 육군에 육군3사관학교를(육군3사관학교설치법 제1조), 군의 간호장교가 될 자에게 필요한 교육을 하기 위하여 국방부장관 소속하에 국군간호사관학교를 둔다(국군간호사관학교설치법 제1조).

7) 다음 경우는 군인의 정원이 따로 있는 것으로 본다. ① 청와대, 국가정보원, 비상기획위원회, 국가안전보장회의, 외교통상부 등의 국가기관에 법령에 의하여 1년 이상 파견될 때, ② 한국국방연구원, 국방과학연구소, 전쟁기념사업회 등의 기관에 법령에 의하여 1년 이상 파견될 때, ③ 교육 중인 무관후보생(육군본부, 조직/정원관리지침서, 2006, 23면).

받게 된다. 즉 무관후보생은 군형법 및 군사법원법의 적용을 받는다.

3) 사관후보생은 공무원보수규정 제5조에 의한 군인의 봉급표(별표 13)에 정해진 바에 따라 봉급을 받으며,[8] 군인연금법상의 재해보상금(군인연금법 제31조)을 지급받을 수 있다. 재해보상금은 사망보상금과 장애보상금으로 구분하며 사망보상금이란 군복무 중 사망한 군인의 유족에게 지급하는 금액을 말하며(군인연금법 시행령 제66조), 장애보상금이란 군복무 중 질병에 걸리거나 부상으로 인하여 군병원에서 전역하는 군인에게 지급되는 금액으로 신체장애등급에 따라 지급한다(동령 제67조).

4) 무관후보생도 심신장애로 인한 현역복무부적합자의 대상이 된다. 군인사법 시행규칙 제46조에는 "법 제37조 제1항 제1호의 규정에 의하여 심신장애로 인한 현역복무부적합 사유로 전역시킬 수 있는 자의 범위는 현역의 장교 · 준사관 · 부사관 및 무관후보생으로 한다."라고 규정하고 있다.

5) 무관후보생이 사망한 경우에는 국립묘지 안장대상자가 된다. 즉 국립묘지의 설치 및 운영에 관한 법률 제5조 제1항 제1호 다목에는 현역군인(병역법 제2조 제1항 제4호 및 제7호의 무관후보생과 전환복무자를 포함한다.) · 소집 중인 군인 및 군무원으로서 사망한 사람은 국립묘지 안장대상자로 규정하고 있다.

다. 학군무관후보생

병역법 제57조 제1항에 따라 고등학교 이상의 학교에 재학하는 학생에 대해서는 대통령령이 정하는 바에 따라 일반군사교육을 실시할 수 있다. 이에 따라 고등학교 이상의 학교에 학생군사교육단 사관후보생 또는 부사관후보생 과정을 둘 수 있는데 이러한 사관후보생 및 부사관후보생으로 선발된 자를 학군무관후보생이라 한다. 학군무관후보생에 대해서는 학생군사교육실시령(2007. 4. 12. 대통령령 제2003호)에서 규정하고 있다.

1) 군사교육과정: 군사교육과정은 학생군사교육단 사관후보생과정 및 학생군사교육단 부사관후보생과정(이하 "학군무관후보생과정"이라 한다.)으로 구분하되, 학생군사교육단 사관후보생과정은 「고등교육법」 제2조에 따른 대학(야간으로 개설한 대학을 제외), 산업대학, 교육대학 및 「고등교육법」 제43조에 따른

8) 2007년도 기준으로 사관후보생은 268,500원, 부사관후보생은 102,800원을 지급받고 있다.

종합교원양성대학에 둘 수 있고, 학생군사교육단 부사관후보생과정은 「고등교육법」 제2조에 따른 전문대학 또는 「초 · 중등교육법 시행령」 제80조 제1항 제1호에 따른 실업계고등학교에 둘 수 있다(학생군사교육실시령 제2조 제1항).

2) 교육대상자: 학군무관후보생과정의 교육대상자는 ① 학군사관후보생과정은 당해 과정이 설치된 학교에서 제2학년까지 소정의 교육과정을 이수한 재학생으로서 지원에 의하여 선발된 자를 대상으로 한다. 다만, 항해 · 기관 · 어업 또는 어로에 관련된 학과에 재학하는 학생의 경우에는 제1학년에 재학하는 자로서 지원에 의하여 선발된 자를 그 대상으로 할 수 있다. ② 학군부사관후보생과정은 당해 과정이 설치된 학교의 제1학년에 재학하는 자로서 지원에 의하여 선발된 자를 대상으로 한다(동령 3조).

3) 군사교육의 주관: 군사교육은 교육인적자원부장관이 국방부장관과 협의하여 주관하고, 학칙이 정하는 바에 의하여 이를 실시하며(동령 제4조 제1항), 학군무관후보생과정은 국방부장관이 파견하는 학생군사교육요원 또는 학교의 장이 임용하는 예비역 교관으로 하여금 담당하게 한다(동 조 제2항).

4) 학군무관후보생의 병적편입 및 제적: 학군사관후보생 또는 학군부사관후보생으로 선발된 자는 각각 학군사관후보생 또는 학군부사관후보생의 병적에 편입한다(동령 제5조). 학군무관후보생의 병적에 편입된 자가 다음 각 호의 1에 해당하게 된 때에는 그 병적에서 제적할 수 있다(동령 제6조). ① 휴학 · 퇴학 또는 제적된 때, ② 「군인사법」 제10조에 규정된 결격사유에 해당하게 된 때, ③ 소정의 군사교육을 받지 아니하거나 그 평가에 불합격된 때, ④ 소정의 군사교육과정을 모두 이수할 때까지 졸업할 가망이 없게 된 때.

5) 입영교육: 국방부장관은 군사교육을 받는 자에 대해서는 군부대에 입영시켜 군사교육을 받게 할 수 있다(동령 제7조).

6) 교육이수자의 병적편입학: 무관후보생의 병적에 편입된 자가 소정의 군사교육을 받은 때에는 다음과 같이 장교 또는 부사관의 병적에 편입한다(동령 제8조). ① 대학 · 교육대학 및 사범대학졸업자는 현역의 장교, ② 전문대학 및 실업계고등학교졸업자는 현역의 부사관.

7) 예우

가) 군복 및 단복착용: 군사교육을 담당하는 자와 학군무관후보생과정의 교육

을 받는 자에 대해서는 군사교육시간 중 군복을 착용하게 할 수 있으며(동령 제10조 제1항), 학군무관후보생과정의 교육을 받는 자에 대해서는 군사교육기간 중 학군무관후보생단복을 착용하게 할 수 있으며 단복의 제식 · 착용 등에 관하여 필요한 사항은 각 군 참모총장이 정한다(동 조 제2항).

나) 재해보상금 지급: 군사교육을 받는 자로서 그 군사교육이 직접 원인이 되어 사망(부상으로 인한 사망을 포함)하거나 부상을 입은 자에 대해서는 무관후보생의 신분에 준하여 재해보상금을 지급한다(동령 제11조 제1항). 재해보상금의 지급에 관해서는 「군인연금법 시행령」 제65조 내지 제67조의 규정을 준용한다(동 조 제2항).

다) 보상: 군사교육이 직접 원인이 되어 사망하거나 부상한 경우 그 유족 및 부상한 자에 대하여 「병역법」 제75조 제4항의 규정에 의한 보상을 함에 있어서는 이를 각각 「국가유공자 등 예우 및 지원에 관한 법률」의 규정에 의한 유족 및 공상군경으로 본다(제11조의 2).

라) 부상자에 대한 가료: 군사교육이 직접 원인이 되어 부상한 자가 「병역법」 제75조 제4항의 규정에 의하여 가료를 받고자 할 때에는 가료신청서를 학교의 장 또는 입영부대의 장에게 제출하여야 한다. 다만, 가료신청서를 제출할 시간적 여유가 없는 때에는 학교의 장 또는 입영부대의 장은 응급조치를 위하여 지체 없이 의료시설을 지정하여 응급치료를 하게 하여야 한다(동령 제11조의 3 제1항). 가료신청서를 받은 학교의 장은 국가 또는 지방자치단체의 의료시설을, 입영부대의 장은 국가의 의료시설을 지정하여 지체 없이 신청자에게 통보하고 가료를 받도록 하여야 한다. 다만, 국가 또는 지방자치단체 의료시설의 시설미비, 전문 의료진의 부족 기타 부득이한 사유가 있는 경우에는 민간의료시설을 지정하여 가료를 받게 할 수 있다(동 조 제2항).

마) 수당 지급: 학생군사교육요원에게는 예산의 범위 내에서 교재연구수당을 지급할 수 있으며, 정부는 군사교육을 실시함에 필요한 경비의 일부를 예산의 범위 내에서 보조할 수 있다(동령 제13조).

바) 군장학생 임명: 국방부장관은 군사교육을 받는 학생을 군장학생규정에 의한 군장학생으로 임명할 수 있다(동령 제13조의 2).

2. 기간의 계산

1) 기간이란 한 시점에서 다른 시점까지의 시간적 간격(길이)을 말한다. 이 점에서 기한 또는 기일 등과 구별된다. 행정법령 중에도 기간의 계산에 관한 규정을 둔 것이 있기는 하나 대부분의 행정법령은 그와 같은 규정을 두고 있지 않다.[9] 기간의 계산은 이른바 순수한 법률기술적 약속으로 공법관계에 있어서 사법관계에서와는 다른 약속을 하여야 할 합리적인 이유는 없다. 그런 의미에서 민법의 기간 계산에 관한 규정은 일종의 일반법원리적 성격을 가진 것이라 할 수 있고, 공법상 특별한 규정이 없는 한, 공법상의 기간계산에도 적용된다 할 것이다.[10]

2) 기간을 시 · 분 · 초로 정한 경우에는 즉시로부터 기산하며, 일 · 주 · 월 · 년으로 정한 경우에는 초일은 산입하지 아니한다(민법 제156, 157조). 다만, 초일불산입의 원칙은 연령계산과 기간이 오전 영시로부터 시작되는 때에는 적용하지 않는다(동법 제157조 단서, 제158조). 초일불산입의 원칙은 특별한 규정이 없으면 공법상 기간계산에도 적용된다.[11]

3) 기간의 만료점을 계산할 때에는 민법의 원칙에 따라 ① 기간을 일 · 주 · 월 · 년으로 정한 경우에는 그 기간의 말일이 종료됨으로써 기간이 만료되는 것이 원칙이나, 말일이 공휴일인 때에는 그 익일에 만료된다(민법 제159조, 제161조). ② 기간을 주 · 월 또는 년으로 정한 때에는 역(曆)에 의하여 계산하되, 주 · 월 또는 년의 처음부터 기산하지 아니하는 때에는 최후의 주 · 월 또는 년에서 그 기산일에 해당한 날의 전일에 만료하고, 월 또는 년으로 정한 경우에 최종의 월에 해당 일이 없을 때에는 그 월의 말일로 만료한다(민법 제160조).[12]

4) 행정법령에는 "며칠 전에", 또는 "전 며칠에"라고 규정하는 경우가 많다.

---

9) 예를 들면 국회법 제165조에는 "이 법에 의한 기간의 계산에는 초일을 산입한다."라고 하여 기간의 계산에 관한 규정을 두고 있다.

10) 박윤흔, 최신 행정법강의(상), 박영사, 2001, 198면; 김동희, 행정법Ⅰ, 박영사, 2004, 114면.

11) 예를 들면 "공포한 날로부터 30일이 경과한 날부터 시행한다."고 되어 있는 경우에는 30일은 공포일 다음 날부터 기산한다.

12) 공무원임용령 제6조 제1항 본문의 규정에 의하여 공무원의 임용은 임용장 또는 임용통지서에 기재된 일자에 그 임용의 효과가 발생하는 것이므로 임용 중 면직의 경우(동령 제2조 제1항 참조)에는 면직발령장 또는 면직통지서에 기재된 일자에 면직의 효과가 발생하여 그날 영시(00:00)부터 공무원의 신분을 상실한다(대법원 1985. 12. 24. 선고 85누531판결).

이는 기간계산을 기산일로부터 뒤로 역산하는 경우로 역시 초일불산입의 원칙이 타당하다. 따라서 "선거일 5일 전에"의 경우는 선거일은 초일이므로 빼고, 선거일 전일부터 계산하여 5일이 되는 날의 이전을 말하며, "선거일 전 5일에"의 경우는 역시 선거일 전일부터 계산하되, "전 5일에"라 하였으므로 5일이 되는 날을 말하는 것으로 보아야 한다.[13)]

5) 천재지변 기타 당사자 등의 책임 없는 사유로 기간 및 기한을 지킬 수 없는 경우에는 그 사유가 끝나는 날까지 기간의 진행이 정지된다(행정절차법 제16조 제1항).

3. 군인의 복무기간

가. 군인사법상의 복무기간

1) 의무복무기간 및 근속정년

군인사법 제7조 제1항에서는 장교 · 준사관 및 부사관의 의무복무기간에 대해 규정하고 있으며, 의무복무기간 및 근속정년의 계산에 있어서는 장교 · 준사관 및 부사관에 임용된 날부터 기산하고, 전역하는 날을 포함한다고 규정하고 있다(군인사법 시행령 제6조 제1항). 다만, 이 경우 장교 · 준사관 및 부사관의 복무기간은 상호 통산하지 아니한다(동 항 단서). 또한 의무복무기간 계산에 있어서 ① 군무이탈 및 무단이탈 기간, ② 휴직 또는 정직 기간, ③ 구류기간은 복무기간에 산입하지 아니한다(군인사법 시행령 제6조 제4항).[14)]

2) 계급정년의 계산

계급정년의 계산에 있어서는 당해 계급에 임용 또는 진급된 날로부터 기산한다. 다만, 강등된 자에 대해서는 그 강등된 계급에서 전에 복무하였던 기간을 통산하며, 그 강등되기 전의 계급에서 복무한 기간은 이를 산입하지 아니한다(군인사법 시행령 제6조 제2항).

---

13) 박윤흔, 최신 행정법강의(상), 박영사, 2001, 200면.

14) 현역병의 복무기간은 입영한 날로부터 군복무기간으로 계산한다. 다만, 현역병이 징역 · 금고 · 구류의 형이나 영창처분을 받은 경우 또는 복무를 이탈한 경우에는 그 형의 집행일수 · 영창일수 또는 복무이탈일수는 현역복무기간에 산입하지 아니한다(병역법 제18조 제3항). 수사기관에서 구속되어 불기소 처분되거나, 또는 구속 기소되어 재판을 받고 집행유예 · 벌금형을 선고받고 풀려난 경우 그 구속기간(미결구금일수)은 군복무기간에 산입된다(임천영, 군인사법, 법률문화원, 2004, 234면).

나. 군인보수법상의 재직기간

군복무에 대한 대가로 지급되는 봉급은 계급과 복무기간에 따라 일정 봉급기준비율에 의하여 지급한다(군인보수법 제7조 제1항). 군인보수법상 복무기간은 장교 · 준사관 및 부사관으로 각각 임용된 날로부터 기산하며 다만, ① 무단탈영 및 도망기간, ② 휴직 및 정직기간, ③ 구류 및 영창기간은 복무기간 계산시에 산입하지 아니한다(군인보수법 제11조). 장교, 준사관, 부사관으로 임용되는 자의 초임호봉은 각각 해당 계급의 1호봉을 부여한다. 다만, 임용 전의 경력을 대통령령이 정하는 바에 의하여 합산하여 이를 조정하여 부여할 수 있다(군인보수법 제9조). 즉 군인의 초임호봉은 별표 15(공무원의 초임호봉표)에 의하여 획정하며, 당해 군인의 경력(별표 27 군인경력환산율표)[15]에 따라 이를 가감한다(공무원보수규정 제8조 제2항).

다. 군인연금법상의 복무기간

1) 군인이 상당한 연한, 성실히 복무하고 퇴직하거나 심신의 장애로 인하여 퇴직 또는 사망한 때 또는 공무상의 질병 · 부상으로 요양하는 때에 본인이나 그 유족에게 적절한 급여를 지급함으로써 본인 및 그 유족의 생활안정과 복리향상에 기여하기 위하여 군인연금을 지급하고 있다(군인연금법 제1조).

2) 군인의 복무기간은 그 임용된 날이 속하는 달부터 퇴직한 날의 전날 또는 사망한 날이 속하는 달까지의 연월 수에 의한다(군인연금법 제16조 제1항). 즉 평시복무기간의 계산방법은 퇴직한 날의 전날이 속하는 연월에서 임용된 날이 속하는 연월을 뺀 수에 1개월을 더한 연월 수로 한다(군인연금법 시행규칙 제3조 제1항).[16] 다만, ① 탈영기간(탈영일로부터 복귀한 날의 전일까지), ② 제대기간(제대한 날이 속하는 익월부터 다시 실역에 복무하게 된 전월까지), ③ 무관후보생 교육기간(무관후보생으로 임용된 날이 속하는 달의 익월부터 무관으로

---

15) 장교의 경우는 준사관 및 부사관, 병 복무기간의 8할을, 준사관의 경우는 장교, 준사관, 부사관의 복무기간 10할을, 부사관의 경우 장교, 준사관, 부사관, 병 복무기간의 10할을, 법령에 의하여 설치된 군의 각급 학교 교육과정을 졸업하고 장교, 준사관, 또는 부사관으로 임용되는 자는 군교육기간의 5할을 경력으로 환산하여 이를 인정해 주고 있다.

16) 예를 들면 1970. 1. 31. 임용되어 2001. 2. 1. 퇴직한 경우에 있어서 복무기간은 31년 1개월(1970. 1.부터 2001. 1.까지이다.), 즉 1970년 1월은 포함하고 2001년 2월은 포함하지 않는다. 그 이유는 퇴직한 날의 전날이 속하는 달만 포함하기 때문이다.

임용된 날이 속하는 달의 전월까지)은 복무기간에서 공제한다(군인연금법 시행규칙 제3조 제3항). 부사관으로부터 준사관 또는 장교로 임용된 자 및 준사관으로부터 장교로 임용된 자의 복무기간은 상호 통산한다(동 조 제2항).[17)]

3) 전투에 종사한 기간은 이를 3배로 계산한다(동 조 제4항). 전투기간의 계산방법은 전투종료 연월일에서 전투참가 연월일을 뺀 수에 1을 더한 합에 2를 곱한 연월일 수로 한다(군인연금법 시행규칙 제3조 제2항).

4) 군인연금법의 적용을 받은 군인으로 임용되기 전의 「병역법」에 의한 현역병 또는 지원에 의하지 아니하고 임용된 부사관의 복무기간(방위소집 · 상근예비역소집 또는 보충역소집에 의하여 복무한 기간 중 대통령령이 정하는 복무기간을 포함한다.)은 본인이 원하는 바에 따라 제1항의 복무기간에 산입할 수 있다.[18)] 이 경우 복무기간을 산입하고자 하는 자는 복무기간산입신청서를 소속 군참모총장에게 제출하여야 한다(동 조 제5항).

5) 복무기간 계산에 있어서 19년 6개월 이상 20년 미만 복무한 자의 복무기간은 20년으로 한다(동 조 제8항). 복무기간 계산은 정부수립의 년 이전에 소급하지 못한다(동 조 제9항). 퇴역연금 계산에 있어서 그 복무연수는 33년을 초과하지 못한다(군인연금법 제21조 제3항).

6) 퇴직수당 지급에 있어서는 전투종사기간(제4항) 및 19년 6개월 이상 20년 미만 자에 대한 20년 복무기간 가산 조항(제8항)과 병역법에 의한 현역병 복무기간 합산(제5항) 및 타 연금 재직기간 통산에 의한 합산(제6항)은 퇴직수당 복무기간에 합산하거나 산입하지 아니한다(동 조 제10항). 또한 퇴직수당 지급 시

---

17) 시행규칙 제3조 제3항 제3호는 무관후보생 교육기간을 동법상 복무기간에 산입한다는 전제하에 무관후보생으로 임용된 날이 속하는 달은 복무기간에서 공제하지 않고 있다는 주장에 대하여 국방부는 "① 동법은 무관후보생에게는 적용되지 아니하므로 무관후보생 교육기간을 동법상 복무기간에 산입하는 것이라는 전제는 성립할 수 없다는 점, ② 무관후보생은 동법상 기금의 기초가 되는 기여금을 납부하지 않는다는 점, ③ 동 규칙에서 공제하고 있는 기간은 모두 군인으로 복무하다가 복무를 이탈하여 일정기간 경과 후 다시 복무하게 되는 경우에 그 일정기간을 공제하는 구조라는 점을 종합해 보면 무관후보생 교육기간을 군인연금법상 복무기간에서 공제하는 취지는 부사관으로부터 준사관 또는 장교로 임용된 자 및 준사관으로부터 장교로 임용된 자가 거치게 되는 무관후보생 교육기간을 공제한다는 의미로 이해하여야 함. 다만, 그 공제기간에서 무관후보생으로 임용된 날이 속하는 달을 포함하지 아니한 이유는 무관후보생으로 임용되기까지는 부사관이나 준사관으로서 신분이 계속 유지되므로 무관후보생으로 임용된 날이 속하는 달은 부사관이나 준사관으로서 복무기간에 포함되는데, 만약 무관후보생으로 임용된 날이 속하는 달을 동 규칙에서 공제한다면 모법위반이 되므로 이를 피하기 위한 규정이라 할 것임"이라고 하였다(국방부, 국방관계법령해석질의응답집 제25집, 2004, 62면).

18) 임용 전 병역복무기간의 계산은 입영일로부터 전역일까지 월수에 의하되, 1개월 미만의 일수는 1개월로 계산한다. 즉 1977. 1. 10. 입대하여 1979. 9. 15. 전역한 자의 산입연수는 2년 9개월이다. 그 이유는 실제 병역기간은 2년 8개월 6일이지만 6일을 1개월로 절상하기 때문이다.

복무기간의 계산에 있어서 다음 각 호의 사유로 인한 휴직을 제외한 휴직기간, 직위해제기간 및 정직기간은 그 기간의 2분의 1을 각각 감한다. 1. 공무상 질병·부상으로 인한 휴직, 2. 국제기구·외국기관·국내외대학 또는 국내외연구기관에 임시 채용됨으로 인한 휴직 2의 2 자녀(휴직신청 당시 3세 미만인 자녀에 한한다.)의 양육 또는 여자군인의 임신이나 출산으로 인한 휴직, 3. 기타 법률의 규정에 의한 의무를 수행하기 위한 휴직(동 조 제11항).

4. 재직기간 합산제도

가. 의의

재직기간 합산제도란 퇴직한 군인·공무원 또는 사립학교교직원이 다시 군인으로 복무하게 되었을 때 본인의 원에 의하여 해당 연금법의 적용을 받았던 기간을 현재의 복무기간에 가산하는 제도를 말한다.[19] 즉 퇴직한 군인·공무원 또는 사립학교교직원(「군인연금법」·「공무원연금법」 또는 「사립학교교직원 연금법」의 적용을 받지 아니하였던 자는 제외한다.)이 군인으로 복무하게 된 때에는 본인이 원하는 바에 따라 종전의 해당 연금법에 의한 복무기간 또는 재직기간을 제1항의 복무기간에 통산할 수 있다(동 조 제6항).

나. 취지

이는 재직기간의 단절 때문에 연금을 수급할 수 있는 기간요건인 20년을 채우지 못할 경우 동일 제도 또는 타 제도에 적용을 받은 각각의 재직기간을 합산할 수 있게 하여 연금수급 요건을 충족할 수 있게 하는 제도이다.[20] 이러한 합산제도는 1967년에 처음으로 공무원 및 군인 경력에 대해 실시한 후 1983년부터는 사립학교교직원 경력에 대해서도 확대 실시되었다. 이로써 우리나라 3개의 특수직역 연금제도 간에 상호 가입기간의 연계가 모두 이루어지게 되었다. 군인연금법 제16조 제6항, 공무원연금법 제23조 제2항, 사립학교교직원 연금법 제32조에 규정되어 있다.

---

19) 김중양·최재식, 공무원연금제도, 법우사, 2004, 150면.

20) 김중양·최재식, 공무원연금제도, 법우사, 2004, 150면.

다. 신청

복무기간 또는 재직기간의 통산을 받고자 하는 자는 군인으로 임용된 날부터 2년 이내에 복무기간통산신청서를 소속 군 참모총장에게 제출하여야 하며, 반납하여야 할 퇴직급여액과 이자는 대통령령이 정하는 바에 따라 분할하여 납부하게 할 수 있다. 이 경우에는 대통령령이 정하는 이자를 가산한다(군인연금법 제16조 제7항).

Ⅴ. 입법론 및 개선방안

대법원은 법무사관후보생 교육기간을 군인연금법상의 복무기간에 포함하지 아니하는 군인연금법 시행규칙 제3조 제3항 제3호의 규정은 군인연금법 제16조를 위반하는 규정이 아니며, 군인사법 및 군인연금법의 규정에 따른 당연한 주의적 규정에 불과하다고 하면서 군인연금수급권의 구체적인 내용인 재직기간의 산입 여부에 대해서는 입법권자가 형성의 자유를 가진다고 하였다. 그러나 군인연금법상의 복무기간 계산에 있어서 무관후보생 교육기간은 복무기간 계산 시에 있어서 이를 포함하는 것이 타당하다고 생각한다.[21] 그 이유는 ① 사관후보생 교육기간에는 민간인의 신분이 아니라 군인의 신분에 준하는 대우를 받아 군형법과 군사법원법의 적용을 받기 때문이다. ② 국가비상사태 및 유사시에는 교육훈련기간을 단축하여 바로 현지 임관할 수 있기 때문이다.[22] ③ 병에 대한 복무기간 계산은 훈련소 및 부대 입영일로부터 계산하고 있다. 장교 및 부사관에 대해서도 임관 교육을 위한 군 교육기관에 입소한 경우에는 신체의 자유, 거

---

21) 여기에 해당하는 무관후보생이란 장교로 임관하기 위하여 양성기관에서 임관교육을 받는 각종 사관후보생을 말한다. 따라서 사관생도 및 학군사관후보생을 제외한 법무사관후보생, 군의사관후보생, 특수사관(육사 · 3사교수, 전산사관, 의정사관, 간호사관, 통역사관, 군악사관, 경리사관, 법무행정, 수의사관, 군 · 치의(여자))후보생을 말한다. 이들의 무관후보생 교육기간은 군인연금법상 재직기간에 포함되어야 한다. 장기적으로는 학교기관에서 양성되는 육사, 3사, 간호사관생도, 학군무관후보생의 교육기간도 일정 비율에 따라 군인연금법상의 재직기간에 포함되어야 한다.

22) 군인사법 제11조(장교의 임용) 제2항 "전시에 있어서는 다음 각 호의 1에 해당하는 자를 장교로 임용할 수 있다. 1. 사관학교의 제4학년생, 2. 육군3사관학교의 제2학년생, 3. 국군간호사관학교의 제4학년생. 다만, 간호사국가시험에 합격한 자에 한한다. 4.「병역법」제57조의 규정에 의하여 실시하는 학생군사교육단사관후보생과정을 이수 중에 있는 대학 · 교육대학 및 사범대학의 제4학년생.

주이전의 자유 등 제한을 많이 받고 있기 때문에 병과 다르게 취급할 이유가 없다. ④ 군인의 사기앙양 및 복지차원에서도 사관후보생 교육기간을 군인연금법상 군인의 복무기간에 포함시켜 실질적인 군인연금 혜택이 돌아갈 수 있도록 해야 할 것이다. 이를 위해 군인연금법 제2조, 군인연금법 시행규칙 제3조 제3항 제3호를 개정할 필요가 있다.

제2편
복무

2. 사관학교 퇴교 후 임용된 하사의 법적 지위

목 차

Ⅰ. 서

국방부는 사관학교 등에서 1년 이상의 교육을 마치고 퇴교된 자 중에서 부사관으로 임용되는 사람의 의무복무기간을 규정하기 위하여 군인사법 개정을 추진하고 있다. 즉 단기복무 부사관의 복무구분에 '사관학교 또는 육군3사관학교에서 1년 이상의 교육을 마치고 퇴교된 자 또는 사관후보생과정에서 중퇴한 자로서 지원에 의하여 심사를 거쳐 부사관으로 임용된 사람'을 군인사법 제6조 제7항 제5호에 신설하려는 것이다.[1] 개정 이유는 "현행 사관학교 퇴교자에 대한 군인사법 시행규칙 제14조 규정은 국민의 기본권이 제한되는 의무복무기간에 관하여 법률이 아닌 하위 법령에 규정하고 있는 것은 법률유보의 원칙에 어긋나는 문제점을 가지고 있기 때문에 이러한 것을 해결하기 위하여 군인사법에

1) 현행 군인사법 시행규칙 제14조 제2항 제4호에 사관학교 또는 단기사관학교 제1학년 이상의 과정을 이수하고 중퇴한 자 또는 사관후보생과정을 중퇴한 자로서 심사에 의하여 부사관으로 임용함이 적합하다고 인정되는 자는 제1항의 규정에도 불구하고 부사관으로 임용할 수 있으며 그 의무복무기간은 병의 의무복무기간과 같다고 규정하고 있다.

규정하기 위한 것이다."라고 밝히고 있다. 사관학교 퇴교자에 대해서는 병역법 시행령 제30조, 군인사법 시행규칙 제14조 제2항 등에서 규정하고 있다.

또한 국방부는 2009. 9. 1. 군인사법 시행규칙 개정령안을 입법 예고했다.[2] 개정이유는 "사관학교 또는 육군3사관학교에서 1년 이상의 교육을 마치고 퇴교된 사람에 대하여 본인의 원에 의하여 부사관으로 임용함에 있어서, '지원에 의하지 아니하고 임용된 하사'로 잘못 적용될 소지를 방지하고 '지원에 의해 임용된 부사관'임을 명확히 하는 등 관련 규정을 정비하고자 함"이다. 주요 내용으로는 첫째로, 사관학교 퇴교자의 부사관 임용 시 "지원에 의한 부사관"임을 명확히 하고(안 제14조 제1항 제5호), 둘째로 공군항공과학 고등학교 졸업생의 부사관 임용근거를 마련하며(안 제14조 제1항 제6호), 셋째로 "고등학교에서 일반군사교육을 받은 자"의 부사관 임용제도를 폐지하는 것이다(현행 제14조 제2항 제3호).[3]

사관학교 퇴교자로서 하사로 임용된 자에 대해서는 그 법적 지위에 대하여 많은 논란이 있었다. 국방부 및 육군본부 유권해석도 여러 차례 변경되었다. 2009. 7. 22. 국방부는 사관학교 퇴교 후 부사관(하사)으로 임관된 자에 대해 복무구분을 변경한 바 있으며, 또한 국가인권위원회의 결정과 서울중앙지방법원의 판결도 있었다. 이하에서는 이와 관련된 문제점 및 검토 결과 등에 대해 종합적으로 검토하기로 한다.

Ⅱ. 연혁

사관학교 퇴교자를 하사로 임용할 수 있도록 하는 근거규정은 1960년대에도 이미 있었다. 1962년 4월 14일 국방부령 제49호로 제정된 준사관 및 하사관 임

---

2) 국방부공고 제2009－102호(2009. 9. 1.)

3) 군인사법 시행규칙 제14조 제1항에 제4호부터 제7호까지를 각각 다음과 같이 신설한다.
4. 법 제6조 제7항 제3호에 해당하는 자
5. 「병역법」 제57조에 따라 학생군사교육단 부사관후보생과정을 마친 자
6. 「공군항공과학고등학교 설치법」에 따라 공군항공과학고등학교를 졸업한 자
7. 「병역법 시행령」 제30조 제4항에 따라 부사관 임용을 원하는 자 또는 사관후보생과정을 중퇴한 자로서 심사에 의하여 부사관으로 임용함이 적합하다고 인정되는 자

용규정(1982. 9. 20. 군인사법 시행규칙의 제정과 함께 폐지됨) 제3조 제2항 제4호에서 "사관학교 제3학년 이상에 재학 중 또는 간부후보생과정을 중퇴한 자로서 심사에 의하여 하사관의 자격을 인정받은 자"를 하사관으로 임용할 수 있도록 하고 있었다.[4)]

그러던 중 1962년 10월 1일 병역법은 부칙 제14조에서 '동법 시행 당시 사관생도 또는 간부후보생'으로서 교육 중 퇴교된 자의 병역에 관한 사항을 국방부령으로 정하도록 하였다. 이에 따라 제정된 것이 "장교후보생으로서 교육 중 퇴교한 자의 복무규정"이었는데, 여기에서는 퇴교생 중 ① 40세 초과자는 병역면제, ② 1926년 12월 31일 이전 출생자는 제2보충역 내지는 제2예비역에 편입, ③ 1927년 1월 1일 출생자는 제1보충역 또는 제1예비역에 편입하도록 규정하였다.

1962년 10월 1일 병역법이 시행된 이후에 퇴교한 사관생도 또는 간부후보생에 대해서는 병역법 시행령에서 규정하였다. 1963년 1월 28일 각령 제1164호로 전문 개정된 병역법 시행령 제257조에서 "제2학년의 과정을 수료한 자는 현역의 하사로 1년, 제3학년의 과정을 수료한 자는 현역의 하사로 6개월을 복무"하도록 하였다. 하사로 복무할지 병으로 복무할지 선택의 가능성을 인정하지 아니한 위 규정은 1966년 9월 2일 대통령령 제2734호로 개정된 병역법 시행령 제257조 제1항에 의하여 "사관학교의 중퇴자는 징병검사를 받지 아니하고 지원에 의하여 현역의 하사관 또는 병으로 복무하게 할 수 있다."는 규정으로 개정되었다.[5)]

1971. 3. 10. 대통령령 제5548호 병역법시행령 제71조에 "① 사관학교(단기사관학교를 포함한다.)에서 1년 이상의 교육을 이수하고 중퇴한 자는 지원에 의하여 현역의 하사관으로 임용하거나 징병검사를 하지 아니하고 현역의 병으로 복무하게 할 수 있다."라고 규정하고 있으며, 1994. 10. 6. 대통령령 제14397호 병역법시행령 제30조 제4항에 "각 군 참모총장은 사관학교 또는 단기사관학교에서 1년 이상의 교육을 마치고 퇴교된 사람에 대해서는 제1항의 규정에 불구하고 본인의 원에 의하여 현역의 하사관으로 임용하거나, ……"라고 규정하고 있었다.

---

4) 2000. 12. 26. 법률 제6290호 군인사법 개정 시에 "하사관" 명칭을 "부사관"으로 개정하였다. 그 이유는 하사관의 권위신장 및 사기진작을 위해서이다.

5) 차성안, "사관학교 퇴교자의 법적 지위", 남성대(창간호), 육군종합행정학교, 2008. 12. 109면.

2009. 12. 7. 대통령령 제21867호 병역법 시행령 제30조 제4항에서 "각 군 참모총장은 사관학교나 육군3사관학교에서 1년 이상의 교육을 마치고 퇴교된 사람에 대해서는 제1항에도 불구하고 본인이 원하면 현역의 부사관으로 임용하거나, ……"라고 규정하고 있다.

Ⅲ. 부사관의 구분

1. 부사관의 구분

부사관은 장기복무와 단기복무로 구분하여 복무한다(군인사법 제6조 제4항). 장기복무부사관은 군의 교육기관에서 고등학교의 교육과정을 이수한 자 및 지원에 의하여 전형에 합격한 자로 하며(동 조 제6항), 단기복무 부사관은 ① 제6항에 따른 장기복무부사관이 아닌 자로서 지원에 의하여 전형에 합격한 자, ② 제62조에 따라 일반교육기관에서 군장학생으로 선발된 자로서 고등학교 이상의 교육과정을 마친 자, ③ 「병역법」 제20조의 2에 따라 유급지원병으로 선발되어 연장복무를 하는 자, ④ 「병역법」 제57조 제2항에 따른 학생군사교육단 부사관 후보생과정 출신 부사관 중 어느 하나에 해당하는 자로 한다(동 조 제7항).

2. 부사관의 임용

부사관의 임용은 첫째로 "부사관은 다음 각 호의 어느 하나에 해당하는 자로서 지원에 의하여 부사관 임용고시에 합격하여 참모총장이 정하는 교육훈련과정을 마친 자 중에서 임용한다. 1. 병장, 상등병 또는 일등병으로서 입대 후 5개월 이상 복무 중인 자, 2. 고등학교 이상의 학교를 졸업한 자 또는 이와 동등 이상의 학력을 가진 자, 3. 중학교 이상의 학교를 졸업한 자로서 「국가기술자격법」에 의한 자격증 소지자(군인사법 시행규칙 제14조 제1항)"

둘째로 "다음 각 호의 어느 하나에 해당하는 자는 제1항의 규정에도 불구하고 부사관으로 임용할 수 있으며 그 의무복무기간은 병의 의무복무기간과 같다.

다만, 제2호에 해당하는 자의 의무복무기간은 법 제7조 제1항 제4호의 규정에 의한다. 1. 병장, 상등병 또는 일등병으로서 입대 후 5개월 이상 복무 중인 자, 2. 「병역법」 제57조 규정에 의하여 실시하는 학생군사교육단부사관후보생과정을 마친 자, 3. 고등학교에서 일반군사교육을 받은 자, 4. 사관학교 또는 단기사관학교 제1학년 이상의 과정을 이수하고 중퇴한 자 또는 사관후보생과정을 중퇴한 자로서 심사에 의하여 부사관으로 임용함이 적합하다고 인정되는 자(군인사법 시행규칙 제14조 제2항)"

군인사법 시행규칙 제14조 제1항에 의하며 임용된 부사관은 일정한 자격을 구비한 자 중에서 ① 본인의 지원에 의하여, ② 부사관 임용고시에 합격하고, ③ 참모총장이 정하는 교육훈련과정을 마친 자여야 한다. 다만, 군인사법 시행규칙 제14조 제2항에 의하여 임용된 부사관은 제1항에서 규정된 요건 중 ①, ②, ③ 중의 어느 하나를 결한 경우에 임용되는 것을 말한다. 따라서 군인사법 시행규칙에서 정하고 있는 부사관 임용방법은 본인의 원에 의한 것이냐 아니냐를 기준으로 구분한 것은 아니다.

3. 지원에 의하지 아니하고 임용된 하사

가. 관련 법규

현행 법규에서 "본인의 지원에 의하지 아니하고 임용된 하사"라는 용어를 사용하는 법규는 다음과 같다.

1) 병역법 제18조 제2항에 "현역병(지원에 의하지 아니하고 임용된 하사를 포함한다.)의 복무기간은 다음과 같다."라고 하여 지원에 의하지 아니하고 임용된 하사라는 용어를 사용하고 있다.

2) 또한 제정 군인사법(법률 제1006호 1962. 1. 20. 제정) 제7조 제1항 제4호에 "하사관은 육군 및 공군에 있어서는 4년, 해군 및 해병대에 있어서는 3년으로 한다. 단 본인의 지원에 의하지 아니하고 임용된 하사에게는 적용하지 아니한다."라고 규정하고 있었다. 그 후 1992. 12. 2. 법률 제4506호 제7조 제1항 본문 중 "하사관"을 "하사관(본인의 지원에 의하지 아니하고 임용된 하사를 제외한다."이라고 개정하여 현재에 이르고 있다.

3) 군인연금법에서도 지원에 의하지 아니하고 임용된 하사관의 용어를 사용하고 있다. 즉 1981. 3. 24. 군인연금법(법률 제3397호) 개정 시 제2조 중 "장기복무를 원하지 아니하는 자로서 하사관으로 임명된 자"를 "지원에 의하지 아니하고 임용된 하사관"으로 개정하여 이 용어를 사용하고 있다.

4) 공무원보수규정 제5조 별표 13에서도 "본인의 지원에 의하지 아니하고 임용된 하사"라는 용어를 사용하고 있다. 공무원보수규정에서는 1990. 1. 15.부터 "본인의 지원에 의하지 아니하고 임용된 하사" 용어를 사용하고 있다. 즉 공무원보수규정(대통령령 제12902호 1990. 1. 15.) 제5조(공무원의 봉급) 별표 제13(군인의 봉급표)에 의하면 "본인의 지원에 의하지 아니하고 임용된 하사"는 32,000원을 지급하도록 규정되어 있었다.

나. 개념

"본인의 지원에 의하지 아니하고 임용된 하사"는 누구를 말하는가? 위에서 본 바와 같이 여러 법규에서 이 용어를 사용하고 있지만 이에 대해 개념 정의를 하고 있는 규정은 없다.

하사관제도는 다음과 같은 변천과정을 거쳤다. 즉 휴전 이후 1967년 초까지는 우수한 병을 승진시켜 하사관으로 임용하였는데 그 자격기준은 병장으로 8개월 이상 복무 중인 자, 대학 군사훈련과정이나 고등학교 군사훈련과정을 마친 자, 또는 사관학교 3년 이상 재학 중이거나 간부후보생 과정을 중퇴한 자로서 심사에 의거하여 하사관의 자격을 인정받은 자를 임용하였다. 1967년도에는 하사관 양성과정을 설치하였다. 즉 그때까지 시행한 우수한 병의 진급활용은 진급최저복무기간을 단축하여 임용함으로써 인력확보가 곤란하여 1967. 4. 1.에 각 병과학교에 하사관 양성과정을 설치하였는데 일등병, 상병으로서 중학교 졸업이상의 학력을 소지한 우수자를 선발하여 보병분대장반은 군하사관학교에서 16주, 특과하사관은 군하사관학교에서 4주 교육을 이수 후 특과학교에서 12주 내지 20주간 교육한 후에 임용하였다.[6]

1979년에는 보병분대장 양성제도를 다시 변경하였다. 즉 병무청 징집자원에 의한 보병분대장 양성제도를 1, 3군의 경우는 실무부대에서 지휘능력을 구비한

6) 육군본부, 육군제도사, 병서연구(제12집), 1981, 254면.

정예자원으로 엄선하여 양성하는 제도로 전환함으로써 전투분대장의 지휘능력을 향상시켜 말단부대 전투력의 획기적인 강화를 이룩하였다(1979. 3. 1.).[7)]

연혁적으로 보면 "본인의 지원에 의하지 아니하고 임용된 하사"는 일반하사를 말하는 것으로 보인다.[8)] 일반하사는 일등병, 상병으로서 중학교 졸업 이상의 학력을 소지한 우수자를 선발하여 하사로 임명한 후 보병분대장으로 활용한 제도를 말한다.[9)] 국방부에서도 "공무원보수규정 별표 13(군인의 봉급표)을 비롯한 관련 규정의 법문언상으로는 '자신의 원에 의하지 아니하고'로 규정되어 있는바 이 의미는 '강제' 또는 '선택권이 배제된'으로 해석된다. 연혁적으로 1993년 이후 폐지된 병 출신 일반하사제도가 이에 해당한다."라고 하였다.[10)]

다. 실익

1) 현행 공무원보수규정 별표 13(군인의 봉급표)에서 "본인의 지원에 의하지 아니하고 임용된 하사"를 규정하고 있고, 동 규정 별표 4(공안업무 등에 종사하는 공무원의 봉급표)에서도 경비교도 중 특교는 지원에 의하지 아니하고 임용된 하사봉급 상당액을, 동 규정 별표 10(경찰공무원 · 소방공무원 및 전투경찰순경

7) 육군본부, 육군제도사, 병서연구(제12집), 1981, 255면.

8) 일반하사 임용제도의 변천과정 및 배경은 창군 시에는 병장으로부터 하사로 승진 임용하였으나, 1962년도에 일반하사 제도를 처음으로 채택 시행하였는바, 이때는 중졸 이상의 학력이 있는 현역의 일등병, 상등병 중에서 차출하여 육군 하사관학교 24주 교육 후 하사로 임용하였다. 그러나 1973년도에는 입영 장정의 학력이 대부분 고졸 이상으로 향상됨에 따라 고졸 이상의 입영장정 중에서 차출하여 하사관학교 24주 교육 후 하사로 임용 활용토록 제도를 개선하였으나, 이 제도는 군 경험이 없는 신병을 곧바로 차출하였으므로 분대장(하사)과 고참병 간의 불화로 인하여 사고발생의 원인이 되었다. 그리하여 다시 1962년도 최초 일반하사 제도 채택 당시와 같이 군복무 경험이 있는 일등병 및 상등병 중에서 선발하되 교육기간은 다소 줄이고 학력은 고졸로 하도록 1979년도에 다시 임용제도를 보완하여 시행하였다. 이와 같이 제도를 보완하였음에도 분대장과 고참병과의 갈등은 여전히 상존하고 있음은 물론 전투병력 염출을 위하여 부수병력을 감소시킬 필요성도 있고, 경기 불황으로 경제적인 군 운영의 필요성이 대두되어 1981년도에는 제도를 다시 개선하여 군 경험을 17~23개월로 상향시키고 분대장 교육대 입교 계급도 병장으로 하는 한편, 1 · 3군 하사관학교를 폐지하므로 학교기간요원 및 교육 부수병력을 절약하여 전투병력으로 활용한 인원을 염출하고 예산을 절감토록 하면서, 분대장 양성을 위한 교육기간도 다소 단축하여 병력을 직접 활용할 사단장 책임하에 교육토록 개선하여 시행하였다. 그러나 1984년도에는 병의 복무기간이 33개월에서 30개월로 단축됨에 따라 입대 후 군복무 17~23개월을 16~20개월을 복무자로 다시 하향 조정하면서, 제대별 책임제 교육훈련의 핵심요원인 분대장을 교관화시키기 위하여 골목대장 격인 자를 선발토록 다시 개선하여 시행하였다(육군본부, 육군 인사 역사(제2집), 1987년, 699-700면).

9) 일반하사제도는 운영제도 시 여러 가지 문제점이 제기되었다. 고참병에 비해 분대장의 복무월수가 적으며, 분대장이 이등병 전입 시 후견인이던 고참병이 동일 분대에 보직을 받게 되는 경우가 있고, 후견인은 아닐지라도 분대장 교육 수료 후 병 때 같이 근무하던 고참병과 동일중대나 소대에 보직되는 경우에 병들은 계급보다는 복무월수를 중요시하는 습관으로 인해 고참병과 분대장 간의 갈등이 문제점으로 지적되었다(제5769부대 하사관단, "일반하사와 병간의 관계", 하사관 제5호, 1986. 12. 58-60면).

10) 오랫동안 근무한 고참 병사 중 적당한 자를 지휘관이 일방적으로 선정하여 약식의 교육훈련을 받고 일반하사로 진급하여 제대 전 4개월 정도 분대장 임무를 맡기는 제도이다.

등의 봉급표)에서도 전투경찰순경 특경은 원에 의하지 아니하고 임용된 하사봉급 상당액을 지급하도록 되어 있다.

2) 군인의 경우 "본인의 지원에 의하지 아니하고 임용된 하사"에 해당하는 경우로는 첫째로, 군인사법 시행규칙 제14조 제2항 제1호의 "병장, 상등병 또는 일등병으로서 입대 후 5개월 이상 복무 중인 자"로서 하사로 임용되는 경우를 예상할 수 있다. 그러나 현재 이 일반하사제도는 시행되고 있지 않고 있다. 둘째로, 사관학교 중퇴자로서 하사로 임용되는 경우를 "본인의 지원에 의하지 아니하고 임용된 하사"로 볼 수 있으나 국방부에서는 사관학교 중퇴자는 원에 의해 임용되는 부사관으로 보고 있기 때문에 이 경우도 "본인의 지원에 의하지 아니하고 임용된 하사"로 볼 수 없다.

셋째로, 병에 대해 전투유공자로서 특별진급 시에 "본인의 지원에 의하지 아니하고 임용된 하사"로 볼 수 있는 경우를 예상할 수 있다. 즉 전투, 전시 · 사변 또는 이에 준하는 국가비상사태에 임하여 국가에 대한 공적이 현저한 자는 진급최저복무기간에도 불구하고 진급선발위원회의 심의를 거쳐 1계급 진급시킬 수 있다(군인사법 제30조 제2항). 전투 또는 국가비상사태에 임하여 국가에 대한 공적이 현저한 자에 대해서 진급시킬 때에는 "부사관후보생 및 병장에 대해서는 하사"로 진급시킬 수 있도록 규정하고 있다(군인사법 시행령 제43조 제1항 제5호).[11] 전투유공자로서 병장에서 하사로 특별 진급된 경우를 "본인의 지원에 의하지 아니하고 임용된 하사"로 보아 병의 의무복무기간을 적용시켜야 할 필요성이 발생하기 때문이다. 이러한 경우를 하사로 임용되었다고 하여 하사의 의무복무기간을 적용하는 것은 불합리하기 때문이다. 따라서 이러한 경우를 대비하여 공무원보수규정에서 "본인의 지원에 의하지 아니하고 임용된 하사" 규정을 존치시킬 이유가 있다.

3) 특경은 수경 중 전투경찰대의 분대장 요원으로 선발되어 육군부사관학교 또는 중앙경찰학교 등 경찰청장 또는 해양경찰청장이 정하는 교육기관에서 소정의 교육을 이수한 자 중에서 진급시킨다(전투경찰대설치법 시행령 제14조 제1항). 전투경찰순경 특경은 원에 의하지 아니하고 임용된 하사봉급 상당액을 지급하도록 되어 있다. 전투경찰순경은 이를 다음과 같이 구분한다. 특경, 수경,

11) 임천영, 군인사법(제3판), 법률문화원, 2007, 516 - 517면.

상경, 일경, 이경(전투경찰대설치법 시행령 제3조 제1항). 전투경찰순경의 초임계급은 이경으로 한다(동 조 제2항).

4) 특교는 수교 중 분대장요원으로 선발되어 육군부사관학교 또는 교정직공무원 교육훈련기관에서 소정의 교육과정을 이수한 자 중에서 진급시킨다(교정시설경비교도대설치법 시행령 제8조 제1항 단서). 교육훈련기간 · 교육훈련내용 기타 필요한 사항은 법무부장관이 정한다. 경비교도의 계급은 이를 특교, 수교, 상교, 일교, 이교로 구분하며(교정시설경비교도대설치법 시행령 제7조 제1항), 경비교도의 초임계급은 이교로 한다(동 조 제2항).

Ⅳ. 사관학교 퇴교자의 법적 지위

1. 문제의 제기

사관학교, 육군3사관학교, 그 밖의 무관후보생 교육기관에서 교육을 받던 사람이 퇴교된 경우에는 어떻게 처리될까? 이에 대해서는 병역법 시행령 제30조에서 규정하고 있다. 사관학교, 육군3사관학교, 그 밖의 무관후보생 교육기관에서 교육을 받던 사람이 퇴교된 경우에는 입교하기 전의 신분으로 복귀된다(병역법 시행령 제30조 제1항). 따라서 사관학교 등에서 퇴교된 경우에는 입교 전 신분에 따라 제1국민역, 현역으로 복귀하는 것이 원칙이지만 예외적으로 현역의 부사관이나 현역병으로 복무할 수 있는 규정을 두고 있다. 즉 각 군 참모총장은 사관학교나 육군3사관학교에서 1년 이상의 교육을 마치고 퇴교된 사람에 대해서는 제1항에도 불구하고 본인이 원하면 현역의 부사관으로 임용하거나, 징병검사를 하지 아니하고 현역병으로 복무하게 할 수 있다(병역법 시행령 제30조 제4항).

무관후보생의 교육기관에서 퇴교된 자가 현역병 또는 공익근무요원으로 복무하는 경우에, 퇴교 전 군사훈련기간을 복무기간에 산입하고 신병기초군사교육을 면제하는 규정을 두고 있다(병역법 시행령 제30조 제7항). 무관후보생 퇴교자가 현역병으로 복무하는 경우에는 다음 4가지의 요건을 갖춘 경우에는 무관후보생 교육기간의 군사훈련기간은 현역병 또는 공익근무요원의 복무기간에 산입된다.

① 무관후보생 교육기관에서 퇴교된 자, ② 퇴교된 날로부터 2년 이내에 입영 또는 소집된 자, ③ 퇴교 전의 군사훈련기간이 신병기초군사교육기간 이상인 자, ④ 현역병 또는 공익근무요원으로 복무 중이거나 복무 예정인 자 등 4가지 요건을 모두 충족하여야 한다.[12)]

또한 각 군 참모총장은 사관학교나 육군3사관학교에서 1년 이상의 교육을 마치고 퇴교된 사람에 대해서는 제1항에도 불구하고 본인이 원하면 현역의 부사관으로 임용하거나, 징병검사를 하지 아니하고 현역병으로 복무하게 할 수 있다(병역법 시행령 제30조 제4항). 즉 사관학교 퇴교자는 본인이 원하는 경우에는 부사관으로 임용되어 병들과 같은 2년의 의무복무기간을 할 수 있다. 이러한 사관학교 퇴교자 중 하사로 임관된 경우에는 휴가, 급여체계 등 면에서 통상적인 하사와 달리 그 대우가 낮았다. 국방부에서는 2003년까지 사관학교 퇴교자 출신 하사들에게 하사 1호봉을 지급하여 왔다. 그런데 2003년 5월 17일 국방부가 사관학교 퇴교자 출신 부사관은 "본인의 지원에 의하지 아니하고 임용된 하사"로 봐야 한다는 유권해석을 내리자 '사관학교 퇴교 후 부사관임관자급여기준지시'가 하달되어, 그때부터 국가는 육군사관학교 퇴교생 출신 하사들에게 "본인의 지원에 의하지 아니하고 임용된 하사"의 보수만을 지급하고 있었다.

사관학교 퇴교자 중 부사관으로 임용된 경우 그들의 법적 지위는 무엇인가? 즉 군인사법 제6조 제7항의 '단기복무 부사관인지' 아니면 군인사법 제7조 제1항의 '본인의 지원에 의하지 아니하고 임용된 하사'인지 여부에 관하여 견해가 나누어져 있다. 이에 대해 여러 번의 유권해석이 있었다. 최근에는 국가인권위원회에서 이러한 육군사관학교 퇴교자 출신 하사에 대한 휴가, 급여 등의 차별을 시정할 것을 권고하는 결정을 내린 바 있고, 또한 사관학교 퇴교자에 대한 하급심 판례도 있었다.

2. 유권해석

가. 1997. 10. 30. 국방부 법무관리관실

군인사법 시행규칙 제14조 제2항 제1호에 의하여 임용된 하사가 의무복무기

12) 국방부, 무관후보생 퇴교자 관련 제도개선 시행지침(2009. 12. 7.)

간을 마친 후 연장복무를 원하는 경우에 복무연장을 할 수 있는지 여부에 대해 "불가능한 것으로 보인다. 그 이유는 군인사법 시행규칙 제14조 제2항 제1호에 의하여 임용된 하사(소위 일반하사, 이하 일반하사라 함.)는 계급은 비록 하사이지만, 병역의무를 필하기 위하여 징집된 자들로서 국가의 필요에 의하여 본인의 의사에 관계없이 하사로 임명된 자들인바, 군인사법 제7조 및 동 규칙 제14조 제2항, 병역법 제18조 제2항은 일반하사의 의무복무기간은 병의 의무복무기간과 같다고 규정하고 있어, 이상과 같은 병역법과 군인사법 규정의 태도를 보면 일반하사는 그 복무 면에서 병과 동일하게 취급되는 것으로 보임[법송 24001-982, '88. 8. 30(국방관계법령해석질의집 제18집 제83면 참조)].[13] 그러므로, 일반하사의 원에 의한 복무연장이 가능한지 여부의 문제는 군인사법 제35조 제1항이나 동 시행령 제4조 규정의 유추적용을 통하여 해결할 수 있는 사안은 아니라고 보이고, 병의 원에 의한 복무연장이 가능한지 여부의 문제와 같은 맥락에서 해결하여야 할 사안으로 보임. 한편, 병의 복무를 규정하고 있는 병역법의 제 규정을 살펴보면, 병의 경우에 병역법 제18조 제4항에 의한 전역보류 또는 제19조에 의한 현역복무기간의 조정 등이 되지 아니하는 한 그 의무복무기간을 초과하여 복무하는 것은 예정되어 있지는 아니하다 할 것이어서 일반하사의 경우에도 병의 복무연장과 같은 맥락에서 파악한다면 복무연장을 할 실정법적 근거가 없다고 할 것임. 또한, 일반하사에게 1년을 연장 복무하게 하는 제도를 인정한다면 결국 군인사법 제6, 7조에서 규정한 바와 같이 하사관을 단기복무와 장기복무로 구분한 외에 다시 복무기간 1년의 최단기복무하사관을 새로이 인정하는 것이 된다 할 것이어서, 이러한 새로운 형태의 하사관제도를 인정할 필요

---

13) 군인사법 시행규칙 제14조 제2항에 의하여 임용된 하사(일반하사)가 징역 6개월에 1년간 집행유예의 형을 선고받아 하사관의 병적에서 군인사법 제40조 제4조에 의거 제적할 경우 병역법 제40조 제1항에 의하여 보충역에 편입하여야 하는지 아니면 병으로서 잔여 복무기간을 복무하게 하여야 하는지 여부에 대해 "군인사법 시행규칙 제14조 제2항에 의하여 임용된 하사(일반하사)가 징역 6개월에 1년간 집행유예의 형을 선고받은 경우 군인사법 제40조 제4호, 제10조 제2항 제5호에 의하여 제적됨. 한편 병역법 제18조 제2항은 '현역병(지원에 의하지 아니하고 임용된 하사를 포함한다.)의 복무기간은 다음과 같다.'라고 규정하고 있으며, 본건의 경우와 같이 지원에 의하지 아니하고 하사로 임용된 것은 비록 계급은 하사이지만 군복무의 특별권력관계의 설정행위가 병역의무를 필하게 하기 위하여 국가에서 일방적으로 징집한 자를 국가의 필요에 의하여 본인의 의사에 관계없이 하사로 임명한 것이므로 하사관의 현역의무 복무기간을 규정한 군인사법 제7조 제1항 제4호의 규정에서도 '본인의 지원에 의하지 아니하고 임용된 하사에게는 적용하지 아니한다.'고 하여 징집된 병과 동일하게 현역의무복무기간을 계산하고 있음. 이상과 같은 병역법과 군인사법 등의 취지는 일반하사를 복무의 면에서 병과 동일하게 취급하려는 것으로 보임. 따라서 하사관의 병적에서 제적된 본건 일반하사는 병으로서 잔여복무기간을 복무하여야 할 것으로 사료됨."이라고 하였다.

가 인정된다면 입법적인 뒷받침이 선행되어야 한다고 사료됨."이라고 하였다.[14)]

나. 2003. 2. 25. 육군본부 법제과

육군사관학교 생도로 교육 중 퇴교하여 부사관으로 임용된 자가 군인사법상 "단기복무 부사관"인지, 아니면 "본인의 지원에 의하지 아니하고 임용된 하사" 인지 여부에 관하여 "사관학교 생도로 교육 중 퇴교하여 부사관으로 임용된 자는 '본인의 지원에 의하지 아니하고 임용된 하사'라고 판단됨."이라고 하였다. 그 이유는 "부사관의 복무구분은 장기복무와 단기복무로 구분됨(군인사법 제6조 제5항). 다만, 군인사법과 병역법은 본인의 지원에 의하지 아니하고 임용된 하사는 위 복무구분과 별도로 의무복무기간을 정하고 있음. 즉 군인사법 제7조 제1항, 병역법 제18조 제2항에 의하면 지원에 의하지 아니하고 임용된 하사의 의무복무기간은 병의 의무복무기간과 같음. 이러한 병역법과 군인사법의 규정을 종합하면 본인의 지원에 의하지 아니하고 임용된 하사는 그 복무 면에서 병과 동일하게 취급되는 것임(국법송24001－982, '88. 8. 30. '제적된 일반하사의 병으로서의 잔여복무기간 복무' 국방부 법무관리관실 회신 참조). 복무 면에서만 본다면 사관학교 중퇴자가 부사관으로 임용된 경우의 하사는 본인의 지원에 의하지 아니하고 임용된 하사에 준한다고 판단됨. 군인사법 시행규칙 제14조 제2항 제4호에 의하면 사관학교 중퇴자로서 심사에 의하여 부사관으로 임용되는 경우를 동 항 제1호 '병장인 자 또는 상등병으로 7개월 이상 복무 중인 자(이른바 일반하사)'와 나란히 규정하면서 의무복무기간을 병의 의무복무기간과 같게 규정하고 있기 때문임. 또한 육사생도 퇴교자 부사관 인사관리방침(01－11호, '01. 4. 27.)에 의하면 비록 보직관리는 단기복무 부사관에 준하여 하나, 별도의 일반하사 군번을 부여하고 현 계급에서 전역하는 것이 원칙이며 단기복무 부사관으로 임명되어야 진급이 가능하다고 함. 위 방침 내용에 비추어 보면 육사생도 퇴교자가 부사관으로 임용된 경우에는 단기복무 부사관이 아닌 다른 형태의 복무를 하는 부사관임이 명백함. 다만, 병역법시행령 제30조 제4항에 의하면 사관학교에서 퇴교한 자는 본인의 원에 의하여 현역의 부사관으로 임용하거나 현역병으로 복무할 수 있어, 지원에 의하지 아니하고 임용된 하사인지에 관하여

14) 국방부, 국방관계법령해석질의응답집(제23집), 26-27면.

논란의 여지는 있음. 그러나 지원에 의한 부사관이란 부사관 임용시험에 합격하고 참모총장이 정하는 교육훈련과정을 마친 후 임용되는 것이라고 볼 경우에는 (군인사법 시행규칙 제14조 제1항 참조) 사관학교 중퇴자가 원에 의해 부사관으로 임용이 되더라도, 그 '원'을 부사관 임용절차에의 지원이라고 볼 수는 없으므로 지원에 의하지 아니하고 임용된 하사라고 볼 수 있음. 또한 공무원보수규정('03. 1. 7. 대통령령 제17879호) 별표 13 군인의 봉급표에 의하면 본인의 지원에 의하지 아니하고 임용된 하사는 73,900원을 지급하도록 되어 있는 취지를 보면 장·단기 부사관의 복무형태가 아닌 취지로 이해가 됨(봉급은 적게 주되 병 복무기간을 적용함)."이기 때문이다.[15]

다. 2003. 5. 15. 국방부 인사복지국

국방부는 검토보고서에 의하면 "○ 군인사법과 병역법은 본인의 지원에 의하지 아니하고 임용된 하사는 병의 의무복무기간과 동일하게 복무 면에서만 본다면 본인의 지원에 의하지 아니하고 임용된 하사에 준한다고 판단됨. ○ 군인사법 시행규칙 제14조 제2항 제4호에 의하면 사관학교 중퇴자로서 심사에 의하여 부사관으로 임용되는 경우를 동 항 제1호 '병장인 자 또는 상등병으로 7개월 이상 복무 중인 자(이른바 일반하사)'와 나란히 규정하면서 의무복무기간을 병의 복무기간과 같게 규정하고 있음. ○ 육사생도 퇴교자 부사관 인사관리방침(01-11호, 2001. 4. 27.)에 의하면 비록 보직관리는 단기복무 부사관에 준하여 하나, 현 계급에서 전역하는 것이 원칙이며, 단기복무 부사관으로 임명되어야 진급이 가능하므로, 위 방침 내용에 비추어 보면 다른 형태의 복무를 하는 부사관임."이라고 하면서 "사관학교 퇴교자 중 부사관으로 임용된 자는 '본인의 원에 의하지 아니하고 임용된 하사'로 적용되어야 타당하다."라고 결정하였다.[16]

라. 2009. 5. 25. 국방부 법무관리관실

사관학교를 퇴교한 자로서 원에 의하여 부사관에 임용된 자의 법적 지위에 대한 검토 요청에 대하여 국방부는 "사관학교 퇴교자 출신 부사관은 '원에 의하

15) 육법제 18501-030038(2003. 2. 25.) 사관생도 퇴교자 부사관 임용 관련 복무구분 질의 회신.

16) 국인사33130-214(03. 5. 15.)사관학교 퇴교자 중 부사관 임용자 복무구분 검토보고서.

지 아니하고 임용된 하사'와 그 역할과 기능이 전혀 다르고 오히려 '보통의 부사관'과 동일한 실질(實質)을 가지고 있어 그 법적 지위 및 보수에 관하여 '보통의 부사관'에 준하여 처리하여야 한다고 판단됩니다."라고 답변하였다. 그 이유는 "구 군인사법 시행규칙 제14조 및 제15조에 의해 사관학교를 중도에 퇴교한 자가 하사 내지 중사로 임용된 부사관을 공무원보수규정 별표 13상의 '본인의 지원에 의하지 아니하고 임용된 하사'로 볼 것인지에 대한 판단을 위해 '본인의 지원에 의하지 아니하고 임용된 하사'의 개념 정리가 필요합니다. 공무원보수규정 별표 13(군인의 봉급표)을 비롯한 관련 규정의 법문언상으로는 '자신의 원에 의하지 아니하고'로 규정되어 있는바 이 의미는 '강제' 또는 '선택권이 배제된'으로 해석됩니다. 연혁적으로 1993년 이후 폐지된 병 출신 일반하사제도[17]가 이에 해당합니다. 그런데 사관학교 퇴교자 출신의 부사관제도를 보면 병역법 시행령 제30조 제4항은 본인의 원에 의하여 현역의 부사관으로 임용하거나, 징병검사를 하지 아니하고 현역병으로 복무하게 할 수 있다고 규정하고 있는바 사관학교 퇴교자는 자신의 원에 의하여 부사관 지원 또는 현역병으로 입영할 수 있는 선택권이 주어져 있습니다. 따라서 법문언상 '강제 또는 선택권이 배제된'으로 것으로 해석하는 것은 문리해석의 한계를 벗어난 것으로 허용될 수 없다고 판단됩니다. 또한 병역법 시행규칙 제30조 제4항 및 구 군인사법 시행규칙 제14조 제2항 제4호에 의해 임용된 부사관은 사관학교 3학년 퇴교의 경우 하사로, 4학년 퇴교의 경우 중사로 각 임용되어 분대원의 기초적 신상파악 및 신변활동의 관찰 일일단위 예정 및 실시사항 전파와 같은 단순한 분대장의 역할과 기능을 넘어 국가가 수행하는 부대관리 업무를 수행하는 최하위 말단조직으로서 중요한 임무를 수행하고 있습니다. 따라서 그 책임과 권한의 범위에서 분대장과 확연하게 차이가 발생합니다. 결국 사관학교 퇴교자 출신 부사관은 '본인의 지원에 의하지 아니하고 임용된 하사'로 볼 수 없고 보통의 부사관과 본질적인 차이가 없는 동일한 실질(實質)의 법률적 지위를 가지므로 군인사법 제52조의 규정에 따라 보수 또한 계급과 복무연한에 따라 지급되어야 한다고 판단되어 이에 반하는 기존의 국방부 유권해석은 위 인정하는 범위 내에서 변

17) 오랫동안 근무한 고참 병사 중 적당한 자를 지휘관이 일방적으로 선정하여 약식의 교육훈련을 받고 일반하사로 진급하여 제대 전 4개월 정도 분대장 임무를 맡기는 제도이다.

경하기로 합니다."라고 하였다.[18]

마. 2009. 7. 22. 국방부 인사복지실

국방부는 2009. 7. 22. 사관학교 퇴교 후 부사관(하사) 임관자의 복무구분을 종전의 "본인의 지원에 의하지 아니하고 임용된 하사"를 "본인의 원에 의해 임용된 하사"로 변경하였다.[19]

3. 판례

가. 사실관계

육군사관학교(이하 '육사'라 한다.)에 재학 중이던 원고 및 선정자들(이하 원고와 선정자들을 합하여 '원고 등'이라 한다.)은 육사 3학년 또는 4학년 재학 중 육사를 중퇴한 후, 본인들의 원에 의하여 현역의 부사관으로 임용(육사 3학년 퇴교자는 '하사'로, 육사 4학년 퇴교자는 '중사'로 각 임용되었다.)된 후 전역하였다. 피고는 원고 등을 부사관으로 임용한 후 보통의 부사관과 동일한 업무를 수행하게 하였는데, 보통의 부사관에게는 관련 규정에 따라 별지 제2목록 급여총액란 기재 각 해당란의 금액을 보수 및 퇴직금(군인연금법상의 퇴직일시금 및 퇴직수당)으로 지급하였으나, 원고 등에게는 같은 목록 실제수령액란 기재 각 해당란과 같이 하사의 경우 2003. 6. 25.까지는 하사 1호봉의 봉급 및 기말수당 등만을, 2003. 7. 25.부터는 "본인의 지원에 의하지 아니하고 임용된 하사"에 해당하는 봉급 및 기말수당 등만을, 중사의 경우 중사 1호봉의 봉급 및 기말수당 등만을 지급하였다. 한편, 보통의 부사관들은 장기복무의 경우에는 7년, 단기복무의 경우에는 4년을 복무하여야 하나, 원고 등은 별지 기재 구 군인사법 시행규칙(이하 '법 시행규칙'이라 한다.) 제14조 제2항에 의하여 병의 복무기간만을 복무하였다.

---

18) 국방부, 국방관계법령해석질의응답집(제28집), 97 – 99면.

19) 국방부 인사기획관리과 – 7996(2009. 7. 22.) "사관학교 퇴교 후 부사관(하사) 임관자" 복무구분 적용 변경.

나. 법원의 판단

1) 원고 등을 차별할 법률상 근거가 있는지 여부

피고는, 공무원보수규정 별표 13에서 규정하고 있는 “본인의 지원에 의하지 아니하고 임용된 하사”란 구법 시행규칙 제14조 제2항에 규정된 방법으로 부사관으로 임용되어 복무를 하는 하사를 지칭하는 것이므로 같은 항 제4호에 규정된 방법으로 임용된 원고 등에게 별지 제2목록 실제수령액란 기재의 금액만을 지급한 것은 법령상 근거가 있는 것이어서 정당하다고 주장한다. 공무원보수규정 별표 13에서 규정하고 있는 “본인의 지원에 의하지 아니하고 임용된 하사”는 그것이 어떤 하사를 지칭하는 것인지가 명확하지 않고, 병역법 또는 군인사법 등 관련 법률에 정의규정이 별도로 존재하지 않을 뿐만 아니라, 복무기간이 병의 의무복무기간과 동일한지 여부가 ‘본인의 지원’ 유무를 구별하는 기준이라고 볼 수 없으며, ‘본인의 지원’을 법 시행규칙 제14조 제1항에 한정하고, 육사퇴교자가 본인의 원에 의하여 하사관으로 임용된 경우를 ‘본인의 지원’에서 제외할 근거가 없으므로 공무원보수규정 별표 13은 보수를 차별할 근거 조항으로 볼 수 없다. 구법 시행규칙 제14조는 부사관 임용고시, 참모총장이 정하는 교육훈련과정 유무에 따른 부사관의 임용방법에 관하여 규정한 것일 뿐이므로 위 조항 자체를 같은 규칙 제14조 제1항, 제2항에 규정된 방법으로 임용된 각 부사관의 보수를 차별할 근거 조항으로 삼을 수도 없다.

2) 합리적인 차별인지 여부

피고는, 부사관에게 병보다 높은 보수를 지급하는 것은 그들이 병보다 장기간 복무를 하기 때문인데, 원고 등은 병과 동일한 기간만을 복무하므로 원고 등에게 보통의 부사관들보다 낮은 급여를 지급하는 것은 합리적인 차별이라고 주장한다. 군인사법 제44조 제1항에 의하면 군인은 법률이 정하는 바에 의하여 신분이 보장되며, 그 계급에 상응하는 예우를 받도록 되어 있고, 같은 법 제45조에 의하면 군인은 이 법의 적용에 있어서 평등하게 취급되어야 하고 차별되지 아니하며, 같은 법 제52조의 규정에 의하면 군인의 보수는 계급과 복무연한에 적응하도록 법률로 정하도록 되어 있다. 계급에 상응하는 예우에는 보수가 포함되고, 일반적으로 계급이 올라갈수록 보수의 액수가 높아지는 것은 계급이 올라

감에 따라 그 일의 강도나 중요성이 높아지기 때문에 그 계급에 맞는 예우를 해 주기 위한 것인데 보통의 부사관들과 동일한 업무를 담당하였던 원고 등의 계급이 보통의 부사관들과 다르다고 볼 근거는 없으므로, 피고는 원고 등의 복무 기간과 관계없이 원고 등에게 보통의 부사관들과 동일한 예우를 해 주었어야 했다. 따라서 원고 등에게 피고가 내세우는 사유만으로 보통의 부사관과 다르게 보수를 지급할 합리적인 이유가 없다. 그 밖에 임관 전 교육 여부, 군번부여 방법, 인사권자, 인사명령의 형식 역시 원고 등을 보수 면에서 보통의 부사관과 차별할 이유가 될 수 없다. 피고가 법률상의 근거나 합리적인 이유 없이 원고 등에게 보통의 부사관과 동일하게 금액을 지급하지 아니하고 별도의 해당 금액만을 지급한 것은 원고 등의 군인보수법에 따른 정당한 보수청구권 및 군인연금법에 따른 퇴직금청구권을 침해한 것으로서 불법행위를 구성한다 할 것이므로, 피고는 원고 등에게 각 그 차액 상당의 손해를 배상할 의무가 있다.[20]

4. 국가인권위원회 결정

2006. 3. 23. 국가인권위원회는 "국방부장관에게, 1. 육군 · 해군 · 공군사관학교 퇴교생도 중 부사관으로 임관된 자의 처우가 다른 부사관과 봉급 등 각종 처우에서 동일한 기준이 적용되도록 제도를 보완 개선할 것과, 2. 사관학교 퇴교생도 출신 부사관들이 입은 피해에 대해 실태를 파악하여 적절한 피해회복 조치를 할 것을 각 권고한다."라는 침해구제 결정을 하였다.

국가인권위원회는 그 결정문에서

가. 병역법시행령 제30조는 "각 군 참모총장은 사관학교 또는 단기사관학교에서 1년 이상의 교육을 마치고 퇴교한 사람에 대해서는 '본인의 원에 의하여' 부사관으로 임용하거나, 징병검사를 하지 아니하고 현역병으로 복무하게 할 수 있다."고 규정되어 있고, 군인사법 제3조에 부사관의 계급은 하사, 중사, 상사, 원사로 구분하고 있으며, 동법 제44조 및 제45조, 제52조에 의하여 그 계급에 상응한 예우와 보수 등에 있어 차이를 두지 않고 평등하게 취급되어야 함을 규정하고 있다.

---

20) 서울중앙지법 2009. 4. 30. 선고 2007가합112030 판결.

나. 그럼에도 불구하고 현재 사관학교 퇴교 후 부사관으로 임관된 경우, 간부 직책을 부여받고 부사관의 임무를 수행하나 단지 복무기간이 일반 병의 의무복무기간과 같다는 이유로 각 군과 군 내 부대별로 급여 및 처우 등에 있어 차별을 두고 있다.

다. 국방부의 유권해석에서 제시된 개념인 "본인의 지원에 의하지 아니하고 임용된 하사"라는 것은, 상 · 병장에서 분대장(하사)을 활용하기 위해 군복무 중인 병사에서 선발했던 시기에 존재하였던 일반하사(1993년 이후 폐지) 개념으로서, 사관학교 퇴교자인 경우는 원래 신분으로 복귀(귀가)하여야 하나 본인의 원에 의해 부사관으로 임용된 것이고(병역법시행령 제30조 제1항 및 제2항), 육군규정 116 부사관 복무규정 제6조 제3항 및 동 규정 118 단기부사관 보직관리에서 단기 부사관과 동일한 보직관리를 하고 있는 것에 비추어 볼 때 국방부의 위와 같은 해석은 불합리한 것으로 판단된다.

라. 따라서 사관학교 퇴교생들이 본인의 원에 의해 부사관으로 임용된 경우 비록 그 의무복무기간은 병의 의무복무기간과 같더라도 실질적으로 다른 부사관과 유사한 임무를 수행하고 있으므로, 이들에 대하여 처우를 달리하는 것은 헌법상 자의금지의 원칙에 위배되는 합리적 이유가 없는 차별행위로서 이는 헌법 제11조에 규정된 평등권을 침해한 것이라고 판단된다(다만, 부사관으로 임용된 사관학교 퇴교 생도가 본인의 의사에 따라 계급은 부사관이지만 복무기간, 부여임무, 전역 후 예비군 편성연령 등을 일반병과 동일하게 할 경우는 별개의 문제이다.)고 결정하였다.

Ⅴ. 보수

1. 문제의 제기

사관학교 퇴교생으로서 하사, 또는 중사로 임관된 경우 이들에 대해서는 봉급을 어떻게 지급하여야 하는가? 이 문제는 공무원보수규정(대통령령 제21979호 2010. 1. 7.) 제5조 별표 제13에 의하면 본인의 지원에 의하지 아니하고 임용된 하사의 경우는 171,200원의 봉급을 지급하도록 규정하고 있어 해석상 · 실무상 혼란을 주고 있고, 특히 각 군 간에도 봉급지급을 달리하고 있었다. 지금까지 논의되었던 내용을 검토하기로 한다.

2. 관련 규정

가. 군인보수법

군인보수법에서는 군인의 보수에 관하여 기본적인 사항을 정하고 있다. 군인보수법 제2조에서는 "① 이 법은 현역 또는 소집되어 실역에 복무하는 군인(병력동원훈련소집 및 교육 소집된 자를 제외한다.)에게 적용한다. ② 군인은 이 법에 규정된 보수 이외에 금전이나 물품 등에 의한 어떠한 보수도 지급되거나 요구하여서는 아니 된다."라고 하여 그 적용범위를 규정하고 있다. 따라서 적용범위에 관하여 예외를 규정하고 있지 않기 때문에 하사의 경우 지원에 의하여 임용되었는지 여부와 관계없이 군인보수법이 적용된다. 구체적인 급여수준에 관련해서는 제7조[21]에서 그 비율만을 정하고 있다. 구체적으로 하사의 급여수준을 보면 별표 1의 [봉급기준비율]을 보면 중사 1호봉을 100으로 했을 때 하사 1호봉을 55로 정하고 있을 뿐 지원 여부에 따라 그 비율을 달리 정하고 있지 않다. 다만, 병 봉급의 경우 대통령령이 정하는 바에 따라 지급하도록 별도로 위임규정을 두고 있다. 물론 동법 시행령 제23조에서 이 법 시행에 필요한 사항은 대통령령으로 정한다고 하고 있으나, 이는 어디까지나 모법의 취지에 어긋나지 않는 범위에서 모법을 구체화하기 위한 범위에서 시행령을 제정할 수 있다는 취지에 불과하다.

나. 공무원보수규정, 공무원수당 등에 관한 규정

이에 따라 군인의 보수를 구체화시킨 것이 공무원보수규정, 공무원수당 등에 관한 규정 등이다. 공무원보수규정(대통령령 제21979호 2010. 1. 7.) 제5조(공무원의 봉급) 별표 제13(군인의 봉급표)에 의하면 본인의 지원에 의하지 아니하고

21) 군인보수법 제7조(봉급).
① 군인의 봉급은 계급과 복무기간에 따라 별표 1의 봉급기준비율에 의하여 지급한다. 그러나 병의 봉급은 대통령령이 정하는 바에 의하여 지급한다.

임용된 하사의 경우는 171,200원의 봉급을 규정하고 있다. 이 조항은 1990. 1. 15.부터 공무원보수규정에 규정된 이래로 지금까지 지속되고 있다. 즉 공무원보수규정(대통령령 제12902호 1990. 1. 15.) 제5조(공무원의 봉급) 별표 제13(군인의 봉급표)에 의하면 "본인의 지원에 의하지 아니하고 임용된 하사"는 32,000원을 지급하도록 규정되어 있었다. 다만, 보수 관련 규정에서 "본인의 지원에 의하지 아니하고 임용된 하사"에 대한 개념 정의나 기타 사용 용례를 찾아볼 수 없다.

3. 2009. 8. 1. 이전 실무

2009. 8. 1. 사관학교 퇴교 후 부사관(하사) 임관자 복무구분 적용이 변경되기 전까지 각 군 본부에서는 사관학교 퇴교 후 하사로 임관자에 대해 봉급지급 체계가 달랐다. 국가인권위원회 결정문에 의하면 「○군 · ○군 본부의 주장은 "사관학교 퇴교자 중 하사로 임관된 경우 하사 1호봉(기본급여)을 지급하여 왔으나, 2003. 5. 31. 국방부에서 이들을 '본인의 지원에 의하지 아니하고 임용된 하사'로 유권해석을 내림에 따라, 2003년 군인봉급표상의 기준금액(본인의 지원에 의하지 아니하고 임용된 하사: 101,400원)을 지급하였고, 사관학교 4학년 퇴교자인 중사의 경우 '본인의 지원에 의하지 아니하고 임용된 하사'에 해당하지 않으므로 종전대로 군인봉급표상 중사 1호봉(육군: 745,100원, 공군: 1,400,000원)을 지급하였다.", 또한 ○군 본부의 주장은 "사관학교 퇴교자 부사관에 대해 하사, 중사 1호봉을 현재까지 지급하여 왔고, 2003. 5. 국방부의 유권해석은 육군에만 해당되는 것으로 판단(해군의 경우 육군에서 말하는 소위 일반하사 제도가 없었음)하여, 현재도 종전대로 군인봉급표상 하사, 중사 1호봉을 지급하였다."」라고 하였다.[22]

4. 2009. 5. 25. 국방부 유권해석

군인사법 제44조 제1항에 의하면 군인은 법률이 정하는 바에 의하여 신분이

22) 국가인권위원회 침해구제제1위원회 결정문(2. 피진정기관의 주장).

보장되며 그 계급에 상응하는 예우를 받도록 되어 있고 같은 법 제45조에 의하면 군인은 이 법의 적용에 있어 평등하게 취급되어야 하며 같은 법 제52조의 규정에 의하면 군인의 보수는 계급과 복무연한에 적응하도록 법률로 정하도록 되어 있다. 따라서 계급에 상응하는 예우에는 보수가 포함되어 있고 일반적으로 보수의 액수가 높아지는 것은 계급이 올라감에 따라 그 일의 강도나 중요성이 높아지기 때문이다. 결국 사관학교 퇴교자 출신 부사관에 대하여 보통의 부사관들과 동일한 업무를 담당함에도 불구하고 합리적 이유 없이 이들의 계급과 복무기간에 관계없이 일률적으로 원에 의하지 않는 하사관의 보수를 지급하는 것은 이들은 정당한 보수청구권을 침해하는 불법행위를 구성한다 할 것이다.[23)]

5. 판례

판례는 위에서 본 바와 같이 "피고가 법률상의 근거나 합리적인 이유 없이 원고 등에게 보통의 부사관과 동일하게 금액을 지급하지 아니하고 별도의 해당 금액만을 지급한 것은 원고 등의 군인보수법에 따른 정당한 보수청구권 및 군인연금법에 따른 퇴직금청구권을 침해한 것으로서 불법행위를 구성한다 할 것이므로, 피고는 원고 등에게 각 그 차액 상당의 손해를 배상할 의무가 있다."라고 판시하고 있다.[24)]

Ⅵ. 결론(입법론)

사관학교 퇴교자로서 하사로 임용된 경우 그 법적 지위에 관하여 논란이 많은 것은 근본적으로는 공무원보수규정 제5조 별표 제13조에 "본인의 지원에 의하지 아니하고 임용된 하사"에 대한 개념 정의가 없다는 것이다. 또한 외관상 하사 계급장을 달고 근무하지만 그 복무기간이 2년이라는 데에 있다. 2003. 2. 25. 육군본부 유권해석에 이러한 면을 고민한 것 같다. 즉 본인의 지원에 의하

23) 국방부, 국방관계법령해석질의응답집(제28집), 97－99면.

24) 서울중앙지법 2009. 4. 30. 선고 2007가합112030 판결.

지 아니하고 임용된 하사는 그 복무 면에서 병과 동일하게 취급되어 병과 같이 2년의 복무기간만을 근무하는데, 봉급 면에서도 보통의 부사관처럼 대우할 경우에는 특혜를 주는 것이 아닌가라는 생각을 한 것이 아닌지 추정할 수 있다. 이런 것을 고려하여 육군본부에서는 유권해석 시에 "지원에 의한 부사관이란 부사관 임용시험에 합격하고 참모총장이 정하는 교육훈련과정을 마친 후 임용되는 것이라고 볼 경우에는 사관학교 중퇴자가 원에 의해 부사관으로 임용이 되더라도, 그 '원'을 부사관 임용절차에의 지원이라고 볼 수는 없으므로 지원에 의하지 아니하고 임용된 하사라고 볼 수 있음."이라고 하였다.

그 후 국방부 유권해석, 국가인권위원회 결정, 판례 등에서 지적한 바와 같이 사관학교 퇴교 후 하사로 임용된 자는 "본인의 지원에 의하지 아니하고 임용된 하사"가 아니라 "본인의 원에 의해 임용된 하사"로 보고 있다.

문제는 사관학교 퇴교 후 하사로 임용된 자의 의무복무기간을 병의 복무기간과 같이 2년으로 유지하는 것이 바람직한 것인가에 대해서는 재검토할 필요가 있다. 하사 계급장을 달고 부사관과 똑같은 임무 수행을 하면서 보수에 있어서도 하사 봉급을 받음에도 불구하고 의무복무기간을 2년으로 단축하는 것은 문제이다. 어떤 자를 부사관으로 임용할 것인가는 자격의 문제임에도 불구하고 사관학교 퇴교자라고 해서 의무복무기간을 단축해 줄 합리적인 이유도 없다는 생각이 든다. 사관학교 퇴교 후 하사로 임용된 자의 의무복무기간은 단기복무 부사관과 같이 4년으로 하여야 한다.

3. 의무장교(醫務將校)의 의무복무기간*
(서울고등법원 2003. 11. 14. 선고 2003누3460 판결)

목 차

Ⅰ. 대상판결

1. 사실관계

원고는 1991. 1. 전북대학교 의과대학을 졸업하고 1992. 4. 25. 군의(軍醫) 22기로중위로 임관하여 근무하던 중 장기복무신청을 하여 1992. 12. 14. 장기복무 의무장교로 임용된 후, 1993. 3. 23.부터 1997. 3. 2.까지 국군 수도병원에서 정형외과 전문의학과정 수습을 받았다. 임관일 이후 군인사법 제7조 제1항 제1호 소정의 장기복무기간 10년이 경과하자, 2002. 5. 23. 전역희망일자를 같은 해 6. 30.로 하여 피고(대한민국)에게 전역지원서를 제출하였는데, 피고는 원고가 법 제7조 제3항(이하 "이 사건 조항")에 따라 의무장교로서 전문의학과정을 수습하여 의무복무기간에 가산되는 '3년 11월 9일'을 추가로 복무하여야 한다는 이유

* 게재지: 법률신문(제3238호 2004. 1. 29.).

로, 같은 해 8. 22. 원고의 전역신청을 거부하는 처분을 하였다. 원고는 위 전역거부처분을 취소하여 달라는 소송을 제기하였고 이에 대한 제1심과 항소심은 원고 패소 판결을 선고했다(1심은 서울행정법원 2003. 1. 23. 선고 2002구합31701 판결, 항소심은 서울고등법원 2003. 11. 14. 선고 2003누3460 판결). 원고와 피고가 상고를 제기하지 않아 위 항소심 판결은 확정되었다.

2. 항소심 판결요지

1) 이 사건 조항 중 의무장교에 관한 부분은 법규 전체의 취지를 살펴보면 이는 기초의학과정이나 전문의학과정 중 어느 하나의 기간만이 의무복무기간 산입 대상이 되는 것이 아니라 두 과정 모두 산입 대상이 된다는 취지로 해석함이 상당하고, 특히 국가의 예산으로 경제적인 혜택을 부여받아 교육을 받은 이상 반드시 두 과정 모두를 수습한 경우에만 산입 대상이 된다고 볼 근거는 없다.

2) "단기복무장교로 임용된 자"라는 문구에 이미 법무장교 또는 의무장교로서 임용되어 시보 또는 전문의학과정을 수료한 자는 포함되지 않고 군장학생 중 장교로 새로이 임용된 군장학생만 포함되는 것으로 해석함이 상당하다고 할 것이다.

3) 가산되는 의무복무기간을 어느 정도로 정할 것인지, 한도를 둘 것인지, 법무장교나 의무장교 등 각 경우에 차이를 둘 것인지 등의 여부는, 국가의 재정상태, 군의 수급상황, 부여되는 혜택의 정도, 각 제도에 관한 사회적 인식 등 재정적, 군사적 · 사회경제적 요인에 따라 결정될 것으로서, 이는 원칙적으로 입법자의 입법형성재량에 기초한 정책적 판단에 맡겨져 있다고 할 수 있으므로, 이는 입법정책에 따른 합리적 재량의 범위 내에 있는 차이라고 할 수 있을 뿐이다. 따라서 이 사건 조항이 그 가산 기간의 차이로 인하여 형평에 반하는 것이라고는 말할 수 없을 것이다.

4) 이 사건 조항이 군 내 수습을 받은 의무장교에게는 적용되지 아니한다는 원고의 주장은 이유 없다

Ⅱ. 의무복무기간 및 가산제도

1. 제도의 취지

군인사법 제7조 제1항에서는 장교·준사관·부사관의 의무복무기간에 대하여 규정하고 있다. 의무복무기간은 다른 공무원법과 다른 군인사법의 특징으로 헌법 및 병역법에 의한 병역의무의 일환으로서 규정된 것이다. 따라서 의무복무기간은 본인이 원하든 원하지 않든 그 기간은 반드시 복무하여야 한다(졸저, 「군인사법」, 법률문화원, 2003, 214면). 또한 군인사법 제7조 제2항, 제3항에서는 군인으로서 외국에서 유학하거나 군 외 교육기관에서 위탁교육을 받은 자는 일정기간 가산하여 복무하도록 하는 의무복무기간 가산제도를 운영하고 있다. 이는 누구나 부담하여야 하는 국방의무를 이행하는 중에 특정 개인에 대하여 국가예산을 투자하여 특별한 능력개발기회를 부여한 만큼 그에 상응하는 기간을 의무복무기간에 가산하여 복무하게 함으로써 통상의 군대 교육훈련과정을 통하여 확보하기 어려운 우수한 전문인력을 확보하는 한편 그 인력의 조기유출을 막고 군인의 사기를 진작하는 데에 있다(서울행정법원 2003. 1. 23. 선고 2002구합31701 판결).

2. 가산복무의 유형 및 법적 성질

군인사법 제7조 제2항에서는 외국에서 유학하거나 국내에서 군 외의 교육기관의 위탁교육이나 군 교육기관의 학위과정의 교육을 받은 자를, 동 조 제3항에서는 법무장교, 의무장교, 군인사법 제62조 제1항의 규정에 의한 군장학생을, 동 조 제5항에서는 특수장비 운용을 위하여 외국에 유학하는 자는 그 이수기간을 의무복무기간에 가산하여 복무하는 규정을 두고 있다. 의무복무기간에 가산하여 복무하는 기간의 성격은 "의무복무기간의 일종으로 광의의 의무복무기간에 포함된다."고 하였다(국방부, 국방관계법령해석질의응답집 제23집, 1997, 20－21면).

Ⅲ. 쟁점

1. 쟁점의 소재

군인사법 제7조 제3항의 해석과 관련하여 첫째로, 그 문언상 기초의학 및 전문의학 과정을 모두 군에서 수습한 의무장교에게만 전용되어야 하는가의 문제와 둘째로, 위 각 과정을 수습한 자 중 '장기복무장교'가 아닌 '단기복무장교'에게만 적용되어야 하는지의 여부, 셋째로, 다른 장기복무자와의 형평 문제, 넷째로, 위 조항이 군 외의 기관에서 수습을 받은 경우에만 적용되는지 여부에 관한 것이다.

2. 기초의학 및 전문의학 과정을 모두 군에서 수습한 의무장교에게만 적용되는지 여부

이 사건 조항은 그 문언상 기초의학 및 전문의학 과정을 모두 군에서 수습한 의무장교에게만 적용되어야 한다. 즉 문언상의 표현 중 의무장교에 관한 부분은 "의무장교로서 기초의학 및 전문의학 과정을 수습한 자 ……는 그 수습 …… 한 기간에 해당하는 기간을 의무복무기간에 가산하여 복무한다."라는 내용으로 되어 있으므로 문언상 기초의학 및 전문의학 과정을 모두 군에서 수습한 의무장교에게만 적용되어야 한다는 주장에 대해 항소심은 "'및'이라는 어휘의 용법에 관하여 오해의 여지가 없지는 않으나, 법규 전체의 취지를 살펴보면 이는 기초의학과정이나 전문의학과정 중 어느 하나의 기간만이 의무복무기간 산입 대상이 되는 것이 아니라 두 과정 모두 산입 대상이 된다는 취지로 해석함이 상당하고, 원고의 주장과 같이 기초의학과 전문의학 과정 모두를 수습한 의무장교의 경우에만 산입 대상이 되는 것으로 해석할 수는 없다고 보이며, 특히 국가의 예산으로 경제적인 혜택을 부여받아 교육을 받은 이상 반드시 두 과정 모두를 수습한 경우에만 산입 대상이 된다고 볼 근거는 없다."라고 하였다.

3. 이 사건 조항이 단기복무 의무장교에게만 적용되는지 여부

이 조항의 문언해석상 위 각 과정을 수습한 자 중 '장기복무장교'가 아닌 '단기복무장교'에게만 적용되어야 한다. 즉 이 사건 조항은 의무복무기간 가산 대상자로서 "법무장교로서 군법무관시보로 실무를 수습한 자, 의무장교로서 기초의학 및 전문의학 과정을 수습한 자와 제62조 제1항의 규정에 의한 군장학생으로서 소정의 과정을 이수한 자 중 단기복무장교로 임용된 자"를 규정하고 있는바, 그 내용 중 "의무장교로서 기초의학 및 전문의학 과정을 수습한 자"가 뒤의 "단기복무장교로 임용된 자"에 연결하는 것으로 해석하여야 한다는 주장에 대해 항소심은 "① 우선 문리적 해석에 의하더라도 그러하고, ② 또한 '단기복무장교로 임용된 자'라는 문구는 군인사법이 1989. 12. 30. 법률 제4158호로 개정되면서 삽입된 것으로, 그 개정취지는 군장학생 출신 장교 중 장기복무장교에 대하여 장학금 수혜기간 가산복무제도를 폐지하여 다른 장기복무장교와의 형평을 유지하는 한편 군장학생 출신 장교의 장기복무를 유인하기 위한 것일 뿐 법무장교나 의무장교와는 관련이 없다 할 것인바, 국회 국방위원회 회의록의 기재에 의하더라도 명백하며, ③ 나아가 법 제62조 제1항, 군장학생규정 제2조에 의하면, 군장학생은 대학교에 재학 중인 자로서 군에서 시행하는 전형에 합격하여 소정의 교육과정을 마침으로써 장교로 임관될 수 있는 것이므로, '단기복무장교로 임용된 자'라는 문구에 이미 법무장교 또는 의무장교로서 임용되어 시보 또는 전문의학과정을 수료한 자는 포함되지 않고 군장학생 중 장교로 새로이 임용된 군장학생만 포함되는 것으로 해석함이 상당하다고 할 것이다."라고 하였다.

4. 형평의 문제

군장학생으로서 의과대학 및 전문의학 과정 등 10년의 혜택을 받은 후 임관한 단기복무장교의 의무복무기간이 13년이고 사관학교 출신자의 의무복무기간이 10년인 데 비하여, 장기복무 지원 후 전문의학과정만 수습한 원고의 경우 의무복무기간이 14년이 되므로 형평에 어긋난다는 취지의 주장에 대해 항소심은 "① 기본적으로 군장학생이나 사관학교 졸업생은 그 제도의 목적, 선발기준과 자격, 혜택, 복무조건 등이 의사시험에 합격하여 단기복무 의무장교로 임용되었다가 장기복무를 신청한 원고의 경우와는 전혀 다른 성격의 인적 자원이라는 점, ② 가산되는 의무복무기간을 어느 정도로 정할 것인지, 한도를 둘 것인지, 법무장교나 의무장교 등 각 경우에 차이를 둘 것인지 등의 여부는, 국가의 재정상태, 군의 수급상황, 부여되는 혜택의 정도, 각 제도에 관한 사회적 인식 등 재정적, 군사적 · 사회경제적 요인에 따라 결정될 것으로서, 이는 원칙적으로 입법자의 입법형성재량에 기초한 정책적 판단에 맡겨져 있다고 할 수 있으므로, 그 입법의 내용이 헌법상 규정된 기본권이나 기본원칙, 기본권제한의 입법 한계, 그리고 당해 법률의 입법목적 등에 비추어 자의적이거나 임의적이 아닌 합리적 범위 내의 것이라면 이를 위헌이라고 인정할 수는 없는 점 등에 비추어 보면, 이들의 의무복무기간에 다소 차이가 있고 가산 대상 기간이 다르다 하더라도, 본건에 있어서 이를 비합리적인 차별이라고 할 수 있을 정도로 형평에 반한다고 볼 만한 사정은 찾아볼 수 없으므로, 이는 입법정책에 따른 합리적 재량의 범위 내에 있는 차이라고 할 수 있을 뿐이다. 따라서 이 사건 조항이 그 가산기간의 차이로 인하여 형평에 반하는 것이라고는 말할 수 없을 것이다."라고 하였다.

5. 이 사건 조항이 군 외 기관에서 수습을 받은 경우에만 적용되는지 여부

이 사건 조항은 전문의학과정을 군 외 기관에서 수습을 받은 경우에 한하여 적용되어야 한다. 즉 군병원에서 수습한 전문의학과정은 의무장교로서의 기본업무와 같으므로 의무복무기간에 가산해서는 안 된다는 주장에 대해 항소심은 "① 원고가 군 병원에서 전문의학과정을 수습하면서 진료, 검사, 수술 등 의무장교로서의 업무와 동일한 업무를 수행하였다 하더라도, 이 역시 전문의 자격시험 응시자격을 갖추기 위한 임상수련으로 볼 수 있다는 점에서, 그 전문의학과정 수습기간을 수혜적인 기간으로 인정할 수 없다는 원고의 주장은 받아들일 수 없고, ② 법 제7조 제2항이 군 내의 위탁교육기간을 의무복무기간에 산입하지 아니하는 것과 법 제7조 제3항은 그 해석상 아무 관련이 없다 할 것이며, ③ 또한 이 사건 조항이 법무장교의 경우 군 외에서 군법무관시보로 수습한 기간만 의무복무기간에 가산하는 등 의무복무기간을 달리 정하는 것 역시, 법무장교와 의무장교가 제도의 목적이나 선발기준, 자격 등에서 서로 다르다는 점을 고려하면, 그 가산 대상 기간에 다소 차이가 있다 하더라도 이는 입법재량에 따른 합리적 차별이라고 볼 수 있을 것이다."라고 하였다.

Ⅳ. 결론

이 사건 조항은 그동안 4차례의 개정이 있었다. 그러나 위에서 본 바와 같이 조문의 애매한 표현으로 말미암아 해석상 혼란이 있었는데 위 항소심의 판결로 명확한 해석이 가능하게 되었다. 특히 의무장교들이 법무장교에 비해 복무기간 계산에 있어서 상대적으로 불리하다며 형평성 문제를 제기하여 왔는데 위 판결로 인해 상당 부분 해소될 것으로 기대한다.

제3편
보임

4. 군인사법상의 보직해임*

목 차

Ⅰ. 意義

1. 槪念

보직해임이란 공무원에 있어서 그 보직을 유지시킬 수 없는 사유가 있는 경우에 그 공무원의 신분관계는 그대로 존속시키면서 그 보직만을 부여하지 아니하는 행정처분이다.[1] 즉 보직해임은 군인으로서의 신분은 보유하면서 보직만을 해임하는 것을 말한다.[2] 육군에서는 보직해임을 "인사권자가 부하의 비위나 직

* 게재지: 월간 법조 (통권 제570호), 법조협회, 2004. 3.

1) 서울행정법원 2002. 8. 23. 선고, 2002구합9919 판결.

무능력 부족을 이유로 해당 직위의 직무담임을 강제로 해제하는 인사조치"라는 의미로 사용하고 있다. '보직해임'이란 용어는 군인사법 제17조 제2항 제2호의 "당해 직무를 수행할 능력이 없다고 인정되었을 경우(징계성 인사조치)"에만 사용하며, 심신장애 등 기타 사유(비징계성 인사조치)로 인한 보직변경은 육규 113 제32조(전속 및 재보직의 한계)를 적용한다.[3]

장교의 보직에 대해서는 임기 이전에 해임되지 않고 그 임기를 보장하는 것이 원칙이나, 보직을 감당할 수 없는 특별한 사유가 있는 경우에는 임기 이전이라도 해임할 수 있도록 하려는 것이다.[4] 이와 관련된 법규로는 군인사법 제17조, 군인사법시행령 제17조의 2, 사고처리신상필벌기준(국방부훈령 제702호 2002. 3. 19.),[5] 각 군 규정,[6] 보직해임과 사실보고자 인사관리방침(육방침 01－19호 2001. 6. 1.), 보직 해임된 자의 재보직방침(육방침 03－32호 2003. 8. 1.),[7] 장교보직해임시행방침(육방침 03－43호 2003. 11. 1.), 공군의 보직해임자 인사관리 지침[8] 등이 있다.[9]

2. 法的 性質

1) 현행 군인사법상 징계처분에 대해서는 징계벌목이 법정화되어 있으므로 보직해임은 징계처분의 일종은 아니다. 즉 보직해임은 징계나 처벌이 아니라,

---

2) 송철훈, "지휘권에 관한 법률적 문제", 군사법연구(제12집), 육군본부, 1994, 180면.

3) 장교보직해임시행방침(육방침 03－43호 2003. 11. 1.). 최근 육군에서 장교보직해임시행방침을 새롭게 제정하여 시행하고 있다. 그 배경은 ① '보직해임' 용어는 징계성 인사조치뿐 아니라, 비징계성 인사조치 시에도 동시에 사용됨으로써 '보직해임'이 "처벌의 수단인지, 단순한 인사조치인지?" 제도의 기능이 모호하여 시행상 혼선이 초래됨. ② '보직해임' 시 그 사유와 절차에 대한 관련규정이 미흡하여 시행상 형평성과 적법성 유지가 곤란함. ③ 또한 '보직 해임된 자'에 대한 인사관리규정이 미비하여 인사권자와 실무자의 업무시행착오가 다수 발생하고 있는 실정임. ④ 이에, 육군은 '보직해임'의 기능과 용어사용 한계를 설정하고, 그 사유와 절차를 규정화하여 보직해임 인사관리체계를 정립하기 위한 것이라고 밝히고 있다.

4) 임천영, 군인사법, 법률문화원, 2003, 320면.

5) 사고처리신상필벌기준은 각종 사고처리와 관련된 처분을 함에 있어 객관화되고 계량화된 기준과 적정절차를 규정하여 엄정한 군 기강을 확립하는 데 그 목적이 있다.

6) 육군규정113(2003. 1. 1.) 장교보직관리규정; 육군규정118(2004. 1. 1.) 부사관보직관리규정; 공군규정2－24(2003. 9. 1.) 인사명령; 해군규정3－11(2002. 6. 20.) 배속보직규정.

7) 육방침 03－32호는 육방침 03－43호(2003. 11. 1.)로 대치 파기되었다.

8) 공군 인사관 33144－5082('99. 8. 4.) 보직해임자 인사관리지침.

9) 2010. 1. 1. 육규 110 장교인사관리규정 제62조 이하에서 보직해임과 관련된 규정을 두고 있으며 종전의 육방침은 전부 폐지되었다.

인사권자에게 비위자에 대한 적시적인 인사조치를 보장하는 수단이며, 징계나 형사처분 전후에 행하는 인사권자의 인사조치이다. 따라서 인사권자는 보직해임 조치와 별도로 보직 해임된 자의 비위사실에 대해서는 형사처분, 징계 또는 현역복무부적합 사유에 해당될 경우에는 현역복무부적합 조사위에 회부하여야 한다. 일반적으로 보직해임은 징계 또는 형사처분, 현역복무부적합조사위원회에 회부되기 전의 사전단계에서 행해지는 경우가 대부분이다.

2) 보직해임 처분은 징계와 휴직과는 다른 처분이다. 보직해임과 징계는 법적 기초 · 사유 · 절차 등에 있어서 차이가 있다. 보직해임은 특별한 사전절차를 거침이 없이 일시적으로 보직을 해임하여 직무에 종사하지 못하도록 하는 처분이나, 징계는 군인의 비위행위에 대하여 행정질서유지를 목적으로 소정의 절차를 거쳐 과하여지는 징벌이라는 점에서 구별된다.[10] 따라서 보직해임을 한 후에 징계처분을 하여도 일사부재리의 원칙이나 이중처벌금지의 원칙에 저촉되지 아니한다.[11] 보직해임과 휴직은 군인의 신분은 유지하면서 직무수행의 의무를 해제하는 외형적 효과는 같으나, 그 법적 기초 · 절차 · 복직보장 등에 있어서 차이가 있다.[12]

3) 보직해임 처분은 보직권자의 재량행위이다. 또한 보직해임 처분은 진급과 보직에 있어서 불이익을 당하기 때문에 불이익 처분에 속한다.

3. 國家公務員法상의 職位解除

군인사법상의 보직해임과 유사한 제도로는 국가공무원법상의 직위해제가 있다. 국가공무원법 제73조의 2 제1항 제2호에서는 "임용권자는 직무수행능력이 부족하거나 근무성적이 극히 불량한 자에 대해서는 직위를 부여하지 아니할 수 있다."라고 규정하고 있으며,[13] 제3항에서는 임용권자는 직위 해제된 자에 대하

---

10) 대법원 2003. 10. 10. 선고 2003두5945 판결(직위해제는 일반적으로 공무원이 직무수행능력이 부족하거나 근무서적이 극히 불량한 경우, 공무원에 대한 징계절차가 진행 중인 경우, 공무원이 형사사건으로 기소된 경우 등에 있어서 당해 공무원이 장래에 있어서 계속 직무를 담당하게 될 경우 예상되는 업무상의 장애 등을 예방하기 위하여 일시적으로 당해 공무원에게 직위를 부여하지 아니함으로써 직무에 종사하지 못하도록 하는 잠정조치로서의 보직의 해제를 의미하므로 과거 공무원의 비위행위에 대하여 기업질서 유지를 목적으로 행하여지는 징벌적 제재로서의 징계와는 그 성질이 다르다.).

11) 대법원 1992. 7. 28. 선고 91다30729 판결.

12) 임천영, 군인사법, 법률문화원, 2003, 328면.

여 3개월 이내의 기간 대기를 명하고, 제4항에서는 대기명령을 받은 자에 대해서는 임용권자 또는 임용제청권자는 능력회복이나 근무성적의 향상을 위한 교육훈련 또는 특별한 연구과제의 부여 등 필요한 조치를 하여야 한다고 규정하고 있다. 동법 제70조 제1항 제5호에서는 "제73조의 2 제3항의 규정에 의하여 대기명령을 받은 자가 그 기간 중 능력 또는 근무성적의 향상을 기대하기 어렵다고 인정된 때"에는 임용권자는 직권에 의하여 면직시킬 수 있으며, 제2항에서는 임용권자는 위 5호의 사유로 면직시킬 경우에는 징계위원회의 동의를 얻어야 한다고 규정하고 있다. 국가공무원법상의 직위해제는 임용권자가 할 수 있으나, 군인사법상의 보직해임은 보직권을 가진 지휘관이 할 수 있다는 점에 차이가 있으며, 또한 직위해제 시 일정한 사유가 있는 경우에는 직권면직의 사유가 되나, 보직해임 시에는 현역복무부적합 조사사유가 될 수 있다는 점에서 차이가 있다.[14]

Ⅱ. 事由

1) 군인사법 제17조 제2항에서는 보직해임의 사유로 심신장애로 인하여 직무를 수행하지 못하게 되었을 경우(제2호)와 당해 직무를 수행할 능력이 없다고 인정되었을 경우(제3호)를 정하고 있다. 여기서 어떠한 자를 당해 직무를 수행할 능력이 없다고 인정할 것인가가 문제이다. 임기 이전 보직 해임된 자는 진급 시 감점 적용 대상자가 될 수 있기 때문에 진급과 보직에 있어서 불리한 처분이므로 당해 직무를 수행할 능력이 있느냐 없느냐의 판단은 매우 신중하게 하여야 한다. 직무수행능력 유무에 대한 판단은 재량행위에 속하지만 재량행위가 남용되거나 일탈된 경우에는 위법의 문제가 발생할 수 있다.

2) 보직해임 사유에 해당하는지의 여부에 대해서는 보직권자의 판단에 맡길 수밖에 없으나 주로 사건사고와 관련되거나 본인이 업무상 과오로 인하여 보직

---

13) 판례에서는 무단결근으로 인하여 경고처분을 받고 다른 사무소로 전출된 후에 주류(백초주)를 정비창 내로 반입하여 그중 3병을 객차과 직원에게 판매하여 근무기강을 해이하게 한 사실은 국가공무원법 제78조 소정의 징계사유에 해당함은 별문제로 하고 국가공무원법 제73조의 2 제1항 제2호 소정의 직위해제 사유인 "직무수행능력이 부족하거나 근무성적이 극히 불량한 자"에 해당한다고는 볼 수 없다고 하였다.

14) 국가공무원법상의 직위해제에 관해서는 김향기, "공무원법상의 직위해제", 고시연구(통권 제340호), 2002/7 참조.

해임될 수 있다. 보직해임이 되는 경우를 구체적으로 보면 ① 현역복무부적합자 처리 기준에 해당될 경우,[15] ② 군인사법 제48조의 휴직사유 중 행방불명된 자와 형사사건으로 기소된 자, ③ 국방부 훈령 사고처리신상필벌기준에 의하여 사고대책위원회로부터 보고 및 통보를 받은 관할 부대장은 사고자 또는 사고관련자에 대하여 보직해임을 할 필요가 있다고 판단된 경우, ④ 징계혐의자, 형사사건으로 군사법경찰관 및 군검찰의 수사대상자, 감사원 감사로 인하여 비리혐의가 인정되어 지휘관이 보직해임의 필요성이 인정된 경우, ⑤ 기타의 경우로 구분해 볼 수 있겠다.[16]

3) 육군에서는 보직해임의 사유를 첫째로, 사고관련 보직해임은 육규 189(징계규정)에 명시된 「사건처리관련 지휘 · 감독자 문책기준」 계량화 벌점이 71점(감봉) 이상으로 차후 지휘통솔 및 부대관리에 악영향이 우려될 시로 제한하며, 둘째로, 개인비위 등 개인책임으로 인한 보직해임 사유는 다음과 같다. ① 군인사법 시행규칙 제56조 "현역복무부적합자 기준"에 해당하는 사유[17]로 인해 현직위에서 계속 직무수행을 할 수 없다고 판단한 경우, ② 육군규정 189(징계 규

15) 서울행정법원 2001. 10. 30. 선고 2001구25227 판결(이 사안에서는 대대장이 소속 군단장에게 개인적인 고충과 더불어 연대장에 대한 불만을 토로하면서 군 발전을 위하여 연대장의 전역이 바람직하다는 내용을 기재한 서신을 제출하자 군단장은 감찰조사를 시켜 확인한 결과 직속상관에 대한 중상모략과 지휘체계를 문란시켜 현 상태로는 정상적인 지휘체계 확립이 어려우며 해당 직무를 계속 감당할 능력이 없다는 이유로 대대장을 보직해임하였다.).

16) 서울행정법원 2002. 8. 23. 선고 2002구합9919 판결(이 사안에서는 신병교육대 중대장이 복장불량, 지연출근, 중대장으로서의 지휘감독소홀 등 성실의무를 위반하고, 독선적이고 비협조적이며 이해타산적인 언행과 돌출행동으로 부대원 화합을 저해하고 특히 업무를 수행하면서 자기의 의사가 관철되지 않으면 상급자인 대대장 및 참모장에게 불손한 언어와 행동을 하여 부대의 단결과 엄정한 군 기강을 저해하는 등 복종의무를 위반하였으며, 소속대 훈련병 구타사고 발생 시 구타사실을 은폐토록 강요하고 상황이 자신에게 불리하게 되자 부적법한 절차에 의한 언론접촉 및 인터넷게재 등을 시도하였다는 이유로 보직해임을 하였다.).

17) 군인사법 시행규칙 제56조(현역복무부적합자 기준)
① 영 제49조 제1항 제1호에 규정된 자는 다음 각 호의 1에 해당하는 자를 말한다.
1. 발전성이 없거나 능력이 퇴보하는 자, 2. 판단력이 부족한 자, 3. 지휘 및 통솔능력이 부족한 자, 4. 지능 정도가 낮은 자, 5. 군사보수교육을 받을 능력이 없는 자.
② 영 제49조 제1항 제2호에 규정된 자는 다음 각 호의 1에 해당하는 자를 말한다.
1. 사생활이 방종하여 근무에 지장을 초래하거나 군의 위신을 손상하게 하는 자, 2. 배타적이며 화목하지 못하고, 군의 단결을 파괴하는 자, 3. 근무상 또는 타인에게 위험을 초래하게 할 성격의 결함이 있는 자, 4. 변태적 성벽자, 5. 개인부채를 과다하게 계속하여 가지는 자.
③ 영 제49조 제1항 제3호에 규정된 자는 다음 각 호의 1에 해당하는 자를 말한다.
1. 책임감이 없으며 적극적으로 자기 임무를 수행하지 아니하는 자, 2. 위험 또는 곤란한 임무를 부당하게 회피하는 자, 3. 정당한 명령을 고의적으로 수행하지 아니하는 자.
④ 영 제49조 제1항 제4호에 규정된 자는 다음 각 호의 1에 해당하는 자를 말한다.
1. 동료들에 비하여 특히 발전이 늦으며 낙오되는 자, 2. 타인을 중상 모함하고 정실로 업무를 처리하는 자, 3. 신의가 없으며 허위보고를 하는 자, 4. 축첩행위자, 5. 보안업무규정이 정하는 바에 의하여 비밀취급 인가를 받을 수 없는 사유가 있는 자로서 군보안적부심사위원회에서 부적격자로 판정된 자.

정) “징계사유 및 처벌기준”에 해당하는 사유로 인해 현 보직에서 계속 직무수행을 할 수 없다고 판단한 경우, ③ 기타 현 보직에서 계속 직무수행이 곤란하다고 인사권자가 판단한 경우이다.[18)]

4) 공군은 보직해임자 인사관리 지침에서 보직해임 대상 귀책사유의 범위를 “① 지휘 감독자로서 지휘능력 부족 또는 지휘 실패 시, ② 개인적인 잘못으로 해직위에 계속 복무가 곤란하다고 판단된 경우”로 규정하고 있다.

5) 보직해임 사유에도 시효제도가 적용되는가? 보직해임 사유에 시효가 적용된다는 규정은 없다. 즉 징계사유가 있어도 일정기간이 경과되면 징계를 할 수 없다는 징계시효제도와 같은 규정을 두고 있지 않고 있다. 따라서 보직해임 사유에 대해서는 시효가 적용되지 않는다.[19)]

Ⅲ. 節次

1. 事故處理信賞必罰基準에 의한 節次

사고처리신상필벌기준에 의하면 안전사고, 군기사고, 보안사고 발생 시에는 사고대책위원회[20)]를 설치하도록 되어 있고(제5조), 사고대책위원회에서는 사고

---

18) 장교보직해임시행방침(육방침 03-43호 2003. 11. 1.).

19) 대법원 1968. 1. 11. 선고 67구174 판결.

20) 사고대책위원회

1. 구성
사고대책위원회(이하 “위원회”라 한다.)는 사고발생부대(사고자에 대하여 징계권을 행사할 수 있는 최하위부대)보다 2단계 이상의 상급부대(2단계 이상의 상급부대가 없을 경우에는 차상급부대, 차상급부대도 없을 경우에는 당해 부대)에 설치하고, 위원장 및 위원 4인 이상 7인 이내로 구성한다. 위원회 설치부대장은 위원장 및 위원을 임명하되, 법무장교가 있는 부대에서는 위원 중 1인을 반드시 법무장교로 하여야 한다. 간사는 당해 사고를 취급하는 참모기능별 주관부서에 속한 자를 임명한다(사고처리신상필벌기준 제5조).

2. 운영 및 보고시한
위원장은 검찰, 감찰, 헌병 등의 사고조사 결과를 토대로 위원회를 소집하여야 하고, 필요시에는 사고조사와 병행하여 소집하여 심의할 수 있다. 다만, 수사 및 재판에는 영향을 미칠 수 없다. 위원회는 특별한 사정이 없는 한 사고발생 후 7일 이내에 심의결과를 동 위원회가 설치된 부대의 장에게 보고하여야 한다. 다만, 군사고예방규정 제44조에 의한 사고는 조사완료 즉시 소집하여 심의 후 보고할 수 있다(동 기준 제8조).

3. 위원회의 소집 및 조사
사고발생 시 위원회가 설치되는 부대의 사고 관련 참모기능별 주무참모 건의에 따라 설치부대장이 위원회를 소집한다. 위원회는 사고발생 시 이 기준(별표 1호 내지 4호)에서 정하는 바에 따라 문책범위(제10조의 각 호에 해당하는 조치 포함)를 심의하여 동 위원회 설치부대장에게 보고한다. 위원회는 사고자 및 사고관련자를 조사하거나, 필요한 서류, 증거물 등을 제출받아 조사할 수 있으며, 관련자(기관, 부서 포함)는 이에 응하여야

자와 사고관련자에 대하여 문책범위를 심의할 수 있고, 또한 사고자 및 사고관련자로 하여금 소명할 수 있는 기회를 보장하도록 되어 있다(제9조). 사고대책위원회로부터 심의결과를 통보받은 관할부대장은 사고자와 사고관련자에 대하여 보직해임 결정을 할 수 있도록 규정하고 있다.[21] 그러나 사고와 관련된 보직해임의 경우에는 사고처리신상필벌기준에 의하여 그 절차와 사유를 규정하고 있으나 기타의 경우에 대해서는 구체적으로 규정하고 있지 않고 있으므로 보직해임에 대한 구체적 사유와 절차를 규정할 필요가 있다.[22]

2. 陸軍

1) 육군은 2003. 11. 1. 육방침03－43호 장교보직해임시행방침을 제정하여 보직해임 시에는 보직해임심의위원회의 절차를 거치도록 하는 등 권리구제 측면에서 상당히 진일보한 제도개선이 이루어졌다. 즉 인사권자가 부하를 보직 해임할 경우, 보직해임심의위원회 심의절차를 거침을 원칙으로 하며, 다만, 비위자의 혐의가 명백하고 보직해임 심의를 거칠 시간과 여건이 제한될 경우에 한하여 인사권자 직권판단으로 보직해임이 가능하나, 보직해임 후 징계위원회 회부 또는 현역복무부적합 조사위 회부 등 후속조치를 취하여야 한다.

2) 보직해임 심의는 제대별 인사심의위원회에서 행한다. 보직해임심의위원회

한다. 위원회는 사고자 및 사고관련자로 하여금 소명할 수 있는 기회를 보장하여야 한다(동 기준 제9조).

21) 사고처리 관련 보직해임 절차

(1) 사고관련 보직해임 시 징계에 준한 심의절차를 적용하고 보직해임 심의절차에 의하지 않고서는 보직해임을 시킬 수 없으며, 보직해임심의위원회에서 부결된 사항은 보직 해임시킬 수 없다.

(2) 사고관련 보직해임 기준은 문책기준 계량화 벌점이 71점(감봉) 이상으로 차후 지휘통솔, 부대관리에 악영향 우려 시로 제한한다.

(3) 세부 심의절차는 징계절차와 동일하며 보직해임심의위원회 간사는 인사담당 장교로 임명하며, 보직해임 기록변경보고서는 보직해임 심의의결서, 소명 내용을 붙임하여 보고한다.

(4) 보직해임 시 후임자 보충은 인사상 불이익이 없도록 보직해임 심의 후에 명령을 발령하고 명령 발령 전까지는 대리근무자를 임명 활용한다.

(5) 소명기회보장

소명대상자는 보직해임심의위원회에 소명한다. 소명시기는 보직해임 심의 1일 이전, 징계위원회 심의 3일 이전까지 소명하며, 소명내용은 사고 발생 전 부대지휘노력, 사고원인, 사고발생 후 조치 등을 포함한다. 소명방법은 서면(비대면)보고를 원칙으로 하되 필요시 대면보고를 할 수 있다. 또한 징계(보직해임) 심의 후 필요시 소명대상자는 징계권자에게 소명할 수 있다(육군본부, 인사운영 실무지침서, 91면).

22) 보직해임은 진급 시에 있어서 감점사유가 된다. 따라서 부당한 보직해임이 되지 않도록 하기 위해서는 사전구제절차로 '일정한 절차와 소명기회 보장'이 필요함에도 불구하고 이에 대해 아무런 절차규정이 없다. 사건사고 관련 이외의 사유로 지휘관이 보직해임을 할 때에는 인사위원회의 심의절차를 거치도록 관계규정을 정비할 필요가 있다(졸저, 군인사법, 법률문화원, 2003, 323면).

는 2차 상급지휘관(부서장)의 승인 또는 지시에 의해 설치한다. 보직해임 심의 절차는 징계위원회 심의절차를 준용한다. 보직해임 심의 시 간사는 인사실무자가 담당하며, 보직해임 심의 시 보직해임 대상자에게 소명기회를 부여하며, 비대면(서면) 보고를 원칙으로 하되, 필요시 대면 또는 육성녹음도 가능하다.

3) 보직해임심의위원회는 다음 4개항(① 보직해임 후 징계위원회 회부, ② 보직해임 후 현역복무부적합 조사위 회부, ③ 보직해임 없이 징계위원회 회부, ④ 보직해임 없이 불문경고 또는 무혐의 조치) 중 1개 방안을 의결하여 지휘관에게 건의하고, 지휘관은 심의결과를 참고하여 보직해임 여부를 승인한다. '보직해임' 命令은 보직해임권 부대(서) 인사명령으로 발령하고 후임자 보충이 곤란할 경우, 보충 시까지 대리 또는 직무대리를 임명할 수 있다. 다만, 대령급 이상은 동일한 보직해임 심의절차를 거쳐, 2차 상급지휘관이 육군본부에 보직해임을 건의하고 참모총장 승인 시, 육본 인사명령으로 발령한다. 보직해임 기록변경은 보직해임 후 10일 이내 육본(인사운영실)에 보고한다. 이때, 기록변경보고서, 심의의결서, 소명내용, 조사기관 조사보고서를 첨부한다. 보직 해임된 자는 보직해임 처분에 대하여 고충심사를 청구할 수 있으며, 심사결과 혐의 없음이 판명될 경우, 인사관리상 불이익을 받지 아니한다.[23]

3. 空軍

공군의 경우에는 보직해임자 인사관리 지침에서 보직해임자 인사처리절차를 규정하고 있다. 보직해임절차로는 귀책사유발생 시에 인사운영위원회에 회부하여 보직해임 여부를 심의하고, 보직해임 기간은 귀책사유의 경중을 고려하여 결정한다. 보직해임으로 건의 시에 보직권자는 위원회 심의 내용을 근거로 최종 결정권을 가진다.

23) 장교보직해임시행방침(육방침 03－43호 2003. 11. 1.).

Ⅳ. 方法

보직해임은 상대방 있는 의사표시에 의하여 행하여지는 행정처분이다. 따라서 보직해임은 상대방에게 도달되어야 한다.[24] 보직해임 처분은 보직해임권자가 보직 해임된 상대방에게 문서로써 통보하여야 하는가? 보직해임 처분에 관하여 구체적인 방법을 제한하고 있지 않다면 문서뿐만 아니라 구도로 통보하여도 가능하다. 서울행정법원은 "인사권자가 인사조치의 하나인 보직해임명령을 함에 있어 그 명령의 상대방에게 반드시 문서로써 통보하도록 하는 등 그 방식에 제한을 두고 있는 어떠한 규정이 없는 이상(군인복무규율에 의하면, 명령의 하달은 문서 · 구술 또는 신호로써 이루어진다고 규정되어 있고, 육군규정 제5조 제1호 역시 명령의 하달 방식을 구두 또는 서면에 의하는 것으로 규정하고 있다.), 구두로 보직해임 처분을 통보한 방식에 절차상 하자가 있다고 볼 수 없고, 육군본부에서 관리하는 전산자력표의 기재내용과 달리 원고의 소속부대에서 관리하는 장교자력표 원본에 보직해임 사실이 누락되어 있다고 하여 달리 볼 것은 아니다."라고 판시하였다.[25] 그러나 보직해임처분은 상대방에게 불리한 행정처분의 일종으로 보직해임에 대한 인사소청 및 행정소송 제기를 위해서도 문서로 통지하도록 관련 규정을 개정할 필요성이 있다.[26]

---

24) 대법원 1969. 4. 24. 선고 68구185 판결에서는 "…… 직위해제처분은 상대방 있는 의사표시에 의하여 행하여지는 처분이라 할 것이고 따라서 특별한 사유가 없으면 그 의사표시가 상대방에게 도달되어야만 처분의 효력이 발생한다. ……"라고 판시하였다.

25) 서울행정법원 2001. 12. 11. 선고 2001구25227 판결("부하장교를 통하여 자신에 대한 보직해임사실을 전해 듣고 보직해임일자인 2000. 7. 8.부터 직무대리자에게 지휘권을 인계하였으며, 소속 군단 법무참모와의 면담 과정에서 보직해임 사유를 전해 듣는 한편, 전출명령에 따른 전출신고를 마쳤을 뿐만 아니라 그 후 군단장과의 면담과정에서 보직해임의 재고를 요청하였다가 받아들여지지 않자 새로운 보직을 부여받지 못한 채 타 부대에서의 대기명령에 따라 종전의 소속 부대를 떠났는바, 위와 같이 이 사건 처분 이후 보인 태도나 행동 등에 비추어 볼 때, 원고가 이 사건 처분 당시 인사권자인 피고로부터 직접 보직해임명령을 받거나 보직해임 인사명령장을 교부받지는 아니하였더라도, 군단장의 지시에 따라 연대장으로부터 보직해임사실을 통보받은 부하장교들을 통하여 자신에 대한 보직해임사실을 전해들은 2000. 7. 7. 내지 직무대리자에게 지휘권을 인계한 같은 달 8일 또는 늦어도 군단장과 면담을 마친 같은 달 11일에는 이 사건 처분이 있었음을 알고 있었다고 판단된다."라고 판시하였다.).

26) 행정절차법 제24조에는 "행정청이 처분을 하는 때에는 다른 법령에 특별한 규정이 있는 경우를 제외하고는 문서로 하여야 한다."라고 행정행위의 형식은 문서로 하는 원칙으로 하고 있다. 이는 행정행위는 공공생활의 법적 안정성을 기하여야 한다는 의미에 있어서나 이해관계인의 권리의무관계의 보장이라는 면에서도 필요하다.

Ⅴ. 效果

1. 現役服務不適合調査委員會 回附 事由

군인사법시행령 제17조의 2에서는 "법 제17조 제2항 제3호의 규정에 의하여 임기 전에 보직 해임된 장교로서 3개월이 경과하여도 보직되지 못하거나 동일 계급에서 2회 이상 보직 해임된 자에 대해서는 군인사법 제49조의 규정에 의한 현역복무에 적합하지 아니한 자에 해당하는지의 여부를 조사하고, 그 조사결과 이에 해당하지 아니한다고 인정되는 자에 대해서는 지체 없이 보직하여야 한다."라고 하여 보직 해임된 자를 현역복무부적합 조사대상자로 규정하고 있다. 보직 해임된 자라 할지라도 현역복무부적합조사위원회에서 복무 가능한 자로 결정된 경우에는 지체 없이 보직을 주어야 한다(시행령 제17조의 2).[27]

2. 進級 審査 시 減點事由

육군규정 126 장교진급관리규정 제22조에서는 임기 이전 보직해임자에 대해서는 －3점을 부과하며, 제23조에서는 보직해임을 받은 자가 2년을 경과한 때에는 보직해임 기록을 말소하며, 기록 말소된 자는 진급선발에서 감점 규정을 적용하지 않는다고 규정하고 있다. 공군의 경우에는 보직해임 기간이 2개월 이상인 경우에는 －4점을, 보직해임 기간이 1개월 이상～2개월 미만인 경우에는 －2점을 감점하고 있다.[28]

3. 補職 解任된 자의 人事管理

보직 해임된 자는 징계위 회부 등 비위에 대한 행정적 조치가 만료되기 전에

---

27) 현역복무부적합제도란 능력의 부족으로 당해 계급에 해당하는 직무를 수행할 수 없는 자와 같이 대통령령으로 정하는 일정한 사유로 인하여 현역복무에 적합하지 아니한 자를 전역심사위원회의 심의를 거쳐 현역에서 전역시키는 제도를 말한다. 이 제도는 군인의 직무를 수행할 적격을 갖추지 못한 자를 직무수행에서 배제함으로써 군 조직 운영의 효율성을 높이고자 하는 인사상의 제도이다(졸저, 군인사법, 법률문화원, 2003, 550면). 현역복무부적합조사위원회란 장교·준사관·부사관에 대한 현역복무부적합자기준에의 해당 여부를 조사하기 위하여 설치된 위원회를 말한다.

28) 공군본부, '03년도 공군장교 진급추천방침, 2003, 9면.

보직을 부여할 수 없으며, 보직해임일로부터 신보직 명령 시까지 "무보직"으로 자력표에 기록 · 유지한다. 보직 해임된 자가 해당 비위사실로 징계처분을 받았을 경우에는 징계처분에 부과되는 감점과 말소기간만 적용하며 2중 불이익을 방지한다.[29)]

4. 補職 解任된 자의 再補職 統制

'지휘책임'으로 보직 해임된 자는 그 책임이 중(重)한 경우, 지휘관 직위 재보직을 불허한다. '개인비위'로 보직 해임된 자는 반드시 현역복무부적합심사위원회에 회부하여 심의결과에 따라 인사 조치하되, 현역복무 적합자로 판정되더라도 지휘관 직위 재보직은 불허하고 기타 직위에 보직한다. 중대장은 반기단위 육본심의에 의거하여 중대장 재보직 가능자로 결정되었을 경우, 보직해임일로부터 1년 이상 경과 후 인사권이 다른 부대 중대장 직위에 보직한다. 대대장, 연대장은 보직 해임된 익년도 지휘관 가용자 심의에 포함하여 지휘관 보직 가능자로 결정되었을 경우, 지휘관 직위에 보직한다. 지휘관 재보직 시 임기는 보직해임 전 전 보직기간을 가산한 잔여기간으로 하되, 잔여임기가 1년 미만일 경우에는 최소 1년 이상으로 한다. 참모직위에서 '보직 해임된 자'도 동일한 시행절차와 인사관리체계를 적용하며, 비위관련 보직해임 시는 교관 · 훈육직위, 이권직위 보직을 제한한다. 육규 113(장교보직관리규정) 제34조에 규정된 보직임기가 경과된 자라도 '보직해임 사유'에 해당할 경우, 반드시 보직해임 시행절차를 통해 인사 조치하여야 한다. 인사권자가 보직해임 사유에 해당하는 부하의 비위가 있음에도 불구하고 정상적인 보직해임 시행절차 없이 타 부대로 전출 조치하는 등 보직해임을 비정상적으로 시행할 경우, 육규 125(인사군기문란자 처리규정)에 의거하여 조치한다.[30)][31)]

---

29) 장교보직해임시행방침(육방침 03-43호 2003. 11. 1.).

30) 장교보직해임시행방침(육방침 03-43호 2003. 11. 1.).

31) 육군은 2003. 8. 1.부로 시행하는 『보직 해임된 자의 재보직 방침』에 의하면 이 방침은 지휘관 직위(중대장, 대대장, 연대장을 포함)에서 보직 해임된 장교에게 적용하며, 세부방침으로는 ① '지휘 책임'으로 인한 보직해임자는, 육본 심의에 의거하여 그 책임이 경미한 경우에는 지휘관 직위 재보직을 허용하고, 그 책임이 중한 경우에는 지휘관 직위 재보직을 불허한다. ② '개인비리'로 인한 보직 해임자의 경우 반드시 현역복무부적합 인사위원회에 회부하여 비리 정도가 중한 경우에는 현역 복무 부적합자로 처리하고 비리 정도가 경미한 경우에는 지휘관 직위 재보직은 불허하고 기타 직위에 보직한다. ③ 중대장은 반기단위 육본심의를 거쳐 지휘관 재보직

Ⅵ. 事後 救濟制度

위법 부당한 보직해임을 당한 자는 고충심사위원회에 고충 제기, 인사소청위원회에 인사소청 제기, 행정소송을 제기하여 권리구제를 받을 수 있다.

1. 苦衷審査 및 人事訴請 提起

부당한 보직해임으로 인하여 권리 침해를 받은 자는 군인사법 제51조의 3에 규정된 고충처리위원회에 고충심사청구를 할 수 있다. 또한 군인사법 제51조에 규정된 인사소청위원회에 인사소청을 제기할 수 있다.[32] 즉 군인사법 제50조에서는 위법 · 부당한 전역 · 제적 및 휴직 등 그 의사에 반한 불리한 처분에 대하여 인사소청을 할 수 있도록 규정하고 있다. 따라서 보직해임은 본인의 의사에 불구하고 직위를 부여하지 않음으로써 직무에 종사하지 못하도록 하는 처분인 점에서 피처분자에게 불리한 처분에 해당된다. 따라서 보직해임 처분이 있음을 안 날로부터 30일 이내에 이에 대한 심사를 청구할 수 있다.

2. 行政訴訟 提起

군인사법 제51조의 2에서는 “전역 또는 제적과 징계 및 기타 본인의 의사에 반한 불리한 처분에 관한 행정소송은 군인사법 제51조의 규정에 의한 소청심사위원회 또는 군인사법 제60조의 2의 규정에 의한 항고심사위원회의 심사 · 결정을 거치지 아니하면 제기할 수 없다.”라고 규정하고 있으므로 위법한 보직해임에 대하여 행정소송을 제기하기 위해서는 반드시 인사소청위원회의 심사를 거쳐야 한다. 위법의 사유로는 보직해임에 대한 판단 여부는 재량행위로서의 성질을 가지지만 재량권이 남용되거나 일탈한 경우에는 위법이 될 수 있다. 판례에

가능 여부를 결정하고 재보직 가능자로 결정되었을 경우에는 보직해임일로부터 1년 이상 경과 후에 인사권이 다른 부대의 중대장 직위에 재보직한다. ④ 보직 해임자 기록변경보고 해당제대는 기변보고 시 관련기관 조사서를 첨부하고, 육본 재보직 심의 자료로 활용할 수 있도록 보직해임 사유서, 징계처분장, 소명서 등을 6하 원칙에 의거 작성 제출한다.

32) 보직 해임된 자는 보직해임 처분에 대하여 고충심사를 청구할 수 있으며 심사결과 혐의 없음이 판정될 경우 인사관리상 불이익을 받지 않는다(육방침 03 – 43호).

서도 “원고가 보직해임처분이 있음을 안 날로부터 군인사법 제50조 소정의 소청심사청구기간인 30일을 경과하여 제기한 소청심사청구는 부적합하고, 따라서 적법한 소청심사청구를 거치지 아니한 이상, 보직해임처분소송은 부적법하다.” 라고 판시하였다.[33]

3. 判例

보직 해임된 자가 새로운 보직을 받은 후에 보직해임은 진급 시 감점 사항이며, 보직해임사실이 인사기록에 남게 되어 인사상 불이익을 받고 또한 전역 시 직업보도반 입교 등에 있어서 불이익을 받게 되므로 보직해임을 취소해 달라는 보직해임처분취소 행정소송에서 서울행정법원[34]은 “공무원이 보직해임처분을 받았다가 얼마 후에 새 보직을 부여받았다면 그 보직은 이미 회복되었다고 볼 수 있어 현재 어떠한 권리를 침해당하였거나 불이익을 받은 상태에 있다고 할 수 없다. 물론 보직해임처분이 행정청 스스로 자진하여 취소하거나 판례에 의하여 취소 등이 되지 아니하는 한 그 후에 보직을 부여받았다 하여 위법한 보직해임처분에 의하여 신분적 또는 재산적으로 받은 불이익한 결과가 처분 당시에 소급해서 제거되고 그와 같은 처분이 없었던 것과 마찬가지의 법적 상태가 되는 것은 아니다. 그러나 이 경우에 있어서도 행정처분에 의하여 박탈된 신분적 또는 재산적 이익의 회복 그 자체를 직접 목적으로 하는 소송에서 그 전제로서 그 처분의 효력 존부를 다툴 수 있을 때에는 박탈된 이익의 회복을 직접 목적으로 하는 소송에 의하여 능히 구제받을 수 있으므로 그 전제가 되는 당해 처분의 효력 존부만을 따로 독립하여 소송에 의하여 다툴 실익은 없다고 할 것이다.[35] ……(중략)…… 원고는 이미 보직을 부여받아 그 보직을 회복하였다고 볼 것이니, 보직해임처분에 하자가 있음을 이유로 그 처분을 구할 소송상 이익은 없다.”라고 판시하였다.[36]

33) 서울행정법원 2001. 12. 11. 선고 2001구25227 판결.

34) 서울행정법원 2002. 8. 23. 선고 2002구합9919 판결.

35) 대법원 1987. 9. 8. 선고 87누560 판결(직위해제란 공무원에 있어서 그 직위를 계속 유지시킬 수 없는 사유가 있어 그 직위를 부여하지 아니하는 처분으로서 공무원이 직위해제처분을 받았다가 얼마 후에 다른 직위를 받았다면 그 직위는 이미 회복되었다고 볼 것이므로 그 직위해제처분에 어떤 하자가 있음을 이유로 그 무효확인을 구할 소송상의 이익은 없다고 판시하였다.).

Ⅶ. 改善方案

과거 행정절차는 주로 사후구제제도인 행정구제제도를 보충하기 위하여 필요한 것으로 논의되었으나, 오늘날은 의회입법의 원리 내지는 법치주의가 여러 가지 한계를 나타내어 행정에 대한 민주적 통제기능을 제대로 수행하지 못하고 있다는 인식 아래서 행정절차를 행정에 대한 민주적 통제를 실현하기 위한 국민의 행정에의 능동적 참여수단으로 필요하다.[37] 특히 행정절차법의 제정은 국민의 행정참여로 행정의 공정성 · 투명성 · 신뢰성을 확보하고 국민의 권익을 보호하는 획기적인 계기가 되었다. 그러나 장교의 보직해임 처분은 '공무원 인사관계법령에 의한 징계 기타 처분'에 해당되어 행정절차법의 적용대상이 아니다(행정절차법 제3조 제2항 제9호, 동법시행령 제2조 제3호).[38] 따라서 군인사법상의 보직해임에도 행정절차법상의 사전구제절차인 의견제출 및 변명의 기회부여, 처분사유설명서 교부제도 도입, 고지제도의 도입이 필요하다.

1. 意見提出 및 辨明의 機會 附與

행정절차법상 의견제출절차란 행정청이 어떠한 행정작용을 하기에 앞서 당사자 등이 의견을 제시하는 절차로서 청문이나 공청회에 해당하지 아니하는 절차를 말한다(행정절차법 제2조 제7호). 행정절차법 제22조 제3항에는 "행정청이 당사자에게 의무를 과하거나 권익을 제한하는 처분을 함에 있어서 청문 또는 공정회 외에는 당사자 등에게 의견제출의 기회를 주어야 한다."라고 규정하고 있다.[39] 보직해임 시에도 이러한 행정절차법상의 의견제출 및 변명의 기회를 부

---

36) 이 판례의 사실관계는 2001. 7. 25. 신병교육대 중대장으로 근무하다가 보직해임을 당하고 그 후 2001. 8. 17. 다른 사단의 동원장교로 재보직되어 근무하던 중 사단장을 상대로 보직해임처분 취소소송을 제기한 사안이었다.

37) 박윤흔, 행정법강의(하), 박영사, 2002, 471면.

38) 육법제18500 - 030168(2003. 8. 21.) 인사소청 관련 법령질의(회신).

39) 행정절차법 제21조 제1항, 제4항, 제22조 제1항 내지 제4항에 의하면, 행정청이 당사자에게 의무를 과하거나 권익을 제한하는 처분을 하는 경우에는 미리 처분하고자 하는 원인이 되는 사실과 처분의 내용 및 법적 근거, 이에 대하여 의견을 제출할 수 있다는 뜻과 의견을 제출하지 아니하는 경우의 처리방법 등의 사항을 당사자 등에게 통지하여야 하고, 다른 법령 등에서 필요적으로 청문을 실시하거나 공청회를 개최하도록 규정하고 있지 아니한 경우에도 당사자 등에게 의견제출의 기회를 주어야 하되, 당해 처분의 성질상 의견청취가 현저히 곤란하거나 명백히 불필요하다고 인정될 만한 상당한 이유가 있는 경우 등에는 처분의 사전통지나 의견청취를 하지

여하여 위법 부당한 침해를 미연에 방지하도록 하는 절차를 마련하는 것이 필요하다. 최근에 제정된 육군의 장교보직해임시행방침에 의하면 보직해임 시에는 보직해임심의위원회의 심의 절차를 거치는 것을 원칙으로 하였고, 보직해임 당사자에게 소명기회를 부여하였으며, 필요시에는 직접 대면하여 소명할 수 있도록 하였다. 사전구제절차를 도입한 진일보한 조치로 보인다.[40] 실무 운영상에 있어서도 보직해임심의위원회 절차 및 충분한 소명절차를 거친 후 보직해임을 하여 위법 부당한 권익침해가 발생하지 않도록 하여야 할 것이다.

2. 處分事由說明書 交付制度 導入

행정절차법 제23조에는 행정청은 행정처분을 하는 경우에는 당사자에게 그 근거와 이유를 제시하여야 한다고 하여 처분의 이유제시절차에 대해 규정하고 있다.[41] 또한 국가공무원법 제75조에는 “공무원에 대하여 징계처분을 행할 때나 강임 · 휴직 · 직위해제 또는 면직처분을 행할 때에는 그 처분권자 또는 처분제청권자는 처분의 사유를 기재한 설명서를 교부하여야 한다. 다만, 본인의 원에 의한 강임 · 휴직 또는 면직처분은 그러하지 아니하다.”라고 하여 인사상 불이익 처분에 대해서는 처분의 사유를 기재한 설명서를 교부하고 있다. 보직해임 처분에 대해서도 보직권자에게 보직해임의 사유를 기재한 설명서를 교부하도록 하는 제도를 도입하는 것이 필요하다.

아니할 수 있도록 규정하고 있으므로, 행정청이 침해적 행정처분을 함에 있어서 당사자에게 위와 같은 사전통지를 하거나 의견제출의 기회를 주지 아니하였다면 사전통지를 하지 않거나 의견제출의 기회를 주지 아니하여도 되는 예외적인 경우에 해당하지 아니하는 한 그 처분은 위법하여 취소를 면할 수 없다(대법원 2000. 11. 14. 선고 99두5870 판결). 이 판례에 대한 평석으로는 김학세, “침해적 행정처분과 사전통지, 의견청취제도”, JURIST, 2002. 12. 70-78면 참조.

40) 행정처분의 기준에 관한 시행령 중 대통령령이 아닌 부령, 규칙으로 정해진 것은 행정규칙이고, 법규의 효력이 없고 국민을 구속하지 않는다고 할 수 있다. 대통령령으로 된 시행령은 법규명령으로 본다. 판례의 태도도 법률이나 대통령령이 아닌 부령이나 훈령에 청문절차가 규정되어 있는 경우, 그 법규성을 부인함에 따라 부령이나 훈령에 정해진 청문절차를 실시하지 않았다고 하더라도 당해 행정처분이 위법하게 되는 것은 아니라는 것이다(김학세, “침해적 행정처분과 사전통지, 의견청취제도”, JURIST, 2002. 12. 72면). 따라서 보임해임 시 심의절차에 대해서는 현행 육군방침으로 되어 있는 것을 대통령이나 군인사법으로 규정할 필요가 있다.

41) 처분의 이유제시절차는 첫째, 사전통지절차와 함께 행정절차의 기본이념인 투명성, 공정성과 신뢰보호 이념을, 처분절차에 있어서 구체화하는 기능, 둘째, 행정청과 국민 간에 공감대를 형성하는 기능, 셋째, 국민의 권리구제에 기여하는 기능, 넷째, 행정청에게 스스로 투명하고 공정한 행정을 할 것을 요구하는 기능을 갖는다(오준근, 행정절차법, 삼지원, 1998, 350면).

3. 告知制度의 導入

고지제도란 행정청이 처분을 함에 있어서 처분의 상대방이 법적 구제방법을 사용하려고 하는 경우에 필요한 사항(불복행정청, 불복기간, 불복절차)을 구체적으로 상대방에게 알리는 비권력적 사실행위를 말한다. 고지제도는 처분의 상대방으로 하여금 행정불복의 기회를 보장하고 처분을 보다 신중하게 하여 행정의 적정화를 기하는 데 그 목적이 있다.[42] 행정절차법 제26조에는 "행정청이 처분을 하는 때에는 당사자에게 그 처분에 관하여 행정심판을 제기할 수 있는지 여부, 기타 불복을 할 수 있는지 여부, 청구절차 및 청구기간 기타 필요한 사항을 알려야 한다."라고 하여 고지제도에 관하여 규정하고 있다.

보직해임은 진급 및 인사관리 면에 있어서 상대방에게 불이익을 주는 처분이다. 따라서 보직해임 처분의 상대방에게 법적 구제방법을 알려 주는 고지제도의 도입은 권리구제 측면에서 그 의의가 있다. 그러나 현재 실무 운영을 보면 보직해임이 된 경우에 있어서는 인사명령의 형태로 상대방에게 통보될 뿐이며 불복의 방법 등에 대해서는 고지하지 않고 있다. 고지제도의 도입이 필요하다.

Ⅷ. 結論

군인사법은 군인의 책임 및 직무의 중요성과 신분 및 근무조건의 특수성을 고려하여 그 임용 · 복무 · 교육훈련 · 사기 · 복지 및 신분보장 등에 관하여 국가공무원법에 대한 특례를 규정함을 목적으로 하고 있다(군인사법 제1조). 군 특성상 명령체계 유지를 위한 지휘권 보장의 필요성이 강조되고 있다. 특히 많은 부하와 참모 조직을 가지고 유사시에 대비하고 있는 군 조직에 있어서는 지휘관에 따라 많은 영향을 받고 있기 때문에 당해 직무를 수행할 능력이 없다고 인정된 지휘관에 대해서는 신속하고 적시 적절한 인사조치가 필요하다. 지금까지 보직해임은 사건사고와 관련하여 사고처리신상필벌기준(국방부 훈령 제702호)에 그 절차와 사유를 규정하고 있었고 기타의 경우에는 구체적인 규정을 두

42) 박철우, 축조해설 행정절차법, 한국사법행정학회, 1998, 309면; 오준근, 행정절차법, 삼지원, 1998, 363면.

고 있지 않아 권리구제 측면에 문제점을 가지고 있었다. 최근 육군에서는 보직해임 시 보직해임심의위원회를 반드시 거치도록 하고, 보직해임 당사자에게 소명기회를 부여하는 등 사전구제절차를 강화하였다. 그러나 위에서 살펴본 바와 같이 행정절차법에서 규정하고 있는 일부 사전구제 절차제도를 군인사법에 도입할 필요성이 있으며 또한 보직해임심의위원회에 군법무관이 심의위원으로 참여하여 위법 부당한 보직해임이 되지 않도록 운영상에 있어서도 많은 노력이 필요하다.

5. 군인의 신분상 불이익 처분에 대한 구제제도*

목 차

Ⅰ. 서론

2005. 3. 31. 법률 제7429호로 군인사법(이하 "법"이라 한다.)이 개정되었는데 그 개정 내용 중에는 보직해임 처분을 할 때에는 보직해임심의위원회의 의결을 거치도록 하는 것과 인사소청심사위원회의 위원구성을 현역군인뿐만 아니라 법관 · 검사 또는 변호사 등 외부인원이 참여할 수 있도록 하는 것이었다. 이는 군인의 신분상 불이익 처분의 대표적인 사례에 해당하는 보직해임처분 시 사전구제절차를 강화하는 의미가 있으며, 또한 군인의 신분상 불이익 처분에 대한 사후적 구제제도의 대표적 사례에 해당하는 인사소청제도를 개선했다는 점에서 의의가 있다. 최근 군에서도 군인의 권리의식강화에 따라 인사상 불이익 처분에 대해서는 행정소송을 제기하는 등 법적 분쟁이 계속 늘어 가고 있는 추세이다. 이하에서는 군인의 신분상 불이익 처분에 해당하는 대표적 사례인 보직해임과 사전 · 사후구제제도에 대해 알아보고 이에 대한 개선방안을 제시하고자 한다.

---

* 게재지: 인사보(제97호), 육군본부, 2006. 11.

1. 신분보장의 개념

신분보장이라 함은 군인은 법령이 정한 사유가 발생하지 않는 한 자신의 의사에 반하는 신분상 불이익 처분을 받지 않는 것을 말한다.[1] 즉 군인의 신분상 불이익 처분은 법이 정한 이유가 있어야만 가능하도록 규정하여야 하며(법적 사유의 원칙), 또한 신분상 불이익 처분은 그 처분이 이루어지기까지와 처분 후를 포함하여 법이 정한 정당한 절차를 준수하여야 하고(적법절차의 준수), 불이익 처분의 법적 사유가 발생하지 않은 상태에서는 본인의 의사에 반하여 불이익 처분을 내릴 수 없음(자유의사의 원칙)을 말한다.[2] 헌법 제7조와 법 제44조에는 "① 군인은 법률이 정하는 바에 의하여 신분이 보장되며, 그 계급에 상응하는 예우를 받는다. ② 군인은 이 법에 의하지 아니하고는 그 의사에 반하여 휴직을 당하거나 현역에서 전역 또는 제적되지 아니한다."라고 하여 군인의 신분보장에 대해 규정하고 있다.

2. 사전적 권리구제제도의 확대 경향

행정구제라 함은 행정기관의 작용으로 자기의 권리 · 이익이 침해되었거나 될 것으로 주장하는 자가 행정기관이나 법원에 원상회복 · 손해전보(損害塡補) 또는 당해 행정작용의 취소 · 변경을 청구하거나, 기타 피해구제 또는 예방을 청구하고, 이에 대하여 행정기관 또는 법원이 이를 심리하여 권리 · 이익의 보호에 관한 판정을 내리는 것을 말한다.[3] 행정구제는 이를 사전구제제도와 사후구제제도로 구분할 수 있다.[4] 과거 행정절차는 주로 사후구제제도인 행정구제제도를 보충하기 위하여 필요한 것으로 논의되었으나 오늘날 의회입법의 원리 내지는 법치주의가 여러 가지 한계를 나타내어 행정에 대한 민주적 통제기능을 제대로 수행하지 못하고 있다는 인식 아래서 행정절차를 행정에 대한 민주적

1) 임천영, 군인사법, 법률문화원, 2004, 605면.

2) 유민봉 · 임도빈, 인사행정론, 박영사, 2004, 434면.

3) 박윤흔, 최신 행정법강의(상), 박영사, 2001, 685면.

4) 사전구제제도로는 행정절차가 대표적이며, 사후구제제도는 행정기관의 처분이 있은 후에 그 효력을 다투는 행정상쟁송(행정심판, 행정소송)과 행정작용으로 인하여 개인이 입은 재산상의 손해(손실)의 전보에 관한 국가보상(국가배상, 국가보상)이 있다.

통제를 실현하기 위한 국민의 행정에의 능동적 참여수단으로 필요하며 이에 대한 중요성이 강조되고 있다.[5] 또한 사후구제제도는 권익이 이미 침해된 뒤에 행하여지는 것이기 때문에 처음부터 권익의 침해가 없었던 것과 같은 의미에서의 권리구제는 기대할 수 없다는 결함을 지니고 있기 때문에 사전구제절차의 확대가 필요하다. 행정절차에 관한 기본법으로 행정절차법이 있다.

Ⅱ. 신분상 불이익 처분

행정법상 불이익 처분이란 상대방에게 의무를 부과하거나 권리 · 이익을 침해 · 제한하는 등의 행위를 말한다. 이에 반해 상대방에게 권리 · 이익을 부여하는 행위를 수익적 처분이라고 하고, 상대방에 대해서는 침익적인 것이지만 제3자에 대해서는 수익적으로 작용하는 경우가 있는데 이러한 행위를 복효적 행위라고 한다. 이러한 불이익 처분은 침익적 처분, 침해적 행정행위 등으로 불리기도 한다.[6] 여기에는 휴직, 전역, 제적, 보직해임, 진급취소 및 삭제, 명예전역수당불해당처분 등이 있으며 이하에서는 진급과 보직에 있어서 대표적 불이익 처분에 해당하는 보직해임을 위주로 살펴보기로 한다.

1. 보직해임

가. 의의

1) 개념

보직해임이란 군인에게 보직을 유지시킬 수 없는 사유가 발생한 경우에 그 군인의 신분관계는 그대로 존속시키면서 그 보직만을 부여하지 아니하는 행정처분을 말한다.[7] 육군에서는 보직해임을 "인사권자가 부하의 비위나 직무능력 부족 등을 이유로 해당 직위의 직무담임을 강제로 해제하는 인사조치"라는 의

5) 박윤흔, 전게서, 473면.

6) 이한성, "불이익 처분의 절차", 행정작용법(김동희 편), 박영사, 2005, 832면.

7) 임천영, "군인사법상의 보직해임", 법조(통권 제570호), 2004. 3. 247면; 서울행정법원 2002. 8. 23. 선고 2002구합9919 판결.

미로 사용하고 있다.[8] 장교의 보직에 대해서는 임기 이전에 해임되지 않고 그 임기를 보장하는 것이 원칙이나, 보직을 감당할 수 없는 특별한 사유가 있는 경우에는 임기 이전이라도 해임할 수 있도록 하려는 것이다.[9] 이와 관련된 법규로는 법 제17조, 법시행령 제17조의 2, 3, 4, 5, 장교 보직해임 시행방침(육방침 06-43호 2006. 8. 18.), 사고처리신상필벌기준(국방부훈령 제702호 2002. 3. 19.),[10] 육군 규정,[11] 처벌기록 인사관리 적용 방침(육방침 06-5호 2006. 2. 27.) 등이 있다.

2) 법적 성질

가) 현행 군인사법상 징계처분에 대해서는 징계벌목이 법정화되어 있으므로 보직해임은 징계처분의 일종은 아니다. 즉 보직해임은 징계나 처벌이 아니라, 인사권자에게 비위자에 대한 적시적인 인사조치를 보장하는 수단이며, 징계나 형사처분 전후에 행하는 인사권자의 인사조치이다. 따라서 인사권자는 보직해임 조치와 별도로 보직 해임된 자의 비위사실에 대해서는 형사처분, 징계 또는 현역복무부적합 사유에 해당될 경우에는 현역복무부적합 조사위에 회부할 수 있다. 일반적으로 보직해임은 징계 또는 형사처분, 현역복무부적합조사위원회에 회부되기 전의 사전단계에서 행해지는 경우가 대부분이다.[12]

나) 보직해임 처분은 징계와 휴직과는 다른 처분이다. 보직해임과 징계는 법적 기초 · 사유 · 절차 등에 있어서 차이가 있다. 따라서 보직해임을 한 후에 징계처분을 하여도 일사부재리의 원칙이나 이중처벌금지의 원칙에 저촉되지 아니한다.[13] 보직해임과 휴직은 군인의 신분은 유지하면서 직무수행의 의무를 해제하는 외형적 효과는 같으나, 그 법적 기초 · 절차 · 복직보장 등에 있어서 차이

8) 장교 보직해임 시행방침(육방침 06-43호 2006. 8. 18.). '보직해임'이란 용어는 법 제17조 제2항 제3호의 "당해 직무를 수행할 능력이 없다고 인정되었을 경우(징계성 인사조치)"에만 사용하며, 심신장애 등 기타 사유(비징계성 인사조치)로 인한 보직변경은 육규 113 제32조(전속 및 재보직의 한계)를 적용한다.

9) 임천영, 전게논문, 248면.

10) 사고처리신상필벌기준은 각종 사고처리와 관련된 처분을 함에 있어 객관화되고 계량화된 기준과 적정절차를 규정하여 엄정한 군 기강을 확립하는 데 그 목적이 있다.

11) 육군규정113 장교보직관리규정; 육군규정118 부사관보직관리규정이 있다. 공군과 해군도 보직해임에 대해서는 공군규정2-24(2003. 9. 1.) 인사명령, 해군규정3-11(2002. 6. 20.)배속보직규정에서 규정하고 있다.

12) 임천영, 전게논문, 249면.

13) 대법원 1992. 7. 28. 선고 91다30729 판결.

가 있다. 보직해임은 보직권자의 재량행위이며, 또한 진급과 보직에 있어서 불이익을 주는 대표적인 불리한 처분 또는 침익적 처분에 해당한다.

나. 사유

1) 법 제17조 제2항에서는 보직해임의 사유로 "당해 직무를 수행할 능력이 없다고 인정되었을 경우(제3호)"를 정하고 있다. 여기서 어떠한 자를 당해 직무를 수행할 능력이 없다고 인정할 것인가가 문제이다. 임기 이전 보직 해임된 자는 진급 시 감점 적용대상자가 될 수 있기 때문에 진급과 보직에 있어서 불리한 처분이므로 당해 직무를 수행할 능력이 있느냐 없느냐의 판단은 매우 신중하게 하여야 한다. 직무수행능력 유무에 대한 판단은 재량행위에 속하지만 재량행위가 남용되거나 일탈된 경우에는 위법의 문제가 발생할 수 있다.

2) 보직해임 사유에 해당하는지의 여부에 대해서는 보직권자의 판단에 맡길 수밖에 없으나 주로 사건사고와 관련되거나 본인의 업무상 과오로 인하여 보직해임될 수 있다. 보직해임이 되는 경우를 구체적으로 보면 ① 현역복무부적합자 처리 기준에 해당될 경우, ② 법 제48조의 휴직사유 중 행방불명된 자와 형사사건으로 기소된 자, ③ 사고처리신상필벌기준(국방부훈령 제702호 2002. 3. 1.)에 의하여 사고대책위원회로부터 보고 및 통보를 받은 관할 부대장은 사고자 또는 사고 관련자에 대하여 보직해임을 할 필요가 있다고 판단된 경우이다. ④ 징계혐의자, 형사사건으로 군사법경찰관 및 군검찰의 수사대상자, 감사원 감사로 인하여 비리 혐의가 인정되어 지휘관이 보직해임의 필요성이 인정된 경우, ⑤ 기타의 경우로 구분해 볼 수 있겠다.[14]

3) 보직해임 사유에도 시효제도가 적용되는가? 보직해임 사유에는 시효가 적용되지 않는다. 즉 징계사유가 있어도 일정기간이 경과하면 징계를 할 수 없다는 징계시효 규정을 두고 있지 않기 때문이다. 따라서 보직해임 사유에 대해서

---

14) 육군에서는 보직해임의 사유를 첫째로, 사고관련 보직해임은 육규 189(징계규정)에 명시된 「사건처리관련 지휘·감독자 문책기준」 계량화 벌점이 71점(감봉) 이상으로 차후 지휘통솔 및 부대관리에 악영향이 우려될 경우로 제한하며, 둘째로, 개인비위 등 개인책임으로 인한 보직해임 사유로는 ① 법 시행규칙 제56조 "현역복무부적합자 기준"에 해당하는 사유로 인해 현 보직에서 계속 직무수행을 할 수 없다고 판단한 경우, ② 육군규정 189(징계 규정) "징계사유 및 처벌기준"에 해당하는 사유로 인해 현 보직에서 계속 직무수행을 할 수 없다고 판단한 경우, ③ 기타 현 보직에서 계속 직무수행이 곤란하다고 인사권자가 판단한 경우이다(육방침 06-43호 장교보직해임시행방침).

는 시효가 적용되지 않는다.[15)]

다. 절차

장교를 보직 해임할 때에는 보직해임심의위원회의 의결을 거쳐야 한다. 다만, 대통령령이 정하는 불가피한 사유가 있다고 인정하는 경우에는 보직해임이 된 날부터 7일 이내에 보직해임심의위원회의 의결을 거쳐야 한다(법 제17조 제3항). 즉 장교의 권익보호를 위해 원칙적으로 보직해임심의위원회의 의결을 거친 후 보직해임을 하도록 하였으나 불가피한 사유가 있는 경우에는 "선 보직해임, 후 보직해임심의위원회의 의결"을 거치도록 예외 규정을 두고 있다. 여기서 "불가피한 사유"라 함은 ① 직무와 관련된 부정행위로 인하여 구속되어 직무를 수행할 수 없는 경우(제1호), ② 감사 결과 중대한 직무유기 또는 부정행위가 발견되어 즉시 보직해임이 필요한 경우(제2호), ③ 중대한 군 기강 문란, 도덕적 결함 등으로 즉시 보직해임이 필요한 경우(제3호)이다(법시행령 제17조의 4).

라. 보직해임심의위원회

1) 의의

보직해임심의위원회는 장교에 대한 보직해임 여부를 심의하기 위하여 보직해임 심의대상자보다 2단계 이상의 상급지휘관인 대령급 이상의 장교가 지휘하는 부대에 설치된 합의체 기구를 말한다(법 제17조 제3항).

2) 설치부대 및 구성

보직해임심의위원회는 보직해임 심의대상자보다 2단계 이상의 상급지휘관인 대령급 이상의 장교가 지휘하는 부대에 설치한다(법시행령 제17조의 3 제1항). 보직해임심의위원회는 위원장 1인을 포함한 3인 이상 7인 이내의 위원으로 구성하되, 법무장교가 보직되어 있는 부대는 위원 중 1인을 법무장교로 한다(동 조 제2항). 보직해임심의위원회의 위원은 보직해임 심의대상자보다 상급자 또는 선임자 중에서 보직해임심의위원회가 설치된 부대의 장이 임명하고, 위원장은 위원 중 선임자가 된다(동 조 제3항). 법무장교가 심의대상자보다 하위계급일

15) 대법원 1968. 1. 11. 선고 67구174 판결.

경우에는 심의위원으로 임명할 수 없으며, 이 경우에는 법적 자문을 위하여 심의위원회에 참가할 수 있다.[16)]

3) 운영 및 의결정족수

보직해임심의위원회는 회의개최 전에 회의일시, 장소 및 심의사유 등을 심의대상자에게 통보하여야 하고, 심의대상자는 보직해임심의위원회에 출석하여 소명하거나 소명에 관한 의견서를 제출할 수 있다. 다만, 심의대상자가 정당한 사유 없이 소명기일에 출석하지 아니하거나 의견서를 제출하지 아니한 경우에는 소명기회를 주지 아니하고 의결할 수 있으며, 필요하다고 인정하는 경우에는 관계인의 출석 또는 증거물의 제출을 요구할 수 있다(시행령 제17조의 5). 보직해임심의위원회는 구성원의 3분의 2 이상의 출석과 무기명투표에 의한 출석위원 과반수의 찬성으로 의결한다(시행령 제17조의 3 제4항).

4) 후속조치

보직해임심의위원회가 의결을 한 경우에는 그 내용을 심의대상자에게 서면으로 통보하여야 한다. 보직해임심의위원회는 다음 4개항(① 보직해임 후 징계위원회 회부, ② 보직해임 후 현역복무부적합 조사위 회부, ③ 보직해임 없이 징계위원회 회부, ④ 보직해임 없이 불문경고 또는 무혐의 조치) 중 1개 방안을 의결하여 지휘관에게 건의하고, 지휘관은 심의결과를 참고하여 보직해임 여부를 승인한다. '보직해임' 명령은 보직해임권 부대(서) 인사명령으로 발령하고 후임자 보충이 곤란할 경우에는 보충 시까지 대리 또는 직무대리를 임명할 수 있다. 다만, 대령급 이상은 동일한 보직해임 심의절차를 거쳐, 2차 상급지휘관이 육군본부에 보직해임을 건의하고 참모총장 승인 시, 육본 인사명령으로 발령한다.

마. 방법

보직해임은 상대방 있는 의사표시에 의하여 행하여지는 행정처분이다. 따라서 보직해임은 상대방에게 도달되어야 한다.[17)] 최근에 법시행령이 개정되어 보직

16) 장교보직해임시행방침(육방침 06 - 43호 2006. 8. 18.) 다. 2) 보직해임심의위원회 설치 및 운영.

17) 대법원 1969. 4. 24. 선고 68구185 판결에서는 "…… 직위해제처분은 상대방 있는 의사표시에 의하여 행하

해임심의위원회가 의결을 한 경우에는 그 내용을 심의대상자에게 서면으로 통보하도록 개정되었다(법시행령 제17조의 5 제3항).

바. 효과

1) 현역복무부적합조사위원회 회부 사유

임기 전에 보직 해임된 장교로서 3개월이 경과하여도 보직되지 못하거나 동일계급에서 2회 이상 보직 해임된 자에 대해서는 현역복무에 적합하지 아니한 자에 해당하는지의 여부를 조사하고, 그 조사결과 이에 해당하지 아니한다고 인정되는 자에 대해서는 지체 없이 보직하여야 한다고 하여 보직 해임된 자 중 일부의 경우에는 현역복무부적합 조사대상자로 규정하고 있다. 보직 해임된 자라 할지라도 현역복무부적합조사위원회에서 복무 가능한 자로 결정된 경우에는 지체 없이 보직을 주어야 한다(법시행령 제17조의 2).

2) 진급 심사 시 감점사유

육군규정 126 장교진급관리규정 제22조에서는 임기 이전 보직해임자에 대해서는 －3점을 부과하며, 제23조에서는 보직해임을 받은 자가 2년을 경과한 때에는 보직해임 기록을 말소하며, 기록 말소된 자는 진급선발에서 감점 규정을 적용하지 않는다고 규정하고 있다.

3) 보직 해임된 자의 인사관리

보직 해임된 자는 징계위 회부 등 비위에 대한 행정적 조치가 만료되기 전에 보직을 부여할 수 없으며, 보직해임일로부터 신보직 명령 시까지 "무보직"으로 자력표에 기록 · 유지한다. 보직 해임된 자가 해당 비위사실로 징계처분을 받았을 경우에는 징계처분에 부과되는 감점과 말소기간만 적용하며 2중 불이익을 부여하지 아니한다. "지휘책임"으로 보직 해임된 자는 그 책임이 중(重)한 경우, 지휘관 직위 재보직을 불허한다. "개인비위"로 보직 해임된 자는 반드시 현역복무부적합조사위원회에 회부하여 심의결과에 따라 인사 조치하되, 현역복무 적합

여지는 처분이라 할 것이고 따라서 특별한 사유가 없으면 그 의사표시가 상대방에게 도달되어야만 처분의 효력이 발생한다. ……"라고 판시하였다.

자로 판정되더라도 지휘관 직위 재보직은 불허하고 기타 직위에 보직한다. 참모 직위에서 비위 관련 보직해임 시에는 교관 · 훈육직위, 이권 직위에는 보직을 제한한다.

Ⅲ. 사전구제제도

위에서 언급한 바와 같이 사전구제제도로서 대표적인 것이 행정절차라고 하였다. 행정절차(行政節次)란 행정청이 공권력을 행사하여 행정에 관한 결정을 함에 있어 요구되는 외부와의 일련의 교섭과정을 말한다(협의의 개념).[18] 다만, 결정과정에 관한 것이기는 하되 행정조직 내부에서 수행되는 데 그치는 절차는 여기에 포함되지 않는다. 행정절차는 수익적 처분보다는 불이익 처분에 있어서 그 중요성이 더욱 강조되고 있으며, 불이익 처분절차에 대한 상대방의 참여절차는 정확한 진실에 좀 더 가까이 접근할 수 있다는 점과 상대방을 한갓 통치의 상대방이 아니라 행정의 동반자로 인정하는 민주성에 큰 의의를 찾을 수도 있다.[19] 특히 행정절차법의 제정은 국민의 행정참여로 행정의 공정성 · 투명성 · 신뢰성을 확보하고 국민의 권익을 보호하는 획기적인 계기가 되었다. 행정절차법에서 규정하고 있는 불리한 처분과 관계된 제도로 처분의 사전통지(제21조), 의견청취(제22조), 처분의 이유제시(제23조), 고지(제26조), 의견제출(제27조), 청문(제28조~제37조), 공청회(제38조~제39조의 2) 등에 대해 설명하기로 한다.

1. 처분의 사전통지

처분의 사전통지란 당사자에게 의무를 과하거나 권익을 제한하는 처분을 하는 경우에는 미리 일정한 관련 사항을 당사자 등에게 통지하는 것을 말한다. 이것은 불이익 처분을 받을 당사자나 이해관계자가 미리 방어자료의 준비 등 사전에 대비를 할 기회를 제공하기 위한 것이다.[20] 행정절차법에서는 불리한 처분

18) 김동희, 행정법Ⅰ, 박영사, 2004, 345면.

19) 서원우, "행정상의 절차적 하자의 법적 효과", 서울대학교 법학(27권 2호), 1986, 25면.

의 통지와 청문 실시의 통지에 대해 규정하고 있다. 즉 행정청은 당사자에게 의무를 과하거나 권익을 제한하는 처분을 하는 경우에는 미리 ① 처분의 제목, ② 당사자의 성명 또는 명칭과 주소, ③ 처분하고자 하는 원인이 되는 사실과 처분의 내용 및 법적 근거, ④ 이에 대하여 의견을 제출할 수 있다는 뜻과 의견을 제출하지 아니하는 경우의 처리방법, ⑤ 의견제출기관의 명칭과 주소, ⑥ 의견제출 기한, ⑦ 기타 필요한 사항을 당사자 등에게 통지하여야 한다(제21조 제1항).

2. 의견청취

의견청취절차란 당사자에게 불이익한 처분을 하거나 다수의 국민 사이에 이해관계가 대립되는 처분을 하는 경우에 당사자, 이해관계인, 전문가, 일반인으로부터 의견을 수검하는 절차를 말한다.[21] 행정절차법은 의견청취절차로 의견제출, 청문, 공청회 등 3가지를 규정하고 있다. 이러한 의견청취절차는 불이익 처분에 있어서는 필요적인 절차이며, 당사자 등의 의견을 청취함으로써 처분의 당사자나 이해관계인이 이유 없이 불이익을 당하지 않도록 미연에 방지하는 데 그 목적이 있다.

가. 의견제출

의견제출이란 행정청이 일정한 결정을 하기에 앞서 당사자 등에게 의견을 제시할 기회를 주는 절차로서 청문이나 공청회에 해당하지 아니하는 절차를 말한다(행정절차법 제2조 제7호). 최근 서울행정법원에서는 "진급선발을 취소하는 처분은 진급예정자로서 가지고 있는 원고의 이익을 침해하는 처분이라 할 것인바, 이러한 진급선발 취소처분에 앞서 진급선발 취소사유 및 근거에 대하여 당사자 자신의 입장을 소명하거나 의견을 진술할 기회를 부여하였어야 함에도 그러하지 아니하였으므로 진급선발 취소처분은 절차상 하자가 있어 위법하다."라고 하였다.[22]

20) 이한성, 전게논문, 842면.

21) 이한성, 전게논문, 846면.

나. 청문 및 공청회

청문(聽聞)이란 행정청이 어떠한 처분을 하기에 앞서 당사자 등의 의견을 직접 듣고 증거를 조사하는 절차를 말하며(행정절차법 제2조 제5호), 다른 법령 등에서 청문을 실시하도록 규정하고 있는 경우와 행정청이 필요하다고 인정하는 경우에 청문을 실시한다(동법 제22조 제1항).

공청회(公聽會)란 행정청이 공개적인 토론을 통하여 어떠한 행정작용에 대하여 당사자 등 전문지식과 경험을 가진 자 기타 일반인으로부터 의견을 널리 수렴하는 절차를 말하며, 다른 법령 등에서 공청회를 개최하도록 규정하고 있는 경우와 당해 처분의 영향이 광범위하여 널리 의견을 수렴할 필요가 있다고 행정청이 인정하는 경우에 공청회를 개최한다(동 조 제2항).

3. 처분의 이유제시

처분의 이유제시는 행정처분 등을 함에 있어서 그 근거가 되는 법적 · 사실적 이유를 구체적으로 명시하도록 하는 것을 말한다.[23] 이러한 절차는 행정청으로 하여금 신중하고 공정하게 처분하도록 하고, 처분의 상대방에 대한 설득의 자료로 활용될 뿐 아니라 처분에 불복하는 상대방은 처분이유를 토대로 그 위법성을 정리할 수 있게 되어 행위를 심사하는 법원으로서도 쟁점정리에 도움이 되게 된다.[24]

국가공무원법 제75조(지방공무원법 제67조 제1항)에는 인사상 불이익 처분에 대해서는 처분의 사유를 기재한 설명서를 교부하도록 하고 있다. 이 제도는 신분상 불이익 처분을 받는 공무원이 그 사유를 충분히 납득할 수 있도록 서면으로 알려 줌으로써 처분의 객관성과 신뢰성을 도모하고, 본인에게도 기재된 사유에 대하여 항변할 수 있는 기회를 부여하려는 데 목적이 있다.[25][26] 군인의 경우

---

22) 서울행정법원 2006. 2. 7. 선고 2005구합19788 판결.

23) 유지태, "행정절차로서의 이유부기의무", 고시계(97/7), 46－47면.

24) 이유부기의무는 행정작용과 관련하여 자기통제기능, 권리구제기능, 당사자만족기능 및 당해 행정결정을 명확하게 하는 기능이 있다고 한다(유지태, 전게논문, 47면).

25) 김중양 · 김명식, 공무원법, 박영사, 2000, 450면.

26) 판례는 "지방공무원법 제67조 제1항의 규정은 징계처분이 정당한 이유에 의하여 한 것이라는 것을 분명히 하고 또 피처분자로 하여금 불복이 있는 경우에 출소의 기회를 부여하는 데 그 법의가 있다고 할 것이므로 그

도 현역복무부적합전역, 보직해임, 명예전역불해당처분, 휴직, 진급취소 및 삭제 시에도 이러한 행정절차법상의 의견제출 및 변명의 기회를 부여하여 위법 부당한 침해를 미연에 방지하도록 하는 절차를 마련하는 것이 필요하다.

4. 고지제도

고지제도란 행정청이 처분을 함에 있어서 처분의 상대방이 법적 구제방법을 사용하려고 하는 경우에 필요한 사항(불복행정청, 불복기간, 불복절차)을 구체적으로 상대방에게 알리는 비권력적 사실행위를 말한다. 고지제도는 처분의 상대방으로 하여금 행정불복의 기회를 보장하고 처분을 보다 신중하게 하여 행정의 적정화를 기하는 데 그 목적이 있다.[27)]

Ⅳ. 사후구제제도

1. 인사소청

가. 의의

일반적으로 소청(訴請)이란 징계처분 기타 그 의사에 반하는 불이익 처분을 받은 자가 그 처분에 불복이 있는 경우에 관할 소청심사위원회에 그 심사를 청구하는 제도를 말한다.[28)] 처분에 대한 재심사의 청구라는 점에서 행정심판의 일종이나, 국가공무원법은 행정심판의 특례로서 소청제도를 마련하고 있다. 군인사법상 '인사소청'이란 장교 · 준사관 및 부사관이 위법 · 부당한 전역 · 제적 및 휴직 등 그 의사에 반한 불리한 처분(징계처분을 제외한다.)에 대하여 불복이 있는 때에 그 처분이 있음을 안 날부터 30일 이내에 이에 대한 심사를 청구하

처분사유설명서의 교부를 처분의 효력발생요건이라고 할 수 없을 뿐만 아니라 직권에 의한 면직처분을 한 경우 그 인사발령통지서에 처분사유에 대한 구체적인 적시 없이 단순히 당해 처분의 법적 근거를 제시하는 내용을 기재한 데 그친 것이더라도 그러한 기재는 위 법조 소정의 처분사유 설명서로 볼 수 있다."라고 판시하였다(대법원 1991. 12. 24. 선고 90누1007 판결).

27) 박윤흔, 전게서, 873면.

28) 김동희, 행정법Ⅱ, 박영사, 2002, 138면.

는 제도를 말한다(법 50조). 소청제도는 조직 내에서의 공무원의 제 고충을 해결해 줌으로써 공무원들의 사기를 앙양시키고 정치적 이유나 기타 정실로 부당한 처분을 받은 공무원을 구제하여 그 신분을 보장하는 데 그 목적이 있다. 또한 행정의 적정성 확보도 그 목적으로 하고 있다.

나. 소청심사대상

위법·부당한 전역·제적 및 휴직명령 등 본인의 의사에 반한 불리한 처분이며 징계처분은 제외된다(법 제50조). 국가공무원인 경우는 징계처분에 대해서도 소청제기가 가능하지만(국가공무원법 제76조), 군인의 경우에 징계처분에 대해서는 소청심사를 제기할 수 없고 차상급부대 또는 기관의 장에게 항고할 수 있다. 이는 소청심사기구의 본래적 의의인 독립성과 합의성에 비중을 두기보다는 군의 특수성에 따른 지휘, 명령계통의 체계화를 우선적으로 도모하기 위한 것이다. 따라서 현역복무부적합전역, 제적, 휴직에 대한 소청제기가 가능하다. 그 외에 '본인의 의사에 반한 불리한 처분'에 해당되는 것으로는 보직해임, 부당한 보직이동, 명예전역수당지급거부, 무보직자의 보직청구·복직청구, 봉급청구사건, 경력평정처분의 시정 청구 등이다.[29] 따라서 보직 해임된 자는 보직해임 처분에 대하여 법 제50조(위법·부당한 전역 및 제적 등에 대한 소청)에 의거하여 보직해임 처분이 있음을 안 날로부터 30일 이내에 인사소청을 할 수 있으며, 심사결과 '혐의 없음'이 판명될 경우에는 인사관리상 불이익을 받지 아니한다.[30]

다. 소청심사기관

장교 및 준사관의 소청을 심사하기 위하여 국방부에 중앙군인사소청심사위원

29) 행정기관 소속공무원의 소청에 관한 절차를 규정한 소청절차규정(2004. 6. 11. 대통령령 제18426호) 제2조 제1항에는 "공무원이 징계처분·강임·휴직·면직처분 그 밖에 그 의사에 반하는 불리한 처분 또는 부작위"라고 규정하여 소청심사의 대상을 규정하고 있다. 다만, 여기서 "의사에 반하는 불리한 처분 또는 부작위"의 범위에 관해서는 해석상 문제가 있으나, 의원면직 형식에 의한 면직, 대기명령, 전보, 전직 등을 포함해야 한다고 한다(김동희, 행정법Ⅱ, 139면).

30) 구 장교보직해임시행방침(육방침 03-43호 2003. 11. 1.)에서는 "보직 해임된 자는 보직해임 처분에 대하여 고충심사를 청구할 수 있으며"라는 규정을 두고 있었으나, 행정법상 일반적으로 소청과 고충을 구분하며 '처분성'이 인정되는 경우에는 소청의 대상으로 하고 있다. 따라서 보직해임처분에 대해서는 소청을 제기하는 것이 맞다. 개정된 장교보직해임시행방침(육방침 06-43호)에서는 보직해임 처분에 대하여 인사소청을 제기하도록 되어 있는데 합리적인 개정이다.

회를 두며, 부사관의 소청을 심사하기 위하여 각 군 본부에 군인사소청심사위원회를 둔다(법 제51조 제1항). 중앙군인사소청심사위원회 및 군인사소청심사위원회는 5인 이상 9인 이내의 위원으로 구성한다. 이 경우 위원은 ① 법관·검사 또는 변호사의 직에 5년 이상 근무한 자, ② 영관급 이상의 군인, ③ 군법무관으로 5년 이상 근무한 자, ④ 군사행정과 관련된 분야에서 4급 이상 공무원으로 근무한 자 중에 해당하고 군사행정에 관한 식견이 풍부한 자로 하여야 한다(동 조 제2항).

라. 소청절차

1) 장교·준사관 및 부사관으로서 본인의 의사에 반한 불리한 처분을 받은 자와 처분부대 또는 기관의 장은 소청심사위원회의 결정이 부당하다고 인정할 때에는 그 결정통지를 받은 날부터 10일 이내에 그 이유를 명시하여 재심을 요구할 수 있다.

2) 소청은 위법·부당한 전역·제적 및 휴직명령 등 본인의 의사에 반한 불리한 처분이 있음을 안 날부터 30일 이내에 제기하여야 한다(동령 제56조 제1항). 이와 같이 소청의 제기에 있어서 제척기간을 둔 것은 행정의 안정성을 위한 제도이다.[31] 행정청이 처분을 서면으로 하는 경우에는 그 상대방에게 처분에 관하여 행정심판을 제기할 수 있는지의 여부, 제기하는 경우의 심판청구절차 및 청구기간을 알려야 한다(행정심판법 제42조 제1항). 이러한 경우 행정청이 고지의무를 위반하여 심판청구절차 및 청구기간을 고지하지 아니한 경우에는 처분이 있은 날로부터 180일 이내에 심판청구를 할 수 있다(행정심판법 제18조 제6항).[32]

3) 소청심사위원회는 소청장을 접수한 날부터 특별한 사유가 없는 한 30일 이내에 소청에 대한 결정을 하여야 한다(동령 제58조 제3항). 소청심사위원회의 결정은 그 이유를 명시한 결정서로 하여야 하며 이에는 각하, 기각, 취소·변경, 무효확인 등이 있다.

4) 처분부대 또는 기관의 장은 소청심사위원회의 결정이 부당하다고 인정할

31) 이환균, “우리나라의 소청심사제도(현황분석과 개선방향을 중심으로)”, 법제월보(제11권 제10호), 법제처, 1969. 10. 45면.

32) 서울행정법원 2003. 1. 16. 선고 2002구합4198 판결.

때에는 그 결정통지를 받은 날부터 10일 이내에 그 이유를 명시하여 재심을 요구할 수 있다(동령 제59조의 2 제1항). 이러한 처분부대 및 기관의 장 인사소청 결정에 대한 재심요구권은 인사소청심사위원회가 소청인의 권익보호에만 치중하여 군 관계내부의 질서유지 목적을 소홀히 함으로써 효율적인 인사운영에 필요한 경우를 대비하여 객관적인 입장에서 재심을 할 수 있도록 규정한 것이다.

마. 효과

소청심사위원회가 전역 · 제적 · 휴직명령 기타 불리한 처분의 취소 또는 변경을 명한 때에는 처분부대 또는 기관의 장은 30일 이내에 소청인을 현역에 복귀 또는 복직시키거나, 불리한 처분을 취소 또는 변경하여야 한다. 소청의 사유가 법에 적합하지 아니하거나 심사청구가 이유 없다고 결정된 때에는 15일 이내에 소청인에게 통고함으로써 당해 소청은 종료한다(동령 제59조).

2. 행정소송의 제기

인사상 불리한 처분을 당한 자는 법원에 행정소송을 제기할 수 있다. 제1심 관할은 피고(행정청)의 소재지를 관할하는 행정법원이다. 다만, 중앙행정기관 또는 그 장이 피고인 경우의 관할법원은 대법원소재지의 행정법원이다(행정소송법 제9조). 행정소송을 제기하기 위해서는 반드시 인사소청심사를 거쳐야 한다(필요적 행정심판전치주의 채택). 법 제51조의 2에는 “전역 또는 제적과 휴직 기타 본인의 의사에 반한 불리한 처분에 관한 행정소송은 인사소청심사위원회의 심사를 거치지 아니하면 이를 제기할 수 없다.”라고 규정하고 있기 때문이다. 따라서 행정소송은 인사소청의 재결서 정본을 송달받은 날로부터 90일 이내에 제기하여야 한다(행정소송법 제20조).

V. 개선방안

위에서 살펴본 바와 같이 현대 행정에 있어서 사전구제제도의 확대 경향에 따라 행정절차의 중요성이 강조되고 있다고 하였다. 군인사행정에 있어서 군인에게 의무를 부과하거나 권리를 침해하는 처분을 하거나 그에 대한 구제제도에 있어서 다음과 같은 개선방안을 제기한다.[33)]

첫째로, 불이익 처분 시 당사자에게 의견제출 기회를 부여하여야 한다. 행정절차법에서는 불이익 처분절차에 있어서 의견청취절차는 필요적인 절차로 규정하고 있다(제22조 제3항). 법시행령 제17조의 5에서는 보직해임심의위원회는 심의당사자에게 보직해임심의위원회에 출석하여 소명하거나 소명에 관한 의견서를 제출할 수 있도록 개정되었으며, 또한 법 시행규칙 제64조에서도 "현역복무부적합조사위원회 조사 대상자는 조사위원회에 출석하여 변명할 수 있는 기회를 부여하여야 한다."라는 규정을 두고 있는바 이와 같은 내용을 인사상 불이익 처분을 하는 모든 경우에도 확대 적용하여야 할 것이다.[34)]

둘째로, 보직해임심의위원회의 위원 중 법무장교의 계급을 하향할 필요가 있다. 즉 법무장교가 보직되어 있는 부대는 위원 중 1인을 법무장교로 구성하도록 되어 있으나(법시행령 제17조의 3 제2항), 보직해임심의위원회의 위원은 보직해임 심의대상자보다 상급자 또는 선임자로 임명하도록 되어 있다(동 조 제3항). 조문 해석상 보직해임심의위원회의 위원인 법무장교의 계급은 보직해임 당사자보다 상급자 또는 선임자여야 하기 때문이다. 법무장교에 대해서는 보직해임 당사자보다 상급자 또는 선임자여야 한다는 예외 규정을 둘 수 있도록 개정하여야 한다.

셋째로, 소청심사위원회의 결정에 대하여 처분부대 및 기관의 장은 그 결정이 부당하다고 인정할 때에는 재심을 요구할 수 있는 권리(법시행령 제59조의 2 제1항)를 폐지하여야 한다. 인사소청심사위원회의 독립성 확보, 타 공무원과 형평성, 신속한 권리구제를 위해서도 국가공무원법과 같이 재심요구권을 폐지하여야 한다.[35)]

넷째로, 실질적인 권리구제수단을 위해 고지제도를 도입하여야 한다. 국가공

33) 임천영, "군인의 신분보장제 개선방안에 관한 연구", 경희대(석사학위논문), 2006, 118－129면 참조.

34) 2006년도 장교 진급지침에 의하면 "진급예정자 명단에서 삭제 시 대상자 본인에게 통보 및 해명기회를 부여한다."라고 규정하고 있는데, 이는 불이익 처분 시 상대방에게 의견제출의 기회를 준다는 점에서 큰 의미가 있는 것이다.

35) 행정자치부는 2004. 3. 11. 법률 제7187호로 국가공무원법을 개정하여 "중앙인사관장기관의 장이 소청심사위원회의 결정에 대하여 재심을 요구할 수 있다(국가공무원법 제14조의 2)."는 조항을 삭제하였다.

무원은 소청업무처리지침(2004. 6. 4. 소청심사위원회예규 제2호) 제24조에서 고지제도에 관해 규정하고 있다.[36] 따라서 현역복무부적합전역, 보직해임, 명예전역불해당처분, 휴직처분 등 본인에게 불리한 인사처분을 행할 때에는 당사자에게 인사소청을 제기할 수 있음을 알려야 한다.

36) 소청업무처리지침(2004. 6. 4. 소청심사위원회예규 제2호) 제24조(불이익 처분에 대한 소청 청구 고지)
① 법 제75조의 규정에 의한 처분사유설명서에는 "이 처분에 대한 불복이 있을 때에는 국가공무원법 제76조 제1항의 규정에 의하여 이 설명서를 받은 날부터 30일 이내에 소청심사위원회에 소청을 청구할 수 있다."라는 사실을 고지하여야 한다.
② 법 제75조에서 정한 처분 이외의 본인의 의사에 반한 처분을 행할 때에는 "이 처분에 대한 불복이 있을 때에는 국가공무원법 제76조 제1항의 규정에 의하여 처분이 있은 것을 안 날부터 30일 이내에 소청심사위원회에 소청을 청구할 수 있다."는 사실을 고지하여야 한다.

제4편
진급

6. 군인사법상의 진급취소의 제한 -대법원 판례를 중심으로*

목 차

Ⅰ. 서론

진급제도는 인사 관리에 있어서 무엇보다도 중요한 문제로서 진급제도의 적부와 운영의 적정 여부는 인사행정의 성패를 좌우하게 된다. 일반적으로 인사행정에 있어서 승진은 개인과 조직에 있어서 중요한 의미를 가진다. 개인적으로는 승진에 따라 책임과 의무가 증가하게 되며 더불어 여러 가지 유형적·무형적 보상이 따른다. 군에 있어서도 진급은 개인적 차원에서 자기발전의 욕구충족과 동기유발의 촉진을 통해 군 생활의 보람을 제공하며, 조직적 차원에서 인력의 효율적인 확보와 배분으로 군 조직의 효율성을 제고하고 군 발전에 공헌할 수 있는 인재를 발굴 육성하는 데 기여하고 있다.[1]

공정하고 투명한 진급업무로 우수한 인재를 발탁하는 것은 군심의 결집과 군

* 게재지: 월간 법제 2010. 1월호(통권 제625호), 법제처, 2010. 1. 14.

1) 문채봉 외 3, 장교 진급심사 평가기준 개선, 한국국방연구원, 2005, 50면.

의 사기에 직접적으로 영향을 미치는 매우 중요한 일이다. 그러나 신이 아닌 이상 개개인이 가진 능력과 도덕적 성품을 100% 평가하는 것은 불가능하며, 또한 진급되어서는 안 될 사유가 있음에도 불구하고 그 자료가 진급선발위원회에 현출되지 않아 진급자로 선발될 수 있는 가능성도 있는 것이다. 이러한 경우를 대비하여 제도적으로 보장된 것이 바로 진급취소와 삭제제도이다. 즉 진급취소와 삭제처분은 사후 시정조치에 의해 진급제도의 목적을 달성하기 위한 것이다.[2)]

지금까지 진급취소 및 진급낙천에 관한 대법원 판례는 3건 있다. 즉 ① 대법원 2007. 9. 21. 선고 2006두20631 판결, ② 대법원 2007. 9. 20. 선고 2005두13971 판결, ③ 대법원 2006. 2. 9. 선고 2005두12848 판결이 있다. 기타 하급심 판례로 서울고등법원 2006. 11. 30. 선고 2006누127 판결이 있다.[3)] 진급취소 및 진급낙천 처분은 개인의 이익을 침해하는 대표적인 침해적 행정행위이기 때문에 진급취소의 사유에 해당되는지 여부, 진급취소의 필요성이 있는지의 여부, 진급취소의 절차 등에 관하여 많은 법적 문제점이 있었다. 최근의 대법원 판례를 통해 이러한 법적인 쟁점들이 많은 부분 해소되었고 이로 인해 군인사법을 이해하는 데 많은 도움을 주고 있다. 또한 최근의 대법원 2008. 4. 10. 선고 2007두18611 판결은 지방공무원법상의 승진임용과 관련된 중요한 판례이다. 위 대법원 판례를 중심으로 군인사법상의 진급취소의 제한 등 법적 쟁점에 대해 설명한다.

Ⅱ. 공무원 및 군인의 승진제도

1. 국가공무원의 승진제도 개요

가. 승진임용의 의의

승진임용제도란 결원보충의 한 방법으로서 하위계급에 재직하고 있는 공무원 중 일정요건을 갖춘 자를 근무성적 · 경력 · 훈련성적 및 기타 능력의 실증에 의

2) 임천영, "군인사법상의 진급 취소와 삭제제도의 개선방안", 인사보(제96호), 육군본부, 2006. 1. 35면.

3) 이 판례도 진급취소와 관련된 의미 있는 판결이다. 최초에 원고가 상고를 제기하였다가 상고를 취하하여 서울고등법원에서 확정된 사안이다.

하여 우수한 자를 상위계급에 임용하는 것을 말한다.[4)]

나. 승진임용의 종류

일반승진, 특별승진, 근속승진으로 구분한다. 일반승진이란 임용권자가 승진후보자명부의 순위 등에 의해 적격자를 승진 임용하는 방법을 말한다. 일반승진은 시험에 의한 승진과 승진후보자 중에서 근무성적, 능력, 경력, 전공분야, 인품 및 적성 등을 고려하여 보통승진심사위원회의 승진 심사를 거쳐 결원의 범위에서 해당하는 인원을 선정하여 임용하는 심사에 의한 승진으로 구분할 수 있다(공무원임용령 제35조). 특별승진은 특별한 자격요건을 구비한 공무원에 대하여 승진소요 최저연수 또는 승진후보자명부의 순위에 불구하고 승진 임용하거나 승진시험에 우선 응시케 하여 승진 임용하는 것을 말한다(동령 제35조의 2). 근속승진은 일정기간 계속 근무한 경력 요건을 기준으로 상위 계급으로 승진시키는 제도를 말한다(동령 제35조의 4).

다. 일반승진 절차

1) 5급 공무원과 7급 이하 공무원 및 기능직공무원을 승진 임용하려는 경우에는 해당 기관의 승진후보자 명부의 높은 순위에 있는 사람부터 차례로 임용하려는 결원 수에 대하여 별표 5에 해당하는 범위에 있는 사람 중에서 보통승진심사위원회의 승진 심사를 거쳐 임용하여야 한다(공무원임용령 제33조 제1항). 6급 공무원을 5급 공무원으로 승진 임용하려는 경우에는 승진시험 또는 보통승진심사위원회의 심사를 거쳐 임용하여야 한다(동령 제34조 제1항). 4급 이하 공무원(5급 공무원으로 승진 임용될 때 승진시험을 거치는 6급 공무원은 제외한다.) 및 기능직공무원을 승진 임용하려는 경우에는 보통승진심사위원회의 승진 심사를 거쳐야 한다(동령 제34조의 3 제1항). 4급 공무원을 승진 임용하려는 경우에는 소속 장관이 해당 기관의 승진후보자 중에서 근무성적, 능력, 경력, 전공분야, 인품 및 적성 등을 고려하여 제34조의 3에 따른 보통승진심사위원회의 승진 심사를 거쳐 결원의 범위에서 해당하는 인원을 선정하여 임용하여야 한다(동령 제35조). 보통승진심사위원회의 심사 승진 절차로는 승진심사대상자

4) 행정안전부, 2009 공무원 인사실무, 115면.

결정, 보통승진심사위원회 심사, 승진대상자 결정, 승진임용(임용권자) 순으로 진행된다.

2) 승진시험의 합격 및 제34조에 따른 보통승진심사위원회의 승진 대상자 결정의 효력은 승진임용 시까지로 한다(동령 제34조의 2 제1항). 공무원의 승진임용인사의 경우 승진심사위원회의 심의를 통해 승진임용대상자로 결정되면, 소위 승진임용예정자의 지위를 얻게 된다. 이러한 승진임용예정자의 법적 지위는 설령 내부적으로 승진심사에 통과하여 승진대상자로 결정되어서 사실상 임용권자로부터 통보를 받았고 내부의 홍보자료 등에 승진대상자로 알려졌다고 해도 이러한 사실은 승진임용을 위한 내부적인 절차, 즉 승진임용심사에 필요한 제반요건 중 핵심적인 대부분의 단계를 거쳐 보다 확고한 승진대상자의 지위를 굳혀서 최종적으로 인사권자의 발령을 남겨 놓은 상태에 있는 자를 의미할 뿐이라고 해야 할 것이다.

승진임용거부에 대해 원칙적으로 승진예정자는 승진임용에 대해 신청권을 갖지 못하고 다만, 승진에 대해 매우 근접해 있는 경우에 기대권에 의해 신청권이 인정될 여지는 있다고 보이며 이러한 맥락에서 승진임용거부로 인해 입게 될 권리나 법적 이익에 대한 침해가 존재한다고 할 수 있어서 처분성이 인정될 수 있을 것이다.[5] 판례도 4급 공무원이 당해 지방자치단체 인사위원회의 심의를 거쳐 3급 승진대상자로 결정되고 임용권자가 그 사실을 대내외에 공표한 경우, 그 공무원에게 승진임용 신청권이 있는지 여부에 대해 "지방공무원법 제8조, 제38조 제1항, 지방공무원임용령 제38조의 3의 각 규정을 종합하면, 2급 내지 4급 공무원의 승진임용은 임용권자가 행정실적 · 능력 · 경력 · 전공분야 · 인품 및 적성 등을 고려하여 하되 인사위원회의 사전심의를 거치도록 하고 있는바, 4급 공무원이 당해 지방자치단체 인사위원회의 심의를 거쳐 3급 승진대상자로 결정되고 임용권자가 그 사실을 대내외에 공표까지 하였다면, 그 공무원은 승진임용에 관한 법률상 이익을 가진 자로서 임용권자에 대하여 3급 승진임용 신청을 할 조리상의 권리가 있다."라고 판시하였다."[6]

5) 정훈, "공무원법상 승진임용예정자의 법적 지위 – 국가공무원에서 지방공무원으로 전출 · 전입 후 승진이 거부된 사례를 중심으로 –", 공법연구(제35권 제2호), 2006. 12. 453면.

6) 대법원 2008. 4. 10. 선고 2007두18611 판결.

2. 군인의 진급제도 개요

가. 진급의 의의

진급이란 장교·부사관으로서 최저근속기간 및 계급별 최저복무기간의 복무를 각각 마치고 상위 직책을 감당할 능력이 인정된 자를 1단계씩 상위 계급으로 진출시키는 것을 말한다.[7] 공정하고 투명한 진급심사로 국가방위와 군 발전에 공헌할 미래 지향적인 우수인재 선발을 목표로 하고 있다.

나. 진급의 종류

군인사법상 진급에는 일반진급과 근속진급이 있다.[8] 일반진급은 정상진급, 임시권진급, 임기제진급, 명예진급으로 구분한다. 정상진급은 진급최저복무기간의 복무를 마친 인원을 대상으로(법 제26조), 임시권진급은 정상진급 대상 인력 부족 시 계급별 최저복무기간의 1/2 이상을 복무한 인원을 대상으로(법 제33조), 임기제진급은 정상진급이 종료된 영관급 이상 장교를 대상으로(법 제24조의 2), 명예진급은 진급최저복무기간이 경과한 소령, 중령을 대상으로 시행한다(법 제24조의 4).[9] 근속진급이란 당해 계급에서 일정기간 계속 복무한 경우 계급별 정원에 상관없이 상위 계급으로 진급시키는 것을 말하며, 부사관만을 대상으로 한다(법 제24조의 3). 근속진급은 국가공무원법상의 근속승진제도와 유사한 개념이다.

다. 진급의 절차

1) 각 계급별로 육군본부에 설치된 장교진급선발위원회는 진급선발대상권에 포함된 자 중 국방부장관이 승인한 진급예정 인원수와 관계없이 우선 '진급자격자'를 선발하고 위 진급자격자가 위 진급예정 인원수를 초과하는 경우에는 그중 진급예정 인원수만큼의 '진급추천자'를 선발한다(법 제29조 제1, 2항).

2) 위와 같이 선발된 진급추천자는 추천권자(참모총장), 제청권자(국방부장관)

7) 임천영, 전게서, 405면.

8) 이하에서는 군인사법은 "법"으로, 군인사법 시행령은 "시행령"으로 줄여 쓰기로 한다.

9) 육군본부, 2009년도 장교 진급지침, 2009, 9면.

또는 진급권자(원칙적으로 대통령, 다만, 대령 이하의 장교에 대해서는 국방부 장관도 가능)에 의하여 취소되지 않는 한 진급권자가 육군 전체에 그 명단을 공표하는데, 이때 진급예정자 명단의 순위는 진급추천자 명단의 순위와 같게 되고, 진급예정자 명단에 포함된 자는 궐원에 따라 선임순으로 수시로 진급발령을 받게 되며, 당해 연도에 진급하지 못한 경우에는 그 순위에 따라 다음 진급 연도의 진급예정자에 우선하여 진급발령을 받게 된다(법 제31조 제2항, 시행령 제38조 제1항).[10]

3) 진급예정자 명단이 공표된 후에 '진급발령 전에 진급시킬 수 없는 사유'가 발생하였을 때에는 진급권자가 해당자를 진급예정자 명단에서 삭제할 수 있는데, 시행령 제38조는 진급시킬 수 없는 사유로 ① 군사법원에 기소된 경우(약식명령이 청구된 경우를 제외한다.), ② 중징계의 처분을 받은 경우, ③ 전역심사위원회에 회부될 경우의 3가지 사유를 열거하고 있다(법 제31조 제2항, 시행령 제38조 제1항).

4) 군인사법 제31조 제1항에 규정된 추천권자 또는 제청권자가 장교진급선발위원회에 의하여 선발된 자를 취소할 경우에는 그 사유를 진급권자에게 보고하여야 하고, 위 선발위원회에 의하여 선발된 자 중 추천권자, 제청권자, 진급권자에 의하여 취소 또는 삭제된 자는 진급낙천자로 한다(법 제32조, 시행령 제39조).[11]

10) 진급예정자의 법적 지위에 대해 국방부는 "장교진급선발위원회에 의하여 선발된 자 즉 진급예정자는 추천권자, 제청권자 또는 진급권자에 의하여 취소되지 아니하는 한 진급권자가 당해 전군에 그 명단을 공표하고 궐원에 따라 선임순으로 수시로 진급 발령하여 상위1계급으로 진급할 수 있는 법적 지위를 취득하나 다만, 동법 시행령 제37조 제2항, 제38조, 제39조, 제40조 각 규정에 의하여 진급발령 전에 일정한 사유가 발생하는 경우 진급을 시키지 않거나 보류할 수 있음을 규정하고 있음. 따라서 진급예정자는 특별한 사유가 없는 한 진급을 기대할 수 있는 지위에 있다고 할 것이나, 반드시 진급한다고 할 수는 없을 것임. 또한 법상 비록 '진급예정자'라는 표현을 사용하고 있기는 하나, 법 제3조의 규정상 진급예정자가 별도의 계급으로 규정되어 있는 것은 아님. 그러므로 위에서 본 바와 같이 진급예정자라도 정식으로 진급발령이 나지 않는 한 현 계급을 유지하는 것으로 봄이 타당하다고 사료됨"이라고 하였다(국방부, 국방관계법령해석질의응답집 제24집, 27면).

11) 진급낙천(進級落薦)이란 진급선발대상권에 포함된 대령 이하의 장교로서 장교진급선발위원회에서 진급될 자격이 없다고 인정되어 진급심사대상에서 제외된 자 및 법 제31조의 규정에 의하여 취소 또는 삭제된 자는 진급낙천자로 한다(법 제32조).

Ⅲ. 판례 분석

1. 판례 1

가. 사실관계

원고 A는 2003. 9. 29. 장교진급선발위원회에서 대령진급예정자로 선발되어 같은 날 공표되었다. 2004. 11. 3. 원고 A는 2003년 재직 시 비행사실로 감봉 3개월의 징계처분을 받았다. 2004. 11. 17. 육군참모총장은 위 징계사실을 통보받고 국방부에 진급낙천을 건의하였고, 이에 따라 2004. 11. 30. 국방부는 원고 A에 대해 대령진급 선발을 취소하였다. 2005. 6. 13. 원고 A는 진급낙천처분취소 소송을 제기하였다.

나. 당사자의 주장

1) 원고는 "진급낙천처분으로 인하여 사실상 강등 이상의 불이익을 입었음에도, 피고(대한민국)는 위 처분과정에서 원고에게 일체 소명의 기회를 제공하지 아니하였을 뿐만 아니라 위 처분사실을 원고에게 통지하지도 아니하였으므로 이 사건 처분은 절차상 하자가 있다."라고 주장하였다.

2) 피고는 "원고가 수사과정 및 징계과정에서 자신의 비위행위에 대한 해명기회를 수차례 가졌으므로 이 사건 처분은 별도로 원고에게 의견진술 기회를 부여하지 않아도 될 예외적인 사유가 있는 경우에 해당한다."라고 주장하였다.

다. 법원의 판단

1) 서울행정법원 2006. 2. 7. 선고 2005구합19788 판결 【진급낙천처분취소】

서울행정법원은 "진급추천자는 진급예정자 명단의 선발 · 공표로 진급예정자로서 지위를 가지게 되고, 일단 진급예정자로서의 지위를 가지게 되면 진급예정자 명단에서 삭제되거나 진급선발이 취소되지 않는 한 진급예정자 명단 순위에 따라 진급하게 되므로, 진급선발을 취소하는 처분은 진급예정자로서 가지는 원고의 이익을 침해하는 처분이라 할 것인바, 피고로서는 마땅히 이 사건 처분에 앞서 진급선발 취소사유 및 근거에 대하여 원고에게 이에 대한 자신의 입장을 소명하거나 의견을 진술할 기회를 부여하였어야 함에도 그리하지 아니하였으므로 이 사건 처분은 절차상 하자가 있어 위법하다. 이에 대하여 피고는, 원고가 수사과정 및 징계과정에서 자신의 비위행위에 대한 해명기회를 수차례 가졌으므로 이 사건 처분은 별도로 원고에게 의견진술 기회를 부여하지 않아도 될 예외적인 사유가 있는 경우에 해당한다고 주장하나, ① 원고의 수사과정 및 징계과정에서의 해명과 진급선발 취소과정에서의 소명의 범위, 내용 및 정도 등은 얼마든지 달라질 여지가 있는 것으로 수사과정 및 징계과정에서 해명기회가 주어졌다 하여 이를 진급선발 취소과정에서 그 대상자에 대한 의견진술기회 박탈의 근거로 삼을 수 없을 뿐만 아니라, ② 원고는 수사과정에서 기소유예를, 징계과정에서 감봉 3개월의 경징계를 각 받았는데, 위와 같은 수사결과와 징계결과는 군인사법 시행령에서 진급시킬 수 없는 사유로 규정하고 있지 아니하고 있고, ③ 진급선발 취소사유를 새롭게 규정하고 있는 2005년도 장교진급지침 시행은 이 사건 처분 이후에야 시행되는 것임을 알 수 있으므로 원고가 수사과정이나 징계과정에서 자신의 진급선발 취소 가능성을 당연히 예상하였거나 예상할 수 있었다고도 보기 어려워, 이 사건 처분이 원고에게 따로 의견진술 기회를 부여하지 않아도 될 예외적인 사유가 있는 경우에 해당한다는 피고의 주장은 받아들일 수 없다."라고 판시하였다. 1심에서는 원고가 승소하고 국가가 패소하였다.

2) 서울고등법원 2006. 11. 30. 선고 2006누5191 판결 【진급낙천처분취소】

서울고등법원은 "행정절차법 제21조 제1항, 제4항, 제22조 제1항 내지 제4항에 의하면, 행정청이 당사자에게 의무를 과하거나 권익을 제한하는 처분을 하는 경우에는 미리 처분하고자 하는 원인이 되는 사실과 처분의 내용 및 법적 근거, 이에 대하여 의견을 제출할 수 있다는 뜻과 의견을 제출하지 아니하는 경우의 처리방법 등의 사항을 당사자 등에게 통지하여야 하고, 다른 법령 등에서 필요적으로 청문을 실시하거나 공청회를 개최하도록 규정하고 있지 아니한 경우에도 당사자 등에게 의견제출의 기회를 주어야 하되, 당해 처분의 성질상 의견청취가 현저히 곤란하거나 명백히 불필요하다고 인정될 만한 상당한 이유가 있는 경우 등에는 처분의 사전통지나 의견청취를 하지 아니할 수 있도록 규정하고 있으므로, 행정청이 침해적 행정처분을 함에 있어서 당사자에게 위와 같은 사전통지를 하거나 의견제출의 기회를 주지 아니하였다면 사전통지를 하지 않거나 의견제출의 기회를 주지 아니하여도 되는 예외적인 경우에 해당하지 아니하는 한 그 처분은 위법하여 취소를 면할 수 없다고 할 것이다(대법원 2000. 11. 14. 선고 99두5870 판결 참조). 또한 행정절차법 제24조, 제26조는, 행정청은 행정처분 시 당사자에게 그 처분에 관하여 행정심판을 제기할 수 있는지 여부, 기타 불복을 할 수 있는지 여부 등에 관하여 문서로써 알려야 한다고 규정하고 있다.

살피건대, …… 이 사건 처분과 같이 진급선발을 취소하는 처분은 진급예정자로서 가지는 원고의 이익을 침해하는 처분이라 할 것인바, 특별한 사정이 없는 한 침해적 행정처분에 관한 위와 같은 법리가 적용되어야 한다. 그런데, 행정절차법 제3조 제2항 제9호는 동법이 적용되지 않는 대상의 하나로서 '공무원 인사관계 법령에 의한 징계 기타 처분'을 정하고 있는데, 원고에 대한 이 사건 처분은 군인사법(공무원의 인사관계 법령)에 의한 '기타 처분'에 해당함은 명백하다고 할 것이다. 그렇다면, 비록 이 사건 처분이 침해적 행정처분에 해당하기는 하나, 이 사건 처분은 원고에게 따로 문서에 의한 통지, 사전통지, 의견진술 기회를 부여하지 않아도 될 예외적인 사유가 있는 경우에 해당한다고 할 것이다. 따라서 이 사건 처분이 절차상 하자가 있어 위법하다는 원고의 이 부분 주장은 이유 없다고 판시하였다.

또한 "만일 원고가 진급예정자 결정 전에 그 비위 사실이 밝혀져서 경징계 처분을 받았다면 위 징계 등으로 인한 감점이 적용되어 대령 진급추천이 어려웠을 것이라고 보이고, 2004년도 대령 진급예정자 선발 때 이 사건 비위사실과 같은 금품 관련 부정으로 대령 진급예정자 결정에서 탈락한 자가 있었을 것인데, 위와 같은 비위사실을 저지른 원고가 대령 진급예정자 신분을 그대로 유지하도록 하는 것은 군 인사행정의 공정성과 형평성 등을 심히 해치는 것이라고 할 것이다. 또한 원고는 급양대장으로서 접촉 기회가 많은 군납업자들로부터 금원을 지속적으로 지급받고, 군 수사관에게 각지의 급양대장으로부터 모금한 금원을 전달한 행위는 그 비위 정도가 결코 가볍다고도 할 수 없다. 한편, 원고는 위 비위사실들이 고급 장교로서의 품위를 손상하고 청렴의무를 명백히 위반한다는 사실을 잘 알면서도 이를 저지른 점에 비추어 볼 때 위 비위사실이 진급심사에 반영될 경우 진급예정자 추천에서 탈락할 수도 있다는 것을 충분히 예상할 수 있으므로, 비록 자신이 진급예정자로 결정되고 위 비위사실이 진급예정자 결정 이후에 밝혀졌다고 하더라도 진급예정자의 지위에 대한 기득권과 신뢰보호 손상에서 오는 영향은 상대적으로 미약하다고 할 수 있다. 결국 위와 같은 사정을 종합하면, 원고에 대한 이 사건 대령 진급예정자 결정은 하자 있는 행정처분으로서 이를 취소할 공익적 필요가 큰 반면, 이로 인하여 원고가 입을 기득권 · 신뢰보호 · 법률생활 안정의 침해 등의 불이익은 상대적으로 작다고 판단되므로, 피고가 원고에 대하여 한 이 사건 처분은 재량범위 내에서 한 적법한 처분이다."라고 판시하였다. 2심에서는 1심과는 다르게 원고가 패소하고 국가가 승소하였다.

3) 대법원 2007. 9. 21. 선고 2006두20631 판결 【진급낙천처분취소】[12)]

대법원은 "행정절차법 제3조 제2항은 이 법은 다음 각 호의 1에 해당하는 사항에 대해서는 적용하지 아니한다고 규정하면서 그 제9호에서 '병역법에 의한 징집 · 소집, 외국인의 출입국 · 난민인정 · 귀화, 공무원 인사관계 법령에 의한 징계 기타 처분 또는 이해조정을 목적으로 법령에 의한 알선 · 조정 · 중재 · 재정 기타 처분 등 당해 행정작용의 성질상 행정절차를 거치기 곤란하거나 불필요하다고 인정되는 사항과 행정절차에 준하는 절차를 거친 사항으로서 대통령령으로 정하는 사항'을 행정절차법의 적용이 제외되는 경우로 규정하고 있고, 그 위임에 기한 행정절차법 시행령 제2조는 법 제3조 제2항 제9호에서 '대통령령으로 정하는 사항'이라 함은 다음 각 호의 1에 해당하는 사항을 말한다고 규정하면서 그 제3호에서 '공무원 인사관계 법령에 의한 징계 기타 처분에 관한 사항'을 규정하고 있는바, 행정과정에 대한 국민의 참여와 행정의 공정성, 투명성 및 신뢰성을 확보하고 국민의 권익을 보호함을 목적으로 하는 행정절차법의

12) 이 판결은 행정과정에 대한 국민의 참여와 행정의 공정성, 투명성 및 신뢰성을 확보하고 국민의 권익을 보호함을 목적으로 하는 행정절차법의 입법목적 및 관련 법령의 해석 등을 통하여 행정절차법의 적용이 배제되는 하나의 경우에 대하여 규정하고 있는 행정절차법 제3조 제2항 제9호 소정의 '공무원 인사관계 법령에 의한 징계 기타 처분'의 의미를 명확히 하고 나아가 행정절차법 제2조 제2항 제9호의 해석 방향을 제시하였다는 점에서 그 의의가 크다 할 것이다(이승택, "공무원 인사관계 법령에 의한 처분에 관한 사항에 대하여 행정절차법의 적용이 배제되는 범위", 대법원판례해설(제73호), 96면).

입법목적과 행정절차법 제3조 제2항 제9호의 규정 내용 등에 비추어 보면, 공무원 인사관계 법령에 의한 처분에 관한 사항 전부에 대하여 행정절차법의 적용이 배제되는 것이 아니라 성질상 행정절차를 거치기 곤란하거나 불필요하다고 인정되는 처분이나 행정절차에 준하는 절차를 거치도록 하고 있는 처분의 경우에만 행정절차법의 적용이 배제되는 것으로 보아야 할 것이다. …… 이 사건 처분과 같이 진급선발을 취소하는 처분은 진급예정자로서 가지는 원고의 이익을 침해하는 처분이라 할 것이고, 한편 군인사법 및 그 시행령에 이 사건 처분과 같이 진급예정자 명단에 포함된 자의 진급선발을 취소하는 처분을 함에 있어 행정절차에 준하는 절차를 거치도록 하는 규정이 없을 뿐만 아니라 위 처분이 성질상 행정절차를 거치기 곤란하거나 불필요하다고 인정되는 처분이라고 보기도 어렵다고 할 것이어서 이 사건 처분이 행정절차법의 적용이 제외되는 경우에 해당한다고 할 수 없으며, 나아가 원고가 수사과정 및 징계과정에서 자신의 비위행위에 대한 해명기회를 가졌다는 사정만으로 이 사건 처분이 행정절차법 제21조 제4항 제3호, 제22조 제4항에 따라 원고에게 사전통지를 하지 않거나 의견제출의 기회를 주지 아니하여도 되는 예외적인 경우에 해당한다고 할 수 없으므로, 피고가 이 사건 처분을 함에 있어 원고에게 의견제출의 기회를 부여하지 아니한 이상, 이 사건 처분은 절차상 하자가 있어 위법하다고 할 것이다."라고 판시하였다. 대법원은 2심 결과를 뒤집고 1심과 같이 원고가 승소하고 국가가 패소하였다.[13]

2. 판례 2

가. 사실관계

원고 A는 2003. 7. 7. 음주운전으로 적발되었으나 이를 진급 관련 부서에 통보하지 않았다. 2003. 9. 29. 육군참모총장은 장교진급선발위원회의 심의를 거

13) 절차의 위법으로 행정처분이 취소된 경우 어떻게 처리할 것인가? 이러한 경우에 행정청은 문제 되었던 절차의 위법성을 보완하여 새로운 처분을 할 수 있다. 즉 절차 · 형식상의 위법으로 인해 행정처분을 취소하는 판결이 확정되었을 때는 그 확정판결의 기판력은 거기에 적시된 절차 · 형식의 위법사유에 한하여 미친다. 따라서 행정청은 판결에서 문제 되었던 절차 · 형식을 제대로 갖추면 행정처분의 내용이 바뀔 수도 있지만, 그렇지 않을 수도 있다. 재량행위의 경우에는 상대방의 의견청취 등 절차를 다시 제대로 거칠 경우 처분의 내용이 변경될 가능성이 있다. 그러나 기속행위의 경우에는 그렇지 않을 가능성이 높다(고영훈, 알기 쉬운 행정법총론, 법문사, 2007, 271-272면).

쳐 원고 A를 대령 진급예정자로 선발하였다. 2003. 11. 6. 위 음주운전으로 벌금 250만 원을 선고(구 약식)받았다. 2003. 12. 24. 육군본부에서는 원고 A가 진급심사 전의 음주운전 사실을 은폐하여 진급 선발되었으므로 진급낙천 조치가 가능하다는 전제하에 국방부에 대령 진급낙천을 건의하였다. 2003. 12. 30. 국방부는 원고 A에 대해 진급낙천처분을 하였다. 2003. 12. 31. 원고 A는 위 음주운전으로 견책(징계유예 1개월)을 받았다.

나. 당사자의 주장

1) 원고는 "원고가 이미 피고에 의해 진급예정자로 선발되어 그 명단이 공표되었으므로 법 제31조 제2항, 시행령 제38조 제1항이 규정하는 진급발령 전에 진급시킬 수 없는 사유가 있는 경우에만 피고가 원고를 진급예정자 명단에서 삭제할 수 있고, 그와 같은 사유가 없다면 피고가 원고를 진급예정자 명단에서 삭제할 수 없는데, 원고가 진급심사 전에 음주운전 사실을 은폐하였다는 사유는 위 진급발령 전에 진급시킬 수 없는 사유에 해당되지 아니하고, 원고는 스스로 음주운전 사실을 진급추천권자나 진급권자에게 고지할 의무가 없고, 의도적으로 사건의 처리를 지연시킨 바도 없으므로 이 사건처분은 위법하다."라고 주장하였다.

2) 피고는 "원고가 진급심사에서 불이익을 받지 않기 위하여 경찰관에게 음주운전으로 단속된 후 군인의 신분을 은폐하고, 의도적으로 사건의 처리를 지연시켰으며, 그로 인하여 피고의 승인을 받은 육군참모총장이 원고를 포함한 대령 진급예정자 명단을 공표하였는데, 피고는 진급발령 전에 원고가 음주운전을 한 사실을 인지하고 법 제31조 제1항, 시행령 제39조에 근거하여 진급추천권자(육군참모총장)가 진급선발을 취소한 것으로서 이는 행정행위의 직권취소에 해당하는 것이므로 이 사건 처분은 적법하다."라고 주장하였다.

다. 법원의 판단

1) 서울행정법원 2005. 1. 19. 선고 2004구합12070 판결 【진급낙천처분취소】

서울행정법원은 "법 제31조 제1항에는 진급취소권자의 취소권을 제한하는 규정은 없다. 그러나 법 제31조 제1항과 제2항의 관계에 의하여 진급예정자 명단이 공표된 후에는 취소권자의 취소권에는 일정한 한계가 있다고 한다. 즉 법 제

31조 제2항과 시행령 제38조 제1항은, 진급예정자 명단이 공표된 후에 '진급발령 전에 진급시킬 수 없는 사유'가 발생하였을 때에는 진급권자가 해당자를 진급예정자 명단에서 삭제할 수 있다고 규정하고, 시행령 제38조는 진급시킬 수 없는 사유로 군사법원에 기소된 경우(약식명령이 청구된 경우를 제외한다.), 중징계의 처분을 받은 경우, 전역심사위원회에 회부될 경우의 3가지 사유를 열거하고 있는바, 이는 일반적인 직권취소의 권한을 직접적으로 제한하는 규정이라고 보기는 어렵고, 일단 하자 없이 진급예정자 명단이 공표된 것을 전제로 하여, 후발적으로 시행령 제38조 제1항 각 호가 규정하는 사유가 발생한 경우에 한하여 해당자에 대하여 진급예정자로 지정된 효과를 소멸시키는 이른바 행정행위의 철회권을 규정하고 있는 것이라고 봄이 상당하다. 다만, 법 제31조 제2항과 시행령 제38조 제1항 제1호, 제2호의 규정을 보면, 법과 시행령은 군사법원에 기소된 경우는 해당자를 진급예정자 명단에서 삭제할 수 있지만, 약식명령이 청구된 경우는 진급예정자 명단에서 삭제할 수 없도록 하고, 중징계의 처분을 받은 경우는 해당자를 진급예정자 명단에서 삭제할 수 있지만, 항고에 따라 처분이 경징계로 경감 또는 면제된 때에는 진급예정자 명단에서 삭제할 수 없도록 하고 있는바, 시행령 제38조 제1항 제1호, 제2호는 그와 같은 형사처분의 원인이 되는 범죄사실이나 징계처분의 원인이 되는 비위사실이 진급예정자 명단 공표 전에 있었던 것인지, 그 후에 있었던 것인지를 묻지 않고 일률적으로 규정하고 있으며, 그 결과 진급예정자 명단 공표 전에 있었던 범죄행위나 비위사실로 인하여 진급예정자 명단 공표 후에 약식명령이 청구되거나 경징계 이하의 징계처분을 받은 경우에는 진급예정자 명단에서 삭제하는 처분을 할 수 없도록 제한하고 있는 것이라고 해석된다. 이와 같은 해석을 전제로 하면, 법 제31조 제2항과 시행령 제38조 제1항 각 호가 직권취소를 직접적으로 제한하고 있는 것은 아니지만, 그 직권취소 사유가 동시에 진급예정자 명단 공표 후에 약식명령이 청구되거나, 경징계 이하의 징계에 그친 경우에는 진급예정자 명단에 포함된 진급예정자의 이익을 위하여 직권취소가 제한되고, 법 제31조 제1항의 규정에 의한 취소권의 행사 역시 같은 범위 안에서 제한된다고 해석함이 상당하다. 그와 같은 경우에도 직권취소가 제한되지 않는다고 본다면, 법과 시행령이 그와 같은 경우에 진급예정자 명단 삭제의 방법으로 하는 진급낙천처분을 제한하여 진급예정자를 보호하려고 하는 취지가 몰각될 것이고, 그와 같은 경우에 직권취소는 제한된다고 하면서 법 제31조 제1항의 규정에 의한 취소는 제한되지 않는다고 본다면 역시 같은 결과를 가져올 것이기 때문이다. 또한 일단 진급예정자 명단이 공표된 이후에 그 공표 이전의 범죄사실이나 비위사실로 인하여 약식기소가 되었거나 경징계 이하의 징계를 받았다 하더라도 그 범죄사실이나 비위사실이 진급예정자 명단 공표 이전에 추천권자, 제청권자, 진급권자 등에게 알려졌더라면 진급자격자 선발이나 진급추천자 선발에서 제외시킬 사유에 해당하고, 동시에 진급자격자 선발이나 진급추천자 선발 과정에서 진급예정자가 그 사실을 군 인사당국에 신고할 의무가 있는데 이를 신고하지 아니하거나, 진급예정자가 군 인사당국이 그 사실을 인식하지 못하도록 보다 적극적으로 사술을 쓰거나 기망행위를 하는 등 진급예정자에게 책임 있는 사유로 인하여 추천권자, 제청권자, 진급권자 등이 착오에 빠지고, 그와 같은 착오에 기하여 진급자격자, 진급추천자 선발이 이루어진 경우에는 그와 같은 착오를 이유로 하여 진급낙천 처분을 하는 것은 법 제31조 제2항과 시행령 제38조 제1항 제1호, 제2호에서 진급낙천 처분을 할 수 없는 사유로 규정하고 있는 사유와는 별개의 사유로 직권취소 또는 법 제31조 제1항의 규정에 의한 취소를 하는 것에 해당하여 허용된다고 보아야 할 것이다."라고 판시하였다. 이어서 "우선 원고가 음주운전 사실에 대하여 진급예정자 명단 공표 뒤에 그에 관하여 약식기소가 되었고, 견책에 대한 징계유예 처분을 받았으므로, 이 사건 처분은 법 제31조 제2항에 기한 진급예정자 명단 삭제 처분으로서는 법과 시행령의 제한 사유에 해당하여 위법하다."라고 판시하였고, 다음으로 이 사건 처분이 법 제31조 제1항에 의한 취소권의 행사 또는 직권취소권의 행사에 기한 것으로서 적법한 것인지 여부에 관한 판단에서도 뒤에서 보는 대법원 판례와 같은 이유로 위법하다고 하였다.[14] 1심에서는 원고가 승소하고 국가가 패소하였다.

2) 서울고등법원 2005. 9. 28. 선고 2005누3532 판결 【진급낙천처분취소】

위 1심과 같은 이유로 피고의 항소를 기각하였고, 국가가 패소하였다.

---

14) 이 판결에 대한 평석은 임천영, "군인사법상 진급 취소와 삭제제도의 개선방안", 인사보(제96호), 38－40면 참조.

3) 대법원 2007. 9. 20. 선고 2005두13971 판결 【진급낙천처분취소】

대법원은 “이 사건 처분은 진급예정자로서 가지는 원고의 이익을 침해하는 수익적 행정행위의 직권취소의 경우에 해당하고, 따라서 위 법리에 따라 이 사건 대령진급 선발을 취소하여야 할 공익상 필요와 그 취소로 인하여 원고가 입을 기득권과 신뢰보호 및 법률생활 안정의 침해 등 불이익을 비교 · 교량한 후 공익상 필요가 원고의 기득권 침해 등 불이익을 정당화할 수 있을 만큼 강한 경우라야만 이 사건 처분이 적법하다. 그런데 ① 원고와 같이 진급예정자 명단에 포함된 자는 진급예정자 명단에서 삭제되거나 진급선발이 취소되지 않는 한 진급예정자 명단 순위에 따라 진급되게 되므로 진급예정자 명단 공표 이후의 진급선발 취소는 실질적으로 중징계의 일종인 강등과 유사한 효과가 있는 점, ② 원고가 이 사건 음주운전사실이 진급심사과정에 반영되지 않도록 부정한 방법으로 이를 은폐하였다고 보기 어려운 점, ③ 음주운전을 하였다는 사정만으로 언제나 진급대상에서 제외된다고 할 수 없고 이 사건 음주운전사실이 진급심사 과정에 반영되었다고 하더라도 원고의 진급이 불가능하였다고 단정하기는 어려운 점, ④ 이 사건은 음주운전을 이유로 시행령 제38조 제1항 소정의 진급시킬 수 없는 사유에 해당하지 아니하는 약식명령 및 징계유예 결정을 받음으로써 원고에게는 자신에 대한 진급선발이 취소되지 아니하리라는 신뢰가 형성된 점 등에 비추어 보면, 군 진급인사의 적정성 등 이 사건 대령진급 선발을 취소하여야 할 공익상의 필요가 원고가 입게 될 기득권과 신뢰 및 법률생활 안정의 침해 등 불이익을 정당화할 만큼 강한 경우에 해당한다고 보기 어렵다고 할 것이므로 결국 이 사건 처분은 위법하다.”라고 판시하였다. 피고의 상고를 기각하여 국가가 패소하였다.[15)]

---

15) 위 판결과 같은 경우 원고 A중령의 진급발령시기를 언제로 보아야 하는가? 국방부는 “A중령의 진급발령일은 2007. 11. 1.로 보아야 함. 다만, A중령은 낙천처분 이후인 2004. 8. 4. 업무상 횡령 등으로 기소되었는바, 이는 진급발령 전에 진급시킬 수 없는 사유에 해당하므로 A중령을 진급예정자 명단에서 삭제할 것인지 여부는 진급권자의 재량사항임.”이라고 하였다. 그 이유는 “위 판결에서 법원이 위법하다고 판시한 것은 2004년 낙천처분이므로 위 처분의 취소로 A중령은 진급예정자의 지위를 회복하게 되었으나, 대령의 지위를 취득하기 위해서는 별도의 진급발령을 받아야 함. 이때 낙천처분의 취소에는 소급효가 있으나 소급효는 당해 처분에만 적용되는 것이고, A중령에 대한 진급발령에는 적용되지 않으므로 그 발령시기는 판결확정 이후 가장 빨리 도래하는 진급발령일인 2007. 11. 1.이라 할 것임(무죄 판결된 자는 예정대로 진급시키며 진급예정일이 경과한 때에는 그 무죄로 확정된 일자 이후의 첫 진급 시에 발령한다는 시행령 제38조 제1항 제1호 단서의 규정과 임용일자의 소급금지를 규정하고 있는 공무원임용령 제7조의 규정도 이러한 해석의 근거라 할 것임). 한편 A중령은 이 사건 처분의 바탕이 되는 사실관계인 음주운전과 별도로 업무상 횡령으로 2004. 8. 4. 육군본부 보통군사법원에서 정식 기소되어 2004. 9. 15. 위 법원에서 벌금 500만 원이 확정된 사실이 있는바, 이는 법 제31조 제2

3. 판례 3

가. 사실관계

원고 A는 2002. 10. 중령 진급예정자로 선발되었다. 2003. 6. 18. 직권남용죄로 200만 원 약식명령을 받고, 2003. 6. 30. 보통군사법원에서 공판절차로 회부되었다. 2003. 9. 23. 벌금 500만 원 선고받고, 2003. 9. 24. 원고 A에 대해 중령 진급명령이 발령되었다. 2003. 9. 26. 육군의 진급예정자 명단 삭제 요구에 의하여 2003. 10. 24. 진급무효 처분되었다.

나. 당사자의 주장

1) 원고는 "약식명령이 청구된 경우에는 진급시킬 수 없는 사유에 해당하지 아니함에도 불구하고 원고가 약식명령이 청구된 후 공판절차에 회부되었다는 사정만으로 진급시킬 수 없는 사유에 해당한다고 보고한 피고의 위 진급무효처분은 위법하다. 가사 원고에게 진급시킬 수 없는 사유가 있었다고 하더라도 피고는 이미 2003. 9. 24. 원고에 대한 진급명령을 하였으므로 더 이상 위와 같은 사유를 들어 진급무효처분을 할 수 없으므로 위 처분은 위법하다."라고 주장하였다.

다. 법원의 판단

1) 서울행정법원 2004. 12. 28. 선고 2004구합22114 판결 【진급무효처분취소】

서울행정법원은 "약식명령이 청구된 사건이라 하더라도 일단 법원에 의하여 공판절차에 회부된 경우에는 정식으로 군사법원에 기소된 경우와 차이가 있다고 볼 수 없으므로 이는 시행령 제38조 제1항 제1호가 정한 진급발령 전에 진급시킬 수 없는 사유에 해당한다고 봄이 상당하다. 다만, 정식재판에 회부한 사유가 그 범죄사실에 대하여 무죄판결 등을 하는 경우라면 그 판결 이후에 시행

항, 시행령 제38조 제1항 제1호의 진급발령 전에 진급시킬 수 없는 사유가 발생한 경우에 해당한다 할 것임. 따라서 본 사안의 경우 진급낙천처분이 취소되더라도 진급발령이 별도로 행하여지지 않았으므로 A중령의 법적 지위는 아직 진급예정자일 뿐이며, 진급발령 전에 A중령이 군사법원에 기소가 되었으므로, 이를 이유로 별도의 진급예정자삭제처분을 할 것인지 여부는 진급권자의 재량사항이라 할 것임"이라고 유권 해석하였다(국방부 법무팀-5512(07. 10. 16.) 진급발령시기 관련 재질의에 대한 회신). 육군도 같은 의견이었다(육본 법제과-874(2007. 10. 9.)-진급발령 시기관련 재질의 통보).

령 제38조 제1항 제1호 단서가 적용되어 진급될 뿐이다. 따라서 약식명령 청구 후 정식재판에 회부된 경우 진급시킬 수 없는 사유에 해당하지 아니한다는 원고의 주장은 이유 없다."라고 판시하였다.[16] 또한 "행정행위를 한 처분청은 그 행위에 하자가 있는 경우에는 별도의 법적 근거가 없더라도 스스로 이를 취소할 수 있는 것이므로(대법원 1986. 2. 25. 선고 85누664 판결 참조), 피고가 원고에게 진급시킬 수 없는 사유가 존재함을 제대로 확인하지 못한 상태에서 2003. 9. 24. 원고를 중령으로 진급시키는 명령을 하였다 하더라도 그 이후 그와 같은 하자를 발견한 이상 이를 취소할 수 있는 것이므로 피고가 한 이 사건 진급무효처분은 적법하다. 또한 행정처분에 하자가 있음을 이유로 처분청이 이를 취소하는 경우에는 그 처분이 국민에게 권리나 이익을 부여하는 처분인 때에는 그 처분을 취소하여야 할 공익상의 필요와 그 취소로 인하여 당사자가 입게 될 불이익을 비교 교량한 후 공익상의 필요가 당사자가 입을 불이익을 정당화할 만큼 강한 경우에 한하여 취소할 수 있는 것이지만, 이 사건에 있어서 원고가 위 진급명령이 있는 후 불과 1개월 만에 이 사건 처분이 내려진 사실들에 의하면 원고로서도 위 진급명령에 의한 이익이 위법하게 취득되었음을 알았거나 알 수 있어 그 취소 가능성도 예상할 수 있었다고 할 것이므로 그 자신이 위 처분에 관한 신뢰이익을 원용할 수 없음은 물론 피고가 이를 고려하지 아니하였다고 하여도 재량권의 일탈이나 남용이 된다고 할 수 없다."라고 판시하였다. 1심에서는 원고가 패소하고, 국가가 승소하였다.[17]

2) 서울고등법원 2005. 9. 2. 선고 2005누1819 판결 【진급무효처분취소】

1심 판결과 같은 이유로 원고의 항소를 기각하여 원고가 패소하였다.

3) 대법원 2006. 2. 9. 선고 2005두12848 판결 【진급무효처분취소】

대법원은 "법 제31조 제1항, 제2항, 시행령 제38조 제1항의 각 규정을 종합

---

16) 이 판결에 대해서는 임천영, "군인사법상 약식명령이 확정된 자에 대한 법적 지위", 인사보(제99호), 48－49면에서 자세히 설명한 바 있다.

17) 이 판결은 군인사법상 진급취소와 관련된 최초의 판결이다. 이 사건 진급무효처분은 원고에게 진급시킬 수 없는 사유가 있어 법 제31조 제2항에 의하여 원고를 진급예정자 명단에서 삭제시켜야 함에도 불구하고 이를 간과한 채 진급명령이 이루어져 그 진급명령의 효력을 소급적으로 상실시키기 위한 것인바, 비록 피고가 진급'무효'라는 표현을 사용하였다 하더라도 그 처분의 실질적인 성격은 진급명령의 '취소'에 해당한다.

하면, 진급권자는 진급예정자로 공표된 자가 진급발령 전에 진급시킬 수 없는 사유가 발생한 경우에도 이를 진급예정자 명단에서 삭제하지 않고 진급 발령을 할 수 있는 재량권을 가지는데, ① 진급권자인 피고는 원고가 진급발령 전에 진급시킬 수 없는 사유인 시행령 제38조 제1항 제1호 본문 소정의 군사법원에 기소되었을 경우에 해당함에도 불구하고 원고를 진급예정자 명단에서 삭제하지 않고 이 사건 진급명령을 한 점, ② 원고는 유죄판결을 받은 위 범죄사실과 동일한 사유로 이미 2002. 11. 13.과 2003. 4. 24. 두 차례에 걸쳐 징계처분을 받았던 점, ③ 군사법원에서 벌금형을 받은 사실이 법에 진급 장애사유로 규정되어 있지 아니한 점, ④ 장교에 대한 진급명령의 취소는 중징계의 일종인 강등과 유사한 효과가 있는 것인데 장교에 대한 징계처분에 관해서는 징계위원회의 심의(법 제59조), 불복절차(법 제60조, 제60조의 2) 등 엄격한 절차를 거치게 되어 있는 반면, 진급명령 취소의 기준 및 절차에 관해서는 법에 아무런 규정이 없는 점 등을 위에서 본 법리를 비추어 보면, 설사 피고가 이 사건 진급명령을 할 당시 원고가 군사법원에 기소된 사실을 알지 못했다고 하더라도 군 진급인사의 적정성 등 이 사건 진급명령을 취소하여야 할 공익상의 필요가 원고가 입게 될 기득권과 신뢰 및 법률생활 안정의 침해 등 불이익을 정당화할 만큼 강한 경우에 해당한다고 보기 어렵다."라고 판시하였다. 1, 2심과는 다르게 원고가 승소하였다.

4. 판례 4

가. 사실관계

원고 A는 진급 발표 전인 2003. 12.부터 2004. 9.까지 품위유지의무위반(사생활 방종), 부대이탈금지위반, 청렴의무위반(업무상 횡령)의 비위사실을 범했지만 그 비위사실은 장교진급선발위원회 등에 알려져 있지 않았다. 2004. 9. 19. 육군은 원고 A를 2005년도 대령진급예정자로 선발하였다. 2004. 10. 22. 원고 A는 위 비위사실로 근신 3일의 징계처분을 받고 보직 해임되었다. 2004. 11. 17. 육군에서는 국방부에게 위 징계사실을 알고 진급낙천을 건의하였고, 위 건의에 따라 2004. 11. 30. 국방부는 법 제31조, 시행령 제39조를 근거로 원고 A에 대한 대령진급 선발을 취소하였다.

나. 당사자의 주장

1) 원고는 "피고에 의해 진급예정자로 선발되어 그 명단이 공표되었으므로 '진급발령 전에 진급시킬 수 없는 사유'가 있는 경우에만 삭제할 수 있는데 원고의 경우에는 여기에 해당되지 않는다는 것과 군인사법 취지에 비추어 볼 때 이러한 비위사실을 가지고 진급 취소한 것은 직권취소권의 범위를 벗어난 것으로 위법하다."라고 주장한다.

2) 피고는 "원고에 대한 비위사실은 대령진급예정자 심사 및 결정 당시 이미 존재하였던 것인데, 장교진급선발위원회 또는 진급권자인 피고가 원고에 대하여 대령진급예정자 적격 여부를 심사·결정함에 있어 이를 알았더라면 진급심사기준에 따라 원고를 대령진급예정자로 심사·결정하지 않았을 것임에도 이를 간과하여 원고를 대령진급예정자로 결정하였으니 위 결정은 부당한 것이므로 피고가 법 제31조에 의하여 또는 법령의 근거가 없더라도 하자 있는 행정행위를 직권으로 취소할 권한에 의하여, 취소한 것이므로 적법하다."라고 주장한다.

다. 법원의 판단

1) 서울행정법원 2005. 12. 15. 선고 2005구합19054 판결 【진급낙천처분취소】

서울행정법원은 "진급선발 취소는 원고에 대한 대령진급예정자 심의·결정 시 이 사건 비위사실을 고려하지 못하는 등 위 결정의 성립상 하자를 이유로 이를 취소하여 그 효력을 소급적으로 상실시키고자 한 것이므로 '행정처분의 직권취소'에 해당한다. 장교진급의 추천권자와 제청권자는 장교진급선발위원회에 의하여 진급추천자로 선발된 자에 대하여 취소권을 가진다고 할 것이고, 그 취소권을 행사할 수 있는 시기가 진급예정자 명단 공표 전까지로 제한된다고 해석할 근거는 없다. 따라서 이 사건 처분은 하자 있는 행정행위를 행정청에 주어진 일반적인 직권취소의 권한에 근거하여 또는 법 제31조 제1항, 시행령 제39조에 근거하였다고 볼 수 있다."라고 하였다.

또한 "군인사법령은 법 제31조 제1항에 근거한 취소권을 제한하는 규정을 따로 두고 있지 않다. 그러나 그렇다고 하여 위 법령이 위 취소권의 행사에 아무런 제한을 두지 않았다고 해석할 수는 없고 수익적 행정행위인 장교진급예정자 결정의 취소에 있어서도 앞서 본 바와 같이 그 상대방의 법익을 보호할 필요성이 있으므로 위 규정에 기한 취소권 역시 적어도 위와 같은 직권취소권의 제한 법리가 적용된다고 보아야 할 것이다."라고 판시하였다.

이어서 "법 제31조 제2항과 시행령 제38조 제1항은 일반적인 직권취소권의 권한을 직접적으로 제한하는 규정이라고 보기는 어렵고, 일단 하자 없이 진급예정자 명단이 공표된 것을 전제로 하여, 후발적으로 시행령 제38조 제1항 각 호가 규정하는 사유가 발생한 경우에 한하여 해당자에 대하여 진급예정자로 지정된 효과를 소멸시키는 이른바 행정행위의 철회권을 규정하고 있는 것이라고 봄이 상당하다. …… 진급예정자 명단에 올라 있는 자의 지위가 엄격히 보장되는 것은 이와 같은 연유에서 비롯되었다고 보이는 점, 진급예정자 결정 자체에 하자가 있는 자의 경우 비록 진급예정자 명단에 올라 있다고 하더라도 그 하자를 바로잡아 행정행위의 적법성을 회복할 필요성이 남아 있으므로 그자의 지위를 적법하게 진급예정자 명단에 오른 자에 대한 명단삭제를 엄격히 제한하고 있는 것은 '적법하게 진급예정자로 결정되어 위 명단에 오른 자'에 대한 것을 전제로 한다고 해석하여야 할 것이다."라고 하였다.

2) 서울고등법원 2006. 11. 30. 선고 2006누127 판결 【진급낙천처분취소】

진급선발을 취소하는 처분에 대하여 "특별한 사정이 없는 한 침해적 행정처분에 관한 위와 같은 법리가 적용되어야 한다. 그런데 행정절차법 제3조 제2항 제9호는 동법이 적용되지 않는 대상의 하나로서 '공무원 인사관계 법령에 의한 징계 기타 처분'을 정하고 있는데, 원고에 대한 이 사건 처분은 군인사법(공무원의 인사관계 법령)에 의한 '기타 처분'에 해당함은 명백하다고 할 것이다. 그렇다면, 비록 이 사건 처분이 침해적 행정처분에 해당하기는 하나, 이 사건 처분은 원고에게 따로 문서에 의한 통지, 사전통지, 의견진술 기회를 부여하지 않아도 될 예외적인 사유가 있는 경우에 해당한다고 할 것이다."라고 판시하였다.

명단 삭제 처분은 "하자 없이 진급예정자 명단이 공표된 후 등재된 진급예정자가 비위 사실을 저질러 중징계, 기소 등을 당한 경우에 한하여 행사될 수 있고 이는 행정행위의 철회에 해당한다."라고 하였고, 징계처분의 원인이 된 비위

사실이 이 사건 대령 진급예정자 결정 이전에 있었지만 징계처분이 위 결정 이후에 있었고 징계처분의 정도가 중징계에 이르지 못한 경우, 진급예정자 명단에서의 삭제가 제한되듯이 진급예정자 결정 취소도 같은 정도로 제한되는지 여부에 대해서는 "진급예정 결정에 대한 취소가 가능하다고 보는 것이 합리적인 해석이라고 할 것이다."라고 하였다.

Ⅳ. 진급취소의 법리

1. 진급취소의 의의

진급선발 취소란 일정한 사유가 있는 경우에 장교진급선발위원회에 의하여 선발된 자를 취소권자가 진급선발의 효력을 원칙적으로 기왕에 소급하여 상실시키는 것을 말한다.[18] 여기서 진급선발 취소를 이하에서는 "진급취소"라 한다. 군인사법상 진급취소는 행정법상 행정행위 취소의 일종에 해당한다. 행정법상 행정행위의 취소라 함은 그 성립에 흠이 있음에도 불구하고 일단 유효하게 성립한 행정행위를 그 성립상의 흠을 이유로 권한 있는 기관이 그 효력의 전부 또는 일부를 원칙적으로 그 행위 시에 소급하여 상실시키는 행위를 말한다.[19]

진급취소는 진급삭제와는 구별된다. 진급삭제란 장교진급선발위원회에서 진급자로 선발되어 전군에 그 명단을 공표하여 진급예정자로서의 지위를 가진 자라 할지라도 진급발령 전에 진급시킬 수 없는 사유가 발생하였을 때에 진급예정자 명단에서 삭제하는 것을 말한다.[20] 진급삭제는 일단 하자 없이 진급예정자 명단이 공표된 것을 전제로 하여, 후발적으로 '진급시킬 수 없는 사유'가 발생한 경우에 한하여 해당자에 대하여 진급예정자로서의 효과를 소멸시키는 행정행위의 철회에 해당한다.[21]

---

18) 임천영, 전게서, 465면.

19) 김동희, 행정법Ⅰ, 박영사, 2009, 340면.

20) 임천영, 전게서, 469면.

21) 행정행위의 취소는 일단 유효하게 성립한 행정행위를 그 행위에 위법 또는 부당한 하자가 있음을 이유로 소급하여 그 효력을 소멸시키는 별도의 행정처분이고, 행정행위의 철회는 적법요건을 구비하여 완전히 효력을 발하고 있는 행정행위를 사후적으로 그 행위 효력의 전부 또는 일부를 장래에 향해 소멸시키는 행정처분이므로, 행

2. 진급취소권자

행정법상 직권취소의 취소권자는 행정청(처분청 · 감독청)이고, 쟁송취소의 취소권자는 행정청(재결청) 또는 법원이다. 군인사법 제31조 제1항에는 "장교진급선발위원회에 의하여 선발된 자는 추천권자, 제청권자 또는 진급권자에 의하여 취소되지 아니하는 한 ……"이라고 규정하고 있는바, 이 규정에 의하면 추천권자, 제청권자, 진급권자가 진급취소권자가 됨을 알 수 있다. 다만, 추천권자 또는 제청권자가 장교진급선발위원회에 의하여 선발된 자를 취소할 경우에는 그 사유를 진급권자에게 보고하여야 한다(시행령 제39조).[22]

3. 진급취소의 사유

1) 관계 법규에서 취소사유에 관하여 명문의 규정을 두고 있는 경우도 있으나 그러한 규정이 없는 경우에도 하자가 있으면 일반적인 취소사유가 된다. 일반적으로 행정처분을 한 행정청은 그 행위에 하자가 있는 경우에는 원칙적으로 별도의 법적 근거가 없더라도 스스로 이를 직권으로 취소할 수 있고, 직권취소의 원인이 되는 하자에는 행정행위의 위법 사유뿐만 아니라 부당한 사유도 포함된다.

2) 법 제31조 제1항에는 "…… 선발된 자는 …… 진급권자에 의하여 취소되지 아니하는 한 ……"이라고 규정하고 있을 뿐 취소 사유에 대해서는 아무런 규정을 두고 있지 않고 있다. 시행령과 시행규칙도 마찬가지이다. 육군규정 110 장교인사관리규정 제142조 제3호에서는 진급예정자 명단에 공표된 자라 할지라도 진급발령 전에 진급시킬 수 없는 사유 발생 시에는 진급을 취소하거나, 진급예정자 명단에서 삭제할 수 있다고 규정하고 있으나 진급취소 사유에 대해서는 아무런 규정을 두고 있지 않다. 또한 육군의 경우 진급심사결과 이의신청제도에서 "선발인원 중 진급선발 이전 또는 이후 행위가 진급선발 취소 사유에 해당

정행위의 취소사유는 행정행위의 성립 당시에 존재하였던 하자를 말하고, 철회사유는 행정행위가 성립된 이후에 새로이 발생한 것으로서 행정행위의 효력을 존속시킬 수 없는 사유를 말한다(대법원 2003. 5. 30. 선고 2003다6422 판결 참조).

22) 임천영, 전게서, 465면.

될 경우 인사심의위원회를 소집하여 사실을 검증하고, 조치기준을 심의하여 참모총장에게 보고하며, 참모총장은 진급예정자 명단에서 삭제 또는 진급선발을 취소할 필요가 있는 자에 대해서는 적법한 절차에 따라 처리"라고 규정하여 "진급선발 취소 사유"라는 용어를 사용하고 있으나 진급선발 취소 사유에 대해서는 규정하고 있지 않고 있다.[23)24)]

3) 형사처분 및 징계처분을 받을 범죄사실이나 비위사실이 있음에도 진급선발위원회에 그 사실이 현출되지 못한 경우에는 진급선발 결정의 성립상의 하자를 이유로 그 선발 결정을 취소할 수 있다. 장교진급선발위원회가 진급 심의를 할 때나 또는 진급예정자 결정을 할 때에 범죄사실이나 비위사실을 알았더라면 진급예정자 결정을 하지 않았을 것으로 인정되는 경우에는 취소사유가 될 수 있다. 이러한 경우에는 최소한 진급지침상의 진급결격사유에 해당되어야 한다. 다만, 진급결정을 취소하여야 할 공익상 필요와 그 취소로 인하여 당사자가 입을 기득권과 신뢰보호 및 법률생활 안정의 침해 등 불이익을 비교 교량한 후 공익상 필요가 당사자의 기득권침해 등 불이익을 정당화할 수 있을 만큼 강한 경우에 한하여 취소권을 행사할 수 있다.

4) 지방공무원 승진임용에 있어서 법률이 임용권자에게 부여한 승진임용에 관한 재량권의 범위를 일탈한 것으로서 현저히 부당하여 공익을 해하는 위법한 처분으로 승진임용을 취소한 판례가 있다.

① 지방자치단체장이 지방공무원법위반 등으로 처벌된 바 있는 산하 공무원에 대하여 징계의결요구를 하지 않고 오히려 승진 임용한 경우, 재량권의 범위를 일탈한 위법한 처분인지 여부에 대해 "기초자치단체장의 산하 내무과장에 대한 승진임용 당시 위 내무과장은 지방공무원법위반 등으로 구속 기소된 바 있는데, 그 사안의 내용에 비추어 보면, 이는 지방공무원법 제69조 제1항 소정의 징계사유에 해당된다고 볼 수 있고, 따라서 위 자치단체장으로서는 위 내무과장에 대하여 지체 없이 징계의결의 요구를 할 의무가 있다고 할 것이며, 나아가 직위해제를 할 필요성도 매우 높은 경우라고 보아야 할 것이다. 그럼에도 불

---

23) 육군본부, 2009년도 장교 진급지침, 40면.

24) 2008년도 장교진급지침 Ⅲ.9. 진급낙천 나. 4)항에서는 "진급발령 이전의 행위가 '진급선발위원회'의 진급선발 제한사유에 해당될 경우"에는 진급예정자 명단에서 삭제할 수 있다는 규정을 두고 있으나 이것이 진급삭제 사유인지 진급취소 사유인지는 명확하지 않다. 법적으로는 취소처분과 삭제처분은 다르기 때문에 취소사유와 삭제사유를 명확히 규정하는 것이 바람직하다.

구하고 위 자치단체장은 위 내무과장에 대하여 징계의결요구나 직위해제처분을 하지 않았을 뿐만 아니라, 오히려 지방서기관으로 그를 승진 임용시켰는바, 이는 법률이 임용권자에게 부여한 승진임용에 관한 재량권의 범위를 일탈한 것으로서 현저히 부당하여 공익을 해하는 위법한 처분이다."라고 판시하였고 또한 이러한 경우 광역자치단체장이 지방자치법 제157조 제1항 소정의 기간을 정하여 기초자치단체장의 위법한 승진임용의 시정을 명하고 기초자치단체장이 그 기간 내에 이를 이행하지 아니하자 그 승진임용을 취소한 것이 적법하다고 하였다.[25)]

② 하급 지방자치단체장이 전국공무원노동조합의 불법 총파업에 참가한 소속 지방공무원들에 대하여 징계의결을 요구하지 않은 채 승진 임용하는 처분을 한 것이 재량권의 범위를 현저히 일탈한 것으로서 위법한 처분인지 여부 및 상급 지방자치단체장이 지방자치법 제157조 제1항에 따라 위 승진임용처분을 취소한 것이 적법한지 여부에 대해 판례는 "[다수의견] 지방공무원법에서 정한 공무원의 집단행위금지의무 등에 위반하여 전국공무원노동조합의 불법 총파업에 참가한 지방자치단체 소속 공무원들의 행위는 임용권자의 징계의결요구 의무가 인정될 정도의 징계사유에 해당함이 명백하므로, 임용권자인 하급 지방자치단체장으로서는 위 공무원들에 대하여 지체 없이 관할 인사위원회에 징계의결의 요구를 하여야 함에도 불구하고 상급 지방자치단체장의 여러 차례에 걸친 징계의결요구 지시를 이행하지 않고 오히려 그들을 승진 임용시키기에 이른 경우, 하급 지방자치단체장의 위 승진처분은 법률이 임용권자에게 부여한 승진임용에 관한 재량권의 범위를 현저하게 일탈한 것으로서 위법한 처분이라 할 것이다. 따라서 상급 지방자치단체장이 하급 지방자치단체장에게 기간을 정하여 그 시정을 명하였음에도 이를 이행하지 아니하자 지방자치법 제157조 제1항에 따라 위 승진처분을 취소한 것은 적법하고, 그 취소권 행사에 재량권 일탈 · 남용의 위법이 있다고 할 수 없다.

[대법관 김영란, 박시환, 김지형, 이홍훈, 전수안의 반대의견] 승진처분은 한 공무원의 일순간의 과오만이 아니라 근속기간이나 경력, 근무성적, 상훈 등을 두루 살펴서 행하여지는 것으로서 임용권자의 판단과 재량이 전적으로 존중되

25) 대법원 1998. 7. 10. 선고 97추67 판결.

어야 하는바, 하급 지방자치단체장이 전국공무원노동조합의 불법 총파업에 참가한 소속 공무원들에 대하여 징계의결 요구를 하지 아니하고 오히려 그들을 승진 임용시킨 경우에 있어서, 당시 위 공무원들에 대한 징계의결요구 중에 있었던 것도 아니고 장차 그들이 어느 정도의 징계를 받을지 아니면 징계를 받지 않을지 알 수 없는 상황이었음에도 불구하고, 위 공무원들의 공적 등 다른 어떠한 사정도 고려함이 없이 단지 그 임용권자인 하급 지방자치단체장이 그들에 대한 징계의결요구를 하였어야 하나 하지 않았다는 이유 하나만으로 위 승진처분이 지방자치법 제157조 제1항에 따라 상급 지방자치단체장에 의하여 취소되어야 할 정도로 재량권을 일탈 · 남용한 것이라고 단정할 수는 없는 것이다. 또한 자치사무에 대한 국가 또는 상급 지방자치단체장의 취소권 행사는 지방자치단체의 자율적인 책임 수행을 제한하지 않는 범위 내에서 취소권 행사의 구체적 결과가 자치사무 수행에 관한 지방자치단체의 결정권을 크게 위축시키거나 무의미하게 하지 않는 방향으로 이루어져야 하고, 이를 넘어선 경우 그 취소권의 행사가 오히려 재량권의 일탈 · 남용에 해당하게 되는바, 상급 지방자치단체장이 위 조항에 따라 하급 지방자치단체장의 위 승진임용처분을 취소함에 있어, 위 공무원의 비위 정도가 겨우 불문경고를 받을 만큼 경미하였다는 사정이나 그들에게 승진임용을 저해하는 사유 외에 승진임용을 수긍하게 하는 공무원 개인의 근무성적과 같은 구체적인 인적 사정 등을 모두 감안하더라도 위 승진처분이 재량권을 일탈 · 남용한 것이라고 볼 수밖에 없다는 점에 관하여 충분히 숙고하고 판단한 끝에 이에 대한 취소권을 행사하게 된 것이라고는 보이지 않고, 오히려 위 불법 총파업에 참가한 다른 공무원들과의 전국적인 징계의 형평성이나 공직사회 또는 일반 국민들에게 미치는 영향 등 정책적 목적에서 이를 행사한 것임을 숨길 수 없기 때문에, 그러한 취소권 행사는 재량권을 일탈하거나 남용한 것으로서 위법하다."라고 판시하였다.[26]

4. 진급취소의 제한

1) 법 제31조 제1항, 시행령 제39조에 의하면, 진급 취소권자에 대한 규정을

26) 대법원 2007. 3. 22. 선고 2005추62 판결 【승진임용직권취소처분취소청구】.

두고 있으나 기타 그 취소권을 제한하는 규정을 두고 있지 않다. 따라서 진급취소 행사 시기가 진급예정자 명단 공표 전까지로 제한되는 것도 아니기 때문에 취소 사유가 있는 경우에는 명단 공표 후에도 취소가 가능하다.

2) 위에서 본 바와 같이 군인사법령은 법 제31조 제1항에 근거한 취소권을 제한하는 규정을 따로 두고 있지 않으나, 장교 진급예정자 결정은 수익적 행정행위로서 이를 취소하기 위해서는 수익적 행정행위에 대한 직권취소권에 관한 제한 법리가 적용된다. 전통적으로는 행정의 법률적합성의 원칙에 따라 하자 있는 행정행위는 행정청이 자유로이 취소할 수 있는 것으로 인정되고 있었다(취소자유원칙). 그러나 1950년대 후반부터 독일에서는 판례를 중심으로 하여 신뢰보호의 원칙에 기한 이익형량의 원칙에 따라 종래의 취소자유 원칙은 취소제한의 원칙으로 전환되었다. 따라서 행정행위의 직권취소는 법률적합성 원칙에 따른 요청과 신뢰보호의 원칙에 따른 요청을 구체적으로 비교 형량하여 결정되어야 한다.[27]

판례도 "행정처분에 하자가 있음을 이유로 처분청이 이를 취소하는 경우에도 그 처분이 국민에게 권리나 이익을 부여하는 이른바 수익적 행정행위인 때에는 그 처분을 취소하여야 할 공익상 필요와 그 취소로 인하여 당사자가 입게 될 기득권과 신뢰보호 및 법률생활안정의 침해 등 불이익을 비교 교량한 후 공익상 필요가 당사자가 입을 불이익을 정당화할 만큼 강한 경우에 한하여 취소할 수 있으나, 그 처분의 하자가 당사자의 사실은폐나 기타 사위의 방법에 의한 신청행위에 기인한 것이라면 당사자는 그 처분에 의한 이익이 위법하게 취득되었음을 알아 그 취소 가능성도 예상하고 있었다고 할 것이므로 그 자신이 위 처분에 관한 신뢰의 이익을 원용할 수 없음은 물론 행정청이 이를 고려하지 아니하였다고 하여도 재량권의 남용이 되지 않는다."[28][29]

3) 법과 시행령에서는 형사처분의 원인이 되는 범죄사실이나 징계처분의 원인이 되는 비위사실이 진급예정자 명단 공표 전에 있었던 것인지, 그 후에 있었

27) 김동희, 행정법Ⅰ, 345면.

28) 대법원 1991. 4. 12. 선고 90누9520 판결.

29) 대법원 1986. 2. 25. 선고 85누664 판결(행정행위를 한 처분청은 그 행위에 하자가 있는 경우에 별도의 법적 근거가 없더라도 스스로 이를 취소할 수 있는 것이며, 다만, 그 행위가 국민에게 권리나 이익을 부여하는 이른바 수익적 행정행위인 때에는 그 행위를 취소하여야 할 공익상 필요와 그 취소로 인하여 당사자가 입을 기득권과 신뢰보호 및 법률생활 안정의 침해 등 불이익을 비교 교량한 후 공익상 필요가 당사자의 기득권침해 등 불이익을 정당화할 수 있을 만큼 강한 경우에 한하여 취소할 수 있다.).

던 것인지를 구별하지 않고 있기 때문에 전후에 관계없이 진급취소의 사유가 될 수 있다. 그렇다면 형사처분 또는 징계처분의 원인이 된 비위사실이 진급예정자 결정 이전에 있었지만 징계처분이 위 결정 이후에 있었고 징계처분의 정도가 중징계(파면, 강등, 정직)에 이르지 못한 경우, 진급예정자 명단에서의 삭제가 제한되듯이 진급예정자 결정 취소도 제한되는가? 이에 대해서는 긍정하는 견해와 부정하는 견해가 대립하고 있다.

i) 긍정하는 견해

진급예정자 명단이 공표된 후에는 제청권자와 진급권자의 취소권에는 제한이 있다고 주장한다. 즉 "시행령 제38조 제1항 제1호, 제2호는 형사처분의 원인이 되는 범죄사실이나 징계처분의 원인이 되는 비위사실이 진급예정자 명단 공표 전에 있었던 것인지, 그 후에 있었던 것인지를 묻지 않고 일률적으로 규정하고 있으며, 그 결과 진급예정자 명단 공표 전에 있었던 범죄행위나 비위사실로 인하여 진급예정자 명단 공표 후에 약식명령이 청구되거나 경징계 이하의 징계처분을 받은 경우에는 진급예정자 명단에서 삭제하는 처분을 할 수 없도록 제한하고 있다. 법 제31조 제2항과 시행령 제38조 제1항 각 호가 직권취소를 직접적으로 제한하고 있는 것은 아니지만, 그 직권취소 사유가 동시에 진급예정자 명단 공표 후에 약식명령이 청구되거나, 경징계 이하의 징계에 그친 경우에는 진급예정자 명단에 포함된 진급예정자의 이익을 위하여 직권취소가 제한되고, 법 제31조 제1항의 규정에 의한 취소권의 행사 역시 같은 범위 안에서 제한된다. 그와 같은 경우에도 직권취소가 제한되지 않는다고 본다면, 법과 시행령이 그와 같은 경우에 진급예정자 명단 삭제의 방법으로 하는 진급낙천처분을 제한하여 진급예정자를 보호하려고 하는 취지가 몰각될 것이고, 그와 같은 경우에 직권취소는 제한된다고 하면서 법 제31조 제1항의 규정에 의한 취소는 제한되지 않는다고 본다면 역시 같은 결과를 가져올 것이기 때문이다."라고 주장한다.[30)]

ii) 부정하는 견해

군인사법령이 진급예정자 명단에 오른 자에 대한 명단삭제를 엄격히 제한하

30) 서울행정법원 2005. 1. 19. 선고 2004구합12070 판결.

고 있는 것은 적법하게 진급예정자로 결정되어 위 명단에 오른 자에 대한 것임을 전제로 한다고 해석하면서, 비위사실로 인하여 경징계 처분을 받은 경우 진급권자는 위 명단삭제는 할 수 없으나, 진급예정 결정에 대한 직권취소는 가능하다고 한다. 그 논거로는 "① 군인사법령에 의하면 명단 삭제처분의 사유가 명시적으로 규정되어 있는 반면, 진급예정자 결정 취소처분에 대해서는 위와 같은 명시적 제한 규정이 없는 점, ② 명단 삭제처분의 사유를 제한하고 있는 이유는 적법하게 진급예정자로 결정된 자를 보호하기 위한 것인 반면, 진급예정자 결정 자체에 하자가 있는 진급예정자를 적법한 진급예정자와 동일하게 보호할 필요가 없는 점, ③ 명단 삭제처분의 사유를 진급예정자 명단 공표 후 중대한 비위 행위를 저질러 중징계, 기소를 당한 경우에 한정한다면 적법한 진급예정자에 대한 보호의 실효성은 충분히 보장되는 점, ④ 진급예정자 결정 취소의 사유를 명단 삭제의 사유와 동등하게 진급예정자 명단 공표 전의 비위사실로 인한 중징계, 기소, 전역위원회 회부로만 한정한다면, 징계권자가 징계처분을 할 당시 그 상대방이 장교 진급예정자 지위에 있음을 이유로 신분에 영향을 미치는 중징계 처분을 꺼리고 경징계 처분을 할 가능성이 있는데, 이러한 결과는 매우 자의적이고 부당한 점, ⑤ 설사 징계권자의 경징계 처분이 적정하다고 하더라도, 징계권자와 진급권자가 다르기 때문에 그 징계처분만으로 징계 원인인 비위사실과 관련하여 진급예정자의 지위를 유지하고자 하는 진급권자의 의사가 있었던 것으로 간주할 수 없는 것이므로, 진급예정자 결정 취소 사유를 명단 삭제 사유와 동등하게 제한하지 않는 해석이 하자 있는 진급예정자 결정을 한 진급권자로 하여금 이를 바로잡을 법적 가능성을 열어 줄 수 있는 점 등에 비추어 보면, 진급예정자 명단 공표 전의 비위 사실로 인하여 경징계를 받은 경우에도 진급예정 결정에 대한 취소가 가능하다고 보는 것이 합리적인 해석"이라는 것이다.[31]

iii) 판례

대법원은 "군 진급인사의 적정성 및 중요성 등에 비추어 볼 때, 비록 진급예정자 명단이 공표되었다고 하더라도 그 명단 공표 이전 내지 이후에 발생한 사

31) 서울고등법원 2006. 11. 30. 선고 2006누127 판결.

정이 진급선발을 유지할 수 없게 하는 사정에 해당하거나 중대한 공익상 필요가 생긴 경우에는 그 진급선발을 취소할 수 있는 것이지 시행령 제38조 제1항 소정의 사유가 있어야만 이를 이유로 진급선발을 취소할 수 있는 것은 아니라 할 것이다."라고 하여 제한을 부정하는 견해를 취하고 있다.[32] 따라서 진급예정자 명단이 공표되었다고 하더라도 범죄사실 및 비위사실이 있는 경우에는 취소의 필요성이 있는 경우에는 취소할 수 있다.[33]

5. 진급취소 절차

1) 행정절차법 제21조 제1항, 제4항, 제22조 제1항 내지 제4항에 의하면, 행정청이 당사자에게 의무를 과하거나 권익을 제한하는 처분을 하는 경우에는 미리 처분하고자 하는 원인이 되는 사실과 처분의 내용 및 법적 근거, 이에 대하여 의견을 제출할 수 있다는 뜻과 의견을 제출하지 아니하는 경우의 처리방법 등의 사항을 당사자 등에게 통지하여야 하고, 다른 법령 등에서 필요적으로 청문을 실시하거나 공청회를 개최하도록 규정하고 있지 아니한 경우에도 당사자 등에게 의견제출의 기회를 주어야 하되, 당해 처분의 성질상 의견청취가 현저히 곤란하거나 명백히 불필요하다고 인정될 만한 상당한 이유가 있는 경우 등에는 처분의 사전통지나 의견청취를 하지 아니할 수 있도록 규정하고 있으므로, 행정청이 침해적 행정처분을 함에 있어서 당사자에게 위와 같은 사전통지를 하거나 의견제출의 기회를 주지 아니하였다면 사전통지를 하지 않거나 의견제출의 기회를 주지 아니하여도 되는 예외적인 경우에 해당하지 아니하는 한 그 처분은 위법하여 취소를 면할 수 없다고 할 것이다.[34] 또한 행정절차법 제24조, 제26조는, 행정청은 행정처분 시 당사자에게 그 처분에 관하여 행정심판을 제기할 수 있는지 여부, 기타 불복을 할 수 있는지 여부 등에 관하여 문서로써 알려야 한

---

32) 대법원 2007. 9. 20. 선고 2005두13971 판결.

33) 장교 진급예정자가 진급예정 결정 이전의 비위사실로 인하여 진급예정 결정 이후 중징계 처분을 받은 경우 ① 진급권자는 법 제31조 제2항, 시행령 제38조 제1항 제2호에 의하여 그자를 진급예정자 명단에서 삭제할 수 있고, ② 법 제31조 제1항 또는 일반적인 직권취소권에 기하여 일반적 취소권 제한에 해당하지 않는 한 진급예정 결정을 직권으로 취소할 수 있다. 그리고 ③ 그자가 위 비위사실로 인하여 경징계 처분을 받은 경우 진급권자는 위 명단 삭제는 할 수 없으나 진급예정 결정에 대한 직권취소는 가능하다(서울행정법원 2005. 12. 15. 선고 2005구합19054 판결).

34) 대법원 2000. 11. 14. 선고 99두5870 판결.

다고 규정하고 있다.

2) 진급추천자는 진급예정자 명단의 선발 · 공표로 진급예정자로서 지위를 가지게 되고, 일단 진급예정자로서의 지위를 가지게 되면 진급예정자 명단에서 삭제되거나 진급선발이 취소되지 않는 한 진급예정자 명단 순위에 따라 진급하게 되므로, 진급선발을 취소하는 처분은 진급예정자로서 가지는 이익을 침해하는 처분이라 할 것인바, 특별한 사정이 없는 한 침해적 행정처분에 관한 위와 같은 법리가 적용되어야 한다.[35]

Ⅴ. 결론

지금까지 진급취소와 관련된 대법원 판례를 분석하였다. 이를 통해 진급취소와 관련된 주요 논의 내용을 요약하면 다음과 같다.

1) 진급예정자 명단에 포함된 자는 진급예정자 명단에서 삭제되거나 진급선발이 취소되지 않는 한 진급예정자 명단 순위에 따라 진급하게 되므로 진급취소는 진급예정자로서 가지는 이익을 침해하는 수익적 행정행위의 직권취소에 해당한다. 따라서 진급취소 시에는 진급 선발을 취소하여야 할 공익상 필요와 그 취소로 인하여 입을 기득권과 신뢰보호 및 법률생활 안정의 침해 등 불이익을 비교 · 교량한 후 공익상 필요가 기득권 침해 등 불이익을 정당화할 수 있을 만큼 강한 경우라야만 진급취소가 적법하다고 할 수 있다. 따라서 진급지침에 진급취소 사유를 명확히 열거할 필요가 있다고 보인다. 진급지침에 진급취소 사유를 열거하는 것은 범죄사실 및 비위사실이 있음에도 불구하고 진급 선발되었다 하더라도 진급선발 후에 진급취소가 될 수 있다는 것을 예상할 수 있게 함으로써 신뢰보호 등 법률생활 안정의 침해를 상대적으로 작게 하는 의미가 있기 때문이다.

---

35) 일부에서는 "행정절차법 제3조 제2항 제9호는 동법이 적용되지 않는 대상의 하나로서 '공무원 인사관계 법령에 의한 징계 기타 처분'을 정하고 있는데, 군인사법(공무원의 인사관계 법령)에 의한 '기타 처분'에 해당함은 명백하다고 할 것이다. 따라서 진급취소는 행정절차법에서 정한 문서에 의한 통지, 사전통지, 의견진술 기회를 부여하지 않아도 될 예외적인 사유가 있는 경우에 해당한다(서울고등법원 2006. 11. 30. 선고 2006누127 판결)."라는 견해는 대법원 판례에서 인정하지 않고 있다. 따라서 진급취소의 경우에는 행정절차법에서 정한 절차를 따라야 한다.

2) 진급선발 취소는 진급예정자로서 가지는 이익을 침해하는 처분이다. 그런데 군인사법 및 그 시행령에 진급선발 취소 시에 행정절차에 준하는 절차를 거치도록 하는 규정이 없을 뿐만 아니라 위 처분이 성질상 행정절차를 거치기 곤란하거나 불필요하다고 인정되는 처분이라고 보기도 어렵다. 행정절차법의 적용이 제외되는 경우에 해당한다고 할 수 없으며, 나아가 수사과정 및 징계과정에서 자신의 비위행위에 대한 해명기회를 가졌다는 사정만으로 사전통지를 하지 않거나 의견제출의 기회를 주지 아니하여도 되는 예외적인 경우에 해당한다고 할 수 없다. 진급선발 취소 시에 당사자에게 의견제출의 기회를 부여하지 아니한 것은 절차상 하자가 있어 위법하다. 따라서 진급취소 시에는 당사자의 의견을 충분히 제출할 수 있는 기회를 제공하여야 한다. 뿐만 아니라 "사전통지를 하거나 의견제출의 기회를 주는 방안 또한 당사자에게 그 처분에 관하여 행정심판을 제기할 수 있는지 여부, 기타 불복을 할 수 있는지 여부 등에 관하여 문서로써 알려야 한다."는 내용을 당사자에게 고지하여야 한다.

3) 약식명령이 청구된 사건이라 하더라도 일단 법원에 의하여 공판절차에 회부된 경우에는 정식으로 군사법원에 기소된 경우와 차이가 있다고 볼 수 없으므로 이는 시행령 제38조 제1항 제1호가 정한 진급발령 전에 진급시킬 수 없는 사유에 해당한다. 다만, 군검찰의 약식명령 청구에 의해 군사법원으로부터 약식명령을 고지받은 피고인이 이에 불복하여 정식재판을 청구하여 벌금형이 확정된 경우에는 시행령 제38조 제1항 제1호의 진급시킬 수 없는 사유의 예외에 해당된다.

4) 비위사실이 진급선발위원회 개최 전에 존재하였지만 대령진급예정자 심의·결정 시 이러한 비위사실을 고려하지 못하여 진급 선발된 경우에 이를 취소하는 것은 진급선발 결정의 성립상의 하자를 이유로 취소하는 것이므로 이는 '행정처분의 직권취소'에 해당한다.

7. 군인사법상의 진급 취소와 삭제제도의 개선방안*

목 차

Ⅰ. 개설

공정하고 투명한 진급업무로 우수한 인재를 발탁하는 것은 군심의 결집과 군의 사기에 직접적으로 영향을 미치는 매우 중요한 일이다. 그러나 신이 아닌 이상 개개인이 가진 능력과 도덕적 성품을 100% 평가하는 것은 불가능하며, 또한 진급되어서는 안 될 사유가 있음에도 불구하고 그 자료가 진급선발위원회에 현출되지 않아 진급자로 선발될 수 있는 가능성도 있다. 이러한 경우를 대비하여 제도적으로 보장된 것이 바로 진급취소와 삭제제도이다. 즉 진급취소와 삭제처분은 사후 시정조치에 의해 진급제도의 목적을 달성하기 위한 것이다. 육군에서는 2005년부터 진급예정자 중 심사 이전 또는 이후의 행위가 진급선발제한 사유에 해당되는 경우 이에 대한 이의신청제도를 시행하고 있다(육방침 05-30호).[1] 2005. 9. 28. 서울고등법원은 군인사법상의 취소·삭제와 관련된 중요한

* 게재지: 인사보(제96호), 육군본부, 2006. 1. 31.

1) 황규군, "진급결과 이의신청제도 시행", 인사보(제95호), 육군본부, 2005. 9. 78-80면 참조.

판결을 선고했다.[2)] 이하에서는 위 판례를 중심으로 진급취소와 삭제제도를 설명하기로 한다.

Ⅱ. 진급의 취소

1. 진급취소의 의의

진급선발 취소란 일정한 사유가 있는 경우에 장교진급선발위원회에 의하여 선발된 자를 취소권자가 진급선발의 효력을 원칙적으로 기왕에 소급하여 상실시키는 처분을 말한다(진급선발 취소를 이하에서는 "진급취소"라 한다.). 행정법상 행정행위의 취소라 함은 그 성립에 흠이 있음에도 불구하고 일단 유효하게 성립한 행정행위를 그 성립상의 흠을 이유로 권한 있는 기관이 그 효력을 원칙적으로 기왕에 소급하여 상실시키는 행위를 말한다.[3)] 이러한 취소에는 직권취소와 쟁송취소가 있다. 직권취소란 행정행위를 그 성립상의 하자를 이유로 행정청이 스스로 취소하는 것을 말하며, 쟁송취소란 위법 · 부당한 행정행위로 인하여 그 권리 · 이익의 침해를 받은 자에 의한 쟁송(행정심판 · 행정소송)의 제기에 의하여 권한 있는 기관이 당해 행위의 효력을 소멸시키는 것을 말하는데 본서에서 취소란 주로 직권취소를 의미한다.

2. 진급취소권자

군인사법(이하 "법"이라고 함.) 제31조 제1항에는 "장교진급선발위원회에 의하여 선발된 자는 추천권자, 제청권자 또는 진급권자에 의하여 취소되지 아니하는 한 ……"이라고 규정하고 있는바 이 규정에 의하면 추천권자, 제청권자, 진급권자가 진급취소권자가 됨을 알 수 있다. 다만, 추천권자 또는 제청권자가 장교진급선발위원회에 의하여 선발된 자를 취소할 경우에는 그 사유를 진급권자

2) 서울고등법원 2005. 9. 28. 선고 2005누3522 판결(이 판결의 1심판결은 서울행정법원 2005. 1. 19. 선고 2004구합12070 판결).

3) 김동희, 행정법Ⅰ, 박영사, 2004, 327면.

에게 보고하여야 한다(법시행령 제39조).

3. 취소사유

1) 일반적으로 행정행위에 하자가 있는 경우에는 관련 법령이 특별히 그것을 취소사유로 규정하고 있지 아니하여도 행정청은 스스로 그 행정행위를 취소할 수 있으며, 다만, 그 행정행위가 국민에게 권리와 이익을 부여하는 이른바 수익적 행정행위인 때에는 그 행위를 취소하여야 할 공익상 필요와 그 취소로 인하여 당사자가 입을 기득권과 신뢰보호 및 법률생활 안정의 침해 등 불이익을 비교 교량한 후 공익상 필요가 당사자의 기득권침해 등 불이익을 정당화할 수 있을 만큼 강한 경우에 한하여 취소할 수 있다.[4] 직권취소의 경우 취소의 원인이 될 수 있는 하자에는 행정행위를 위법하게 하는 사유뿐 아니라 행정행위가 부당한 경우에도 취소사유가 되며, 또한 처분이 상대방의 사기 · 강박 · 증수뢰 등에 기한 것인 때에도 행정청은 당해 처분을 취소할 수 있고 그 취소의 효과도 기왕에 소급한다.

2) 법 제31조에는 취소권자만을 규정하고 있을 뿐 구체적인 취소사유에 대해서는 규정하고 있지 않고 있다. 다만, 행정규칙에 해당하는 육군규정 126(2005. 1. 1.) 장교진급관리규정 제23조에서는 진급선발을 취소할 수 있는 사유로 ① 진급선발심사 이전의 행위가 진급선발 제한사유에 해당되는 경우, ② 허위보고, 금전부조리 등 파렴치 행위자,[5] ③ 기타 군인복무규율상의 의무와 금지 및 제한규정을 위반한 경우를 들고 있다.[6] 범죄사실이나 비위사실이 진급예정자 명단 공표 이전에 추천권자, 제청권자, 진급권자 등에게 알려졌더라면 진급자격자 선발이나 진급추천자 선발에서 제외시킬 사유에 해당하고, 동시에 진급자격자

4) 대법원 1986. 2. 25. 선고 85누664 판결.

5) 파렴치범(破廉恥犯道)이란 도덕적으로 비난받아야 할 동기, 즉 파렴치적 정조로부터 행하여지는 범죄 또는 그 범인을 말한다. 파렴치범에는 살인죄 · 강간죄 등이, 비파렴치범에는 과실범 · 정치범 등이 해당되며, 주로 전자에는 강제노역에 종사하는 징역형을, 그리고 후자에는 금고형을 부과하는 것이 보통이지만, 이는 노동을 천시하는 사상에서 기인한 것으로, 오늘날에는 이러한 구별은 별 실익이 없다(법률신문사, 법률용어사전).

6) 육군본부, 2006년도 장교 진급지침, 2005, 26면에서는 진급선발을 취소할 수 있는 사유로 ① 진급선발심사 이전에 발생하였으나 진급선발심사에 반영되지 않은 징계 · 형사벌 · 과사실이 보고된 자(육규 126 제22조 2항의 감정기준에 해당하는 처벌사항), ② 허위보고, 금전부조리, 금품수수, 공금횡령, 군수품부정, 강 · 절도, 사기, 성군기 문란자 등, ③ 항명, 겸직/영리행위, 대상관죄, 군무이탈, 직권남용, 음주운전, 도박 등이다(이 지침에 대해서는 육본 법무감실 법제과－350(05. 6. 13.) 법령질의회신 참조).

선발이나 진급추천자 선발 과정에서 진급예정자가 그 사실을 군 인사당국에 신고할 의무가 있는데 이를 신고하지 아니하거나, 진급예정자가 군 인사당국이 그 사실을 인식하지 못하도록 보다 적극적으로 사술을 쓰거나 기망행위를 하는 등 진급예정자에게 책임 있는 사유로 인하여 추천권자, 제청권자, 진급권자 등이 착오에 빠지고, 그와 같은 착오에 기하여 진급자격자, 진급추천자 선발이 이루어진 경우에는 그와 같은 착오를 이유로 직권 취소할 수 있다.[7]

3) 지방자치단체장이 지방공무원법위반 등으로 처벌된 바 있는 산하공무원에 대하여 징계의결요구를 하지 않고 오히려 승진 임용한 것은 재량권의 범위를 일탈(逸脫)한 위법한 처분이라는 판례가 있다. 즉 대법원은 "기초자치단체장의 산하 내무과장에 대한 승진임용 당시 위 내무과장은 지방공무원법위반 등으로 구속 기소된 바 있는데, 그 사안의 내용에 비추어 보면, 이는 지방공무원법 제69조 제1항 소정의 징계사유에 해당된다고 볼 수 있고, 따라서 위 자치단체장으로서는 위 내무과장에 대하여 지체 없이 징계의결의 요구를 할 의무가 있다고 할 것이며, 나아가 직위해제를 할 필요성도 매우 높은 경우라고 보아야 할 것이다. 그럼에도 불구하고 위 자치단체장은 위 내무과장에 대하여 징계의결요구나 직위해제처분을 하지 않았을 뿐만 아니라, 오히려 지방서기관으로 그를 승진 임용시켰는바, 이는 법률이 임용권자에게 부여한 승진임용에 관한 재량권의 범위를 일탈한 것으로서 현저히 부당하여 공익을 해하는 위법한 처분이다."라고 하였다.[8]

4. 취소의 제한

1) 전통적으로 행정의 법률적합성 원칙에 따라 하자 있는 행정행위는 행정청이 자유로이 취소할 수 있는 것으로 인정되고 있었다(취소자유원칙). 그러나 1950년대 후반부터 독일에서는 판례를 중심으로 하여 신뢰보호의 원칙에 기한 이익형량의 원리에 따라 종래의 취소자유 원칙은 취소제한의 원칙으로 전환되었다. 행정행위의 직권취소는 법률적합성 원칙에 따른 요청과 신뢰보호의 원칙

7) 전게 서울행정법원 1심 판결.

8) 대법원 1998. 7. 10. 선고 97추67 판결.

에 따른 요청을 구체적으로 비교 형량하여 결정되어야 한다.[9]

2) 진급취소에 관하여 규정하고 있는 법 제31조 제1항에는 진급취소권자의 취소권을 제한하는 규정은 없다. 한편 법 제31조 제2항과 법시행령 제38조는 진급권자가 진급예정자 명단이 공표된 후에 그 명단에서 해당자를 삭제할 수 있는 사유를 제한하고 있다. 판례는 법 제31조 제1항과 제2항의 관계에 의하여 진급예정자 명단이 공표된 후에는 취소권자의 취소권에는 일정한 한계가 있다고 한다. 그 이유는 "법 제31조 제2항과 법시행령 제38조 제1항은, 진급예정자 명단이 공표된 후에 '진급발령 전에 진급시킬 수 없는 사유'가 발생하였을 때에는 진급권자가 해당자를 진급예정자 명단에서 삭제할 수 있다고 규정하고, 법시행령 제38조는 진급시킬 수 없는 사유로 군사법원에 기소된 경우(약식명령이 청구된 경우를 제외한다.), 중징계의 처분을 받은 경우, 전역심사위원회에 회부될 경우의 3가지 사유를 열거하고 있는바, 이는 일반적인 직권취소의 권한을 직접적으로 제한하는 규정이라고 보기는 어렵고, 일단 하자 없이 진급예정자 명단이 공표된 것을 전제로 하여, 후발적으로 법시행령 제38조 제1항 각 호가 규정하는 사유가 발생한 경우에 한하여 해당자에 대하여 진급예정자로 지정된 효과를 소멸시키는 이른바 행정행위의 철회권을 규정하고 있는 것이라고 봄이 상당하다. 다만, 법 제31조 제2항과 법시행령 제38조 제1항 제1호, 제2호의 규정을 보면, 법과 시행령은 군사법원에 기소된 경우는 해당자를 진급예정자 명단에서 삭제할 수 있지만, 약식명령이 청구된 경우는 진급예정자 명단에서 삭제할 수 없도록 하고, 중징계의 처분을 받은 경우는 해당자를 진급예정자 명단에서 삭제할 수 있지만, 항고에 따라 처분이 경징계로 경감 또는 면제된 때에는 진급예정자 명단에서 삭제할 수 없도록 하고 있는바, 법시행령 제38조 제1항 제1호, 제2호는 그와 같은 형사처분의 원인이 되는 범죄사실이나 징계처분의 원인이 되는 비위사실이 진급예정자 명단 공표 전에 있었던 것인지, 그 후에 있었던 것인지를 묻지 않고 일률적으로 규정하고 있으며, 그 결과 진급예정자 명단 공표 전에 있었던 범죄행위나 비위사실로 인하여 진급예정자 명단 공표 후에 약식명령이 청구되거나 경징계 이하의 징계처분을 받은 경우에는 진급예정자 명단에서 삭제하는 처분을 할 수 없도록 제한하고 있는 것이라고 해석된다. 이와 같은 해석

9) 김동희, 전게서, 332면.

을 전제로 하면, 법 제31조 제2항과 시행령 제38조 제1항 각 호가 직권취소를 직접적으로 제한하고 있는 것은 아니지만, 그 직권취소 사유가 동시에 진급예정자 명단 공표 후에 약식명령이 청구되거나, 경징계 이하의 징계에 그친 경우에는 진급예정자 명단에 포함된 진급예정자의 이익을 위하여 직권취소가 제한되고, 법 제31조 제1항의 규정에 의한 취소권의 행사 역시 같은 범위 안에서 제한된다고 해석함이 상당하다. 그와 같은 경우에도 직권취소가 제한되지 않는다고 본다면, 법과 시행령이 그와 같은 경우에 진급예정자 명단 삭제의 방법으로 하는 진급낙천처분을 제한하여 진급예정자를 보호하려고 하는 취지가 몰각될 것이고, 그와 같은 경우에 직권취소는 제한된다고 하면서 법 제31조 제1항의 규정에 의한 취소는 제한되지 않는다고 본다면 역시 같은 결과를 가져올 것이기 때문이다."라고 하였다.[10][11]

5. 취소기간

추천권자와 제청권자는 언제까지 그 취소권을 행사할 수 있을까? 추천권자와 제청권자는 진급권자가 당해 전군에 그 명단을 공표하기 전까지만 가능하다는 주장이 있을 수 있으나 그 취소권 행사 시기가 진급예정자 명단 공표 전까지로 제한된다고 해석할 근거는 없다. 따라서 추천권자, 제청권자, 진급권자는 취소사유가 있으면 진급예정자 명단 공표 후라도 취소가 가능하다. 다만, 위에서 본 바와 같이 진급예정자 명단이 공표된 후에는 취소권이 제한된다.

원칙적으로 직권취소의 경우에는 취소 기간의 제한은 없다. 다만, 실권의 법리에 따라 실질적인 기간의 제한을 받을 수 있다. 여기서 실권(實權)의 법리(法理)란 취소권자가 상당히 장기간에 걸쳐 그 권한을 행사하지 아니한 결과, 장차

10) 전게 서울행정법원 1심 판결.

11) 위 판례에 대한 사견으로는 "진급취소는 법 제31조 제1항에, 진급삭제는 제2항에 규정하여 조문상 명확히 구분하고 있으며, 진급취소는 하자 있는 행정행위의 직권취소이며 진급삭제는 행정행위의 철회로서 그 제도적 목적과 취지가 다르다. 그럼에도 직권취소 제한 사유를 진급삭제 제한 사유와 같게 해석하는 것은 문제가 있다. 또한 진급심사 이전의 형사처분 · 징계사유가 있음에도 진급심사위원회에 그 자료가 현출되지 않은 자가 진급 선발된 경우에 이를 취소하기 위해서는 기소 · 중징계 · 전역심사위원회 회부를 할 가능성이 있다. 즉 형사처분과 징계제도가 왜곡될 우려도 있다. 따라서 판례와 같이 직권취소를 제한할 것이 아니라, 직권취소 여부는 법률적합성 원칙에 따른 요청과 신뢰보호의 원칙에 따른 요청을 구체적으로 비교 형량하여 육군에서 결정하도록 하는 것이 바람직하다. 이렇게 해석하는 것이 진급취소와 삭제 제도에 있어서 군인사법의 특수성을 반영하는 것이 아닌가 한다."

당해 행위는 취소되지 않을 것이라는 신뢰가 형성된 경우에 그 취소권은 상실된다는 이론이다.[12] 취소 기간과 관련된 판례로는 논문표절임이 판명되어 수상이 취소되었음에도 수상사실확인서를 교부받아 교감승진 후보자 명부상 상위서열로 등재되어 교감으로 승진한 자에 대하여 그 비위사실이 약 5년 뒤에 밝혀져 당해 교감을 해임 처분한 것은 정당하다는 판례가 있다.[13]

6. 취소의 절차

위에서 살펴본 바와 같이 추천권자 또는 제청권자가 장교진급선발위원회에 의하여 선발된 자를 취소할 경우에는 그 사유를 진급권자에게 보고하여야 한다(법시행령 제39조). 진급선발의 취소는 침익적(侵益的) 처분의 성질을 가지므로 행정청은 당사자에게 처분의 사전통지를 하고 처분에 앞서 의견청취를 하여야 한다. 육군은 선발인원 중 진급선발 이전 또는 이후 행위가 진급선발 취소사유에 해당될 경우 인사위원회를 소집하여 사실을 검증하고, 조치기준을 심의하여 참모총장에게 보고하며, 참모총장은 진급예정자 명단에서 삭제 또는 진급선발을 취소할 필요가 있는 자에 대해서는 그 명단/사유를 진급권자에게 보고하여 조치하고 있다.[14] 진급취소 시 사전에 당사자의 의견을 청취하거나 의견 제출을 할 수 있는 절차를 마련하는 것이 필요하다.

7. 취소의 효과

진급 취소의 효과는 기왕에 소급하여 그 효력이 소멸되므로 진급 발령할 수 없다. 법 제32조에는 "제31조의 규정에 의하여 취소 ……된 자는 진급낙천자로 한다."라고 하여 진급 취소된 자는 진급낙천자가 된다.

---

12) 김동희, 전게서, 334면.

13) 대법원 1992. 5. 12. 선고 92누2233 판결.

14) 육군본부, 2006년도 장교 진급지침, 2005, 27면.

Ⅲ. 진급의 삭제

1. 의의

장교진급선발위원회에 의하여 선발된 자는 진급권자가 당해 전군에 그 명단을 공표하고 궐원에 따라 선임순으로 수시로 진급 발령한다. 다만, 공표된 자라 할지라도 진급발령 전에 진급시킬 수 없는 사유가 발생하였을 때에는 진급권자는 이를 진급예정자 명단에서 삭제할 수 있다(법 제31조 제2항). 이러한 진급삭제제도의 취지에 관해 판례는 "진급추천자는 진급예정자 명단의 공표로 비로소 진급예정자로서의 지위를 가지게 되고, 일단 진급예정자로서의 지위를 획득하게 되면, 법과 시행령은 일정한 사유가 생기면 진급권자가 선발을 철회할 수 있도록 하지만, 그와 동시에 가벼운 사유를 이유로 하여서는 진급권자도 선발을 철회할 수 없도록 제한함으로써 진급예정자의 지위를 법적으로 보호하고, 아울러 진급제도의 안정성을 기하려는 취지라고 해석된다."라고 하였다.[15]

2. 진급삭제의 법적 성질

진급삭제는 일단 하자 없이 진급예정자 명단이 공표된 것을 전제로 하여, 후발적으로 "진급시킬 수 없는 사유"가 발생한 경우에 한하여 해당자에 대하여 진급예정자로 지정된 효과를 소멸시키는 이른바 행정행위의 철회권을 규정한 것이다.[16] 행정법상 행정행위의 철회란 아무런 흠 없이 성립된 행정행위의 효력을 그 성립 후에 발생된 새로운 사유를 이유로 장래에 향하여 그 효력의 전부 또는 일부를 소멸시키는 행정행위를 말한다.[17] 철회가 직권취소와 다른 점은 ① 처분청만이 할 수 있고, ② 철회사유가 행정행위 성립 후 발생한 사정에 의하며, ③ 장래에 향해서만 효과를 발생한다는 점에서 차이가 있다.

15) 전게 서울행정법원 1심 판결.

16) 전게 서울행정법원 1심 판결.

17) 장태주, 행정법개론, 현암사, 2004, 283면.

3. 삭제권자

진급권자가 진급삭제권을 가진다. 법 제31조 제2항에 "…… 진급권자는 이를 진급예정자 명단에서 삭제할 수 있다."라고 하여 진급권자가 진급삭제권자임을 규정하고 있다. 다만, 각 군 참모총장은 진급자명단에서 삭제할 필요가 있는 자에 대해서는 그 명단을 진급권자에게 보고할 수 있으며(법시행령 제38조 제2항), 진급삭제권은 진급권자만이 가진다.

4. 삭제사유

1) 진급권자는 진급발령 전에 "진급시킬 수 없는 사유"가 발생하였을 때에 진급예정자 명단에서 삭제할 수 있다. 여기서 "진급시킬 수 없는 사유"를 법시행령 제38조 제1항에서 규정하고 있는바, ① 군사법원에 기소되었을 경우(약식명령이 청구된 경우를 제외한다.)(제1호), ② 중징계의 처분을 받았을 경우(제2호), ③ 법 제37조 제1항 제1호 또는 제2호에 해당하는 자로서 전역심사위원회에 회부될 경우(제3호)를 말한다.[18] 그러나 "진급시킬 수 없는 사유"는 절대적 진급낙천사유는 아니다. 즉 "진급시킬 수 없는 사유"가 발생한 경우에 진급예정자 명단에서 반드시 삭제하여야 하는 것이 아니다.[19]

2) 군사법원에 기소되었을 경우

법시행령 제38조 제1항 제1호에 "군사법원에 기소되었을 경우(약식명령이 청구된 경우를 제외한다.) 다만, 무죄 판결된 자는 예정대로 진급시키며, 진급예정일이 경과한 때에는 그 무죄로 확정된 일자 이후의 첫 진급 시에 발령한다."라고 규정하고 있다. 범죄혐의 사실에 대하여 수사기관에 의해 기소(起訴)되었을 때에 진급시킬 수 없는 사유로 하고 있으나 무죄추정의 원칙에 위반될 수 있다. 다만, 무죄판결 시는 예정대로 진급시켜 이를 보완하고 있다. 여기서 "약식명령이 청구된 경우"란 형사범에 대한 재판결과의 효력과는 무관하게 단지 군사법

18) 임천영, 군인사법, 법률문화원, 2004, 450면.

19) 서울고등법원 2005. 9. 28. 선고 2005누3522 판결.

원에 정식 기소되었는지 아니면 약식명령이 청구된 것인지의 형식에 의해 진급 낙천 사유를 정한 것이지 약식명령으로 청구되어 벌금형이 확정될 것을 필요로 하지 않고 있다. 따라서 벌금형의 확정 여부와는 상관없이 약식명령이 청구되었다면 진급시킬 수 없는 사유에 해당되지 않는다.[20)]

최초 약식명령이 청구되었으나 법원에서 정식재판에 회부한 경우는 진급시킬 수 없는 사유의 제외사유인 "약식명령"에 해당될까? 약식명령으로 청구하였으나 정식재판으로 회부된 경우는 진급시킬 수 없는 사유의 제외사유인 "약식명령"에 해당되지 않는다. 법무감실도 "위 규정이 약식명령이 청구된 경우를 제외하고 있는 이유는, 약식명령이라는 제도가 경미한 사안에 대하여 정식 공판 절차를 거치지 않고 벌금 · 과료 등의 형을 과하려는 절차임에 비추어, 경미한 사안의 경우에까지 진급시킬 수 없는 사유로 하는 것은 너무 가혹하다는 고려에 바탕을 두고 있는 것으로 보임. 그런데 약식명령의 청구가 있는 경우에 그 사건이 약식명령으로 할 수 없거나 약식명령으로 하는 것이 적당하지 않은 경우에는 공판절차에 의하여 심판함(군사법원법 제501조의 4). 따라서 ① 정식재판에 회부한 경우는 정식 기소한 경우와 동일한 절차가 진행된다는 점, ② 경미한 사안의 경우를 진급시킬 수 없는 사유로 하지 않으려는 위 규정의 취지가 정식재판으로 회부된 경우까지 관철되기는 어려운 점 등에 비추어, 약식명령이 청구되었으나 정식재판에 회부된 경우를 위 시행령 제38조 제1항 제1호의 약식명령이 청구된 경우로 보기는 어렵다."라고 하였다.[21)]

3) 중징계의 처분을 받았을 경우

법시행령 제38조 제1항 제2호에 "중징계 처분을 받았을 경우 다만, 항고에 따라 처분이 경징계로 경감 또는 면제된 때에는 제1호 단서의 규정을 준용한다."라고 규정하고 있다. 진급예정자가 비위사실로 인해 파면, 강등, 정직의 중징계 처분을 받은 경우에는 진급시킬 수 없는 사유에 해당된다. 여기서 "중징계 처분을 받았을 경우"란 원심 징계처분 일자를 말한다. 왜냐하면 법 제60조 제1항에 "이 경우 항고에 대한 결정이 있는 때까지는 당해 징계처분의 효력이 정

---

20) 육법제18501－040011(04. 1. 8.) 질의 회신.

21) 육본 법무감실 법제과－14('04. 5. 11.) 법령질의회신.

지되지 아니한다.”라는 집행부정지의 원칙을 규정하고 있기 때문이다. 이러한 경우 항고심에서 경징계로 징계벌목이 변경될 경우에는 단서 조항에 의거하여 처리하면 된다.

2001년도 진급심사를 통해 중령으로 진급 선발된 진급예정자가 진급발령일(01. 11. 1.) 이전인 2001. 9. 28. 정직 3개월의 중징계 처분을 받아 진급예정자 명단에서 삭제되었다. 그 후 징계 항고를 제기하여 2002. 1. 20.부로 감봉 3개월의 경징계로 경감된 경우에 언제 진급발령을 하여야 하는가? 경징계로 경감된 일자 이후의 첫 진급 시인 2002년 2월부로 진급 발령하여야 한다. 그 이유는 “본 사안은 중령 진급예정자가 중징계 처분을 받은 후 항고에 따라 경징계로 경감된 경우로서 법 제38조 제1항 제2호 단서가 적용됨은 분명하므로 진급발령 시기를 언제로 할 것인가는 위 단서의 해석에 따라 검토되어야 할 것임. 위 조항 제2호 단서는 ‘제1호 단서의 규정을 준용한다.’고 하고, 제1호 단서는 ‘무죄 판결된 자는 예정대로 진급시키며, 진급예정일이 경과한 때에는 그 무죄로 확정된 일자 이후의 첫 진급 시에 발령한다.’라고 규정하고 있는바, 본 사안의 경우 당해인이 경징계로 경감된 시점(02. 1. 20.)이 진급예정일(01. 11. 1.)을 경과하였으므로 경징계로 경감된 일자 이후의 첫 진급 시에 진급 발령되어야 할 것임. 따라서 육군의 경우 진급발령은 매월 1일부로 이루어지므로(육군규정 126 장교진급관리규정 제27조 제1항) 경징계로 경감된 일자 이후의 첫 진급 시인 2002년 2월부 진급명령에 포함되어 진급 발령되어야 할 것이다.”라고 하였다.[22]

4) 전역심사위원회에 회부될 경우

법시행령 제38조 제1항 제3호에 “법 제37조 제1항 제1호 또는 제2호에 해당하는 자로서 전역심사위원회에 회부될 경우 다만, 전역시키지 아니하기로 의결된 자는 제1호 단서의 규정을 준용한다.”라고 규정하고 있다. 따라서 심신장애로 인하여 현역복무에 부적합한 자, 대통령령으로 정하는 현역복무에 적합하지 아니한 자는 진급시킬 수 없다. 대통령령으로 정하는 현역복무에 적합하지 아니한 자로서 전역심사위원회에 회부될 경우에 있어서 전역심사위원회에 회부될 경우의 시점을 언제로 볼 것인가? 이에 대해 법무감실에서는 “육군은 예하부대

22) 육법제18501－020015(2002. 2. 7.) 법령질의회신.

의 현역복무부적합 의결된 자를 월별로 종합하여 1회의 전역심사위원회를 개최하고 있어 실무상 부관감의 별도 회부결정은 있지 아니하고 전역심사위원회의 개최상신에 대한 결재가 이루어지고 있으므로 위와 같은 인사행정의 개선이 있지 않은 현 상황에서는 '위 개최상신에 대한 결재가 이루어진 때'를 전역심사위원회에 회부된 때로 보아야 할 것이다."라고 하였다.[23)]

5. 삭제기간

진급권자는 언제까지 진급예정자 명단에서 삭제할 수 있을까? 법 제31조 제2항에는 "…… 공표된 자라 할지라도 진급발령 전에 진급시킬 수 없는 사유가 발생하였을 때에는 진급권자는 이를 진급예정자 명단에서 삭제할 수 있다."라고 규정하고 있는바, 조문 해석상 '진급발령 전'까지만 즉 진급발령 후에는 진급예정자 명단에서 삭제할 수 없다고 보아야 한다. 그러나 진급 발표 이전의 범죄사실이나 비위사실을 가진 자가 수사기관 및 조사기관에 의해 그 범죄사실이나 비위사실이 진급발령 후에 군사법원에 기소되거나 징계위원회에 회부되어 중징계 처분을 받았을 때에는 삭제할 수 없는 문제점이 발생한다. 즉 수사기관에 의해 범죄수사 진행이 늦추어질 경우에는 진급삭제를 할 수 없고, 빠르게 진행할 경우에는 진급 삭제되는 문제점이 발생할 수 있다. 따라서 이러한 진급시킬 수 없는 사유가 발생한 경우에는 진급발령 후에도 진급을 삭제하는 방안을 마련할 필요가 있다.

6. 삭제의 절차

위에서 살펴본 바와 같이 진급권자는 진급예정자 명단에서 삭제할 수 있는 권한을 가지고 있다. 각 군 참모총장은 진급자명단에서 삭제할 필요가 있는 자에 대해서는 그 명단을 진급권자에게 보고할 수 있다(법시행령 제38조 제2항). 진급삭제는 침익적 처분의 성질을 가지므로 행정청은 당사자에게 처분의 사전통지를 하고 처분에 앞서 의견청취를 하여야 한다. 진급삭제 시 사전에 당사자

---

23) 육법제18501 - 020025(2002. 2. 21.) 법령질의회신.

의 의견을 청취하거나 의견 제출을 할 수 있는 절차를 마련하는 것이 필요하다.

7. 삭제의 효과

진급 삭제된 자는 진급낙천자가 된다. 즉 법 제32조에는 "…… 제31조의 규정에 의하여 …… 삭제된 자는 진급낙천자로 한다."라고 하여 진급 삭제된 자는 진급낙천자가 된다. 따라서 진급 삭제된 자는 진급예정자로서의 지위를 상실하게 되며 상위 계급으로의 진급이 불가능하게 된다.

Ⅳ. 개선방안

위에서 살펴본 바와 같이 현대 행정법은 신뢰보호의 원칙에 기한 이익형량의 원리에 따라 종래의 취소자유 원칙에서 취소제한 원칙으로 전환되었다. 더욱이 진급취소와 삭제처분은 개인의 권익을 침해하는 침익적 행위이므로 행정절차법에 따른 개인의 권익보호를 위해 절차적인 권리를 보장하여야 한다. 진급취소·삭제와 관련하여 개선할 점에 관하여 문제점만을 제시한다. 첫째로, 진급취소는 침익적 행위이므로 당사자에게 취소처분을 사전에 통지를 하고 또한 처분에 앞서 의견청취를 하여야 한다. 현행 제도하에서는 진급취소 시 사전에 당사자의 의견을 청취하거나 의견 제출을 할 수 있는 절차가 미비하므로 이에 대한 제도적 보완이 필요하다. 둘째로, 취소 사유에 대하여 검토할 필요가 있다. 특히 음주운전을 취소사유로 삼고 있으나 과연 음주운전이 진급취소 사유에 해당하는지 여부에 대해 재검토할 필요가 있다. 2005. 7. 18. 국방부 중앙군인사소청심사위원회(재심)에서는 음주운전자에 대한 진급선발 취소 사건에서 "음주운전자의 진급선발을 취소함으로 해서 얻는 공익상 필요는 인정되지만 진급예정자 명단에 포함된 소청인의 진급선발을 취소함으로써 소청인이 받는 불이익을 정당화할 수 있을 만큼 강한 경우에 해당하지 않는다."라고 하였다.[24] 셋째로, 진급

24) 국방부 중앙인사소청심사위원회 2005. 6. 13. 결정 2004-46 진급낙천처분취소(위 결정문에서 진급예정자 명단에 포함된 소청인의 진급선발을 취소하는 처분은 공익과 사익을 비교 형량할 때 위법하지는 않지만 부당한 처분이라고 하였다.).

시킬 수 없는 사유에 대한 재검토가 필요하다. 특히 "군사법원에 기소될 경우(약식명령은 제외)"를 진급시킬 수 없는 사유로 규정하고 있으나 형의 경중(벌금형, 징역형)에 관계없이 단순히 군사법원에 기소된 사유로만 진급시킬 수 없는 사유로 정한 것은 과중하다.

제5편
전역

8. 현역복무부적합조사위원회의 법적 성격*
(대법원 2008. 6. 26. 선고 2008두5186 판결)

목 차

Ⅰ. 대상판결

1. 사실관계

원고 A는 제○보병사단 행정보급관 등으로 근무하면서 병사들에 대한 상습적인 언어폭력과 가혹행위, 그리고 후임 부사관에게 폭언, 욕설, 인격비하 발언을 함으로써 후임 부사관에게 군무이탈의 원인을 제공한 사실로 정직 3개월(1/3 감액)의 중징계 처분을 받았다. 피고(제○보병사단장)는 원고가 군인사법 제37조 제1항 제2호(현역복무에 적합하지 아니한 자), 같은 법 시행령 제49조 제1항 제2호(성격상의 결함으로 현역에 복무할 수 없다고 인정되는 자), 제4호(기타 군 발전에 저해가 되는 능력 또는 도덕상의 결함이 있는 자)에 해당한다는 이유로 현역복무부적합자조사위원회(이하 '조사위원회'라 한다.) 및 전역심사위원회(이하 '심사위원회'라 한다.)의 의결을 거쳐 2005. 10. 31.자로 전역을 명하는 이 사건 처분을 하였다. 원고는 육군인사소청심사위원회에 소청을 제기하였으나,

* 게재지: 법률신문(제3694호 2008. 11. 3.)

2006. 5. 15. 기각되자 소송을 제기하였다.

2. 판결요지

가. 1심 및 항소심

조사위원회의 조사는 심사위원회 심사의 예비절차 또는 전심절차로서의 성격을 가지는 것이어서, 조사위원회의 조사와 심사위원회의 심사는 전체로서 현역복무부적합 여부에 따라 전역 여부를 결정하는 하나의 처분 절차를 구성하는 것이므로 그 절차의 정당성도 처분과정 전부에 대하여 판단하여야 할 것이다. …… 조사위원회는 군인사법 시행규칙상 인정되는 기구로서 심사위원회와는 달리 전역처분을 함에 있어 반드시 그 의결을 거쳐야 하는 필수적인 기구가 아닌 점 등을 고려하면 처분과정을 전체적으로 볼 때 심사위원과 조사위원의 일부 중복이 있다거나 조사위원회에 어떠한 절차상 하자가 있다고 하여 심사위원회마저 위법하게 되는 것은 아니라고 할 것이다.

나. 대법원

군인사법 제37조 제1항 제2호, 동법 시행령 제49조, 동법 시행규칙 제57조 등 관련 규정에 비추어 볼 때, 현역복무부적합자조사위원회에 회부 · 조사 등의 절차는 참모총장이 군본부전역심사위원회에 바로 회부하는 경우를 제외하고는, 모든 현역복무부적합 대상자를 반드시 조사위원회에 회부하여 현역복무에 부적합한지 여부를 조사하고 과반수의 찬성으로 그 의결을 거쳐야 하는 필요적 절차이다. 한편, 조사위원회에서의 조사 · 의결 등 절차의 성격에 비추어 비록 조사위원의 제척에 관한 육군규정 121(부사관분리규정) 제35조가 조사위원회의 조사위원으로 참여한 자는 동일인을 심사하기 위한 전역심사위원회의 심사위원으로서 제척사유에 해당한다는 규정을 두고 있지 않다 하더라도, 그 본래 취지는 현역복무부적합자조사위원회의 조사위원이 다시 전역심사위원회의 심사위원으로 참여하는 것을 금지함으로써 전역심사위원회 심사의 공정성을 담보하기 위한 것으로 해석하는 것이 합리적이므로, 조사위원회의 조사위원으로 참여한 자는 동일인에 대한 전역심사위원회의 심사위원으로 참여할 수 없다고 하여야 한다.

Ⅱ. 현역복무부적합전역제도

1. 의의

현역복무부적합전역제도란 능력의 부족으로 당해 계급에 해당하는 직무를 수행할 수 없는 자와 같이 대통령령으로 정하는 현역복무에 적합하지 아니하는 자를 전역심사위원회의 심의를 거쳐 현역에서 전역시키는 제도를 말한다(임천영, 「군인사법」, 법률문화원, 2007, 571면). 이 제도는 군인의 직무를 수행할 적격을 갖추지 못한 자를 직무수행에서 배제함으로써 군 조직 운영의 효율성을 높이고자 하는 인사상의 제도로서 일반 사회질서를 해친 자에 대한 형사적 처벌이나 군 내부에서 군율을 어긴 자에 대한 제재의 성격을 가지는 징계제도와는 그 제도적 취지에 있어서 차이가 있다(대법원 2001. 5. 29. 선고 99두9636 판결).

2. 사유 및 절차

군인사법 시행령 제49조 제1항과 동법 시행규칙 제56조에서 그 사유를 규정하고 있다. 구체적인 내용에 대해서는 아래 논문 참조(임천영, “현역복무부적합 전역 사유 해당 여부”, 법률신문(3259호)).

원에 의하지 아니하는 전역은 전역심사위원회의 심사를 거쳐(법 제37조 제1항) 임용권자가 행하며, 전역심사위원회의 구성과 운영은 대통령령으로 정하도록 위임하고 있다(법 제38조 제3항). 현역복무에 적합하지 아니한 자에 대한 심사 기타 필요한 사항은 규칙으로 정하도록 위임하였으며(시행령 제49조 제2항), 시행규칙에서는 부적합의 심사절차에 관하여 규정하면서 전역심사위원회의 심사 이전 단계인 부적합자조사위원회의 설치와 구성 및 조사절차 등을 규정하고 있다(시행규칙 제59조 제1항).

현역복무부적합전역절차는 원칙적으로는 2단계 절차(조사위원회와 전역심사위원회)를 거쳐야 하나 예외적으로 1단계 절차(전역심사위원회)를 거치도록 되어 있다. 즉 원칙적으로 ① 소속 지휘관의 조사위원회 설치권자에 대한 보고

→ ② 조사위원회에의 회부 · 조사 · 의결 및 조사위원회 설치권자에 대한 보고 → ③ 조사위원회 설치권자의 전역심사위원회의 설치권자에 대한 보고 → ④ 전역심사위원회 회부 · 심사 → ⑤ 임용권자의 전역명령 순으로 진행되나, 예외적으로 제57조 제1호 내지 제5호에 해당하는 자에 대해서는 ① 소속 지휘관의 참모총장에 대한 보고(또는 참모총장의 직권탐지) → ② 참모총장의 군본부전역심사위원회 회부 · 심사 → ③ 임용권자의 전역명령 순으로 진행된다.

Ⅲ. 판결의 쟁점

원고는 육군규정상 조사위원회와 심사위원회는 엄격히 분리되어 있고, 참여위원의 중복이 허용되지 않는데 원고에 대한 조사위원회 및 심사위원회에 참여한 위원 3명이 중복되었으므로 그 절차에 중대한 위법이 있어 무효라고 주장하고 있다. 즉 조사위원회 위원과 전역심사위원회 위원이 중복되는 경우 그 절차에 중대한 위법이 있는지 여부가 이 사건의 쟁점이다. 이 문제를 해결하기 위해서는 우선 조사위원회의 법적 성격이 무엇인지를 규명하고, 또한 위원이 중복된 경우 그에 대한 법적 효과에 대해 살펴보기로 한다.

1. 조사위원회의 법적 성격

조사위원회란 장교, 준사관, 부사관에 대한 현역복무부적합자 기준에의 해당여부를 조사하기 위하여 설치된 위원회를 말하며, 조사위원회는 심사위원회의 심의에 앞서 우선 조사위원회의 조사를 거치도록 함으로써 심사위원회의 심의에 보다 신중을 기함과 아울러 심의에 필요한 자료를 충분히 마련할 수 있도록 하기 위함이다. 조사위원회는 '원에 의하지 아니한 전역' 절차에 있어서 원칙적으로 반드시 거쳐야 하는 필수적 기관이다. 즉 군인사법 제37조 제1항 제2호, 동법 시행령 제49조에 의하여 '현역복무에 적합하지 아니한 자'의 기준 및 심사 기타 필요한 사항에 관하여 위임을 받은 동법 시행규칙 제57조는 다음 각 호의 1에 해당하는 자에 대해서는 조사위원회에 회부하여 제56조에 규정된 부적합자

기준에의 해당 여부를 조사하게 하여야 한다고 하면서 제2호에서 '중징계 처분을 받은 자' 등을, 제5호에서 '전역심사위원회 설치권자가 부적합자로 인정하는 자' 등을 규정하는 등 7가지 사유를 규정하여 원칙적으로 모든 부적합 대상자를 조사위원회에 회부하여 조사를 거칠 것을 규정하고 있다. 동법 시행규칙 제58조 제1항은 "모든 지휘관은 그 부대의 장교 · 준사관 및 하사관 중에서 제56조에 해당한다고 인정되는 자 또는 제57조 제1호 내지 제6호에 해당하는 자가 있을 때에는 제59조에 규정된 조사위원회 설치권자에게 보고하여야 한다."고 규정하고 있으며, 다만, 참모총장의 경우 일정한 자에 대하여 조사위원회에의 회부 · 조사 등의 절차를 거칠 필요 없이 바로 군본부전역심사위원회에 회부할 수 있도록 하는 예외를 두고 있다(시행규칙 제59조 제2항).

조사위원회는 전역심사위원회의 전 단계에서 현역복무부적합 여부를 판단하여 전역심사위원회의 전역 여부에 대한 결정을 도와주는 기관으로서, 전역심사위원회는 조사위원회에서 현역복무부적합자로 의결한 자에 대해서만 전역 여부를 판단한다. 조사위원회의 권한이 '제56조에 규정된 현역복무부적합자 기준에의 해당 여부를 조사'하는 것이기 때문에 조사위원회의 독자적인 판단으로 "현역복무부적합자 기준에의 해당 여부"를 판단하는 것이며, "전역심사위원회에 회부할 자 또는 회부할 자가 아닌 자"를 의결하는 것은 아니다.

2. 중복된 경우의 법적 효과

조사위원으로 참여한 자가 전역심사위원으로 참여한 경우에 어떻게 처리할 것인가? 동법 시행규칙 제66조 제1항에 "조사대상자는 상당한 이유가 있을 때에는 조사위원의 기피를 신청할 수 있다."라는 규정과, 육군규정 제35조 제6호의 "동일인을 심사하기 위하여 전역심사위원으로 임명된 자는 조사위원 중에서 제척된다."라는 규정만이 있을 뿐이며, 이에 대한 명확한 규정을 두고 있지 않고 있다. 이에 대한 해석으로는 "심사위원과 조사위원의 일부 중복이 있다거나 조사위원회에 어떠한 절차상 하자가 있다고 하여 심사위원회마저 위법하게 되는 것은 아니다."라는 견해와 "조사위원회와 심사위원회의 위원들은 대부분이 중복되어 있어 그 위원회의 의결에 의한 전역처분은 위법하다."라는 견해가 있다. 육군 인사소청심사위원회(01－2 전역처분취소)에서는 "위 규정은 비록 조사위원회를 대상으로 심사대상자와 일정한 이해관계에 있는 자의 제척을 정하는 형식을 취하고 있으나 그 본래 취지는 조사위원회 위원이 다시 전역심사위원회 위원으로 참여하는 것을 금지함으로써 전역심사위원회 심사의 공정성을 담보하기 위한 것"으로 해석하고 있다. 사견으로는 조사위원회와 심사위원회는 구성 및 임무가 다른 별개의 독립적으로 운영되는 점, 조사위원으로 참여하여 현역복무부적합자로 결정한 위원이 심사위원회에 참여하는 것은 예단을 가지고 처리할 수 있다는 점, 육군규정의 심사위원으로 임명된 자에 대해서는 조사위원이 될 수 없도록 규정(이 규정의 취지는 조사위원과 심사위원의 중복을 금지한다는 것이므로, 조사위원으로 참여한 자는 심사위원으로 참여할 수 없다.) 등을 종합하면 이는 절차상 중대한 위법이라고 보아야 할 것이다(임천영, 전게서, 597면).

Ⅳ. 평석

대법원 판결은 "조사위원회는 임의적인 기관이 아닌 원칙적 · 필요적 기관이라는 점과 전역심사위원회 심사의 공정성을 담보하기 위해서도 현역복무부적합자조사위원회의 조사위원이 다시 전역심사위원회의 심사위원으로 참여하는 것을 금지한 것으로 해석하여 조사위원회의 조사위원으로 참여한 자는 동일인에 대한 전역심사위원회의 심사위원으로 참여할 수 없다."라고 하였다. 현역복무부적합자 전역은 원에 의하지 아니하는 전역의 일종이다. 따라서 현역복무부적합자 판정은 그 내용과 절차를 엄격하게 적용할 필요가 있다. 이러한 의미에 있어서 위 대법원 판결이 그 절차를 강조하여 조사위원과 심사위원으로 중복된 경우 위법하다고 판단한 것은 그 타당성이 있다고 본다.

9. 현역복무부적합전역 사유 해당 여부*
(대법원 2004. 2. 13. 선고 2003두6696 판결)

목 차

Ⅰ. 대상판결

1. 사실관계

원고는 1989년 및 1990년에 부하장교였던 사람의 처를 그 부하장교에게는 알리지도 아니하고 사적으로 세 번씩이나 만나 저녁식사를 하였을 뿐만 아니라, 술을 마시고 손이나 어깨를 만지는 신체접촉을 한 데 이어, 몇 년에 걸쳐 사적으로 전화통화까지 하였고, 1997년경에는 회식을 빌미로 2～3차례에 걸쳐 부하장교들의 부인들과 포옹을 하고 뺨을 비비며 입을 맞추는 등 군장교로서 있어서는 아니 되는 행위를 하였는바, 위와 같은 원고의 행위는 군장교로서의 품위를 손상하고 군 기강을 문란하게 하는 행위로서 그 사생활이 방종한 것에 해당하고 그 자체로서 근무에 지장을 초래하거나 군의 위신을 손상하였다고 볼 수 있으므로, 원고는 군인사법(이하 "법"이라 함) 제37조 제1항 제2호, 법시행령 제

---

* 게재지: 법률신문(제3259호 2004. 4. 19.)

49조 제1항 제1호, 법 시행규칙 제56조 제2항 제1호에서 정한 사생활이 방종하여 근무에 지장을 초래하거나 군의 위신을 손상하게 하는 자에 해당한다고 볼 수 있다(1심: 서울행정법원 2002. 6. 5. 선고 2002구합2819 판결).

2. 항소심 및 대법원 판결요지

1) 원심 판결 내용을 그대로 인용하면서 항소심에서 새로이 제기된 원고의 주장에 대해 "현역복무부적합조사위원회(이하 "조사위원회"라 함)의 조사가 전역심사위원회(이하 "심사위원회"라 함) 심사의 예비절차에 해당한다고 보거나 심사위원회의 심사가 조사위원회 조사의 재심절차에 해당한다고 볼 것으로서 조사위원회의 조사와 심사위원회의 심사는 전체로서 현역복무부적합 여부에 따라 전역 여부를 결정하고자 하는 하나의 처분절차를 구성하는 것이므로 그 절차의 정당성도 처분과정 전부에 대하여 판단하여야 할 것인바(대법원 1994. 8. 23. 선고 94다7553 판결 참조), 비록 앞의 처분과정에 절차위반의 하자가 있더라도 그 뒤의 처분과정에서 보완이 되었다면 절차위반의 하자는 치유된다."라고 판시하였다(서울고등법원 2003. 5. 30. 선고 2002누10973 판결).

2) 원심의 판시 소위가 사생활이 방종하여 근무에 지장을 초래하거나 군의 위신을 손상하게 한 때에 해당되고, 이 사건 전역처분이 비례의 원칙에 위반되거나 재량권을 일탈 · 남용한 것으로 볼 수 없다(대법원 2004. 2. 13. 선고 2003두6696 판결).

Ⅱ. 현역복무부적합전역제도

1. 제도의 취지

현역복무부적합전역제도란 능력의 부족으로 당해 계급에 해당하는 직무를 수행할 수 없는 자와 같이 대통령령으로 정하는 현역복무에 적합하지 아니하는 자를 전역심사위원회의 심의를 거쳐 현역에서 전역시키는 제도를 말한다(졸저,

「군인사법」, 법률문화원, 2004, 550면). 이 제도는 군인의 직무를 수행할 적격을 갖추지 못한 자를 직무수행에서 배제함으로써 군 조직 운영의 효율성을 높이고자 하는 인사상의 제도로서 일반 사회질서를 해친 자에 대한 형사적 처벌이나 군 내부에서 군율을 어긴 자에 대한 제재의 성격을 가지는 징계제도와는 그 제도적 취지에 있어서 차이가 있다(대법원 2001. 5. 29. 선고 99두9636 판결).

2. 현역복무부적합 사유

법시행령 제49조 제1항에서 현역복무부적합 사유를 규정하고 있다. 즉 ① 능력의 부족으로 당해 계급에 해당하는 직무를 수행할 수 없는 자(제1호), ② 성격상의 결함으로 현역에 복무할 수 없다고 인정되는 자(제2호), ③ 직무수행에 성의가 없거나 직무수행을 포기하는 자(제3호), ④ 기타 군 발전에 저해가 되는 능력 또는 도덕상의 결함이 있는 자(제4호), 또한 동 조 제2항에서는 현역복무에 적합하지 아니한 자의 기준에 관해서는 국방부령으로 정하도록 위임하고 있으며, 이에 따라 법 시행규칙 제56조에서는 시행령 제49조 제2항에서 위임된 사항인 현역복무에 적합하지 아니한 자의 기준 및 심사에 대해 구체적으로 규정하고 있다.

3. 법적 성질

현역복무부적합 여부의 판정은 어떠한 법적 성질을 가지는 것일까? 현역복무부적합 판정 여부는 자유재량 행위이다. 판례도 "현역복무부적합 여부를 판정함에 있어서는 참모총장이나 전역심사위원회 등 관계기관에서 원칙적으로 자유재량에 의하여 판단할 사항으로서 군의 특수성에 비추어 명백한 법규위반이 없는 이상 군 당국의 판단을 존중하여야 할 것"이라고 판시하였다(대법원 1997. 5. 9. 선고 97누2948 판결; 대법원 1980. 9. 9. 선고 80누291 판결).

4. 절차

현역복무부적합자로 전역을 하기 위해서는 원칙적으로 ① 소속 지휘관의 조사위원회 설치권자에 대한 보고(법 시행규칙 제58조 제1항), ② 조사위원회에의 회부 · 조사 · 의결 및 조사위원회 설치권자에 대한 보고(동 제61조), ③ 조사위원회 설치권자의 전역심사위원회의 설치권자에 대한 보고(동 제67조), ④ 전역심사위원회 회부 · 심사, ⑤ 임용권자의 전역명령 순으로 진행되나, 예외적으로 시행규칙 제57조 제1호 내지 제5호에 해당하는 자에 대해서는 ① 소속 지휘관의 참모총장에 대한 보고 또는 참모총장의 직권탐지, ② 참모총장의 전역심사위원회 회부 · 심사, ③ 임용권자의 전역명령 순으로 진행된다(김의환, "군인사법개정으로 징계처분 중 감봉이 중징계에서 경징계로 변경된 경우 ……", 대법원 판례해설(통권 제36호), 법원도서관, 2001, 590면). 각 군 참모총장에게 일정한 자에 대하여 조사위원회에의 회부 · 조사 등의 절차를 거칠 필요 없이 바로 전역심사위원회에 회부할 수 있도록 하는 예외 규정을 둔 취지는 지휘권 확립 차원에서 객관적으로 보아 부적합성이 드러난 것으로 볼 수 있는 경우에는 조사위원회의 별도 조사를 거칠 필요가 없다고 보기 때문이다(대법원 2001. 5. 29. 선고 99두9636 판결).

5. 지원전역(志願轉役)

법 시행규칙 제63조는 "조사 또는 심사대상자는 전역심사위원회의 심사를 받기 전에 법 제35조에 의하여 지원전역을 할 수 있다."라고 규정하고 있다. 위 조항은 전역심사위원회에서 부적합자로 판정되어 전역당할 위험에 있는 군인에게 지원전역을 할 수 있는 기회를 부여하고 있기는 하나, 그것이 심사위원회의 의결에도 불구하고 조사대상자에 대하여 자신이 원하는 시기에 지원 전역할 수 있는 권한을 부여한 것은 아니다(서울행정법원 2003. 2. 7. 선고 2002구합30081 판결).

Ⅲ. 쟁점

1. 현역복무부적합 사유 해당 여부

판례에 나타난 현역복무부적합 사유를 보면 자신이 일으킨 교통사고에 대하여 부하장교의 제의에 따라 부하장교가 운전한 것으로 사고를 조작하고 상급부대에 허위보고를 한 행위(서울행정법원 2002. 3. 12. 선고 2001구35422 판결), 부하장교들에게 폭언, 폭언, 구타행위를 하고 금품을 수수한 행위(서울행정법원 2003. 1. 16. 선고 2002구합4198 판결), 여러 차례에 걸쳐 부하장교의 부인들에게 전화를 걸어 남편들 몰래 애인관계로 사귀자는 등의 말을 하는 등 성희롱을 한 행위(서울행정법원 2002. 1. 25. 선고 2001구33853 판결), 비서실장인 원고가 진급을 위하여 치열하게 경합을 벌이고 있는 진급심사 대상자들에게 마치 진급 여부가 객관적이고 공정한 기준에 의해서 결정되는 것이 아니라 사령관에 대한 뇌물 공여 여부나 그 액수에 의해서 결정되는 것으로 받아들여질 만한 언행을 하고 나아가 사령관에게 진급청탁 명목으로 뇌물을 공여하도록 한 행위(서울행정법원 1999. 3. 11. 선고 98구18939 판결), 지휘관에게 진급 청탁 목적으로 금품을 제공한 행위(서울행정법원 1998. 11. 26. 선고 98구11266 판결), 지시불이행, 명정추태, 여자관계비위 및 사생활방종(서울고등법원 1998. 6. 3. 선고 98누1910 판결), 공금을 횡령하고 민간인 물건을 절취하였을 뿐만 아니라 정당한 사유 없이 휘하 사병들을 폭행하고 가혹행위를 하여 지휘계통을 어지럽히고 군기를 문란하게 한 행위(대전고등법원 1997. 6. 20. 선고 96구2703 판결), 부하에 대한 가혹행위, 영관장교로서의 품위손상, 종교행사방해, 명정추태, 횡령(서울고등법원 1997. 6. 12. 선고 96구43982 판결), 여자와 동거하다가 유산을 강요하고 결별한 이후 음독자살을 기도하는 부도덕한 행위(대법원 1997. 5. 9. 선고 97누2948 판결), 사조직에 가입한 행위(서울고등법원 1996. 10. 9. 선고 95구10299 판결) 등이 있다. 위 대상판결의 사실관계에 나타난 행위는 현역복무부적합 사유에 해당된다.

2. 시효제도 적용 여부

현역복무부적합전역 사유에 시효제도가 적용되는가? 현역복무부적합심사제도는 국가방위와 국민의 안전을 수호하기 위하여 무력을 행사하는 군대라는 조직의 특수성을 고려한 것으로서 현역복무부적합 사유의 존부를 판단함에 있어서 법상 기간의 제한을 두고 있지 아니하므로 기간의 경과로 인하여 형사처분이나 징계처분을 할 수 없는 사유에 대해서도 현역부적합 여부를 판단할 수 있다(서울행정법원 2002. 3. 12. 선고 2001구35422 판결). 대상판결에서도 일부 행위는 1989년, 1990년, 1997년에 이루어진 것이지만 부적합 판정의 사유로 삼고 있으므로 현역복무부적합전역제도에는 시효제도가 적용되지 않는다.

Ⅳ. 대상판결의 의의

대법원은 지금까지 일반직 공무원이나 사법상의 근로관계에서의 직권면직에 있어서는 그 사유인정이나 적용에 관하여 비교적 엄격한 태도를 보인 것과는 달리 현역 군인에 대한 군인사법상의 전역처분에 대해서는 상당히 폭넓은 재량을 인정하여 왔다. 특히 부적합 사유에 해당하는지 여부도 그 판단을 원칙적으로 군 당국의 자유재량에 의하여 판단할 사항으로서 군의 특수성에 비추어 명백한 법규위반이 없는 이상 군 당국의 판단을 존중해 왔다. 대상판결은 직업군인에 있어서도 그 직에서 배제하는 것은 그 생존 내지 생활의 주된 근거를 잃게 하는 중대한 불이익 처분임이 분명하지만, 군인의 직무나 근무조건 등이 여타 직역과는 현저하게 다른 특수성이 있음을 고려하여(법 제1조), 그 신분 유지에 대하여 임용권자에게 폭넓은 재량을 인정하는 종래의 입장을 다시 한 번 확인한 판결이다. 대상판결은 군 조직 및 임무수행의 특수성을 고려한 것으로 타당한 판결로 보인다.

10. 현역복무부적합전역제도의 개선방안*

목 차

Ⅰ. 의의

2004. 2. 13. 대법원은 현역복무부적합전역과 관련된 사안에 관해 판결을 선고했다. 대법원 판례의 내용은 "원고는 1989년 및 1990년에 부하장교였던 사람의 처를 그 부하장교에게는 알리지도 아니하고 사적으로 세 번씩이나 만나 저녁식사를 하였을 뿐만 아니라, 술을 마시고 손이나 어깨를 만지는 신체접촉을 한 데 이어, 몇 년에 걸쳐 사적으로 전화통화까지 하였고, 1997년경에는 회식을 빌미로 2～3차례에 걸쳐 부하장교들의 부인들과 포옹을 하고 뺨을 비비며 입을 맞추는 등 군장교로서 있어서는 아니 되는 행위를 하였는바, 위와 같은 원고의 행위는 군장교로서의 품위를 손상하고 군 기강을 문란하게 하는 행위로서 그

* 게재지: 인사보(제94호), 육군본부, 20004. 8. 30.

사생활이 방종한 것에 해당하고 그 자체로서 근무에 지장을 초래하거나 군의 위신을 손상하였다고 볼 수 있으므로, 원고는 군인사법(이하 "법"이라 함) 제37조 제1항 제2호, 법시행령 제49조 제1항 제1호, 법 시행규칙 제56조 제2항 제1호에서 정한 '사생활이 방종하여 근무에 지장을 초래하거나 군의 위신을 손상하게 하는 자'에 해당한다."는 것이었다. 이하에서는 군인사법상 현역복무부적합전역제도에 관하여 설명한다.

1. 개념

현역복무부적합전역제도란 능력의 부족으로 당해 계급에 해당하는 직무를 수행할 수 없는 자와 같이 대통령령으로 정하는 현역복무부적합전역 사유에 해당하는 자를 전역심사위원회의 심의를 거쳐 현역에서 전역시키는 제도를 말한다(임천영, 「군인사법」, 법률문화원, 2004, 550면). 이 제도는 군인의 직무를 수행할 적격을 갖추지 못한 자를 직무수행에서 배제함으로써 군 조직 운영의 효율성을 높이고자 하는 인사상의 제도로서 일반 사회질서를 해친 자에 대한 형사적 처벌이나 군 내부에서 군율을 어긴 자에 대한 제재의 성격을 가지는 징계제도와는 그 제도적 취지에 있어서 차이가 있다. 대법원 판례도 "징계처분과 전역심사에 따른 전역처분은 그 규정 취지와 사유, 위원회의 구성 및 주체에 있어서 서로 다르므로 징계처분을 받은 사실이 현역복무부적합 판정의 한 사유가 된다 하더라도 그 두 절차는 준별하여 취급하여야 할 것"이라고 판시하여 징계와 현역복무부적합자 전역은 별개로 취급하고 있다(대법원 2001. 5. 29. 선고 99두9636 판결).

2. 법적 성질

비위사실이 현역복무에 적합한 것인지 부적합 것인지의 판단은 어떠한 법적 성질을 가지는 것일까? 현역복무부적합 여부 판정은 자유재량 행위이다. 판례도 "현역복무부적합 여부를 판정함에 있어서는 참모총장이나 전역심사위원회 등 관계기관에서 원칙적으로 자유재량에 의하여 판단할 사항으로서 군의 특수성에 비추어 명백한 법규위반이 없는 이상 군 당국의 판단을 존중하여야 할 것"이라고 판시하였다(대법원 1997. 5. 9. 선고 97누2948 판결; 대법원 1980. 9. 9. 선고 80누291 판결). 부적합 판정 여부가 자유재량 행위라고 하더라도 비례의 원칙에 위반되거나 재량권을 일탈·남용한 것으로 볼 수 있는 경우에는 위법이 될 수 있다.

Ⅱ. 현역복무부적합전역 사유

1. 관련법규

법 제37조 제1항 제2호에서는 원에 의하지 아니하는 전역사유의 하나로 "대통령령으로 정하는 현역복무에 적합하지 아니한 자"를 정하고 있으며, 이에 따라 법시행령 제49조 제1항에서 구체적 현역복무부적합 사유를 규정하고 있다. 즉 ① 능력의 부족으로 당해 계급에 해당하는 직무를 수행할 수 없는 자(제1호), ② 성격상의 결함으로 현역에 복무할 수 없다고 인정되는 자(제2호), ③ 직무수행에 성의가 없거나 직무수행을 포기하는 자(제3호), ④ 기타 군 발전에 저해가 되는 능력 또는 도덕상의 결함이 있는 자(제4호), 또한 동 조 제2항에서는 현역복무에 적합하지 아니한 자의 기준에 관해서는 국방부령으로 정하도록 위임하고 있으며, 이에 따라 법 시행규칙 제56조에서는 시행령 제49조 제2항에서 위임된 사항인 현역복무에 적합하지 아니한 자의 기준 및 심사에 대해 구체적으로 규정하고 있다.

2. 판례상의 현역복무부적합전역 사유

판례에 나타난 현역복무부적합 사유를 보면 자신이 일으킨 교통사고에 대하여 부하장교의 제의에 따라 부하장교가 운전한 것으로 사고를 조작하고 상급부대에 허위보고를 한 행위(서울행정법원 2002. 3. 12. 선고 2001구35422 판결), 부하장교들에게 폭언, 폭언, 구타행위를 하고 금품을 수수한 행위(서울행정법원

2003. 1. 16. 선고 2002구합4198 판결), 여러 차례에 걸쳐 부하장교의 부인들에게 전화를 걸어 남편들 몰래 애인관계로 사귀자는 등의 말을 하는 등 성희롱을 한 행위(서울행정법원 2002. 1. 25. 선고 2001구33853 판결), 비서실장인 원고가 진급을 위하여 치열하게 경합을 벌이고 있는 진급심사 대상자들에게 마치 진급 여부가 객관적이고 공정한 기준에 의해서 결정되는 것이 아니라 사령관에 대한 뇌물 공여 여부나 그 액수에 의해서 결정되는 것으로 받아들여질 만한 언행을 하고 나아가 사령관에게 진급청탁 명목으로 뇌물을 공여하도록 한 행위(서울행정법원 1999. 3. 11. 선고 98구18939 판결), 지휘관에게 진급 청탁 목적으로 금품을 제공한 행위(서울행정법원 1998. 11. 26. 선고 98구11266 판결), 지시불이행, 명정추태, 여자관계비위 및 사생활방종(서울고등법원 1998. 6. 3. 선고 98누1910 판결), 공금을 횡령하고 민간인 물건을 절취하였을 뿐만 아니라 정당한 사유 없이 휘하 사병들을 폭행하고 가혹행위를 하여 지휘계통을 어지럽히고 군기를 문란하게 한 행위(대전고등법원 1997. 6. 20. 선고 96구2703 판결), 부하에 대한 가혹행위, 영관장교로서의 품위손상, 종교행사방해, 명정추태, 횡령(서울고등법원 1997. 6. 12. 선고 96구43982 판결), 여자와 동거하다가 유산을 강요하고 결별한 이후 음독자살을 기도하는 부도덕한 행위(대법원 1997. 5. 9. 선고 97누2948 판결), 사조직에 가입한 행위(서울고등법원 1996. 10. 9. 선고 95구10299 판결) 등이 있다.

3. 시효제도 적용 여부

현역복무부적합전역 사유에 시효제도가 적용되는가? 즉 현행법은 형사처분과 징계처벌 사유가 있다 하더라도 일정한 기간이 지나면 처벌할 수 없는 형사시효와 징계시효제도를 운영하고 있다. 현역복무부적합 사유가 있는 경우에 일정기간이 지나면 그 사유가 소멸되는가의 문제이다. 이에 대해 판례는 "현역복무부적합심사제도는 국가방위와 국민의 안전을 수호하기 위하여 무력을 행사하는 군대라는 조직의 특수성을 고려한 것으로서 현역복무부적합 사유의 존부를 판단함에 있어서 법상 기간의 제한을 두고 있지 아니하므로 기간의 경과로 인하여 형사처분이나 징계처분을 할 수 없는 사유에 대해서도 현역부적합 여부를 판단할 수 있다."라고 하였다(서울행정법원 2002. 3. 12. 선고 2001구35422 판결). 2004. 2. 13. 대법원 판례에서도 일부 행위는 1989년, 1990년, 1997년에 이루어진 것이지만 부적합 판정의 사유로 삼고 있다. 따라서 현역복무부적합전역제도에는 시효제도가 적용되지 않는다.

Ⅲ. 절차

1. 원칙 및 예외

현역복무부적합으로 전역하기 위해서는 원칙적으로는 현역복무부적합조사위원회(이하 "조사위원회"라 함)의 조사 · 의결과 전역심사위원회(이하 "심사위원회"라 함)의 의결을 거쳐야 하나, 예외적으로 조사위원회의 절차를 생략하고 바로 심사위원회의 의결을 거쳐야 한다. 즉 현역복무부적합자로 전역을 하기 위해서는 원칙적으로 ① 소속 지휘관의 조사위원회 설치권자에 대한 보고(법 시행규칙 제58조 제1항), ② 조사위원회에의 회부 · 조사 · 의결 및 조사위원회 설치권자에 대한 보고(동 제61조), ③ 조사위원회 설치권자의 전역심사위원회의 설치권자에 대한 보고(동 제67조), ④ 전역심사위원회 회부 · 심사, ⑤ 임용권자의 전역명령 순으로 진행된다.

다만, 예외적으로 법 시행규칙 제57조 제1호 내지 제5호에 해당하는 자에 대해서는 ① 소속 지휘관의 참모총장에 대한 보고 또는 참모총장의 직권탐지, ② 참모총장의 전역심사위원회 회부 · 심사, ③ 임용권자의 전역명령 순으로 진행된다. 각 군 참모총장에게 일정한 자에 대하여 조사위원회에의 회부 · 조사 등의 절차를 거칠 필요 없이 바로 전역심사위원회에 회부할 수 있도록 하는 예외규정을 둔 취지는 지휘권 확립 차원에서 객관적으로 보아 부적합성이 드러난 것으로 볼 수 있는 경우에는 조사위원회의 별도 조사를 거칠 필요가 없다고 보기 때문이다.

2. 조사위원회와 심사위원회의 관계

조사위원회와 심사위원회의 관계는 어떤 것일까? 조사위원회의 조사는 심사위원회의 예비절차에 해당한다고 보거나 심사위원회의 심사가 조사위원회 조사의 재심절차에 해당한다고 볼 수 있다. 조사위원회의 조사와 심사위원회의 심사는 전체로서 현역복무부적합 여부에 따라 전역 여부를 결정하고자 하는 하나의 처분절차를 구성하는 것이다. 따라서 그 절차의 정당성도 처분과정 전부에 대하여 판단하여야 하며(대법원 1994. 8. 23. 선고 94다7553 판결 참조), 비록 앞의 처분과정에 절차위반의 하자가 있더라도 그 뒤의 처분과정에서 보완이 되었다면 절차위반의 하자는 치유된다(서울고등법원 2003. 5. 30. 선고 2002누10973 판결).

3. 지원전역(志願轉役)

가. 조사 또는 심사대상자의 지원전역

법 시행규칙 제63조에는 "조사 또는 심사대상자는 전역심사위원회의 심사를 받기 전에 법 제35조의 규정에 의하여 지원전역을 할 수 있다."라고 하여 조사 또는 심사대상자에게 원에 의한 전역이 가능하도록 하는 규정을 두고 있다. 이 규정의 취지는 조사위원회 또는 심사위원회에서 부적합자로 판정되어 부적합 전역을 당할 위험이 있는 군인에게 원에 의한 전역의 기회를 부여하기 위한 것이다. 전역지원서는 '전역심사위원회의 심사를 받기 전'까지 제출하여야 한다. 여기서 전역심사위원회의 심사를 받기 전까지란 전역심사위원회의 회의 개최 전까지를 말한다.

나. 지원전역을 한 경우 조치

현역복무부적합 조사 대상자가 지원전역을 한 경우에 어떻게 처리해야 하는가? 위에서 본 바와 같이 법 시행규칙 제63조는 조사대상자가 전역심사위원회의 심사를 받기 전에 지원전역을 할 수 있다고 규정하고 있을 뿐 지원전역과 현역복무부적합 조사절차와의 관계에 대해서는 명문 규정을 두고 있지 않다. 현역복무부적합 조사 대상자가 지원전역을 한 경우라도 현역복무부적합조사를 진행할 수 있으며, 조사를 진행할 것인지 또는 지원전역처리를 할 것인지는 전역권자의 재량사항이다. 즉 법 시행규칙 제62조는 현역복무부적합위원회의 조사보류사항으로 ① 군무를 이탈하였거나 행방불명 중인 자, ② 군사법원에 기소되었거나 징계위원회에 회부 중인 자, ③ 전역심사위원회에 회부 중인 자를 들고 있다. 현역복무부적합 조사대상자가 지원전역을 한 경우는 조사보류사항에 해당되지 않는다. 따라서 원에 의한 전역지원서를 제출하더라도 현역복무부적합조사를 진행할 수 있으며, 조사를 진행하여 부적합전역으로 처리할 것인지 또는 지원전역절차에 따라 원에 의한 전역으로 처리할 것인지는 전역권자의 재량사항이다. 판례도 "이 규정은 전역지원서가 제출되면 진행 중이거나 진행예정인 현역복무부적합조사위원회나 전역심사위원회의 절차를 종결시켜야 할 의무를 규정한 것은 아니다. 위 조항은 전역심사위원회에서 부적합자로 판정되어 전역당할 위험이 있는 군인에게 지원 전역할 수 있는 기회를 부여하고 있기는 하나, 그것이 전역심사위원회의 의결에도 불구하고 조사대상자에 대하여 자신이 원하는 시기에 지원 전역할 수 있는 권한을 부여한 것은 아니라도 하였다(서울행정법원 2003. 2. 7. 선고 2002구합30081 판결).

Ⅳ. 효과

1. 전역

심사위원회에서 전역으로 의결된 자는 심사위원회가 전역을 의결한 날로부터 3개월 이내에 전역하여야 하며(법시행령 제47조 제1항), 구체적인 전역일은 전역권자가 3개월 범위 내에서 정한다(동 조 제2항). 현역복무부적합자로 전역하는 자는 명예전역수당을 지급받을 수 없다. 즉 국방부의 군인명예전역시행계획에 의하면 "현역복무부적합자"는 명예전역자로 선발관리가 부적합한 자에 해당되기 때문이다. 그러나 군인연금의 제한 사유에는 해당되지 않기 때문에 군인연금에 있어서 불이익을 받은 것은 없다.

2. 이중조사의 금지

조사위원회 또는 심사위원회에서 현역복무부적합자가 아니라고 의결된 자에 대해서는 동일사유로 재차 현역복무부적합자로 보고하거나 조사위원회 또는 심사위원회에 회부할 수 없다. 다만, 법 시행규칙 제58조 제2항의 경우에는 예외로 한다(법 시행규칙 제68조 제1항). 다만, 새로운 현역복무부적합 사유가 있을 때에는 이미 보고된 것과 조사위원회에서 조사받은 현역복무부적합의 사유는 새로운 현역복무부적합의 사유에 추가할 수 있다(동 조 제2항).

Ⅴ. 사후 구제

위법 부당한 현역복무부적합자로 전역 의결된 자는 고충심사위원회에 고충제기, 인사소청위원회에 인사소청 제기, 행정소송을 제기하여 권리구제를 받을 수 있다.

1. 고충심사 및 인사소청 제기

부당하게 현역복무부적합자로 의결되어 권리 침해를 받은 자는 법 제51조의3에 규정된 고충처리위원회에 고충심사청구를 할 수 있다. 또한 인사소청을 제기할 수 있다. 즉 법 제50조에서는 위법·부당한 전역·제적 및 휴직 등 그 의사에 반한 불리한 처분에 대하여 인사소청을 할 수 있도록 규정하고 있다. 장교 및 준사관의 경우는 국방부에 설치된 중앙군인사소청심사위원회에, 부사관의 경우에는 각 군 본부에 설치된 군인사소청심사위원회에 소청을 제기할 수 있다(법 제51조). 소청제기일은 전역처분이 있음을 안 날로부터 30일 이내에 이에 대한 심사를 청구하여야 한다(법 제50조).

2. 행정소송의 제기

법 제51조의 2에서는 “전역 또는 제적과 징계 및 기타 본인의 의사에 반한 불리한 처분에 관한 행정소송은 군인사법 제51조의 규정에 의한 소청심사위원회 또는 군인사법 제60조의 2의 규정에 의한 항고심사위원회의 심사·결정을 거치지 아니하면 제기할 수 없다.”라고 규정하고 있으므로 위법한 부적합전역에 대하여 행정소송을 제기하기 위해서는 반드시 인사소청위원회의 심사를 거쳐야 한다. 부적합 여부 판정은 자유재량 행위로서의 성질을 가지지만 재량권이 남용되거나 일탈한 경우에는 위법이 될 수 있다.

Ⅵ. 개선방안(입법론)

1. 부적합전역 사유에 대한 구체적 사실 개정 필요

현행법상 부적합전역 사유를 보면 법시행령 제49조에서는 능력, 성격, 직무수행의 성의, 도덕상의 결함 등 추상적인 개념으로 규정하고 있으며, 법 시행규칙 제56조에서는 이에 해당하는 사유를 구체적으로 규정하고 있다. 위 사유를 구체화하고 있는 법 시행규칙 제56조는 1982. 9. 20. 국방부령 제347호로 제정된 이래 지금까지 그대로 유지하고 있다. 그 결과 일부 구체적 사실에 대해서는 실무운영상 적용하기 어려운 부분이 있다. 예를 들면 능력의 부족으로 당해 계급에 해당하는 직무를 수행할 수 없는 자로 “판단력이 부족한 자”(법 시행규칙 제56조 제1항 제2호), “지능 정도가 낮은 자”(제4호)를 예시하고 있으나 이런 사유로 부적합 전역한 사례는 없는 것 같다. 따라서 법 시행규칙 제56조를 현 실무운영에 맞추어 부적합전역 사유를 개정할 필요성이 있다.

또한 부적합전역 사유의 하나로 법시행령 제49조 제1항 제4호에서는 “도덕상의 결함이 있는 자”를 규정하고 있으며, 이에 해당하는 자를 법 시행규칙 제56조 제4항에서는 5가지 사유를 규정하고 있다. 5가지 사유에 해당하지 않는 구체적 비위사실이 있는 경우에 도덕상의 결함이 있는 자로서 부적합 전역시킬 수 있는지 여부에 관해 법률상 다툼이 있을 수 있다. 따라서 도덕상 결함이 있는 자에 대해서는 법 시행규칙 제56조 제4항에 "포괄적 기준"을 규정하는 방안도 검토할 필요성이 있다.

2. 처분설명서 교부제도 도입

행정절차법 제23조에는 행정청은 행정처분을 하는 경우에는 당사자에게 그 근거와 이유를 제시하여야 한다고 하여 처분의 이유제시절차에 대해 규정하고 있다. 또한 국가공무원법 제75조에는 "공무원에 대하여 징계처분을 행할 때나 강임 · 휴직 · 직위해제 또는 면직처분을 행할 때에는 그 처분권자 또는 처분제청권자는 처분의 사유를 기재한 설명서를 교부하여야 한다. 다만, 본인의 원에 의한 강임 · 휴직 또는 면직처분은 그러하지 아니하다."라고 하여 인사상 불이익 처분에 대해서는 처분의 사유를 기재한 설명서를 교부하도록 하고 있다. 부적합 전역처분 시 전역권자에게 전역사유를 기재한 설명서를 교부하도록 하는 제도를 도입하는 것이 필요하다.

3. 고지제도의 도입

고지제도란 행정청이 처분을 함에 있어서 처분의 상대방이 법적 구제방법을 사용하려고 하는 경우에 필요한 사항(불복행정청, 불복기간, 불복절차)을 구체적으로 상대방에게 알리는 비권력적 사실행위를 말한다. 고지제도는 처분의 상대방으로 하여금 행정불복의 기회를 보장하고 처분을 보다 신중하게 하여 행정의 적정화를 기하는 데 그 목적이 있다. 행정절차법 26조에는 "행정청이 처분을 하는 때에는 당사자에게 그 처분에 관하여 행정심판을 제기할 수 있는지 여부, 기타 불복을 할 수 있는지 여부, 청구절차 및 청구기간 기타 필요한 사항을 알려야 한다."라고 하여 고지제도에 관하여 규정하고 있다. 부적합전역은 상대방에게 불이익을 주는 처분이므로 당사자에게 법적 구제방법을 알려 주는 고지제도의 도입은 권리구제 측면에서 그 의의가 있다. 그러나 현재 실무 운영을 보면 인사명령의 형태로 상대방에게 통보될 뿐이며 불복의 방법 등에 대해서는 고지하지 않고 있다. 따라서 고지제도의 도입이 필요하다.

Ⅶ. 結論

군인사법은 군인의 책임 및 직무의 중요성과 신분 및 근무조건의 특수성을 고려하여 그 임용 · 복무 · 교육훈련 · 사기 · 복지 및 신분보장 등에 관하여 국가공무원법에 대한 특례를 규정함을 목적으로 하고 있다(군인사법 제1조). 군인사법상의 현역복무부적합전역제도는 국가공무원법 또는 지방공무원법 등 다른 공무원법과는 다른 특례 제도 중의 하나이다. 현역복무부적합전역제도는 군인의 직무를 수행할 적격을 갖추지 못한 자를 직무수행에서 배제함으로써 군 조직 운영의 효율성을 높이고자 하는 인사상의 제도이다. 대법원도 지금까지 일반직 공무원이나 사법상의 근로관계에서의 직권면직에 있어서는 그 사유인정이나 적용에 관하여 비교적 엄격한 태도를 보인 것과는 달리 현역 군인에 대한 군인사법상의 전역처분에 대해서는 상당히 폭넓은 재량을 인정하여 왔다. 특히 부적합 사유에 해당하는지 여부도 그 판단을 원칙적으로 군 당국의 자유재량에 의하여 판단할 사항으로서 군의 특수성에 비추어 명백한 법규위반이 없는 이상 군 당국의 판단을 존중해 왔다.

그러나 상대적으로 현역복무부적합전역제도는 당사자에게 전역이라는 불이익 처분을 하는 대표적인 침해적 행정행위이므로 사전 및 사후 권리구제에 만전을 기하여야 할 것이다. 특히 조사 및 심사위원회에서 변명의 기회를 보장하는 등 행정절차법상의 사전구제 절차제도를 군인사법에 도입할 필요성이 있으며, 전역 당사자에게 전역사유 설명과 고지제도를 도입하여 위법 부당한 전역처분 시 신속한 권리구제를 받을 수 있도록 하여야 할 것이다.

제6편
권리와 의무

11. 군인의 신분보장제 개선방안에 관한 연구*

목 차

Ⅰ 서론

헌법 제5조 제2항에는 "국군은 국가의 안전보장과 국토방위의 신성한 의무를 수행함을 사명으로 하며 ……"라고 하여 국군의 사명에 대해 규정하고 있다. 군은 외부적 위협이나 침략으로부터 영토를 보존하고 국민의 생명과 재산을 보호하는 국가방위의 최후 보루이다. 국군은 육군, 해군, 공군으로 조직하고, 해군에는 해병대를 두며, 또한 국군에는 군인과 군무원을 두고 있다.

* 경희대학교 경영대학원 경영학석사 학위논문(2006. 8.)

군에 종사하는 국방인원은 총 742,000여 명(육군: 594,000여 명, 해군: 74,000여 명, 공군: 68,600여 명, 기타: 7,432명)이며, 국방예산은 20조 8,226억 원(2005년 기준)으로 정부재정의 15.5%, 국내총생산(GDP)의 2.85% 수준을 차지하고 있다.[1] 국방부는 급변하는 안보정세와 과학기술 및 첨단무기체계의 발달에 능동적으로 대처할 수 있는 능력과 전문성을 갖춘 국방인력을 양성 · 관리하기 위하여 효율적인 인력운영체계의 발전과 전문인력 육성 및 여군인력 활용 등을 추진하고 있다.

국방행정의 기능을 효율적으로 수행하기 위해서는 보다 유능한 군인을 확보하여 이들이 안심하고 직무에 전념하도록 하여야 한다. 군인이 법에 의하지 아니하고는 그 의사에 반하여 휴직을 당하거나 현역에서 전역 또는 제적되지 아니하는 소극적 신분보장뿐만 아니라, 보수나 근무환경의 개선 또한 자기개발의 기회를 부여하고 성취감을 맛볼 수 있도록 교육훈련과 동기관리 등 적극적인 신분보장이 필요하다. 이러한 신분보장은 군 조직의 생산성을 높이는 데 중요한 요소가 되기 때문이다.

또한 군인은 정년제도로 인하여 40대 초반에서 50대 중반에 대부분 전역하게 되므로 사회 재취업 지원과 제대군인들의 사회적응능력을 높이고 재취업을 보장하기 위한 직업보도교육의 확대, 그리고 성실히 복무하고 퇴직한 자에 대한 적절한 연금의 지급은 군인의 사기에 직접적으로 영향을 미친다.

지금까지 우리나라에서는 국가공무원, 지방공무원, 교육공무원의 신분보장제도에 대한 연구는 일부 이루어졌으나, 군인의 신분보장에 대한 연구는 거의 이루어지고 있지 않았다. 군인 신분의 특수성을 반영한 군인의 신분보장제도연구는 의미 있는 일로 여겨진다.

본서의 목적은 현행 군인의 신분보장의 법적 · 제도적 운영실태를 분석하고, 이를 바탕으로 국가공무원 및 지방공무원의 신분보장제도와 비교하여 군인의 신분보장에 관한 법적 · 제도적 개선방안을 제시함으로써 군 전투력 향상에 기여하기 위함이다.

일반적으로 공무원의 신분보장제도의 내용으로 ① 면직제도, ② 휴직처분, ③ 직위해제제도, ④ 정년제도, ⑤ 고충처리제도, ⑥ 소청제도를,[2] 또 다른 분은

1) 국방부, 2004 국방백서, 2005. 296면.

① 감원, ② 직권면직과 직위해제, ③ 명예퇴직, ④ 징계와 소청심사제도, ⑤ 공무원의 노동조합 활동을,[3] 그리고 ① 정년제, ② 징계제도, ③ 소청제도, ④ 감원제도, ⑤ 기타(직위해제, 직권면직, 전보제도, 휴직, 강임)로 설명하고 있다.[4]

본서에서는 군인의 신분보장제도로 ① 정년제도, ② 현역복무부적합전역제도, ③ 제적, ④ 보직해임, ⑤ 휴직, ⑥ 징계, ⑦ 소청제도, ⑧ 고충처리제도 등을 연구대상으로 하였으며 이와 관련된 국가공무원과 지방공무원의 신분보장제도의 운영실태도 비교 연구의 대상으로 하였다.

또한 본서의 대상으로서 군인이라 함은 주로 장교, 준사관, 부사관을 의미한다. 직업공무원제하에서의 신분보장은 본인의 원에 의하여 군에 들어와서 국민에 대한 봉사를 보람으로 알고 공직을 일생의 본업으로 하여 일하기를 원하는 직업군인에게 있어서 의미가 있는 일이기 때문이다. 다만, 사병에 대해서는 중요한 현안에 대해서만 언급하기로 한다.

Ⅱ. 군인 신분보장에 관한 이론적 · 법적 근거

1. 신분보장의 의의

가. 신분보장의 개념

공무원의 신분보장이란 공무원이 법령이 정한 사유가 발생하지 않는 한 자신의 의사에 반하는 신분상의 불이익 처분을 받지 않도록 하는 것을 말한다.[5] 즉 공무원이 함부로 자기 의사에 반해서 관직을 상실하거나 혹은 관직의 보유에 따른 각종의 권리를 함부로 제한 내지 빼앗기지 않도록 제도상 이것을 보장함을 말하는 것이다.[6] 공무원으로 하여금 국민 전체에 대한 봉사자로서의 사명과

---

2) 김중양, 한국인사행정론, 법문사, 2004, 364면.

3) 이상수, 한국 지방공무원의 신분보장에 관한 연구, 단국대(박사학위논문), 2001, 37－91면.

4) 김근환, 우리나라의 지방공무원 신분보장제도에 관한 연구, 청주대(석사학위논문), 1991, 15－22면.

5) 이상윤, 공무원 인사제도론, 대왕사, 2000, 522면.

6) 신두범, "공무원의 신분보장", 고시계(1987/1), 192면; 박영규, "공무원의 신분보장에 관한 연구", 고려대(석사학위논문), 2003, 3면에서는 신분보장제도란 포괄적이고 추상적 개념으로서 공무원의 소신을 살리며 일처리를 할 수 있는 상태가 되어야 하고 물리적(경제적)으로나 사회적 낮은 신분 등으로 인해 소신이 꺾이지 않도록 하기

역할을 충실히 하도록 하기 위해서는 법령에 의하지 아니하는 한 본인의 의사에 반한 신분상의 불이익을 받지 않도록 할 필요가 있다.[7)] 공무원 신분보장제도의 내용은 첫째, 어떤 특정사유에 해당되지 않는 한 함부로 공무원의 신분상 불이익 처분을 할 수 없다는 전제하에 부득이하게 처분할 경우 그 요건과 절차를 엄격히 설정하는 것이고, 둘째, 공무원에게 그러한 처분을 하더라도 공무원 본인의 사후 구제기회를 보장하는 것이다.[8)]

군인사법 제44조에 "① 군인은 법률이 정하는 바에 의하여 신분이 보장되며, 그 계급에 상응하는 예우를 받는다. ② 군인은 이 법에 의하지 아니하고는 그 의사에 반하여 휴직을 당하거나 현역에서 전역 또는 제적되지 아니한다."라고 하여 군인의 신분보장의 원칙 규정을 두고 있다.[9)]

나. 신분보장의 필요성

현대 인사행정에 있어서 공무원의 신분을 보장하는 이유는 대체적으로 다음과 같다. 첫째, 공무원의 신분을 보장하는 것은 행정의 일관성과 전문성 그리고 능률성을 유지 · 향상시키는 조건이라고 생각할 수 있다. 둘째, 공무원은 신분보장이 되어야 그에게 부여된 책임을 다할 수 있다. 공무원은 그에게 맡겨진 직무를 수행하여야 한다. 그리고 공무원은 어느 특정 세력이 아니라 국가와 국민 전체에 봉사하여야 하며 정치적 중립을 지켜야 한다. 공무원에게 그러한 책무를 주었으면 그것을 성실히 이행할 수 있도록 신분보장에 의하여 뒷받침해 주어야 한다. 인사권자가 정실에 의하여 공무원을 마음대로 퇴직시키거나 불이익한 처분을 할 수 있다면 공무원은 안심하고 맡은 바 직무를 수행하기가 어려울 것이다. 셋째, 공무원의 신분보장은 공무원의 능동적이고 창의적인 노력을 보장할 수 있다. 지나친 신분보장규정을 고수하는 경우 공무원의 방종을 초래할 염려가 있는 것은 물론이다. 그러나 그와 반대로 공무원의 신분보장이 없어 직업적 안정성이 상실되면 공무원의 자율적이고 창의적인 노력을 제약하게 된다. 공무원

위해 제도적으로 뒷받침되는 것이 공무원의 신분보장제도라 보고 있다.

7) 박문옥, "공무원의 신분보장제도", 고시계(통권 219호), 1975/5, 131면.

8) 김중양 · 김명식, 공무원법, 박영사, 2000, 399면.

9) 국가공무원법 제68조에 "공무원은 형의 선고, 징계처분 또는 이 법이 정하는 사유에 의하지 아니하고는 그 의사에 반하여 휴직 · 감봉 또는 면직당하지 아니한다."라고 하여 신분보장의 원칙을 선언하면서도 또한 법절차에 의한 제한 가능성을 밝히고 있다.

들은 윗사람들의 눈치만 보고 법률적 요건의 형식만 준수하면서 소극적인 태도로 공무수행에 임하게 될 것이다. 넷째, 신분보장은 공무원의 개인적 이익을 보호하고 사기를 높이는 수단이 된다. 공무원의 인권도 존중하여야 한다. 부당한 강제퇴직 등 불이익 처분이 행해져서는 안 된다. 부당한 퇴직에 의하여 공무원이 받는 손실은 대단히 클 수 있다. 신분을 보장하여 공무원이 그러한 손실을 받지 않도록 보호할 필요가 있다. 신분보장이 되어 있지 않아 직업적 안정감이나 장래에 대한 보장감이 결여되면 공무원의 사기가 저하된다.[10)]

다. 신분보장의 한계 및 완화

1) 실적주의 인사행정은 공무원의 신분보장이 그 바탕을 이루고 있다. 그러나 공무원의 신분보장은 그 정도가 지나치면 행정에 대한 민주적 통제를 어렵게 하여 무사안일을 조장하고 부정부패를 발생시키는 요인이 될 수 있어 어느 정도의 제한은 불가피하다. 신분보장의 취지는 행정의 능률성을 확보하고 국민에 대한 봉사의 질을 높이는 데 있는 것이지 무능한 공무원의 신분을 보장하고 무사안일을 조장하며, 공무원 개인이나 집단의 사익을 보호하는 데 있지 않다. 따라서 공무원의 신분보장은 일정한 한계 내에서 이루어질 수밖에 없으며, 신분보장의 범위와 한계는 사회 · 문화적 배경에 따라 다르다.[11)]

그러므로 신분을 보장하여야 할 필요와 이를 한정해야 할 필요를 적정한 선에서 조화시켜야 한다. 두 가지 요청은 적정한 선에서 조화되어야 한다. 실제로 각국의 인사행정제도에서 마련하고 있는 신분보장규정에는 그러한 조화가 내재되어 있다. 즉 공무원의 신분을 일정한 한계 내에서 보장된다는 것을 명백히 하고 있다. 다만, 신분보장의 제한은 정당한 절차를 거치도록 한다. 신분을 보장하는 장치는 '정당한 절차'이므로 그것을 위반하는 것은 신분보장의 부당한 침해가 된다. 조화의 적정선이 어디에 있어야 하느냐의 문제는 상황 적응적으로 해결해야 한다.[12)]

군인사법에서도 군인의 신분보장은 무제한적으로 보장되는 것이 아니다. 군인

10) 오석홍, 인사행정론, 박영사, 2000, 276－277면; 이상윤, 전게서, 522－523면; 김중양, 전게서, 362－363면.
11) 강성철 외 4, 새인사행정론, 대영문화사, 2005, 532면.
12) 박문옥, 전게논문, 136면.

중 장교·준사관·부사관이 범죄를 저질러 군사법원에서 금고 이상의 형의 집행유예를 선고받고 형이 확정된 경우에는 제적사유가 되며(군인사법 제40조), 군인으로서 군율에 위반하여 군 풍기를 문란하게 하거나 그 본분에 배치되는 행위를 한 자에 대해서는 파면하여 군인신분을 박탈할 수 있다(군인사법 제57조). 또한 법에 정한 사유가 발생한 경우에는 휴직, 전역, 제적 등의 처분을 받을 수 있다. 불리한 처분을 행할 경우에는 각종 심의위원회에 참석하여 의견을 진술하고 증거를 제출할 수 있도록 하는 등 절차적인 권리도 보장하고 있다.

2) 신분보장제도는 계급제 중심으로 된 인사관리 제도와 더불어 실질적으로 종신형 직업공무원제도를 구축하게 될 수 있으므로, 공직사회에 경쟁 개념을 불어넣어 업무에 활력을 넣고 비효율적인 것을 쇄신하기 위해서는 근본적으로 신분보장을 완화할 필요성이 있다.[13] 우선 강력한 신분보장 필요성의 논거인 정치적 중립성, 전문성, 행정일관성, 능률성 확보에 대해 의문점을 제기한다. 첫째로, 정치적 중립성에 대해서는 ① 신분보장 그 자체가 정치성을 띠며, ② 지나친 신분보장은 정치적 개입을 부르게 된다면서 강력한 신분보장이 반드시 정치적 중립에 기여하지 않는다고 한다. 둘째로 전문성과의 관계에 대해서는 ① 계급제하에서는 특정 분야의 전문가보다 일반행정가를 더 선호하며, ② 현행 순환보직의 빈번, ③ 교육훈련의 형식화와 중상위직에 대한 교육훈련체계의 미흡으로 인해 신분보장을 통한 장기 근무와 전문성과는 거의 인과관계가 없다. 셋째로 행정일관성에 대해서는 ① 공무원의 정년보장과 일관성과는 직접적인 기여가 없고, ② 일관성은 중단기의 기간에서 정책이나 제도가 상당기간 한 방향으로 전개되어야 한다는 것을 의미하며, ③ 복잡다기화되고 급변하는 행정상황에서 일관성이 꼭 바람직하다고 할 수 없다. 넷째로, 능률성에 대해서는 ① 적극적이고 창의적인 업무행태와 상치되며 관료사회에 내재된 무사안일주의를 보강하는 작용을 하며, ② 폐쇄형 승진제도하에서는 실적보다는 연공서열을 중심으로 인사관리가 이루어져 실적주의와 배치된다.[14] 따라서 자유경쟁화를 통한 공직사회의 혁신을 위해서는 다양한 제도가 필요하며 이러한 제도로는 재임용제, 실적에 근거한 퇴직제도,[15] 계급정년제, 고위직 계약임명제, 탄력적 임용제[16]

13) 김행범, 전게논문, 112면.

14) 배득종, 공무원 재임용제, 자유기업센터, 1997, 62-74면.

15) 실적에 근거한 퇴직제도란 일정 기간 연속하여 실적이 부진한 경우, 1년 정도의 재교육훈련을 받게 하되 그 후

등이 있다.

2. 신분보장의 이론적 근거

가. 실적주의

1) 개념

실적주의(merit system)는 당파성이나 지연 · 혈연 · 학연 등 직무와 관련 없는 요인에 의하기보다는 지식 · 기술 · 능력 등의 요인을 기준으로 공직임용이나 인력관리를 결정하는 방식을 의미한다.[17] 구체적으로, 실적주의란 공직에의 채용 및 승진은 능력에 기초하여 이루어지며, 공무원들은 공평하게 대우받아야 하고, 동일 업무에 대하여 동일한 보수를 지급하여야 하며, 실적에 토대를 두어 공무원의 유지 · 승진이 이루어지며, 만족할 만한 성과기준을 충족시키지 못할 경우 처벌을 하거나 면직시킨다. 또한 정당 정치적 목적에 의한 부당한 신분상의 침해로부터 공무원들을 보호한다.[18]

2) 내용

실적주의의 주요 특징으로 공직취임에의 기회균등, 정치적 중립, 신분보장, 성적 · 능력주의 등을 들고 있다.[19] 첫째로, 공직에의 기회균등이다. 헌법 제25조, 국가공무원법 제28조, 군인사법 제9조 등에 의해 장교, 준사관, 부사관의 임용은 학력 및 자격에 기초를 두고 고시에 의하여 이를 행하되 공개경쟁시험으로 하고 있으므로 임용에 있어서 공개와 경쟁 원칙을 시행하고 있다. 둘째로, 정치적 중립성 보장이다. 헌법 제7조, 국가공무원법 제65조, 군인복무규율 제12조에 의해 군인의 정치운동을 금지하고 있다. 셋째로, 신분보장이다. 공무원이 항구적 국가이익을 위하여 공무에 전력하고 능률적으로 사무를 처리하기 위하

에도 실적이 부진한 경우에는 강제로 퇴직하게 하는 제도를 말한다.

16) 신분보장으로 인해 공직이 경직화되는 것을 막기 위한 다양한 제도들을 말하며 조건부 임용, 시간제 임용, 계약직 임용, 일시적 임용, 주기적 일시임용, 즉시 임용, 임용대기제 등이 있다(김행범, 상게논문, 116면).

17) 김중양, 전게서, 20면.

18) 최병대 · 김상묵, "공직사회 경쟁력 제고를 위한 실적주의 인사행정기능의 강화", 한국행정학보(제33권 제4호), 78면.

19) 유민봉 · 임도빈, 인사행정론, 박영사, 2004, 64면; 김중양, 전게서, 20면; 오석홍, 전게서, 31면.

여 신분보장이 필요하다. 헌법 제7조, 국가공무원법 제68조, 군인사법 제44조에 의해 군인의 신분은 보장된다. 넷째로, 능력주의다. 공무원의 인사관리는 능력·자격 및 성적을 기준으로 행하여야 한다. 군인도 임용부터 보직, 진급에 있어서 개인의 능력, 자격에 따르고 있다.[20] 이러한 실적주의는 직업공무원제와 함께 우리나라 공무원제도의 기본원리이다. 우리나라의 헌법과 법률에는 공직취임에의 기회균등, 정치적 중립, 신분보장, 능력주의 등 실적주의 원칙들이 잘 규정되어 있다.

이러한 실적주의는 계급제적 전통과 정년보장 때문에 제대로 구현되지 못하고 있다. 이로 인해 나타나는 문제점들은 다음과 같다.[21] 첫째, 계급제를 고수함으로써 안정성, 충성심 및 권위를 확보하지만, 한편으로 폐쇄성과 비효율성을 감수하고 있다. 계급제하에서는 감원이 용이하지 않고, 부처이기주의를 강화시키며, 인사관리(교육훈련, 승진, 평가, 보상 등)가 객관적 기준에 따르기보다 연공서열이나 상관의 자의성이 개입된 평가에 좌우되기 쉽다. 둘째, 성과서열보다는 연공서열이 더욱 중시됨으로써 공무원의 역량 강화가 이루어지지 못하는 인사풍토이다. 이러한 연공서열 중시의 풍토는 성과중심 인사관리나 공무원의 전문성 제고와 같은 실적주의적 요소와는 거리가 멀다. 셋째, 실적이 보수와 연계되어 있지 못하다는 문제이다. 넷째, 정년보장식 신분보장으로 인해 공무원 신분을 위협하는 외부의 경쟁압력이 없고, 내부적으로도 직무수행실적이 승진에 크게 영향을 미치지도 않을 뿐만 아니라 신분 자체에도 커다란 위협이 되지 않는다는 점을 지적할 수 있다.[22]

공직이 갖는 최대의 매력은 신분보장이다. 하지만 실적과 연관되지 않은 과도한 신분보장은 비실적주의적이다. 실적주의를 확립하기 위해서는 현재와 같은 정년보장형 공무원 신분보장제도에 변화를 주는 것이 가장 의의 있는 조치라고 볼 수 있다. 종신고용적, 정년보장형 신분보장제도를 폐지하고 공직에 긴장과 활력을 불어넣기 위한 대안으로는 ① 계급정년제, ② 재임용제, ③ 실적에 근거

---

20) 오석홍, "인사행정원리의 이해와 오해", 행정논총(제37권 제2호), 서울대 행정대학원, 1999. 12. 261면에서는 "실적주의의 핵심적인 실천수단으로 처방되는 것은 공개경쟁에 의한 채용시험의 실시, 공무원의 정치적 중립과 신분의 보장, 그리고 정당적 영향력으로부터 중립적인 중앙인사기관의 설치"를 들고 있다.

21) 최병대 · 김상묵, 전게논문, 79－80면.

22) 유민봉 · 임도빈, 전게서, 69면.

한 퇴직관리 등이 있다.[23] 이제 실적주의 인사행정도 새로운 패러다임이 요청되고 있다. 즉 연령정년까지의 철저한 신분보장에서 능력이 없으면 언제라도 퇴출이 가능하도록 하고 순환보직과 공직 내부에서의 승진중심에서 전문보직경로제의 도입과 함께 공직 내·외부를 불문하고 상당한 전문적 지식과 자격을 갖춘 자를 충원토록 개방하며 학교를 갓 졸업한 인력 채용중심에서 다양한 전문능력을 소지한 인력을 채용할 수 있도록 하며 교육훈련과 공직 내부의 교육훈련 중심에서 공직 외부로부터의 참신하고 신선한 신지식교육을 이수할 수 있도록 적극 장려하고 기초생활의 보장도 미흡한 보수체계에서 최소한의 기초생활을 보장하도록 하고 필요하면 파격적인 보수의 지급도 가능하도록 하며 무사안일한 자세로 평생공직근무가 장려되고 유인되던 체제에서 일정기간 능력을 발휘할 수 있고 실적을 성취하는 것에 더욱 관심이 두어지는 시스템으로 바뀌어야 한다.[24]

나. 직업공무원제도

1) 개념

직업공무원제도(Career Civil Service System)는 정부관료제에 종사하는 것이 공무원들의 전 생애에 걸친 직업으로 될 수 있도록 조직·운영되는 인사제도이다.[25] 사람들이 공직을 명예로운 직업으로 알고 학교를 갓 졸업한 젊은 나이에 공직에 들어가 그 안에서 성장하고 상급직에 진출하면서 노동능력이 있는 동안에 전 생애를 보낼 수 있도록 입안된 인사제도를 직업공무원제라 한다.[26] 직업공무원제도 수립을 통하여 공직의 안정성 유지, 공직의 우수성 확보, 공직의 윤리성을 지킬 수 있다.[27]

2) 직업공무원제 수립을 위한 조건

직업공무원제 목표를 달성하기 위해서는 제도적으로 신분보장과 젊고 유능한

---

23) 배득종, 전게서, 62－74면.

24) 최병대·김상묵, 전게논문, 92면.

25) 직업군인제도는 직업군인의 특성을 반영하여 군의 요구와 개인의 욕구를 동시에 충족할 수 있도록 설계하여 직업군인들로 하여금 군무(軍務)에 전념할 수 있도록 보장하는 제반 인력, 인사, 교육, 복지제도를 말한다(오경조·김종택, “신한국의 직업군인제도: 과제와 발전방향”, 국방논집(제29호), 한국국방연구원, 1995, 235면).

26) 오석홍, 전게논문, 269면.

27) 유민봉·임도빈, 전게서, 77면.

재원을 확보하는 것이 필수적이다. 신분보장은 주로 공직의 안정성과 윤리성에 기여하게 되고, 유능한 재원의 충원은 주로 공직의 우수성 확보에 기여하게 될 것이다. 첫째로, 신분보장제도가 필요하다. 신분보장은 정치의 부당한 압력으로부터 공무원의 권익이 보장되어야 하는 방어적 의미와 공직을 일생의 본업으로 하여 일할 수 있도록 신분을 보장해 주는 적극적 의미가 있다. 여기에는 신분상의 직접적인 영향뿐만 아니라 객관적이고 공정한 직무수행을 방해하는 부당한 정치적 압력에 대한 금지도 포함된다. 그리고 적극적인 의미의 신분보장은 종신형 고용보장을 말하며 이는 산술적 정년보장보다는 정년까지 헌신적으로 열심히 일할 수 있도록 실질적으로 근무조건을 보장해 주는 것이다. 둘째로, 젊고 유능한 인재의 채용 및 육성이 필요하다. 공직의 우수성을 확보하기 위해서는 정부가 민간 기업과의 우수인재 유치경쟁자로서 장기적인 계획에 따라 적극적인 모집에 나서야 하며 이들의 꾸준한 능력발전을 위해 노력하여야 한다.[28)]

우리나라의 공직은 직업공무원제도가 상당히 정착되어 있으나, 구체적인 인사활동을 살펴보면 그 내용이 부실하다. 첫째, 우리나라의 경우 그동안 선거가 있을 때마다의 관권선거 시비와 공무원 인사 때마다 정치권 외풍에 대한 비난이 끊이질 않았다. 공무원의 정치적 중립이 지켜지지 않고 있다. 둘째, 공직에 대한 국민의 불신 문제는 직업공무원제 확립에 하나의 걸림돌이 되고 있다. 셋째, 우수인재 확보를 위한 적극적인 노력이 부족한 상황이다. 넷째, 종신고용형 신분보장이다. 신분보장이 직업공무원제를 강화하는 중요한 요건임에 틀림없다. 그러나 가장 큰 문제점 중의 하나는 공무원의 권익을 지켜 주고 우수한 자원을 공직에 헌신토록 하는 실질적인 '신분'보장이 되지 못하고, 정년인 57 · 60세까지는 공직에 있을 수 있다는 식의 형식적인 '고용'보장이라는 점이다. 이제 능력 있는 공무원에게는 공직이 보람 있는 직장이 되도록 보장해 주고, 무능력한 사람은 공직에서 축출시킬 수 있는 실질적인 제도가 필요하다.[29)]

정치권력의 부당한 압력을 차단하여 공직의 안정성을 확보하고, 공무원의 부정부패를 척결하여 공직의 윤리성을 회복하며, 우수한 인재의 확보와 실적에 따른 인사관리로 공직의 우수성을 높이는 것이 필요하다. 장기적인 과제로는 공직

---

28) 유민봉 · 임도빈, 상게서, 79 – 81면.

29) 유민봉 · 임도빈, 상게서, 86 – 88면.

의 폐쇄화 · 전문화에 대한 우려에서 제기된 공직의 민주성 · 대응성을 어떻게 공직의 안정성 · 윤리성 · 우수성과 조화롭게 접목시킬 것인가로 모아진다.[30)]

다. 계급제

1) 개념

계급제는 직위 · 직무를 중심으로 하는 직위분류제와는 달리 사람을 중심으로 학력 · 경력 · 능력을 기준으로 하여 공무원을 계급으로 분류하는 제도이며 신분상의 자격 · 지위에 중점을 둔다.[31)] 사람을 서로 다른 계급으로 나누는 기준은 무엇인가? 그것은 사람의 특성, 즉 사람이 지니고 있는 학력 · 경력 등의 자격 내지 일을 수행할 수 있는 능력이 된다. 이러한 기준에 따라 사람에게 부여된 계급은 사람에게 늘 붙어 다니게 된다. 계급이란 사람이 어떠한 일을 수행하느냐에 따라 변하는 것이 아니다. 오히려 그 계급이 어떠한 일을 할 수 있는가를 결정지어 준다. 즉 동일한 계급에 속한 사람들은 그들이 수행하는 직무의 성격에 무관하게 모두 동일한 자격과 능력을 갖춘 것으로 간주된다.[32)] 이러한 계급제는 직업의 분화가 심하지 않았던 농경사회의 전통을 가진 영국, 독일, 프랑스, 그리고 아시아의 많은 국가에서 주로 채택되고 있다.

계급제의 장점으로서는 넓은 시야를 가진 유능한 인재의 등용, 인사배치의 신축성, 직업공무원제의 발전 촉진, 행정조정의 원활화, 신분보장의 강화를 들 수 있다. 특히 계급제에 있어서는 공무원이 기구개혁에 의한 영향을 받지 않으므로 보다 강한 신분보장에 의하여 안정감을 느낄 수 있다. 즉 직위분류제에서는 현재의 직위에 초점을 두므로 신분보장이 직위와 밀접한 관련성을 가지며 조직의 개편 등에 의하여 신분이 영향을 받는다. 그러나 계급제하에서는 신분보장이 특정직위의 변동에 좌우되지 않으며 전보 · 전직이 가능하므로 상대적으로 신분보장이 강하게 된다.[33)]

---

30) 유민봉 · 임도빈, 상게서, 88면(그 대안의 하나로 일부 직급에 대한 계급정년제의 도입이 필요하다고 한다. 계급정년형이란 각 계급에서 상위직으로 승진하지 못하면 정년퇴직을 해야 하는 연령을 달리함으로써 능력 있는 사람만 승진하여 공직에 오래 머물게 하는 제도이다. 현재 계급정년형 신분보장은 군인이나 경찰에게 적용되고 있다.).

31) 김규정, 행정학원론, 법문사, 1998, 592면.

32) 유민봉 · 임도빈, 전게서, 93면.

33) 김규정, 전게서, 592면.

2) 특성

계급제의 특징으로는 계급군 간의 폐쇄성과 차등화, 계급과 신분의 동일시, 일반행정가의 강조, 그리고 폐쇄형 충원을 들 수 있다. 첫째로, 계급군 간의 폐쇄성과 차등성이다. 계급제는 공직을 수행하는 사람의 자격과 능력을 기준으로 여러 계급(level, rank)으로 나누며, 또한 이들 계급들은 다시 자격과 능력의 질적 수준이 유사한 것들을 묶어 하나의 계급군(class group)으로 구분하여 이해할 수 있다. 계급제의 특성은 이들 계급군 간에 경계가 엄격히 구분되어 있기 때문에 타 계급군으로의 이동이 폐쇄적일 뿐만 아니라 차등이 심하다는 것이다. 충원과정에서부터 각 계급군은 서로 다른 경로를 통해 이루어지며, 일단 어느 한 계급군에서 공직을 출발하게 되면 그 계급군 내에서만 승진이 이루어지는 것이 보통이다. 계급군 간의 이러한 엄격한 구분은 당연히 각 계급군에 대한 사회적 평가와 보수상에 분명한 차등화를 가져오게 된다.[34]

우리나라에서 계급제의 한 전형이라고 말할 수 있는 군인이나 경찰의 경우 계급군(예를 들어, 사병, 부사관, 장교) 간에 엄격한 구분을 둘 뿐만 아니라 각 계급 간에도 제한된 횟수 내에 승진을 하지 못하는 경우에 영원히 승진기회를 박탈하는 것이 일반적이다. 심지어는 계급정년을 두어 정해진 기간 내에 승진을 못 하면 옷을 벗도록 하는 규정을 두기도 한다. 이들 계급군은 기회균등의 실적주의 충원 원칙 때문에 공직취임에의 학력차등은 두지 않는다. 그러나 채용시험의 수준을 달리하여 차별화시키고 있다.

두 번째로 일반행정가의 원리이다. 일반행정가란 업무에 대한 기술적 전문성보다 폭넓은 이해력과 조정능력을 갖추고 넓은 시야를 가진 공무원을 말한다.[35] 공무원(행정인, 행정가)은 그 전문성에 따라 크게 일반행정가(generalist)와 전문행정가(specialist, professionalist)로 나눌 수 있다. 계급제는 직위분류제에 비하여 상대적으로 올라운드 플레이어인 일반행정가를 강조하게 된다. 더구나 승진하고자 하면 어느 한 분야에만 계속 근무하는 것이 아니라 중요 보직을 2～3년마다 옮겨 가며 다양한 업무수행 능력을 키워야 한다. 특히 고위직으로 올라갈수록 특정 분야의 전문가보다는 먼저 시야가 넓은 일반행정가가 필요하다. 국민과의

34) 유민봉 · 임도빈, 상게서, 93－95면.

35) 김규정, 전게서, 592면.

관계를 비롯한 정치적인 시각에서 행정현상을 바라보는 능력이 필요하다. 나아가서 부하직원에 대한 관리를 해야 하기 때문에 조직 및 인사관리라는 측면에서 일반행정가적 특성이 요구된다.

세 번째로 폐쇄형 충원이다. 폐쇄형 충원은 개방형과 대비되는 것으로 공직에서 자리가 비었을 때 그 빈자리를 내부의 인사이동이나 승진을 통해 채우는 것을 의미한다. 개방형은 그 빈자리의 업무수행에 필요한 자격이나 능력의 제 요건을 공개하여 내부뿐만 아니라 외부의 모든 사람들에게 동등하게 지원 자격을 부여하고 그중에서 가장 적격자를 선발하는 충원형태를 말한다. 계급제에서는 공석의 충원을 내부에서 해결하게 된다. 이미 일반행정가의 의미에도 함축하고 있듯이 빈자리가 생겼을 때 다른 업무를 수행하고 있던 동일 계급의 다른 공무원 또는 하위계급을 승진시키면 모두 그 자리의 임무를 수행할 수 있는 자격이 생기기 때문이다.[36)]

네 번째로 계급의 신분화이다. 계급제에서 계급은 사람에게 항상 붙어 다니게 된다. 계급에 따라 보수도 결정된다. 따라서 사람과 계급 · 보수가 항상 함께하는 것이다. 계급은 곧 신분을 상징하는 것으로 이해하게 된다. 특히 상위계급으로 올라갈수록 사회적 평가가 높아지기 때문에 이를 신분의 상승으로 여기게 되고 계급을 신분과 동일시하려는 경향이 강해진다.

다섯 번째로 신분보장의 강화이다. 계급제하에서는 공무원의 신분이 강하게 보장된다. 충원이 폐쇄적으로 이루어지고 일반행정가 중심의 공무원 구성에서 이미 신분보장은 충분히 예측될 수 있는 상황이다. 공무원의 신분이 특정 자리에 의해서가 아니라 공직 전체 속에서 부여받은 것이기 때문이다. 따라서 자리가 없어졌다 하더라도 전체 공직 차원에서의 조정을 통해 새로운 자리에 임명되는 것이다. 계급제하의 공무원은 사람 중심으로 채용되었기 때문에, 자리와 생존을 같이해야 하는 직위분류제하의 공무원이나 우리나라에서의 별정직 공무원과는 크게 구분되는 측면이 있다.[37)]

36) 유민봉 · 임도빈, 전게서, 97면.

37) 유민봉 · 임도빈, 전게서, 97면.

라. 공무원의 정치적 중립성

1) 개념

공무원의 정치적 중립이란 공무원이 국가의 봉사자로서 그 직무를 수행함에 있어서 어떤 정당이 집권하더라도 정치적 특수이익을 추구하지 않고 법적 의무 또는 공직윤리로서 비당파성 · 공평성 · 중립성을 준수하는 것을 의미한다.[38] 우리헌법도 "공무원은 국민 전체에 대한 봉사자이며 국민에 대하여 책임을 진다. 공무원의 신분과 정치적 중립성은 법률이 정하는 바에 의하여 보장된다."라고 규정하고 있다. 공무원의 정치적 중립은 공무원 신분보장과 능력에 의한 임용과 함께 실적주의제도의 3대 요소의 하나이다. 공무원에게 정치적 중립이 요구되는 이유는 ① 공익증진을 위한 봉사, ② 행정의 안정성 · 계속성의 확보, ③ 행정의 능률성 확보, ④ 기강의 문란과 부정 · 부패의 방지, ⑤ 정치체제의 민주적 기본질서를 확보하기 위해서이다.[39]

2) 내용

공무원이 지켜야 할 정치적 중립의 내용으로는 공무원인사에 대한 비정치화, 공평한 공직수행, 그리고 공무원의 정치적 활동의 제한으로 요약될 수 있다. 첫째로, 공무원인사에 대한 비정치화이다. 정치적 간섭으로부터 행정을 보호하려면 먼저 공무원의 임명과 승진 · 전보 등 중요한 임용행위에 대한 정치적 간섭을 배제해야 한다. 공직인사는 행정부 내부의 자율적이고 독자적인 판단에 맡겨야 하는 것이다. 둘째로, 공무원의 공평한 공직수행이다. 공무원은 국민에 대한 봉사자로서 모든 국민을 위하여 공평하게 봉사해야 할 책임과 의무가 있으며, 이것은 다른 민간부문에 종사하는 사람들과는 구별되는 공적윤리가 되는 것이다. 셋째로, 정치적 활동의 제한이다. 공무원의 정치적 활동을 제한하거나 금지하고 있는데, 정치적 활동의 제한은 공무원의 계급이나 신분에 따라서 달라지며 여기에 맞도록 정치적 활동을 제한하거나 금지하기도 하며 허용하기도 한다. 여기서 정치적 활동의 내용은 국회의원 등으로의 피선거권, 정당가입, 특정정당의 후보자를 위한 선거운동, 특정정당의 지지나 반대 등이다.[40]

---

38) 김규정, 전게서, 699면.

39) 김중양, 전게서. 25면; 김규정, 상게서, 699면.

이러한 공무원의 정치적 중립에 대한 비판이 있다. 우선 공무원의 정치적 중립을 강조한 나머지 기본권에 속하는 공무원의 정치적 자유를 제한하는 것이 오늘날과 같이 공무원이 전 인구에 있어서 차지하는 비율이 상당하고 또한 공무원 수준이 다른 일반국민에 비하여 대체적으로 높은 상태에서 온당한 조치냐는 점에 대하여 비판이 따르고 있다. 우리나라와 같이 공무원의 선거운동이 민주정치의 기본질서를 문란케 한 기억이 생생한 곳에서는 민주정치의 기본질서를 바로잡고 국민 대다수의 기본권 보장을 위해 공무원의 정치적 자유는 당분간 유보되지 않으면 안 될 것이다.[41] 기타 비판점으로는 첫째, 공무원의 정치참여 제한은 공무원집단의 이익이 경시되는 결과를 초래할 수 있다. 둘째, 공무원의 정치활동의 제한은 참여관료제(participatory bureaucracy)의 발전을 저해할 수 있다. 셋째, 공무원들에게 무조건적으로 정치적 무관심을 요구할 경우 그들이 정치적 가치, 즉 공익 또는 약자의 보호문제에 무감각하게 될 위험이 있다. 넷째, 공무원의 정치적 중립을 요구하는 근거는 정치행정이원론에 기초를 둔 것인데, 행정과 정치의 밀접한 관련성을 강조하는 오늘날의 현실에는 부합되지 않는다. 다섯째, 선진민주사회로의 상황변화로 말미암아 공무원의 정치활동 규제가 불필요하다. 여섯째, 행정에 대한 공무원들의 내적 · 자율적 책임을 강조하는 현대의 추세에 비추어 볼 때, 외적 · 타율적 통제의 한 유형이라 볼 수 있는 정치적 활동의 법적 제약은 논리적으로 맞지 않으며, 그 실효성도 의심된다는 것이다.[42]

공무원의 정치적 중립의 확립방안으로는 첫째로, 행정윤리의 확립이 필요하다. 즉 공무원의 자각에 의하여 공무원의 정치적 중립성이 직업윤리로 확립되어야 한다. 둘째로, 정치발전과 평화적 정권교체가 이루어져야 한다. 셋째로, 국민의 정치의식이 향상되어야 한다. 넷째로, 공평한 공직수행과 대표관료제가 확립되어야 한다. 여기서 대표관료제란 국민 각 구성원들을 대표할 수 있도록 공무원이 구성되어야 한다는 것이다.[43]

현행 공무원법은 획일적으로 공무원의 정당가입과 정치활동의 금지를 규정하

40) 김중양, 상게서, 26면.
41) 김중양, 전게서, 29면.
42) 오석홍, 전게서, 621 – 622면.
43) 김중양, 전게서, 31 – 32면.

고 있다. 이러한 규정내용은 미국과 일본의 입법례에 전적으로 영향을 받은 것으로 보이는데 국가공무원법 제57조, 법원조직법 제46조, 검찰청법 제37조 등에서 정치운동의 금지를 정하고 있고 이러한 규정은 공무원 내지 법관, 검사의 정치적 중립성을 확보하기 위한 것으로 정당화되고 있다. 이러한 공무원법의 정당가입금지와 정치활동금지가 정치적 중립성을 확보하기 위한 필수적인 요건인지에 대해서는 의문의 여지가 있고 위헌적인 소지가 있다. 또한 이러한 것으로 인해 입법자가 기대하는 정치적 중립성이 과연 실제로 실현되고 있는지에 대해서도 의문이 있다.[44] 또한 기본권제한에 있어서 공무원의 각자 맡은 바 기능과 과업에 따른 차별화를 행하고 있지 아니하다는 점에서 과잉적이다.

이러한 대안으로 독일의 예와 같이 한편으로는 공무원 또는 국가기관과 공적기구의 구성원들에게 정치적 활동과 정당에의 소속 신분성을 허용하면서, 다른 한편으로는 직무와 관련해서 정당적 이해관계로부터 독립해서 불편부당하게 공적 기능을 수행하기를 요구하는 것도 대안이 될 수 있다. 즉 과거와는 달리 오늘날에는 공무원에게 그가 시민으로서 가지는 정치적 기본권이 여느 다른 일반시민과 마찬가지로 헌법적으로 보장되고 있기 때문에 이상의 독일적 해결방법이 기본권 보장정신에 보다 부합하는 것으로 보인다. 공무원의 정치적 활동을 폭넓게 보장함과 아울러 이에 뒤따르는 공무원 자신의 의무와 책임의식 그리고 고도의 민주적인 공직윤리가 함께 강조되어야 한다. 즉 공무원은 맡은 바 직무를 정파적 이해관계와는 무관하게 불편부당하게 수행해야 하고, 요구되는 정치적인 중용 및 자제를 행해야 한다. 또한 정치적 활동을 함에 있어서도 공무원은 국가성을 담지하고, 헌법을 준수하고 수호해야 할 자신의 과업 때문에 헌법 적대적인 세력이나 시도로부터 멀리하고 헌법질서를 지키기 위해서 적극적으로 행동해야 할 의무를 부담한다.[45]

44) 이종수, "공무원의 정치적 활동의 허용여부와 그 한계", 연세법학연구(통권 제11호), 연세법학회, 2001, 175면.
45) 이종수, 전게논문, 187면.

3. 신분보장의 법적 근거

가. 헌법과 공무원제도

현행 헌법에는 공무원제도에 관하여 많은 규정을 두고 있다. 제7조 공무원의 헌법상 지위 및 직업공무원제의 보장에 관한 규정, 제33조 제2항 근로자의 근로3권 제한, 제29조의 공무원의 불법행위 책임과 국가의 배상책임, 제65조의 고급공무원에 대한 탄핵규정, 제24조의 공무원선거권, 제25조의 공무담임권, 제78조의 대통령 공무원임면권 등에 관한 규정이 있다.

나. 직업공무원제도

헌법 제7조 제2항에 "공무원의 신분과 정치적 중립성은 법률이 정하는 바에 의하여 보장된다."라고 규정하고 있는바 이 조항은 직업공무원제도에 관한 제도적 보장을 규정한 것이다. 직업공무원제도란 정당국가에 있어서의 정권교체에 관계없이 행정의 독자성을 유지하기 위하여 헌법 또는 법률에 의하여 공무원의 신분이 보장된 공무원제도를 말한다.[46] 이는 엽관제(獵官制)에 대비되는 제도로서 직업공무원제도의 확립을 위하여 과학적 계급제, 성적주의, 인사의 공정, 공무원의 신분보장 및 정치적 중립성의 확보가 전제되어야 한다.[47] 헌법재판소도 "헌법 제7조 제2항은 공무원이 정치과정에서 승리한 정당원에 의하여 충원되는 엽관제를 지양하고, 정권교체에 따른 국가작용의 중단과 혼란을 예방하며 일관성 있는 공무수행의 독자성과 영속성을 유지하기 위하여 공직구조에 관한 제도적 보장으로서의 직업공무원제도를 마련해야 한다는 것이다.[48] 직업공무원제도는 바로 그러한 제도적 보장을 통하여 모든 공무원으로 하여금 어떤 특정 정당

46) 김철수, 헌법학개론, 박영사, 2001, 199면.

47) 성낙인, 헌법학, 법문사, 2004, 871면. 권영성 교수는 직업공무원제를 확립하기 위해서는 ① 직무의 종류와 책임의 정도에 상응한 과학적 직역분류제의 확립, ② 임면·승진 등 인사의 합리적 운영, ③ 정치적 중립성의 보장과 능력본위의 실적주의 확립, ④ 공정한 인사행정을 위한 독립된 인사행정기구의 설치 등이 필요하다고 한다(권영성, 헌법학원론, 법문사, 2004, 231면).

48) 헌법학자들은 직업공무원제도의 개념을 대체로 이와 같은 취지로 이해한다(성낙인, 871면; 권영성, 231면; 허영, 777면; 김철수, 199면). 그러나 행정학자들은 직업공무원제도를 "사람들이 공직을 명예로운 직업으로 알고 학교를 갓 졸업한 젊은 나이에 공직에 들어가 그 안에서 성장하고 상급직에 진출하면서 노동능력이 있는 동안 전 생애를 보낼 수 있도록 입안된 인사제도"로 이해한다(유민봉·임도빈, 전게서, 75면; 김중양, 15면; 이상윤, 162면; 오석홍, 43면).

이나 특정 상급자를 위하여 충성하는 것이 아니라 국민 전체에 대한 봉사자로서 법에 따라 그 소임을 다할 수 있게 함으로써 공무원 개인의 권리나 이익을 보호함에 그치지 아니하고 나아가 국가기능의 측면에서 정치적 안정의 유지에 기여하도록 하는 제도이다."라고 하였다.[49]

다. 각종 공무원법상의 신분보장 규정

국가공무원법 제68조 제1항 및 지방공무원법 제60조 제1항에 "공무원은 형의 선고·징계처분 또는 이 법에 정하는 사유에 의하지 아니하고는 그 의사에 반하여 휴직·강임 또는 면직을 당하지 아니한다. 다만, 1급 공무원은 그러하지 아니하다."라고 하여 공무원의 신분보장에 관한 규정을 두고 있다.[50] 교육공무원은 교육공무원법 제43조에 "① 교권은 존중되어야 하며, 교원은 그 전문적 지위나 신분에 영향을 미치는 부당한 간섭을 받지 아니한다. ② 교육공무원은 형의 선고·징계처분 또는 이 법에서 정하는 사유에 의하지 아니하고는 그 의사에 반하여 휴직·강임 또는 면직을 당하지 아니한다. ③ 교육공무원은 권고에 의하여 사직을 당하지 아니한다."라고 하여 신분보장 규정을 두고 있다. 판사는 법원조직법 제46조 "① 법관은 탄핵결정·금고 이상 형의 선고에 의하지 아니하고는 파면되지 아니하며, 징계처분에 의하지 아니하고는 정직·감봉 또는 불리한 처분을 받지 아니한다. ② 법관의 보수는 직무와 품위에 상응하도록 따로 법률로 정한다."라는 신분보장 규정을 두고 있다. 검사는 검찰청법 제37조 "검사는 탄핵 또는 금고 이상의 형을 받거나 징계처분 또는 적격심사에 의하지 아니하면 파면·퇴직·정직 또는 감봉의 처분을 받지 아니한다."라는 신분보장 규정을 두고 있다. 헌법재판관은 헌법재판소법 제8조 "재판관은 다음 각 호의 1에 해당하는 경우가 아니면 그 의사에 반하여 해임되지 아니한다. 1. 탄핵결정이 된 경우, 2. 금고 이상 형의 선고를 받은 경우"라고 하여 신분보장 규정을 두고 있다. 군인은 군인사법 제44조에 "① 군인은 법률이 정하는 바에 의하여 신분이 보장되며, 그 계급에 상응하는 예우를 받는다. ② 군인은 이 법에 의하

---

49) 헌법재판소 1997. 4. 24. 95헌바48.

50) 경찰공무원은 경찰공무원법 제30조 제2항 제2호에서, 대통령경호실 직원은 대통령경호실법 제14조 제2항에서 국가공무원법 제68조의 신분보장 조항을 준용하고 있으며, 또한 국가정보원 직원은 국가정보원직원법 제19조에서 국가공무원법 제68조 제1항과 같은 규정을 두고 있다.

지 아니하고는 그 의사에 반하여 휴직을 당하거나 현역에서 전역 또는 제적되지 아니한다."라고 하여 군인의 신분보장 원칙에 대해 규정하고 있다. 군무원은 군무원인사법 제26조에 "군무원은 형의 선고, 이 법 또는 국가공무원법이 정하는 사유에 의하지 아니하고는 그 의사에 반하여 휴직 · 직위해제 · 강임 또는 면직을 당하지 아니한다. 다만, 1급 군무원은 그러하지 아니하다."라는 신분보장 규정을 두고 있다.[51] 위와 같이 공무원의 신분보장은 이론적 근거뿐만 아니라 헌법적 · 법적 근거를 가지고 있다.

Ⅲ. 군인신분의 특수성

1. 총설

가. 군인의 개념 및 법적 지위

군인이라 함은 전시와 평시를 막론하고 군에 복무하는 자를 말한다. 군인의 인사 · 병역복무 · 신분에 관한 사항은 따로 법률로 정하도록 되어 있다(국군조직법 제4조). 이러한 군인은 장교, 준사관, 부사관, 병으로 구분되고, 장교, 준사관, 부사관은 본인의 원에 의하여 임용되며, 병은 징집 또는 지원에 의하여 된다. 이러한 군인은 국가공무원법상의 경력직 공무원 중 특정직공무원에 해당된다. 여기서 경력직공무원이라 함은 실적과 자격에 의하여 임용되고 그 신분이 보장되며 평생토록 공무원으로 근무할 것이 예정되는 공무원을 말한다(국가공무원법 제2조 제2항).

헌법재판소는 "군인도 국가공무원으로서 다른 공무원과 마찬가지로 국민 전체에 대하여 봉사하고 책임을 져야 하는 특별한 근무관계에 있음은 동일하다. 그러나 다음과 같은 점에서 군인은 다른 공무원과 구별되는 점이 있다. 즉 헌법 제5조 제2항은 '국군은 국가의 안전보장과 국토방위의 신성한 의무를 수행함을 사명으로 하며, 그 정치적 중립성은 준수된다.'라고 규정하고 있고 이에 따라

---

51) 일본 국가공무원법 제75조 제1항에 "직원은 법률 또는 인사원규칙에 정한 사유에 의한 경우가 아니면 그 의사에 반하여 강임, 휴직 또는 면직되지 아니한다."라고 하여 신분보장 규정을 두고 있다.

국군조직법에서 국방의무를 수행하기 위한 육군 · 해군 및 공군 등의 조직 및 그 작전수행의 내용 및 작전수행에 필요한 교육 · 훈련에 관한 사항을 규정하고 있으며(제2조 제1항 및 제3조) 군인의 신분에 관해서도 '전시와 평시를 막론하고 군에 복무하는 자'로 규정하고 있다(제4조 제1항). 또한 군인은 국방의무라는 특수한 사명으로 인하여 다른 공무원과 달리 생명의 위험을 무릅쓰고 작전과 훈련에 임하여야 하며 상명하복의 엄격한 규율에 복종하여야 함은 물론 규율에 복종하지 않은 경우 군형법에 의한 군사재판을 받아야 한다. 이와 같이 군인은 외부 적대세력의 직 · 간접적인 침략행위로부터 국가의 독립을 유지하고 영토를 보전하기 위하여 궁극적으로 생명의 위험을 무릅쓰고 적과 전투를 수행하여야 하며 평상시에도 그 준비를 위하여 많은 희생을 감수하여야 하고 이에 따라 다른 공무원과 달리 많은 책임과 의무가 부여되고 있다. 즉 군인은 전시와 평시를 막론하고 군복무를 하는 신분이기 때문에 국방을 위한 다양한 군사작전을 수행하며 외부 적대세력의 침략이 있으면 생명의 위험을 무릅쓰고 적과의 전투를 수행하여 나라를 지켜야 한다는 점에서 통상적으로 다른 공무원보다 직무의 위험도가 높다."라고 하였다.[52)]

나. 군의 특수성

군은 일반적인 행정과는 구별된다. 군은 국가의 제도이며, 집행권의 일부이다. 그러나 군은 조직적 · 인적 또는 장비상 및 기능상의 특수성으로 인하여 일반적인 행정권의 관념으로는 포착하기 어려운 특별한 지위에 있다.[53)] 일반적인 국가조직과 달리 군은 무력을 동원하여 적으로부터 국가의 안전, 즉 국민의 안전을 도모하는 것을 목적으로 하는 특수한 국가조직이다. 즉 군은 특정한 목적에 엄격하게 기속되는 조직단체로서 일반적인 공법상 조직단체와는 다른 아래와 같은 특수성을 갖는다. ① 명령과 절대적 복종, ② 자신의 생명을 무릅쓰고 (적군을) 살해해야 하는 전투임무, ③ 군사적 관계, ④ 전우애에 기초하여 하나의 위험공동체에 귀속되는 것, ⑤ 살상과 파괴를 초래하며 막대한 비용이 소요되는

52) 헌법재판소 2005. 09. 29. 2004헌마804 결정.

53) 일반적으로 군대가 사회로부터 분리되는 원인으로는 ① 군대생활의 사회적 고립성, ② 군대생활의 규율성, ③ 군대생활의 단체성과 사회생활의 자유성, ④ 의무병역과 사회적 직업과의 괴리, ⑤ 군대의 사회관과 사회의 군대관의 대립 등이 거론된다(水島朝穂, 현대군사법제연구, 일본평론사, 2000, 79면).

무기시스템으로 무장하는 것이다. 그러나 군사력(국가방위를 위한 무력)도 국가 공권력의 일부를 구성한다는 점에서 국가권력을 조직하고 통제하는 것을 과제로 하는—그로써 국민의 인권보장이라는 궁극적 목적을 추구하는— 헌법 아래에 놓여 있다. 따라서 군도—그 특수성에 기인한 일부 조정이 필요하다는 점을 인정한다 하더라도— 그 조직과 운영에 있어서 헌법질서에 합치하지 않으면 안 된다. 민주주의 · 법치주의 등 헌법의 기본원리가 군사법제도에 있어서도 준수되어야 하는 까닭이 여기에 있다.[54]

다. 직업군인의 특수성

직업군인(career soldier)이란 일반적으로 "군에서 일생의 대부분을 보내기를 희망하여 장기 복무를 지원함으로써 지속적으로 복무하고 있는 장교 및 부사관"으로 정의할 수 있다. 직업군인이란 구체적으로는 "병역의무의 이행, 또는 군에서의 경력을 사회진출에 활용하려는 의도로 복무하는 의무복무기간 6년 이하의 의무 또는 중기 복무자를 제외한 현역 인력"을 지칭하는 것이며, 대표적으로 장교의 경우 사관학교 출신자, 3사 출신자로서 학위 교육을 마친 자, 기타 출신으로서 소령 이상의 장교 등이 해당되고, 부사관은 장기복무를 지원하여 선발된 자, 또는 근속 연수 7년 이상의 복무자 등이 포함된다고 한다.[55]

하나의 직업인이지만 다른 직업인과 비교할 때, 기본적으로 추구하는 가치 및 임무의 특수성과 목숨까지 담보로 임무를 완수해야 한다는 강력한 책임성의 측면에서 차이를 보인다. 첫째, 유일한 합법적 무력관리 집단이다. 군은 본연의 임무인 국가안보 및 국민의 생명과 재산을 보호하기 위한 합법적인 무력관리 집단의 특징을 지닌다. 둘째, 유사시 목숨까지 담보하는 강한 책임성을 가진다. 임무 수행과정에서 군인은 개인의 가장 소중한 가치인 목숨까지 버려 가며 책임의 완수를 기해야 한다는 특수성이 있다. 즉 군 본연의 임무 수행과정에서는 무엇과도 바꿀 수 없는 절체절명(絶體絶命)의 순간이 존재하는데 이러한 순간에 자신의 가장 소중한 목숨까지도 기꺼이 희생해야 한다는 측면에서 어느 직업과

---

54) 김선택, "병영에서의 장병의 인권보장 - 군사제도의 합헌화와 군인의 기본권보장 방안 -", 제10회 충성대 학술세미나 『군 전투력 향상을 위한 바람직한 병영문화 창달』, 육군3사관학교 충성대연구소, 2005, 77 - 78면.

55) 오경조 · 김종택, 전게논문, 21 - 22면.

는 명확히 구별된다. 셋째, 명령의 절대성과 엄격한 위계질서가 요구된다. 군은 명령의 절대성이 요구되는 조직으로 엄격한 규율성과 강력한 위계질서가 지배하는 특징을 가진다. 군이 그 기능을 정상적으로 수행하기 위해서 하급제대는 상급제대의 명령을 절대적으로 수행해야 한다. 그러므로 아무리 민주주의가 발달한 나라일지라도 군대만은 엄격한 상명하복의 위계조직으로 구성되며, 자신의 이익에 반하더라도 명령에 복종할 것을 요구하는 것이다. 넷째, 군은 강한 사회적 책임성을 지닌 조직의 특징을 갖고 있다. 이러한 사회적 책임성의 요구는 군이 합법적 무력관리 집단이라는 데서 파생되는 것으로 양자는 동전의 양면관계에 있다. 즉 무력의 합법적 관리집단이기 때문에 군에 더욱 강력한 사회적 책임성이 요구된다. 다섯째, 군은 다른 직업집단이 대신하기 어려운 강한 전문기술성을 보유하고 있는 집단이다. 민간인 기술자와 군 간부를 구분 지어 주는 군 고유의 독특한 전문기술은 무력관리라는 말로 적절히 요약될 수 있다. 즉 군 간부에게 고유한 기술이란 무력의 행사가 주 업무인 인간집단을 지휘하고 관리하며 통제하는 것이다. 오늘날 군사적 기능이 고도의 전문지식과 기술을 요하는 것이라는 데는 이의가 없다. 상당한 훈련과 경험이 없이는 아무리 천부적인 재능과 리더십을 부여받은 사람일지라도 군사적 기능을 효과적으로 수행할 수 없는 것이다.[56] 이러한 군인 신분의 특수성으로 인해 종래 군인의 군복무관계를 특별권력관계로 설명하여 왔다. 이에 대해 설명하기로 한다.

2. 특별권력관계

가. 특별권력관계의 의의

특별권력관계는 특별한 공법상 원인에 기하여 성립되고, 공법상 행정목적에 필요한 한도 내에서 그 특별권력주체에게는 포괄적 지배권이 인정되고, 그 상대방인 특별한 신분에 있는 자(군인 · 공무원)가 이에 복종하는 관계를 말한다.[57] 이와 반대로 일반권력관계는 국가 또는 공공단체의 통치권(일반지배권)에 복종하는 관계로서, 국민 또는 주민의 신분을 가지는 모든 자에게 당연히 성립하는

56) 국방부, 군대윤리 - 직업군인의 가치관 -, 2004, 154 - 156면.

57) 김동희, 행정법 I, 박영사, 2004, 105면.

관계를 말한다.

특별권력관계이론은 19세기 후반 독일에서 절대군주정이 붕괴되고 외견적 입헌군주정체가 나타나면서 생겨난 이론이다. 19세기 후반의 시대적 상황은 외관상 입헌주의·법치주의의 도입을 요청하였으며, 한편으로는 군주를 중심으로 한 세력이 의회로부터, 그리고 재판소로부터 자유로운 행정영역을 확보하여 행정권의 특별한 지위를 확보하려는 노력이 있었는바 이에 군주의 특권적 지위의 확보를 위한 이론의 하나이다.[58] 특별권력관계이론은 생물학적 유기체설을 활용하여 국가를 하나의 유기체로서 법인격자로 보아 국가의 내부관계에는 법이 침투할 수 없다는 논리를 바탕으로 하였다.[59]

특별권력관계가 있으면 ① 행정의 법률적합성의 원칙, 그중에서도 법률유보의 원칙이 적용되지 않으며, ② 특별권력관계를 유지하는 데 필요한 범위 내에서는 그 권력관계의 복종자의 기본권을 법률의 수권 없이 제한할 수 있고, ③ 특별권력관계 내에서 발해지는 제 명령은 법적 성질이나 효력이 부인되었으므로 이에 의한 특별권력관계 내부의 사항은 사법심사의 대상이 될 수 없다는 3가지로 요약할 수 있다.[60]

나. 특별권력관계이론의 수정

1) 전통적인 특별권력관계론은 제2차 세계대전 후 비판의 ＋자포화(Kreuzfeuer der Kritik)를 받게 되었다. 즉「본」기본법 아래에서는 의회중심주의·법치주의 및 기본권존중주의가 확립된 철저한 입헌민주주의로 헌법구조가 달라져 그 존립기반이 흔들리게 되었다. 특별권력관계를 종전과는 달리 더 이상 법의 적용에 있어서 자유로운 영역으로 인정하지 않고 그 법적 성질을 기본적으로 법적인 관계로 규정하고, 이 권력관계에서도 법적인 행위들이 존재함을 인정하게 되었다. 또한 종래의 법규 개념에 대해서도 비판이 가해졌다. 종래의 법규 개념은 법인을 자연인과 혼동한 것으로 법인의 내부관계에는 예컨대 국가 대 공무원,

58) 홍정선, 행정법특강, 박영사, 2005, 73－74면.

59) 불침투성 이론에 대해서는 정탁교, "행정법상 내부관계에 대한 법적고찰", 고려대(박사학위논문), 2004, 13면 이하 참조.

60) 김선욱, "특별권력관계이론의 수정과 한국공무원법상의 과제", 남하 서원우교수 화갑기념 현대행정과 공법이론, 박영사, 1991, 310면.

영조물설치자 대 영조물이용자 간의 관계와 같이 인격주체 상호 간의 관계가 존재한다는 것이다.[61]

2) 1972. 3. 14. 서독연방헌법재판소는 재소자판결에서 "특별권력관계에 있어서도 기본권을 제한하기 위해서는 기본법의 가치질서에 의하여 설정된 공동체의 목적 실현을 위하여 불가피하고 그리고 그것도 기본법에서 규정된 형식에 의하여 제한될 때에만 비로소 가능하다."는 판결을 하였다.[62] 이 판결에 의하여 전통적인 특별권력관계이론에 대한 위헌 판결이 내려지게 되었다.[63]

3) 현재는 특별권력관계를 부인하고 그 관계를 i) 특별행정법관계로 대체하는 견해가 늘어나고 있지만, ii) 수정된 특별권력관계이론을 인정하는 견해, iii) 수정된 특별권력관계를 인정하면서 그 관계를 특별행정법관계와 동의어로 쓰는 견해, iv) 특별권력관계를 부인하면서 그 관계를 일반행정법관계로 편입시키는 견해가 있다. 결론적으로 포괄적 지배권, 기본권 제한, 사법심사의 배제를 내용으로 하는 특별권력관계를 인정하는 견해는 없다. 다만, 군인의 복무관계, 공무원의 근무관계와 같이 특별한 행정목적을 달성하기 위하여 특별권력기관과 특별한 신분을 가진 자와의 사이에 성립되는 특별한 법률관계를 인정하는 것이 일반적이다.[64][65]

다. 군복무관계에 있어서 특별권력관계의 의미

첫째로, 헌법구조론적 관점에서 특별권력관계이론은 국민주권주의와 실질적 법치주의 원리가 확립된 우리 헌법의 구조하에서는 더 이상 존립의 근거가 없다. 다만, 공무원은 국민 전체의 봉사자로서 국민에 대하여 책임을 지는 주권자인 국민의 대표자 · 수임자로서 특별한 법적 지위(권리 · 의무 · 책임)가 인정된

---

61) 박윤흔, "특별권력관계(특별행정법관계)", 경희법학(제25권 제1호), 경희법학연구소, 74 – 75면.

62) BVerfGE 31, 1ff.; 이 판례에 대해서는 남궁 호경, "독일에서의 수형자의 지위와 특별권력관계론의 변천", 형사정책 한국형사정책학회, 1990, 220면.

63) 정하중, "민주적 법치국가에서의 특별권력관계", 고시계(94/9), 123 – 141면.

64) 박균성, 행정법강의, 박영사, 2005, 110면.

65) 오늘날 민주적 법치국가의 헌법구조에서도 특별권력관계를 포기할 수는 없는 것이다. 비록 특별권력관계의 법치화는 필연적이나 불가피한 정제를 넘어서서 국가공동체에 필수적인 제도를 폐지하는 것은 그의 불안정과 기본적인 국가의식의 상실로 나타나게 된다. 중요한 것은 특별권력관계 구성원의 이중적 지위, 즉 국가에 대하여 특별한 의무를 지고 있는 특별 신분으로서의 지위와 그의 일반시민으로서의 지위 사이에 어떻게 조화와 균형을 실현시킬 수 있는지의 문제이다(정하중, 전게논문, 142면).

다.[66] 즉 헌법 제7조는 직업공무원제도의 기능을 위하여 불가결한 본질적인 원칙을 포함하고 있는데 이는 헌법이 특별한 법적 장치인 직업공무원제도의 보장을 위하여 공법상의 특별기속에 관한 특별법관계의 근거를 규정하고 있는 것이다.[67] 둘째로 실정법상의 관점에서 보면 현행 군복무관계에 대해서는 국가공무원법, 군인사법, 병역법에 의하여 상세히 규정하고 있으므로 특별권력관계이론의 주요 내용이었던 법률유보의 예외는 이미 의미가 없다. 다만, 군복무관계를 규정하고 있는 법규정의 내용이 군인에게 일반국민과는 다른 특수한 의무와 권리와 책임을 지우고 있다. 이런 특수규정은 개별적 · 구체적으로 합리적인 이유가 있는 한에서 입법화되고 해석되어야 한다.[68] 따라서 그 내용과 범위는 여러 가지 구체적인 공무원관계의 성질과 목적에 따라 결정되어야 하고 각 관계마다 그 특질에 따른 개별적 · 합리적 검토가 요구된다. 셋째로 사회변화와 인식변화의 관점에서 보면 현대사회의 변화와 함께 공무원의 특별한 지위에 대한 인식도 공무원의 국민에 대한 책임의식도 약화되고 보수에 대한 인식도 달라짐으로써 근로자로서의 의식이 커지고 있다. 공무원관계가 일반노동관계와 유사해지는 경향이 있다. 그러나 군의 정보화, 과학화, 첨단화로 인하여 국방전문인력의 확보가 필요하다. 이러한 사회변화와 인식변화 그리고 직업공무원제도의 기능수행을 위해서는 실정법상의 군복무관계규정을 직무의 성격에 따라 세분하여 구체적 · 세부적으로 규정할 필요가 있다.[69]

3. 군인 신분의 특수성(기본권 제한의 정도와 범위)

위에서 살펴본 바와 같이 군인은 국민으로서 기본권의 주체이지만 동시에 공무담당자이므로 군복무관계의 특수성에 의하여 일반국민과는 다른 범위와 정도의 기본권 제한을 받는다. 이러한 기본권의 제한은 헌법에 의하거나 헌법에 근

66) 김도창, 행정법(하), 1990, 218면.

67) 김선욱, 전게논문, 314면.

68) 군복무관계에 관하여 규정하고 있는 실정법들이 제정되었으나 과연 이들 법률들이 법치국가에서 요구되는 최소한의 요건을 충족시키고 있는지 새로운 검토가 필요하며, 입법자는 특별권력관계의 목적과 구성원의 개별 기본권을 실천적 조화의 원칙에 따라 정당하게 형량을 하여 규율을 하였는지 또는 본질적이고도 중요한 문제에 대하여 스스로 결정을 하지 않고 하위법 또는 행정규칙의 규율대상으로 하고 있지 않은지 근본적인 재검토를 요구한다(정하중, 전게논문, 143면).

69) 김선욱, 상게논문, 315-316면.

거하여야 하며, 군복무관계의 목적달성을 위해 필요한 경우에 한하여 최소한의 범위 내에서 제한되어야 한다. 또한 이 경우에도 인간의 존엄과 가치 그리고 자유와 권리의 본질적 내용은 침해할 수 없다.[70] 이하에서 군복무관계의 특수성을 반영하여 헌법과 법률 등에 의하여 제한되고 있는 군인의 기본권에 대해 설명하기로 한다.

가. 헌법에 의한 제한

1) 근로3권의 제한

헌법 제33조 제2항은 "공무원인 근로자는 법률이 정하는 자에 한하여 단결권, 단체교섭권 및 단체행동권을 가진다."라고 규정하고 있다. 공무원은 노동운동 기타 공무 이외의 일을 위한 집단적 행위를 하여서는 아니 된다. 다만, 사실상 노무에 종사하는 공무원은 예외로 한다(국가공무원법 제66조 제1항). 군인은 군무 외의 일을 위한 집단행위를 하여서는 아니 된다(군인복무규율 제13조)고 군인의 노동3권을 제한하고 있다.[71]

2) 국가배상청구권의 제한

헌법 제29조 제2항은 "군인 · 군무원 · 경찰공무원 기타 법률이 정하는 자가 전투 · 훈련 등 직무집행과 관련하여 받은 손해에 대해서는 법률이 정하는 보상 외에 국가 또는 공공단체에 공무원의 직무상 불법행위로 인한 배상은 청구할 수 없다."라고 하여 군인의 국가배상청구권을 제한하고 있고, 또한 국가배상법 제2조 제1항 단서에서도 이와 유사한 규정을 두고 있다.[72]

3) 재판청구권의 제한

헌법 제110조 제1항에는 "군사재판을 관할하기 위하여 특별법원으로서 군사법원을 둘 수 있다."라고 하여 군인은 헌법과 법률이 정한 법관에 의하여 법관

---

70) 김대식, "이른바 특별권력관계에서이 기본권 제한에 관한 연구", 연세대(석사학위논문), 2004, 41면.

71) 정지택, "병의 법적 지위에 관한 연구", 연세대(석사학위논문), 2003, 39-40면.

72) 이 조항은 군인은 국가보상제도에 의해 보상하면 되는 것이지 국가배상청구권을 2중으로 인정할 필요가 없다는 2중배상금지를 위한 규정이나 군인의 생명과 신체 및 재산을 지나치게 경시하려는 국가의 기본 태도를 헌법에 명문화해 놓은 것으로 해석되는바 군인들의 사기를 저하시키는 원인으로 작용하고 있다(윤경일, 군인의 기본권 보장에 관한 연구, 울산대석사학위논문, 2003, 33면).

의 자격이 없는 자가 참여하는 군사재판을 받거나 나아가 일정한 경우에 대법원에 상고가 인정되지 않는 등 재판청구권이 제한된다. 군사법원은 군조직의 특성과 군사재판의 특성을 고려하여 예외법원으로 설치된 것이다. 그러나 대법원에 상고가 허용되고, 군판사도 헌법과 법률이 정한 법관의 자격을 갖추고 있다는 점에서 문제가 크다고 볼 수 없다.[73] 또한 심판관의 임명과 자격에 대하여 세밀한 규정을 마련하고 있고 재판의 독립을 이루기 위한 각종 장치를 마련하고 있다는 점에서 재판권이 실질적으로 제한되고 있지는 않다.[74][75]

4) 기타

군인은 현역을 면한 후가 아니면 국무총리 또는 국무위원으로 임명될 수 없다는 규정(헌법 제86조 제3항, 제4항)과 군인의 정치적 중립성 규정(헌법 제5조 제2항 후단)을 헌법에 의한 군인의 기본권 제한으로 들고 있다.[76] 그러나 모든 공무원이 정치적 중립성를 지켜야 하고, 군인의 신분으로 국무총리 또는 국무위원을 겸직할 수 없다는 점에서 현역군인의 정치개입을 봉쇄하기 위한 단순히 경고적 의미를 갖는다고 본다.[77]

나. 하위 법령에 의한 제한

1) 정치적 자유권의 제한

정치적 자유권이란 ⅰ) 정치적 의견과 정치사상을 외부로 표현하는 자유인 정치적 표현의 자유와, ⅱ) 정치적 결사인 정당결성과 가입권 · 활동권, ⅲ) 투표의 자유와 공직선거입후보 및 선거운동의 자유를 포함하는 권리를 말하며 민주정치에 있어서 필수 불가결한 자유로 인정되고 있다.[78] 그러나 군인은 법률이 정하는 바에 의한 선거권 또는 투표권을 행사하는 외에도 ⅰ) 정당 기타 정치

73) 김선택, 전게논문, 85면.

74) 조동양, "군인의 기본권 제한에 관한 문제점 검토", 군사법연구(제13호), 육군본부, 1996, 21면.

75) 헌법재판소 1996. 10. 31. 93헌바25 결정에서는 군인에 대한 형사재판에 대하여 군부대 내에 군사법원 설치(군사법원법 제6조), 관할관제도(제7조), 군판사 및 심판관제도(제23조, 제24조), 재판관지정제도(제24조)에 대하여 합헌결정을 하였다. 이에 대해서는 임천영, 전게서, 73－74면 참조.

76) 윤경일, 전게논문, 31면.

77) 김선택, 상게논문, 84면.

78) 김철수, 전게서, 655－676면.

단체에 가입하거나 그 목적을 달성하기 위한 행위, ii) 특정 정당이나 정치단체를 지지 또는 반대하는 행위, iii) 법률에 의한 공직선거에 있어서 특정의 후보자를 당선하게 하거나, 낙선하게 하기 위한 행위, iv) 각종 투표에 있어서 어느 한쪽에 찬성하거나 반대하도록 영향을 주는 행위, v) 기타 정치적 중립성을 해하는 행위 등이 제한된다(군인복무규율 제18조).

2) 언론、출판 자유의 제한

언론의 자유는 자기의 사상 내지 의견표명과 전파를 자유롭게 할 수 있는 권리를 말한다. 그러나 군인은 국방 및 군사에 관한 사항을 군 외부에 발표하거나, 군을 대표하여 또는 군인의 신분으로 대외활동을 하고자 할 때에는 국방부장관의 허가를 받아야 한다(군인복무규율 제17조 제1항). 다만, 순수한 학술·문화·체육 등의 분야에서 개인적으로 대외활동을 하는 경우로서 일과에 지장이 없는 때에는 예외로 한다.

3) 집회、결사 자유의 제한

군인은 군무 외의 일을 위한 집단행위를 하여서는 아니 되며, 국방부장관이 허가하는 경우를 제외하고는 일체의 사회단체에 가입하여서는 아니 된다. 그러나 군무에 영향을 주지 아니하는 순수한 친목단체에의 가입이나 친목활동은 예외로 한다(군인복무규율 제13조). 이에 따라 군인의 집회·결사 자유를 제한받고 있다.

4) 직업선택 자유의 제한

군인은 군무 외의 영리를 목적으로 하는 업무에 종사하거나 다른 직무를 겸할 수 없다. 그러나 그 직무가 정치적·반사회적 또는 영리적이 아니며 이를 겸직하여도 군무에 지장이 없다고 인정되어 국방부장관이 허가한 것은 예외로 한다(군인복무규율 제16조). 따라서 일정 범위 내에서 직업선택의 자유가 제한된다.

5) 거주、이전 자유의 제한

군인은 유사시 대비하여 신속하게 출동할 필요가 있어 거주·이전의 자유가 제한된다. 즉 군인은 내무생활을 하도록 규정되어 있으며(군인복무규율 제29조 제1항), 이에 따라 의무복무 중인 병은 영내 내무생활을 하여야 하며 일부 초급 부사관의 경우에도 영내거주 의무가 있다. 또한 장교들의 경우에도 부대 내규 등에 의하여 비상소집 시 응소기한 내에 부대에 복귀하여야 하는 위수지역 개념을 설정하고 있어 거주·이전 자유의 제한을 받고 있다.

또한 군인은 국외거주 친족의 경조사가 있거나 본인의 질병을 치료하기 위하여 필요한 때, 휴가 중 국외여행을 하고자 할 때에는 허가권자의 승인을 얻어 공무 외의 목적으로 국외여행을 할 수 있다(군인복무규율 제41조).

6) 양심의 자유와 종교 자유의 제한

우선 입영기피와 관련하여 양심적 병역거부를 인정할 수 있느냐에 관하여 병역의무는 궁극적으로는 국민 전체의 인간으로서의 존엄과 가치를 보장하기 위한 것이며 양심적 병역거부자의 양심 자유가 위와 같은 헌법적 법익보다 우월한 가치라고 할 수 없다면서 양심의 자유를 제한할 수 있다고 하였다.[79] 또한 양심의 자유로부터 대체복무를 요구할 권리가 도출되는지 여부에 관하여 헌법재판소는 양심의 자유로부터 대체복무를 요구할 권리가 도출되지 않는다고 하였다.[80] 군의 특수성으로 인하여 엄격한 상명하복이 적용되므로 상관의 명령이 양심에 반하거나 교리에 반하는 경우, 국가안전보장과 개인의 양심·종교의 자유가 충돌된다. 이러한 경우 상관의 명령에 복종하지 않으면 항명죄로 처벌된다. 군인은 자기가 믿는 종교의 교리 또는 종교생활을 이유로 임무수행에 위배되거나 군의 단결을 저해하는 일체의 행위를 해서는 안 된다(군인복무규율 제32조).

7) 통신 자유의 제한

군인은 부대의 소재·부대이동·편성 및 군 인사 등 군사보안에 저촉되는 일

79) 대법원 2004. 7. 15. 선고 2004도2965 판결(전원합의체).

80) 헌법재판소 2004. 8. 26. 2002헌가1 결정(양심의 자유는 단지 국가에 대하여 가능하면 개인의 양심을 고려하고 보호할 것을 요구하는 권리일 뿐, 양심상의 이유로 법적 의무의 이행을 거부하거나 법적 의무를 대신하는 대체의무의 제공을 요구할 수 있는 권리가 아니다. 따라서 양심의 자유로부터 대체복무를 요구할 권리도 도출되지 않는다. 우리 헌법은 병역의무와 관련하여 양심 자유의 일방적인 우위를 인정하는 어떠한 규범적 표현도 하고 있지 않다. 양심상의 이유로 병역의무의 이행을 거부할 권리는 단지 헌법 스스로 이에 관하여 명문으로 규정하는 경우에 한하여 인정될 수 있다.).

체의 사항을 통신수단을 이용하여 교신하거나 우편물에 기재하여서는 아니 된다(군인복무규율 제37조). 이 범위 내에서 통신의 자유가 제한된다.

8) 사생활의 비밀과 자유 제한

모든 국민은 사생활의 비밀과 자유를 침해받지 아니한다(헌법 제17조). 그러나 군인은 군복을 착용하고 외모를 단정히 하며 규율을 지켜 군인으로서의 품위를 유지하여야 하며(군인복제령 제3조), 두발의 제한을 받고 있다. 이는 통일성을 확보하고 군대기강을 유지하기 위하여 필요한 것이며, 위생상으로도 제한이 불가피하다.

9) 신체의 자유

군인 중 병에 대해서는 징계처분의 종류로 영창을 규정하고 있다. 이러한 영창제도는 형벌이 아닌 징계벌의 일종이기 때문에 엄격하게 죄형법정주의의 구속을 받지 않는다는 점에서 문제가 있다. 영창제도로 인하여 일반인에 비하여 신체 자유의 제한 가능성이 높아진다.[81)]

Ⅳ. 군인 신분보장제도의 운영실태 및 문제점

1. 개요

가. 법적 보장의 필요성

공무원들이 공직의 매력으로 꼽는 가장 큰 이유는 '안정된 신분'이라고 한다. 이렇게 국가가 공무원의 신분을 보장하는 이유는 국가의 특성과 현실적 필요성에서 찾을 수 있다. 즉 정부의 안정성과 지속성은 인적 구성원인 공무원의 안정성과 지속성을 통해서 확보할 필요가 있기 때문이다. 또한 공무원의 신분보장을 관리적 시각에서 볼 때 우수인재의 유인, 동기부여, 행정의 전문성과 능률성 측면에서도 필요하다.

81) 김선택, 전게논문, 89면.

헌법 제7조 제2항에는 “공무원의 신분과 정치적 중립성은 법률이 정하는 바에 의하여 보장된다.”라고 하여 직업공무원제도에 대해 규정하고 있다. 따라서 공무원의 신분이 제대로 보장되기 위해서는 이에 대한 실질적인 법적 장치가 마련되어 있어야 한다. 이에 따라 국가공무원법, 외무공무원법, 경찰공무원법, 소방공무원법, 교육공무원법, 국가정보원직원법, 대통령경호실법, 군인사법, 군무원인사법, 검찰청법, 법원조직법, 국회법 등에서 각종 공무원의 신분보장과 법적 지위에 대해 규정을 두고 있다.

여러 종류의 공무원법이 있지만 국가공무원법이 국가공무원에 대한 일반법이라고 할 수 있다. 즉 국가공무원법 제1조에 “이 법은 각급기관에서 근무하는 모든 국가공무원에게 적용할 인사행정의 근본기준을 확립하여 그 공정을 기함과 아울러 공무원으로 하여금 국민 전체의 봉사자로서 행정의 민주적이며 능률적인 운영을 기하게 함을 목적으로 한다.”라고 하여 국가공무원법의 목적에 대해 규정하고 있는바, 여기서 ‘각급기관’의 개념은 행정기관뿐만 아니라 입법기관, 사법기관을 모두 포함하기 때문이다.[82]

공무원에 대한 신분보장의 실질적인 법적 장치가 되어 있다는 것은 첫째로, 공무원의 신분을 변경하거나 소멸하는 처분을 할 때에는 그 사유가 법에 규정되어 있어야 하고, 둘째로, 법에 정한 사유가 있다 하더라도 정당한 법적 절차를 준수하여 자의적인 신분조치가 되지 않도록 해야 하며, 셋째로, 불이익 처분의 법적 사유가 없는 경우에는 본인의 자유로운 의사에 따라 이루어져야 한다.[83] 넷째로, 공무원 본인의 의사에 반한 처분에 대해서는 신속하고 간편하게 권리구제를 받을 수 있는 제도가 마련되어야 한다는 것이다.

① 법적 사유의 원칙이란 공무원의 신분상 불이익은 법에 정한 이유가 있어야만 가능하다는 것이다. 구체적으로 국가공무원법에 규정한 ‘형의 선고’, ‘징계처분’ 그리고 ‘이 법(국가공무원법)에 정하는 사유’가 법적 사유에 해당된다. ‘형의 선고’는 형사소송법에 근거하여야 하고, ‘징계처분’은 국가공무원법에 의거하여 적법한 절차를 거쳐 이루어진 징계 중에서 파면과 해임의 중징계를 의미한다. 국가공무원법은 형의 선고나 중징계 처분을 받은 경우 처분과 함께 공무

82) 김중양 · 김명식, 전게서, 72면.

83) 유민봉 · 임도빈, 전게서, 431 – 434면.

원 신분이 자동적으로 상실되도록 정하고 있다. '이 법에 정하는 사유'란 국가공무원법에서 공무원 신분관계에 영향을 미치는 규정인 직권면직 · 휴직 · 강임 · 직위해제 · 정년 · 명예퇴직의 요건을 말한다.

② 적법절차의 준수란 공무원에 대한 신분상의 불이익 처분은 그 처분이 이루어지기까지와 처분 후를 포함하여 법이 정한 정당한 절차를 준수하여야 한다는 것이다. 특히, 신분상 불이익이 큰 경우일수록 엄격한 절차준수가 요구된다. 적법절차의 준수야말로 자의적이고 부당한 불이익 처분으로부터 공무원을 보호할 수 있는 유용한 장치이다. 적법절차의 준수는 불이익 처분 대상자에게 자신을 방어할 충분한 기회를 부여하는 것이다. 국가공무원법은 당연퇴직이 이루어지는 파면 · 해임의 중징계 경우 징계위원회의 의결을 거치도록 하고 있고 징계대상자에게는 자신을 해명할 수 있는 진술권을 부여하고 있다. 본인의 의사에 관계없이 이루어질 수 있는 직권면직의 경우에도 임용권자는 징계위원회의 의견이나 동의를 구하도록 규정함으로써 재량권 남용을 견제하고 있다.

③ 자유의사의 원칙이란 불이익 처분의 법적 사유가 발생하지 않은 상태에서는 본인의 의사에 반하여 불이익 처분을 내릴 수 없음을 말한다. 따라서 본인이 자유의사로 휴직을 원하거나(청원휴직), 공무원관계를 소멸시키고자 사의를 표하는 것은(의원면직) 얼마든지 허용된다. 다만, 국가공무원법에서 권고사직에 대한 금지규정이 삭제되어(1973. 2. 5.), 현재 강압이 아닌 권고에 의한 사직의 경우는 법률에 위배되지 않는다고 해석할 수 있어 정치적으로 악용될 소지를 남겨 놓고 있다.[84]

나. 퇴직관리

인사행정에서 퇴직관리란 조직 내 인적 자원의 퇴직상황을 파악 · 예측하고 적정한 퇴직수준을 유지하며, 퇴직결정을 전후하여 생기는 문제들을 해결하는 활동을 지칭한다. 이러한 퇴직관리는 조직의 이익과 퇴직하는 개인의 이익을 균형 있게 보호해야 한다는 기대에 부응해야 한다. 조직의 효율성 제고에 이바지하면서 퇴직자의 인격과 생활을 보호하는 문제에 깊은 배려를 해야 한다.[85]

---

84) 유민봉 · 임도빈, 전게서, 431 – 434면.

85) 오석홍, 전게서, 255면.

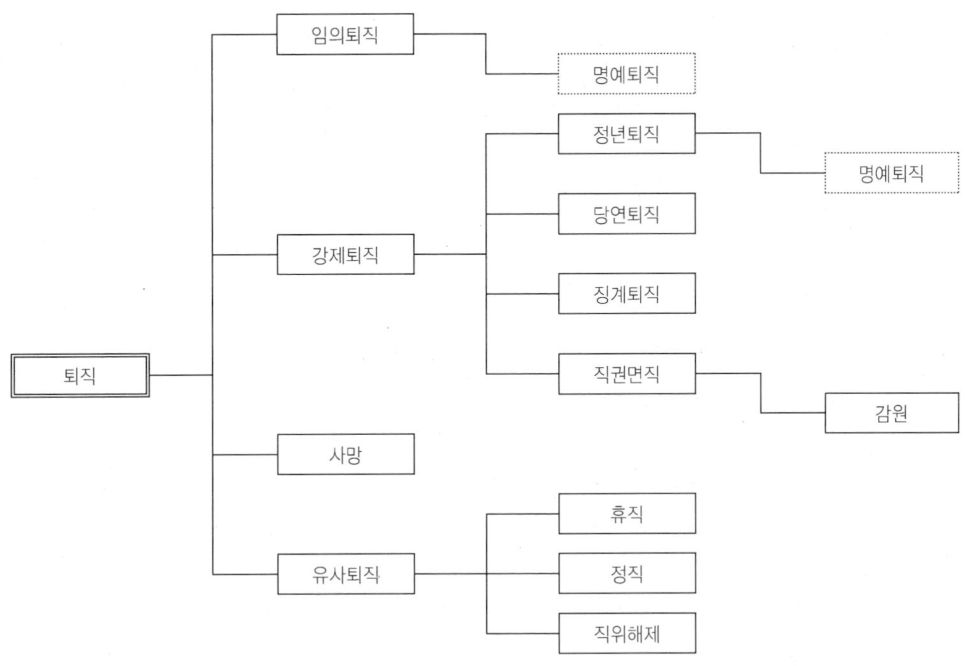

자료: 오석홍, 전게서, 259면.

〈그림 4-1〉 퇴직의 종류

퇴직의 유형으로는 크게 임의퇴직과 강제퇴직으로 대별한다. 임의퇴직이란 공무원의 자발적인 의사결정에 의한 퇴직을 말하며, 항구적인 사직, 복직을 전제로 하는 사직, 정년 전에 퇴직을 선택하는 명예퇴직(정년 이전에 자진하여 퇴직하는 것)[86]으로 구분할 수 있다. 강제퇴직이란 퇴직하는 공무원의 의사에도 불구하고 정부조직이 정한 기준과 의사결정에 따라 발생하는 비자발적 퇴직을 말한다. 여기에는 징계에 의한 파면, 정년에 의한 퇴직, 직권면직(법이 정한 사유가 발생한 경우 임용권자가 일방적으로 공무원관계를 소멸시키는 것), 당연퇴직(법에 정한 사유가 발생한 경우 별도의 처분이 필요 없이 공무원관계가 소멸되는 것), 감원에 의한 퇴직 등이 있다. 또한 휴직(일정기간 동안 직무에 종사하지 않는 것으로 공무원관계는 계속 유지되는 상태), 정직, 직위해제(휴직과 같이 공무원의 신분은 유지하지만 휴직과는 달리 강제로 직무를 담당하지 못하게 하는 것을 말함) 등은 공무원의 신분을 해소하는 것이 아니므로 퇴직은 아니나, 정부

86) 정년연령에 도달하기 전에 정년퇴직과 유사한 퇴직을 하는 명예퇴직은 임의퇴직과 강제퇴직의 중간 형태라고 말할 수도 있다. 왜냐하면 그것은 정년퇴직의 한 수정 형태라는 특성도 지녔기 때문이다(오석홍, 전게서, 257면).

조직에 일시적으로나마 사실상의 결원을 발생시키는 제도이므로 유사퇴직으로 보아 퇴직관리에 포함시키고 있다.[87)]

다. 국가공무원법상의 신분보장제도

국가공무원법은 “제8장 신분보장”에 11개 조문을 규정하고 있으며 그 첫 번째 조문인 제68조에서는 “공무원은 형의 선고 · 징계처분 또는 이 법에 정하는 사유에 의하지 아니하고는 그 의사에 반하여 휴직 · 강임 또는 면직을 당하지 아니한다. 다만, 1급 공무원은 그러하지 아니하다.”라고 규정하여 의사에 반한 신분조치를 금하는 신분보장의 원칙을 천명하고 있다. 그 외에도 당연퇴직, 직권면직, 휴직, 직위해제, 강임, 정년, 명예퇴직 등 10개 조문을 규정하고 있다. 이들 규정을 살펴보면, ① 당연퇴직제도란 공무원이 국가공무원법 제33조 각 호의 1에 해당할 때에는 당연히 퇴직하는 것을 말한다(동법 제69조). ② 면직에는 공무원 본인의 의사표시에 의하여 공무원관계가 소멸되는 의원면직이 있고, 공무원이 일정한 법정사유에 해당하면 본인의 의사와는 관계없이 임용권자가 직권으로 면직시키는 직권면직(동법 제70조)이 있으며, 징계절차에 따라 공무원을 특별권력관계에서 배제시키는 징계면직(동법 제79조)이 있다. ③ 휴직이란 공무원으로서의 신분을 보유하나 그 직무에 일정기간 종사하지 못하는 것을 말하며, 행정기관이 직권으로 행하는 직권휴직과 본인의 원에 의하여 휴직하게 되는 청원휴직이 있다(동법 제71조). ④ 직위해제란 일정한 사유가 있는 경우에 공무원으로서의 직분을 보유하면서 직무담임을 해제하는 행위를 말한다(동법 제73조의 2). ⑤ 강임이란 임용권자가 직제 또는 정원의 변경이나 예산의 감소 등으로 인하여 직위가 폐직되거나 강등되어 과원이 된 또는 본인이 동의한 경우에 소속공무원을 강임하는 것을 말한다(동법 제73조의 3). ⑥ 20년 이상 근속한 공무원의 경우에는 정년 전에 자진 퇴진하는 명예전역제도가 있다(동법 제74조의 2). ⑦ 정년제도는 공무원이 재직 중 발전 없이 장기 근속하거나 노령이 되어 유용성이 감소된 경우 일정한 시기에 자동적으로 퇴직하게 하는 제도(동법 제74조) 등이 있다.[88)]

---

87) 오석홍, 전게서, 255 – 260면.

88) 우리나라 공무원 신분보장제도를 정년제, 감원제도, 징계제도, 소청제도, 기타(휴직 · 직위해제 · 직권면직 · 강

라. 군인사법상의 신분보장제도 개관

군인사법 제44조에 "① 군인은 법률이 정하는 바에 의하여 신분이 보장되며, 그 계급에 상응하는 예우를 받는다. ② 군인은 이 법에 의하지 아니하고는 그 의사에 반하여 휴직을 당하거나 현역에서 전역 또는 제적되지 아니한다."라고 하여 군인의 신분보장 원칙에 대해 규정하고 있다.[89] 군인사법은 군인의 신분보장에 대해 ① 군인의 신분보장은 법률이 정하는 바에 의한다는 것과, ② 그 계급에 상응하는 예우를 받는다. ③ 그 의사에 반한 휴직이나 전역, 제적은 법에 정한 사유로만 가능하다는 것을 밝히고 있다. 국가공무원법 제68조와 같이 형의 선고, 징계처분을 명시하지는 않았지만 군인도 당연히 형의 선고 또는 징계처분에 의해 신분상의 불이익을 받을 수 있다. 또한 법에 정한 사유가 있을 때에는 보직해임, 현역복무부적합전역, 제적 등 본인의 의사에 반한 불이익 처분을 받을 수 있다. 주의할 것은 군인의 신분은 무제한의 보장이 아니라 법률이 정하는 범위 내에서 보장된다는 것이다.

본서는 군인의 신분보장제도로 전역과 관련된 것으로 ① 정년제도, ② 현역복무부적합전역제도, ③ 제적을, 전역에는 해당되지 아니하나 본인에게 불리한 처분인, ④ 보직해임, ⑤ 휴직을 포함한다. 그리고 ⑥ 징계를 설명한다. 징계의 필요성과 신분보장의 필요성은 서로 충돌하기 때문에 양자를 적정하게 조정할 필요가 있다. 신분보장의 일반원칙에도 불구하고 잘못을 저지른 비위자들에 대해서는 징계를 하지 않을 수 없다. 징계와 신분보장의 요청을 적정한 수준에서 조정하고 그 기준을 엄격하게 규정할 필요가 있다. 또한 불리한 처분에 대해 신속하고 간편하게 권리구제를 받을 수 있는 ⑦ 소청제도, ⑧ 고충처리제도에 대해 설명한다. 권리구제절차가 미비하여 있다면 신분보장제도는 구호에 불과하기 때문이다. 실질적인 신분보장을 위해서는 권리구제절차가 완비되어 있어야 한다. ⑩ 기타 제도로 군인은 정년제도로 인하여 40대 초반에서 50대 중반에 대부분 전역하게 되므로 사회 재취업 지원과 제대군인들의 사회적응능력을 높이

임)로 구분하여 설명하고, 그 문제점으로 정년제운영의 형식화 및 낮은 정년연령, 대규모 공무원감원 및 숙정의 빈발, 문책 위주의 공무원징계운영, 소청심사의 사후관리미비 및 연결성 문제, 직위해제 사유와 직권면직요건의 추상성, 징계에 갈음한 전보 · 직위해제운영 등을 들고 있다(김화식, 전게논문, 23면 이하).

89) 국가공무원법 제68조에 "공무원은 형의 선고, 징계처분 또는 이 법이 정하는 사유에 의하지 아니하고는 그 의사에 반하여 휴직 · 감봉 또는 면직당하지 아니한다."라고 하여 신분보장의 원칙을 선언하면서도 또한 법절차에 의한 제한 가능성을 밝히고 있다.

고 재취업을 보장하기 위한 직업보도교육의 확대, 그리고 성실히 복무하고 퇴직한 자에 대한 적절한 연금의 지급은 군인의 신분보장에 직접적으로 영향을 미치는 제도로 이에 대해서는 언급하기로만 한다.

2. 군인신분보장제도의 운영실태

가. 정년제도

1) 제도의 개관

(1) 의의

가) 개념 및 목적

정년제란 근로자가 일정한 연령에 도달한 것을 이유로 당해 근로자의 근로계속의 의사나 능력의 유무와 상관없이 근로계약관계를 소멸시키는 제도 내지 관행을 말한다.[90] 공법상의 정년제도는 공무원이 장기간 근속하거나 노령이 되어 유용성이 감소된 경우 획일적으로 결정된 시기에 자동적으로 퇴직하게 하는 제도로서, 특히 직업공무원에게 정년제도를 두는 것은 공무원 자신이 계속 근무를 원하고 공무 수행상에 큰 잘못이 없는 한 일단 정년까지는 신분을 보유시킬 수 있다는 신분보장의 측면이 있다.[91] 정년제는 그 적용대상, 법적 효과 및 퇴직시기의 선택유무 등에 따라 다음과 같이 구별한다. 첫째, 동일 사업이나 사업장에서 근로자들의 성별 · 직종별 · 직급별로 적용되는 정년제가 같은가 아니면 다른가에 따라 '일률정년제'와 '차별정년제'로 나누어진다. 후자에 있어서는 성별로 정년에 차이를 두는 '남녀별 정년제'와 직종 · 직급에 따라 정년에 차이를 두는 '직종 · 직급별 정년제'가 있다. 일반적으로 정년제라 함은 일률정년제를 말한다. 둘째, 정년도달이라는 사실의 법적 효력에 따라 '정년퇴직제'와 '정년해고제'로 나누어진다. 정년퇴직제는 정년도달에 의해 근로계약이 자동적으로 종료하는 효과를 가진 것이고, 정년해고제는 정년에 도달하면 사용자에게 그것을 이유로 당해 근로자를 해고할 수 있는 권한이 생기는 것으로서 사용자가 그 권한을 행사함으로써 근로관계는 소멸된다. 즉 정년해고제에 있어서는 근로계약관계의 종료

90) 김유성, "정년제의 의의와 법적 문제", 법학(제90호), 서울대법학연구소, 71면.

91) 김중양, 전게서, 399면.

에 정년도달이라는 사실 이외에 사용자의 해고의사 표시라는 법률행위를 필요로 한다. 셋째, 정년제를 설정함에 있어 근로관계의 종료시점을 기업이 특정하는 제도인가 아니면 근로자들이 최종정년 이전의 특정연령에 이르러 자기의사에 의해 퇴직을 할 수 있고 이 경우 일정한 근속연수 이상인 자에 대해서는 퇴직금 이외에 별도의 수당 내지 위로금을 주는 제도인가에 따라 '최종정년제'와 '선택적 정년제'로 나누어진다.[92)]

공무원 정년제도는 대체로 다음과 같은 두 가지의 목적을 가진다. 그 하나는 공무원에게 정년연령까지 근무의 계속을 보장함으로써 그로 하여금 장래에 대한 확실한 예측을 가지고 생활설계를 하는 것이 가능하게 하여 안심하고 직무에 전념하게 한다는 것이고, 다른 하나는 공무원의 교체를 계획적으로 수행하는 것에 의해서 연령구성의 고령화를 방지하고 조직을 활성화하여 공무능률을 유지 · 향상시킨다고 하는 것이다.[93)] 헌법재판소는 "정년제도를 둔 것은 직업공무원제의 요소인 공무원의 신분보장을 무한으로 관철할 때 파생되는 공직사회의 무사안일을 방지하고 인사적체를 해소하며 새로운 인재들의 공직참여기회를 확대, 관료제의 민주화를 추구하여 직업공무원제를 합리적으로 보완 · 운영하기 위한 것으로서 그 목적의 정당성이 인정된다."고 밝힌 바 있다.[94)] 공무원 정년제도를 어떻게 구성할 것인가 또 그 구체적인 정년연령은 몇 세로 할 것인가는 특별한 사정이 없는 한 입법정책의 문제로서 입법부에 광범위한 입법재량 내지 형성의 자유가 인정되어야 할 사항이라 할 것이므로 입법권자로서는 정년제도의 목적, 국민의 평균수명과 실업률 등 사회경제적 여건과 공무원 조직의 신진대사 등 공직 내부의 사정을 종합적으로 고려하여 합리적인 재량의 범위 내에서 이를 규정할 수 있는 것이다.[95)96)]

나) 입법례

미군의 전역제도는 계급별 의무복무기간을 설정, 이 기간이 경과하면 전역을

92) 김유성, 전게논문, 71－72면.

93) 헌법재판소 1997. 3. 27. 96헌바86 결정.

94) 헌법재판소 1994. 4. 28. 91헌바15 · 19(병합) 결정.

95) 헌법재판소 1997. 3. 27. 96헌바86 결정.

96) 공무원의 정년은 평균수명, 실업률, 승진기회, 조직의 신진대사, 연금제, 생계비부담 등을 고려하여 결정하게 된다(김중양, 전게서, 399면).

가능하도록 규정하고 있고, 계급별로 연령정년 및 근속정년을 설정, 일정기간 복무를 보장하고 있으나 복무기간이 20년을 경과한 자는 정년에 관계없이 강제 조기전역이 가능하도록 하는 선별적 전역제도를 운영하고 있다. 연령정년은 62세로 동일하나 근속정년을 계급별로 차별화하여 군의 노화를 방지하고 있다. 미군의 계급별 정년은 <표 4 - 1>과 같다. 이는 인력운영의 융통성 및 탄력성을 확보하고, 계급별 적정 진출률을 보장하기 위한 것이다.

〈표 4 - 1〉 미군의 계급별 정년

정년(세)	대 위	소 령	중 령	대 령	준 장	소 장
연 령	62	62	62	62	62	62
근 속	(21)	(21)	(28)	(30)	(30)	(35)

자료: 한국국방연구원 인력개발연구센터, 세계국방인력편람(2003 - 2004), 2005, 47면.

독일군은 연령정년을 실시하고 있다. 하사관 및 대위의 정년은 52세, 소령은 54세, 중령은 56세, 대령은 58세이며, 장군 및 군의관은 60세이다. 예외적인 것은 조종사 및 관련 무기체계 분야 장교로 정년이 41세이다. 독일군의 계급별 정년은 <표 4 - 2>와 같다. 한편, 군 구조 감축과정에서 특별인사병력법을 제정, 하사관 및 전문직장교는 48세, 부대장교는 50세에 전역을 하도록 하고, 단기복무군인은 복무연한을 단축함으로써 약 2만 명의 조기전역 실적을 거둔 바 있다. 한편, 2002년부터는 정년이 1년 연장되었다.

〈표 4 - 2〉 독일군의 계급별 정년

구 분	장 군	대 령	중 령	소 령	위 관	직업하사관	비 고
'00	60세	58	56	54	52	52	조종사 등 41세
'02 현재	60	59	57	55	53	53	

자료: 한국국방연구원 인력개발연구센터, 전게서, 340면.

이태리군 장교의 경우 계급정년이나 근속정년은 없고, 연령정년만 적용되어 직업군인으로서의 직업안정성이 높은 편이다. 그러나 위관장교로서 정년까지 근무하는 장교는 대부분 하사관 출신 현지 임관자 및 기술하사관에서 장교로 임관한 기술장교이다. 이태리군의 계급별 정년은 <표 4 - 3>과 같다. 한편, 이태리군에서는 헌법상 대장을 인정하지 않고 있으며, 각 군 총장 및 합참의장은 임무수행상 입시계급으로 대장계급을 부여하나 전역 시에는 중장으로 복원된다.

〈표 4-3〉 이태리군의 계급별 정년

구 분	중소위	대 위	소 령	중 령	대 령	준 장	소 장	중 장
사관출신	57(세)	57	57	57	57	58	60	63
비사관출신	60	60	60	60	60	-	-	-
기술병과	59	59	59	59	61	63	65	-

자료: 한국국방연구원 인력개발연구센터, 전게서, 381면.

프랑스군의 정년은 소속 군, 계급, 직책 및 근무분야에 따라 매우 다양하다. 또한 동일계급이라 하더라도 병과에 따라 상이한 정년이 적용되고 있으며, 적용정년은 대부분 연령정년이나 기술장교들은 근속정년을 병행 적용하고 있다. 기술장교는 육군 및 공군, 의무국 기술장교의 정년은 각 군의 해당계급 정년과 같으나 기술장교들이 육군부대 소속 시에는 27년, 육군 및 공군 부설기관과 의무국 소속 시에는 32년의 근속정년을 병행 적용한다. 프랑스군의 계급별 정년은 <표 4-4>와 같다. 또한 해군기술장교의 정년은 54로 동일하며, 유류부 기술장교의 경우에는 유류부 일반장교와 정년이 같으나 32년의 근속정년을 병행 적용한다. 군의관, 약사 및 수의사의 정년은 등급에 따라 상이한 정년을 적용하고 있으며, 국방부 소속 병기본부 및 연구기술부 엔지니어, 해군 연구기술부 엔지니어, 군목 및 사제는 연령정년만을 적용하고 있다.

〈표 4-4〉 프랑스군의 계급별 정년

계급	대장	중장	소장	준장	대령	중령	소령	대위	중위	소위
정년	60세		58	-	57	56	54	52		

자료: 한국국방연구원 인력개발연구센터, 전게서, 301면.

대만군은 근속정년제 및 연령정년제를 병행 실시하고 있다. 최근에 정년제도의 변화를 보이고 있는데 근속정년이 제도화되었으며, 연령정년도 다소의 변화를 보이고 있다. 이는 병력구조 개편 방향이 군의 허리 부분인 하사관 강화 및 젊은 군 육성 쪽으로 움직이고 있다. 영국군의 영관 및 하사관의 정년은 55세이다. 이스라엘군은 군을 젊게 유지하기 위해 장관급을 제외하고는 대부분 45세 이전에 전역시킨다. 일본 자위관의 정년은 장관급은 60세, 대령 56세, 중·소령 55세, 위관급 및 준위·원사·상사 54세, 중사·하사는 53세이다.

(2) 정년제도의 종류

가) 연령정년

연령정년은 일정한 연령에 도달한 공무원을 퇴직시키는 제도를 말한다. 이 제도는 공무원의 연령이 높아지면 업무능력이 떨어지고 통제하기가 어렵다는 데 기인하고 있다. 우리나라에서는 일반직 공무원에 적용하고 있으며, 정년퇴직제는 연령정년의 한 변형이라고 할 수 있다.[97] 연령정년제도의 이점(利點)으로는, 첫째, 시행하기가 쉽다는 점이다. 노령자들의 직무수행능력 결여를 입증하는 복잡한 절차를 거치지 않고 거의 자동적으로 퇴직이 이루어지기 때문이다. 둘째, 고령자들의 퇴직을 촉진하여 젊은 사람들에게 승진의 기회를 넓혀 줄 수 있다. 즉 후진들에게 길을 열어 주도록 할 수 있다. 셋째, 정년퇴직계획에 관한 객관적 자료를 미리 알 수 있으므로 인력계획이 용이해진다. 넷째, 능력이 감퇴된 고령자들이 명예로운 퇴직을 할 수 있도록 한다. 정년제도가 없는 경우 그러한 고령자들은 명예스럽지 못한 면직의 대상이 되기 쉽다. 다섯째, 미리 알려진 퇴직시기에 맞추어 사람들이 은퇴계획을 세울 수 있도록 시간적 여유를 준다.[98] 계급별로 일정한 연령에 도달하면 당연히 공무원관계가 소멸되는 것으로 일부 특수경력직 공무원(별정직·고용직)은 정년제도 대신에 근무상한 연령을 두어 일정기간이 지나면 더 이상 근무할 수 없도록 하는 근무상한연령제도와 구별이 된다. 연령정년제도에 있어서는 정년연령을 어느 수준에서 어떻게 결정할 것인가 하는 것이 가장 중요한 문제이다. 구체적인 인력체제의 조건과 환경적 조건에 따라 적정한 정년연령수준과 그 규정방법을 결정하도록 해야 할 것이다.[99]

97) 이상윤, 전게서, 524면.

98) 김중양, 전게서, 401면.

99) 2005. 3. 14. 국가인권위원회는 중앙인사위원장과 행정자치부 장관에게 공무원 차등 정년에 대한 개선 권고를 하였다. 그 내용은 "공무원의 정년을 차등 규정하고 있는 국가공무원법 제74조 제1항 및 지방공무원법 제66조 제1항은 합리적 이유 없이 특정 계급 이하의 공무원을 고용에서 배제함으로써 헌법 제11조에 정한 평등권을 침해하고 있으므로 평등권 원칙에 부합하도록 이를 개정할 것을 권고한다."는 것이었다.

나) 근속정년

근속정년제는 공직에 들어간 후 일정한 기간이 지나면 자동적으로 퇴직시키는 제도를 말한다. 승진이나 능력의 발전과는 관계없이 공무원이 된 이후의 연수(年數)를 통산하여 일정기간 근무하였으면 퇴직시키는 제도이므로 공직의 유동률을 높인다는 것 이외에는 근속정년제를 정당화시킬 수 있는 근거가 박약하다고 할 것이다.[100)]

다) 계급정년

계급정년제는 공무원이 일정한 기간 승진하지 못하고 동일한 계급에 머물러 있으면 그 기간이 만료된 때에 그 사람을 자동적으로 퇴직시키는 제도이다. 계급정년제는 다음과 같은 장점이 있다. ① 계급정년제는 강제퇴직수단을 활용하여 지속적으로 공무원을 면직시키기 때문에 공직의 유동성이 높아져 새로운 인재를 등용시킬 수 있다. ② 계급정년제에 의하여 퇴직률을 높이면 결과적으로 국민의 공직 참여기회를 확대하게 되어 관료제의 민주화 요청에도 부응하는 것이 된다. ③ 계급정년제를 실시하면 퇴직률이 높아져 승진의 기회를 넓혀 줌으로써 공무원의 사기를 제고시킬 수 있으며 공직에 새롭게 요구되는 인력을 수용할 수 있어 능률성이 또한 향상시킬 수 있다. ④ 기간 승진하지 못하는 무능공무원을 도태시키는 수단이 될 수 있으며, 승진대상자에 포함되기 위하여 노력을 증가함으로써 성취지향적 풍토를 조성할 수 있다.[101)] 경찰공무원은 '계급정년'을 적용하고 있다. 즉 치안감은 4년, 경무관은 6년, 총경은 11년, 경정은 14년이다(경찰공무원법 제24조 제1항 제2호). 그러나 수사 · 정보 · 외사 · 보안 등 특수부문에 근무하는 경찰공무원으로서 일정한 경우 3년의 범위 안에서 대통령령이 정하는 바에 의하여 계급정년을 연장할 수 있으며(동 조 제3항), 또한 전시 · 사변 기타 이에 준하는 비상사태하에서는 2년의 범위 안에서 계급정년을 연장할 수 있다(동 조 제4항 전단). 다만, 계급정년의 연장을 위해서는 일정한 절차를 거쳐 대통령의 승인을 얻어야 한다(동 조 제4항 후단).

100) 김중양, 전게서, 402면.
101) 이상윤, 전게서, 526면.

(3) 군인의 정년제도

군인에 대해서는 연령정년, 근속정년, 계급정년을 적용하고 있다.[102] 첫째로 군인의 연령정년은 다음과 같다. 원수는 종신, 대장은 63세, 중장은 61세, 소장은 59세, 준장은 58세, 대령은 56세, 중령은 53세, 소령은 45세, 대위 이하 43세, 준사관은 55세, 원사는 55세, 상사는 53세, 중사 45세, 하사는 40세로 정하고 있다(군인사법 제8조 제1항 제1호). 다만, 사관학교 교수요원으로 근무 중인 장교 및 국방대학교의 교수로서 고등교육법 제16조의 규정에 의한 자격이 있는 장교에 대해서는 연령정년을 60세로 하며, 근속정년 및 계급정년을 적용하지 아니한다(법 제8조 제3항). 현역정년에 달한 자는 정년이 되는 달의 다음 달의 말일에 당연히 전역된다(군인사법 제36조). 즉 정년에 달하면 그 사실의 효과로서 공무담임권이 소멸되어 당연히 퇴직되고 따로 그에 대한 행정처분이 행하여져야 비로소 퇴직되는 것은 아니다.[103] 둘째로 근속정년을 규정하고 있는바, 대령은 35년, 중령은 32년, 소령은 24년, 대위 이하는 15년, 준사관은 32년이다(군인사법 제8조 제1항 제2호). 셋째로 군인의 계급정년으로 중장은 4년, 소장은 6년, 준장은 6년으로 정하고 있다(법 제8조 제1항 제3호). 그러나 영관급장교와 위관급 장교에 대해서는 계급정년을 적용하고 있지 않다. 위와 같이 장교의 경우에는 연령정년, 계급정년, 근속정년을 적용하고 있으며 그중에서 먼저 도달하는 정년에 해당하는 정년을 적용한다. 따라서 연령정년, 계급정년, 근속정년 중 먼저 도달한 정년에 해당되면 그 정년의 적용을 받아 전역하게 된다.[104]

장관급 장교의 계급정년은 국방상 필요한 때에는 국방부장관의 제청에 의하여 법 제8조 제1항 제3호의 규정에 불구하고 1年 이내의 기간에 한하여 육군·해군 및 공군별로 단축 또는 연장할 수 있다(법 제8조 제4항). 육군은 육인력 37113－230(1999. 7. 14.)소장/대령 정년단축적용(육방침 제38호)에 의하여 장군 인력운영 정상화, 영관 장교 진급적체를 해소하기 위하여 소장 계급정년 단축,

102) 군 조직의 정년은 그 나라의 안보상황이나 사회적 전통에 따라 어느 정도의 차이를 보이고 있는바, ① 주변의 위협이 비교적 적은 국가나, ② 장자 승계, 경노사상이 지배하는 사회의 국가들은 대체로 긴 정년을 적용하고 있는 반면에 한국을 비롯한 영국, 프랑스 등은 상대적으로 짧은 정년을 택하여 군 조직의 신진대사를 도모해 왔다. 그러나 이들 국가에서도 최근에는 정년이 연장되는 경향을 보이고 있다(최광표, 전역전 직업보도교육 발전방안연구, 한국국방연구원, 1998, 41면).

103) 대법원 1983. 2. 8. 선고 81누263 판결.

104) 대법원 1991. 4. 23. 선고 91다5389 판결.

대령 근속정년 연장 경과조치 방법을 조정 시행하고 있다. 소장의 경우 1989년도 개정된 군인사법 중 소장 계급정년을 6년에서 5년으로 단축 적용하며, 대령의 경우 1993년도 개정된 군인사법 중 2000년부터 2001년까지 대령의 근속정년 경과조치 시행계획을 조정 적용하되, 연령정년 적용을 고려하여 개인별 정년 단축기간을 2년 이내로 한다.

다만, 군인사법에 규정된 정년과 비교하여 개인별 단축기간에 대해서는 예산 범위 내에서 명예전역수당을 지급할 수 있다. 또한 육군은 준장의 경우에도 인사관리의 합리성과 인력운영의 효율성을 제고하기 위해 준장 계급정년 6년을 1년 단축하여 5년으로 단축 적용하고 있다. 다만, 단축되는 개인별 정년 단축기간에 대해서는 예산의 범위 안에서 명예전역수당을 지급할 수 있으며, 명예전역수당을 지급받고자 하는 자는 수당지급 신청기간 내에 수당지급 신청서를 소속부대의 장을 거쳐 참모총장에게 제출하여야 한다.[105)]

(4) 위헌성(違憲性)

가) 정년제도 자체의 위헌성

법관의 정년을 규정하고 있는 법원조직법 제45조 제4항이 청구인의 평등권, 직업선택의 자유 내지 공무담임권을 침해하거나 헌법 제106조의 법관 신분보장 규정에 위배되는지 여부에 대해서 "법관의 정년을 설정한 것은 법관의 노령으로 인한 정신적 · 육체적 능력 쇠퇴로부터 사법이라는 업무를 제대로 수행함으로써 사법제도를 유지하게 하고, 한편으로는 사법인력의 신진대사를 촉진하여 사법조직에 활력을 불어넣고 업무의 효율성을 제고하고자 하는 것으로 그 입법목적이 정당하다. 그리고 일반적으로 나이가 들어감에 따라 인간의 정신적 · 육체적 능력이 쇠퇴해 가게 되는 것은 과학적 사실이고, 개인마다 그 노쇠화의 정도는 차이가 있음도 또한 사실이다.

그런데, 법관 스스로가 사법이라는 중요한 업무수행 감당능력을 판단하여 자연스럽게 물러나게 하는 제도로는 사법제도의 유지, 조직의 활성화 및 직무능률의 유지향상이라는 입법목적을 효과적으로 수행할 수 없고, 어차피 노령에 따른 개개인의 업무감당 능력을 객관적으로 측정하기 곤란한 마당에, 입법자가 법관

105) 육방침 03-55호(준장 계급정년 단축적용 방침). 이 방침은 2004. 1. 1.부터 시행한다.

의 업무 특성 등 여러 가지 사정을 고려하여 일정한 나이를 정년으로 설정할 수밖에 없을 것이므로, 그 입법수단 역시 적절하다고 하지 않을 수 없다. 또한 법관의 정년은 60세 내지 65세로 되어 있는 다른 국가공무원의 정년보다 오히려 다소 높고, 정년제를 두고 있는 외국의 법관 정년연령(65세 내지 70세)을 비교하여 보아도 일반법관의 정년이 지나치게 낮다고 볼 수도 없다. 그렇다면, 위 조항은 직업선택의 자유 내지 공무담임권을 침해하고 있다고 할 수 없다.[106)]

나) 연령정년을 단축한 경우에 있어서의 위헌성

대학교원을 제외하고 교육공무원의 정년을 65세에서 62세로 단축한 교육공무원법 제47조 제1항이 교원들의 공무담임권을 침해하는지 여부에 대해 "입법자는 우리나라의 교육여건, 공교육 정상화 등 교육개혁에 대한 국민적 열망 등 여러 가지 사정을 종합할 때, 젊고 활기찬 교육 분위기 조성을 위한 교직사회의 신진대사가 필요하고 바람직한 것이라고 보아 초·중등교원의 정년을 3년간 단축하여 62세로 설정하고 있는바, 입법자의 이러한 교육정책적 판단과 결정은 나름대로 합리성이 있는 것으로 인정되고, 우리나라 다른 공무원들의 정년연령에 비교하여 보거나 외국의 교원정년제도와 비교하여 보더라도 교원정년을 62세로 한 것이 입법형성권의 한계를 일탈하여 불합리할 정도로 지나치게 단축한 것이라고 보기 어렵다. 개정법 부칙은 기존교원들에 대하여, 명예퇴직수당의 지급대상 및 지급액에 관하여 종전의 정년을 적용토록 함으로써 단축된 정년으로 인한 불이익을 어느 정도 보전할 수 있도록 배려하고 있는바, 이러한 경과조치의 존재, 기존교원에 대한 신뢰이익 침해의 정도, 정년단축을 통해 실현코자 하는 공익목적의 중요성 등을 종합적으로 고려할 때 헌법상의 신뢰보호원칙에 위배되는 것이라 할 수 없다. 따라서 위 조항은 헌법 제37조 제2항 또는 신뢰보호원칙에 위반하거나, 공무원의 신분보장 정신에 위반하여 공무담임권을 침해하는 것이라 할 수 없다."라고 하였다.[107)]

106) 헌법재판소 2002. 10. 31. 2001헌마557 결정.

107) 헌법재판소 2000. 12. 14. 99헌마112 결정.

다) 연령정년제도하에서 계급정년제도를 도입한 경우에 있어서 위헌성

공무원의 임용 당시에는 연령정년에 관한 규정만 있었는데 사후에 계급정년 규정을 신설하여 정년이 단축되도록 규정한 구 국가안전기획부직원법 제22조 제1항 제2호 및 동법 부칙 제3항이 헌법에 위반되는지 여부에 대해 "공무원으로 임용된 경우에 있어서 정년까지 근무할 수 있는 권리는 헌법의 공무원신분보장 규정에 의하여 보호되는 기득권으로서, 공무원법상의 정년규정을 변경함에 있어서 공무원으로 임용될 때 발생한 공무원법상의 정년규정까지 근무할 수 있다는 기대 내지 신뢰를 합리적 이유 없이 박탈하는 것은 헌법상의 공무원신분보장 규정에 위배된다 할 것이나, 공무원이 임용 당시의 공무원법상의 정년규정까지 근무할 수 있다는 기대와 신뢰는 행정조직, 직제의 변경 또는 예산의 감소 등 강한 공익상의 정당한 근거에 의하여 좌우될 수 있는 상대적이고 가변적인 것에 지나지 않는다고 할 것이므로 정년규정을 변경하는 입법은 구법질서에 대하여 기대했던 당사자의 신뢰보호 내지 신분관계의 안정이라는 이익을 지나치게 침해하지 않는 한 공익목적 달성을 위하여 필요한 범위 내에서 입법권자의 입법형성의 재량을 인정하여야 할 것이다.

그런데 공무원의 계급정년제도를 둔 것은 직업공무원제의 요소인 공무원의 신분보장을 무한으로 관철할 때 파생되는 공직사회의 무사안일을 방지하고 인사적체를 해소하며 새로운 인재들의 공직참여 기회를 확대, 관료제의 민주화를 추구하여 직업공무원제를 합리적으로 보완 · 운용하기 위한 것으로서 그 목적의 정당성이 인정되고 만일 계급정년규정은 그 시행일 이후에 임용되는 직원에 대해서만 적용될 수밖에 없다면 조직 내에서 다른 직원과 달리 연령정년까지 신분보장이 확보된 특수계층이 존재하게 됨에 따라 계급정년제 본래의 목적달성이 불가능하게 될 것이다.

따라서 위 조항이 국가안전기획부직원에 대한 계급정년을 새로이 규정하면서 이를 소급 적용하도록 하고 있다고 하더라도, 이는 정당한 공익목적을 달성하기 위한 것으로 구법질서하에서의 공무원들의 기대 내지 신뢰를 과도히 해치는 것으로 보기는 어렵다고 할 것이므로, 이를 공무원신분관계의 안정을 침해하는 입법이라거나 소급입법에 의한 기본권 침해규정이라고 할 수 없다."라고 하였다.[108]

108) 헌법재판소 1994. 4. 28. 91헌바15 결정.

2) 국가공무원법과의 비교

공무원들은 각각의 특별법에 의하여 정년제를 채택하고 있다. 공무원법의 일반법이라 할 수 있는 국가공무원법은 제74조에서 일반직 공무원 및 기능직 공무원에 대한 정년을 규정하고 있으며, 지방직 공무원에 대해서는 지방공무원법 제66조에서, 외무공무원은 외무공무원법 제27조에서, 경찰공무원은 경찰공무원법 제24조에서, 소방공무원은 소방공무원법 제20조에서, 국가정보원직원은 국가정보원직원법 제22조에서, 교육공무원은 교육공무원법 제47조에서, 검사는 검찰청법 제41조에서, 판사는 법원조직법 제45조에서 각각의 연령정년에 대해 규정하고 있다. 다만, 군인, 국가정보원직원, 경찰 및 소방공무원에게는 계급정년을 규정하고 있다. 외무공무원과 검사에 대한 계급정년제도는 삭제되었다.

〈표 4-5〉 타 공무원과의 연령정년 비교

군 인		일반직 · 지방직 공무원		경찰 공무원		소방 공무원		기 타
계 급	연령	계 급	연령	계 급	연령	계 급	연령	
장 군	58~63	1급	60	치안총감	60	소방총감	60	교육공무원: 62 외무공무원: 60 검찰총장: 65 검 사: 63 대법원장: 70 대 법 관: 65 판 사: 63
대 령	56	2급		치 안 감		소방정감		
중 령	53	3급		경 무 관		소방감		
소 령	45	4급		총 경		소방준감		
대위이하	43	5급		경 정		소방정		
준 사 관	55	6급	57	경 감	57	소방령		
원 사	55	7급		경 위		소방경	57	
상 사	53	8급		경 사		소방위		
중 사	45	9급		경 장		소방장		
하 사	40			순 경		소방교		
						소방사		

자료: 임천영, 전게서, 248면.

3) 문제점

첫째로, 정년전역의 비합리성 문제이다. 현재 적용하고 하고 있는 정년전역은 체력과 능력의 획일적인 평가로 인하여 개인의 신체적 능력이나 의욕을 무시하고 일률적으로 적용하고 있어 고령자의 전문적인 지식의 습득, 업무판단의 신중성과 객관적 사고력을 활용하지 못하고 있는 문제가 있다. 현재 시행되고 있는 연령정년제는 개인의 능력이나 의욕을 무시하고 획일적으로 적용하고 있는데, 능력에 따라 정년 후 연장할 수 있는 방안도 연구되어야 할 것이다.[109)]

둘째로, 빠른 정년의 문제이다. 현재 군인의 연령정년은 일반직 공무원, 경찰공무원, 교육공무원 등에 비하여 상대적으로 빠르기 때문에 직업군인제 확립에 문제가 있다. 또한 외국군에 비해서도 계급별 정년기간이 짧다. 정년제도는 다수의 직업군인에게 생애복무를 보장할 수 있어야 한다. 즉 계급별 정년의 차이를 극소화하여 최상위계급에 진출하지 못하여도 정년의 측면에서는 크게 불이익을 당하지 않도록 하여야 할 것이다. 현재 추진하고 있는 정년의 연장추세는 이러한 취지에 근접해 가고 있다.[110)] 셋째로, 근속정년 적용의 문제이다. 위와 같이 군인은 근속정년제를 적용하고 있다. 그러나 근속정년제는 승진이나 능력의 발전과는 관계없이 공무원이 된 이후의 연수(年數)를 통산하여 일정기간 근무하였으면 퇴직시키는 제도로 공직의 유동률을 높인다는 것 이외에는 근속정년제를 정당화시킬 수 있는 근거가 박약함에도 불구하고 군인에게 적용하고 있다. 근속정년제를 적용하고 있는 공무원이 없음에도 군인에게만 적용하는 것은 형평성에도 문제가 있다. 넷째로, 기타 운영상의 문제점으로 전역자에 대한 적극적인 퇴직관리, 직업보도 및 재취업에 지원과 대책이 없다는 것이다. 정년전역자의 이익을 보호하고 정년전역에 의한 충격을 감소시키기 위해서는 명예전역제도를 활성화하며, 건강상의 이유로 또는 젊은 후배에 대한 배려 이유로 전역하는 사람에 대한 충분한 보상 및 유인책이 미비하다.

나. 현역복무부적합전역제도

1) 제도의 개관

(1) 의의

현역복무부적합전역제도란 능력의 부족으로 당해 계급에 해당하는 직무를 수행할 수 없는 자와 같이 대통령령으로 정하는 현역복무부적합전역 사유에 해당하는 자를 전역심사위원회의 심의를 거쳐 현역에서 전역시키는 제도를 말한다.[111)] 이 제도는 군인의 직무를 수행할 적격을 갖추지 못한 자를 직무수행에서

109) 김근환, 전게논문, 69면.

110) 오경조 · 김종택, 전게논문, 235면.

배제함으로써 군 조직 운영의 효율성을 높이고자 하는 인사상의 제도로서 일반 사회질서를 해친 자에 대한 형사적 처벌이나 군 내부에서 군율을 어긴 자에 대한 제재의 성격을 가지는 징계제도와는 그 제도적 취지에 있어서 차이가 있다. 판례도 "징계처분과 전역심사에 따른 전역처분은 그 규정 취지와 사유, 위원회의 구성 및 주체에 있어서 서로 다르므로 징계처분을 받은 사실이 현역복무부적합 판정의 한 사유가 된다 하더라도 그 두 절차는 준별하여 취급하여야 할 것"이라고 판시하여 징계와 현역복무부적합자 전역은 별개로 취급하고 있다.[112] 현역복무부적합 여부 판정은 자유재량 행위이다.[113] 전역의 종류로는 원에 의한 전역(군인사법 제35조), 정년 전역(동법 제36조), 원에 의하지 아니하는 전역(동법 제37조)으로 구분하며, 원에 의한 전역에는 지원전역, 5년차전역, 명예전역이 있으며 원에 의하지 아니하는 전역에는 심신장애자 전역, 현역복무부적합 전역, 병력 조정에 따른 전역, 진급낙천자 전역, 병과장 전역, 임기제 진급자의 전역 등이 있다.

(2) 사유

군인사법 제37조 제1항 제2호에서는 원에 의하지 아니하는 전역사유의 하나로 "대통령령으로 정하는 현역복무에 적합하지 아니한 자"를 정하고 있으며, 이에 따라 군인사법시행령 제49조 제1항에서 구체적 현역복무부적합 사유를 규정하고 있는데 ① 능력의 부족으로 당해 계급에 해당하는 직무를 수행할 수 없는 자, ② 성격상의 결함으로 현역에 복무할 수 없다고 인정되는 자, ③ 직무수행에 성의가 없거나 직무수행을 포기하는 자, ④ 기타 군 발전에 저해가 되는 능력 또는 도덕상의 결함이 있는 자이다. 또한 동 조 제2항에서는 현역복무에 적합하지 아니한 자의 기준에 관해서는 국방부령으로 정하도록 위임하고 있으며, 이에 따라 군인사법 시행규칙 제56조에서는 시행령 제49조 제2항에서 위임된 사항인 현역복무에 적합하지 아니한 자의 기준 및 심사에 대해 구체적으로 규

111) 임천영, 전게서, 550면.

112) 대법원 2001. 5. 29. 선고 99두9636 판결.

113) 판례도 "현역복무부적합 여부를 판정함에 있어서는 참모총장이나 전역심사위원회 등 관계기관에서 원칙적으로 자유재량에 의하여 판단할 사항으로서 군의 특수성에 비추어 명백한 법규위반이 없는 이상 군 당국의 판단을 존중하여야 할 것"이라고 판시하였다(대법원 1997. 5. 9. 선고 97누2948 판결; 대법원 1980. 9. 9. 선고 80누291 판결).

정하고 있다.

첫째로, 능력의 부족으로 당해 계급에 해당하는 직무를 수행할 수 없는 자로는 ① 발전성이 없거나 능력이 퇴보하는 자, ② 판단력이 부족한 자, ③ 지휘 및 통솔능력이 부족한 자, ④ 지능 정도가 낮은 자, ⑤ 군사보수교육을 받을 능력이 없는 자가 해당된다(시행규칙 제56조 제1항).

둘째로, 성격상의 결함으로 현역에 복무할 수 없다고 인정되는 자로는 ① 사생활이 방종하여 근무에 지장을 초래하거나 군의 위신을 손상하게 하는 자, ② 배타적이며 화목하지 못하고, 군의 단결을 파괴하는 자, ③ 근무상 또는 타인에게 위험을 초래하게 할 성격의 결함이 있는 자, ④ 변태적 성벽자, ⑤ 개인부채를 과다하게 계속하여 가지는 자가 해당된다(동 조 제2항).

셋째로, 직무수행에 성의가 없거나 직무수행을 포기하는 자 ① 책임감이 없으며 적극적으로 자기 임무를 수행하지 아니하는 자, ② 위험 또는 곤란한 임무를 부당하게 회피하는 자, ③ 정당한 명령을 고의적으로 수행하지 아니하는 자가 해당된다(동 조 제3항).

넷째로, 기타 군 발전에 저해가 되는 능력 또는 도덕상의 결함이 있는 자로는 ① 동료들에 비하여 특히 발전이 늦으며 낙오되는 자, ② 타인을 중상 · 모함하고 정실로 업무를 처리하는 자, ③ 신의가 없으며 허위보고를 하는 자, ④ 축첩행위자, ⑤ 보안업무규정이 정하는 바에 의하여 비밀취급인가를 받을 수 없는 사유가 있는 자로서 군보안적부심사위원회에서 부적격자로 판정된 자가 해당된다(동 조 제4항).

판례에 나타난 현역복무부적합 사유를 보면 자신이 일으킨 교통사고에 대하여 부하장교의 제의에 따라 부하장교가 운전한 것으로 사고를 조작하고 상급부대에 허위보고를 한 행위(서울행정법원 2002. 3. 12. 선고 2001구35422 판결), 부하장교들에게 폭언, 폭언, 구타행위를 하고 금품을 수수한 행위(서울행정법원 2003. 1. 16. 선고 2002구합4198 판결), 여러 차례에 걸쳐 부하 장교의 부인들에게 전화를 걸어 남편들 몰래 애인관계로 사귀자는 등의 말을 하는 등 성희롱을 한 행위(서울행정법원 2002. 1. 25. 선고 2001구33853 판결), 비서실장인 원고가 진급을 위하여 치열하게 경합을 벌이고 있는 진급심사 대상자들에게 마치 진급 여부가 객관적이고 공정한 기준에 의해서 결정되는 것이 아니라 사령관에 대한 뇌물 공여 여부나 그 액수에 의해서 결정되는 것으로 받아들여질 만한 언행을 하고 나아가 사령관에게 진급청탁 명목으로 뇌물을 공여하도록 한 행위(서울행정법원 1999. 3. 11. 선고 98구18939 판결), 지휘관에게 진급 청탁 목적으로 금품을 제공한 행위(서울행정법원 1998. 11. 26. 선고 98구11266 판결), 지시불이행, 명정추태, 여자관계비위 및 사생활방종(서울고등법원 1998. 6. 3. 선고 98누1910 판결), 공금을 횡령하고 민간인 물건을 절취하였을 뿐만 아니라 정당한 사유 없이 휘하 사병들을 폭행하고 가혹행위를 하여 지휘계통을 어지럽히고 군기를 문란하게 한 행위(대전고등법원 1997. 6. 20. 선고 96구2703 판결), 부하에 대한 가혹행위, 영관장교로서의 품위손상, 종교행사방해, 명정추태, 횡령(서울고등법원 1997. 6. 12. 선고 96구43982 판결), 여자와 동거하다가 유산을 강요하고 결별한 이후 음독자살을 기도하는 부도덕한 행위(대법원 1997. 5. 9. 선고 97누2948 판결), 사조직에 가입한 행위(서울고등법원 1996. 10. 9. 선고 95구10299 판결) 등이 있다.[114)]

(3) 절차

현역복무부적합으로 전역하기 위해서는 원칙적으로는 현역복무부적합조사위원회(이하 "조사위원회"라 함)의 조사 · 의결과 전역심사위원회(이하 "심사위원회"라 함)의 의결을 거쳐야 하나, 예외적으로 조사위원회의 절차를 생략하고 바로 심사위원회의 의결을 거쳐야 한다. 즉 현역복무부적합자로 전역을 하기 위해서는 원칙적으로 ① 소속 지휘관의 조사위원회 설치권자에 대한 보고(군인사법 시행규칙 제58조 제1항), ② 조사위원회에의 회부 · 조사 · 의결 및 조사위원회 설치권자에 대한 보고(동 제61조), ③ 조사위원회 설치권자의 전역심사위원회의 설치권자에 대한 보고(동 제67조), ④ 전역심사위원회 회부 · 심사, ⑤ 임용권자의 전역명령 순으로 진행된다. 다만, 예외적으로 법 시행규칙 제57조 제1호 내지 제5호에 해당하는 자에 대해서는 ① 소속 지휘관의 참모총장에 대한 보고 또는 참모총장의 직권탐지, ② 참모총장의 전역심사위원회 회부 · 심사, ③ 임용권자의 전역명령 순으로 진행된다. 각 군 참모총장에게 일정한 자에 대하여 조사위원회에의 회부 · 조사 등의 절차를 거칠 필요 없이 바로 전역심사위원회

114) 임천영, "현역복무부적합전역 사유 해당 여부", 법률신문(3259호), 2004. 4. 19.

에 회부할 수 있도록 하는 예외 규정을 둔 취지는 지휘권 확립 차원에서 객관적으로 보아 부적합성이 드러난 것으로 볼 수 있는 경우에는 조사위원회의 별도 조사를 거칠 필요가 없기 때문이다.

(4) 지원전역(志願轉役)

조사 또는 심사대상자는 전역심사위원회의 심사를 받기 전에 군인사법 제35조의 규정에 의하여 지원전역을 할 수 있다고 하여 조사 또는 심사대상자에게 원에 의한 전역이 가능하도록 하는 규정을 두고 있다(군인사법 시행규칙 제63조). 이 규정의 취지는 조사위원회 또는 심사위원회에서 부적합자로 판정되어 부적합 전역을 당할 위험이 있는 군인에게 원에 의한 전역의 기회를 부여하기 위한 것이다. 현역복무부적합 조사 대상자가 지원전역을 한 경우에도 군에서는 현역복무부적합조사를 진행할 수 있으며, 조사를 진행할 것인지 또는 지원전역 처리를 할 것인지는 전역권자의 재량사항이다. 판례도 “이 규정은 전역지원서가 제출되면 진행 중이거나 진행예정인 현역복무부적합조사위원회나 전역심사위원회의 절차를 종결시켜야 할 의무를 규정한 것은 아니다. 위 조항은 전역심사위원회에서 부적합자로 판정되어 전역당할 위험이 있는 군인에게 지원 전역할 수 있는 기회를 부여하고 있기는 하나, 그것이 전역심사위원회의 의결에도 불구하고 조사대상자에 대하여 자신이 원하는 시기에 지원 전역할 수 있는 권한을 부여한 것은 아니라고 하였다.[115]

(5) 효과

심사위원회에서 전역으로 의결된 자는 심사위원회가 전역을 의결한 날로부터 3개월 이내에 전역하여야 하며, 구체적인 전역일은 전역권자가 3개월 범위 내에서 정한다. 현역복무부적합자로 전역하는 자는 명예전역수당을 지급받을 수 없다. 그러나 군인연금의 제한 사유에는 해당되지 않기 때문에 군인연금에 있어서 불이익을 받은 것은 없다. 조사위원회 또는 심사위원회에서 현역복무부적합자가 아니라고 의결된 자에 대해서는 동일사유로 재차 현역복무부적합자로 보고하거나 조사위원회 또는 심사위원회에 회부할 수 없다.

115) 서울행정법원 2003. 2. 7. 선고 2002구합30081 판결.

(6) 사후 구제

위법 부당한 현역복무부적합자로 전역 의결된 자는 인사소청위원회에 인사소청 제기, 행정소송을 제기하여 권리구제를 받을 수 있다. 현역복무부적합전역처분에 대해서는 인사소청을 제기할 수 있으며, 또한 행정소송을 제기하여 권리구제를 받을 수 있다. 다만, 행정소송을 제기하기 위해서는 반드시 인사소청위원회의 심사를 거쳐야 한다(군인사법 제51조의 2).

2) 국가공무원법과의 비교

(1) 직권면직

직권면직이란 공무원이 일정한 사유에 해당되었을 경우에 본인의 의사와는 관계없이 임용권자가 그의 공무원신분을 박탈하여 공직으로부터 배제하는 제도를 말한다.[116] 직무수행능력이 부족하거나 근무성적이 극히 불량한 공무원을 일정한 절차를 거쳐 공직에서 배제할 수 있는 직권면직제도는 군인사법에서 규정한 능력의 부족으로 당해 계급에 해당하는 직무를 수행할 수 없는 군인을 전역심사위원회의 심의를 거쳐 현역에서 전역시키는 제도인 현역복무부적합전역제도와 유사하다. 다만, 일부 직권면직 사유와 절차 면에 있어서 차이가 있다.

(2) 사유

국가공무원법 제70조 제1항에는 직권면직의 사유로 ① 직제와 정원의 개폐 또는 예산의 감소 등에 의하여 폐직 또는 과원이 되었을 때(제3호), ② 휴직기간의 만료 또는 휴직사유가 소멸된 후에도 직무에 복귀하지 아니하거나 직무를 감당할 수 없을 때(제4호), ③ 제73조의 3 제3항의 규정에 의하여 대기명령을 받은 자가 그 기간 중 능력 또는 근무성적의 향상을 기대하기 어렵다고 인정된 때(제5호), ④ 전직시험에서 3회 이상 불합격한 자로서 직무수행능력이 부족하다고 인정된 때(제6호), ⑤ 징병검사 · 입영 또는 소집의 명령을 받고 정당한 이유 없이 이를 기피하거나 군복무를 위하여 휴직 중에 있는 자가 재영 중 군무를 이탈하였을 때(제7호), ⑥ 당해 직급에서 직무를 수행하는 데 필요한 자격증의 효력이 상실되거나 면허가 취소되어 담당 직무를 수행할 수 없게 된 때(제8

116) 김중양, 전게서, 372면.

호)로 정하고 있다.

(3) 절차

직무수행능력이 부족하거나 근무성적이 극히 불량한 공무원에 대해서는 직위를 부여하지 아니할 수 있다(국가공무원법 제73조의 3 제1항 제2호). 이러한 사유로 직위해제를 할 때에는 3개월 이내의 기간 대기를 명하고(제3항), 또한 대기명령을 받은 자에 대해서는 능력회복이나 근무성적의 향상을 위한 교육훈련 또는 특별한 연구과제의 부여 등 필요한 조치를 하여야 한다(제4항). 위와 같이 대기명령을 받은 자가 그 기간 중 능력 또는 근무성적의 향상을 기대하기 어렵다고 인정된 때에는 직권 면직시킬 수 있으나 징계위원회의 동의를 얻어야 한다(국가공무원법 제70조 제2항).

3) 문제점

첫째로, 현역복무부적합전역 사유가 추상적이고 불명확하다. 현행법상 부적합전역 사유를 보면 군인사법시행령 제49조에서는 능력, 성격, 직무수행의 성의, 도덕상의 결함 등 추상적인 개념으로 규정하고 있으며, 군인사법 시행규칙 제56조에서는 이에 해당하는 사유를 구체적으로 규정하고 있다. 위 사유를 구체화하고 있는 군인사법 시행규칙 제56조는 1982. 9. 20. 국방부령 제347호로 제정된 이래 지금까지 그대로 유지하고 있다. 그 결과 일부 구체적 사실에 대해서는 실무운영상 적용하기 어려운 부분이 있다. 예를 들면 능력의 부족으로 당해 계급에 해당하는 직무를 수행할 수 없는 자로 "판단력이 부족한 자"(동법 시행규칙 제56조 제1항 제2호), "지능 정도가 낮은 자"(제4호)를 예시하고 있으나 이런 사유로 부적합 전역한 사례는 없는 것 같다. 따라서 부적합전역 사유를 규정한 동법 시행규칙 제56조는 현재 실무에 따르지 못하는 문제점이 있다. 또한 부적합전역 사유의 하나로 "도덕상의 결함이 있는 자"를 규정하고 있으며, 이에 해당하는 자를 군인사법 시행규칙 제56조 제4항에서는 5가지 사유를 규정하고 있다. 5가지 사유에 해당하지 않는 구체적 비위사실이 있는 경우에 도덕상의 결함이 있는 자로서 부적합 전역시킬 수 있는지 여부에 관해 법률상 다툼이 있을 수 있다. 이에 대한 대비책이 필요하다.

둘째로, 유죄판결을 선고받은 자에 대한 필요적 현역복무부적합 조사사유의 문제점이다. 2004. 1. 20. 군인사법의 개정으로 군사법원에서 선고유예 판결이 선고된 경우를 제적사유에서 제외하였다(군인사법 제40조 제1항 제4호). 따라서 장교, 준사관, 부사관이 군사법원에서 선고유예를 받은 경우에는 군 생활을 계속할 수 있게 되었다. 그러나 군사법원에서 유죄판결을 받은 자(약식명령 청구에 의해 유죄판결을 받은 자를 제외한다.)에 대해서는 현역복무부적합자기준에 해당 하는지 여부에 대해 조사하게 하여야 한다(군인사법 시행규칙 제57조 제1호). 따라서 군사법원에서 벌금형, 또는 선고유예를 선고 받은 자에 대해서는 현역복무부적합 기준에 해당하는지 여부에 대해 조사를 받아야 한다. 즉 필요적 현역복무부적합 조사사유에 해당된다. 일반적으로 법원에서 벌금형 내지는 선고유예를 선고할 때에는 죄의 유형, 동기, 사회복귀 여부, 기타 여러 가지 정상을 고려하여 형을 선고하고 있다. 벌금형, 또는 선고유예를 선고받은 자에 대해 필요적 현역복무부적합 조사사유로 정한 입법태도가 타당한 것인가에 대해 재검토가 필요하다.

셋째로, 운영상의 문제로 현역복무부적합전역제도에 대한 남용의 문제이다. 현역복무부적합전역제도는 군인의 직무를 수행할 적격을 갖추지 못한 자를 직무수행에서 배제함으로써 군 조직 운영의 효율성을 높이고자 하는 인사상의 제도이다. 대법원도 지금까지 일반직 공무원이나 사법상의 근로관계에서 직권면직에 있어서는 그 사유인정이나 적용에 관하여 비교적 엄격한 태도를 보인 것과는 달리 현역 군인에 대한 군인사법상의 전역처분에 대해서는 상당히 폭넓은 재량을 인정하여 왔다. 특히 부적합 사유에 해당하는지 여부도 그 판단을 원칙적으로 군 당국의 자유재량에 의하여 판단할 사항으로서 군의 특수성에 비추어 명백한 법규위반이 없는 이상 군 당국의 판단을 존중해 왔다. 그러나 상대적으로 현역복무부적합전역제도는 당사자에게 전역이라는 불이익 처분을 하는 대표적인 침해적 행정행위이므로 남용이 되지 않도록 운영되어야 한다.

넷째로, 계급별 진급적체 현상이 심화되어 많은 문제점이 노정되고 있으나, 이에 대한 대비책이 없다. 특히 계급별 진급적기경과자가 1/3 수준으로 증가하였으나, 이들의 복무활성화를 위한 규제수단이 제함됨으로써 일부 불성실한 복무태도로 대군신뢰 및 군심결집에 적지 않은 부정적 영향을 미치고 있다. 정원

초과 및 진급적체로 인력조정이 필요한 경우 이에 대한 대비책이 없다는 문제점이 있다. 현행법하에서도 현역정년의 감축(군인사법 제8조), 원에 의하지 아니하는 전역(동법 제37조), 임기제 직위 활용(동법 제24조의 2), 명예전역제도(동법 제53조의 2) 등을 활용하여 일부 불성실한 복무자와 도덕성이 흠결된 자를 정년 전에 조기에 분리할 수는 있으나 근본적이 대책으로는 한계가 있다.

미군의 Selective Early Retirement Board(SERB) 및 Selective Continuation Board (SELCON)을 참고할 필요가 있다. 즉 미군의 선별적 조기전역심사제(SERB)란 중령 또는 지휘관의 경우 2회 이상 대령진급 선발에 실패한 때, 대령은 4년 이상 그 계급으로 복무하였으나 장교 진급추천명단에서 빠졌을 때, 준장의 경우 현재의 지위에서 최소 3년 6개월간 복무하고 장교 진급추천명단에서 빠졌을 때, 소장의 경우 현재의 지위에서 최소 3년 6개월간 복무하였을 때에 대상의 30% 범위 내에서 선택위원회(Selection board)에서 선별하여 조기 전역시키는 제도이다. 선별적 복무연장심사제(SELCON)란 중령진급에 2회 비선된 근속기간 17년차 소령 전원에 대하여 심의하여 법적 근속정년 24년까지 복무보장 여부를 심의하는 제도로 불성실한 자에 대한 조기분리로 소령 인력적체를 해소하기 위한 제도이다.

다. 제적

1) 제도의 개관

(1) 의의

군인사법상의 제적이란 임용권자의 처분에 의해서가 아니고 일정한 사유가 발생한 경우 법률의 규정에 의하여 군인복무관계가 자동 소멸되는 것을 말한다. 따라서 제적사유가 발생되면 해당 군 병적에서 제외되며 예비역에도 편입될 수 없다.[117] 이러한 제적은 국가공무원법상의 당연퇴직과 유사하다. 국가공무원법상 당연퇴직제도의 입법목적은 임용결격 사유에 해당하는 자를 공무원의 직무로부터 배제함으로써 그 직무수행에 대한 국민의 신뢰, 공무원직에 대한 신용 등을 유지하고, 그 직무의 정상적인 운영을 확보하며, 공무원범죄를 사전에 예방하고, 공직사회의 질서를 유지하고자 함에 있다.[118] 제적처분도 위와 같은 목

117) 임천영, 전게서, 588면.

적으로 운영하고 있다.

범죄행위로 인하여 형사처분을 받은 공무원에 대하여 신분상 불이익 처분을 하는 법률을 제정함에 있어서 형사처분을 받은 사실 그 자체를 이유로 일정한 신분상 불이익 처분이 내려지도록 법률에 규정하는 방법과 별도의 징계절차를 거쳐 신분상 불이익 처분을 하는 방법 중 어느 방법을 선택할 것인가는 입법자의 재량에 속한 것으로서 그중 어느 방법만이 헌법에 합치하고 다른 방법은 헌법에 위반된다고 할 수 는 없으나, 다만, 형사처분을 받은 사실 그 자체만으로 별도의 징계절차를 거치지 아니하고 신분상 불이익 처분을 하는 경우에는 형사처분에 따라 공무원에 대하여 부과되는 신분상 불이익과 그로 인하여 보호하려고 하는 공익이 합리적 균형을 이루어야 한다는 헌법적 제약이 따른다.[119]

(2) 법적 성질

제적은 국가공무원법 제69조 및 지방공무원법 제61조의 당연퇴직과 유사하다. 국가공무원법상 당연퇴직은 결격사유가 있을 때 법률상 당연히 퇴직하는 것이지, 공무원관계를 소멸시키기 위한 별도의 행정처분을 요하는 것이 아니며, 당연퇴직의 인사발령은 법률상 당연히 발생하는 퇴직사유를 공적으로 확인하여 알려 주는 이른바 관념의 통지에 불과하고 공무원의 신분을 상실시키는 새로운 형성적 행위가 아니므로 행정소송의 대상이 되는 독립한 행정처분이라고 할 수 없다.[120] 이와 마찬가지로 군인사법 제40조 제1항에 의한 제적처분은 군인의 신분을 상실시키는 새로운 형성적 행위인 독립된 행정처분이 아니라 군인사법상의 당연히 발생하는 제적사유를 공적으로 확인하여 알려 주는 이른바 관념의 통지에 해당한다고 볼 수 있다.[121]

(3) 사유

장교 · 준사관 및 부사관이 1) 사망하였을 때, 2) 실종선고를 받았을 때, 3) 파

---

118) 헌법재판소 2003. 10. 30. 2002헌마763 결정.

119) 헌법재판소 2004. 4. 29. 2003헌마866 결정.

120) 대법원 1995. 11. 14. 선고 95누2036 판결; 대법원 1992. 1. 21. 선고 91누2687 판결; 대법원 1985. 7. 23. 선고 84누374 판결.

121) 박윤흔, 최신 행정법강의(하), 박영사, 2001, 234－235면.

면되었을 때, 4) 군인사법 제10조 제2항에 해당하게 된 때 다만, 동 항 제6호에 해당하게 된 때에는 그러하지 아니하다. 5) 전공상이 아닌 심신장애자로서 제적결의가 있을 때, 6) 포로 또는 행방불명자로서 국방부령이 정하는 사유에 해당하게 되었을 때에 제적한다(군인사법 제40조).[122]

군인사법은 군인이 임용결격 사유에 해당하게 된 때에도 제적사유의 하나로 규정하고 있으나, 다만, 자격정지 이상 형의 선고유예를 받은 경우에는 제외하고 있다. 2004. 1. 20. 법률 제7085호로 군인사법이 개정되기 전에는 이러한 경우에도 제적사유에 해당하였으나 이 조항이 위헌판결을 받음으로써 군인사법이 개정되었다. 헌법재판소의 위헌판결 이유는 "직업군인이 자격정지 이상 형의 선고유예를 받은 경우에 군 공무원직에서 당연히 제적하도록 규정되어 있는 이 사건 법률조항은 자격정지 이상의 선고유예 판결을 받은 모든 범죄를 포괄하여 규정하고 있을 뿐 아니라, 심지어 오늘날 누구에게나 위험이 상존하는 교통사고 관련범죄 등 과실범의 경우마저 당연제적의 사유에서 제외하지 않고 있으므로 최소침해성의 원칙에 반한다. 오늘날 사회구조의 변화로 인하여 '모든 범죄로부터 순결한 공직자 집단'이라는 신뢰를 요구하는 것은 지나치게 공익만을 우선한 것이며, 오늘날 사회국가원리에 입각한 공직제도의 중요성이 강조되면서 개개 공무원의 공무담임권 보장의 중요성은 더욱 큰 의미를 가지고 있다. 일단 공무원으로 채용된 공무원을 퇴직시키는 것은 공무원이 장기간 쌓은 지위를 박탈해 버리는 것이므로 같은 입법목적을 위한 것이라고 하여도 당연제적 사유를 임용결격 사유와 동일하게 취급하는 것은 타당하다고 할 수 없다. 결국 이 사건 법률조항은 헌법 제25조의 공무담임권을 침해하였다고 할 것이다."라고 하였다.[123]

또한 법률에 의하여 자격이 정지 또는 상실된 자도 당연 퇴직하게 되는바, 법원의 판결에 의하여 자격이 정지된 자를 공무원직으로부터 당연 퇴직하도록 하고 있는 지방공무원법 제61조 중 제31조 제6호는 공무담임권을 침해하지 않으

122) 경찰공무원법 제7조 제2항의 임용결격 사유
1. 대한민국 국적을 가지지 아니한 자
2. 금치산자 또는 한정치산자
3. 파산자로서 복권되지 아니한 자
4. 자격정지 이상 형의 선고를 받은 자
5. 자격정지 이상 형의 선고유예를 받고 그 선고유예기간 중에 있는 자
6. 징계에 의하여 파면 또는 해임의 처분을 받은 자

123) 헌법재판소 2003. 9. 25. 2003헌마293 결정.

며, 또한 자격상실의 경우와 비교하여 과도한 불이익을 과함으로써 평등의 원칙에 위배되지도 않는다.[124] 금고 이상 형의 집행유예 판결을 선고받은 자도 당연퇴직하도록 되어 있는바, 금고 이상의 형에 대한 집행유예 판결에 내포된 사회적 비난 가능성과 공무원에게는 직무의 성질상 고도의 윤리성이 요구된다는 점을 함께 고려할 때 금고 이상 형의 집행유예 판결을 받은 공무원으로 하여금 계속 그 직무를 수행하게 하는 것은 공직에 대한 국민의 신뢰를 손상시키고 나아가 원활한 공무수행에 어려움을 초래하여 공고의 이익을 해할 우려 또한 적지 아니하다. 따라서 집행유예 판결을 받은 자를 당연 퇴직하게 하는 조항은 공무담임권, 평등권을 침해한 것으로 볼 수 없다.[125]

(4) 효과

군인이 제적사유에 해당되면 군적을 잃는다. 또한 예비역에도 편입될 수 없다. 군인이 군적에서 제적되면 민간인 신분으로 되어 군형법 및 군사법원법의 적용대상에서 제외되므로 군사법원이 아닌 민간법원에서 재판을 받게 된다. 또한 사망으로 인하여 제적되는 경우에는 군인연금법상에 규정된 각종 급여를 수령할 수 있게 된다.

2) 국가공무원법과의 비교

군인사법상의 제적과 유사한 제도로 국가공무원법에는 당연퇴직제도가 있다. 국가공무원법상의 당연퇴직이란 임용권자의 처분에 의해서가 아니고 일정한 사유가 발생한 경우 법률의 규정에 의하여 공무원관계가 자동 소멸되는 것을 말한다.[126] 국가공무원법 제69조에서는 “공무원이 법 제33조[127] 각 호의 1에 해

124) 헌법재판소 2005. 9. 29. 2003헌마127 결정.

125) 헌법재판소 2004. 4. 29. 2003헌마866 결정; 헌법재판소 2003. 12. 18. 2003헌마409 결정.

126) 김중양, 전게서, 365면.

127) 국가공무원법 제33조 제1항의 공무원결격사유

1. 금치산자 또는 한정치산자
2. 파산자로서 복권되지 아니한 자
3. 금고 이상의 형을 받고 그 집행이 종료되거나 집행을 받지 아니하기로 확정된 후 5년을 경과하지 아니한 자
4. 금고 이상의 형을 받고 그 집행유예의 기간이 완료된 날로부터 2년을 경과하지 아니한 자
5. 금고 이상 형의 선고유예를 받는 경우에 그 선고유예기간 중에 있는 자
6. 법원의 판결 또는 다른 법률에 의하여 자격이 상실 또는 정지된 자
7. 징계에 의하여 파면의 처분을 받은 때로부터 5년을 경과하지 아니한 자

당할 때에는 당연히 퇴직한다. 다만, 동 조 제5호에 해당할 때에는 그러하지 아니하다."라고 하여 공무원의 당연퇴직 사유에 대해 규정하고 있다. 지방공무원은 지방공무원법 제61조에서 "공무원이 법 제31조 각 호의 1에 해당할 때에는 당연히 퇴직한다. 다만, 동 조 제5호에 해당할 때에는 그러하지 아니하다."라고 규정하고 있다. 경찰공무원도 경찰공무원법 제21조에 "경찰공무원이 제7조 제2항 각 호의 1에 해당하게 된 때에는 당연히 퇴직된다. 다만, 동 조 동 항 제5호에 해당하게 된 때에는 그러하지 아니하다."라고 국가공무원과 같이 당연퇴직제도를 운영하고 있다.

라. 보직해임

1) 제도의 개관

(1) 의의

가) 개념

보직해임(補職解任)이란 군인에게 보직을 유지시킬 수 없는 사유가 발생한 경우에 그 군인의 신분관계는 그대로 존속시키면서 그 보직만을 부여하지 아니하는 행정처분을 말한다.[128] 즉 보직해임은 군인으로서의 신분은 보유하면서 보직만을 해임하는 것을 말한다.[129] 육군에서는 보직해임을 "인사권자가 부하의 비위나 직무능력 부족을 이유로 해당 직위의 직무담임을 강제로 해제하는 인사조치"라는 의미로 사용하고 있다. '보직해임'이란 용어는 군인사법 제17조 제2항 제2호의 "당해 직무를 수행할 능력이 없다고 인정되었을 경우(징계성 인사조치)"에만 사용하며, 심신장애 등 기타 사유(비징계성 인사조치)로 인한 보직변경은 육규 113 제32조(전속 및 재보직의 한계)를 적용한다.[130]

장교의 보직에 대해서는 임기 이전에 해임되지 않고 그 임기를 보장하는 것이 원칙이나, 보직을 감당할 수 없는 특별한 사유가 있는 경우에는 임기 이전이라도 해임할 수 있도록 하려는 것이다.[131] 이와 관련된 법규로는 군인사법 제17

---

8. 징계에 의하여 해임의 처분을 받은 때로부터 3년을 경과하지 아니한 자

128) 임천영, "군인사법상의 보직해임", 법조(통권 제570호), 2004. 3. 247면; 서울행정법원 2002. 8. 23. 선고, 2002구합9919 판결.

129) 송철훈, "지휘권에 관한 법률적 문제", 군사법연구(제12집), 육군본부, 1994, 180면.

130) 장교보직해임시행방침(육방침 03－43호 2003. 11. 1.).

조, 군인사법시행령 제17조의 2, 사고처리신상필벌기준(국방부훈령 제702호 2002. 3. 19.),[132] 각 군 규정,[133] 보직해임과 사실보고자 인사관리방침(육방침 01-19호 2001. 6. 1.), 보직 해임된 자의 재보직방침(육방침 03-32호 2003. 8. 1.),[134] 장교보직해임시행방침(육방침 03-43호 2003. 11. 1.), 공군의 보직해임자 인사관리 지침[135] 등이 있다.

나) 법적 성질

첫째로 현행 군인사법상 징계처분에 대해서는 징계벌목이 법정화되어 있으므로 보직해임은 징계처분의 일종은 아니다. 즉 보직해임은 징계나 처벌이 아니라, 인사권자에게 비위자에 대한 적시적인 인사조치를 보장하는 수단이며, 징계나 형사처분 전후에 행하는 인사권자의 인사조치이다. 따라서 인사권자는 보직해임 조치와 별도로 보직 해임된 자의 비위사실에 대해서는 형사처분, 징계 또는 현역복무부적합 사유에 해당될 경우에는 현역복무부적합조사위에 회부하여야 한다. 일반적으로 보직해임은 징계 또는 형사처분, 현역복무부적합조사위원회에 회부되기 전의 사전단계에서 행해지는 경우가 대부분이다.[136]

둘째로 보직해임 처분은 징계와 휴직과는 다른 처분이다. 보직해임과 징계는 법적 기초·사유·절차 등에 있어서 차이가 있다. 보직해임은 특별한 사전절차를 거침이 없이 일시적으로 보직을 해임하여 직무에 종사하지 못하도록 하는 처분이나, 징계는 군인의 비위행위에 대하여 행정질서유지를 목적으로 소정의 절차를 거쳐 과하여지는 징벌이라는 점에서 구별된다.[137] 따라서 보직해임을 한 후에 징계처분을 하여도 일사부재리의 원칙이나 이중처벌금지의 원칙에 저촉되지 아니한다.[138] 보직해임과 휴직은 군인의 신분은 유지하면서 직무수행의 의무

---

131) 임천영, 상게논문, 248면.

132) 사고처리신상필벌기준은 각종 사고처리와 관련된 처분을 함에 있어 객관화되고 계량화된 기준과 적정절차를 규정하여 엄정한 군 기강을 확립하는 데 그 목적이 있다.

133) 육군규정113(2003. 1. 1.) 장교보직관리규정; 육군규정118(2004. 1. 1.) 부사관보직관리규정; 공군규정2-24(2003. 9. 1.) 인사명령; 해군규정3-11(2002. 6. 20.) 배속보직규정.

134) 육방침 03-32호는 육방침 03-43호(2003. 11. 1.)로 대치 파기되었다.

135) 공군 인사관 33144-5082('99. 8. 4.) 보직해임자 인사관리지침.

136) 임천영, 전게논문, 249면.

137) 대법원 2003. 10. 10. 선고 2003두5945 판결.

138) 대법원 1992. 7. 28. 선고 91다30729 판결.

를 해제하는 외형적 효과는 같으나, 그 법적 기초 · 절차 · 복직보장 등에 있어서 차이가 있다.

셋째로 보직해임은 보직권자의 재량행위이며, 또한 진급과 보직에 있어서 불이익을 주는 대표적인 침익적(侵益的) 행정행위이다. 침익적 행정행위는 상대방에게 의무를 과하거나 그 권리 · 이익을 제한 · 박탈하는 것과 같이 국민에게 불이익을 주는 행정행위를 말한다.[139]

(2) 사유

군인사법 제17조 제2항에서는 보직해임의 사유로 "심신장애로 인하여 직무를 수행하지 못하게 되었을 경우(제2호)"와 "당해 직무를 수행할 능력이 없다고 인정되었을 경우(제3호)"를 정하고 있다. 여기서 어떠한 자를 당해 직무를 수행할 능력이 없다고 인정할 것인가가 문제이다. 임기 이전 보직 해임된 자는 진급 시 감점 적용대상자가 될 수 있기 때문에 진급과 보직에 있어서 불리한 처분이므로 당해 직무를 수행할 능력이 있느냐 없느냐의 판단은 매우 신중하게 하여야 한다. 직무수행능력 유무에 대한 판단은 재량행위에 속하지만 재량행위가 남용되거나 일탈된 경우에는 위법의 문제가 발생할 수 있다.

보직해임 사유에 해당하는지의 여부에 대해서는 보직권자의 판단에 맡길 수 밖에 없으나 주로 사건사고와 관련되거나 본인의 업무상 과오로 인하여 보직해임될 수 있다. 보직해임이 되는 경우를 구체적으로 보면 ① 현역복무부적합자 처리 기준에 해당될 경우, ② 군인사법 제48조의 휴직사유 중 행방불명된 자와 형사사건으로 기소된 자, ③ 사고처리신상필벌기준에 의하여 사고대책위원회로부터 보고 및 통보를 받은 관할 부대장은 사고자 또는 사고 관련자에 대하여 보직해임을 할 필요가 있다고 판단된 경우이다. 사고처리신상필벌기준에 의하면 안전사고, 군기사고, 보안사고 발생 시에는 사고대책위원회[140]를 설치하며(제5조), 사고대책위원회에서는 사고자와 사고관련자에 대하여 문책범위를 심

---

139) 김동희, 행정법 I, 박영사, 2004, 234면.

140) 사고처리신상필벌기준(국방부훈령 제702호 2002. 3. 1.)에 의한 사고대책위원회는 사고발생부대(사고자에 대하여 징계권을 행사할 수 있는 최하위부대)보다 2단계 이상의 상급부대(2단계 이상의 상급부대가 없을 경우에는 차상급부대, 차상급부대도 없을 경우에는 당해 부대)에 설치하고, 위원장 및 위원 4인 이상 7인 이내로 구성한다. 위원회 설치부대장은 위원장 및 위원을 임명하되, 법무장교가 있는 부대에서는 위원 중 1인을 반드시 법무장교로 하여야 한다. 간사는 당해 사고를 취급하는 참모기능별 주관부서에 속한 자를 임명한다(제5조).

의할 수 있고, 또한 사고자 및 사고관련자로 하여금 소명할 수 있는 기회를 보장하도록 되어 있다(제9조). 사고대책위원회로부터 심의결과를 통보받은 관할부대장은 사고자와 사고관련자에 대하여 보직해임 결정을 할 수 있도록 규정하고 있다. ④ 징계혐의자, 형사사건으로 군사법경찰관 및 군검찰의 수사대상자, 감사원 감사로 인하여 비리 혐의가 인정되어 지휘관이 보직해임의 필요성이 인정된 경우, ⑤ 기타의 경우로 구분해 볼 수 있겠다.[141)142)]

보직해임 사유에도 시효제도가 적용되는가? 보직해임 사유에는 시효가 적용되지 않는다. 즉 징계사유가 있어도 일정기간이 경과하면 징계를 할 수 없다는 징계시효 규정을 두고 있지 않기 때문이다. 따라서 보직해임 사유에 대해서는 시효가 적용되지 않는다.[143)]

(3) 절차

장교를 보직 해임할 때에는 보직해임심의위원회의 의결을 거쳐야 한다. 다만, 대통령령이 정하는 불가피한 사유가 있다고 인정하는 경우에는 보직해임이 된 날부터 7일 이내에 보직해임심의위원회의 의결을 거쳐야 한다(법 제17조 제3항). 즉 장교의 권익보호를 위해 원칙적으로 보직해임심의위원회의 의결을 거친 후 보직해임을 하도록 하였으나 불가피한 사유가 있는 경우에는 "선 보직해임, 후 보직해임심의위원회의 의결"을 거치도록 예외 규정을 두고 있다. 여기서 "불가피한 사유"라 함은 ① 직무와 관련된 부정행위로 인하여 구속되어 직무를 수행할 수 없는 경우(제1호), ② 감사 결과 중대한 직무유기 또는 부정행위가 발견되어 즉시 보직해임이 필요한 경우(제2호), ③ 중대한 군 기강 문란, 도덕적 결함 등으로 즉시 보직해임이 필요한 경우(제3호)이다(시행령 제17조의 4).

---

141) 육군에서는 보직해임의 사유를 첫째로, 사고관련 보직해임은 육규 189(징계규정)에 명시된 "사건처리관련 지휘 · 감독자 문책기준" 계량화 벌점이 71점(감봉) 이상으로 차후 지휘통솔 및 부대관리에 악영향이 우려될 시로 제한하며, 둘째로, 개인비위 등 개인책임으로 인한 보직해임 사유로는 ① 군인사법 시행규칙 제56조 "현역복무부적합자 기준"에 해당하는 사유로 인해 현 직위에서 계속 직무수행을 할 수 없다고 판단한 경우, ② 육군규정 189(징계 규정) "징계사유 및 처벌기준"에 해당하는 사유로 인해 현 보직에서 계속 직무수행을 할 수 없다고 판단한 경우, ③ 기타 현 보직에서 계속 직무수행이 곤란하다고 인사권자가 판단한 경우이다(장교 보직해임시행방침(육방침 03 - 43호 2003. 11. 1.)).

142) 공군은 보직해임자 인사관리 지침에서 보직해임 대상 귀책사유의 범위를 "① 지휘 감독자로서 지휘능력 부족 또는 지휘 실패 시, ② 개인적인 잘못으로 해직위에 계속 복무가 곤란하다고 판단된 경우"로 규정하고 있다.

143) 대법원 1968. 1. 11. 선고 67구174 판결.

(4) 보직해임심의위원회

보직해임심의위원회는 장교에 대한 보직해임 여부를 심의하기 위하여 보직해임 심의대상자보다 2단계 이상의 상급지휘관인 대령급 이상의 장교가 지휘하는 부대에 설치된 합의체 기구를 말한다(법 제17조 제3항). 보직해임심의위원회는 보직해임 심의대상자보다 2단계 이상의 상급지휘관인 대령급 이상의 장교가 지휘하는 부대에 설치한다(시행령 제17조의 3 제1항). 보직해임심의위원회는 위원장 1인을 포함한 3인 이상 7인 이내의 위원으로 구성하되, 법무장교가 보직되어 있는 부대는 위원 중 1인을 법무장교로 한다(시행령 제17조의 3 제2항). 보직해임심의위원회의 위원은 보직해임 심의대상자보다 상급자 또는 선임자 중에서 보직해임심의위원회가 설치된 부대의 장이 임명하고, 위원장은 위원 중 선임자가 된다(동 조 제3항).

보직해임심의위원회는 회의개최 전에 회의일시, 장소 및 심의사유 등을 심의대상자에게 통보하여야 하고, 심의대상자는 보직해임심의위원회에 출석하여 소명하거나 소명에 관한 의견서를 제출할 수 있다. 다만, 심의대상자가 정당한 사유 없이 소명기일에 출석하지 아니하거나 의견서를 제출하지 아니한 경우에는 소명기회를 주지 아니하고 의결할 수 있으며, 필요하다고 인정하는 경우에는 관계인의 출석 또는 증거물의 제출을 요구할 수 있다(시행령 제17조의 5). 보직해임심의위원회는 구성원의 3분의 2 이상의 출석과 무기명투표에 의한 출석위원 과반수의 찬성으로 의결한다(시행령 제17조의 3 제4항).

보직해임심의위원회가 의결을 한 경우에는 그 내용을 심의대상자에게 서면으로 통보하여야 한다(시행령 제17조의 5 제3항). 보직해임심의위원회는 다음 4개 항(① 보직해임 후 징계위원회 회부, ② 보직해임 후 현역복무부적합조사위 회부, ③ 보직해임 없이 징계위원회 회부, ④ 보직해임 없이 불문경고 또는 무혐의 조치) 중 1개 방안을 의결하여 지휘관에게 건의하고, 지휘관은 심의결과를 참고하여 보직해임 여부를 승인한다. ‘보직해임’ 명령은 보직해임권 부대(서) 인사명령으로 발령하고 후임자 보충이 곤란할 경우, 보충 시까지 대리 또는 직무대리를 임명할 수 있다. 다만, 대령급 이상은 동일한 보직해임 심의절차를 거쳐, 2차 상급지휘관이 육군본부에 보직해임을 건의하고 참모총장 승인 시, 육본 인사명령으로 발령한다. 보직해임 기록변경은 보직해임 후 10일 이내 육본(인사운영실)에 보고한다. 이때, 기록변경보고서, 심의의결서, 소명내용, 조사기관 조사보고서를 첨부한다. 보직 해임된 자는 보직해임 처분에 대하여 고충심사를 청구할 수 있으며, 심사결과 혐의 없음이 판명될 경우, 인사관리상 불이익을 받지 아니한다.[144]

(5) 방법

보직해임은 상대방 있는 의사표시에 의하여 행하여지는 행정처분이다. 따라서 보직해임은 상대방에게 도달되어야 한다.[145] 최근 개정된 군인사법시행령은 보직해임심의위원회가 의결을 한 경우에는 그 내용을 심의대상자에게 서면으로 통보하도록 되었다(시행령 제17조의 5 제3항).

(6) 효과

보직해임이 되면 첫째, 현역복무부적합조사위원회 회부 사유가 된다. 임기 전에 보직 해임된 장교로서 3개월이 경과하여도 보직되지 못하거나 동일 계급에서 2회 이상 보직 해임된 자에 대해서는 현역복무에 적합하지 아니한 자에 해당하는지의 여부를 조사하고, 그 조사결과 이에 해당하지 아니한다고 인정되는 자에 대해서는 지체 없이 보직하여야 한다고 하여 보직 해임된 자 중 일부의 경우에는 현역복무부적합 조사대상자로 규정하고 있다(시행령 제17조의 2). 보직 해임된 자라 할지라도 현역복무부적합조사위원회에서 복무 가능한 자로 결정된 경우에는 지체 없이 보직을 주어야 한다(시행령 제17조의 2).

둘째로 진급 심사 시 감점사유가 된다. 육군규정 126 장교진급관리규정 제22조에서는 임기 이전 보직해임자에 대해서는 －3점을 부과하며, 제23조에서는 보직해임을 받은 자가 2년을 경과한 때에는 보직해임 기록을 말소하며, 기록 말소된 자는 진급선발에서 감점 규정을 적용하지 않는다고 규정하고 있다. 공군의 경우에는 보직해임 기간이 2개월 이상인 경우에는 －4점을, 보직해임 기간이 1개월 이상 2개월 미만인 경우에는 －2점을 감점하고 있다.[146]

---

144) 장교보직해임시행방침(육방침 03－43호 2003. 11. 1.).

145) 대법원 1969. 4. 24. 선고, 68구185 판결은 "…… 직위해제처분은 상대방 있는 의사표시에 의하여 행하여지는 처분이라 할 것이고 따라서 특별한 사유가 없으면 그 의사표시가 상대방에게 도달되어야만 처분의 효력이 발생한다. ……"라고 판시하였다.

셋째로 인사관리상의 불이익을 받는다. 보직 해임된 자는 징계위 회부 등 비위에 대한 행정적 조치가 만료되기 전에 보직을 부여할 수 없으며, 보직해임일로부터 신보직 명령 시까지 "무보직"으로 자력표에 기록·유지한다. 보직 해임된 자가 해당 비위사실로 징계처분을 받았을 경우에는 징계처분에 부과되는 감점과 말소기간만 적용하며 2중 불이익을 방지한다.[147] '지휘책임'으로 보직 해임된 자는 그 책임이 중(重)한 경우, 지휘관 직위 재보직을 불허한다. '개인비위'로 보직 해임된 자는 반드시 현역복무부적합조사위원회에 회부하여 심의결과에 따라 인사 조치하되, 현역복무 적합자로 판정되더라도 지휘관 직위 재보직은 불허하고 기타 직위에 보직한다. 육규 113(장교보직관리규정) 제34조에 규정된 보직임기가 경과된 자라도 '보직해임 사유'에 해당할 경우, 반드시 보직해임 시행절차를 통해 인사 조치하여야 한다. 인사권자가 보직해임 사유에 해당하는 부하의 비위가 있음에도 불구하고 정상적인 보직해임 시행절차 없이 타 부대로 전출 조치하는 등 보직해임을 비정상적으로 시행할 경우, 육규 125(인사군기문란자 처리규정)에 의거하여 조치한다.[148]

(7) 사후구제

위법 부당한 보직해임을 당한 자는 인사소청위원회에 인사소청 제기, 행정소송을 제기하여 권리구제를 받을 수 있다. 첫째로 부당한 보직해임으로 인하여 권리 침해를 받은 자는 군인사법 제51조에 규정된 인사소청위원회에 인사소청을 제기할 수 있다.[149] 즉 군인사법 제50조에서는 위법·부당한 전역·제적 및 휴직 등 그 의사에 반한 불리한 처분에 대하여 인사소청을 할 수 있도록 규정하고 있다. 따라서 보직해임은 본인의 의사에 불구하고 직위를 부여하지 않음으로써 직무에 종사하지 못하도록 하는 처분인 점에서 피처분자에게 불리한 처분에 해당된다. 따라서 보직해임 처분이 있음을 안 날로부터 30일 이내에 이에 대한 심사를 청구할 수 있다. 둘째로 행정소송을 제기할 수 있다. 군인사법 제51

146) 공군본부, '03년도 공군장교 진급추천방침, 2003, 9면.

147) 장교보직해임시행방침(육방침 03-43호 2003. 11. 1.)

148) 장교보직해임시행방침(육방침 03-43호 2003. 11. 1.)

149) 보직 해임된 자는 보직해임 처분에 대하여 고충심사를 청구할 수 있으며 심사결과 혐의 없음이 판정될 경우 인사관리상 불이익을 받지 않는다(육방침 03-43호).

조의 2에서는 "전역 또는 제적과 징계 및 기타 본인의 의사에 반한 불리한 처분에 관한 행정소송은 군인사법 제51조의 규정에 의한 소청심사위원회 또는 군인사법 제60조의 2의 규정에 의한 항고심사위원회의 심사 · 결정을 거치지 아니하면 제기할 수 없다."라고 규정하고 있으므로 위법한 보직해임에 대하여 행정소송을 제기하기 위해서는 반드시 인사소청위원회의 심사를 거쳐야 한다. 위법의 사유로 보직해임에 대한 판단 여부는 재량행위로서의 성질을 가지지만 재량권이 남용되거나 일탈한 경우에는 위법이 될 수 있다. 판례에서도 "원고가 보직해임처분이 있음을 안 날로부터 군인사법 제50조 소정의 소청심사청구기간인 30일을 경과하여 제기한 소청심사청구는 부적합하고, 따라서 적법한 소청심사청구를 거치지 아니한 이상, 보직해임처분소송은 부적법하다."라고 판시하였다.[150]

보직 해임된 자가 새로운 보직을 받은 후에 보직해임 처분을 취소해 달라는 소송을 제기할 수 있을까? 서울행정법원[151]은 "공무원이 보직해임 처분을 받았다가 얼마 후에 새 보직을 부여받았다면 그 보직은 이미 회복되었다고 볼 수 있어 현재 어떠한 권리를 침해당하였거나 불이익을 받은 상태에 있다고 할 수 없다. 물론 보직해임처분이 행정청 스스로 자진하여 취소하거나 판례에 의하여 취소 등이 되지 아니하는 한 그 후에 보직을 부여받았다 하여 위법한 보직해임 처분에 의하여 신분적 또는 재산적으로 받은 불이익한 결과가 처분 당시에 소급해서 제거되고 그와 같은 처분이 없었던 것과 마찬가지의 법적 상태가 되는 것은 아니다. 그러나 이 경우에 있어서도 행정처분에 의하여 박탈된 신분적 또는 재산적 이익의 회복 그 자체를 직접 목적으로 하는 소송에서 그 전제로서 그 처분의 효력 존부를 다툴 수 있을 때에는 박탈된 이익의 회복을 직접 목적으로 하는 소송에 의하여 능히 구제받을 수 있으므로 그 전제가 되는 당해 처분의 효력 존부만을 따로 독립하여 소송에 의하여 다툴 실익은 없다고 할 것이다."라고 판시하였다.[152]

---

150) 서울행정법원 2001. 12. 11. 선고 2001구25227 판결.

151) 서울행정법원 2002. 8. 23. 선고 2002구합9919 판결(원고는 "보직해임은 진급 시 감점 사항이며, 보직해임사실이 인사기록에 남게 되어 인사상 불이익을 받고 또한 전역 시 직업보도반 입교 등에 있어서 불이익을 받게 되므로 보직해임을 취소해 달라."는 주장을 하였다.).

152) 대법원 1987. 9. 8. 선고 87누560 판결(직위해제란 공무원에 있어서 그 직위를 계속 유지시킬 수 없는 사유가 있어 그 직위를 부여하지 아니하는 처분으로서 공무원이 직위해제처분을 받았다가 얼마 후에 다른 직위를 받았다면 그 직위는 이미 회복되었다고 볼 것이므로 그 직위해제처분에 어떤 하자가 있음을 이유로 그 무효확인을 구할 소송상의 이익은 없다고 판시하였다.).

2) 국가공무원법과의 비교

(1) 직위해제의 의의와 법적 성질

국가공무원법상의 직위해제는 공무원으로서 신분을 보유하면서 직위담당을 해제하는 행위이다(국가공무원법 제73조의 2). 즉 직위해제는 일반적으로 공무원이 직무수행능력이 부족하거나 근무성적이 극히 불량한 경우, 징계절차가 진행 중인 경우, 형사사건으로 기소된 경우 등에 있어서 당해 공무원이 장래에 있어서 계속 직무를 담당하게 될 경우 예상되는 업무상의 장애 등을 예방하기 위하여 일시적으로 당해 공무원에게 직위를 부여하지 아니함으로써 직무에 종사하지 못하도록 하는 잠정적인 조치로서의 보직 해제를 의미한다.[153] 직위해제처분은 임용권자의 재량행위에 속하며, 시효의 적용을 받지 않는다. 직위해제처분을 받은 자는 어떠한 직무에도 종사하지 못하게 될 뿐만 아니라 승급 · 승호 · 보수지급 등에 있어서 불이익한 처우를 받게 되고 나아가 일정한 경우에는 직위해제를 기초로 하여 직권면직처분을 받을 가능성까지 있으므로 직위해제는 불이익 처분에 속한다.[154] 직위해제와 휴직은 공무원의 신분은 유지하면서 직무수행의 의무를 해제하는 외형적 효과는 같으나, 그 법적 기초 · 절차 · 복직보장 등에 있어서 차이가 있으며, 또한 공무원의 비위행위에 대하여 행정질서유지를 목적으로 소정의 절차를 거쳐 과하여지는 징벌인 징계와도 구분된다.

(2) 직위해제 사유

직위해제 사유로는 ① 직무수행능력이 부족하거나 근무성적이 극히 불량한 자, ② 파면 · 해임 또는 정직에 해당하는 징계의결이 요구 중인 자, ③ 형사사건으로 기소된 경우(약식명령이 청구된 자는 제외한다.)이다(국가공무원법 제73조의 2 제1항). 직무수행능력의 현저한 부족으로 근무성적이 극히 불량한 때라 함은 공무원의 징계사유를 정한 같은 법 제78조 제1항 각 호의 규정에 비추어 정신적 · 육체적으로 직무를 적절하게 처리할 수 있는 능력의 현저한 부족으로 근무성적이 극히 불량한 때를 의미하고, 징계사유에 해당하는 명령위반, 직무상의 업무위반 또는 직무태만의 행위 등은 이에 해당하지 아니한다.[155] 비위공무

153) 대법원 1997. 9. 26. 선고 97다25590 판결.

154) 대법원 1992. 7. 28. 선고 91다30729 판결.

155) 대법원 1985. 2. 26. 선고 83누218 판결.

원이 징계위원회에 징계의결요구서가 접수된 경우 사실상 원활한 직무수행을 기대할 수 없기 때문에 담당직위를 해제할 수 있게 한 것이다. 따라서 징계의결이 요구되어 있다는 사실만으로 직위해제처분을 하는 것은 국가공무원법 제68조의 공무원 신분보장규정에 반하는 것이며, 헌법상의 비례 원칙(제37조 제2항)이나 직업선택의 자유(제15조)에 위배된다고 하겠다. 따라서 파면 · 해임 · 정직에 해당하는 징계의결을 요구했다는 사유만으로는 안 되고, 직위해제가 불가피하다고 보이는 그 징계의결 요구사안의 심각성, 그에 대한 증거의 확실성, 공무의 공정성을 저해하고 국민의 불신을 야기할 우려가 있는지 등을 구체적이고 개별적으로 판단하여 직위해제 여부를 결정해야 할 것이다.[156] 유죄의 확정판결을 받아 당연 퇴직되기 전 단계에서 형사소추를 받은 공무원이 계속 직위를 보유하고 직무를 수행한다면 공무집행 및 행정의 공정성과 그에 대한 국민의 신뢰를 저해할 구체적인 위험이 생길 우려가 있으므로, 이를 사전에 방지하기 위한 것이다.[157]

(3) 직위해제의 효력

첫째로, 직위해제가 된 때에는 직무에 종사하지 못하며, 따라서 출근할 수도 없다. 다만, 임용권자는 직위 해제된 자에 대해서는 3개월 이내의 기간 대기를 명하며, 이 경우 임용권자 또는 임용제청권자는 능력회복이나 근무성적의 향상을 위한 교육훈련 또는 특별한 연구과제의 부여 등 필요한 조치를 하여야 한다. 둘째로, 직위해제가 된 자에 대해서는 봉급의 8할을 지급하되, 국가공무원법 제73조의 2 제1항 제3호 또는 제4호의 사유로 직위 해제된 자가 3개월이 경과하여도 직위를 부여받지 못한 때에는 그 3개월이 경과한 후의 기간 중에는 5할을 지급한다(공무원보수규정 제29조 · 제48조). 다만, 위 제3호 및 제4호의 경우에 징계위원회의 의결 또는 소청심사위원회의 결정에 의하여 징계의결요구가 기각되거나 징계처분이 취소된 때 또는 법원에서 무죄선고를 받은 경우에는 차액을 소급하여 지급한다(공무원보수규정 제30조 제2항). 또한 일부 수당의 감액이 있다. 셋째로, 직위해제기간 중에 있는 경우에는 승진 임용될 수 없고(공무원임용

156) 김향기, "공무원법상의 직위해제", 고시연구(2002. 7.), 18면.

157) 헌법재판소 1998. 5. 28. 96헌가12 결정; 대법원 1999. 9. 17. 선고 98두15412 판결.

령 제32조 제1항 제1호), 승진소요최저연수에 포함되지 아니하며(동령 제3조 제2항), 경력평정기간에도 산입하지 아니한다(동령 제37조의 4). 직위해제기간 동안은 호봉승급이 제한되며(공무원보수규정 제14조 제1항 제1호), 호봉의 재획정의 사유가 발생한 경우라고 하더라도 직위해제기간 중에는 할 수 없고 복직일에 재획정한다(동 규정 제9조 제2항).

3) 문제점

첫째로, 보직해임 남용의 문제이다. 보직해임은 진급 시 감점사유에 해당하고 차기 보직 판단에 있어서도 불이익을 받는 전형적인 신분상 불이익 처분이다. 따라서 보직해임 여부에 대해서는 신중한 판단이 필요하다. 더욱이 보직해임을 징계나 형사처분의 사전 단계로 운영하고 있는 실무관행에 있어서는 그 보직해임 사유 해당 여부에 대해서 엄격하게 판단하고 남용이 될 경우에 본인에게 미치는 영향은 막대하기 때문이다. 둘째로, 보직해임 사유의 추상성이다. 당해 직무를 수행할 수 있는 능력의 인정 여부에 대해서는 추상적으로 규정하고 있는바 보직해임 사유에 대해 유형별로 구체화된 규정을 두고 있지 않다. 이에 대한 보완이 필요하다. 셋째로, 보직해임과 관련된 운영상의 문제로서 군에서 사망사고가 발생하거나 언론에 보도될 정도의 대형사고가 발생된 경우에 피해자 유족들과 언론 무마책으로 직무수행 능력 여부와는 관계없이 희생양으로서 지휘관에 대한 보직해임 처분은 자제되어야 한다. 넷째로, 장관급 장교에 대한 보직해임 절차 규정에 대한 정비가 필요하다. 특히 사단장에 대한 보직해임권자 및 해임절차에 관한 규정을 제정하여야 한다. 군인사법 제20조 제1항 제2호, 동법시행령 제13조 제1항 제1호 가목에 의하면 "전투를 주 임무로 하는 부대의 장"의 보직은 당해 군 장관급장교 중에서 참모총장이 추천심의위원회의 심의를 거쳐 국방부장관에게 추천하고, 국방부장관은 제청심의위원회의 심의를 거쳐 제청하며, 대통령이 임명하도록 되어 있으며, '사단장'은 전투를 주 임무로 하는 부대의 장에 포함된다. 한편, 군인사법 제17조 제1항, 동법시행령 제13조 제2항에 의하면 군의 중요부서 장의 동일직위에서 보임기간은 2년을 기준으로 하며, 동법 제17조 제2항에 "장교는 임기 이전에 보직변경 또는 보직 해임되지 아니한다."라고 규정하고 있다. 보직해임은 인사권자의 인사조치 일종이므로 인사권을 국방부장관, 참모총장에게 위임한다는 명문의 규정이 없는 한 인사권자인 대통령을 사단장의 보직해임권자로 보아야 한다. 현재 실무상 사단장에 대한 보직해임은 위와 같이 처리하고 있지 않다. 국가공무원법 제32조 제3항에 "대통령은 대통령령이 정하는 바에 의하여 임용권의 일부를 소속장관에게 위임할 수 있으며, 소속장관은 대통령령이 정하는 바에 의하여 임용권의 일부와 대통령으로부터 위임받은 임용권의 일부를 그 보조기관 또는 소속기관의 장에게 위임 또는 재위임할 수 있다."라고 규정하고 있다.[158] 이에 따른 공무원임용령 제5조 제1항 제1호에 의하면 1급 공무원의 전보 · 직위해제 · 휴직 · 정직 및 복직권한은 대통령에게 있다.

마. 휴직

1) 제도의 개관

(1) 의의 및 성질

가) 의의

공법상 휴직제도는 일정기간 동안 직무에 종사할 수 없는 사유가 발생한 경우 공무원관계는 계속 유지하되 본인의 신청 또는 행정기관의 직권으로서 직무수행의무만 해제하는 것이다.[159] 휴직제도는 행정기관의 입장에서는 휴직기간 동안 면직 후 재임용하는 등의 복잡한 절차가 필요 없어 인사운영의 효율성을 도모할 수 있을 뿐만 아니라, 공무원 본인에게는 안심하고 타 직무에 종사할 수 있는 여건을 제공할 수 있다는 점에서 직업공무원제도를 표방하고 있는 대부분의 국가에서 채택하고 있는 신분보장제도이다.[160] 따라서 휴직은 공무원의 신분을 계속 갖고 있으면서 직무에는 종사하지 않는 점에서 직위해제 · 정직처분과 같으나 본인의 원에 의하여 휴직할 수도 있고 제재적인 효과가 없다는 점에서 직위해제와 구별되고 징계의 종류가 아니며, 그 기간도 비교적 길다는 점에서 정직처분과 구별된다. 휴직제도의 성격은 특정한 사유가 발생하면 직무에서 이

158) 행정권한의 위임은 행정관청이 법률에 따라 특정한 권한을 다른 행정관청에 이전하여 수임관청의 권한으로 행사하도록 하는 것이어서 권한의 법적인 귀속을 변경하는 것이므로 법률이 위임을 허용하고 있는 경우에 한하여 인정된다(대법원 1995. 11. 28. 선고 94누6475 판결).

159) 임천영, "군인사법상의 기소휴직제", 저스티스(통권 제79호), 2004. 6. 126면; 임천영, 전게서, 710면.

160) 김중양 · 김명식, 전게서, 416면.

탈할 수 있다는 적극적인 의미와 함께 동 사유 외에는 임용권자가 자의로 휴직을 명할 수 없다는 소극적 측면도 포함하고 있다 할 것이다.[161]

나) 성질

휴직제도는 징계와는 법적 기초를 달리하고 있으므로 휴직의 원인과 동일한 사유로 징계를 하여도 일사부재리의 원칙에 반하는 것은 아니다. 판례도 "직위해제처분이 공무원에 대한 불이익한 처분이긴 하나 징계처분과 같은 성질의 처분이라 할 수 없으므로 동일한 사유로 직위해제처분을 하고 다시 감봉처분을 하였다 하여 일사부재리원칙에 위배된다 할 수 없다."고 판시하였다.[162] 국가공무원법의 휴직제도와는 그 취지와 종류에 있어서는 동일하지만 그 휴직사유에 있어서 크게 차이가 있다. 즉 군인사법에서는 형사사건으로 기소된 경우 휴직사유에 해당하지만 국가공무원법에서는 직위해제 사유로 하고 있다. 국가공무원법에서는 형사사건으로 기소된 공무원에 대하여 종전에는 반드시 직위 해제하도록 하였으나, 기소되었다는 사실만으로 무조건 직위 해제하는 것은 적절치 않은 경우도 있어 1994년 임용권자가 직위해제 여부를 구체적으로 검토하여 결정하도록 하였다. 이와 같이 직위해제를 할 수 있도록 한 이유는 범죄사실이 확정되어 검사가 기소할 경우에 이르면 직무수행 자체를 사실상 수행하기 곤란할 뿐 아니라 당해 공무원에게 계속 공무집행을 부여하는 경우 공무수행상 공정성을 기하지 못할 우려가 있다는 점에서 공무집행의 공정성을 확보하기 위한 조치의 일면이 있는 반면에 기소된 당해 공무원의 입장에서 보더라도 공판과정상의 개인적인 변호권을 충분히 부여하기 위해서는 직무수행의 부담을 덜어 줄 필요가 있기 때문이라 할 것이다.[163]

다) 현 실태

휴직의 종류에는 여러 가지가 있으나 최근 개정된 군인사법상의 육아휴직을 중심으로 그 실태를 알아보기로 한다. 1999년 이후 육아휴직 시행실적은 <표 4-6>과 같다. 이를 분석하면 2002년까지는 평균 6%대의 저조한 시행률을 보

161) 김중양 · 김명식, 전게서, 416면.

162) 대법원 1983. 10. 25. 선고 83누184 판결.

163) 김중양, 전게서, 395면.

이고 있었으나, 휴직 사유 확대 등의 제도 개선 논의가 시작된 2003년부터는 10%대로 활성화되기 시작하는 추세이다. 휴직의 운영 실태는 아직도 절대수준에서는 미흡하고, 해군 및 공군의 경우는 육아휴직 실적이 전무한 상황이다. 이러한 원인은 잦은 훈련 및 부대 이동 등 군 업무의 특수성에 기인하는 것이다. 이러한 현실은 여성군인에 가사와 직무라는 이중 부담을 안기고 있고 이는 궁극적으로는 군 내부에서의 양성평등에 저해가 되는 결과를 초래하고 있다.[164)]

〈표 4-6〉 여군 육아휴직 시행실적

구 분	'99	'00	'01	'02	'03	'04	'05 1분기
계	4	15	10	10	20	48	16
장 교	2	9	7	8	15	24	11
부사관	2	6	3	2	5	24	5
비율[165)]	2.5% (5.1%)	9.3% (9.3%)	6.2% (9.11%)	6.2% (7.9%)	12.3% (10.0%)	11.2%	14.9%

자료: 국방위원회, 군인사법일부개정법률안(김명자 의원 대표발의) 검토보고서, 2005, 5면.

(2) 휴직사유

휴직은 ① 직권휴직과, ② 청원휴직으로 구분한다. 직권휴직이란 일정한 사유가 있는 경우에 행정기관이 직권으로 행하는 휴직을 말하며 청원휴직이란 일정한 사유 발생 시 본인의 원에 의하여 휴직되는 것을 말한다.

가) 직권휴직사유

필요적 휴직사유로는 장교ㆍ준사관 및 부사관이 전공상을 제외한 심신장애로 인하여 6개월 이상 근무하지 못하게 되는 때와 행방불명된 때이다(군인사법 제48조 제1항). 임의적 휴직사유로는 장교ㆍ준사관 및 부사관이 형사사건으로 기소된 때(약식명령이 청구된 경우를 제외한다.)[166)]이다(동 조 제2항). 일반직 공무

164) 국방위원회, 군인사법중개정법률안 심사보고서, 2003. 12. 5-6면.

165) 비율란 하단 괄호 안의 수치는 같은 기간 중앙행정기관 근무 여성공무원의 육아휴직 이용비율을 중앙인사위원회 자료를 기초로 작성한 것임.

166) 약식명령의 경우에는 검사의 공소제기가 있었다 하더라도 기소와 약식명령 간의 기간이 단기에 불과하고 사안 자체도 경미하여 공판에 의하지 아니하고 서면심리로써 판결할 뿐만 아니라 형량도 벌금형에 지나지 않아 공무원의 신분변동(공무원 결격사유에 해당되지 않음)과 직무수행에 아무런 영향을 미치지 않고 있으며, 또한 기소일로부터 약식명령에 의한 확정판결까지는 비교적 단기간에 불과하고, 국가공무원법 제83조 제3항의 규정에 의한 사건처분결과의 통보는 사건종료 후 상당한 기일이 지난 후에야 소속기관에서 접수하게 되어 직위

원의 경우에는 형사사건으로 기소된 자(약식명령이 청구된 자는 제외한다.)는 직위해제 사유(국가공무원법 제73조의 2 제1항 제4호)로 규정하고 있으며, 그 사유가 소멸된 때에는 임용권자는 지체 없이 직위를 부여하여야 한다(동 조 제2항). 형사사건으로 기소된 경우를 휴직사유로 규정한 이유는 형사피고인이 계속 공무를 담당하는 경우 발생할 수 있는 공무나 행정기관에 대한 국민의 불신을 방지하고, 한편 피고인인 군인에게도 공무담당의 의무를 일시적으로 해제하여 소송당사자로서 공판과정에서 변론준비 등 충분히 방어권을 행사할 수 있는 기회를 부여함으로써 해당 군인 자신도 보호하기 위한 취지이다.[167)]

나) 청원휴직사유

임용권자는 장기복무장교, 준사관 및 장기복무부사관이 ① 국제기구 또는 외국기관에 임시로 채용된 때, ② 자비로 해외유학을 하게 된 때, ③ 참모총장이 지정하는 연구기관이나 교육기관 등에서 자비로 연수하게 된 때, ④ 자녀(휴직신청 당시 3세 미만인 자녀에 한한다.)를 양육하기 위하여 필요한 때,[168)] ⑤ 사고 또는 질병 등으로 장기간의 요양을 필요로 하는 부모 · 배우자 · 자녀 또는 배우자 부모의 간호를 위하여 필요한 때에 해당하는 사유로 휴직을 원하는 경우와 단기복무 중인 여자군인이 자녀(휴직신청 당시 3세 미만인 子女에 한한다.)를 양육하거나 여자군인이 임신 또는 출산하게 되어 필요한 때 이를 사유로 휴직을 원하는 경우에는 업무수행 및 인력운영상 지장을 초래하지 아니하는 범위 안에서 휴직을 명할 수 있다. 다만, 여자군인이 육아 · 임신 · 출산휴직을 신청한 경우에는 대통령령이 정하는 특별한 사정이 없는 한 휴직을 명하여야 한다(법 제48조 제3항).

(3) 휴직기간

법 제49조에서는 휴직사유에 따라 휴직기간을 구분하여 정하고 있다. 즉 ①

해제의 처분과 해제를 동시에 해야 하는 등 인사운영상의 불합리한 점이 있으므로 1982. 12. 28. 국가공무원법을 개정하여 공무원이 형사사건으로 기소된 경우에도 약식명령이 청구되었을 때에는 형사사건의 기소를 이유로 직위해제처분을 해서는 아니 되도록 하고 있다(김중양, 전게서, 380면).

167) 임천영, 전게 "군인사법상의 기소휴직제"의 논문, 126면.

168) 종전에는 1세 미만인 자녀인 경우에 가능하였으나 국가공무원법상의 육아휴직 요건과 같이 3세 미만인 자녀로 2003. 12. 31. 개정되었다.

전공상 이외의 심신장애로 인한 휴직 시에는 1년(1항), ② 형사사건 기소로 인한 휴직 시에는 당해 사건의 계속기간(2항), 여기서 '당해 사건의 계속기간'이란 당해 사건으로 기소되어 휴직된 날로부터 그 사건에 대한 재판이 확정된 날까지의 기간을 말한다. ③ 국제기구 채용으로 인한 휴직 시에는 그 채용기간으로 하고, 자비 해외유학 및 자비 연수 시에는 각각 2년 이내, 자녀 양육 및 부모 등 요양 및 간호 시에는 1년 이내로 한다(제3항).

(4) 효과

가) 일반적 효력으로 휴직 중인 군인은 직무에 종사하지는 않으나 군인신분은 계속 유지된다. 따라서 군인의 의무 중 그 신분상 당연히 지게 되는 의무(비밀엄수 · 품위유지 등)는 부담하게 되나 직무에는 종사하지 못하기 때문에 직무상 의무(직장이탈금지 등)는 원칙적으로 부담하지 않는다. 따라서 휴직 중이라도 신분상 의무를 위반할 경우에는 징계처분의 대상이 되고, 직무수행을 전제로 한 자격요건 산정기간에는 포함되지 않는다.[169] 휴직 중에도 별도의 인사발령이 없는 한 휴직 당시 직위를 그대로 보유하고 있으므로 전보도 가능하다. 다만, 휴직 중 정직처분의 경우에는 직무에 종사하지 않는다는 점에서 처분상 효력이 같으므로 휴직기간 내에서 보수만 감액될 뿐이다.[170]

나) 청원휴직기간에 대해서는 법 제49조 제4항에서 "제48조 제3항의 규정에 의한 휴직기간(청원휴직)은 제7조의 규정에 의한 의무복무기간과 제26조의 규정에 의한 진급최저복무기간에 산입하지 아니한다. 다만, 제48조 제3항 제4호의 규정에 따른 기간은 제26조의 규정에 따른 진급최저복무기간에 산입한다."고 규정하여 청원휴직기간은 의무복무기간과 진급최저복무기간에 산입하지 않고 있으나 육아휴직기간에 대해서는 예외를 인정하고 있다.[171] 육아휴직기간을 진급최저복무기간에 산입하게 된 이유는 "군인이라는 직업의 특수성을 고려하더

---

169) 직위해제기간을 본래의 직무에 종사한 기간으로 볼 것인지 여부에 관하여, 대법원은 "직위해제처분은 공무원의 신분관계는 그대로 존속시키면서 그 직위만을 부여하지 아니하는 처분으로서 직위해제기간 중에는 직무를 수행할 권한도 의무도 없는 것이므로, 그 기간 동안은 세무사법 제5조의 2 소정의 국세에 관한 행정사무에 종사한 기간의 계산에 산입되지 아니한다."라고 판시하였다(대법원 1983. 5. 24. 선고 82누410 판결).

170) 김중양 · 김명식, 전게서, 427면.

171) 2006. 3. 3. 법률 제7852호로 군인사법 제49조 제4항 단서 조항을 신설하여 육아휴직기간을 진급최저복무기간에 산입하도록 군인사법이 개정되었다.

라도 다른 공무원과 차별되어야 할 합리적인 이유가 없으므로 군인의 육아휴직 기간을 진급최저복무기간에 산입함으로써 육아휴직에 따른 인사상의 불이익을 없도록 하고, 특히 여군의 육아휴직제도를 활성화함으로써 모성을 보호하고 국가적 차원의 출산장려정책에 부응하려는 것이다."[172]

형사사건으로 기소되어 휴직된 경우에 그 휴직기간은 진급최저복무기간에 산입되지 않아야 한다. 그 이유는, 첫째로 국가공무원의 경우에는 공무원임용령 제31조 제2항에서 공무원 승진소요 최저연수의 계산에 있어서 휴직기간 · 직위해제기간 · 징계처분기간 · 징계처분 시 승진임용제한기간을 포함하지 아니한다는 규정의 입법례와, 둘째로 진급이란 진급최저복무기간이 복무를 마치고 상위의 직책을 감당할 능력이 인정된 자를 1단계씩 진급시키는 것이므로 그 휴직된 기간은 진급최저복무기간에서 제외하여야 한다. 왜냐하면 휴직된 기간은 그 직무에서 배제되기 때문에 진급최저복무기간의 복무를 마친 것으로 볼 수 없기 때문이다.

다) 전시 · 사변 · 국가비상 시 또는 군의 증편으로 인하여 임시계급을 부여받은 장교가 휴직되었을 때는 원계급에 복귀한다(군인사법시행령 제42조 제2항 제1호).

라) 법 제48조 제1항과 제2항의 규정에 의한 휴직기간에는 봉급의 반액을 지급하고 제3항의 규정에 의한 휴직기간에는 봉급을 지급하지 아니한다(군인사법 제48조 제4항). 군인의 봉급은 계급과 복무기간에 따라 지급되며, 이에 따라 복무기간에 의하여 계급별 호봉이 정해지는데, 휴직기간은 이 복무기간에 산입되지 아니한다(군인보수법 제11조 제2항). 또한 퇴직수당은 군인이 1년 이상 복무하고 퇴직 또는 사망한 때 복무기간 1년에 대하여 월보수액에 일정 비율을 곱한 금액을 지급하는 군인연금법상의 급여인데 형사사건으로 인한 휴직기간은 그 2분의 1을 위 복무기간에서 감한다(군인연금법 제16조 제11항).

마) 육아휴직을 신청한 경우에는 "육아휴직을 이유로 인사상 불리한 처우를 하여서는 아니 된다."(군인사법 제48조 제6항) 이 조항은 2004. 1. 20. 법률 제7085호로 군인사법의 개정 시 추가되었다. 여기서 "육아휴직으로 인한 불리한 처우"란 다른 합리적인 이유 없이 육아휴직을 이유로 여성 근로자에게 행해지

172) 국방위원회, 군인사법일부개정법률안(김명자 의원 대표발의) 검토보고서, 2005. 4. 1면.

는 차별대우를 말하며, 직무에 복귀하였을 때 보직을 부여하거나 진급심사 과정에서 단지 휴직을 했다는 사유로 불리하게 대우해서는 안 된다는 것을 의미한다.[173)]

(5) 사후 구제방안

형사사건은 무죄, 공소기각, 면소의 재판으로 종결될 개연성을 가지고 있다. 친고죄사건의 1심 재판에서 고소가 취소된 때와 같이 사후에 발생한 사유에 의한 경우가 아닌 한 위와 같은 결과가 발생한다는 것은 결국 휴직되지 아니할 자가 휴직을 당하고 그에 따른 불이익을 입게 된다는 것을 의미한다. 따라서 형사사건으로 인한 휴직에 있어서는 무죄판결 등의 경우를 대비한 사후구제방안이 필요하게 된다.

첫째로, 군인사법 제48조 제5항에 "형사사건으로 기소되어 휴직된 자가 무죄의 선고를 받는 때에는 휴직을 이유로 진급 · 보직 등 이 법의 적용에 있어서 불리한 처우를 받지 아니한다."라고 규정하여 무죄선고 시 불이익한 처우를 받지 않도록 하고 있다. 둘째로, 군인사법시행령 제54조 제2항에 "형사사건으로 기소되어 휴직된 자가 무죄판결을 받았거나 공소가 기각되었을 때에는 당연히 복직된다."고 규정하여 무죄판결을 받은 자는 당연히 복직된다. 뿐만 아니라 기소된 자가 공소 기각되었을 때에도 당연히 복직되어야 한다. 셋째로, 법 제48조 제4항 단서에 "형사사건으로 기소되어 휴직된 자가 무죄의 선고를 받는 때에는 그 봉급의 차액을 소급하여 지급한다."라고 규정하여 무죄선고 시 감액된 봉급의 반액에 대하여 돌려받을 수 있다. 문제는 공소기각과 면소판결을 받은 경우에 대해서는 아무런 규정이 없다. 현행 실무상으로는 면소판결 및 공소기각판결을 받은 경우에는 무죄와 동일시할 수 없다는 이유로 봉급의 차액을 소급하여 지급하지 아니하고 있다. 그러나 일반직 공무원의 경우는 공소기각판결은 인사관계법령에서 정한 유 · 무죄 여부를 판단할 근거가 없으므로 직위해제기간을 승진소요최저연수 및 승급기간에 산입하고 보수의 차액을 소급하여 지급하고 있다(총무처 인기12107－555, 1994. 11. 9.). 넷째로, 형사사건으로 인하여 휴직된 자가 무죄선고를 받은 때에는 그 휴직기간을 의무복무기간, 근속정년, 계급

173) 2004. 6. 11. 대통령령 제18416호로 공무원임용령 제31조 제2항 제1호를 개정하였다. 개정한 이유는 "육아휴직 사용에 따른 승진 시 불이익 등을 방지하기 위하여 육아휴직기간을 승진소요최저 연수에 산입하기 위한 것이다."

정년 계산 시 산입하여야 한다(군인사법시행령 제6조 제4항).

이러한 직위해제제도의 목적과 헌법상의 무죄추정 원칙에 비추어 볼 때, 형사사건으로 기소되었다는 이유만으로 직위해제처분을 하는 것은 정당화될 수 없고, 당해 공무원이 당연퇴직 사유인 유죄판결을 받을 고도의 개연성이 있는지 여부, 당해 공무원이 계속 직무를 수행하면 공정한 공무집행과 국민의 신뢰를 저해할 구체적인 위험초래의 우려가 있는지 여부 등 구체적인 사정을 고려하여 직위해제 여부를 판단하여야 할 것이다.[174] 직위해제는 징계처분이나 형의 선고에 의하지 아니한 불이익 처분으로서 국가공무원법 제68조의 공무원 신분보장 규정을 유명무실하게 만들 우려가 있다. 그러므로 형사사건으로 기소된 경우의 직위해제는 구속기소 여부, 고의 · 과실 여부, 법정형의 경중 여부, 범죄의 동기 등 위법성의 정도와 증거의 확실성 여부 및 예상되는 판결의 내용, 그리고 계속적으로 업무수행을 하는 데 문제가 없는지, 또한 공무의 공정성을 저해하고 국민의 불신을 불러일으킬 우려가 있는지 등 직위해제제도의 당위성과 목적을 고려하여 구체적인 경우에 개별적으로 직위해제 여부를 결정해야 한다. 국가공무원법 제33조 제1항 제3호 내지 제6호에 해당하는 유죄판결을 받을 고도의 개연성이 있는가의 여부와 무관하게, 경우에 따라서는 벌금형이나 무죄가 선고될 가능성이 큰 사건인 경우에 대해서까지 직위 해제하는 것은 임용권자의 재량권 일탈 · 남용으로 되어 위법이다. 이와 같이 형사사건으로 기소되었다는 사실만으로 직위해제처분을 하는 것은 아직 유 · 무죄가 가려지지 아니한 상태에서 유죄로 추정하고 이를 전제로 한 불이익 처분을 하는 것이 되어 헌법 제27조 제4항 무죄추정의 원칙에 위반하고, 또한 형사 기소되었다는 사실만으로 직위해제처분을 하는 것은 목적의 정당성은 인정된다고 할지라도 방법의 적정성 · 법익의 균형성을 갖추고 있지 못하다고 할 것이므로 헌법 제37조 제2항의 비례의 원칙에 어긋나서 헌법 제15조 직업선택의 자유(구체적으로는 직업수행의 자유)를 침해하는 것이 된다.[175]

174) 대법원 1999. 9. 17. 선고 98두15412 판결; 대법원 1987. 5. 26. 선고 87누60 판결; 헌법재판소 1998. 5. 28. 96헌가12 결정; 헌법재판소 1994. 7. 29. 93헌가3 · 7 결정; 헌법재판소 1990. 11. 19. 90헌가48 결정.

175) 김향기, 전게논문, 19면.

2) 국가공무원법과의 비교

(1) 의의

휴직제도는 일정기간 동안 직무에 종사할 수 없는 사유가 발생한 경우 공무원관계는 계속 유지하되 본인의 신청 또는 행정기관의 직권으로서 직무수행의 무만 해제하는 것이다.[176] 휴직제도의 취지는 군인사법상의 휴직제도와 동일하나, 일부 휴직사유에 있어서 차이가 있다. 즉 군인사법에서는 형사사건으로 기소된 경우를 휴직사유로 하고 있으나 국가공무원법은 이러한 경우는 직위해제사유이지 휴직사유는 아니다. 국가공무원법상의 휴직은 본인의 의사에 관계없이 임용권자가 반드시 처분해야 하는 직권휴직과 본인의 희망이 있는 경우에만 휴직을 명할 수 있는 청원휴직으로 구분하고 있다.

(2) 사유

국가공무원법 제71조 제1항에 규정된 직권휴직사유로는 ① 신체정신상의 장애로 장기요양을 요할 때(제1호), ② 병역법에 의한 병역복무를 필하기 위하여 징집 또는 소집되었을 때(제3호), ③ 천재 · 지변 또는 전시 · 사변이나 기타의 사유로 인하여 생사 또는 소재가 불명하게 되었을 때(제4호), ④ 기타 법률의 규정에 의한 의무를 수행하기 위하여 직무를 이탈하게 되었을 때(제5호), ⑤ 공무원의 노동조합 설립 및 운영 등에 관한 법률 제7조의 규정에 따라 노동조합 전임자로 종사하게 된 때이다(제6호). 공무원의 청원휴직사유로는 ① 국제기구, 외국기관, 국내외의 대학 · 연구기관, 다른 국가기관 또는 대통령령이 정하는 민간기업 그 밖의 기관에 임시로 채용될 때, ② 해외유학을 하게 된 때, ③ 중앙인사관장기관의 장이 지정하는 연구기관이나 교육기관 등에서 연수하게 된 때, ④ 자녀(휴직신청 당시 3세 미만인 자녀에 한한다.)를 양육하기 위하여 필요하거나, 여자공무원이 임신 또는 출산하게 된 때, ⑤ 사고 또는 질병 등으로 장기간의 요양을 요하는 부모, 배우자, 자녀 또는 배우자 부모의 간호를 위하여 필요한 때, ⑥ 외국에서 근무 · 유학 또는 연수하게 되는 배우자를 동반하게 된 때이다(국가공무원법 제71조 제2항). 다만, 육아휴직의 경우에는 대통령령이 정하는 특별한 사정이 없는 한 휴직을 명하여야 하며, 휴직을 이유로 인사상 불리

176) 김중양 · 김명식, 전게서, 415면.

한 처우를 하여서는 아니 된다(동 조 제4항). 민간기업 그 밖의 기관에 임시로 채용될 경우의 휴직제도 운영에 관하여 필요한 사항은 대통령령으로 정한다(동 조 제3항).

(3) 휴직기간

신체정신상의 장애로 장기요양을 요할 때는 1년, 병역법에 의한 병역복무를 필하기 위하여 징집 또는 소집되었을 때와 기타 법률의 규정에 의한 의무를 수행하기 위하여 직무를 이탈하게 되었을 때에는 그 복무기간이 만료될 때까지, 천재 · 지변 또는 전시 · 사변이나 기타의 사유로 인하여 생사 또는 소재가 불명하게 되었을 때에는 3개월 이내로 한다. 공무원의 노동조합 설립 및 운영 등에 관한 법률 제7조의 규정에 따라 노동조합 전임자로 종사하게 된 때에는 그 전임기간 동안 휴직기간이 된다. 청원 휴가기간은 국제기구, 외국기관, 국내외의 대학 · 연구기관, 다른 국가기관 또는 대통령령이 정하는 민간기업 그 밖의 기관에 임시로 채용될 때에는 그 채용기간으로 하며 다만, 민간기업 그 밖의 기관에 채용되는 경우에는 3년 이내로 한다. 해외유학을 하게 된 때와 외국에서 근무 · 유학 또는 연수하게 되는 배우자를 동반하게 된 때에는 3년 이내로 하되, 부득이한 경우에는 2년의 범위 내에서 연장할 수 있다. 중앙인사관장기관의 장이 지정하는 연구기관이나 교육기관 등에서 연수하게 된 때에는 2년이며, 자녀(휴직신청 당시 3세 미만인 자녀에 한한다.)를 양육하기 위하여 필요하거나, 여자공무원이 임신 또는 출산하게 된 때에는 자녀 1인에 대하여 1년 이내로 한다. 사고 또는 질병 등으로 장기간의 요양을 요하는 부모, 배우자, 자녀 또는 배우자 부모의 간호를 위하여 필요한 때에는 1년 이내로 하되, 재직기간 중 총 3년을 초과할 수 없다.

(4) 효력

휴직 중인 공무원은 신분은 보유하나 직무에 종사하지 못한다(국가공무원법 제73조 제1항). 따라서 공무원의 의무 중 그 신분상 당연히 지게 되는 의무는 부담하게 되나 직무에는 종사하지 못하기 때문에 직무상 의무는 원칙적으로 부담하지 않는다.[177] 휴직기간 중 그 사유가 소멸된 때에는 30일 이내에 임용권자 또는 임용제청권자에게 이를 신고하여야 하며, 임용권자는 지체 없이 복직을 명하여야 한다(동 조 제2항). 휴직기간이 만료된 공무원이 30일 이내에 복귀신고를 한 때에는 당연 복직된다(동 조 제3항). 육아휴직기간은 진급최저복무기간에 산입된다(법 제49조 제4항 단서).[178] 육아휴직기간이 진급최저복무기간에 산입되지 않아 육아 휴직 당사자에게 불리하게 작용하여 군 내 육아휴직 활성화에 장애요인으로 작용하였고, 또한 일반직 공무원, 지방공무원, 경찰공무원의 경우 육아휴직기간이 승진소요최저근무연수에 산입되고 있어 다른 공무원과 군인 간에 형평성 문제가 있었다.[179] 따라서 군인이라는 직업의 특수성을 고려하더라도 다른 공무원과 차별되어야 할 합리적인 이유가 없으므로 군인의 육아휴직기간을 진급최저복무기간에 산입함으로써 육아휴직에 따른 인사상의 불이익이 없도록 하고, 특히 여군의 육아휴직제도를 활성화함으로써 모성을 보호하고 국가적 차원의 출산장려정책에 부응하기 위한 것이다.[180]

3) 문제점

첫째로, 면소판결 및 공소기각판결 선고 시 보호방안이 필요하다. 군인사법은 휴직된 자가 무죄판결을 받은 경우에는 휴직으로 인한 각종 불이익을 회복시켜주는 규정을 두고 있으면서도 공소기각이나 면소판결을 받은 경우에 관해서는 같은 취지의 규정을 두고 있지 않다. 따라서 면소판결과 공소기각의 경우에도 불이익을 당하지 않도록 입법적으로 개선하여야 한다.[181] 판례는 "법 제48조에는 약식명령사건을 제외한 일반형사사건으로 기소되어 휴직명령을 받은 자는 '무죄의 선고를 받은 때' 미수령의 임금 등을 소급하여 수령할 수 있다는 취지로 규정하고 있으나, 한편 헌법 제29조에서는 형사피의자 또는 형사피고인으로서 구금되었던 자가 법률이 정하는 불기소처분을 받거나 무죄판결을 받은 때에는 법률이 정하는 바에 의하여 국가에 정당한 보상을 청구할 수 있다고 규정되

177) 김중앙 · 김명식, 전게서, 426면.

178) 위 조항은 2006. 3. 3. 법률 제7852호로 군인사법 개정으로 도입되었다.

179) 일반직공무원의 경우는 2004. 6. 11. 대통령령 제18416호 공무원임용령개정으로 공무원임용령 제31조 제2항 제1호에서 육아휴직 사용에 따른 승진 시 불이익 등을 방지하기 위하여 육아휴직기간을 승진소요최저연수에 산입하고 있다.

180) 국방위원회, 군인사법일부개정법률안(김명자 의원 대표발의) 검토보고서, 2005. 4. 5-6면.

181) 박우종, 전게논문, 196면.

어 있고, 이에 따른 형사보상법 제25조에서는 단순히 무죄선고뿐만 아니라 면소 또는 공소기각의 재판을 받은 경우에도 그와 같은 재판을 할 만한 사유가 없었더라면 무죄의 재판을 받을 만한 현저한 사유가 있었을 때에는 국가에 대하여 구금에 대한 보상을 청구할 수 있다고 규정하여 그 보상범위를 확대하고 있는 점, 헌법상 인정되는 인간의 존엄권 및 기본적 인권보장, 인간의 평등성, 무죄추정의 법리 등 헌법이념에 비추어 보면, 위 법 제48조 제4항 후단 '무죄의 선고를 받은 때'라 함은 헌법이념에 합치되게 해석하여, 형식상 무죄판결뿐만 아니라 공소기각 재판을 받았다 하더라도 그와 같은 공소기각의 사유가 없었더라면 무죄가 선고될 현저한 사유가 있는 이른바 내용상 무죄재판의 경우까지로 확대 해석함이 상당하다."라고 판시하였다.[182)]

둘째로, 무죄판결 선고 시 호봉과 퇴직수당에 있어서 보호방안이 필요하다. 군인보수법과 군인연금법은 휴직된 자의 호봉승급과 퇴직수당을 제한하는 규정을 두고 있으면서 그가 무죄판결을 받은 경우의 구제에 대해서는 언급을 하고 있지 않다. 군인사법은 앞서 본 바와 같이 봉급의 소급지급 등 개별적인 구제규정 외에 불리한 처우를 금지하는 포괄적인 규정을 두고 있으나 "진급 · 보직 등이 법의 적용에 있어서 불리한 처우를 받지 아니한다."고만 규정하고 있을 뿐이다. 결국 호봉승급과 퇴직수당의 제한과 같은 군인보수법과 군인연금법상의 불이익을 구제할 규정이 현행법에 존재하지 않는다. 현행법상 위 군인사법의 불이익처우금지규정을 호봉과 퇴직수당의 문제에까지 확대 적용하는 데에는 무리가 있다고 본다. 입법적으로 해결되어야 할 문제이다.

셋째로, 육아휴직의 제한 문제이다. 현행 군인사법 제48조 제3항에는 장기복무장교, 준사관, 장기복무부사관, 단기복무 여자군인에 대해서만 육아휴직을 허용하고 있으며, 남자 단기복무장교 및 단기복무부사관에 대해서는 육아휴직을 제한하고 있다. 이 조항은 "남자인 단기복무장교의 육아휴직을 전면적으로 금지하고 있어 남편이 단기복무장교인 경우 육아는 아내가 거의 전적으로 담당할 수밖에 없는 결과를 낳아 결국 양육에 있어 남편과 아내를 차별하고 있으며, 또 남자 단기복무장교의 경우에도 육아휴직기간만큼 복무기간을 연장하면 되는데도 여자 단기복무장교, 준사관뿐만 아니라 다른 공무원들과도 차별하고 있어 평

182) 서울지방법원 2003. 8. 28. 선고 2002가단256464 판결.

등권을 침해하고, 심지어 남자인 단기복무장교의 아내가 만 3세 이하의 자녀를 세상에 남기고 사망한 경우 육아휴직을 절대로 할 수 없어 아기를 돌볼 사람이 아무도 없게 돼 아기의 생명까지도 위태로워지는 결과를 초래할 수 있다며 이 조항은 자녀 양육권과 교육권을 심각하게 침해한다."는 주장이 제기되고 있다.[183)]

바. 징계

1) 제도의 개관

(1) 의의

징계(懲戒)라 함은 특별권력관계에 있어서 그 내부질서를 유지하기 위하여 질서문란자에게 특별권력에 기하여 과하는 제재행위를 말한다. 이러한 징계에 의한 제재벌(制裁罰)을 징계벌(懲戒罰) 또는 징벌(懲罰)이라고 하고 징계벌을 과하는 행위를 징계처분(懲戒處分)이라고 한다. 그 과벌의 원인이 되는 의무위반행위를 징계범(懲戒犯) 또는 징계사범(懲戒事犯)이라 한다. 또한 이와 같이 징계범에 대하여 징계벌을 과할 수 있는 권력을 징계권(懲戒權)이라 하고 징계벌을 받을 지위를 징계책임(懲戒責任)이라고 한다.[184)] 징계와 형벌의 차이는 양자는 제재(制裁)라는 점에서는 같으나, 양자는 성질상 권력기초 · 목적 · 내용상의 차이가 있다. 따라서 징계와 형벌은 성질상 차이가 있는 까닭에 동일한 행위에 대하여 양자를 병과할 수 있으며 병과하더라도 일사부재리(一事不再理)의 원칙에 저촉되지 아니한다.[185)]

(2) 징계사유

징계는 군인이 ① 직무상의 의무를 위반하거나 직무를 태만히 한 때, ② 직무의 내외를 불문하고 품위를 손상하는 행위를 한 때, ③ 그 밖에 이 법 또는 이 법에 의한 명령을 위반한 때이다(군인사법 제56조). 종전에는 "군율에 위반하여 군 풍기를 문란하게 하거나 그 본분에 배치되는 행위를 한 자"로 추상적으로 규정하고 있었다. 즉 군인이 군율에 위반하여 군 풍기를 문란하게 하는 직

---

183) 군인사법 제48조 제3항은 평등권 및 행복추구권을 침해하는 조항이라며 헌법소원이 제기됐다(2005헌마1156).

132) 임천영, 전게서, 917면.

185) 김중앙 · 김명식, 전게서, 482면.

무상의 의무위반과 군인의 본분에 배치되는 행위를 하는 신분상의 의무위반 행위에 대해 징계를 하며 직무상 의무위반으로 반국가적 행위, 위법행위와 항명행위, 권력남용행위, 직무위반행위, 비밀누설행위 등이며, 신분상의 의무위반으로는 군기유해행위, 부패 · 독직행위, 품위손상행위 등이 징계사유가 된다.[186] 2004년 육군의 징계현황은 <표 4－7>과 같다.

〈표 4－7〉 육군 징계 통계(2004. 1.－12.)

계급별 / 의무위반	총계	장교	준사관	부사관	병	군무원
	21,478	1,003	74	1,540	18,653	208
성실의무위반	5,368	472	21	531	4,254	99
복종의무위반	11,973	187	22	531	10,897	36
부대이탈위반	772	22	1	77	664	8
공정의무위반	130	28	1	32	63	6
청렴의무위반	324	31	3	60	221	9
비밀엄수위반	276	90	3	34	142	7
품위유지위반	1,439	135	21	229	1,016	38
법령준수위반	274	38	2	46	173	15
기타	922				922	

자료: 국방부, 2005년도 국정감사 요구자료(군사법원소관), 2005, 582면.

(3) 징계벌목

가) 장교 · 준사관 및 부사관에 대한 징계처분은 중징계와 경징계로 나누고, 중징계는 파면 · 강등 · 정직으로, 경징계는 감봉 · 근신 · 견책으로 구분한다(군인사법 제57조 제1항). 장교 · 준사관 · 부사관에 대한 징계처벌의 종류와 내용은 <표 4－8>과 같다. 2006. 4. 28. 법률 제7932호로 개정된 군인사법(2006. 10. 29.부로 시행)에는 '해임'이 추가되었다. 파면과 해임은 군인의 신분을 박탈한다는 측면에서는 같으나, 파면은 군인연금법상 퇴직급여 및 퇴직수당의 일부가 감액되는 반면, 해임은 신분박탈 외에 다른 불이익을 받지 않게 되는 차이가 있다.

나) 병에 대한 징계벌목은 강등, 영창, 휴가제한, 근신으로 구분한다(동 조 제2항). 병에 대한 징계벌목은 <표 4－9>와 같다. 영창(營倉)이란 15일 범위 내에서 부대나 함정의 영창, 또는 기타 구금장에 감금하는 징계처분을 말한다. 영

186) 이상철, 군사행정법, 경세원, 1997, 246－248면.

창은 병에게만 부과되며, 장교 · 준사관 · 부사관은 그 지위와 명예를 존중해 준다는 취지에서 제외하고 있다. 영창처분을 받은 자는 일상적인 직무에 종사할 수 없으며, 지정된 장소에 감금된다. 즉 영창은 일종의 신체적 제재이므로 신분상 어떠한 영향을 주는 법적 효과는 원칙적으로 따르지 않는다. 다만, 진급 · 포상을 함에 있어서 그 기준으로서 복무성적을 고려하는 경우에 불리하게 참작될 뿐이다. 영창받은 자는 1회 진급 시 누락시키고 있다. 보수 등은 그 신분에 따라 정상적으로 지급되며, 입창기간은 복무기간에서 제외된다(병역법 제18조 제2항). 영창처분은 그 실질이 구금임에도 형식적, 절차적으로는 지휘관에 의한 징계처분의 형태로 행해진다.[187] 미군의 경우 병에 대하여 물과 빵만으로 또는 급식량을 줄인 상태에서 3일 연속 구금, 연속하여 30일을 초과하지 아니한 교정적 구금, 2개월 내의 급여의 1/2 몰수, 최하위 계급으로의 강등 및 1계급 강등, 45일을 초과하지 않는 범위 내에서 사역, 업무에 종사하거나 또는 종사하지 못하는 가운데 60일 이내의 특별한 제한(근신)을 징계 벌목으로 규정하고 있다.[188]

〈표 4-8〉 장교 · 준사관 · 부사관에 대한 징계처벌의 종류와 내용

구 분	종 류	내 용
중 징 계	파 면	• 제적, 관직 및 예우박탈 • 5년간 공직취임 불가 • 퇴직금 50% 감액
	강 등	• 당해 계급에서 1계급 내림(장교에서 준사관으로, 부사관에서 병으로의 강등은 불가) • 현역복무부적합 심사대상 • 진급시킬 수 없는 사유 해당, 임시계급은 원계급으로 복귀
	정 직	• 1개월 이상 3개월 이내 기간 동안 직무종사의 금지 • 정직기간 중 현역복무기간 불산입 • 호봉승급 지연(18개월) • 정직기간 중 봉급의 감액 조치(1/3에서 1/5범위 내) • 진급시킬 수 없는 사유에 해당, 임시계급은 원계급으로 복귀 • 현역복무부적합 심사대상
경 징 계	감 봉	• 1개월~3개월 이내 기간 봉급의 감액조치(1/3에서 1/10 범위 내) • 호봉승급 지연(12개월)
	근 신	• 10일 이내의 기간 동안 평상근무 후 징계권자가 지정한 영내의 일정한 장소에서 비행을 반성 • 호봉승급 지연(6개월)
	견 책	• 비행을 규명하여 장래를 훈계 • 호봉승급 지연(6개월)

자료: 육군본부, 군법교재, 1992, 66-67면.

187) 최성보, "영창제도의 문제점과 개선방안에 관한 연구", 서울대(석사학위논문), 2006, 4-9면.
188) 홍창식, "미국의 군사법제도", 군사법논집(제7집), 국방부, 2002, 100면.

〈표 4-9〉 병에 대한 징계벌목

종 류	내 용
강 등	당해계급에서 1계급 내림
영 창	15일 이내의 범위에서 부대, 함정의 영창, 기타 구금장에 감금함. * 영창처분기간은 군복무기간 미산입 등
휴가제한	휴가(연가) 일수를 비위 정도에 상응하여 1회 5일 이내의 범위 내에서 제한하며 복무기간 중 제한 총일수는 15일을 초과할 수 없고, 휴가 횟수(매 휴가 시 최소 5일은 보장)의 박탈은 불가함.
근 신	15일 이내의 범위에서 훈련 또는 교육의 경우를 제외하고는 평상근무에 복무함을 금하고 징계권자가 지정하는 일정 장소에서 비행을 반성하게 함. * 징계권자는 근신기간 중 수행할 과외 업무를 지정 가능 등

자료: 임천영, 전게서, 940면.

(4) 징계양정기준

징계양정이란 일정한 비행사실에 대하여 어떠한 징계벌목을 결정하는 것을 말하며 육군에서는 <표 4-10>과 같이 비행사실의 정도와 과실의 정도를 배합하여 일정한 기준을 제시하고 있다.

〈표 4-10〉 육군 징계양정기준표

<table>
<tr><th colspan="3" rowspan="2">위반 정도
징계사유</th><th colspan="2">중대한 위반</th><th colspan="2">경미한 위반</th></tr>
<tr><th>고의(계획적)</th><th>과실(우발적)</th><th>고의(계획적)</th><th>과실(우발적)</th></tr>
<tr><td rowspan="6">성실
의무
위반</td><td colspan="2">지휘감독소홀
(작전, 대형사고, 기타)</td><td>중징계</td><td>중 · 경징계
(감봉 이상)</td><td colspan="2">경징계</td></tr>
<tr><td colspan="2">보고의무위반
(허위보고, 보고누락)</td><td>중징계</td><td>중 · 경징계
(감봉 이상)</td><td colspan="2">경징계</td></tr>
<tr><td colspan="2">직무유기</td><td colspan="2">중징계</td><td colspan="2">경징계</td></tr>
<tr><td rowspan="2">근무
태만</td><td>안전사고,
과실치사상자해, 태업</td><td>중징계</td><td>중 · 경징계
(감봉 이상)</td><td colspan="2">경징계</td></tr>
<tr><td>기타</td><td colspan="2">중 · 경징계</td><td colspan="2">경징계</td></tr>
<tr><td colspan="2">겸직 및 영리행위</td><td colspan="2">중징계</td><td colspan="2">경징계</td></tr>
<tr><td rowspan="5">복종
의무
위반</td><td colspan="2">항명</td><td colspan="2">중징계</td><td>중 · 경징계
(감봉 이상)</td><td>경징계</td></tr>
<tr><td colspan="2">상관(폭행, 협박, 상해, 모욕,
명예훼손, 언어폭력</td><td colspan="4">중징계</td></tr>
<tr><td colspan="2">폭행 · 협박 · 상해 · 모욕
명예훼손 · 언어폭력</td><td>중징계</td><td>중 · 경징계
(감봉 이상)</td><td colspan="2">경징계</td></tr>
<tr><td colspan="2">상습(폭행, 협박, 상해, 모욕,
명예훼손, 언어폭력), 가혹행위</td><td colspan="4">중징계</td></tr>
<tr><td colspan="2">지시불이행(명령위반, 정치관여,
집단행위, 기타)</td><td colspan="2">중징계</td><td>중 · 경징계
(감봉 이상)</td><td>경징계</td></tr>
</table>

징계사유		위반 정도	중대한 위반		경미한 위반	
			고의(계획적)	과실(우발적)	고의(계획적)	과실(우발적)
부대이탈금지위반	군무이탈		중징계		경징계	
	무단이탈		중·경징계 (감봉 이상)		경징계	
공정의무위반	인사청탁, 부정인사		중징계	중·경징계 (감봉 이상)	경징계	
	문서위조, 변조, 손괴					
	허위공문서작성					
	직권남용		중징계			
청렴의무위반	금품관련부정	증·수뢰 금품수수	중징계			
		향응 기타	중·경징계(감봉 이상)		경징계	
		국고손실 (업무상횡령·배임)	중징계		중·경징계 (근신 이상)	
	군수품부정	군수품(부정유출·처분·손실·남용)	중징계		중·경징계 (근신 이상)	
청렴의무위반	국유재산관련부정	처분, 손실 등	중징계	중·경징계 (감봉 이상)	경징계	
	강·절도, 사기, 공갈, 횡령		중징계		경징계	
비밀엄수의무위반	군사기밀 누설		중징계 (파면)	중징계 (정직 이상)	경징계 (감봉 이상)	경징계 (근신 이상)
	보안위규(문서보안, 통신보안 인터넷 게재 기타)		중징계	중·경징계 (감봉 이상)	경징계	
품위유지의무위반	명정추태	단순음주소란, 추태	중·경징계 (감봉 이상)		경징계	
		대상관·상습음주	중징계			
	도박	영내·상습도박	중징계			
		단순도박	중징계	중·경징계 (감봉 이상)	경징계	
	사생활방종	불륜관계	중징계			
		패륜행위 (존속·부부폭행 등)	중징계			경징계
	음주운전	악성과다부채 (유흥소비·낭비)	중징계			
		0.10% 이상 또는 사고 발생	중징계	중·경징계 (감봉 이상)	경징계	
		기타(동승·방조 등)	중징계	경징계		
	교통사고	사상자발생	중징계		경징계	
		기타	중·경징계(감봉 이상)		경징계	
	군 풍기위반	파렴치 행위	중징계		경징계	
		무고 및 모험행위	중징계			
	성적 문란행위	성폭행, 계간 기타 성추행, 성매매,	중징계			
		기타 성희롱 행위	중징계			경징계

징계사유 \ 위반 정도		중대한 위반		경미한 위반	
		고의(계획적)	과실(우발적)	고의(계획적)	과실(우발적)
법령 준수 위반	외부세력 이용 질서 문란행위	중징계	중 · 경징계 (감봉 이상)	경징계	
	부당한 공문서 유출				
	기타 직무수행관련 의무위반				

자료: 육군규정 189 징계규정(2006. 1. 1.) 붙임#1 간부 징계사유 및 처벌기준

(5) 징계절차

징계절차는 크게 조사절차, 결정절차, 처분절차, 집행절차로 구분하며, 첫째로 징계권자는 군인으로서 그 의무에 위반하여 군기를 문란케 하는 비행사실을 인지한 때에는 징계절차를 개시하고 징계간사에게 명하여 조사 · 보고하게 하여야 한다(조사절차). 둘째 간사로부터 조사결과를 보고받은 징계권자는 징계위원회에 회부하여 징계혐의사실을 심의하여 징계의사를 결정케 하여야 한다(결정절차). 셋째 징계위원회의 의결에 의하여 당해 징계사건에 관한 징계의사가 결정되면 징계권자 또는 승인권자는 이에 대하여 확인(승인)조치를 하고 징계처분을 하여야 한다(처분절차). 넷째 징계처분이 행하여지면 징계권자는 스스로 또는 다른 집행기관으로 하여금 비행인에게 처분내용을 집행케 한다(집행절차).[189]

(6) 징계기록말소

징계처분을 받은 후 일정기간 성실하게 근무한 경우에 징계처분의 기록을 말소하여 줌으로써 인사상 불이익을 받지 아니하도록 하여 군인의 사기앙양은 물론 복무의욕증진에 기여하기 위한 제도를 말한다.[190] 이러한 징계기록말소제도는 징계처분을 받은 군인이 일정기간 성실하게 근무하고 있음에도 징계기록 때문에 인사상 사실상의 불이익을 받게 될 소지를 제거하는 데 그 목적이 있으므로 징계처분으로 인하여 기히 받은 법령상의 각종 불이익이나 제한사항이 회복되는 것은 아니다. 다만, 말소된 징계처분으로 인하여 장래에 향하여 인사상의 불이익을 받지 않도록 하여야 한다. 따라서 승진 · 전보 등 인사운영 전반, 서훈 및 포상대상자 선정, 징계양정결정 시, 전력조사 및 경력증명, 근무성적 평정 및

189) 이상철, 군사행정법, 경세원, 1997, 256－263면.

190) 임천영, 전게서, 973면.

인사평정 시에 있어서 말소된 징계처분으로 인하여 부당하게 불이익을 받지 않아야 한다. 징계기록말소기간은 <표 4 - 11>과 같다.

〈표 4 - 11〉 징계말소기간

중징계	경 징 계			보직해임
정직	감봉	근신	견책	
7년	5년	3년	2년	2년

자료: 육군 인사관리과 - 327(2006. 2. 27.) 처벌기록 인사관리 적용 방침 하달

2) 국가공무원법과의 비교

(1) 징계의 의의

징계란 공무원이 의무를 위반한 경우 국가 또는 지방자치단체가 공무원관계의 질서를 유지하기 위하여 과하는 행정상 제재를 말한다.[191] 징계를 법적인 의미와 행태론적 의미로 나누어 법적인 의미로는 "법규정 위반행위에 대한 제재"를, 행태론적 의미의 징계 개념을 "근무규범의 준수를 확보하기 위한 관리활동"으로 보아 징계는 의무규정을 위반한 행동을 바로잡아 주고 행동을 올바로 이끌어 주는 동인(動因) 역할을 하게 된다고 한다. 따라서 행태론적 의미의 징계는 법적 징계 이외에도 단순한 구두경고, 잘못의 내용과 훈계의 내용을 서면이 아닌 구두로 전달하는 견책, 그리고 제재로서의 인사이동을 모두 포괄하는 의미로 본다.[192]

(2) 징계벌목 및 징계사유

가) 징계의 종류는 파면 · 해임 · 정직 · 감봉 · 견책으로 구분한다(국가공무원법 제79조). 파면은 공무원신분을 완전히 잃는 것으로 5년간 공무원 임용의 결격사유가 된다. 해임은 파면과 같으나 3년간 공무원 임용의 결격사유가 된다.[193] 정직은 1개월 이상 3개월 이하의 기간으로 하고 정직처분을 받은 자는

191) 김중양 · 김명식, 전게서, 482면.

192) 유민봉 · 임도빈, 전게서, 388면.

193) 징계의 효력에 관하여 국가공무원법 제80조에는 파면과 해임에 대해 규정하고 있지 않다. 다만, 동법 제33조의 결격사유와 공무원연금법시행령 제55조에서 처분효과에 대해 규정하고 있을 뿐이다. 즉 파면된 자는 처분 후 5년 동안 공무원으로 임용될 수 없고, 퇴직급여액을 1/2 감액 또는 1/4 감액한다. 해임된 자는 처분 후 3년간 공무원에 임용될 수 없을 뿐 퇴직급여액은 전액 지급된다.

그 기간 중 공무원의 신분은 보유하나 직무에 종사하지 못하며 보수의 3분의 2를 감한다(동법 제80조 제1항). 감봉은 1개월 이상 3개월 이하의 기간 보수의 3분의 1을 감한다(동 조 제2항). 견책은 전과에 대하여 훈계하고 회개하게 한다(동 조 제4항).

나) 공무원의 징계사유로는 ① 국가공무원법 및 국가공무원법에 의한 명령에 위반하였을 때, ② 직무상의 의무(다른 법령에서 공무원의 신분으로 인하여 부과된 의무를 포함한다.)에 위반하거나 직무를 태만한 때, ③ 직무의 내외를 불문하고 그 체면 또는 위신을 손상하는 행위를 한 때이다(국가공무원법 제78조 제1항). 따라서 공무원에게는 직무와 관련되는 것은 물론 관련이 없는 사생활의 경우에까지도 공직자로서의 체면과 위신을 손상시킨 경우에도 징계사유가 될 수 있다. 징계의결의 요구는 징계사유가 발생한 날로부터 2년(금품 및 향응수수, 공금의 횡령 · 유용의 경우에는 3년)을 경과한 때에는 이를 행하지 못한다(동법 제83조의 2 제1항). 다만, 감사원 조사나 경찰 · 검찰의 수사로 인하여 징계절차가 진행하지 못한 경우에는 조사나 수사 종료의 통보를 받은 날로부터 1개월이 경과한 날에 만료되는 것으로 본다(동 조 제2항). 징계위원회의 구성 · 징계의결 기타 절차상의 하자나 징계양정의 과다를 이유로 소청심사위원회 또는 법원에서 징계처분의 무효 또는 취소의 결정이나 판결을 한 때에는 제1항의 기간이 경과하거나 그 잔여기간이 3개월 미만인 경우에도 그 결정 또는 판결이 확정된 날로부터 3개월 이내에는 다시 징계의결을 요구할 수 있다(동 조 제3항).

다) 징계양정이란 구체적 징계사유에 대하여 징계의 종류를 형량 · 선정하는 것을 말하며, 징계사유가 된 사실의 내용 · 성질 및 그 사실이 있게 된 관계사정과 평소 근무상태 및 소행 등을 종합 고려하여 징계사유와 종류 간에 비례의 원칙이 유지되도록 해야 한다.[194] 공무원징계양정 등에 관한 규칙(총리령 제456호 1994. 6. 20.) 제2조 제1항에 의한 징계양정기준표는 <표 4 - 12>와 같다.

194) 김중양 · 김명식, 전게서, 492면.

〈표 4-12〉 일반직 공무원의 징계양정기준표

비위의 도 및 과실 / 비위의 유형	비위의 도가 하고, 고의가 있는 경우	비위의 도가 중하고 중과실이거나, 비위의 도가 경하고 고의가 있는 경우	비위의 도가 중하고 경과실이거나, 비위의 도가 경하고 중과실인 경우	비위의 도가 경하고, 경과실인 경우
1. 성실의무 위반				
가. 직무 태만 또는 회계질서문란	파 면	해 임	정직-감봉	견 책
나. 기타	파면-해임	정 직	감 봉	견 책
2. 복종의무 위반	파 면	해 임	정직-감봉	견 책
3. 직장이탈 금지 위반	파면-해임	정 직	감 봉	견 책
4. 친절공정의무 위반	파면-해임	정 직	감 봉	견 책
5. 비밀엄수의무 위반	파 면	해 임	정 직	감봉-견책
6. 청렴의무 위반	파 면	해 임	정 직	감봉-견책
7. 품위유지의무 위반	파면-해임	정 직	감 봉	견 책
8. 영리 및 겸직금지의무위반	파면-해임	정 직	감 봉	견 책
9. 집단행위 금지 위반	파면-해임	정 직	감 봉	견 책

자료: 김중양 · 김명식, 전게서, 492-493면.

라) 부하직원의 비위에 대한 감독상의 책임을 지우기 위해서는 당해 공무원이나 부하직원이 구체적으로 어떠한 직무수행상 태만이나 고의가 있었는지 구체적인 감독의무위반 사실을 밝혀 증거에 의하여 이를 인정하여야 한다. 부하직원들에게 비위사실이 있었다는 사실만으로 감독자가 직무를 태만히 하거나 성실의 의무를 위반한 것으로 볼 수는 없는 것이다.[195] 징계위원회는 동일사건에 관련된 행위자와 감독자에 대하여 업무의 성질 및 업무와의 관련 정도 등을 참작하여 <표 4-13> 비위행위자와 감독자에 대한 문책기준에 따라 징계를 의결하여야 한다. 다만, ① 그 비위를 발견, 보고하였거나 이를 적법 · 타당하게 조치한 징계사건, ② 비위의 도가 경하고 경과실인 사건, ③ 철저한 감독이 입증되는 감독자의 징계사건에 대해서는 징계의결을 하지 아니할 수 있다(공무원징계양정등에 관한 규칙 제3조).

195) 행정자치부, 징계업무편람, 2004, 149면.

〈표 4-13〉 일반직 공무원의 비위행위자와 감독자에 대한 문책기준

업무와의 관련도 / 업무의 성질	비위행위자(담당자)	직상감독자	차상감독자	최고감독자(결재권자)
○ 정책결정사항				
• 중요사항(고도의 정책사항)	4	3	2	1
• 일반적인 사항	3	1	2	4
○ 단순 · 반복업무				
• 중요사항	1	2	3	4
• 경미사항	1	2	3	
○ 단독행위	1	2		

자료: 공무원징계양정 등에 관한 규칙 제3조에서 인용196)

(3) 징계절차

공무원의 징계는 징계의결의 요구로부터 시작된다. 즉 공무원이 징계사유에 해당되면 5급 이상에 대해서는 소속장관이, 6급 이하 및 기능직공무원에 대해서는 소속기관장 또는 소속상급기관장이 관할 징계위원회에 징계의결을 요구한다. 이때 징계혐의자에게도 충분히 변명할 자료를 준비할 수 있도록 징계의결요구서 부본을 송부하여야 한다. 징계위원회는 징계혐의자를 출석시켜 자신의 권익을 보호하기 위하여 진술하거나 증거를 제출할 수 있고, 징계위원회는 관련 자료와 진술 내용을 종합하여 적정한 징계양정을 결정한다. 징계위원회는 의결 결과를 징계의결서 정본을 첨부하여 징계의결요구권자와 징계처분권자에게 통보하고, 징계위원회가 설치된 소속기관의 장이 징계처분사유설명서를 교부함으로써 징계처분을 행하게 된다(국가공무원법 제82조 제1항).

(4) 징계말소

징계기록말소제도는 징계처분을 받고 당해 처분 후 일정기간 성실하게 근무한 경우 그 기록을 말소함으로써 공직자로서의 긍지회복과 사기진작을 도모하기 위한 제도이다. 이에 대해서는 공무원징계등기록말소제시행지침(행정자치부 예규 제133호 2004. 2. 1.)에 자세한 규정을 두고 있다. 징계말소기간은 정직은 7년, 감봉은 5년, 견책은 3년, 불문(경고)은 1년이다. 징계말소의 효과는 징계 등으로 인하여 받은 기존의 법령상 불이익이나 제한사항이 소급하여 회복되는

196) 1, 2, 3, 4는 문책 정도의 순위를 표시함.

것은 아니다. 그러나 승진 · 전보 등 인사운용 전반, 서훈 및 포상대상자 선정, 징계양정 결정 시, 전력조사 및 경력증명, 근무성적 평정 시에 있어서 사실상의 불이익을 받지 않도록 하고 있다.

3) 문제점

첫째로, 징계제도의 실효성 문제의 문제이다. 현재 병에게 실시되는 징계벌로서 강등, 감봉, 영창, 근신, 견책, 휴가제한이 있으나 영창 이외의 다른 징계벌은 실효성이 없는 것으로 판단되고 있다. 강등은 병의 경우에 그 신분상의 불이익이 적다고 할 수는 없지만 군대 내의 병 상호 간의 관계는 군 경력에 따라 좌우되는 면이 있으므로 그 실효성이 크다고 할 수 없다. 또한 감봉도 직업군인이 아닌 의무복무군인에게 있어서 급료 자체가 적기 때문에 제재로서의 효과가 없다고 할 수 있다. 근신이나 견책은 더욱이 실효성이 없다고 할 수 있다. 휴가제한은 어느 정도 효력이 있다고 할 수 있으나 휴가제한에 대한 제한을 규정하고 있어 징계로서의 실효성이 약하다고 할 수 있다.

둘째로, 영창처분의 제한, 구제, 집행에 있어서 문제가 있다. ① 영창처분이 병에 대한 징계처분에 있어서 대다수를 차지하고 있다. 영창처분 이외에 실효성 있는 법적 징계처분이 존재하지 않는다는 이유로 영창처분을 적극 활용하고 있다는 것은 이해할 수 있지만 영창처분은 신체를 구금하는 것이고, 형사피의자나 피고인 또는 기수범과 함께 수감된다는 것이 문제가 아닐 수 없다. ② 영창처분에 대한 구제방법으로 항고제도가 있으나 항고제도를 이용하는 사병은 거의 없으며, 또한 항고제기 시에도 원징계처분의 집행이 정지되지 않는 문제점이 있다. ③ 영창처분에 대한 적법절차의 준수 문제이다. 영창처분이 내려지기 전에 절차적으로 통제하여 적법성을 담보하는 방법이 고려되어 있지 않다. 독일의 경우 영창처분의 결정에 대하여 군판사가 동의함으로써 이루어지고 있으며, 미국의 경우에도 영창처분에 앞서 피징계자인 병의 선택권이 인정되어 있다. 이러한 절차적 보장을 통하여 피징계자의 인권보장이 이루어지고 있다 할 것이다. 또한 병에 대한 징계처분에 있어서는 징계위원회가 대부분 열리지 않고 있으며 징계위원회에서 진술할 수 있는 진술권도 확보되어 있지 않다. ④ 집행의 문제로, 입창자는 일반 군행형법의 적용을 받는 기결수와 미결수와 동일한 취급을 받아

왔다. 징계처벌을 받은 자와 형사처분의 대상자를 같이 보고 있음은 문제이다.[197)]

셋째로, 징계절차에 있어서 절차적 참여권이 제한되어 있다. 미군 징계제도상의 절차참여권으로는 ① 통지를 받을 권리이다. 징계혐의자에게 징계회부의 취지, 변호인의 조력을 받을 권리, 비행사실의 요지 및 적용법규, 증거의 요지, 재판청구권이 있는 경우에는 이 권리 등을 포함하여 통지하고 있다. ② 진술거부권을 고지받을 권리, ③ 재판청구권으로 징계처분이 결정되기 이전에 징계절차 대신에 군사재판에 의한 재판절차로 사건을 처리해 줄 것을 청구할 권리를 말한다. ④ 변호인의 조력을 받을 권리, ⑤ 공개절차청구권, ⑥ 대변인선임권, ⑦ 징계혐의자의 선택권이 있다.[198)]

넷째로, 지휘책임에 대한 기준 설정의 문제이다. 지휘관의 책무(責務)는 "지휘관은 부대의 핵심으로 부대를 지휘, 관리 및 훈련하며, 부대의 성패에 대하여 책임을 진다. 그러므로 지휘관은 부대의 모든 역량을 통합하여 부여된 임무를 완수하여야 한다. 부대의 엄정한 군기와 왕성한 사기 그리고 굳은 단결은 지휘관에게 달려 있음을 명심하여 지휘권을 엄정하게 행사하고, 부하를 지도 · 감독하며, 부하의 복지향상과 자원의 효율적 관리에 힘써야 한다."라고 규정하고 있다.[199)] 따라서 지휘책임이란 지휘관으로서 부대를 지휘하고 관리하며, 훈련 중에 발생하는 모든 결과에 대한 책임이라고 할 수 있다. 최근 부대 내의 각종 사고가 아무런 여과장치 없이 각종 언론매체를 통해 보도되고 있다. 또한 민주화 및 인권 개념의 신장으로 인하여 군대 내의 사고에 대해 각종 단체 및 언론매체에서는 군 기강 해이를 주장하며 관련자 문책을 주장하고 있다. 이에 따라 군에서는 사고발생의 배경과 원인에 대한 분석을 하기 전에 해당 지휘관을 지휘감독소홀이라는 지휘책임을 물어 문책하는 경우가 종종 발생하고 있는 것이 현실이다.

현행 지휘책임에 관한 실무 운영상의 문제점으로는 ① 지휘책임 문책 시 징계양정기준이 매우 모호하여 사건 당시 분위기와 상급지휘관의 의도에 따라 좌우될 수 있다는 점, ② 지휘책임은 당해 사건에 대한 수사 및 조사가 종료되기도 전에 시행된다는 점, ③ 지휘책임의 단계가 명확하지 않다는 점, ④ 지휘책

197) 이상철, "군징계 제도 개선에 관한 연구", 육사논문집(제60집 1권), 2004/2. 49 - 52면.

198) 이태종, "미군 징계제도에 관한 고찰", 군사법논문집(제6집), 공군본부, 1986, 137 - 140면.

199) 국군병영생활규정(국방부훈령 제600호 1998. 8. 6.) 제3조 제1호.

임 문책과정에 있어서 국선변호인의 조력을 받을 수 있는 권리가 보장되어 있지 않다는 점, ⑤ 위법 · 부당한 지휘책임에 대한 구제책이 미비하다는 점이다.[200]

사. 소청제도

1) 제도의 개관

(1) 의의

일반적으로 소청(訴請)이란 징계처분 기타 그 의사에 반하는 불이익 처분을 받은 자가 그 처분에 불복이 있는 경우에 관할 소청심사위원회에 그 심사를 청구하는 제도를 말한다.[201] 처분에 대한 재심사의 청구라는 점에서 행정심판의 일종이나, 국가공무원법은 행정심판의 특례로서 소청제도를 마련하고 있다. 군인사법상 '인사소청'이란 장교 · 준사관 및 부사관이 위법 · 부당한 전역 · 제적 및 휴직 등 그 의사에 반한 불리한 처분(징계처분을 제외한다.)에 대하여 불복이 있는 때에 그 처분이 있음을 안 날부터 30일 이내에 이에 대한 심사를 청구하는 제도를 말한다(법 제50조). 소청제도는 조직 내에서의 공무원의 제 고충을 해결해 줌으로써 공무원들의 사기를 앙양시키고 정치적 이유나 기타 정실로 부당한 처분을 받은 공무원을 구제하여 그 신분을 보장하는 데 그 목적이 있다. 또한 행정의 적정성 확보도 그 목적으로 하고 있다.

(2) 소청심사대상

위법 · 부당한 전역 · 제적 및 휴직명령 등 본인의 의사에 반한 불리한 처분이며 징계처분은 제외된다(군인사법 제50조). 국가공무원인 경우는 징계처분에 대해서도 소청제기가 가능하지만(국가공무원법 제76조), 군인의 경우에는 징계처분에 대해서는 소청심사를 제기할 수 없고 차상급부대 또는 기관의 장에게 항고할 수 있다. 이는 소청심사기구의 본래적 의의인 독립성과 합의성에 비중을 두기보다는 군의 특수성에 따른 지휘, 명령계통의 체계화를 우선적으로 도모하기 위한 것이다. 따라서 현역복무부적합전역, 제적, 휴직에 대한 소청제기가 가능하다. 그 외에 '본인의 의사에 반한 불리한 처분'에 해당되는 것으로는 보직

---

200) 현성룡, "군 지휘책임과 처벌의 개선에 관한 연구", 연세대(석사학위논문), 1997, 79－81면.

201) 김동희, 행정법Ⅱ, 박영사, 2002, 138면.

해임, 부당한 보직이동, 명예전역수당지급거부, 무보직자의 보직청구 · 복직청구, 봉급청구사건, 경력평정처분의 시정 청구 등이다.[202] 판례는 당연퇴직은 법률의 규정 국가공무원법 제69조의 효과이고 임용권자 처분의 효과가 아니므로 행정처분에 해당되지 아니하기 때문에 소청의 대상이 되지 않는다고 보고 있다.[203]

(3) 소청심사기관

장교 및 준사관의 소청을 심사하기 위하여 국방부에 중앙군인사소청심사위원회를 두며, 부사관의 소청을 심사하기 위하여 각 군 본부에 군인사소청심사위원회를 둔다(군인사법 제51조 제1항). 중앙군인사소청심사위원회 및 군인사소청심사위원회는 5인 이상 9인 이내의 위원으로 구성한다. 이 경우 위원은 ① 법관 · 검사 또는 변호사의 직에 5년 이상 근무한 자, ② 영관급 이상의 군인, ③ 군법무관으로 5년 이상 근무한 자, ④ 군사행정과 관련된 분야에서 4급 이상 공무원으로 근무한 자 중에 해당하고 군사행정에 관한 식견이 풍부한 자로 하여야 한다(동법 제51조 제2항). 중앙군인사소청심사위원회의 위원은 국방부장관이, 군인사소청심사위원회의 위원은 당해 군 참모총장이 각각 임명하되, 위원은 소청인보다 상급자인 장교로 한다. 다만, 군법무관인 장교를 위원으로 임명하는 경우에는 그러하지 아니하다(군인사법시행령 제55조).

(4) 소청절차

장교 · 준사관 및 부사관으로서 본인의 의사에 반한 불리한 처분을 받은 자와 처분부대 또는 기관의 장은 소청심사위원회의 결정이 부당하다고 인정할 때에는 그 결정통지를 받은 날부터 10일 이내에 그 이유를 명시하여 재심을 요구할 수 있다. 소청은 위법 · 부당한 전역 · 제적 및 휴직명령 등 본인의 의사에 반한 불리한 처분이 있음을 안 날부터 30일 이내에 제기하여야 한다(동령 제56조 제1항). 이와 같이 소청의 제기에 있어서 제척기간을 둔 것은 행정의 안정성을 위

202) 행정기관 소속공무원의 소청에 관한 절차를 규정한 소청절차규정(2004. 6. 11. 대통령령 제18426호) 제2조 제1항에는 "공무원이 징계처분 · 강임 · 휴직 · 면직처분 그 밖에 그 의사에 반하는 불리한 처분 또는 부작위"라고 규정하여 소청심사의 대상을 규정하고 있다. 다만, 여기서 "의사에 반하는 불리한 처분 또는 부작위"의 범위에 관해서는 해석상 문제가 있으나, 의원면직 형식에 의한 면직, 대기명령, 전보, 전직 등을 포함해야 한다고 한다(김동희, 행정법Ⅱ, 139면).

203) 대법원 1991. 1. 21. 선고 91누2687 판결.

한 제도이다.[204)]

소청심사위원회는 소청장을 접수한 날부터 특별한 사유가 없는 한 30일 이내에 소청에 대한 결정을 하여야 한다(동령 제58조 제3항). 소청심사위원회의 결정은 그 이유를 명시한 결정서로 하여야 하며 이에는 각하, 기각, 취소·변경, 무효확인 등이 있다. 처분부대 또는 기관의 장은 소청심사위원회의 결정이 부당하다고 인정할 때에는 그 결정통지를 받은 날부터 10일 이내에 그 이유를 명시하여 재심을 요구할 수 있다(동령 제59조의 2 제1항). 이러한 처분부대 및 기관의 장 인사소청 결정에 대한 재심요구권은 인사소청심사위원회가 소청인의 권익보호에만 치중하여 군 관계 내부의 질서유지 목적을 소홀히 함으로써 효율적인 인사운영에 필요한 경우를 대비하여 객관적인 입장에서 재심을 할 수 있도록 규정한 것이다.

(5) 효과

소청심사위원회가 전역·제적·휴직명령 기타 불리한 처분의 취소 또는 변경을 명한 때에는 처분부대 또는 기관의 장은 30일 이내에 소청인을 현역에 복귀 또는 복직시키거나, 불리한 처분을 취소 또는 변경하여야 한다. 소청의 사유가 법에 적합하지 아니하거나 심사청구가 이유 없다고 결정된 때에는 15일 이내에 소청인에게 통고함으로써 당해 소청은 종료한다(군인사법시행령 제59조).

2) 국가공무원법과의 비교

(1) 소청심사제도

소청심사제도는 공무원이 징계처분 기타 신분상 그 의사에 반하는 불리한 처분이나 부작위에 대하여 이의를 제기하는 경우 이를 심사하는 특별행정심판제도로서, 위법·부당한 인사상 불이익 처분에 대한 구제라는 사법보완적 기능을 통하여 직접적으로는 공무원의 신분보장과 직업공무원제도의 확립, 간접적으로는 행정의 자기통제 효과를 도모하는 데 그 목적이 있다.[205)] 즉 소청제도는 행정기관으로부터 위법·부당한 신분상의 불이익을 받은 공무원을 구제하여 줌으

204) 이환규, "우리나라의 소청심사제도(현황분석과 개선방향을 중심으로)", 법제월보(제11권 제10호), 법제처, 1969. 10. 45면.

205) 행자부 소청심사위원회, 소청 및 고충심사업무편람, 2003, 13면; 김중양·김명식, 전게서, 492면.

로써 공직사회의 안정을 도모하기 위한 직업공무원제도의 제도적 보루라고 할 수 있다. 소청심사권은 징계처분과 본인이 원하지 않은 신분상 불이익 처분에 대하여 처분의 적법 타당성 여부를 심사·결정하여 줄 것을 중립적이고 독립적인 소청심사기관에 구하는 행위 내지 권리이다.[206]

(2) 소청심사기관

2004. 3. 11. 법률 제7187호 국가공무원법 개정으로 중앙인사위원회에 소청심사위원회를 설치하게 되었다(제9조 제1항). 종전에는 중앙인사관장기관장인 행정자치부장관 소속하에 설치하고 있었으나 국가공무원에 대한 인사행정의 전문성을 강화하고 공무원 인사제도의 개혁을 종합적이고 일관성 있게 추진하기 위하여 행정부의 중앙인사관장기관을 중앙인사위원회로 일원화하면서 소청업무를 중앙인사위원회로 이관하게 되었다. 소청심사위원회의 위원(위원장을 포함)은 ① 법관·검사 또는 변호사의 직에 5년 이상 근무한 자, ② 대학에서 행정학·정치학 또는 법률학을 담당한 부교수 이상의 직에 5년 이상 근무한 자, ③ 3급 이상 해당 공무원으로서 3년 이상 근무한 자 중에서 인사행정에 관한 식견이 풍부한 자로 중앙인사위원회위원장의 제청으로 대통령(국무총리경유)이 임명한다(국가공무원법 제10조 제1항). 소청심사위원회 상임위원의 임기는 3년으로 하되 1차에 한하여 연임될 수 있다. 소청심사위원회의 상임위원은 다른 직무를 겸할 수 없다. 소청심사위원회의 상임위원은 금고 이상의 형벌 또는 장기의 심신쇠약으로 직무를 수행할 수 없게 된 때를 제외하고는 그의 의사에 반하여 면직되지 아니한다(동법 제11조).

(3) 소청심사청구 대상

국가공무원법 제9조에 소청심사 대상에 대하여 "징계처분 기타 그 의사에 반하는 불리한 처분이나 부작위"라고 규정하고 있고, 소청절차규정(2004. 6. 11. 대통령령 제18426호) 제2조 제1항에서는 "공무원이 징계처분·강임·휴직·면직처분 그 밖에 그 의사에 반하는 불리한 처분 또는 부작위 ……"라고 규정하고 있다. 따라서 소청심사 대상인 '징계처분'에는 파면·해임·정직·감봉·견

206) 유민봉·임도빈, 전게서, 388면.

책의 5종류가 있고, '기타 의사에 반하는 불리한 처분이나 부작위'에는 강임, 휴직, 면직처분 등이 포함되나 구체적으로 어떠한 것들이 포함되는지는 행위의 성질, 효과 등에 따라 결정된다.[207] 최근에 처분의 개념을 확대하는 추세[208]에 비추어 소청심사의 대상이 되는 처분의 범위 역시 공무원의 권익구제 및 행정의 자기통제라는 소청심사제도의 취지를 살릴 수 있도록 보다 넓게 해석하는 것이 바람직하다.[209]

(4) 소청심사결정의 효력

소청심사위원회의 결정은 처분행정청을 기속한다(국가공무원법 제15조). 따라서 처분행정청이 소청심사위원회의 결정 내용대로 이행하지 않을 경우에는 그로 인한 행정상 책임이 따르게 된다. 종전에는 소청심사위원회의 결정에 대하여 행정자치부장관은 소청심사위원회의 결정이 부당하다고 인정할 때에는 그 결정 통지를 받은 날부터 10일 이내에 재심을 요구할 수 있었다(구 국가공무원법 제14조의 2 제1항). 그러나 현행법은 소청심사위원회의 독립성을 강화하기 위하여 중앙인사관장기관의 장이 소청심사위원회의 결정에 대하여 재심을 요구할 수 있는 제도를 폐지하였다.[210]

3) 문제점

첫째로, 실질적인 권리구제기관화 및 소청심사기구의 독립성 문제이다. 인사소청은 부당한 행정권의 침해로부터 군인의 신분을 보장하고 군인들의 불만이나 고충을 해결함으로써 조직생활에서의 능률과 사기를 앙양시키는 제도이다. 그렇기 때문에 소청심사기관은 어떠한 정치적 영향이나 기타 부당한 압력으로부터 자유로운 중립적이고 독립된 위치에 있어야 하며, 이렇게 함으로써 관계당

---

207) 행자부 소청심사위원회, 전게서, 13면.

208) 항고소송의 대상이 되는 행정처분이라 함은 원칙적으로 행정청의 공법상 행위로서 특정 사항에 대하여 법규에 의한 권리의 설정 또는 의무의 부담을 명하거나 기타 법률상 효과를 발생하게 하는 등으로 일반 국민의 권리 의무에 직접 영향을 미치는 행위를 가리키는 것이지만, 어떠한 처분의 근거나 법적인 효과가 행정규칙에 규정되어 있다고 하더라도, 그 처분이 행정규칙의 내부적 구속력에 의하여 상대방에게 권리의 설정 또는 의무의 부담을 명하거나 기타 법적인 효과를 발생하게 하는 등으로 그 상대방의 권리 의무에 직접 영향을 미치는 행위라면, 이 경우에도 항고소송의 대상이 되는 행정처분에 해당한다(대법원 2002. 7. 26. 선고 2001두3532 판결).

209) 행자부 소청심사위원회, 전게서, 13면.

210) 2004. 3. 11. 법률 제7187호 국가공무원법 개정으로 종전 국가공무원법 제14조의 2가 삭제되었다.

사자들의 제(諸) 이해를 파악 반영하여 분쟁의 공정하고 합리적인 해결이 가능할 수 있도록 구성되어야 한다. 그러나 현행 중앙군인사소청심사위원회는 국방부에, 군인사소청심사위원회는 각 군 본부에 설치되어 있으며, 또한 각 소청심사위원회의 위원은 국방부장관 및 각 군 참모총장이 임명하도록 되어 있어 심사기관 독립성에 의문이 제기될 수 있다.

둘째로, 소청대상의 확대가 필요하다. 현행 소청심사대상은 위법 · 부당한 전역 · 제적 및 휴직명령 등 본인의 의사에 반한 불리한 처분만 허용되고 있다. 소청의 대상이 법률적 문제에 국한되어 소청심사도 주로 법규의 해석에만 그치는 실정이다. 따라서 현행 소청제도는 그 대상이 군인의 현재 권익을 침해하는 행정처분의 취소 또는 변경을 구하는 소극적인 성격을 띠고 있을 뿐이며 널리 조직 내의 인간관계론에 입각한 고충을 전반적이고 포괄적으로 해결하는 데까지 미치지 못하고 있다. 그러므로 적극적으로 공무원의 사기앙양을 위한 근무조건의 개선을 구한다든가 또는 근무성적 평정경력평정에 대한 소청이나 승진에 대한 불평과 같은 문제는 그대로 방치되어 있는 것이다. 따라서 소청의 대상도 널리 그 범위를 확장하여 소위 고충의 합리적인 처리수단이 될 수 있도록 개선할 필요성이 있다 하겠다.[211]

셋째로, 소청비용 및 보상이 필요하다. 소청을 제기한 주장이 타당하다고 판단되었을 때에는 행정권의 불이익 처분으로 인한 경제적 손실을 입을 뿐만 아니라 이에 부수되는 경비를 부담하게 되는바, 이에 관하여 아무런 대책이 없다. 만일 국가와 군인 사이에 이에 대한 분쟁이 있게 되거나 또는 국가가 당연히 취하여야 할 행위를 하지 아니함으로써 생기는 불이익상태로 인하여 받은 피해에 대해서는 현행의 소청제도에 구체적 규정이 없으므로 결국 소청에 의한 권리의 구제는 장래에 대하여서만 실효성이 있을 뿐이다. 또한 현행 소청제도에는 군인이 소청을 제기함에 소요된 소청의 비용에 관한 규정도 없다. 특히 군인에 대한 소청심사위원회가 국방부 및 각 군 본부에 설치되어 있기 때문에 중요한 의의를 갖고 있다. 따라서 이에 대한 실비보상에 관한 조치가 필요하다.

넷째로, 재심요구권의 폐지이다. 군인사법시행령 제59조의 2에서는 소청심사위원회의 결정에 대하여 처분부대 및 기관의 장은 그 결정이 부당하다고 인정

211) 이환균, 전게논문, 9면.

할 때에는 재심을 요구할 수 있는 권한을 규정하고 있다. 인사소청제도는 장교, 준사관, 부사관이 위법 · 부당한 전역 등 본인의 의사에 반한 불리한 처분을 받은 경우에 이에 대한 권리구제제도로서 역할을 하고 있는 중요한 제도인바, 장교 · 준사관 · 부사관에 대한 권익보호 차원에서 인사소청제도가 실질적인 권리구제 제도가 될 수 있도록 재심요구권은 폐지되어야 한다. 그 이유는 타 공무원과의 형평성 문제이다. 행정자치부는 2004. 3. 11. 법률 제7187호로 국가공무원법을 개정하여 중앙인사관장기관의 장이 소청심사위원회의 결정에 대하여 재심을 요구할 수 있는 제도를 폐지하였다(국가공무원법 제14조의 2 삭제). 또한 신속한 권리구제를 위해서도 폐지되어야 한다. 인사와 관련된 처분은 그 권리관계의 불명확한 상태가 오래가지 않고, 신속하게 구제될 필요성이 있다. 재심사하는 것은 시간적, 경제적으로 낭비 요소이며, 개인의 권익구제보다는 기관의 이익을 더 고려하는 측면이 있기 때문이다. 소청심사위원회는 행정소송의 전심절차인 행정심판의 일종으로서 독립된 재결기관이라 할 수 있는데 군인사법상 인정하고 있는 처분부대 및 기관의 장에게 주어진 재심요구권은 재결기관의 독립성과 공정성을 인정하지 않는 전제가 될 수 있으므로 행정심판의 재결사항에 대해서는 다시 심판청구를 할 수 없도록 한 행정심판법 제39조[212]의 예나 지방공무원법과 같이 재심요구권을 폐지하는 것이 타당하다.[213]

아. 고충처리제도

1) 제도의 개관

(1) 의의

고충처리란 장교 · 준사관 및 부사관이 근무여건, 인사관리 및 신상문제 등에 관하여 인사상담이나 고충의 심사를 청구하는 것을 말한다(군인사법 제51조의 3). 고충심사제도는 고충심사처리기관이 그 심사를 제기하는 공무원과 관계기관 간의 중간에 서서 제3자적 입장에서 고충사안이 원만히 해결되도록 주선하고 권고하는 조정자적 역할을 수행하여 공무원의 직무수행에 직 · 간접으로 영향을

212) 행정심판법 제39조(재심판청구의 금지) “심판청구에 대한 재결이 있는 경우에는 당해 재결 및 동일한 처분 또는 부작위에 대하여 다시 심판청구를 제기할 수 없다.”

213) 임천영, 전게서, 743면; 김중앙 · 김명식, 전게서, 136면.

미치는 제반여건에 대한 고충을 해소하려는 것이다.[214] 소청심사제도와는 심사 대상, 법적 성격, 효력에 있어서 차이가 있다. 즉 (1) 심사대상으로서의 소청은 공무원이 받은 신분상 중대한 불이익 처분이 주요 대상인 반면 고충처리는 개인에 대한 신분보다는 근무조건 · 처우 · 인사상 직면하게 되는 일상의 모든 신상문제를 그 대상으로 하고 있다. (2) 처리의 법적 성격에 있어서도 소청은 불이익 처분에 대한 사후구제를 위한 쟁송절차로서 준사법적 기능을 수행함에 반하여, 고충처리는 단순히 적정한 행정상 조치를 구하는 심사기능이라 할 수 있으므로 고충심사청구 제기기간을 별도로 정하고 있지 않다. (3) 심사결과의 효력에 있어서 행정청은 소청심사위원회의 심사결과에 반드시 기속되고 확정력을 발생하나, 고충처리는 행정청이 당연히 기속되지 않고 스스로 판단 · 시정 조치하여야 효력이 발생한다.[215] 연도별 처리건수는 <표 4-14>와 같다.

〈표 4-14〉 연도별 처리건수

구분	계	'98	'99	'00	'01	'02
계	111	15	21	34	29	12
육군	100	15	21	33	22	9
해군	2	0	0	0	0	2
공군	9	0	0	1	7	1

자료: 국방부, 2003년 국정감사 국회요구자료 I (군사법원소관), 2003, 531면.

(2) 고충심사대상

고충심사의 대상은 매우 포괄적이다. 근무여건 · 인사관리 · 신상문제 등으로 인사에는 진급 · 보직 등 각종 임용제도뿐만 아니라 임용권자의 재량범위에 속하는 모든 인사운영 및 행정기준 · 상훈 등이 포함되는데, 제도와 함께 운영 측면도 강조된다. 근무여건으로는 보수 · 주택 등 후생복지에 관한 사항이 포함되며, 신상문제에 관해서는 성별 · 종교 · 연령 등에 의한 차별대우 기타 심리적 · 신체적 장애 등에 의한 직무수행 관련 사항 등이 포함된다. 고충유형별 처리 현황은 <표 4-15>와 같다.

214) 임천영, 전게서, 749면.

215) 행자부 소청심사위원회, 전게서, 113면.

〈표 4-15〉 고충 유형별 현황(계급별)

구분	계	근무 환경	법규/ 방침 질의	인사 운영	전속/ 보직	구타/ 비리 고발	개인 신상	기타[216)
계	111	9	7	13	20	21	31	10
영관	29		2	4	7		14	2
위관	24	1	3	5	5		6	4
준사관	2						1	1
부사관	18	3		2	5	3	3	2
병	26	3		2	17	4		
군무원	12	2	2	2	1	1	3	1

자료: 국방부, 2003년 국정감사 국회요구자료 I(군사법원소관), 2003, 531면.

보직해임 처분이 고충처리대상이 될 수 있는가? 장교보직해임시행방침(육방침 03-43호 2003. 11. 1.)에서는 "보직 해임된 자는 보직해임 처분에 대하여 고충심사를 청구할 수 있으며, 심사결과 혐의 없음이 판명될 경우, 인사관리상 불이익을 받지 아니한다."라고 규정하여 보직해임 처분도 고충처리대상이 될 수 있다고 규정하고 있다. 그러나 첫째로, 법문상 심사청구 대상으로 인사소청은 인사상 불리한 처분에 대하여, 고충처리는 근무여건, 인사관리, 신상문제에 관하여 제기할 수 있게 규정되어 있다는 점, 둘째로, 효력에 있어서도 고충처리 결과에 대해서는 강제력이 없어 고충처리보다는 인사소청이 근원적인 해결책이 될 수 있다는 점, 셋째로, 일반직 공무원의 경우에는 다른 법령에 의하여 처리되는 대상(소청의 대상이 되는 사항)이 접수된 때에는 적절한 처리가 될 수 있도록 조치한다는 규정하고 있는 점[217) 등을 고려하면 인사소청의 대상이 되는 것은 고충처리대상이 될 수 없다고 보아야 한다.

(3) 고충심사기관

고충을 심사하기 위하여 국방부 및 각 군 본부에 군인고충심사위원회를 둔다(군인사법 제51조의 3). 고충심사위원회는 국방부에 군인고충심사위원회와 보통고충심사위원회가 설치되어 있다. 육군의 경우는 사단(여단)급 이상 제대에, 해

---

216) 기타에는 훈장수훈, 직업안정, 채무해결, 명령정정, 제수당, 경력 등이 포함되어 있다.

217) 중앙고충업무처리지침(제정 2004. 6. 4. 소청심사위원회예규 제3호) 제4조 제2항 "다른 법령에 의하여 처리되는 대상이나 고충(소청의 대상이 되는 사항, 감사원의 변상판정 기타 결정에 관한 사항, 연금급여에 관한 사항 등)이 접수된 때에는 적절한 처리가 될 수 있도록 조치한다.

군은 장관급장교가 지휘하는 부대에, 공군의 경우는 비행단급 이상 부대에 설치되어 있다. 현재 고충처리위원회는 국방부에 1개소, 육군에 80개소, 해군에 17개소, 공군에 46개소가 설치되어 있다. 국방부 및 각 군 본부에 설치하는 군인고충심사위원회(이하 "고충심사위원회"라 한다.)는 각각 위원장 1인을 포함한 위원 5인 이상 7인 이내로 구성하고, 위원은 당해 고충심사위원회가 설치되는 기관의 장이 임명하며, 고충심사위원회의 위원장은 위원 중 가장 선임인 자로 한다. 고충심사위원회의 운영은 인사업무를 담당하는 부서에서 관장하고, 위원회별로 간사 1인을 둔다. 국방부에 두는 고충심사위원회는 국방부 · 합동참모본부 및 한미연합사령부와 국방부의 직할부대 및 기관의 고충청구사항을 심사한다.

(4) 고충심사절차

고충심사를 청구하고자 하는 장교 · 준사관 또는 부사관은 ① 소속, ② 계급 군번 및 성명, ③ 고충심사 청구내용을 기재한 고충심사청구서를 설치기관의 장에게 제출하여야 한다. 고충심사청구서를 제출받은 설치기관의 장은 이를 지체 없이 소속고충심사위원회에 회부하여 심사하게 하여야 한다. 청구인은 청구서 제출 시 그 심사에 참고가 될 수 있는 자료나 문서를 첨부할 수 있다. 고충심사위원회가 청구서를 접수한 때에는 30일 이내에 고충심사에 대한 결정을 하여야 한다. 다만, 부득이하다고 인정되는 경우에는 설치기관의 장의 승인을 얻어 30일을 연장할 수 있다(동법 제60조의 6 제1항). 고충심사위원회는 고충심사의 청구에 대한 결정은 고충심사청구 내용에 따라 다양할 수 있으며 주로 행정기관장에게 시정조치가 주 내용으로 될 것이며 심사결정을 할 때에는 결정서를 작성하고, 위원장과 출석한 위원이 서명 또는 날인하여야 한다(동법 제60조의 8).

(5) 효력

고충심사위원회가 결정서를 작성한 경우에는 이를 지체 없이 설치기관의 장에게 보고하여야 하며(동 조 제2항), 보고를 받은 설치기관의 장은 심사결과를 청구인에게 통보하고, 당해 고충의 해소에 필요한 조치를 취하여야 한다(동 조 제3항). 시정요청을 받은 기관은 특별한 사유가 없는 한 그 심사내용에 따라 시정조치를 해야 하는 구속력을 갖는다. 다만, 고충심사위원회의 고충심사결정은 어떤 행정처분에 대하여 위법 여부를 다투는 것이 아닐 뿐만 아니라 그 결정에도 기속력이 부여되어 있지 않고 결정에 따르도록 의무를 부과하는 권고의 성격을 가지고 있기 때문에 고충심사결정에 불복하여 법원에 행정소송의 소는 제기할 수 없다.[218]

2) 국가공무원법과의 비교

(1) 의의 및 고충심사기관

가) 공무원법상의 고충처리제도는 근무조건, 인사관리 기타 신상문제에 대하여 불만이 있는 공무원의 고충심사청구에 대한 심사와 인사상담을 통하여 그들이 겪고 있는 애로사항에 대한 적절한 해결책을 강구하게 하는 제도를 말한다.[219] 고충심사제도는 국가공무원법 제76조의 2, 공무원고충처리규정(2001. 1. 29. 대통령령17115호), 중앙고충업무처리지침(2004. 6. 4. 소청심사위원회예규 제3호) 등에 의해 처리된다.

나) 2004. 3. 11. 법률 제7187호 국가공무원법 개정으로 중앙고충심사위원회의 기능은 소청심사위원회에서 관장하도록 되었다. 공무원의 고충을 심사하기 위하여 중앙인사관장기관에 중앙고충심사위원회를, 임용권자 또는 임용제청권자 단위로 보통고충심사위원회를 두되, 중앙고충심사위원회의 기능은 소청심사위원회에서 관장한다(제76조의 2 제3항). 중앙고충심사위원회는 보통고충심사위원회의 심사를 거친 재심청구와 5급 이상 공무원의, 보통고충심사위원회는 소속 6급 이하 공무원과 기능직공무원의 고충을 각각 심사한다. 다만, 6급 이하 공무원과 기능직공무원의 고충은 임용권자를 달리하는 2 이상의 기관에 관련된 경우에는 중앙고충심사위원회에서, 원소속기관의 보통고충심사위원회에서 고충을 심사하는 것이 부적당하다고 인정될 경우에는 직근 상급기관의 보통고충심사위원회에서 각각 이를 심사할 수 있다(동 조 제4항).

218) 고충심사제도는 공무원으로서의 권익을 보장하고 적정한 근무환경을 조성하여 주기 위하여 근무조건 또는 인사관리 기타 신상문제에 대하여 법률적인 쟁송의 절차에 의하여서가 아니라 사실상의 절차에 의하여 그 시정과 개선책을 청구하여 줄 것을 임용권자에게 청구할 수 있도록 한 제도로서, 고충심사결정 자체에 의해서는 어떠한 법률관계의 변동이나 이익의 침해가 직접적으로 생기는 것은 아니므로 고충심사의 결정은 행정상 쟁송의 대상이 되는 행정처분이라고 할 수 없다(대법원 1987. 12. 8. 선고 87누657 판결).

219) 행자부 소청심사위원회, 전게서, 113면.

(2) 고충심사청구 대상

고충처리 대상에 관해 국가공무원법 제76조의 2 제1항에 "인사 · 조직 · 처우 등 각종 직무조건과 기타 신상문제 ……", 공무원고충처리규정 제2조에 "근무조건 · 인사관리 기타 신상문제 ……"라고 규정하고 있다. 고충처리대상의 범위는 첫째로, 근무조건에 관한 것으로 ① 봉급 · 수당 등 보수에 관한 사항, ② 근무시간 · 휴식 · 휴가에 관한 사항, ③ 업무량, 작업도구, 시설안전, 보건위생 등 근무환경에 관한 사항, ④ 주거 · 교통 및 식사편의 제공 등 후생복지에 관한 사항, 둘째로, 인사관리에 관한 사항으로 ① 승진 · 전직 · 전보 등 임용에 관한 사항으로서 임용권자의 재량행위에 속하는 사항, ② 근무성적평정 · 경력평정 · 교육훈련 · 복무 등 인사행정의 기준에 관한 사항, ③ 상훈 · 제안 등 업적성취에 관한 사항, 셋째로, 기타 신상문제에 관한 것으로 ① 성별 · 종교별 · 연령별 등에 의한 차별대우, ② 기타 개인의 정신적 · 심리적 · 신체적 장애로 인하여 발생되는 직무수행과 관련된 사항이다(중앙고충업무처리지침 제4조 제1항).

(3) 효력

고충심사위원회의 결정은 기속력이 없다. 중앙인사관장기관의 장, 임용권자 또는 임용제청권자는 심사결과 필요하다고 인정될 때에는 처분청 또는 관계기관의 장에 대하여 그 시정을 요청할 수 있으며, 요청을 받은 처분청 또는 관계기관의 장은 특별한 사유가 없는 한 이를 이행하고, 그 처리결과를 통보하여야 한다. 다만, 부득이한 사유로 이행하지 못할 경우에는 그 사유를 통보하여야 한다(국가공무원법 제76조의 2 제6항).

차. 기타

군인의 신분보장과 직접 관련되는 기타 제도로는 감원제도를 들 수 있다. 또한 간접적으로 신분보장과 관련되는 것으로 직업보도 · 제대군인 지원 · 군인연금 제도를 들 수 있다. 이러한 제도는 군인의 업무 특성상 또는 신분상의 특수성으로 인해 전역 후 사회에 적응하며 재취업하기 어려운 현실 여건을 고려하여 이에 대한 취업 및 사회 적응 능력을 지원하기 위한 것이다. 그렇게 함으로써 현역으로 근무하는 동안 최선을 다해 군무에 전념할 수 있는 여건을 조성하게 되는 것이다. 이하에서 차례로 설명하기로 한다.

1) 감원제도

감원(減員)이란 정부조직의 사정변경 때문에 일부 공무원이 필요 없게 되어 그들을 퇴직시키는 것을 말한다.[220] 공무원의 범죄행위 등 과오나, 무능력을 이유로 하는 것이 아니라 정부의 사정으로 퇴직시키는 것이다. 감원은 부분적 감원과 일반적 감원으로 구분하고, 또한 복직을 전제로 하는 일시적 감원과 그렇지 않은 항구적 감원으로 구분할 수 있다.

국가공무원법 제70조 제1항 제3호에 "직제와 정원의 개폐 또는 예산의 감소 등에 의하여 폐직 또는 과원이 되었을 때"에 임용권자는 직권에 의하여 면직시킬 수 있다는 규정을 두고 있다. 또한 이러한 사유로 면직시킬 때에는 임용형태 · 업무실적 · 직무수행능력 · 징계처분사실 등을 고려하여 면직기준을 정하여야 하고, 심사위원회를 구성하여 그 심사위원회의 심의 · 의결을 거쳐야 한다(동 조 제3항, 제4항). 이 조항은 합리적인 면직기준을 구체적으로 법률로 규정하여 객관적이고 공정한 기준에 의하지 아니한 자의적인 직권면직을 제한함으로써 직업공무원의 신분을 두텁게 보장하려는 데 그 취지가 있으며, 위 법조항에 정해진 기준인 "임용형태 · 업무실적 · 직무수행능력 · 징계 처분사실"을 고려하지 아니한 채 이와는 다른 기준을 정하여 한 면직처분은 이를 정당화할 만한 특별한 사정이 없는 한 위법하다.[221]

군인사법 제37조 제1항 제4호에 "병력감축 또는 복원 시에 있어서 병력조정상 전역시킬 필요가 있다고 인정된 자"에 대해서는 전역심사위원회의 심의를 거쳐 현역에서 전역시킬 수 있다는 규정을 두고 있으나, 국가공무원법과 같은 합리적인 전역기준은 두고 있지 아니하다.

감원을 할 때에는 조직의 효율성 · 공무원의 권익 · 형평성 등을 고려하여 적정한 감원계획을 수립 · 시행하여야 하며, 재직자들의 사기저하와 실책을 방지하고 창의적 직무수행을 촉진할 수 있는 대책을 마련하여야 한다. 또한 감원의 공평성을 유지하기 위해서는 감원 기준을 일반규정으로 제정할 필요성이 있으

220) 오석홍, 전게서, 289면.

221) 대법원 2002. 9. 27. 선고 2002두3775 판결(이 판례에 대한 평석은 황정근, "국가공무원에 대한 직권면직의 요건", 대법원판례해설(43호 2002년 하반기), 21면 이하 참조).

며, 감원된 사람들에게 복직(재임용)의 기회를 주는 것이 바람직하다.[222)]

2) 직업보도

직업보도라 함은 취업을 원하는 자에게 취업에 필요한 정보를 제공하고, 지식 · 기술 · 기능습득 및 자격획득에 필요한 교육 · 훈련을 실시하며, 취업희망자에게 적합한 직업을 추천 · 알선하는 등 취업지원과 관련되는 전반적인 활동을 말한다.[223)] 이 제도는 군에서 성실히 복무하고 명예롭게 전역하는 자에 대한 취업추천, 직업보도교육, 교육비 지급 등을 통하여 전역 후 생활안정 및 군복무의욕을 고취시키기 위함이다.[224)] 타 공무원도 이와 같은 목적으로 공로연수제도를 운영하고 있다. 즉 공로연수제도는 각 중앙행정기관의 장이 정년퇴직예정자의 사회적응능력 배양과 기관의 원활한 인사운영을 위하여 필요하다고 인정하는 경우에 시행한다.[225)]

현재 직업보도에는 취업지원과 직업보도교육 등이 포함된다. 직업보도교육이란 취업을 원하는 자에게 실시하는 지식, 기술, 기능습득 및 자격획득 등을 위한 교육훈련을 말한다. 여기에는 ① 전직지원 프로그램, ② 전문성 향상 교육, ③ 전문기관 위탁교육, ④ 사회적응교육, ⑤ 취(창)업 교육, ⑥ 대학위탁교육, ⑦ 직업능력개발교육, ⑧ 기능교육, ⑨ 사이버 교육 등이 있다.[226)] 직업보도교육의 대상자로는 군에서 10년 이상 장기 복무한 자(부사관에서 장교, 준사관으로 임용된 자는 부사관 복무기간 포함)로 군인사법의 규정에 의하여 1년 이내에 현역 정년에 도달되거나 의무복무기간이 만료되어 미리 전역을 지원한 자 및 전역명령을 받은 자이다.

앞으로 취업과 연계된 직업보도교육 필요, 취업관련 정보제공 및 교류체계 확립, 군 교육 및 경력의 사회적 연계 필요, 장기복무 전역군인이 재취업할 수 있는 군 관련 직종 개발, 군 관련 직업보도 조직의 연계 등이 필요하다.[227)]

---

222) 오석홍, 전게서, 291면.

223) 군 직업보도 업무에 관한 규정(국방부훈령 제755호 2004. 8. 20.) 제2조 제1호.

224) 임천영, 전게서, 611면.

225) 공로연수운영지침(행정자치부예규 제132호 2004. 1. 20.)

226) 국방부 사회진출지원팀, 06년도 직업보도교육 계획서, 1 - 13면.

227) 최광표, 전역전 직업보도교육 발전방안 연구, 한국국방연구원, 1998, 85 - 86면.

3) 제대군인 지원

장기간의 군복무를 마치고 전역하는 군인들은 일반사회의 직업에 대한 경험이나 적응능력 및 전문성을 갖추지 못해 재취업에 상당한 어려움을 겪고 있는 것이 현실이다.[228] 제대군인 지원 정책이 필요한 이유는 제대군인에 대한 지원이 단순히 제대군인 개인의 혜택에 그치는 것이 아니라 사회, 나아가 국가적으로 중요한 의미를 내포하고 있기 때문이다. 첫째, 제대군인 지원 정책은 국방력 강화와 밀접한 연관이 있다. 국민의 생명과 재산을 지키는 국방과 안보는 거저 주어지는 것이 아니며 반드시 대가를 지불해야 한다. 국토방위에 공헌한 제대군인에 대한 국가 차원의 배려는 군의 사기를 증대시킬 것이며 이는 곧 국방력의 강화라는 결과를 가져오기 때문이다. 둘째, 제대군인 지원 정책은 사회 통합에도 기여하기 때문이다. 군인은 근무 특성상 장기간 격리 · 통제된 상태에서 생활하므로 전역 후 사회 적응 능력이 미약해 많은 시행착오를 거칠 가능성이 크다. 국토방위에 젊음을 바친 제대군인에 대해 국가가 원활한 사회 복귀를 돕고 사회 안전망을 지원하는 책임을 다함으로써 사회 통합에 기여할 것이다. 셋째, 제대군인 지원 정책은 군 인적 자원의 개발과 활용을 통한 국가 경쟁력 강화에 필수적 요소이다. 제대군인이 보유하고 있는 축적된 경험과 지식을 필요로 하는 사회의 각 부문에 이들 인적 자원을 적절히 공급하는 범국가적 연계 체제의 구축은 인적 자본에 바탕을 둔 경제 발전의 원동력이 될 것이며 나아가 국가 경쟁력 강화에 큰 보탬이 될 것이다. 마지막으로 제대군인 지원 정책은 국방 환경 변화에 능동적으로 대처하는 기반으로 작용할 것이다. 정보과학군으로의 군 구조 개편과 인력 재조정 등에 대비한 사회적 수용 체계를 마련하기 위해서는 제대군인의 원활한 사회 복귀 시스템이 반드시 전제돼야 한다. 따라서 국가는 제대군인 지원 정책에 대한 중 · 장기 기본 계획을 마련하고 범국가적 지원 체계의 제도적인 틀을 만들어 가야 하며 지원 인프라 확충, 제대군인의 사회 정착 지원과 복지의 실질적 확대 등을 위해 노력해야 한다.[229] 제대군인의 원활한 사회복귀를 돕고 그 인력의 활용을 촉진하기 위하여 "제대군인지원에 관한 법률(2005. 7. 29. 법률 제7649호)"이 있으며 여기서 장기복무제대군인이란 10년 이

228) 정길호, "장기복무 제대군인 생활안정 지원 정책 방향", 국방정책연구(제61호), 한국국방연구원, 2003, 146－149면.

229) 국방일보 2005. 5. 11. 5면(제대군인 지원 정책이 필요한 이유는? 국가보훈처 제대군인정책과).

상 현역으로 복무하고 장교·준사관·부사관으로 전역한 자를 말한다. 제대군인에 대한 지원으로는 취업보호(제7조), 채용 시 우대 등(제8조), 특수직종에의 우선고용(제9조), 직업교육훈련(제10조), 교육보호(제11조), 의료보호(제12조), 대부지원(제13조), 주택의 우선분양 등(제14조), 공공시설의 이용(제15조), 묘지에의 안장(제16조) 등이 있다.[230]

4) 군인연금

장기간의 군복무를 마치고 전역하는 군인 및 유족들에 대한 연금제도가 확립되어야 한다. 군인연금은 국가를 수호하고 국민의 생명과 재산을 보호하기 위해 직업을 군인으로 선택한 자가 성실히 복무하고 퇴직하거나 심신의 장애로 인하여 퇴직 또는 사망 시, 공무상의 질병 또는 부상으로 요양하는 때에 본인이나 그 유족에게 적절한 급여를 지급함으로써 본인 및 그 유족의생활안정과 복리향상에 기여하는 데 목적이 있다. 이러한 군인연금은 공무원연금, 사립학교교직원연금과 그 성격에 있어 많은 차이가 있다. 타 연금제도는 기본적으로 정년(60~62세) 이후 퇴직자들의 노후를 위한 "사회보험적 성격+생계보장적 성격"을 띠고 있지만 군인연금은 그 성격이 다르다. 즉 군인연금제도는 목숨을 담보로 항시 긴장태세를 늦추지 못하는 특수한 근무환경 속에서 복무하는 점 등을 감안한 "국가보상적 성격"과 현역 복무 시 개인 기여금을 납입하고 퇴직 후 연금을 수급하여 노후를 대비하는 "사회보험적 성격", 또한 생애 최대지출기(45~56세)에 군복무의 특수성으로 조기 전역하는 점을 감안한 "생계보장적 성격" 등 3가지 성격이 통합된 군인연금만의 특성을 가지고 있다.

군인연금은 대개의 선진국(미국, 영국, 독일 등)에서 국가보상적 성격으로 운영하고 있는 가장 근본적인 이유는 군복무의 특수성에서 기인된 것으로 첫째, 군인은 전·평시 엄격한 군법하에서 국가안보를 위하여 생명을 담보로 임무를 수행하며, 둘째, 격오지 근무, 잦은 이사, 문화소외지역 거주와 상시 근무태세 유지로 사생활에 제한을 받으며, 셋째, 진급이 되지 못할 경우 본인의 의사와는 관계없이 조기전역(45~56세)을 해야 하고, 넷째, 군 직무 특성상 사회와 업무 연계성 미비로 전역 후에는 사회적응에 제한을 받으며 또한 재취업률이 29.3%

230) 임천영, 전게서, 621면.

에 불과하여 대부분이 연금에 의존하여 생계를 유지하고 있는 실정이기 때문이다.[231] 이러한 군인의 특수성이 반영된 군인연금제도의 개선이 필요하다.

5) 총괄적 문제점

(1) 입법사항 및 법령체계화 미비

일반적으로 군사관련 법률에 대한 법제화의 미비점으로 ① 산재된 법규 간의 유기적 · 체계적 정립의 부재, ② 군의 활동 영역 및 업무에 관한 규정 미비, ③ 위헌적 성격의 법률 존재, ④ 법률로서 제정 사항(입법사항)임에도 관련 법률 미제정으로 인한 국민의 기본권 침해 우려, ⑤ 타 법률 제정 시 군 관련 사항 미반영 등을 들고 있다.[232] 군인의 신분보장과 관련된 신분상 불이익 처분은 법률에 규정되어야 할 사항임에도 대통령령이나 국방부령 또는 육군규정에 규정하고 있는 사항이 다수 존재한다. 또한 하위법은 상위법에 위배하여서는 아니됨에도 불구하고 상위법과 배치되는 하위법 조항도 존재한다. 또한 법률에 근거가 없거나 또는 법률에서 위임하지 않은 사항에 대해서도 행정규칙의 일종인 훈령이나 육군규정에 규율하는 경우도 있다.[233] 또한 군인사법 시행령 제88조 및 제89조에 규정된 항고심사위원회의 설치 및 구성은 그 기능과 역할의 중요성에 비추어 볼 때 대통령령으로 규정되기에는 곤란하다.[234] 군인사법에 규정되어야 할 사항이다. 현재 징계 관련 법령은 군인사법 및 시행령에 일부 규정되어 있고 대부분의 내용은 국방부 훈령과 각 군의 규정으로 운영하고 있다. 그 결과 각 군별로 징계 규정이 존재하여 각 군마다 그 내용이 달라 통일성이 없고, 또한 일부 내용은 상위 법령의 근거가 없는 규정이 존재하고 있다. 즉 군인사법은 각 군 총장에게 징계사유를 세부화할 수 있는 위임 규정을 두고 있지 않음에도 불구하고 각 군은 징계사유 및 징계양정기준을 제정하여 시행하고 있다. 이러한

231) 국방부, 군인연금! 궁금증을 풀어드립니다, 2005.

232) 박선섭 외 5, 군사관련 법체계 정비방향 연구, 연구보고서(정97－1299), 한국국방연구원, 1998, 76면.

233) 대표적인 사례가 국립묘지령이다. 국립묘지 안장의 요건에 관하여 규정하고 있는 국립묘지령은 국민의 권리의무와 직접 관련된 사항에 관하여 규정하면서도 아무런 법률적 근거를 갖고 있지 아니하므로 이러한 대통령령에 국민으로 하여금 권리, 의무를 발생하게 할 수 있는 규범적 효력을 부여할 수 없다고 하였다. 즉 국립묘지의 근거가 되는 국립묘지령은 현행법상 근거법률이 존재하지 않는 대통령령이어서 무효라는 판결이라는 것이다(서울고등법원 2002. 2. 1. 선고 2001누10631 판결). 이에 따라 국립묘지 설치 근거의 법적 근거를 마련하기 위해 "국립묘지의 설치 및 운영에 관한 법률"을 제정하였다(2005. 7. 29. 법률 제7649호).

234) 오준수, "현행 군인사법의 문제점과 개선방향", 군사법논문집(10집), 공군본부 법무감실, 1991, 104－117면.

징계양정기준은 개인의 자유와 권리에 중요한 영향을 미치는 일종의 법규명령에 해당됨에도 불구하고 모법인 군인사법에 위임 근거규정이 없다.

(2) 사전구제절차(행정절차)의 미비

가) 사전구제절차의 필요성

현대행정의 특징 중에 하나는 행정활동의 전 영역에 걸쳐서 절차적 통제의 중요성이 날로 높아 가고 있다는 것이다. 행정의 활동영역이 확대화, 전문화되면서 의회의 입법기능이 한계에 부딪히게 되어 위임입법의 역할 증대, 광범위한 복지행정에 있어서 넓은 재량권이 확대되고 있다. 또한 사법이 행정청의 행위를 사후적으로 통제한다고 하더라도 행정의 전문성을 뒤따라가지 못할 뿐만 아니라 이미 위법·부당하게 처분이 발부된 것에 대하여 사후적으로 취소한다고 하더라도 사전에 실체에 부합하는 처분을 내린 경우에 비하면 능률의 측면에서 이를 비교할 필요조차 없는 것이다. 이러한 점에서 행정의 활동에 대한 자체적 통제가 긴요할 수밖에 없으며 그 수단이 되는 것이 바로 행정절차제도이다.[235] 오늘날 법원의 행정에 대한 통제기능도 실체적 적법성보다는 절차적 적법성에 초점을 맞추게 된다.[236]

불이익 처분(不利益處分)이란 상대방에게 의무를 부과하거나 권리·이익을 침해·제한하는 등의 행위를 말한다.[237] 이러한 불이익 처분은 상대방이 법령상의 의무를 위반한 것을 전제로 하여 이에 대한 제재를 가하기 위하여 사전에 상대방에게 의무위반사실과 이에 대한 제재의사를 고지하고 억울한 사정이 있으면 준비하여 진술할 수 있음을 고지하는 절차에서 출발하게 된다. 이러한 불이익 처분의 절차는 행정절차의 핵심을 이루고 있다. 불이익 처분에 있어서 상대방의 참여절차는 정확한 진실에 좀 더 가까이 접근할 수 있다는 점과 상대방을 한갓 통치의 상대방이 아니라 행정의 동반자로 인정하는 민주성에 큰 의의를 찾을 수 있다. 행정절차법에서는 불이익 처분에 관하여 사전통지, 의견제출, 청문, 공청회에 관한 규정을 두고 있다.

235) 이한성, "불이익 처분", 행정작용법, 박영사, 2005, 833면.

236) 서원우, "행정상의 절차적 하자의 법적효과", 서울대학교 법학 27권 2호, 1986, 51-52면.

237) 이한성, 상게논문, 832면.

나) 행정절차법상의 각종 제도

(가) 사전통지

행정청은 당사자에게 의무를 과하거나 권익을 제한하는 불이익 처분을 하는 경우에는 미리 일정한 관련사항을 당사자 등에게 통지하여야 한다(행정절차법 제21조). 이것은 불이익 처분을 받을 당사자나 이해관계자가 미리 방어자료의 준비 등 사전에 대비를 할 기회를 제공하기 위한 것이다.[238] 행정청이 국민의 경제활동상 위법사실을 인지하였다고 하여 일방적으로 처분을 내린다면 국민은 아무런 변명의 기회도 없이 기습을 당할 우려가 있기 때문에 행정청이 불이익 처분을 하기에 앞서 이러한 절차를 거칠 것을 규정하고 있는 것이다.[239]

(나) 청문 · 공청회

청문이란 행정청이 어떠한 처분을 하기에 앞서 그 결정의 당사자 또는 이해관계인으로 하여금 자기에게 유리한 증거를 제출하고 의견을 진술하게 한 후 이에 대한 증거조사를 하는 절차를 말한다(동법 제22조).[240] 공청회란 행정청이 공개적으로 토론을 통하여 어떠한 행정작용에 대하여 당사자 또는 이해관계인이나, 전문지식과 경험을 가진 자 기타 일반인으로부터 의견을 널리 수렴하는 절차를 말한다.

(다) 의견제출

행정청이 일정한 행정작용을 하기에 앞서 당사자 등이 의견을 제시하는 절차로서 청문이나 공청회에 해당하지 않는 절차를 말한다. 불이익 처분에 있어서 상대방이 의견을 제출할 수 있는 일반적 절차이며, 판례는 의견제출절차를 강해규정으로 해석하고 이를 위반하면 위법이 되는 것으로 보고 있다.[241] 당사자 등은 처분 전에 그 처분의 관할 행정청에 서면, 구술, 정보통신망을 이용하여 의견제출을 할 수 있고, 또한 그 주장을 입증하기 위한 증거자료 등을 첨부할 수 있다(동법 제27조).

(라) 처분의 이유제시

238) 윤형한, "사전통지의 대상과 흠결의 효과", 행정판례연구Ⅹ, 한국행정판례연구회 편, 2005, 217면.

239) 이한성, 상게논문, 842면.

240) 석종현, "의견제출과 청문", 고시계(97/7), 63면.

241) 행정청이 침해적 행정처분을 함에 있어서 당사자에게 위와 같은 사전통지를 하거나 의견제출의 기회를 주지 아니하였다면 사전통지를 하지 않거나 의견제출의 기회를 주지 아니하여도 되는 예외적인 경우에 해당하지 아니하는 한 그 처분은 위법하여 취소를 면할 수 없다(대법원 2000. 11. 14. 선고 99두5870 판결).

처분의 이유제시는 행정처분 등을 함에 있어서 그 근거가 되는 법적, 사실적 이유를 구체적으로 명시하도록 하는 것을 말한다.[242] 이러한 절차는 행정청으로 하여금 신중하고 공정하게 처분하도록 하고, 처분의 상대방에 대한 설득의 자료로 활용될 뿐 아니라 처분에 불복하는 상대방은 처분이유를 토대로 그 위법성을 정리할 수 있게 되어 행위를 심사하는 법원으로서도 쟁점정리에 도움이 되게 한다.[243]

(마) 고지제도

고지제도란 행정청이 처분을 함에 있어서 처분의 상대방이 법적 구제방법을 사용하려고 하는 경우에 필요한 사항(불복행정청, 불복기간, 불복절차)을 구체적으로 상대방에게 알리는 비권력적 사실행위를 말한다. 고지제도는 처분의 상대방으로 하여금 행정불복의 기회를 보장하고 처분을 보다 신중하게 하여 행정의 적정화를 기하는 데 그 목적이 있다. 행정절차법 제26조에는 "행정청이 처분을 하는 때에는 당사자에게 그 처분에 관하여 행정심판을 제기할 수 있는지 여부, 기타 불복을 할 수 있는지 여부, 청구절차 및 청구기간 기타 필요한 사항을 알려야 한다."라고 하여 고지제도에 관하여 규정하고 있다.

다) 불이익 처분 시 행정절차 참여 제도 미비

군인의 신분상 불이익 처분에 해당하는 현역복무부적합전역처분, 휴직, 보직해임, 명예전역불해당처분 등에 있어서 위에서 살펴본 바와 같은 행정절차법상의 각종 제도가 미비하거나, 불완전하다. 특히 불이익 처분을 받았을 경우에 이에 대한 구제제도를 사전에 고지하지 않음으로 인해 사후구제절차에 어려움을 주고 있다.

Ⅴ. 군인의 신분보장제도 개선방안

지금까지 군인의 신분보장에 관한 내용을 현행법상의 각종 제도를 통하여 살펴보았다. 특히 군인의 신분보장에 관한 규정인 군인사법 제44조 해석과 이와

242) 유지태, "행정절차로서의 이유부기의무", 고시계(97/7), 46면.

243) 이한성, 상게논문, 856면.

관련된 각종 신분보장제도의 운영실태, 국가공무원법과의 차이점 및 문제점에 대해 알아보았다. 이하에서는 군인 신분보장제 운영상 문제점에 대한 개선방안을 제시해 보고자 한다.

1. 개선방향

직업공무원제의 확립을 위해서는 신분보장제의 확립이 필수적이다. 신분보장은 정치의 부당한 압력으로부터 공무원의 권익이 보장되어야 하는 방어적 의미와 공직을 일생의 본업으로 하여 일할 수 있도록 신분을 보장해 주는 적극적인 의미가 있다. 후자의 측면에서는 정년까지 헌신적으로 열심히 일할 수 있도록 실질적으로 근무조건을 보장해 주고, 공직을 떠나지 않도록 유지·활용하는 장치가 필요하다. 또한 승진의 기회를 보장하고, 퇴직 후에도 생계에 대한 걱정을 하지 않도록 보장해 주어야 한다.[244] 이제 능력 있는 공무원에게는 공직이 보람 있는 직장이 되도록 보장해 주고, 무능력한 사람은 공직에서 축출시킬 수 있는 실질적인 제도가 필요하다. 무능하고, 무사안일한 근무태도를 가진 자는 조직에서 도태시키고, 조직을 활성화하는 제도적 방안도 직업공무원제 확립에 있어서는 필수적인 제도인 것이다. 공무원의 사기란 공무원이 조직의 공통된 목표를 효율적으로 달성하려고 하는 자발적인 근무의욕, 정신 및 태도라고 할 수 있다.[245] 이러한 사기를 앙양하기 위해서는 보수 등 물질적 욕구의 충족, 공직에 대한 사회적 평가의 향상, 인사관리의 공정성, 공무원 집단활동 범위의 확장, 제안제도의 적극 활용, 고충처리제도의 활성화 등으로 공무원이 진정으로 만족감·귀속감 및 자기실현 욕구를 충족하도록 하여야 하겠으나 공무원의 신분을 보장하여 안정감을 부여해 주는 것이야말로 사기를 제고할 수 있는 제1차적 방안이라고 볼 수 있다.[246]

한편 구제적인 측면에 있어서도 본인의 의사에 반한 불리한 처분에 대해서는 사전·사후구제 절차가 완비되어야 한다. 과거에는 행정절차는 주로 사후구제 제도인 행정구제제도를 보충하기 위하여 필요한 것으로 논의되었으나, 오늘날은

244) 유민봉·임도빈, 전게서, 79면.

245) 김규정, 전게서, 653면.

246) 김근환, 전게논문, 66면.

의회입법의 원리 내지는 법치주의가 여러 가지 한계를 나타내어 행정에 대한 민주적 통제기능을 제대로 수행하지 못하고 있다는 인식 아래서 행정절차를 행정에 대한 민주적 통제를 실현하기 위한 국민의 행정에의 능동적 참여수단으로 필요하다는 인식을 가지게 되었다.[247] 특히 행정절차법의 제정은 국민의 행정참여로 행정의 공정성 · 투명성 · 신뢰성을 확보하고 국민의 권익을 보호하는 획기적인 계기가 되었다. 따라서 인사상 불리한 처분에 대해서는 행정절차법상의 사전구제절차인 처분사유설명서 교부제도, 의견제출 및 변명의 기회 부여, 고지제도의 도입이 필요하다.

2. 사전구제제도의 개선방안

가. 처분사유설명서 교부제도

국가공무원법 제75조(지방공무원법 제67조 제1항)에는 "공무원에 대하여 징계처분을 행할 때나 강임 · 휴직 · 직위해제 또는 면직처분을 행할 때에는 그 처분권자 또는 처분제청권자는 처분의 사유를 기재한 설명서를 교부하여야 한다. 다만, 본인의 원에 의한 강임 · 휴직 또는 면직처분은 그러하지 아니하다."라고 하여 인사상 불이익 처분에 대해서는 처분의 사유를 기재한 설명서를 교부하도록 하고 있다.[248] 이 제도는 신분상 불이익 처분을 받는 공무원이 그 사유를 충분히 납득할 수 있도록 서면으로 알려 줌으로써 처분의 객관성과 신뢰성을 도모하고, 본인에게도 기재된 사유에 대하여 항변할 수 있는 기회를 부여하려는 데 목적이 있다.[249] 판례는 "지방공무원법 제67조 제1항의 규정은 징계처분이 정당한 이유에 의하여 한 것이라는 것을 분명히 하고 또 피처분자로 하여금 불복이 있는 경우에 출소의 기회를 부여하는 데 그 법의가 있다고 할 것이므로 그 처분사유설명서의 교부를 처분의 효력발생요건이라고 할 수 없을 뿐만 아니라 직권에 의한 면직처분을 한 경우 그 인사발령통지서에 처분사유에 대한 구체적인 적시 없이 단순히 당해 처분의 법적 근거를 제시하는 내용을 기재한 데

247) 박윤흔, 전게서, 47면.

248) 행정절차법 제23조에는 "행정청은 행정처분을 하는 경우에는 당사자에게 그 근거와 이유를 제시하여야 한다."라고 하여 처분의 이유제시절차에 대해 규정하고 있다.

249) 김중양 · 김명식, 전게서, 450면.

그친 것이더라도 그러한 기재는 위 법조 소정의 처분사유 설명서로 볼 수 있다."라고 판시하였다.[250] 군인이 자기 의사에 반한 불리한 처분인 현역복무부적합전역, 보직해임, 명예전역불해당처분, 휴직, 징계처분을 받을 때에 이에 대한 처분의 사유를 기재한 설명서를 교부받을 수 있도록 개선하여야 한다.

나. 의견제출 및 변명의 기회 부여

행정절차법상 의견제출절차란 행정청이 어떠한 행정작용을 하기에 앞서 당사자 등이 의견을 제시하는 절차로서 청문이나 공청회에 해당하지 아니하는 절차를 말한다(행정절차법 제2조 제7호). 행정절차법 제22조 제3항에는 "행정청이 당사자에게 의무를 과하거나 권익을 제한하는 처분을 함에 있어서 청문 또는 공청회 외에는 당사자 등에게 의견제출의 기회를 주어야 한다."라고 규정하고 있다.[251] 따라서 현역복무부적합전역, 보직해임, 명예전역불해당처분, 휴직, 징계처분 시에도 이러한 행정절차법상의 의견제출 및 변명의 기회를 부여하여 위법 부당한 침해를 미연에 방지하도록 하는 절차를 마련하는 것이 필요하다. 최근에 제정된 육군의 장교보직해임시행방침에 의하면 보직해임 시에는 보직해임심의위원회의 심의 절차를 거치는 것을 원칙으로 하였고, 보직해임 당사자에게 소명기회를 부여하였으며, 필요시에는 직접 대면하여 소명할 수 있도록 하였다. 사전구제절차를 도입한 진일보한 조치로 보인다. 실무 운영상에 있어서도 보직해임심의위원회 절차 및 충분한 소명절차를 거친 후 보직해임을 하여 위법 부당한 권익침해가 발생하지 않도록 해야 한다.

---

250) 대법원 1991. 12. 24. 선고 90누1007 판결.

251) 행정절차법 제21조 제1항, 제4항, 제22조 제1항 내지 제4항에 의하면, 행정청이 당사자에게 의무를 과하거나 권익을 제한하는 처분을 하는 경우에는 미리 처분하고자 하는 원인이 되는 사실과 처분의 내용 및 법적 근거, 이에 대하여 의견을 제출할 수 있다는 뜻과 의견을 제출하지 아니하는 경우의 처리방법 등의 사항을 당사자 등에게 통지하여야 하고, 다른 법령 등에서 필요적으로 청문을 실시하거나 공청회를 개최하도록 규정하고 있지 아니한 경우에도 당사자 등에게 의견제출의 기회를 주어야 하되, 당해 처분의 성질상 의견청취가 현저히 곤란하거나 명백히 불필요하다고 인정될 만한 상당한 이유가 있는 경우 등에는 처분의 사전통지나 의견청취를 하지 아니할 수 있도록 규정하고 있으므로, 행정청이 침해적 행정처분을 함에 있어서 당사자에게 위와 같은 사전통지를 하거나 의견제출의 기회를 주지 아니하였다면 사전통지를 하지 않거나 의견제출의 기회를 주지 아니하여도 되는 예외적인 경우에 해당하지 아니하는 한 그 처분은 위법하여 취소를 면할 수 없다(대법원 2000. 11. 14. 선고 99두5870 판결). 이 판례에 대한 평석으로는 김학세, "침해적 행정처분과 사전통지, 의견청취제도", JURIST, 2002. 12. 70－78면 참조.

다. 고지제도의 도입

고지제도란 행정청이 처분을 함에 있어서 처분의 상대방이 법적 구제방법을 사용하려고 하는 경우에 필요한 사항(불복행정청, 불복기간, 불복절차)을 구체적으로 상대방에게 알리는 비권력적 사실행위를 말한다. 고지제도는 처분의 상대방으로 하여금 행정불복의 기회를 보장하고 처분을 보다 신중하게 하여 행정의 적정화를 기하는 데 그 목적이 있다. 행정절차법 제26조에는 "행정청이 처분을 하는 때에는 당사자에게 그 처분에 관하여 행정심판을 제기할 수 있는지 여부, 기타 불복을 할 수 있는지 여부, 청구절차 및 청구기간 기타 필요한 사항을 알려야 한다."라고 하여 고지제도에 관하여 규정하고 있다. 따라서 현역복무부적합전역, 보직해임, 명예전역불해당처분, 휴직처분 시에 당사자에게 법적 구제방법을 알려 주는 고지제도의 도입은 권리구제 측면에서 그 의의가 있다. 그러나 현재 실무를 보면 인사명령의 형태로 상대방에게 통보될 뿐이며 불복의 방법 등에 대해서는 고지하지 않고 있다. 따라서 고지제도의 도입이 필요하다.

3. 정년제도의 개선방안

가. 정년연장의 문제

군인은 타 공무원 및 외국군의 정년에 비해 정년연령이 빠르고 또한 퇴직급여가 충분하지 못한 실정이다. 최근 국민의 평균수명이 연장되고 노령화되어 감에 따라 여건 변화에 맞는 정년제도가 되도록 개선할 필요가 있다. 특히 대위 이하의 위관 장교의 근속정년은 15년으로 되어 있어(군인사법 제8조 제1항 제2호), 대위에서 소령으로 진급하지 못할 경우에는 전역해야 한다. 연금 혜택을 받지도 못하고, 전역 후 재취업이 어려운 현실하에서 과연 근속정년제도를 유지해야 할지 여부에 대한 재검토 및 개선이 필요하다.

나. 운영상의 보완사항

정년전역자의 이익을 보호하고 정년전역에 의한 충격을 감소시키기 위해서는 명예전역제도를 활성화 및 연금제도의 개선이 필요하다. 또한 전역자에 대한 적극적인 퇴직관리, 직업보도 및 재취업에 대한 개선이 필요하다. 현재 시행되고 있는 연령정년제는 개인의 능력이나 의욕을 무시하고 획일적으로 적용하고 있는데, 능력에 따라 정년 후 연장할 수 있는 방안도 연구되어야 할 것이다.[252)]

4. 현역복무부적합전역제도의 개선방안

가. 부적합전역 사유에 대한 구체적 요건 개정 필요

현행법상 부적합전역 사유를 규정한 군인사법시행령 제49조의 능력, 성격, 직무수행의 성의, 도덕상의 결함 등 추상적인 개념 규정과 군인사법 시행규칙 제56조의 구체적 사유에 대해 현행 실무상의 문제점을 반영하고 새롭게 적용할 수 있는 구체적 사유를 개정하여야 한다. 또한 군인사법 시행규칙 제56조 제4항에서는 5가지 사유를 규정하고 있으나 이 조항 적용에 있어서 법률 해석상 다툼이 있으므로 도덕상 결함이 있는 자에 대해서는 군인사법 시행규칙 제56조 제4항에 '포괄적 기준'을 규정하는 방안이 필요하다.

나. 유죄판결을 받은 자에 대한 현역부적합전역

벌금형, 또는 선고유예를 선고받은 자에 대해 필요적 현역복무부적합 조사사유로 정한 입법태도가 타당한 것인가에 대해 재검토가 필요하다. 사견으로는 선고유예를 선고받은 자에 대하여 무조건 현역복무부적합심사위원회에 회부하기보다는 일정한 범죄, 예를 들면 뇌물수수, 업무상 횡령, 강도, 강간 등 간부로서 자질이 없다고 인정되는 범죄로 한정하여 현역복무부적합심사위원회에 회부하는 방안과 지휘관이 죄의 유형, 동기 등을 참작하여 현역복무부적합 조사 여부를 결정할 수 있도록 개정하는 것이 타당하다고 생각된다.[253)]

다. 남용 방지 및 구제절차 개선

현역복무부적합전역제도 운영 시 대법원은 현역 군인에 대한 군인사법상의 전역처분에 대해서는 상당히 폭넓은 재량을 인정하여 왔다. 특히 부적합 사유에 해당하는지 여부도 그 판단을 원칙적으로 군 당국의 자유재량에 의하여 판단할

252) 김근환, 전게논문, 69면.

253) 임천영, "선고유예 판결을 받은 자의 인사처리 방안", 육군(제267호), 2004 1 · 2, 75면.

사항으로서 군의 특수성에 비추어 명백한 법규위반이 없는 이상 군 당국의 판단을 존중해 왔다. 현역복무부적합전역제도가 남용되지 않도록 하고 사전 및 사후 권리구제에 만전을 기하여야 할 것이다. 특히 조사 및 심사위원회에서 변명의 기회를 보장하는 등 행정절차법상의 사전구제 절차제도와 당사자에게 전역사유 설명과 고지제도를 도입하여야 한다.

라. 선별적 조기전역심사제(Selective Early Retirement Board) 도입

정원초과 및 진급적체로 인력조정이 필요할 경우 법이 정하는 심사를 통해 복무 불성실자 및 도덕성 결함자 등 군 내 활용이 제한되는 인원을 정년 전에 조기에 전역시키는 제도인 선별적 조기전역심사제 도입 여부에 대한 검토가 필요하다. 현행법은 근속정년 및 일부계급에 대한 계급정년을 적용하고 있어 미군과는 상황 여건이 다르지만 정년보장으로 인한 무사안일 방지, 인사적체 해소, 후배장교에 대한 진급기회 부여 등을 고려하여 도입 여부에 대한 정책 결정이 필요하다. 이 제도는 군인의 신분보장과 직결되는 문제이므로 군인사법의 법적 근거를 마련한 후에 시행하여야 하며, 조기 전역자에 대해서는 금전상의 보상이 필요하다.

5. 보직해임제도의 개선방안

가. 보직해임의 남용 방지책 필요

첫째로, 보직해임은 진급 시 감점사유에 해당하고 차기 보직 판단에 있어서도 불이익을 받는 전형적인 신분상 불이익 처분에 해당하므로 남용되지 않도록 해야 하며 사전 · 사후 구제책이 필요하다. 둘째로, 보직해임 사유가 추상적으로 규정되어 있으므로 보직해임 사유에 대해 유형별로 구체화할 필요가 있다. 셋째로, 군 내 사망사고 및 언론보도에 대한 무마책으로서의 보직해임은 자제되어야 한다.

나. 사단장에 대한 보직해임절차 규정 제정 필요

사단장에 대한 보직해임권자 및 보직해임 절차에 관한 규정을 제정하여야 한다. 사단장 보직해임 시마다 보직권자인 대통령의 결재를 받는 것도 쉽지 않기 때문에 이에 대비해서 국방부장관이나 각 군 참모총장에게 위임하는 관련 규정을 제정할 필요가 있다. 보직해임은 인사권자의 인사조치 일종이므로 인사권을 국방부장관, 참모총장에게 위임한다는 명문의 규정이 없는 한 인사권자인 대통령이 사단장의 보직해임권자로 보아야 한다. 현재 실무상 사단장에 대한 보직해임은 위와 같이 처리하고 있지 않다. 국가공무원법 제32조 제3항에 "대통령은 대통령령이 정하는 바에 의하여 임용권의 일부를 소속장관에게 위임할 수 있으며, 소속장관은 대통령령이 정하는 바에 의하여 임용권의 일부와 대통령으로부터 위임받은 임용권의 일부를 그 보조기관 또는 소속기관의 장에게 위임 또는 재위임할 수 있다."라고 규정하고 있다.[254] 군인사법에도 국가공무원법과 같이 보직해임 권한에 대한 위임 근거규정을 마련하는 것이 필요하다.

6. 휴직제도의 개선방안

가. 면소판결 및 공소기각판결 시 보호방안

공소기각이나 면소판결을 받은 경우에도 무죄판결을 받은 경우와 같이 각종 불이익을 회복시켜 주는 규정을 입법화할 필요가 있다.

나. 호봉과 퇴직수당

군인보수법과 군인연금법은 휴직된 자의 호봉승급과 퇴직수당을 제한하는 규정을 두고 있으면서 그가 무죄판결을 받은 경우의 구제에 대해서는 언급을 하고 있지 않다. 따라서 군인보수법과 군인연금법에 호봉승급과 퇴직수당의 제한과 같은 불이익을 구제받을 수 있는 규정을 입법화하여야 한다.

다. 육아휴직의 확대

남자 단기복무장교 및 단기복무부사관에 대해서는 육아휴직을 제한하고 있으

254) 행정권한의 위임은 행정관청이 법률에 따라 특정한 권한을 다른 행정관청에 이전하여 수임관청의 권한으로 행사하도록 하는 것이어서 권한의 법적인 귀속을 변경하는 것이므로 법률이 위임을 허용하고 있는 경우에 한하여 인정된다(대법원 1995. 11. 28. 선고 94누6475 판결).

나 이를 확대할 필요가 있다. 다만, 의무복무자에 대해서는 육아휴직기간을 의무복무기간에 포함해서는 안 된다. 육아휴직기간만큼 복무기간을 연장하는 범위 내에서 육아휴직을 확대하도록 관련 조항을 개정하여야 한다.

7. 징계제도의 개선방안

가. 징계벌목의 다양화

징계의 효율성을 높이기 위해서는 징계벌목을 다양화하여야 한다. 직업군인제를 전제로 한 감봉제도는 폐지하는 것이 바람직하다는 견해가 있으나 예전에 비해 사병들의 월급이 상승되고 있으므로 감봉처분도 고려할 만하다. 그 외에 특별근무, 군기교육대교육, 얼차려, 경고처분 등 새로운 징계벌을 도입 확대하여야 할 것이다. 미군의 경우 부사관, 군무원, 병사에 대한 징계벌목으로는 ① 함선에 배속되어 있거나 승선한 자에 대해서는 연속해서 3일 이내의 빵과 음료만의 제한 급식 구금, ② 연속해서 7일 이내의 영창, ③ 7일분 이내의 급료 몰수, ④ 1등급 강등, ⑤ 연속해서 14일 이내의 노역이나 기타 작업을 포함한 과외근무, ⑥ 정직처분과 동시에 혹은 정직처분 없이 연속해서 14일 이내의 특정지역 내 근신 등이 있다.[255)]

나. 영창처분의 집행 및 항고제도의 개선

첫째로 영창처분이 남용되지 않도록 사병에 대한 양형기준을 적용하고, 징계 전력의 관리 및 유지를 의무화하여 동일한 비위사실에 대해서도 피징계자의 징계 전력에 따라 달리 적절한 조치를 취하는 것이 필요하다. 둘째로, 영창처분에 대한 집행정지를 입법화하여야 한다. 영창처분으로 인하여 당사자가 입는 손해의 성격은 사후에 이를 회복하기 어려운 손해라는 점을 고려하여 영창에 대하여 항고가 제기된 경우에는 영창처분의 집행을 정지하는 집행부정지원칙의 예외를 규정하는 것이 바람직하다. 셋째로, 징계장의 신속한 교부 및 항고제기 여부 고지가 필요하다. 넷째로, 영창처분 결정에 대한 군법무관의 심사 및 동의 절차 규정이 필요하다.[256)] 다섯째로, 병에 대한 영창처분은 반드시 징계위원회

255) 김혁중, "미군의 징계제도", 군사법논집(제8집), 2003, 90면.

를 거치도록 하며 당사자가 참석하여 진술토록 하여야 한다. 여섯째로, 영창처분의 집행개선이 필요하다. 영창처분의 구체적인 집행내용이 보다 합리적으로 개선되어야 하며 기결수와 미결수가 동일한 영창에 구금되어 군행형법을 동일하게 적용하는 것은 금지되어야 한다. 장기적으로는 징계자 영창시설을 별도로 설치하여 기결수와 미결수 입창자를 별도 수용하는 것이 바람직하다.[257)]

다. 징계절차에 있어서 절차적 참여권 보장을 위한 제도개선

미군 징계제도에 있어서 징계혐의자가 가지는 재판청구권, 징계절차 개시의 통지, 대변인을 동반할 권리, 징계대상자인 비행혐의자에게 불리한 증거 및 그의 비행사실에 대해 불리하게 주장된 진술 등에 관하여 구두나 서면으로 통지를 받을 권리, 문서나 물적 증거를 조사할 권리, 비행사실에 대한 변명 제출권, 증인을 출석시킬 권리, 공개적인 징계절차를 가질 권리 등을 도입할 필요가 있다.[258)]

라. 지휘책임의 한계 설정 및 징계양정 기준 필요

첫째로, 지휘책임에 대한 명확한 한계를 설정해야 한다. 사고 발생 시 상급지휘관은 부정적이고 잘못된 언론보도에 민감하게 반응하지 말고 적절한 공보활동으로 군 위상제고에 관심을 가져야 한다. 수사 및 조사 기관에 의한 사건 배경, 원인, 후속조치, 그리고 평소 지휘관의 부대관리 실태 등을 조사한 후에 지휘책임을 묻는 절차가 이루어져야 하며, 결과에 대한 무한책임 성격의 지휘책임은 재검토되어야 한다. 둘째로, 지휘책임과 보직해임과의 관계 설정이 필요하다. 특히 보직해임 처분에 대한 구제책이 미비하여 진급 시 또는 재보직 시에 있어서 불이익이 크기 때문에 지휘책임과 보직해임과의 관계를 재설정할 필요가 있다. 셋째로, 지휘책임과 관련된 문책절차에 있어서도 국선변호인의 조력을 받을 권리를 입법화하는 방안도 고려할 만하다.[259)]

---

256) 최성보, 전게논문, 143 – 150면.

257) 이상철, "군징계 제도 개선에 관한 연구", 육사논문집(제60집 1권), 2004/2, 52 – 54면.

258) 김혁중, "미군의 징계제도", 군사법논집(제8집), 2003, 80 – 87면.

259) 현성룡, 전게논문, 88 – 90면.

마. 군인징계령의 제정

군인의 신분보장에 직접적인 영향을 미치는 징계제도에 대해 통일된 규정이 없이 각 군 규정에 산재해 있고 또한 법률의 수권 없이 행정규칙에서 정하고 있는 문제점이 있다. 따라서 군인사법에 각 군 총장에게 징계사유 세분화 및 징계양정기준의 설정에 대한 위임 근거 규정이 필요하고 또한 각 군의 징계규정을 통일하여 단일화된 통합 징계규정을 제정할 필요성이 있다. 통합된 징계규정은 대통령령으로 제정하여야 한다. 그 이유는 군인의 신분에 직접적인 영향을 미치는 법규에 관한 사항이기 때문이다. 타 공무원의 경우에도 징계에 대한 사항은 대통령령으로 규정하고 있다.[260)]

8. 소청제도의 개선방안

가. 소청심사기구의 독립성과 실질적인 권리구제 기관화 필요

현행 중앙군인사소청심사위원회는 국방부에, 군인사소청심사위원회는 각 군 본부에 설치되어 있으며, 또한 각 소청심사위원회의 위원은 국방부장관 및 각 군 참모총장이 임명하도록 되어 있어 심사기관 독립성에 의문이 제기될 수 있으므로 독립화하는 방안의 검토와 군 내 실질적인 권리구제 기관이 되도록 개선하여야 한다. 2005. 3. 31. 소청제도가 군 내 실질적인 권리구제제도로서의 기능을 할 수 있도록 하기 위해 군인사법을 개정하여 외부 민간전문가도 소청심사위원이 될 수 있게 하였다. 바람직한 방향이다. 실무상 매 인사소청건마다 위원장과 위원을 지정하여 운영하여 결과적으로 전문성이 부족하였으나 이번 군인사법의 개정으로 소청제도의 전문성도 확립할 수 있게 되었다.

나. 소청대상의 확대

현행 소청심사대상으로는 위법·부당한 전역·제적 및 휴직명령 등 본인의 의사에 반한 불리한 처분만 허용되고 있다. 적극적으로 공무원의 사기앙양을 위

---

260) 경찰공무원징계령(일부개정 1999. 12. 28. 대통령령 제16620호), 공무원징계령(일부개정 2002. 7. 13. 대통령령 제17669호), 교육공무원징계령(일부개정 2005. 5. 27. 대통령령 제18966호), 소방공무원징계령(일부개정 2005. 3. 31. 대통령령 제18765호).

한 근무조건의 개선을 구한다든가 또는 근무성적 평정경력평정에 대한 소청이나 승진에 대한 불평과 같은 문제는 소청대상이 아니다. 따라서 소청의 대상도 널리 그 범위를 확장하여 소위 고충의 합리적인 처리수단이 될 수 있도록 개선할 필요성이 있다.[261]

다. 보상 및 소송비용

소청을 제기한 군인의 주장이 타당하다고 판단되었을 때에는 행정권의 불이익 처분으로 인한 경제적 손실을 입을 뿐만 아니라 이에 부수되는 경비를 부담하게 되어 있다. 이에 대한 보상 및 비용을 국가가 부담하여 인사소청을 활성화할 필요가 있다. 보상 및 소요 비용에 대해 국가가 부담하는 내용의 입법화가 필요하다.[262]

라. 고지제도의 도입

인사소청이 실질적인 권리구제수단으로 정착하기 위해서는 고지제도를 도입하여야 한다. 국가공무원은 소청업무처리지침(2004. 6. 4. 소청심사위원회예규 제2호) 제24조에서 고지제도에 관해 규정하고 있다.[263] 따라서 본인에게 불리한 인사처분을 행할 때에는 당사자에게 인사소청을 제기할 수 있음을 알려야 한다.

마. 재심요구권의 폐지

소청심사위원회의 결정에 대하여 처분부대 및 기관의 장은 그 결정이 부당하다고 인정할 때에는 재심을 요구할 수 있는 권리를 폐지하여야 한다. 인사소청

---

261) 이환규, 전게논문, 9면.

262) 이에 대한 입법례로 오스트레일리아 연방공무원법 제60조에는 "위원회가 혐의 없다는 것을 확인하였거나 소청이 정당하다고 인정된 경우 그 혐의의 조사 또는 소청의 유지로 인하여 당해 공무원이 지불한 타당성 있는 경비의 전부 또는 일부를 그 공무원에게 지불할 것을 인사원에 추천할 수 있으며, 인사원이 이를 승인한 경우에는 그 전액을 당해 공무원에게 지불할 수 있다."라고 규정하고 있다.

263) 소청업무처리지침(2004. 6. 4. 소청심사위원회예규 제2호) 제24조(불이익 처분에 대한 소청 청구 고지)
① 법 제75조의 규정에 의한 처분사유설명서에는 "이 처분에 대한 불복이 있을 때에는 국가공무원법 제76조 제1항의 규정에 의하여 이 설명서를 받은 날부터 30일 이내에 소청심사위원회에 소청을 청구할 수 있다."라는 사실을 고지하여야 한다.
② 법 제75조에서 정한 처분 이외의 본인의 의사에 반한 처분을 행할 때에는 "이 처분에 대한 불복이 있을 때에는 국가공무원법 제76조 제1항의 규정에 의하여 처분이 있은 것을 안 날부터 30일 이내에 소청심사위원회에 소청을 청구할 수 있다."는 사실을 고지하여야 한다.

심사위원회의 독립성 확보, 타 공무원과 형평성, 신속한 권리구제를 위해서도 국가공무원법과 같이 재심요구권을 폐지하여야 한다.

Ⅵ. 결론

지금까지 군인의 신분보장제도의 내용과 운영실태 및 문제점에 대하여 검토해 보고 미약하나마 개선방안을 제시해 보았다.

현행 군인 신분보장제도의 문제점으로 ① 신분상 불이익 처분에 해당하는 각종 제도에 대한 법령체계 미흡과 사전구제절차(행정절차)의 미비, ② 낮은 연령정년과 형식적인 정년제도의 운영, ③ 추상적인 현역복무부적합전역 사유 및 남용, ④ 장관급장교에 대한 보직해임권자 및 절차 미비, ⑤ 기소 휴직된 후 무죄판결을 선고받은 자에 대한 호봉 및 퇴직수당에 있어서 보호방안 미비, ⑥ 사병에 대한 징계벌목의 실효성 문제, 영창처분의 문제, 지휘책임의 기준 미설정, ⑦ 소청심사위원회의 독립성과 재심요구권의 문제 등을 들 수 있다.

이러한 문제점에 대한 개선방안으로 직업공무원제도의 확립을 위해서는 신분보장제의 확립이 필수적이며, 방어적 의미의 신분보장보다는 공직을 일생의 본업으로 하여 일할 수 있도록 신분을 보장해 주는 적극적인 신분보장제 확립이 중요하다. 또한 신분보장과 관련된 신분상 불이익 처분에 대해서는 사전 · 사후 구제절차가 완비되어야 한다는 전제하에 ① 신분보장과 관련된 법령의 체계화 및 처분사유설명서 교부제도, 의견제출과 변명의 기회 부여, 고지제도의 도입 등 사전구제절차의 도입, ② 국민의 평균수명 연장에 따른 현역정년제도의 재검토 및 전역 후 사회적응을 위한 종합적인 관리 대책 필요, ③ 현역복무부적합전역 사유에 대한 요건 개정 및 선별적조기전역제도의 도입, ④ 보직해임의 남용 방지책 및 관련 규정의 개정, ⑤ 기소 휴직된 경우 면소판결 및 공소기각판결 시 보호 방안 및 육아휴직의 확대, ⑥ 징계벌목의 다양화, 형사범과 징계처분자의 집행제도 개선, 실질적인 항고제도의 운영, 지휘책임에 대한 기준 설정 필요, ⑦ 소청심사 대상의 확대 및 재심요구권의 폐지, 실질적인 권리구제제도 운영을 위한 각종 비용의 국가부담이 이루어져야 한다.

군인 복무관계는 포괄적 지배권 인정, 기본권 제한의 완화, 사법심사의 제외라는 전통적 특별권력관계의 대표적 사례였지만 이러한 이론은 더 이상 유지할 수 없게 되었다. 이제는 일반권력관계와 마찬가지로 법관계로 보아 법률에 근거한 행정권의 발동, 법률에 근거한 기본권 제한, 사법심사에 의한 권리구제가 가능하게 되었다. 따라서 군인의 소극적 신분보장을 위해서는 법률에 정한 사유, 요건, 절차에 따라 신분상 불리한 처분을 해야 하며, 또한 불리한 처분에 대해서는 사전 · 사후 권리구제절차를 마련해야 한다. 이를 위해 관계 법령 정비 및 제도 개선이 필요하다.

군인은 외부 적대세력의 직 · 간접적인 침략행위로부터 국가의 독립을 유지하고 영토를 보전하기 위하여 궁극적으로 생명의 위협을 무릅쓰고 적과 전투를 수행하여야 하며 평상시에도 그 준비를 위하여 작전과 훈련에 임하여야 하며 상명하복의 엄격한 규율에 복종하는 등 많은 책임과 의무가 부여되어 있다. 그렇다면 국가로서는 국가의 안전보장과 국토방위의 신성한 의무를 수행하는 군인에 대하여 보다 세심한 보호를 하여야 할 책임과 의무가 있다.

국가는 모든 공무원들에게 보호가치 있는 이익과 권리를 인정해 주고, 공무원에게 자유의 영역이 확대될 수 있도록 공직자의 직무의무를 가능한 선까지 완화하며, 공직자들의 직무환경을 최대한으로 개선해 주고, 공직수행에 상응하는 생활부양을 해 주고, 퇴직 후나 재난, 질병에 대처한 사회보장의 혜택을 마련해 주어야 한다. 이것이 실질적인 신분보장제도가 될 것이다. 군도 형식적인 신분의 변경이나 소멸에 대한 관심이 아니라 공직에서 보람과 성취감을 실질적으로 느낄 수 있도록 삶의 질을 높이고 조직의 생산성을 높이는 데 관심을 가져야 할 것이다.

본 연구에 있어 논자의 능력부족 등으로 인해 충분한 문제점 제시 및 개선방안을 제시하지 못한 아쉬움이 있지만 앞으로 이 분야에 대한 깊은 관심과 연구가 이루어져 군인의 신분보장제를 발전시키는 데 도움이 되기를 기대해 본다.

12. 지휘관의 정신병력이 있는 병사에 대한 관리 책임 – 대법원 판례를 중심으로[*]

목 차

Ⅰ. 머리말

군은 평시 강도 높은 교육훈련과 전투준비태세를 통해 적과 싸워 이길 수 있는 부대를 육성해야 한다. 이를 위해서는 안정적인 부대관리가 필수적으로 뒷받침되어야 한다.[1] 특히 인원관리는 부대관리에 있어서 가장 기본적이며 핵심적인 사항이 되는 중요한 문제이다. 이러한 병원(兵員)관리에 대해서는 군 사고예방 규정,[2] 구타 및 가혹행위 근절지침 등 각종 형태의 명령과 지시 등으로 또한 「병영생활」,[3] 「부대관리 Know－How123」[4] 등 각종 책자 등에서 그 자세한 내용을 규정하고 있고 또한 지휘관 및 참모들도 인원관리에 대해 많은 노력을 하고 있지만 아직도 일부 부대에서는 병원관리에 소홀히 하거나 태만히 하

* 게재지: 인사보(제102호), 육군본부, 2007. 11. 30.

1) 부대관리란 부대의 임무 또는 과업을 경제적이고 효율적으로 완수하기 위하여 인원, 장비, 물자, 시설, 예산 및 시간 등 가용자원을 활용하는 활동으로서 효율적인 병원관리, 군수관리, 교육훈련, 안전관리 등을 통해 부대 전투력을 보존하고, 부대안정을 유지하며, 각종 사고를 예방하여 적과 싸워 이길 수 있는 전투준비태세를 확립하기 위한 것이다(육군본부, 부대관리 Know－How123, 2006, 1－4면).

2) 국방부훈령 제803호(2006. 11. 13.).

3) 육군본부에서 야전교범1－0－1로 2004. 2. 발행.

4) 육군본부에서 교육참고8－1－7로 2006. 8. 발행.

여 이로 인한 민원 및 법적 분쟁이 제기되고 있는 것도 사실이다. 본서에서는 지휘관의 정신병력이 있는 병사에 대한 관리의 한계가 어디까지 있는지를 대법원 판례[5])를 통해 알아보기로 한다.

Ⅱ. 대법원 판례

1. 사실관계

1) 원고 A는 어려서부터 지적 능력이 상당히 떨어지고, 성적도 거의 최하위권을 맴돌았으며, 열등의식에 사로잡혀 학교 다니기를 싫어하였고, 친구도 거의 없이 지내오면서 놀림의 대상이 되는 등 대인관계가 원만하지 못하였고, 그로 인해 1995. 2. 15. □□기계공고를 졸업한 후 여러 군데 취직을 하기도 하였으나 그때마다 수개월도 근무하지 아니한 채 사직하곤 하다가, 징병신체검사를 받으면서 군의관 등에게 위와 같은 사정을 고지하지 아니하였고, 또 그로 인한 정신과적 질병치료전력도 전혀 없었기 때문에, 위 신체검사결과 현역판정을 받아 1996. 4. 25. 육군사병으로 입대하였다.

2) 원고 A는 1996. 5. 2. 육군 제○○연대 15중대에 입소하여 훈련병으로서 훈련을 받던 중 잠을 자다가 발작증세를 일으켜 연대의무실에 입원하여 치료를 받게 되었는데, 그다음 날인 4일에 의무실 내 화장실에서 병기오일을 마시고 자살을 기도하여 논산병원 정신과에서 6. 13.까지 입원치료를 받아 회복되어 퇴원한 후, 같은 날 육군 제△△연대 6중대 4소대로 전입한 뒤 풍진으로 3일간 의무실에 입실하여 치료를 받게 되어 영점사격에 불참하는 바람에 훈련병으로서 유급되었고, 그로 인해 같은 해 7. 11. 중대로 전입한 후 팔다리의 이상을 호소하여 같은 달 12. 논산병원에서 외진을 받은 결과 별다른 이상이 없다는 판정을 받고 부대로 복귀하여 영점사격에 참가하였으나 불합격판정을 받고, 같은 달 17. 영점사격 재실시를 받았으나 또다시 불합격하자, 소속 중대장과 면담하게 되었는데 그 자리에서 부대생활에 의욕이 없으며 이를 지속할 수 없다고 호소

5) 대법원 2005. 5. 12. 선고 2004다26263 판결.

하자, 그 중대장은 위 원고에 대하여 지속적인 면담관찰을 통한 병력관리를 실시하게 되었고, 분대장과 소대장에게도 훈련병으로서 교육 시 질타보다는 격려와 상점을 부여하여 자신감을 심어 주도록 하라고 지시한 결과 그 후 위 원고 스스로 부대생활에 적응하는 모습을 보이고 훈련과정도 모두 이수하여, 같은 해 8. 12. 육군기술병학교에 입교하게 되었다.

3) 위 학교에서 교육을 받던 도중 원고는 열등의식에 사로잡힌 나머지 자격지심에서 동료 사병들과 자주 말다툼을 하고 혼자 외톨이로 지내려는 경향을 보여, 그 소속 부대장은 원고를 관심 및 검토사병으로 지정한 후 중대장과 구대장을 통하여 그 면담을 실시하도록 한 결과 원고가 위 학교에서의 교육 자체를 싫어하고 다른 부대로의 전출을 원한다는 보고를 받게 되자, 중대장과 구대장은 물론 동료 사병들에게도 원고에 대하여 매사 따뜻하게 대해 주어 자신감을 갖도록 할 수 있는 조치를 취하는 한편, 후견인을 임명하여 위 원고의 동태를 수시로 보고하게 하였으며, 원고에 대하여 수시로 정신교육을 실시하는 등 그 병력관리상의 확인감독을 철저히 하였고, 그에 따라 원고는 다소 자신감과 적극성이 결여되어 있는 상태에 있기는 하였으나 1996. 10. 30. 위 학교에서의 교육과정을 별 탈 없이 마치고 육군 제◎보급창 소속전차정비대로 자대 배치되었다.

4) 원고가 위 전차정비대로 배치되자, 그 상급 부대장인 육군 제◎보급창장은 위 원고에 대하여 친절히 대하고 자신감을 가질 수 있도록 하는 조치를 취하도록 하였고, 그에 따라 소속 부대장인 위 전차정비대장은 원고를 특별관심사병으로 선정하였고, 그 관리감독을 철저히 하고 업무부담도 감경시켜 줄 목적으로 원고에 대한 보직을 부대장실 옆에 위치한 행정반 소속 행정병으로 변경하는 한편, 소대장과 분대장들에게 원고에 대한 관심과 주의를 기울여 줄 것을 요청하는 한편, 보좌관 및 행정관 이외에도 고참 사병 중 1인을 지정하여 그 전담지도를 맡게 하여 수시로 원고의 동태를 살피고 그와의 면담을 실시하여 특이 사항이 발견되면 그 즉시 보고하도록 하는 조치를 취하였다.

5) 이에 따라 소속 부대 간부들은 그들 스스로는 물론 원고의 동료 사병들을 통하여 그 동태를 지속적으로 주의 깊게 관찰하는 한편, 약 3주마다 1회씩 실시한 주기적인 면담을 통하여 원고로부터 부대생활에 적응하기 어려운 애로사항이 없는지 청취하기도 하고, 또 그가 부대생활에 보다 쉽사리 적응할 수 있도록

종교생활을 권유하기도 하며, 칭찬과 격려 위주의 교육훈련을 실시하고, 가슴을 펴고 부대생활을 할 수 있는 방안을 강구하는 등 각종 편의를 제공하면서 지속적인 관심을 보이고 애정을 기울인 결과 원고는 어느 정도 부대생활에 적응하게 되었다.

6) 그러다가, 1996. 11. 30. 저녁식사 도중 위 원고가 동료 사병에게 "영창 가고 싶다."는 등의 부적절한 이야기를 하므로 선임사병이 조용히 하라고 하면서 앉은 자세에서 발끝으로 툭툭 차며 이를 제지하자 이에 불만을 품고 그 자리를 이탈하여 영내 14초소 지역에 위치한 전차 속에 숨어 있다가 발각되기도 하고, 같은 해 12. 3. 아침식사 배식을 받던 도중 식판에 김치는 담지 않고 국만 떠 넣기에 선임사병이 왜 김치는 먹지 않느냐고 질문하자 아무 말 없이 갑자기 사병식당 밖으로 달려 나가는 것을 붙잡은 후 소속 부대장이 면담을 통하여 위 원고에게 위와 같이 사병식당 밖으로 달려 나간 이유를 물어본 결과 자신의 식습관에 대하여서까지 간섭하는 선임사병에 대하여 불만을 품고 탈영을 하려고 하였다고 하면서 위 부대에서 부대생활을 하기도 싫고, 후송을 갈 수는 없는지 질문하기도 하며 자신과 친한 사병과 내무실을 사용하게 해 달라고 건의를 하였으므로, 원고에게 다른 부대로의 전출가능 여부를 확인해 통보해 줄 터이니 조금만 참고 있으라고 다독거리면서 위 건의사항을 받아들여 내무실 사용조정을 해 준 후 동료 사병들을 통한 지속적인 동태파악에 주의를 기울이게 하였는데, 그 당시 원고의 대화내용이 오락가락하면서 몹시 불안한 기색을 보인데다가 같은 달 24. 선임사병으로부터 위 원고의 동태에 이상증세가 있다는 보고를 받고 다시 소속 부대 소대장을 통하여 원고에 대하여 면담을 실시한 결과 그가 불안한 심적 상태에 처해 있고, 내무반 동료 사병들과 잘 어울리지 못하는 것으로 보였으며, 무조건 부대막사 밖으로 나가려고만 하고 지시통제에 응하지 아니하는 등 부대생활에 부적절한 행동을 보이기도 하므로, 그 소속 부대장은 현역복무부적합처리를 검토하다가 같은 달 26. 국군부산병원으로 후송시켜 정신과 진료를 받게 하였던바, 그 결과 원고에게는 어려서부터 남들에 비해 뒤처지기만 하고 열심히 하려 해도 잘 안 된다는 자신감 저하와 열등감으로 인한 정신과적 관찰이 요구된다는 소견이 있었으나, 원고 스스로 다시 한 번 노력해 보고 도저히 부대생활을 못 하겠다고 생각되면 다시 위 병원에 방문하겠다는 의사표시를

하였으므로, 원고는 그대로 위 부대로 복귀하여 복무하게 되었다.

7) 그 이래 다음 8)항에서 보는 바와 같은 갑작스런 정신적 이상증세가 나타난 1998. 4. 초순경까지 1년 3개월 남짓한 기간 동안은 위 원고의 정신상태가 매우 호전되어 밝은 표정을 유지하고 전혀 근심걱정이 없는 태도로 생활하며 위 부대 내에서 맡은 업무를 처리함에 있어서도 중등도 이상의 실적을 보이고, 동료 사병들과도 비교적 잘 어울리는 등 언제 특별관심사병으로 지정된 바 있었느냐는 듯이 부대생활에 적응을 잘하였으므로, 위 기간 중인 1997. 8. 4.경 소속 부대에서는 원고에 대한 특별관심사병의 지정등급을 1단계 하향 조정하기까지도 하였다.

8) 그 후 원고는 가끔 혼자 있는 모습을 보이기는 하였으나(나중에 그 원인은 고참 사병이 하나둘씩 제대해 나가면서 고립감과 우울감이 느껴지고, 제대 후의 장래 문제에 대하여 고심하였기 때문으로 밝혀졌으나, 위 인정과 같은 행태 이외에는 그러한 징표가 별달리 외부로 표출되어 나타나지는 아니하였다.) 별다른 문제없이 부대생활에 잘 적응해 오던 중, 1998. 4. 5. 점심식사 후 담배를 피우다가 갑자기 의식을 잃고 쓰러져 창원 소재, 한마음병원으로 후송되어 응급처치를 받고 의식이 회복된 후, 건망증을 호소하여 같은 달 7. 국군부산병원으로 후송되어 진료를 받은 결과 위 원고가 주관적인 건망증을 호소하나 객관적으로 증명은 되지 않고 그보다는 경계성 적응상태(marginal adaptation state)로 여겨지는 만성적인 우울증이 의심된다는 소견을 받고 일단 소속 부대에 복귀하였으나, 같은 달 13. 위 부대 내무반 옥상에서 요대로 자살을 기도하는 것이 발견되어 행정반으로 데리고 온 후 면담을 실시하던 중 소변을 보기 위하여 들른 화장실에서 다시 요대로 자살을 기도하는 것이 발견되는 등 정신적인 이상증세를 보여, 다음 날인 같은 달 14. 다시 부산국군병원 정신과로 후송되어 입원진료를 받은 결과 '비정형성 정신병'이 발병된 것으로 진단받고 그 이래 약물투여치료를 받았으나 그 증세의 호전이 미미하여 더 이상 군복무생활이 어려운 것으로 판정받고 같은 해 6. 10. 의병전역을 하게 되었다.

9) 한편, 원고가 진단받은 비정형성 정신병(이하 '이 사건 질병'이라고 한다.)은 망상이나 환각, 사고장애 및 행동장애 등의 정신병적 제 증상은 보이지만 특정한 정신장애로 분류할 수 없는 정신병을 뜻하며, 그 발병원인은 현대의학상으

로도 아직 잘 밝혀지지 않은 상태이나 통산 그 원인은 유전적 요인, 뇌대사물질의 장애, 해부학적 이상 등의 생물학적 요인에 기인한다고 알려져 있다.

2. 원고의 주장

원고 A는 1996. 4. 25. 육군에 현역병으로 입대하였는데, 다른 일반 사병에 비하여 다소 지적 능력이나 적응력이 떨어졌던 탓으로 입대 초기인 신병교육을 받을 때부터 우울 증세를 보이며 부대생활에 적응하지 못하여 자살기도를 한 바 있고, 같은 해 10. 30. 육군 소속 제◎보급창에 자대배치를 받아 전입한 후 2달도 채 안 된 같은 해 12. 26.에 이미 국군부산병원에서 정신과적 관찰의 진단 아래 진료까지 받는 등 수시로 부대생활 부적응을 호소하는 이상증세를 나타냈으므로, 원고 소속 부대의 장교, 부사관 등 간부들은 위와 같이 다소 지적 능력이나 적응력이 떨어지는 원고에 대해서는 다른 일반 사병에 비하여 보다 더 그 행동을 주의 깊게 관찰하고 세심하게 배려하여 그로 하여금 부대생활을 원만히 유지할 수 있도록 하였어야 할 것이고, 또 위와 같이 원고가 이미 그 입대 초기부터 우울증 등 정신적 이상증세를 보이며 부대생활에 제대로 적응하지 못하였다면 그를 조기 전역시키든가 아니면 국군병원에서 적절한 치료를 받게 하여 그 증세를 개선시키도록 하는 등으로 그 병력관리를 충실히 이행할 의무가 있다 할 것임에도 불구하고, 이를 게을리하여 위와 같이 부대생활 적응력이 떨어지는 원고에 대하여 다른 일반 사병과 마찬가지로 입대 초기부터 만연히 위압적인 지도교육만을 일삼고, 엄격히 통제된 부대생활만을 강요하여 그로 인하여 원고로 하여금 선임사병들로부터 이른바 고문관으로 치부당하여 따돌림을 받게 하고, 특히 그들 중 1인인 소외 박▽▽으로부터는 소총 개머리판으로 윗머리 부분을 얻어맞는 등 수시로 구타를 당하는 일까지 발생하도록 이를 미리 예방하지 못한 채 방치해 둔 잘못이 있을 뿐만 아니라, 조기전역이나 적절한 치료를 받도록 강구하는 등의 조치도 전혀 취하지 아니한 잘못으로, 원고가 앓고 있던 우울증 등 기존의 정신적 이상증세를 더욱 악화시켜 1998. 4.경 그에게 이 사건 질병이 발병케 하여 결국 같은 해 6. 10. 그를 의병 전역시켰던바, 원고의 이 사건 질병은 원고 소속 부대 장교, 부사관 등 간부들이 위에서 본 바와 같은 병력관리의무를 소홀히 한 과실로 인하여 발병한 것이므로, 국가는 그로 인해 위 원고와 그 부모들인 나머지 원고들이 입은 모든 손해를 배상할 책임이 있다고 주장한다.

3. 판결 요지

가. 1심 판결[6)]

1) 1심 법원은 “원고 A가 그 소속 부대 선임사병들로부터 따돌림을 당하거나 소총 개머리판으로 윗머리 부분을 얻어맞는 등 수시로 구타를 당하였다는 점을 인정하기에 부족하고 달리 이를 인정할 만한 증거가 없으며, 또한 소속 부대 간부들이 다른 일반사병에 비하여 지적 능력이나 적응력이 상당히 떨어지는 원고에 대하여 다른 일반 사병과 마찬가지로 입대 초기부터 위압적인 지도교육을 일삼고 엄격히 통제된 부대생활만을 강요하였다는 점도 이를 인정할 증거가 전혀 없고, 오히려 원고 소속 부대 간부들은 다른 일반사병에 비하여 지적 능력이나 적응력이 상당히 떨어지는 위 원고에 대하여 보다 더 각별한 주의관찰을 통하여 그로 하여금 원만한 부대생활을 할 수 있도록 세심하게 배려하였던 것으로 보일 뿐이므로, 그들에게 위 원고에 대한 병력관리에 있어 무슨 과실점이 있다고 할 수는 없다.”라고 하였다.

2) 부대에 적응하지 못하고 있는 원고를 조기전역을 시키거나 적절한 치료를 받도록 강구하는 조치를 취하는 등의 병력관리의무를 소홀히 하여 그와 같은 조치를 전혀 취하지 아니한 잘못으로, 원고가 앓고 있던 우울증 등 기존의 정신적 이상증세가 더욱 악화되어 이 사건 질병이 발병케 된 것인지 여부에 관해서는 “국립춘천정신병원장에 대한 신체감정촉탁결과만으로는 위 점을 인정하기에 부족하고, 오히려, ① 입대한 지 단 9일 만인 1996. 5. 2. 병기오일을 들이마시고 자살을 기도하자 부대에서는 그 즉시 논산병원으로 후송시켜 같은 해 6. 13.까지 정신과에서 입원치료를 받도록 하여 회복되자 부대로 복귀시켰고, 그 후 자대배치를 받고 나서도 탈영을 기도하는 등 또다시 정신적 이상증세를 보이며 부대생활에 제대로 적응하지 못하자 그 소속 부대에서는 1996. 12. 26. 원고를

6) 춘천지방법원 원주지원 2003. 5. 9. 선고 2000가합405 판결.

국군부산병원에 후송시켜 정신과진료를 받게 하였던바, 그 결과 원고에게는 어려서부터 남들에 비해 뒤처지기만 하고 열심히 하려 해도 잘 안 된다는 자신감저하와 열등감으로 인한 정신과적 관찰이 요구된다는 소견이 있었으나, 그 스스로 다시 한 번 노력해 보고 도저히 부대생활을 못 하겠다고 생각되면 다시 치료받으러 오겠다는 의식표시를 하여 소속 부대로 복귀한 이래 이 사건 질병이 발병하기까지 무려 1년 3개월 남짓한 기간 동안 원고에게 별다른 정신적 이상 증세가 나타나지 아니한 채 정상적인 부대생활을 해 온 사실은 앞서 인정한 바와 같은바, 위 인정사실에 의하면 원고 소속 부대 간부들은 입대 초기부터 정신 이상 증세를 보인 원고에 대하여 이 사건 질병이 발병할 때까지 그때그때마다 적절한 치료를 받도록 하였던 것으로 보이고, ② ⅰ) 비록 그 후 1998. 4. 초경 원고에게 갑작스런 정신이상 증세가 나타나 이 사건 질병이 발병하였다고 할지라도, 위 인정과 같이 그가 위 1996. 12. 26.자 국군부산병원에서의 진료 이후 이 사건 질병이 발병하기까지 무려 1년 3개월 남짓한 기간 동안은 아무런 문제 없이 정상적인 부대생활을 해 왔던 점에다가, ⅱ) 앞서 인정한 바와 같이 이 사건 질병의 발병원이 현대의학상으로도 잘 밝혀지지 않은 상태이기는 하지만, 통상은 유전적 요인, 뇌대사물질의 장애, 해부학적 이상 등 생물학적인 요인에 기인한다고 알려져 있고, 그래서 그런지 원고가 어려서부터 지적 능력이 상당히 떨어지고, 성적도 최하위권을 맴돌았으며, 열등의식에 사로잡혀 친구도 거의 없이 지내는 등 대인관계가 원만하지 못하였고, 입대한 지 단 9일 만에 자살을 기도하기도 하고 입대 직후부터 상당기간 부대생활에 제대로 적응하지 못하였던 사실에 비추어 보면 원고에게 발병한 위 질병은 원래부터 그 스스로 지니고 있던 선천적 또는 기질적 소인에 기인한 것으로 엿보이는 점을 종합해 보면, 원고 소속 부대 간부들이 위 1996. 12. 26.자 국군부산병원에서의 진료 직후 원고를 조기 전역시키지 아니한 데 대하여 무슨 병력관리상의 과실이 있었다고 할 수 없다."고 하였다.

나. 2심 판결[7]

1) 원고 A는 다른 일반 사병에 비하여 다소 지적 능력이나 적응력이 떨어졌

7) 서울고등법원 2004. 4. 28. 선고 2003나49902 판결.

던 탓으로 입대 초기인 신병교육을 받을 때부터 우울 증세를 보이며 부대생활에 적응하지 못하여 1996. 5. 2. 자살기도를 한 바 있고, 이로 인하여 같은 해 6. 13.까지 논산병원 정신과에서 입원치료를 받았고, 같은 해 10. 30. 육군 소속 제◎보급창에 자대배치를 받아 전입한 후 2달도 채 안 된 같은 해 12. 26.에 이미 국군부산병원에서 정신과 진료를 받고 자신감 저하와 열등감으로 인한 정신과적 관찰이 요구된다는 소견을 받았음에도 불구하고, 소속 부대의 장교, 하사관 등 성명 불상의 간부들은 원고가 국군부산병원에서 정신과 진료를 받은 후에도 그로부터 1년 3개월간 원고로 하여금 조기에 전역하도록 하게 해 주지도, 지속적으로 정신과적인 치료를 받도록 하게 해 주지도 아니하고 만연히 특별한 이상행동을 보이지 아니하는 것만을 믿고 주기적으로 관찰하거나 면담하기만 하였는바, 원고의 질병은 망상이나 환각, 사고장애 및 행동장애 등의 정신병적 제 증상을 보이는 것으로 유전적 요인, 뇌대사물질의 장애, 해부학적 이상 등 생물학적 요인에 기인하는 것으로 알려진 질병이기는 하지만 원고에게 기질적인 소인이 있어 이 사건 질병이 발병하였다고 하더라도 그것은 위와 같이 정신적으로 불안정한 상태에 놓여 있는 원고로 하여금 지속적으로 정신과적인 치료를 받도록 하게 해 주지 아니하는 등 한 원고 소속 부대 간부들의 위와 같은 잘못으로 일반사회와 달리 지휘, 복종관계를 기본 속성으로 하는 군대라는 특수한 폐쇄적인 사회에서 생활하며 지속적으로 적절한 시기에 적절한 치료를 받지 못함으로써 정신적 긴장상태를 이기지 못하여 발병이 촉진되고 그 상태가 더 악화된 것으로 보아야 할 것이어서, 이러한 간부들의 잘못은 이 사건 질병 발생의 한 원인이 되었다 할 것이므로 육군 부대 간부들의 위와 같은 잘못으로 발생한 이 사건 질병으로 인하여 발생한 원고와 부모들인 나머지 원고들이 입은 모든 손해를 국가배상법 제2조 제1항에 따라 배상할 책임이 있다.

2) 한편, 이 사건 질병 발병에는 원고의 기질적 소인이 가장 중요한 원인이 된 것으로 보이는 점, 소속 부대 간부들은 원고가 입대한 지 단 9일 만에 자살을 기도하기도 하고 입대 초기부터 부대생활에의 부적응을 호소하는 등 군대생활에 잘 적응하지 못하자, 그때부터 관심 및 검토사병 또는 특별관심사병으로 지정한 후 약 3주마다 1회씩 주기적으로 위 원고와의 면담을 지속적으로 실시하면서 그 동태를 주의 깊게 관찰하는 한편 그가 보다 더 쉽사리 부대생활에

제대로 적응할 수 있도록 종교생활의 권유, 행정병으로의 보직변경 등 통상의 사병이라면 누릴 수 없는 각종 혜택을 제공하며 지속적인 관심을 보이고, 교육훈련도 질타보다는 칭찬과 격려 위주로 실시하였고, 동료 사병들에게도 매사 원고를 따뜻하게 대해 주어 그가 자신감을 갖도록 관심과 주의를 기울여 주도록 하여 주어 많은 배려를 하여 준 점, 1996. 5. 2. 병기오일을 마시고 자살을 기도하자 논산병원으로 후송시켜 같은 해 6. 13.까지 정신과에서 입원치료를 받도록 하였으며, 그 후 자대배치를 받고 나서도 탈영을 기도하는 등 또다시 정신적 이상증세를 보이며 부대생활에 제대로 적응하지 못하자 1996. 12. 26. 국군부산병원에 후송시켜 정신과진료를 받게 하였고, 1998. 4.경 정신이상 증세를 보이고 자살을 기도하자 한마음병원으로 후송하여 응급처치를 받게 하고, 국군부산병원으로 후송하여 치료를 받게 하는 등 정신병증세를 보였을 경우 그를 치료받게 하였으며, 그 증세의 호전이 미미하자 조기에 전역시켜 준 점, 적극적으로 소속부대 간부 등에게 지속적인 정신병치료 등을 요구하지 아니한 잘못이 있는 점 등을 알 수 있으나 이러한 점들은 피고의 책임을 면하게 할 정도에는 이르지 아니한다고 할 것이고, 다만, 피고가 배상할 손해액을 정함에 있어 이를 참작하기로 하되, 앞서 본 이 사건 질병의 발병 경위 등에 비추어 피고의 책임 비율을 이 사건 손해의 30%로 제한하기로 한다.

다. 대법원 판결 요지

원고에게 기질적인 소인이 있어 이 사건 질병이 발병하였다고 하더라도, 일반사회와 달리 지휘 · 복종관계를 기본 속성으로 하는 군대라는 특수한 폐쇄적인 사회에서 생활하면서 지속적으로 적절한 시기에 적절한 치료를 받지 못함으로써 정신적 긴장상태를 이기지 못하여 이 사건 질병의 발병이 촉진되고 그 상태가 더 악화된 것이고, 이는 정신적으로 불안정한 상태에 놓여 있는 원고로 하여금 지속적으로 정신과적인 치료를 받도록 해 주는 등의 조치를 취하지 아니한 소속 부대 간부들의 잘못도 한 원인이 되었다고 보아야 한다는 이유로, 원고들의 손해에 대하여 국가배상법 제2조 제1항에 의한 배상책임을 진다고 판단하였다.

Ⅲ. 해설

1. 개요

대한민국 국민은 병역의 의무를 가지고 있다. 일정한 연령에 도달하면 징병신체검사 등 검사규칙(2006. 1. 26. 국방부령 제590호)에 따라 신체검사를 받고, 현역판정을 받으면 군에 입대하여 군복무를 하게 된다. 그러나 일부 병사들의 경우에는 위 사례와 같이 지적 능력이 상당히 떨어지고, 열등의식에 사로잡혀 학교 다니기를 싫어하고, 친구도 거의 없이 지내 오면서 놀림의 대상이 되는 등 대인관계가 원만하지 못하고 또한 사회에 적응하지 못한 자라 할지라도 징병신체검사를 받으면서 위와 같은 사정을 고지하지 아니하고, 기록상 정신과적 질병 치료전력도 전혀 없는 경우에는 관련규정에 따라 현역 판정을 받고 군에 입소하는 경우가 종종 있다.

군에서는 군부대에 입소하는 장정에 대해서는 훈련소부터 신상파악을 잘하도록 각별한 관심을 가지고, 또한 자대 배치된 경우 소속 대에 잘 적응할 수 있도록 각종 지침 등을 제정하여 장병신상 파악에 대해 주의를 다하고 있다. 또한 군에 입소하였지만 적응하지 못하는 경우에는 현역복무부적합제도에 의해 전역을 시키고 있다. 위 대법원 사례와 같이 관심병사가 있는 경우에는 해당 부대 지휘관 및 참모는 많은 지휘부담을 가지면서 병사관리를 하고 있다. 반면에 관심 사병의 가족들은 군 입대 전에는 건강하고 아무런 문제가 없었던 자식이 군의 관리소홀로 인하여 정신병이 발병했다고 주장하면서 국가배상을 요구하는 사례가 있다. 이번 판례는 이러한 경우에 있어서 법원의 태도를 가름할 수 있는 좋은 선례가 될 것이다.

2. 병원(兵員) 관리

병원(兵員)관리라 함은 전투력을 구성하는 병력을 효과적으로 관리하는 제반 활동으로 중대에서는 신상파악, 전입신병과 보호 및 관심병사 관리, 내무부조리 근절, 건강관리 등이 이에 해당된다.[8)]

1) 신상파악

병원관리에 있어서 기본적으로 가장 먼저 할 일은 개개 병사에 대한 신상을 파악하는 일이다. 이러한 신상파악은 입체적이고 지속적으로 실시해야 하며, 그 결과는 반드시 비밀이 보장되어야 한다. 이를 위해 우선 ① 성장환경(가정환경, 학교생활, 종교생활, 교우관계, 입대 전 직업 등), ② 개인특성(성격, 육체적 · 정신적 건강 및 신체조건, 적성, 취미 등), ③ 부대생활(내무부조리, 교육훈련 수준, 대인관계 등), ④ 당면문제(가정, 이성, 보직, 근무, 개인기본권[9] 등에서의 애로 및 고민사항) 등에 대해 파악을 해야 하며 또한 주기적으로 내용을 보완해야 한다. 신상파악을 하는 방법으로는 면담, 관찰, 조언, 개인의사, 각종 기록, 과학적 기법 등 부대여건에 맞는 다양한 창의적인 방법을 강구해야 한다.[10]

2) 전입신병관리

전입신병이 부대에 잘 적응하고 자기 임무수행을 잘할 수 있도록 단계적으로 관리하여야 한다. 1단계에서는 전입신병이 심리적 안정과 부대에 잘 동화될 수 있도록 전입환영행사 및 동화교육을 실시하며, 2단계로는 부대에 적응을 잘할 수 있도록 개인능력에 맞는 임무를 부여하며, 3단계로는 기본 임무수행 요령을 집중 지도하여 자신감을 가지고 부여된 임무를 수행할 수 있도록 하여야 한다. 전입신병은 입대 100일 이내 최대한 조기에 잘 적응할 수 있도록 분대장이 직접 지도하고 보호하여야 한다.

3) 보호 및 관심병사

보호 및 관심병사란 성격 · 건강 · 이성 · 가정문제 등 애로 및 고민사항으로 군 생활에 잘 적응하지 못하여 다른 병사들보다 좀 더 관심을 가지고 지도하고 관리해야 하는 병사를 말한다.[11] 보호 및 관심병사의 주요 유형으로는 ① 개인문제(이성문제, 성격장애, 정신질환, 질병, 신체허약), ② 부대문제(복무 부적응, 내무부조리, 집단소외(따돌림)), ③ 가정문제(가정환경, 부모불화 및 형제간 갈

8) 육군본부, 병영생활, 야전교범1－0－1, 2004, 139면.

9) 개인기본권에는 병영생활과 관련하여 휴가, 외출 및 외박, 근무 등을 말한다.

10) 육군본부, 병영생활, 야전교범1－0－1, 2004, 139면.

11) 육군본부, 병영생활, 야전교범1－0－1, 2004, 139면.

등) 등으로 구분할 수 있다. 이러한 보호 및 관심병사에 대해서는 ① 신상파악 결과를 기초로 문제점을 입체적으로 정확히 파악하여 적시절절하게 조치, ③ 부대 내 모든 조직을 이용하여 관리(특히 분대장을 활용), ④ 부모, 가정, 친구, 동기 등과 연계하여 관리, ⑤ 간부 및 군종장교와 1:1 관리, ⑥ 전문가의 도움을 받아 조치, ⑦ 격려 및 칭찬 등으로 군 생활에 자신감을 가질 수 있도록 하고 달성 가능한 임무를 부여하여 성취감을 고취시키는 등 부대여건에 맞게 다양한 창의적인 방법을 강구하여야 한다.[12]

4) 정신과적 관찰대상자

정신과적 관찰대상자란 환청, 망상, 현실 판단력의 장애 등 정신병적 증상과 개인의 성격적 문제로 인해서 부대 적응에 심각한 어려움이 있어 심리적 · 행동적 장애가 나타나는 자로서 개인의 신체적 특성과 외부적 요인이 결합될 경우 사고를 일으킬 수 있기 때문에 대상자의 특징을 이해하고 조기에 발견하여 신속한 조치를 해야 한다.[13] 이러한 정신과적 관찰대상자는 발견 즉시 신속하고 적극적으로 조치하여야 한다. 즉 부모에게 증상을 말하고 병원진찰을 받도록 권유하고, 반드시 진료를 받도록 조치하고, 검진결과 정신증환자로 진단되면 병원으로 후송하거나 군의관과 상의 후 현역복무부적합자로 처리하여야 한다.[14]

3. 판례의 경향

현역병이 군대생활에 적응하지 못하여 휴가기간 중 자살하였는데, 선임병들의 폭언, 질책 등의 가혹행위 및 적절한 조치를 취하지 아니한 소속 지휘관들의 직무태만행위와 위 자살 사이에 상당인과관계가 존재한다고 보아 국가에 국가배상법 제2조 제1항에 의한 손해배상책임을 인정한 사례가 있다.[15] 즉 "B는 휴가기간 만료일인 2005. 6. 7.까지 부대에 복귀하지 아니한 채 4일 뒤에 한강대교

12) 육군본부, 병영생활, 야전교범1－0－1, 2004, 142면.

13) 육군본부, 부대관리 Know－How123, 2006, 4－28면.

14) 육군본부, 병영생활, 야전교범1－0－1, 2004, 4－30면.

15) 서울중앙지법 2006. 7. 20. 선고 2005가합111439 판결(다만, 이 판례에서는 피해자의 과실을 80% 인정하였다.).

교각 부근에서 익사체로 발견되었고, 사체에 특별한 외상이나 타살의 흔적이 없는 점으로 미루어 보아 군대생활에 적응하지 못하여 휴가기간 중 자살에 이른 것으로 봄이 상당하다. 그런데 B는 평소 내성적이고 소극적인 성격으로 엄격함이 요구되는 군 생활에 제대로 적응을 하지 못하여 보호관심병사로 분류되었으며, 업무처리가 미숙하여 2005. 4. 2.부터 8.까지 7일간 입창 처분을 받는 등 군 생활에 제대로 적응을 하지 못하고 있었는데, 선임병들은 군대에서 상급자가 하급자에게 징계·훈계권을 행사함에 있어 허용되는 정도를 넘은 위법한 폭언, 질책 등의 가혹행위를 하였고, 또한 부대 지휘관들은 사병들에 대한 교육 및 생활지도를 통하여 부대 내의 가혹행위를 예방하고, 군 생활에 잘 적응하지 못하는 사병들을 관리하면서 군 생활 적응을 도움으로써 자살·탈영 등의 사고를 미연에 방지하였어야 하며, 더구나 B는 1차 휴가를 마치고 군대에 복귀하기 전에 손목을 자해한 경험이 있어 보다 특별한 관심과 조치가 필요한 상황이었음에도 불구하고, 이러한 조치를 제대로 취하지 아니하고 방치하였는바, 위와 같은 상관의 행위는 외관상 그들의 직무집행과 밀접한 관련이 있다고 할 것이다. 나아가 일반 사회와 달리 엄격한 규율과 집단행동이 중시되는 군대 사회에서는 그 통제성과 폐쇄성으로 인하여 선임병으로부터의 폭언 내지 질책 및 그로 인한 피해의 의미가 일반 사회에서의 그것과는 크게 다른 점, 달리 자살할 만한 다른 특별한 사정이 보이지 않는 점 등에 비추어 볼 때, 위와 같은 선임병들의 폭언 및 질책과 소속 지휘관들의 직무태만행위는 B로 하여금 자살을 결의하게 하는 데 직접적이고도 중요한 원인이 되었다고 할 것이며, 위 선임병들과 소속 지휘관들은 군에서 실시하는 각종 교육을 통하여 군 내에서의 모든 가혹행위의 위험성 및 이로 인하여 발생하는 탈영·자살사고 등에 대하여 잘 알고 있었으리라고 보이고, 특히 B는 한 차례 자살시도를 한 적이 있는 점, 동료 사병들이 B의 표정이 어두워지고 말수가 없어졌고, 군 생활에 회의를 느끼는 말을 자주 하였다는 것을 지적하고 있는 점 등에 비추어 사망에 대한 예견 가능성도 있었다고 할 것이어서, 위와 같은 선임병들의 폭언, 질책 및 자살을 예방할 수 있는 적절한 조치를 취하지 아니한 소속 지휘관들의 직무태만행위와 B의 자살과의 사이에 상당인과관계가 존재한다."고 하였다.

Ⅳ. 결론

많은 병력을 지휘·감독하고 있는 지휘관에게 있어서는 인원관리는 매우 어려운 일이다. 더욱이 보호 및 관심사병의 존재는 엄청난 지휘부담을 주고 있다. 그러나 지휘관은 부대관리 특히 인원관리에 대한 최종 책임을 지고 있다. 따라서 지휘관은 정확한 신상파악과 적시 적절한 조치를 하여야 한다.

최근 자살과 관련하여 인원관리에 대한 국가책임을 인정해야 한다는 주장이 있다. "병(兵)의 자살에 있어서는 기본적으로 우리나라는 의무복무제로서 자신의 의사와 관계없이 성인남성은 군대에 징집되어 복무하여야 하고, 군에 복무하는 중에는 개인의 기본권이 상당히 제한된다는 점에 비추어 보면, 국가로서는 병(兵)이 별다른 문제없이 군 생활을 할 수 있도록 지도·관리할 의무를 인정할 수 있고, 최근 군에서 자살사고를 예방하기 위한 대책으로 자살징후 발견 및 자살우려자 식별, 자살징후 발견 시 즉각적인 조치, 자살우려자에 대한 지속적인 보호 및 관리가 강조되고 있어, 자살자의 지휘관 및 상급자, 동료에 대하여 자살예방을 위한 주의의무의 정도가 강화되고 있다 할 것이므로, 자살사고가 발생한 경우 지휘관 및 상급자, 동료들이 그와 같은 자살방지를 위한 구체적인 조치를 취할 수 있었음에도 불구하고 그와 같은 조치를 취하지 아니하였고, 위 조치가 취하여졌을 경우 자살이 방지될 수 있었으리라고 보이는 경우에는 국가배상책임이 인정될 수도 있다고 본다."[16] 또한 자살한 군인에 대해서는 국가가 무한의 책임을 져야 한다는 주장이 제기되고 있다.[17]

위에서 살펴본 대법원 판례에서는 "입대 초기부터 부대생활에의 부적응을 호소하는 등 군대생활에 잘 적응하지 못하자, 그때부터 관심 및 검토사병 또는 특별관심사병으로 지정한 후 약 3주마다 1회씩 주기적으로 위 원고와의 면담을 지속적으로 실시하면서 그 동태를 주의 깊게 관찰하는 한편 그가 보다 더 쉽사리 부대생활에 제대로 적응할 수 있도록 종교생활의 권유, 행정병으로의 보직변

---

16) 임성훈, "군내 자살처리자 관련 판례 분석과 현 제도의 문제점", 군의문사위 2006년 전문가 초청토론회 자료집, 군의문사진상규명위원회, 2006, 108 – 109면.

17) 이재승, "군내 자살처리자에 대한 국가책임의 근거와 범위", 군의문사위2006년 전문가 초청토론회 자료집, 군의문사진상규명위원회, 2006, 79 – 84면(자살군인에 대한 국가책임의 근거를 귀책원리, 위험책임원리, 사회적 진보원리, 공적원리, 특수위험에 따른 국가책임으로 설명하고 있다.).

경 등 통상의 사병이라면 누릴 수 없는 각종 혜택을 제공하며 지속적인 관심을 보이고, 교육훈련도 질타보다는 칭찬과 격려 위주로 실시하였고, 동료 사병들에게도 매사 원고를 따뜻하게 대해 주어 그가 자신감을 갖도록 관심과 주의를 기울여 주도록 하여 주어 많은 배려를 하여 준 점, 병기오일을 마시고 자살을 기도하자 논산병원으로 후송시켜 같은 해 6. 13.까지 정신과에서 입원치료를 받도록 하였으며, 그 후 자대배치를 받고 나서도 탈영을 기도하는 등 또다시 정신적 이상증세를 보이며 부대생활에 제대로 적응하지 못하자 국군부산병원에 후송시켜 정신과진료를 받게 하였고, 정신이상증세를 보이고 자살을 기도하자 한마음병원으로 후송하여 응급처치를 받게 하고, 국군부산병원으로 후송하여 치료를 받게 하는 등 정신병증세를 보였을 경우 그를 치료받게 하였으며, 그 증세의 호전이 미미하자 조기에 전역시켜 준 점, 적극적으로 소속부대 간부 등에게 지속적인 정신병치료 등을 요구하지 아니한 잘못이 있는 점" 등이 있어 지휘관의 인원관리 노력에 대해서는 긍정적으로 판단하고 있으나 그러나 이러한 것만으로는 국가의 책임을 면할 수는 없다고 하였다.

위 판례에서는 정신병력이 있는 자에 대한 신병관리, 보호 및 치료의무에 대한 신병관리에 대해 많은 시사점을 주고 있다. 즉 정신병력을 가진 병사에 대해서는 일시적인 치료 및 관리보다는 지속적인 정신과적 치료를 받게 해 주어야 한다는 것이다. 또한 제도적으로는 군 입대 전 사회부적응자가 현역으로 입영되지 않도록 사전에 차단하는 장치가 필요하며, 지휘관들은 입소된 복무부적응자들에 대해서는 과감하게 현역복무부적합전역제도를 활용할 필요가 있다.

13. 군인사법상의 기소휴직제*

목 차

Ⅰ. 意義

1. 槪念[1)]

기소휴직이란 임용권자가 장교 · 준사관 · 부사관에 대하여 형사사건으로 기소된 때에 일정한 기간 동안 휴직을 명하는 것을 말한다.[2)] 사법상 휴직이란 "어

* 게재지: 저스티스(통권 제79호 2004/6), 한국법학원, 2004. 6.

떤 근로자를 그 직무에 종사하게 하는 것이 불능이거나 또는 적당하지 아니한 사유가 발생한 때에 그 근로자의 지위를 그대로 두면서, 일정한 기간 그 직무에 종사하는 것을 금지시키는 사용자의 처분"을 말한다.[3] 통상적으로는 사용자의 취업규칙이나 단체협약 등에 의하여 규정되고 있다.[4] 공법상 휴직제도는 일정 기간 동안 직무에 종사할 수 없는 사유가 발생한 경우 공무원관계는 계속 유지하되 본인의 신청 또는 행정기관이 직권으로 직무수행의무만을 해제하는 것을 말한다.[5][6] 휴직제도는 행정기관의 입장에서는 휴직기간 동안 면직 후 재임용하는 등의 복잡한 절차가 필요 없어 인사운영의 효율성을 도모할 수 있을 뿐만 아니라 공무원 본인에게는 안심하고 타 직무에 종사할 수 있는 여건을 제고할

---

1) 자료: 졸저, 군인사법, 법률문화원, 2004; 김중양, 한국인사행정론(제4판), 법문사, 2002; 사법연수원, 해고와 임금, 2003; 김중양 · 김명식, 공무원법, 박영사, 2000; 김수복, 노동법, 중앙경제, 1997; 이상윤, 근로기준법, 법문사, 1999; 박용석, "개정된 군인사법시행령 제6조 제4항의 문제점 검토", 2003년 2/4분기 군사법연구 논문; 박우종, "형사사건으로 인한 휴직", 공군법률논집(제2집, 통권16호), 공군법무감실, 1997; 김창종, "휴직제도에 관하여", 사법연구자료(제20집), 법원행정처, 1993.

2) '기소휴직'이라는 용어는 법률상의 용어는 아니지만 판례 및 강학상의 용어로 사용되고 있다. 부산고등법원 1993. 11. 26. 93나395 판결에서는 "휴직이라 함은 어떤 근로자를 직무에 종사시키는 것이 불가능하거나 적당하지 않은 사유가 생긴 때 그 근로자의 지위를 보유케 한 채 일정기간 직무에의 종사를 면제하거나 금지하는 제도이고, 그중 근로자가 형사사건으로 기소된 경우의 이른바 '기소휴직'은 근로자 측 사정에 의한 휴직의 하나로서 ……"라고 하여 '기소휴직'이라는 용어를 사용하고 있으며, 강학상으로 사법연수원, 해고와 임금, 2003, 466면; 김수복, 노동법, 중앙경제, 1997, 652면; 이상윤, 근로기준법, 법문사, 1999, 610면 등에서 '기소휴직'이라는 용어를 사용하고 있다.

3) 사법연수원, 해고와 임금, 2003, 463면; 김수복, 노동법, 중앙경제, 1997, 649면; 이상윤, 근로기준법, 법문사, 1999, 608면; 김창종, "휴직제도에 관하여",. 사법연구자료(제20집), 법원행정처, 1993, 469면; 대법원 1992. 11. 13. 선고 92다16690 결정.

4) 사법상 휴직의 종류로는 휴직사유가 근로자, 사용자 어느 쪽의 사정으로 발생하였는가를 기준으로 대별하면 (1) 근로자 측 사정에 의한 휴직으로 상병휴직(업무외의 부상이나 질병으로 장기간 결근한 경우), 사고결근휴직(상병 이외의 근로자의 사정에 따른 사고로 장기간 결근한 경우), 공직취임휴직(공직에 취임한 경우), 조합전임휴직(노동조합의 재적전임자가 된 경우), 기소휴직(형사사건으로 기소된 경우), 군복무휴직(군복무를 위하여 징집되거나 소집된 경우), 징계휴직(징계절차에 회부되어 그 심의가 진행 중인 경우), 의원휴직(본인이 휴직을 원하는 경우), 육아휴직(자녀를 양육하기 위한 경우), (2) 사용자 측 사정에 의한 휴직으로 전출, 파견휴직(타 회사로의 전출, 파견한 경우), 업무휴직(사업장 폐쇄 등 사용자의 형편에 의하여 휴직을 하는 경우), 유학휴직(업무명령에 의한 유학의 경우), (3) 노사 쌍방의 사정에 의하지 않는 휴직으로 천재지변에 의한 휴직, 전염병에 의한 휴직으로 구분할 수 있으며, 또한 휴직의 목적 내지 기능적 측면에서 (1) 해고유예형 휴직 - 상병휴직, 사고결근 휴직 등과 같이 해고가 가능하지만 일정한 기간 동안 해고를 유예하기 위한 조치로서 하는 휴직, (2) 계약정지형 휴직 - 공무휴직, 전출휴직 등과 같이 해고와는 무관계하게 고용기간 중 특정한 사유의 발생에 의하여 통상의 근로계약관계를 유지하는 것이 불가능하거나 곤란한 경우에 일정한 기간 동안 그 근로계약을 부분적으로 정지시키기 위한 휴직, (3) 위 2가지 유형 중 어디에 속하는지 불분명하거나 양자의 성격을 병유한 휴직으로 구분할 수 있다(김창종, 전게논문, 475 - 475면).

5) 졸저, 군인사법, 법률문화원, 2004, 710면.

6) 기소휴직은 판결의 확정 등에 의하여 사건계속이 종료되면 휴직사유가 소멸(휴직기간의 종료)되고 당연히 복직된다는 점에서 계약정지형 휴직의 성질을 갖는 한편, 휴직종료 후에 판결에 의하여 확정된 범죄사실에 기하여 무언가의 징계처분이 행하여질 가능성이 많다는 점에서 해고유예형 휴직의 성질도 함께 병유하고 있다 할 것이다(김창종, 전게논문, 477면).

수 있다는 점에서 직업공무원제도를 표방하고 있는 대부분의 국가에서 채택하고 있는 신분보장제도이다.[7)]

휴직은 공무원의 신분을 계속 갖고 있으면서 직무에는 종사하지 않는 점에서 직위해제 · 정직처분과 같으나 본인의 원에 의하여 휴직할 수도 있고 제재적인 효과가 없다는 점에서 직위해제와 구별되고 징계처분과 휴직은 그 목적 및 성격이 다를 뿐만 아니라 징계사유가 휴직사유에 해당하지 않는 점에 비추어 휴직과 징계와는 구별된다. 특히 정직처분은 징계처분의 일종으로 징계절차에 따라 자기에게 유리한 사실을 진술하거나 필요한 증거를 제출할 수 있는 절차적 권리가 보장된다는 면에서 차이가 있다.[8)]

2. 制度의 趣旨

형사사건으로 기소된 경우를 휴직사유로 규정한 취지는 형사사건으로 기소된 군인으로 하여금 계속해서 공무를 담당하도록 하는 경우 발생할 수 있는 공무나 행정기관에 대한 국민의 불신을 방지하고, 한편 피고인인 군인에게도 공무담당의 의무를 일시적으로 해제하여 소송당사자로서 공판과정에서 변론준비 등 충분히 방어권을 행사할 수 있는 기회를 부여함으로써 해당 군인 자신을 보호하기 위한 취지이다.[9)] 기소휴직제는 군인사법 제48조에서 규정하고 있다. 국가공무원법 제72조의 2, 지방공무원법 제65조의 2에서는 형사사건으로 기소된 경우를 직위해제 사유로 하고 있다.[10)]

---

7) 김중양 · 김명식, 공무원법, 박영사, 2000, 416면.

8) 졸저, 군인사법, 법률문화원, 2004, 710면.

9) 김중양, 한국인사행정론(제4판), 법문사, 2002, 380면; 헌재 1998. 5. 28. 96헌가12.

10) 일본 국가공무원법
제79조(본인의 의사에 반하는 휴직의 경우) 직원이 다음 각 호의 1에 해당하는 경우 또는 인사원규칙에서 정하는 기타의 경우에는 그 의사에 반하여 휴직을 명할 수 있다.
1. 심신의 이상으로 장기휴양을 요하는 경우
2. 형사사건으로 기소된 경우
제80조(휴직의 효과)
① 전조 제1호의 규정에 의한 휴직의 기간은 인사원규칙으로 정한다. 휴직기간 중 그 사고가 소멸한 때에는 휴직은 당연히 종료한 것으로 하여 조속히 복직을 명하여야 한다.
② 전조 제2호의 규정에 의한 휴직기간은 그 사고가 법원에 계속하는 동안으로 한다.
③ 어떠한 휴직일지라도 그 사유가 소멸한 때에는 당연히 종료한 것으로 간주한다.
④ 휴직자는 직원으로서의 신분은 보유하나 직무에 종사하지 아니한다. 휴직자는 당해 휴직기간 중 보수준칙에서 별도로 정하지 아니하는 한 어떠한 보수도 받아서는 아니 된다.

판례도 "국가공무원법 제79조 제2호 및 지방공무원법 제28조 제2항 제2호의 기소휴직제도의 취지 · 목적은 일반적으로 기소된 직원이 계속 직무를 수행하는 것에 의해 직무의 수행, 직장규율 내지 질서유지에 대한 지장을 초래하고, 그 직무수행에 대한 국민의 신뢰가 흔들리고 나아가서 관직 전체의 신용을 추락시킬 우려가 있고, 또한 기소된 직원은 원칙적으로 공판기일에 출두할 의무를 지는 등으로 공무의 정상적 운영에 지장을 초래할 우려가 있을 뿐만 아니라 기소되어 장차 실직할지도 모를 불안정한 지위에 있는 자를 계속 직무에 종사시키는 것으로 공무의 능률적인 운영에 지장을 초래할 우려가 있으므로 해당 직원을 그 신분을 보유시키면서 일시적으로 직무에 종사시키지 않는 것으로 하여, 이로 인해 직장규율 내지 질서를 유지하고 직원의 직무수행에 대한 국민의 신뢰 나아가서는 관직 전체의 신용을 보지(保持)하고, 더욱이 공무의 정상적인 운영을 확보하는 것을 의도하는 것이다."라고 판시하고 있다.[11]

3. 沿革

가. 1962. 1. 20. 제정 군인사법(법률 제1016호)

제정 군인사법 제48조는 "① 장교는 다음 각 호의 1에 해당하지 아니하는 한 휴직을 당하지 아니한다. 1. 전공상을 제외한 심신장애로 인하여 6개월 이상 근무하지 못할 때, 2. 형사사건으로 기소되었을 때, ② 휴직기간에는 봉급의 반액을 지급한다." 또한 제49조는 "① 전조 제1항 제1호의 규정에 의한 휴직의 기간은 1년으로 하고 그 기간이 만료될 때까지 복직되지 아니할 때에는 당연 전역된다. ② 전조 제1항 제2호의 규정에 의한 휴직의 기간은 당해 사건의 계속기간으로 한다."라고 규정하고 있었다.

나. 1971. 1. 22. 개정 군인사법(법률 제2295호)

형사사건으로 기소되었다가 무죄를 선고받았을 때에 봉급을 소급하여 지급할

11) 東京高 昭 45. 4. 27. 判, 行裁集 21권 4호 741면, 東京地 昭 47. 11. 7. 判, 行裁集 23권 10·12호 794면, 東京地 昭 49. 6. 28. 判, 行裁集 25권 6호 773면, 그 控訴審 東京高 昭 50. 12. 17. 判, 行裁集 26권 12호 1436면, 福岡地 昭 55. 12. 17. 判, 訟務月報 27권 5호 873면, 그 控訴審 福岡高 昭 59. 4. 26. 判, 勞民集 35권 2호 169면 등.

수 있는 근거와 휴직을 이유로 불이익을 받지 않도록 제정법 제48조를 개정하였다.

개정법 제48조는 "① 장교 · 준사관 및 하사관은 다음 각 호의 1에 해당하지 아니하는 한 휴직을 당하지 아니한다. 1. 전공상을 제외한 심신장애로 인하여 6개월 이상 근무하지 못할 때, 2. 형사사건으로 기소되었을 때, ② 휴직기간에는 봉급의 반액을 지급한다. 다만, 전항 제2호의 규정에 해당되어 휴직된 자가 무죄의 선고를 받은 때에는 그 봉급의 차액을 소급하여 지급한다. ③ 제1항 제2호의 규정에 의하여 휴직된 자가 무죄의 선고를 받는 때에는 휴직을 이유로 진급, 보직 등 이 법의 적용에 있어서 불리한 처우를 받지 아니한다."고 규정하고 있었다.

다. 1994. 12. 31. 개정 군인사법(법률 제4839호)

군인들의 권익과 신분보장을 위해 장교 · 준사관 및 하사관이 형사사건으로 기소된 때에는 당연히 휴직시키도록 하던 것을 앞으로는 휴직을 시키는 것이 필요한 경우에만 이를 명할 수 있도록 개정하였다.

1994년 개정법 제48조는 "① 장교 · 준사관 및 하사관이 다음 각 호의 1에 해당하는 때에는 임용권자는 휴직을 명하여야 한다. 1. 전공상을 제외한 심신장애로 인하여 6개월 이상 근무하지 못하게 되는 때, 2. 행방불명된 때, ② 장교 · 준사관 및 하사관이 형사사건으로 기소된 때(약식명령이 청구된 경우를 제외한다.)에는 임용권자는 휴직을 명할 수 있다. ③ 휴직기간에는 봉급의 반액을 지급한다. 다만, 제2항의 규정에 해당되어 휴직된 자가 무죄의 선고를 받은 때에는 그 봉급의 차액을 소급하여 지급한다. ④ 제2항의 규정에 의하여 휴직된 자가 무죄의 선고를 받는 때에는 휴직을 이유로 진급, 보직 등 이 법의 적용에 있어서 불리한 처우를 받지 아니한다."고 규정하고 있었다.

라. 2000. 12. 26. 개정 군인사법(법률 제6808호)

국가공무원법상의 청원휴직제도를 군인사법에도 도입하였다. 즉 법 제48조 제3항에 "임용권자는 장기복무장교, 준사관 및 장기복무부사관이 다음 각 호의 1에 해당하는 사유로 휴직을 원하는 경우와 단기복무 중인 여자군인이 제4호의 사유로 휴직을 원하는 경우에는 업무수행 및 인력운영상 지장을 초래하지 아니하는 범위 안에서 휴직을 명할 수 있다. 1. 국제기구 또는 외국기관에 임시로 채용된 때, 2. 자비로 해외유학을 하게 된 때, 3. 참모총장이 지정하는 연구기관이나 교육기관 등에서 자비로 연수하게 된 때, 4. 자녀(휴직신청 당시 1세 미만인 자녀에 한한다.)를 양육하기 위하여 필요한 때, 5. 사고 또는 질병 등으로 장기간의 요양을 필요로 하는 부모 · 배우자 · 자녀 또는 배우자의 부모의 간호를 위하여 필요한 때"를 신설하였다.

마. 2004. 1. 20. 개정 군인사법(법률 제7085호)

육아휴직의 범위를 확대하였으며, 임신 및 출산휴직제를 도입하고 또한 육아휴직 등으로 인한 인사상 불이익한 처우를 하지 못하도록 하여 여자군인의 사기를 진작시키기 위하여 개정하였다. 첫째로, 법 제48조 제3항 부분에 단서를 다음과 같이 신설하였다. "다만, 여자군인이 제4호에 해당하는 사유로 휴직을 신청한 경우에는 대통령령이 정하는 특별한 사정이 없는 한 휴직을 명하여야 한다.", 둘째로, 제48조 제3항 제4호를 다음과 같이 개정하였다. "4. 자녀(휴직신청 당시 3세 미만인 자녀에 한한다.)를 양육하거나 여자군인이 임신 또는 출산하게 되어 필요한 때", 셋째로, 제48조 제6항을 신설하였다. "임용권자는 제3항 제4호의 규정에 의한 휴직을 이유로 인사상 불리한 처우를 하여서는 아니 된다."

Ⅱ. 起訴休職制의 合憲性

1. 起訴休職制度의 合憲性

기소휴직제도의 헌법적합성에 대하여 판시한 판례로는 국회직원에 관한 기소휴직제도를 정한 국회직원법 제13조 제1항 제2호, 제3항, 제14조 제1항이 있는데, 휴직을 명받은 직원은 직무에 종사할 수 없지만 직원으로서의 신분은 보유하고(국회직원법 제14조 제1항), 그 휴직기간 중 봉급, 부양수당, 조정수당 및 주거수당의 각각 60% 이내에서 지급받을 수 있다(국회직원의급여 등에 관한규정 제14조 제1항, 급여법 제23조 제4항)는 것이고, 합리적인 이유에 기초해 공익상 필요 최소한도의 제한 내지 불이익을 정한 것이므로, 헌법 제13조에 위반하지 않고, 또한 이 제도는 기소된 직원을 유죄라고 추정해서 휴직을 명하는 것이 아니라, 기소된 것 자체를 요건으로 하는 처분이므로, 그 대신 형사재판에 있어서의 무죄추정 원칙의 헌법상의 근거가 헌법 제31조에 있다 하더라도, 동조에 위반한다고는 말할 수 없고, 그리고 기소된 직원을 휴직 처분하더라도 공무원의 노동자로서의 권리를 박탈하는 것이라 할 수 없으므로, 헌법 제28조를 위반하는 것도 아니라는 것(前揭 東京地 昭47. 11. 7. 判), 지방공무원법 제28조 제2항 제2호 기소휴직의 규정에 대해서 이와 같은 이유에 의해 헌법 제13조, 제31조에 위반하지 않았다는 것(東京地 昭 55. 7. 16. 判, 勞民集 31권 4호 805면, 그 控訴審 東京高 昭 56. 9. 10. 判, 勞民集 32권 5호 583면)이 있고, 그 외에 위 규정은 일반국민과 다른 지방공무원으로서의 공익적 지위에 근거를 지닌 합리적 차별이고, 헌법 제14조에 위반하지 않았다는 것(東京高 昭 35. 2. 26. 判, 行裁集 11권 4호 1059면. 그 原審 東京地 昭 32. 10. 4. 判, 行裁集 8권 10호 1858면 同旨)이 있다.[12)]

2. 必要的 起訴休職制의 合憲性

형사사건으로 기소되면 필요적으로 휴직처분을 하도록 하는 필요적 기소휴직제는 헌법에 위반되는가? 필요적 기소휴직제에 대한 직접적인 판례는 없지만 이와 유사한 제도인 국가공무원법상의 형사기소 시 필요적 직위해제제도에 대한 헌법재판소의 결정이 있다. 즉 구 국가공무원법(1994. 12. 22. 법률 제4829호로 개정되기 이전의 것) 제73조의 2 제1항 단서의 임용권자는 형사사건으로 기소된 자에 대해서는 직위를 부여하여서는 아니 된다는 규정이 헌법에 위반되는지 여부에 관해 위헌제청이 있었다.[13)]

이에 대해 헌법재판소는 "(1) 이 사건 규정에 의하면, 약식명령이 청구된 경우가 아닌 한 어떠한 내용의 형사사건이건 이를 가리지 아니하고 공소가 제기

12) 최고재판소사무총국, 주요행정사건재판례개관1 - 공무원관계편 -, 소화 63. 9. 25. 107면.

13) 이 사건은 경상대 교수가 "한국사회의 이해"라는 서적을 교재로 강의를 하자, 1994. 11. 30. 창원검찰청 검사가 교수를 국가보안법위반죄로 기소를 하였고, 경상대 총장은 같은 날 위 교수를 국가공무원법 제73조의 2 제1항 단서 및 제4호의 규정에 의거하여 직위해제를 하였다. 이에 대해 이러한 직위해제의 근거가 된 국가공무원법 제73조의 2 제1항 단서 및 제4호에 대하여 위헌심판제청을 하였다.

되기만 하면 그것만을 이유로 당연히 직위해제처분을 하도록 되어 있다. 법 제33조 제1항 제3호 내지 제6호에 의하면 형사사건으로 금고 이상의 형을 받거나 형의 집행유예를 받은지 또는 금고 이상 형의 선고유예를 받은 경우에 그로부터 각 일정한 기간이 경과하지 않았거나 그 기간 중에 있는 때에는 그 사유에 해당하는 공무원은 당연 퇴직할 수밖에 없게 되어 있다. 약식명령이 청구된 경우가 아니라 일단 정식 기소된 경우에는 위와 같이 당연퇴직 사유가 되는 형의 선고를 받게 될 개연성이 상당히 크다고 할 것이다. 법 제73조의 2 제1항의 직위해제제도는 유죄의 확정판결을 받아 당연 퇴직되기 전 단계에서 형사소추를 받은 공무원이 계속 직위를 보유하고 직무를 수행한다면 공무집행 및 행정의 공정성과 그에 대한 국민의 신뢰를 저해할 구체적인 위험이 생길 우려가 있으므로, 이를 사전에 방지하고자 하는 잠정적이고 가처분적 성격을 가진 제도이다(헌재 1990. 11. 19. 90헌가48, 판례집 2, 393, 399; 헌재 1994. 7. 29. 93헌가3 등, 판례집 6-2, 1, 9). (2) 그러나 이 사건 규정이 당사자에게 가져오는 불이익의 정도와 그 진지성을 살펴본다면, 직위해제처분은 기한의 제한도 없이 판결이 확정될 때까지로 되어 있으므로, 형사재판이 장기화하여 직위해제처분을 받은 때로부터 3개월이 초과하게 되면 징계처분으로 행하는 3개월 이하의 정직처분보다 더 가혹하며, 경우에 따라서는 그 실질이 해임에 버금가는 불이익 처분이 될 수도 있다. 그렇다면 이 사건 규정은 직위해제처분이 당사자에게 가져오는 불이익의 진지함과 위에서 본 직위해제제도의 목적을 고려하여 반드시 그 요건을 엄격히 규정해야 할 필요가 있다 할 것이다. 즉 비록 공무원에게는 일반국민에 비하여 더 높은 윤리성과 준법성이 요구되며 공무집행 및 행정의 공정성과 그에 대한 국민의 신뢰 등의 관점에서 직위해제처분제도가 일반적으로 필요하고 그 당위성이 인정된다고 하더라도, 그로 인한 기본권의 침해는 목적을 달성하기 위하여 필요한 최소한의 범위에 그쳐야만 합헌성이 인정될 수 있다.

그럼에도 불구하고 이 사건 규정은 공무원이 형사사건으로 기소된 경우에는 형사사건의 성격을 묻지 아니하고, 즉 고의범이든 과실범이든, 법정형이 무겁든 가볍든, 범죄의 동기가 어디에 있든지를 가리지 않고 필요적으로 직위해제처분을 하도록 규정하고 있다. 이로써 공소제기로 인하여 당사자가 공무원으로서 계속적인 업무활동을 하는 데 문제가 있는지 혹은 공무의 공정성을 저해하고 국민의 불신을 불러일으킬 우려가 있는지 등 임면권자가 직위해제처분을 행함에 있어서 구체적인 경우에 따라 개별성과 특수성을 고려할 수 있는 여지를 완전히 없애 버렸다. 즉 이 사건 규정은 형사사건으로 기소되기만 하면 그가 법 제33조 제1항 제3호 내지 제6호에 해당하는 유죄판결을 받을 고도의 개연성이 있는가의 여부에 무관하게 경우에 따라서는 벌금형이나 무죄가 선고될 가능성이 큰 사건인 경우에 대해서까지도 당해 공무원에게 일률적으로 직위해제처분을 하지 않을 수 없도록 규정한 것이다. (3) 입법자가 임의적 규정으로도 법의 목적을 실현할 수 있는 경우에 구체적 사안의 개별성과 특수성을 고려할 수 있는 가능성을 일체 배제하는 필요적 규정을 둔다면 이는 비례 원칙의 한 요소인 '최소침해성의 원칙'에 위배된다는 것을 헌법재판소는 이미 여러 차례 확인하였다(헌재 1995. 2. 23. 93헌가1, 판례집 7-1, 130 및 1995. 11. 30. 94헌가3, 판례집 7-2, 550 참조). 특히 이 사건과 관련하여 헌법재판소는 형사사건으로 기소된 사립학교 교원에 대하여 당해 교원의 임면권자로 하여금 필요적으로 직위해제처분을 하도록 규정하고 있는 사립학교법 제58조의 2 제1항 단서에 대한 위헌여부심판제청사건(헌재 1994. 7. 29. 93헌가3 등, 판례집 6-2, 1)에서, 기소된 사안의 위법성 정도, 증거의 확실성 여부 및 예상되는 판결의 내용 등을 고려하지 아니하고 형사사건으로 공소가 제기된 경우 일률적으로 판결의 확정시까지 직위해제처분을 하도록 한 것은 헌법 제37조 제2항의 비례 원칙에 어긋나서 헌법 제15조의 직업선택 자유를 침해하는 것이며 또한 무죄추정의 원칙을 규정한 헌법 제27조 제4항에도 위반된다고 선언하였다. (4) 형사사건으로 기소된 경우에 행하는 직위해제처분에 있어서 국립대학 교원 등의 공무원을 사립학교교원과 달리 취급해야 할 아무런 합리적인 이유가 없다. 이 사건 규정은 공무원이 형사 기소된 경우에는 당연히 직위 해제되어야만 한다는 점에서 그의 내용이 위 결정의 심판대상 조항인 사립학교법 제58조의 2 제1항 단서의 규정과 본질적으로 동일하고, 위 결정선고 이후 이를 달리 판단해야 할 특별한 사정변경이 있다고 할 수도 없으므로, 위 사립학교법조항에 대한 헌법재판소결정의 판시이유는 이 사건에서도 그대로 타당하다고 하겠다. 그러므로 이 사건 규정은 헌법 제37조 제2항의 비례 원칙에 위반되어 직업의 자유를 과도하게 침해하고 헌법 제27조 제4항의 무죄추정 원칙에도 위반된다."라고 판시하였다.[14)15)]

Ⅲ. 要件

1. 休職權者

법 제48조 제2항에 장교 · 준사관 및 부사관이 형사사건으로 기소된 때에는 임용권자는 휴직을 명할 수 있다고 규정하고 있다. 따라서 휴직권자는 임용권자가 된다. 군인사법시행령 제53조에 "장교의 휴직 및 휴직되었던 자의 복직은 참모총장의 건의에 의하여 국방부장관이 행한다. 다만, 대령 이하의 장교에 대한 휴직 및 복직에 관한 권한은 참모총장 또는 국외 파견부대의 장관급지휘관에게 이를 위임할 수 있다."라고 하여 휴직권자에 대해 규정하고 있다. 형사사건으로 인한 부사관의 휴직과 복직은 군사법원 설치권자인 장관급 부대장에게 위임되어 있다.[16]

2. 休職基準

1) 법 제48조 제2항에 장교 · 준사관 및 부사관이 형사사건으로 기소된 때에는 임용권자는 휴직을 명할 수 있다고 규정하고 있을 뿐 구체적인 규정을 두고 있지 않고 있다.[17][18] 따라서 기소휴직처분의 요건으로서는 '형사사건으로 기소

14) 헌법재판소 1998. 5. 28. 96헌가12 결정.

15) 이 사건 진행 중 구 국가공무원법은 1994. 12. 22. 법률 제4829호로 개정되어 위 단서 규정은 삭제되었고, 경상대 총장은 동 개정법률 제4829호 부칙 제2호에 의하여 제청신청인을 1995. 1. 3. 복직 발령하였다.

16) 육군규정 116(2003. 1. 1.) 부사관복무규정 제20조(참고로 부사관에 대한 휴직 및 복직권자는 심신장애로 인한 대상자인 경우에는 통합 병원장 또는 동급 이상의 병원장이, 행방불명으로 인한 대상자인 경우에는 참모총장(인사운영실장)이다.).

17) 형사사건으로 기소된 경우에 고의범이든 과실범이든, 법정형이 무겁든 가볍든, 범죄의 동기가 어디에 있든지를 가리지 않고 무조건 휴직 처분하는 것은 군인사법 제44조의 제2항의 "군인은 이 법에 의하지 아니하고는 그 의사에 반하여 휴직을 당하거나 현역에서 전역 또는 제적되지 아니 한다."라는 신분보장의 원칙을 침해할 수 있으므로 신중을 기하여야 한다.

18) 단체협약이나 취업규칙에 휴직에 관한 근거규정이 있는 경우에도 휴직을 명함에 있어서는 그 휴직규정을 주관적이나 자의적으로 해석, 적용하여서는 아니 되고 휴직제도의 취지, 목적에 합치되도록 합리적이고 객관적인 해석과 적용을 하여야 한다(김창종, 전게논문, 474면). 판례도 "근로기준법 제27조 제1항에서 사용자는 근로자에 대하여 정당한 이유 없이 휴직하지 못한다고 제한하고 있는 취지에 비추어 볼 때, 위와 같은 휴직근거규정에 의하여 사용자에게 일정한 휴직사유의 발생에 따른 휴직명령권을 부여하고 있다 하더라도 그 정해진 사유가 있는 경우, 당해 휴직규정의 설정목적과 그 실제기능, 휴직명령권 발동의 합리성 여부 및 그로 인하여 근로자가 받게 될 신분상, 경제상의 불이익 등 구체적인 사정을 모두 참작하여 근로자가 상당한 기간에 걸쳐 근로의 제공을 할 수 없다거나, 근로제공을 함이 매우 부적당하다고 인정되는 경우에만 정당한 이유가 있다고 보아야 할 것임은 물론이다."라고 판시하였다(대법원 1992. 11. 13. 선고 92다16690 판결).

된'것만으로도 족하고, 범죄의 성부(成否)나 신체의 구속 유무를 묻지 않는다고 해석되고 있다(東京地 昭 32. 10. 4. 判, 行裁集 8권 10호 1858면, 그 控訴審 東京高 昭 35. 2. 26. 判, 行裁集 11권 4호 1059면).[19] 따라서 임명권자는 처분을 하는 데 있어서 공소사실의 여부에 대해 조사 판단할 필요는 없고, 공소 제기에 의해 어떠한 지장, 악영향이 발생할지를 판단하면 족하다(東京地 昭 55. 7. 16. 判, 勞民集 31권 4호 805면, 그 控訴審 東京高 昭 56. 9. 10. 判, 勞民集 32권 5호 583면, 東京地 昭 53. 1. 23. 判, 勞民集 29권 1호 1면). 또한 기소휴직처분 후 형사재판에서 무죄판결이 있고, 이것이 확정되었다고 하더라도 이 휴직처분이 소급해서 위법이 되는 것도 아니다(前揭 福岡高 昭 59. 4. 26. 判, 勞民集 35권 2호 169면).

그리고 공무원이 기소된 경우라도 구체적 사건에 있어서 해당 공무원을 기소휴직처분을 할지 말지는 임명권자의 재량에 속하지만, 상기 재량권 행사에는 자연히 제약이 있고, 공소사실 내용, 성질, 해당 직원의 직무내용이나, 지위, 사건의 사회적 영향 기타 사정을 종합적으로 고려하여, 기소휴직제도의 취지·목적에 적합하도록 재량권을 행사해야만 하고, 이러한 점으로 인해 해당 처분이 사회적 통념상 현저히 타당성이 결여되었다고 보이는 경우에는 재량권 일탈 또는 남용한 것으로서 위법이 된다고 해석되고 있다(廣島地 昭 58. 1. 18. 判, 行裁集 34권 1호 1면, 요코하마지법 소화 59. 10. 25. 判, 訟務月報 31권 6호 1301면).[20]

2) 육군에서는 형사사건으로 기소된 경우 어떠한 자를 휴직 처리할 것인가에 관해 지침을 제정하여 시행하고 있다. 법에는 형사사건으로 기소된 경우 휴직 처리할 수 있다고 규정하고 있지만 휴직처분의 적정한 행사 및 일탈·남용을 방지하기 위하여 일정한 범죄의 경우에 휴직 처리할 수 있도록 「간부기소 시 휴직처리에 관한 지침(2002. 7. 29.)」을 제정하여 시행하고 있다. 즉 필요적 휴직사유로는 ① 구속 기소된 사건, ② 휴직되지 않았으나 1심 군사법원에서 제적사유에 해당하는 판결(징역 또는 금고형에 대한 선고유예,[21] 집행유예, 징역

19) 최고재판소사무총국, 주요행정사건재판례개관1 – 공무원관계편 –, 소화 63. 9. 25. 108면.

20) 최고재판소사무총국, 주요행정사건재판례개관1 – 공무원관계편 –, 소화 63. 9. 25. 109면.

21) 2004. 1. 20. 법 7085호로 군인사법이 개정되어 선고유예 판결을 받은 자는 당연제적 사유에서 제외되었다. 즉 군인사법 제40조 제1항 제4호가 "법 제10조 제2항 각 호의 1에 해당하게 된 때, 다만, 동 항 제6호에 해당하게 된 때에는 그러하지 아니하다."로 개정되어 제6호에 해당되었던 선고유예가 제적사유에서 제외된 것이다. 이에 따라 동 지침도 개정되어야 할 것이다.

형, 금고형)이 선고되고, 그 판결에 대하여 검찰관 또는 피고인이 항소한 경우, ③ 약식명령 청구사건에 대하여 정식재판청구 또는 공판절차회부가 되어, 1심 군사법원에서 제적사유에 해당하는 판결(징역 또는 금고형에 대한 선고유예, 집행유예, 징역형, 금고형)이 선고되고, 그 판결에 대하여 검찰관 또는 피고인이 항소한 경우이며, 임의적 휴직사유로는 불구속 사건 중에서 직무관련범죄(뇌물, 횡령, 배임, 허위공문서작성 등), 파렴치 범죄(성범죄, 사기, 절도, 절도, 강도 등), 기타 군 기강 문란범죄(초병, 상관, 군용물에 관한 죄 등), 피고인이 방어권 보장을 위하여 휴직을 요청한 경우이다. 약식명령이 청구된 사건은 정식재판에 회부하더라도 휴직 · 직위해제 명령을 의뢰하지 않도록 한다(동 지침 제2조).

3. 略式命令 除外

1) 기소휴직은 정식기소의 경우를 말하며 약식기소(약식명령)[22]의 경우에는 해당되지 않는다. 즉 약식명령의 경우에 휴직을 하지 않는 이유는 군검찰관의 공소제기가 있었다 하더라도 기소와 약식명령 간의 기간이 단기에 불과하고 사안 자체도 경미하여 공판에 의하지 아니하고 서면심리로써 판결할 뿐만 아니라 형량도 벌금형에 지나지 않아 군인의 신분변동(장교임용결격 사유에 해당하지 않음)과 직무수행에 아무런 영향을 미치지 않기 때문이다.[23]

2) 약식명령의 청구가 되었다 할지라도 공판절차회부와 정식재판청구의 경우에는 통상의 공판절차에 의해 재판이 진행될 수 있다. 첫째로, 약식명령의 청구가 있는 경우에 그 사건이 약식명령을 할 수 없거나 약식명령으로 하는 것이 부적당하다고 인정한 때에는 공판절차에 의해 심판하여야 한다(군사법원법 제501조의 4). 둘째로, 검찰관 또는 피고인은 약식명령의 고지를 받은 날부터 7일

22) 약식절차라 함은 공판절차를 거치지 아니하고 원칙적으로 서면심리만으로 피고인에게 벌금 · 과료를 과하는 간이한 형사절차를 말한다. 약식명령을 청구할 수 있는 사건은 보통군사법원의 관할에 속하는 사건으로 벌금 · 과료 또는 몰수에 처할 수 있는 사건이어야 한다(군사법원법 제501조의 2). 약식명령의 청구는 공소의 제기와 동시에 서면으로 하여야 하며(동법 제501의 3), 약식명령의 청구가 있는 경우에 그 사건이 약식명령으로 할 수 없거나 약식명령으로 하는 것이 적당하지 아니하다고 인정한 때에는 공판절차에 의하여 심판하여야 한다(동법 제501조의 4). 약식명령의 고지는 검찰관과 피고인에 대한 재판서의 송달에 의하며, 검찰관 또는 피고인은 약식명령의 고지를 받은 날부터 7일 이내에 정식재판의 청구를 할 수 있다(동법 제501조의 7). 약식명령은 정식재판의 청구기간이 경과하거나 그 청구의 취하 또는 청구기각의 결정이 확정된 때에는 확정판결과 동일한 효력이 있다(동법 제501조의 11).

23) 김중양, 한국인사행정론(제4판), 법문사, 2002, 380면.

이내에 정식재판의 청구를 할 수 있다(군사법원법 제501조의 7). 정식재판의 청구가 적법한 때에는 통상의 공판절차에 의하여 심판하여야 한다(군사법원법 제501조의 9 제3항). 그렇다면 검찰관의 약식명령 청구가 있었으나 공판절차회부와 정식재판청구가 되어 통상의 공판절차로 재판이 진행될 경우에 휴직명령을 발령하여야 하는가? 간부기소 시 휴직처리에 관한 지침 제2조에 의하면 약식명령이 청구된 사건은 정식재판에 회부하더라도 휴직 · 직위해제 명령을 의뢰하지 않도록 하고 있으나 사견으로는 이러한 경우에는 이미 약식절차로서의 기능[24]을 상실하였으므로 휴직명령을 발령하여야 한다.

4. 休職期間

법 제49조 제2항에서는 형사사건 기소로 인한 휴직 시에는 당해 사건의 계속기간을 휴직기간으로 한다고 규정하고 있다. 여기서 '당해 사건의 계속기간'이란 당해 사건으로 기소되어 휴직된 날로부터 그 사건에 대한 재판이 확정된 날까지의 기간을 말한다. 재판의 확정이란 상소 기타 통상적 불복의 방법으로 다툴 수 없는 상태에 이른 것을 말하며 불복이 허용되지 아니하는 재판은 선고 또는 고지 시에 확정되며 불복이 허용되는 재판은 불복신청기간의 경과, 불복신청의 포기, 취하, 불복신청을 기각하는 재판의 확정에 의하여 확정된다.[25]

Ⅳ. 時期 및 節次

1. 時期

검찰관은 휴직명령 기준일로부터 2일 이내에 공소장부본을 첨부하여 서면으로 휴직명령을 의뢰하여야 하며, 2일 이내에 서면으로 휴직 · 직위해제명령을 의뢰하기 어려운 경우 서면으로 휴직 · 직위해제명령을 의뢰하는 것과는 따로

24) 약식절차는 형사재판의 신속을 기하는 동시에 공개재판에 따르는 피고인의 심리적 · 사회적 부담을 덜어 준다는 점에 그 존재의의가 있다(고등군사법원, 군사법원실무제요, 2003, 617면).

25) 고등군사법원, 군사법원실무제요, 2003, 509면.

전문(FAX)으로 휴직을 의뢰할 수 있다. 휴직명령 기준일은 구속 기소된 자의 경우는 기소일에, 항소제기자는 항소일이다(동 지침 제3조).

2. 節次

법무감실 검찰부는 육군본부 인사운영실로 휴직 의뢰를 하고, 기타 각 부대 법무참모부 검찰부는 장교인 경우 소속대 인사처 보임과, 부사관인 경우에는 부관부로 각 휴직 의뢰하고, 군무원인 경우에는 부관부로 직위해제의뢰를 하여야 한다(동 지침 제4조).

Ⅴ. 效果

1. 一般的 效果

1) 휴직 중인 군인은 직무에 종사하지는 않으나 군인신분은 계속 유지된다. 따라서 군인의 의무 중 그 신분상 당연히 지게 되는 의무(비밀엄수 · 품위유지 등)는 부담하게 되나 직무에는 종사하지 못하기 때문에 직무상 의무(직장이탈금지 등)는 원칙적으로 부담하지 않는다.[26] 따라서 휴직 중이라도 신분상 의무를 위반할 경우에는 징계처분의 대상이 되고, 직무수행을 전제로 한 자격요건 산정기간에는 포함되지 않는다.[27]

2) 휴직 중에도 별도의 인사발령이 없는 한 휴직 당시 직위를 그대로 보유하고 있으므로 전보도 가능하다. 다만, 휴직 중 정직처분의 경우에는 직무에 종사하지 않는다는 점에서 처분상 효력이 같으므로 휴직기간 내에서 보수만 감액될 뿐이다.[28]

---

26) 김중양 · 김명식, 공무원법, 박영사, 2000, 426면.

27) 직위해제기간을 본래의 직무에 종사한 기간으로 볼 것인지 여부에 관하여, 대법원은 "직위해제처분은 공무원의 신분관계는 그대로 존속시키면서 그 직위만을 부여하지 아니하는 처분으로서 직위해제 기간 중에는 직무를 수행할 권한도 의무도 없는 것이므로, 그 기간 동안은 세무사법 제5조의 2 소정의 국세에 관한 행정사무에 종사한 기간의 계산에 산입되지 아니한다."라고 판시하였다(대법원 1983. 5. 24. 선고 82누410 판결).

28) 김중양 · 김명식, 공무원법, 박영사, 2000, 427면.

3) 기소 휴직된 자가 그 기소된 범죄사실에 대하여 무죄판결을 선고받고 형이 확정된 경우에 기소휴직처분의 효력은 어떻게 될까? 즉 기소 휴직된 후 기소사실에 대해 무죄판결이 된 경우 그 휴직처분은 당연히 무효가 되는가의 문제이다. 기소휴직은 당해 사건의 계속기간을 휴직기간으로 한다(법 제49조 제2항). 그렇지만, 상기 기간 중이더라도 기소사실에 무죄판결이 내려진 경우에는 그 확정 전이라도 휴직처분을 유지해야 할 실질적 이유가 없어졌다고 해서 이것을 취소해야 하는가 하는 것이 문제가 된다. 이에 관한 판례로는 "우정사무관 등이 공무집행방해죄 및 상해죄로 기소된 것을 이유로 휴직처분을 받았지만, 제1심에서 무죄판결을 받은 후 검찰관이 항소했다는 이유로 무죄판결에 이르기까지 기소휴직처분을 계속하고, 게다가 기소휴직급을 소정 급여 등의 30%로 감액해서 지급했다고 하는 사안에 관해 제1심에서 무죄판결이 선고되었다고 하는 사정은 기소휴직처분을 계속할 합리적 이유를 현저히 감소시키는 요인이 된다고 인정된다는 등으로 해서 본건 휴직처분을 계속시킨 것은 본건 사안이 직장 내에서 폭력사건이란 점을 고려해도 그 재량권 범위를 일탈한 위법한 것이라고 한 것이[29] 있지만, 한편 위와 동일한 사안에 관해 우편국장이 본건 휴직처분을 철회하지 않고 계속한 이유는 검찰관 항소에 의해 공무의 신뢰는 아직 회복되지 않고, 특히 본건 공소 사실이 항소심에서 유죄로 되어 확정되면 공무원의 결격 사유에 해당하는 죄라는 것 외에 직장 내 범행이란 공소사실의 특수성으로 인해 직장 내의 질서 보지(保持)라는 점에서 기소휴직의 이유는 소멸되어 있지 않다고 판단한 것에 의한다고 인정되어 본건 형사사건의 내용, 1심 무죄의 이유, 1심 무죄사건의 검찰관 공소사건의 유죄율(8할 정도) 등을 고려하면 우편국장이 본건 기소휴직처분을 계속하고, 더욱이 기소휴직급을 감액한 조치는 여하튼 재량권의 범위를 일탈해서 현저히 사회통념에 반하는 위법한 것이라고 말할 수 없다고 한 것,[30] 우편국 청사에 상사를 비방 중상하는 내용의 비라 다수를 부착한 것 등에 의해 건조물손괴죄로 기소된 것을 이유로 휴직처분을 받은 우편국 직원에 대해 제1심에서 무죄판결이 선고된 후에도 휴직처분을 계속한 사안에 관해, 상기 판결은 공소사실과 거의 동일 사실을 인정하면서 법적 평가 또

29) 福岡地 昭 55. 12. 17. 判, 訟務月報 27권 5호 873면.

30) 위 福岡地判의 控訴審 福岡高 昭 59. 4. 26. 勞民集 35권 2호 169쪽.

는 해석에 있어서 구성요건 해당성를 부정한 것이고, 검찰관도 항소하고 있다고 한다면 동인을 곧바로 직장에 돌아오게 할 때는 직장규율 내지 질서유지에 영향을 미칠 가능성이 있고, 직원 직무수행에 대한 국민의 신뢰 나아가서는 관직에 대한 신용 보지, 공무의 정상적인 운영 확보에 지장을 초래할 우려가 있다고 해서 기소휴직처분을 취소하지 않았다는 것에 위법은 없다[31]고 한 것"이 있다.[32]

기소휴직은 기소된 근로자가 유죄라는 것을 전제로 하여 휴직을 명하는 것이 아니라, 형사사건으로 기소됨으로써 기업의 대외적 신용, 직장질서유지에 지장이 있다거나 정상적 노무제공이 불가능하다는 것을 이유로 하여 그 사건이 계속되는 동안 잠정적으로 근로자를 그 업무로부터 배제하기 위하여 행하는 휴직이므로 설사 그 후 무죄판결이 확정되었다고 하더라도 그것이 기소 휴직의 종료 사유가 됨은 별론으로 하고, 무죄판결이 확정될 때까지 사이에 범죄의 혐의가 존재함에는 변함이 없으므로 소급적으로 이미 행한 그 기소휴직처분까지 무효로 되지는 않는다고 해석하여야 할 것이다.[33]

2. 義務服務期間 算入 與否

가. 沿革

휴직기간이 의무복무기간에 포함되는지 여부에 관하여 규정하고 있는 조항은 법시행령 제6조 제4항이다. 위 조항은 그동안 6차례 개정이 있었으며 휴직기간과 관련된 실제적 개정은 3차례이다.

1) 제정 군인사법시행령(1962. 2. 6. 각령 제426호) 제6조

① 법 제7조에 규정된 의무복무기간 및 법 제8조 제1항 제2호에 규정된 근속정년의 계산에 있어서는 당해 계급에 임용된 날로부터 기산하며 장교, 준사관 및 하사관의 현역복무기간은 상호 통산하지 아니한다.

② 법 제8조 제1항 제3호에 규정된 계급정년의 계산에 있어서는 당해 계급에

31) 요코하마지법 소화 59. 10. 25. 판, 송무월보 31권 6호 1301면.

32) 최고재판소사무총국, 주요행정사건재판례개관1 - 공무원관계편 -, 소화 63. 9. 25. 112면.

33) 김창종, "휴직제도에 관하여", 사법연구자료(제20집), 법원행정처, 1993, 486면.

임용 또는 진급된 날로부터 기산한다. 단 강등된 자에 대해서는 그 강등된 계급에서 전에 복무하였던 기간을 통산하며 그 강등되기 전의 계급에서 복무한 기간은 이를 산입하지 아니한다.

③ 법 제35조에 규정된 진급예정자 명단에 기재된 자의 현역정년은 진급될 계급을 기준으로 한다.

④ 다음 각 호의 기간은 제1항 및 제2항에 규정된 복무기간에 산입하지 아니한다.

1. 무단탈영 또는 도망기간
2. 휴직 및 정직기간
3. 사비유학을 위한 휴가기간

2) 제1차 개정 군인사법시행령(1971. 2. 15. 대통령령 제5528호) 제6조[34)]

④ 다음 각 호의 기간은 제1항 및 제2항에 규정된 복무기간에 산입하지 아니한다. 다만, 법 제48조 제1항 제2호의 사유로 휴직된 자가 무죄의 선고를 받은 때에는 그 휴직기간에 대해서는 고려하지 아니한다.

1. 무단탈영 또는 도망기간
2. 휴직 및 정직기간

3) 제2차 개정 군인사법시행령(1981. 3. 2. 대통령령 제10229호) 제6조[35)]

④ 다음 각 호의 기간은 제1항 및 제2항에 규정된 복무기간에 산입하지 아니한다. 다만, 법 제48조 제1항 제2호의 사유로 휴직된 자가 무죄의 선고를 받은 때에는 그 휴직기간에 대해서는 고려하지 아니한다.

1. 무단탈영 또는 도망기간
2. 휴직 및 정직기간
3. 구류 및 영창기간

4) 제3차 개정 군인사법시행령(1994. 4. 9. 대통령령 제14204호) 제6조

---

34) 기소 휴직된 자가 무죄판결을 받은 경우 그 불이익을 배제하기 위하여 제6조 제4항 본문에 단서를 다음과 같이 신설하였다. "다만, 법 제48조 제1항 제2호의 사유로 휴직된 자가 무죄의 선고를 받은 때에는 그 휴직기간에 대해서는 고려하지 아니한다."

35) 구류기간 및 영창기간을 복무기간에 불산입하도록 하여 병역법개정과 보조를 맞추기 위한 개정이었다.

④ 다음 각 호의 기간은 제1항 및 제2항에 규정된 복무기간에 산입하지 아니한다. 다만, 법 제48조 제1항 제2호의 사유로 휴직된 자가 무죄의 선고를 받은 때에는 그 휴직기간에 대해서는 고려하지 아니한다.

1. 무단탈영 또는 도망기간
2. 휴직 및 정직기간
3. 구류기간

5) 제4차 개정 군인사법시행령(1995. 6. 17. 대통령령 제14670호) 제6조

④ 다음 각 호의 기간은 제1항 및 제2항에 규정된 복무기간에 산입하지 아니한다. 다만, 법 제48조 제2항의 사유로 휴직된 자가 무죄의 선고를 받은 때에는 그 휴직기간에 대해서는 고려하지 아니한다.

1. 군무이탈 또는 무단이탈기간
2. 휴직 또는 정직기간
3. 구류기간

6) 제5차 개정 군인사법시행령(2003. 4. 17. 대통령령 제17964호) 제6조[36)]

④ 다음 각 호의 기간(법 제7조의 규정에 의한 의무복무기간 중에 발생한 기간을 제외한다.)은 법 제8조 제1항의 규정에 의한 근속정년 및 계급정년을 산출하기 위한 현역복무기간에 산입한다.[37)]

1. 군무이탈 또는 무단이탈 기간
2. 휴직 또는 정직 기간
3. 구류기간

7) 제6차 개정 군인사법시행령(2003. 12. 30. 대통령령 제18189호) 제6조x[38)]

④ 다음 각 호의 기간은 법 제7조 제1항의 규정에 의한 의무복무기간에 산입하지 아니한다. 다만, 법 제48조 제2항의 규정에 의한 사유로 휴직된 자가 무죄

36) 근속정년 및 계급정년의 계산 시 휴직기간 등이 복무기간에 산입되도록 함으로써 근속정년 및 계급정년 제도가 그 원래의 취지에 맞고 공정하게 운영되도록 하려는 것임.

37) 종전에 무죄판결을 받은 경우 그 불이익을 배제하기 위한 단서 조항을 아무런 이유 없이 삭제하였다. 이는 개정과정에 있어서 실무상의 실수로 보인다(박용석, 전게논문, 9면). 2003. 12. 30. 대통령령 제18189호 개정 시 다시 복원되었다.

의 선고를 받은 때에 그 휴직기간은 의무복무기간에 산입한다.

1. 군무이탈 또는 무단이탈 기간

2. 휴직 또는 정직 기간

3. 구류기간

⑤ 제4항 각 호의 기간은 법 제8조 제1항의 규정에 의한 근속정년 및 계급정년을 산출하기 위한 복무기간에 산입한다.[39)]

나. 内容

1) 법시행령 제6조 제4항에 "다음 각 호의 기간은 법 제7조 제1항의 규정에 의한 의무복무기간에 산입하지 아니한다. 다만, 법 제48조 제2항의 규정에 의한 사유로 휴직된 자가 무죄의 선고를 받은 때에 그 휴직기간은 의무복무기간에 산입한다. 1. 군무이탈 또는 무단이탈 기간, 2. 휴직 또는 정직기간"이라고 하여 휴직기간은 의무복무기간 계산 시 산입하지 않도록 규정하고 있다.[40)] 의무복무기간은 다른 공무원법에는 규정되어 있지 않는 군인사법상의 독특한 제도로서 헌법 및 병역법에 의한 병역의무의 일환으로 규정된 것이다. 따라서 의무복무기간은 본인이 원하든 원하지 않든 간에 그 기간은 반드시 복무하여야 한다.[41)] 따라서 형사사건으로 기소되어 휴직 처리된 자는 그 휴직기간은 사실상 군에 복무하지 아니한 것이므로 의무복무기간에 산입하지 않는 것이다.

2) 의무복무자가 기소되어 휴직되었다가 공소기각의 판결을 선고받은 경우

---

38) 자료: 졸저, 군인사법, 법률문화원, 2004; 김중양, 한국인사행정론(제4판), 법문사, 2002; 사법연수원, 해고와 임금, 2003; 김중양 · 김명식, 공무원법, 박영사, 2000; 김수복, 노동법, 중앙경제, 1997; 이상윤, 근로기준법, 법문사, 1999; 박용석, "개정된 군인사법시행령 제6조 제4항의 문제점 검토", 2003년 2/4분기 군사법연구 논문; 박우종, "형사사건으로 인한 휴직", 공군법률논집(제2집, 통권16호), 공군법무감실, 1997; 김창종, "휴직제도에 관하여", 사법연구자료(제20집), 법원행정처, 1993.

39) 진급최저복무기간을 규정하고 있는 군인사법시행령 제19조 제1항이 개정되었다. 그 내용은 "군인사법시행령 제19조 제1항 중 '제6조 제2항'을 '제6조 제2항 및 제4항'으로 한다."는 것이다. 따라서 군인사법시행령 제19조 제1항은 "법 제26조의 규정에 의한 진급최저복무기간의 계산은 제6조 제2항 및 제4항의 규정을 준용하며 진급선발을 하는 다음 해의 진급연도 말일을 기준으로 한다."라고 하여 휴직기간은 진급최저복무기간에서 제외된다.

40) 2003. 12. 30. 대통령령 제181894호로 군인사법시행령 제6조 제4항의 개정과 제5항이 신설되었다. 개정이유는 군인의 의무복무기간과 진급에 필요한 최저복무기간의 산정에 있어서 군무이탈이나 휴직 등으로 인하여 실제로 복무하지 아니한 기간은 산입되지 아니하도록 하되, 근속정년 및 계급정년을 산출하기 위한 복무기간에는 그 기간이 전부 산입된다는 점을 명확히 하여 의무복무 및 정년 등의 제도가 그 취지에 맞게 합리적으로 운영될 수 있도록 하기 위한 것이다(관보 제15584호 2003. 12. 30. 204면).

41) 임천영, "의무장교(醫務將校)의 의무복무기간", 법률신문(제3238호), 2004. 1. 29.

그 기소휴직기간을 의무복무기간에 산입하여야 하는가?[42] 국방부는 "군인사법 시행령 제6조 제4항 단서에 '무죄판결을 받은 경우 그 휴직기간을 의무복무기간에 산입한다.'라고 규정하고 있어 법조문의 문언상의 이유와 또한 형사보상법 제25조와 같이 면소 또는 공소기각의 판결을 받은 경우 예외적으로 보상을 받을 수 있는 특별규정을 두고 있지 아니한다는 이유로 공소기각판결을 받은 경우 그 휴직기간은 의무복무기간에 산입할 수 없다."라고 하였다.[43]

3) 3년의 의무복무기간이 지나 연장복무를 하는 단기장교가 휴직을 한 경우에 그 휴직기간은 연장복무기간에 산입되는가? 연장복무기간의 성격이 군인사법 제7조에서 정한 의무복무기간이 아님은 명백하나 단기복무장교가 그 의무복무기간을 마치고 전역할 수 있었음에도 불구하고 복무연장 전형에 응시하여 통과되면 최소한 의무복무기간의 만료일을 기준으로 1년 단위로 정하여지는 연장복무기간(동법시행령 제3조 제1항) 내에는 군복무라는 특별권력관계를 지속적으로 유지하게 된다. 군인사법시행령 제6조 제4항에 따르면 휴직기간은 의무복무기간이나 근속 및 정년기간에 산입되지 아니한다고 정하고 있으므로 명시되지 아니한 연장복무기간에는 산입하여야 할 것이다.[44]

3. 進級最低服務期間 算入 與否

법시행령 제19조는 "법 제26조의 규정에 의한 진급최저복무기간의 계산은 제6조 제2항 및 제4항의 규정을 준용하며 진급선발을 하는 다음 해의 진급연도 말일을 기준으로 한다."라고 규정하고 있다. 따라서 형사사건으로 기소되어 휴직된 경우 그 휴직기간은 진급최저복무기간에 산입되지 않는다.[45] 개정 전에는 형사사건으로 기소되어 휴직된 경우에 그 휴직기간을 진급최저복무기간에 포함되는지 여부에 관하여 명문규정을 두고 있지 않았다. 즉 청원휴직기간에 대해서

---

42) 이 사안은 의무복무 중인 해군 부사관이 단순폭행사건으로 2000. 6.경 기소되어 휴직되었다가 피해자와 합의하여 같은 달 26. 공소기각판결을 받은 경우 그 휴직기간(2000. 6. 20.~7. 2. 총 13일)을 의무복무기간에 산입하여야 하는지 여부에 관한 질의였다.

43) 국방관계법령해석질의응답집(제25집), 2003, 33면; 국방관계법령해석질의응답집(제9집), 1972, 25-26면.

44) 국방관계법령해석질의응답집(제25집), 2003, 31-32면; 공군본부, 공군법령해석질의응답집(제3집), 2003, 40면.

45) 이 조항은 2003. 12. 30. 대통령령 제18189호로 신설되었다.

는 법 제49조 제4항에서 "제48조 제3항의 규정에 의한 휴직기간(청원휴직)은 제7조의 규정에 의한 의무복무기간과 제26조의 규정에 의한 진급최저복무기간에 산입하지 아니한다."라고 규정하여 청원휴직기간은 의무복무기간과 진급최저복무기간에 산입하지 않고 있었다. 그러나 형사사건으로 기소되어 휴직된 경우에 그 휴직기간은 어떻게 처리해야 하는지에 관해서는 아무런 규정을 두고 있지 않고 있다.

기소휴직기간이 진급최저복무기간에 산입되지 않도록 개정되었다. 타당한 입법이다. 그 이유는, 첫째로 국가공무원의 경우에는 공무원임용령 제31조 제2항에서 공무원 승진소요 최저연수의 계산에 있어서 휴직기간 · 직위해제기간 · 징계처분기간 · 징계처분 시 승진임용제한기간을 포함하지 아니한다는 규정의 입법례와, 둘째로 진급이란 진급최저복무기간이 복무를 마치고 상위의 직책을 감당할 능력이 인정된 자를 1단계씩 진급시키는 것이므로 그 휴직된 기간은 진급최저복무기간에서 제외하여야 한다. 왜냐하면 휴직된 기간은 그 직무에서 배제되기 때문에 진급최저복무기간의 복무를 마친 것으로 볼 수 없기 때문이다.

4. 勤續停年 및 階級停年算入 與否

군인사법시행령 제6조 제5항에서는 "제4항 각 호의 기간은 법 제8조 제1항의 규정에 의한 근속정년 및 계급정년을 산출하기 위한 복무기간에 산입한다."라고 규정하고 있다.[46] 따라서 기소휴직기간은 근속정년 및 계급정년 계산 시 산입된다. 휴직기간은 연령정년 계산 시에 포함되는가? 즉 휴직기간 중에 연령정년이 도달한 자를 어떻게 처리할 것인가의 문제이다. 군인사법 제36조에는 "현역정년에 달한 자는 정년이 되는 달의 다음 달 말일에 당연히 전역된다."라고 규정하고 있기 때문에 기소휴직기간은 연령정년 계산 시에 있어서 포함된다. 따라서 휴직기간 중이라도 연령정년에 달한 자는 전역된다.[47]

46) 이 조항은 2003. 12. 30. 대통령령 제18189호로 신설되었다.

47) 김중양, 한국인사행정론(제4판), 법문사, 2002, 382면.

5. 臨時階級附與者 原階級 復歸

전시 · 사변 · 국가비상시 또는 군의 증편으로 인하여 임시계급을 부여받은 장교가 휴직되었을 때는 원계급에 복귀한다(법시행령 제42조 제2항 제1호).

6. 俸給 · 號俸昇給 · 退職手當의 不利益

가. 俸給의 半額 支給

기소휴직기간 동안은 봉급의 반액을 지급한다. 다만, 무죄의 선고를 받은 때에는 그 봉급의 차액을 소급하여 지급한다(법 제48조 제4항).

나. 號俸昇給의 制限

군인의 봉급은 계급과 복무기간에 따라 지급되며, 이에 따라 복무기간에 의하여 계급별 호봉이 정해지는데, 휴직기간은 이 복무기간에 산입되지 아니한다(군인보수법 제11조 제2항).

다. 退職手當의 制限

퇴직수당은 군인이 1년 이상 복무하고 퇴직 또는 사망한 때 복무기간 1년에 대하여 월보수액에 일정 비율을 곱한 금액을 지급하는 군인연금법상의 급여인데 형사사건으로 인한 휴직기간은 그 2분의 1을 위 복무기간에서 감한다(군인연금법 제16조 제11항). 공무원연금법 제23조 제5항에도 이와 같은 규정을 두고 있다.[48] 이는 근로보상의 성격을 가진 국가부담의 퇴직수당 산정에 있어서는 기본기간에서 휴직, 직위해제, 정직 등 근무하지 아니한 기간 중의 일부를 감축하기 위한 취지이다.[49]

---

48) 공무원연금법 제23조 제5항은 "제42조 제4호의 규정에 의한 퇴직수당 지급에 있어서 재직기간의 계산에 있어서는 다음 각 호의 사유로 인한 휴직을 제외한 휴직기간, 직위해제기간 및 정직기간은 그 기간의 2분의 1을 각각 감한다. 1. 공무상 질병 · 부상으로 인한 휴직, 2. 병역법에 의한 병역복무를 마치기 위한 휴직, 3. 국제기구, 외국기관, 국내외의 대학 · 연구기관, 다른 국가기관 또는 민간기업 그 밖의 기관에 임시 채용됨으로 인한 휴직 3의 2. 교육공무원법 제44조 제1항 제11호의 규정에 의한 휴직, 4. 기타 법률의 규정에 의한 의무를 수행하기 위한 휴직"이다.

49) 김중양 · 최재식, 공무원연금제도, 법우사, 2004, 147면.

Ⅵ. 無罪判決時 措置

1. 必要性

형사사건은 무죄, 공소기각, 면소의 재판으로 종결될 개연성을 가지고 있다. 친고죄사건의 1심 재판에서 고소가 취소된 때와 같이 사후에 발생한 사유에 의한 경우가 아닌 한 위와 같은 결과가 발생한다는 것은 결국 휴직되지 아니할 자가 휴직을 당하고 그에 따른 불이익을 입게 된다는 것을 의미한다. 따라서 형사사건으로 인한 휴직에 있어서는 무죄판결 등의 경우를 대비한 사후구제방안이 필요하게 된다.[50)]

2. 內容

가. 不利益한 處遇의 禁止

법 제48조 제5항에 "형사사건으로 기소되어 휴직된 자가 무죄의 선고를 받는 때에는 휴직을 이유로 진급 · 보직 등 이 법의 적용에 있어서 불리한 처우를 받지 아니한다."라고 규정하여 무죄선고 시 불이익한 처우를 받지 않도록 하고 있다.

나. 當然復職

법시행령 제54조 제2항에 "형사사건으로 기소되어 휴직된 자가 무죄판결을 받았거나 공소가 기각되었을 때에는 당연히 복직된다."고 규정하여 무죄판결을 받은 자는 당연히 복직된다. 뿐만 아니라 기소된 자가 공소 기각되었을 때에도 당연히 복직되어야 한다.[51)]

---

50) 박우종, 전게논문, 188면.

51) 공소기각이란 피고사건에 대하여 관할권 이외의 형식적 소송조건이 결여된 경우에 절차상의 하자를 이유로 공소를 부적법하다고 인정하여 사건의 실체에 대한 심리를 하지 않고 소송을 종결시키는 형식재판을 말한다. 공소기각의 재판에는 공소기각의 판결과 결정이 있다. 판결로써 공소기각의 선고를 하는 경우로는 1. 피고인에 대하여 재판권이 없는 때, 2. 공소제기의 절차가 법률의 규정에 위반하여 무효인 때, 3. 공소가 제기된 사건에 대하여 다시 공소가 제기되었을 때, 4. 제384조의 규정에 위반하여 공소가 제기되었을 때, 5. 고소가 있어야 죄를 논할 사건에 대하여 고소의 취소가 있을 때, 6. 피해자의 명시한 의사에 반하여 죄를 논할 수 없는 사건에 대하여 처벌을 희망하지 아니하는 의사표시가 있거나 처벌을 희망하는 의사표시가 철회되었을 때이며(군사법원법 제382조), 결정으로 공소를 기각하여야 하는 경우로는 1. 공소가 취소되었을 때, 2. 피고인이 사망하였을

다. 俸給의 差額支給

법 제48조 제4항 단서에 "형사사건으로 기소되어 휴직된 자가 무죄의 선고를 받는 때에는 그 봉급의 차액을 소급하여 지급한다."라고 규정하여 무죄선고 시 감액된 봉급의 반액에 대하여 돌려받을 수 있다. 문제는 공소기각과 면소판결[52]을 받은 경우에 대해서는 아무런 규정이 없다. 현행 실무상으로는 면소판결 및 공소기각판결을 받은 경우에는 무죄와 동일시할 수 없다는 이유로 봉급의 차액을 소급하여 지급하지 아니하고 있다.[53] 그러나 일반직 공무원의 경우는 공소기각판결은 인사관계법령에서 정한 유·무죄 여부를 판단할 근거가 없으므로 직위해제기간을 승진소요최저연수 및 승급기간에 산입하고 보수의 차액을 소급하여 지급하고 있다(총무처 인기12107-555, 94. 11. 9.).

하급심 판례에서는 "법 제48조에는 약식명령사건을 제외한 일반형사사건으로 기소되어 휴직명령을 받은 자는 '무죄의 선고를 받은 때' 미수령의 임금 등을 소급하여 수령할 수 있다는 취지로 규정하고 있으나, 한편 헌법 제29조(형사보상)에서는 형사피의자 또는 형사피고인으로서 구금되었던 자가 법률이 정하는 불기소처분을 받거나 무죄판결을 받은 때에는 법률이 정하는 바에 의하여 국가에 정당한 보상을 청구할 수 있다고 규정되어 있고, 이에 따른 형사보상법에는 단순히 무죄선고뿐만 아니라 면소 또는 공소기각의 재판을 받은 경우에도 그와 같은 재판을 할 만한 사유가 없었더라면 무죄의 재판을 받을 만한 현저한 사유가 있었을 때에는 국가에 대하여 구금에 대한 보상을 청구할 수 있다고 규정(형사보상법 제25조)되어 있어 그 보상범위를 확대하고 있는 점, 헌법상 인정되는 인간의 존엄권 및 기본적 인권 보장, 인간의 평등성, 무죄 추정의 법리 등 헌법이념에 비추어 보면, 위 법 제48조 제4항 후단의 '무죄의 선고를 받은 때'라 함은 헌법이념에 합치되게 해석하여, 형식상 무죄판결뿐만 아니라 공소기각재판을 받았다 하더라도 그와 같은 공소기각의 사유가 없었더라면 무죄가 선고될 현저

때, 3. 제17조의 규정에 의하여 재판할 수 없는 때, 4. 공소장에 기재된 사실이 진실하다 하더라도 범죄가 될 만한 사실이 포함되지 아니한 때이다(군사법원법 제383조).

52) 면소판결이란 피고사건에 대하여 실체적 소송조건이 결여된 경우에 선고하는 판결을 말한다. 판결로써 면소를 선고하여야 하는 경우로는 1. 확정판결이 있은 때, 2. 사면이 있은 때, 3. 공소의 시효가 완성되었을 때, 4. 범죄 후의 법령개폐로 형이 폐지되었을 때이다(군사법원법 제381조).

53) 국방관계법령해석질의응답집(제9집), 25-26면; 국방관계법령해석질의응답집(제25집), 33면; 공군본부, 공군법령해석질의응답집(제3집), 2003, 38면.

한 사유가 있는 이른바 내용상 무죄재판의 경우까지로 확대 해석함이 상당하다."라고 판시하였다.[54] 따라서 무죄선고뿐만 아니라 면소 또는 공소기각의 재판을 받은 경우로 확대하여야 할 것이다.

라. 義務服務期間에 算入

형사사건으로 인하여 휴직된 자가 무죄의 선고를 받은 때에는 그 휴직기간을 의무복무기간, 근속정년, 계급정년 계산 시 산입하여야 한다(법시행령 제6조 제4항).

Ⅶ. 復職

1. 復職權者

법시행령 제53조에서는 장교로 휴직되었던 자의 복직은 참모총장의 건의에 의하여 국방부장관이 행한다. 다만, 대령 이하의 장교에 대한 복직에 관한 권한은 참모총장 또는 국외 파견부대의 장관급 지휘관에게 이를 위임할 수 있다고 규정하고 있다. 따라서 복직권자는 국방부장관이 된다.

2. 復職時期

1) 법시행령 제54조에서 "① 법 제48조 제1항 제1호 및 제3항의 규정에 의하여 휴직되었던 자가 그 휴직의 사유가 해소되었을 때에는 당연히 복직된다. ②

---

54) 서울지방법원 2003. 8. 28. 선고 2002가단256464 판결(이 판결의 항소심인 서울고등법원 2004. 4. 14. 선고 2003나61452 판결에서는 "군인에 대한 피고의 독점적인 소추권을 가지는 군검찰부 소속 검찰관이 별다른 물적 증거나 정황증거 없이 참고인 2인의 진술에 의거하여 원고 조○○를 구속 기소하였다가 그 참고인들이 군사법정에서 종전 진술이 모두 허위였다고 진술 내용을 번복하자 당시 공소유지검찰관 △△△가 그 자리에서 원고에 대한 공소를 취소한 사실이 있는바, 사정이 위와 같다면 원고로서는 본인에 대한 피고의 소추권을 독점적으로 가지는 위 군검찰관이 공소를 취소하지 않았더라면 재판에서 무죄의 판결을 받았을 것이 분명한데 공소가 취소되는 바람에 무죄판결을 받지 못하였을 뿐이라고 할 것인데, 원고로 하여금 무죄판결을 받지 못하도록 한 피고가 기본적 인권의 보장대상인 원고를 상대로 이제 와서 무죄판결을 받지 않았기 때문에 소추로 인한 휴직기간의 미지급 임금을 지급할 수 없다고 하는 것은 신의칙에 반하여 허용될 수 없다고 할 것이다."라고 판시하면서 1심판결의 내용을 인용하였다.).

법 제48조 제2항의 규정에 의하여 휴직되었던 자가 무죄판결을 받았거나 공소가 기각되었을 때에는 당연히 복직된다."고 규정하여 복직시기를 정하고 있다. 일반적으로 복직은 휴직기간이 만료되었을 때 별도의 복직처분으로 이루어진다. 그러나 휴직된 자가 무죄판결을 받았거나 공소가 기각되었을 때에는 군인사법 시행령 제54조에 의거하여 당연히 복직되므로 이 경우 복직명령을 발하더라도 확인적 의미만을 갖는 것으로 보아야 할 것이다.

2) 형사사건으로 기소되어 휴직 중인 장교가 벌금, 선고유예 등 유죄판결을 받아 확정된 경우 어떻게 처리하여야 하는가? 이러한 경우에는 복직명령에 의해 휴직을 종료시킨 후 복직시켜야 한다. 즉 형사사건으로 기소되어 휴직 처분된 장교의 휴직기간은 다음의 두 가지 경우로 나누어 볼 수 있다. 첫째, 재판에서 무죄 또는 공소기각판결이 선고된 경우에는 군인사법시행령 제54조 제2항에 따라 그 판결 선고 시에 휴직기간이 종료되어 당연 복직된다. 둘째, 벌금, 선고유예 등 유죄판결이 선고된 경우에는 군인사법 제49조 제2항에 따라 그 휴직기간은 당해 사건의 계속기간이므로 이는 당해 사건으로 기소되어 휴직된 날로부터 그 사건에 대한 재판이 확정된 날까지의 기간을 의미한다. 따라서 기소 휴직되어 유죄판결이 확정된 경우에는 당해 재판의 확정시에 휴직기간이 종료된다고 할 것이므로 복직명령에 의해 휴직을 종료시키고 복직시켜야 한다.[55]

3) 면소판결을 받은 경우에는 어떻게 될까? 위에서 본 바와 같이 군인사법에는 무죄와 공소 기각되었을 때에만 당연히 복직된다고 규정하고 있을 뿐 면소판결에 대해서는 아무런 규정을 두고 있지 않다. 면소판결을 받은 경우에도 그 성격상 당연 복직되는 것이 타당할 것이나 군인사법상 당연히 복직사유로 정하고 있지 아니하므로 문리해석상 당연히 복직된다고 할 수 없을 것이다. 따라서 면소판결이 경우에는 복직처분이 있어야 비로소 복직의 효과가 발생한다.[56] 휴직자의 복직 여부와 관련하여 군인사법 제49조 제1항에서는 군인사법 제48조 제1항 제1호의 규정에 의한 휴직자가 그 휴직기간이 만료될 때까지 복직되지 아니할 때에는 당연 전역된다고 규정하고 있다.

---

55) 국방관계법령해석질의응답집(제25집), 2003, 36면(이 사안은 선고유예 판결이 확정되면 제적사유가 되었던 군인사법 제40조 제1항 제4호가 2003. 9. 25. 헌법재판소에서 위헌결정을 받았다. 이에 따라 기소 휴직되었던 자가 선고유예 판결을 받아 확정된 경우 이러한 자를 어떻게 처리해야 할 것인가에 관하여 문제가 제기되었다.).

56) 박우종, 전게논문, 195면.

Ⅷ. 事後救濟

위법 부당하게 휴직을 당한 자는 고충심사위원회에 고충 제기, 인사소청위원회에 인사소청 제기, 행정소송을 제기하여 권리구제를 받을 수 있다.

1. 苦衷審査 및 人事訴請 提起

부당한 휴직으로 인하여 권리 침해를 받은 자는 군인사법 제51조의 3에 규정된 고충처리위원회에 고충심사청구를 할 수 있다. 또한 군인사법 제51조에 규정된 인사소청위원회에 인사소청을 제기할 수 있다. 즉 군인사법 제50조에서는 위법 · 부당한 전역 · 제적 및 휴직 등 그 의사에 반한 불리한 처분에 대하여 인사소청을 할 수 있도록 규정하고 있다. 따라서 휴직 중인 군인은 직무에 종사하지 못하도록 하는 처분이므로 피처분자에게 불리한 처분에 해당된다. 따라서 휴직처분이 있음을 안 날로부터 30일 이내에 이에 대한 심사를 청구할 수 있다.

2. 行政訴訟 提起

군인사법 제51조의 2에서는 "전역 또는 제적과 징계 및 기타 본인의 의사에 반한 불리한 처분에 관한 행정소송은 군인사법 제51조의 규정에 의한 소청심사위원회 또는 군인사법 제60조의 2의 규정에 의한 항고심사위원회의 심사 · 결정을 거치지 아니하면 제기할 수 없다."라고 규정하고 있으므로 위법한 휴직처분에 대하여 행정소송을 제기하기 위해서는 반드시 인사소청위원회의 심사를 거쳐야 한다. 위법의 사유로는 휴직처분에 대한 판단 여부는 재량행위로서의 성질을 가지지만 재량권이 남용되거나 일탈한 경우에는 위법이 될 수 있다.

휴직처분에 대해 위법하다고 판시한 판례로는 東京高裁 昭和 45. 4. 27. 判決이 있다.[57] 그 판시 내용은 "1) '직원이 형사사건으로 기소된 경우, 일반적으

57) 이 판례의 사실관계는 다음과 같다. 농림기술관인 X(원고, 피공소인)는 카고시마(鹿兒島)현 소재 식량사무소 출장소에서 쌀의 등급을 검사하는 업무에 종사하는 자로서 1963년 11월 시행된 국회의원(중의원) 선거 당시, 법으로 금지하고 있는 선거운동문서인 팸플릿 40장을 일괄 배포함으로써 공직선거법 위반 및 국가공무원법 위반 혐의(容疑)로 기소되었다. X에 대한 임명권자인 카고시마 식량사무소 소장은 X가 기소된 것을 이유로 1964년 3월 1일 국가공무원법 제79조 제2호를 근거로 X에 대해 휴직을 명령하였다. 이에 X는 인사원 Y(피고, 공소인)

로 공소의 제기는 검찰관에 의해 그 같은 혐의를 받게 될 뿐만 아니라 …… 이른바 무죄 추정을 받았다고는 하지만, 일본의 형사재판 사례 즉 기소된 피고인의 대다수가 유죄판결을 받고 있다는 현상에 비춰 볼 때, 현실적으로 기소된 직원은 기소장에 기재된 공소사실, 죄명, 벌칙 조항에 의해 특정되고 구체화된 사실에 대해서는 상당한 정도 객관성이 있는 공적인 혐의를 지니고 있다고 할 수밖에 없다. 따라서 직원이 상기와 같은 혐의를 받은 채 계속 직무를 수행할 때는 직장의 규율 혹은 질서유지에 영향을 줄 뿐 아니라 그 직무수행에 대한 국민의 신뢰를 저버리게 되고, 나아가서는 관직이 지니는 신용을 실추시킬 것이 우려된다. 더욱이 형사피고인은 원칙적으로 재판날짜에 출두하여야 하기 때문에 앞서 언급한 직원의 직무전념의 의무에 지장을 초래할 가능성이 있다는 것도 간과할 수 없다.' 2) '직원이 형사사건으로 기소됨으로써 관직의 신용이 손상될지 여부, 직장의 질서가 유지될지 여부, 그리고 기소자의 직무전념 의무의 이행에 지장을 발생시키는가 여부는 해당 직원의 관직, 즉 그 지위와 담당직무의 내용, 공소사실의 구체적 내용과 기소형태 등을 여러모로 감안하고 나서 비로소 결정할 일이다. 따라서 전기 법률의 요청에 부응하기 위해 해당 직원을 그의 의사를 무시하고 휴직시킬 것인지의 여부는 구체적인 사안에 입각하여 개별적으로 결정하여야 한다. 국가공무원법 제79조에서 기소휴직처분은 임명권자의 재량에 속한다고 규정하고 있는 이유는 바로 여기에 있다.' 3) '피공소인은 농산물검사관으로서 담당하는 직무가 …… 전문 기술직이기 때문에 이를 유지하는 관직은 비정치적이라는 점, 또 …… 피공소인이 당시 관리 혹은 감독의 지위에 있지 않았다는 점 등을 생각할 때, 피공소인이 전기한 바와 같은 죄를 범했다는 이유로 기소된 사실 자체가 동인이 직무수행과 관련된 사람(식량사무소 소장)의 신뢰를 손상시켰고, 또 직장의 질서를 해쳤으므로, 관직의 신뢰를 유지하고 직

에게 불이익 처분에 대한 심사를 청구하였으며, Y는 1966년 8월 26일 식량사무소 소장이 취한 처분을 승인한다는 취지의 판정을 내렸다. 1966년 6월 18일 X는 무죄판결을 받았으며, 동 판결이 확정되면서 기소휴직처분도 당연히 종료되었다(국가공무원법 제80조 제2, 3항). 그리고 기소휴직처분을 받은 직원은 국가공무원법 제80조 제4항 및 일반직직원의 급여에 관한 법률 제23조 제4항에 의해 휴직기간 중의 봉급과 제 수당의 60% 이내의 금액을 지급받게 된다. 그러나 이 금액은 기소휴직 이외의 휴직 시 제공되는 금액(일반직 직원의 급여법 제23조 제1, 3, 5항)과 비교할 때 불리하였다. 이러한 이유로 X는 불이익을 보상받기 위해 Y를 상대로 상기 휴직처분의 취소 소송을 제기하게 되었다. 제1심인 도쿄 지방재판소는 기소휴직처분은 자유재량에 의한 처분이긴 하나, X에 대한 처분은 재량권을 벗어난 것이 인정됨으로써 위법이라고 판결(東京地 昭和 43. 7. 20. 行集 제19권 제7호 1278면)하였으며, Y는 이에 불복하고 본건을 공소하였다. 이에 대해 도쿄 고등재판소는 판시와 같은 이유로 공소기각판결을 내렸다.

장의 질서를 유지하기 위해서는 그 사람을 휴직시키는 것이 필요하다고는 즉시 단정하기 어렵다. 더욱이 피공소인에 대한 전기의 기소사안에 근거하여 기소처분이 내려졌다고 하더라도, 아마 戒告 이상까지는 나오지 않았을 것으로 추인되며, 임명권자에 의해 그 정도 조치가 내려진 것도 인정하여야 한다는 전기의 기소사실이 과연 피공소인을 휴직시킬 만한지 등에 대해서는 아직 의문이 남아 있다고 할 수 있다. 이에 더하여 피공소인은 집에서 머물고 있는 상황에서 기소되었으며, 게다가 기소장에 기재된 전시의 벌칙조항 중 소정의 법정형에 의해 동인이 모든 공판날짜에 출석할 의무가 없다는 것이 명확하기 때문에 이 점에 있어서도 피공소인을 휴직시킬 필요성은 충분하지 않다.' 4) '피공소인에 대한 전기 기소를 이유로 동인을 휴직시킬 필요가 있을까 여부는 앞에서 서술한 바와 같이 피공소인의 지위, 담당직무의 내용, 기소 사실의 내용, 기소의 양상 등에 대해 개별적 및 구체적으로 판단한 후에 결정하여야 함에도 불구하고, 공소인은 이러한 점들을 전혀 고려하지 않고 본건 기소휴직 처분을 내렸으며, 휴직처분은 임명권자인 공소인에게 주어진 재량의 범위를 넘어선 것이라는 위법성을 면할 수 없다.'"는 것이었다.[58]

Ⅸ. 立法論

1. 免訴判決 및 公訴棄却 判決 時 保護方案

군인사법은 휴직된 자가 무죄판결을 받은 경우에는 휴직으로 인한 각종 불이익을 회복시켜 주는 규정을 두고 있으면서도 공소기각이나 면소판결을 받은 경우에 관해서는 같은 취지의 규정을 두고 있지 아니하다. 따라서 해석상 위와 같은 경우를 무죄판결을 받은 경우와 동일하게 취급할 수는 없을 것이다. 따라서 면소판결과 공소기각의 경우에도 불이익을 당하지 않도록 입법적으로 개선하여

58) 이 판결에 대한 평석에서 "기소휴직처분은 임명권자의 재량처분에 해당하지만 무제한의 재량을 허용하는 것은 아니라고 하면서 재량을 제약하는 기준으로 직원의 지위, 담당직무의 내용, 기소 사실의 내용, 기소의 기능 등 모든 점에서 각각 구체적으로 판단하여야 한다는 것을 밝힌 것이다."라고 하였다(戸松秀典, "기소휴직", 공무원판례백선, 1986, 52－53면).

야 한다.[59)]

2. 號俸과 退職手當

군인보수법과 군인연금법은 휴직된 자의 호봉승급과 퇴직수당을 제한하는 규정을 두고 있으면서 그가 무죄판결을 받은 경우의 구제에 대해서는 언급을 하고 있지 않다. 군인사법은 앞서 본 바와 같이 봉급의 소급지급 등 개별적인 구제규정 외에 불리한 처우를 금지하는 포괄적인 규정을 두고 있으나 "진급 · 보직 등 이 법의 적용에 있어서 불리한 처우를 받지 아니한다."고만 규정하고 있을 뿐이다. 결국 호봉승급과 퇴직수당의 제한과 같은 군인보수법과 군인연금법상의 불이익을 구제할 규정이 현행법에 존재하지 않는다. 현행법상 위 군인사법의 불이익처우금지규정을 호봉과 퇴직수당의 문제에까지 확대 적용하는 데에는 무리가 있다고 본다. 입법적으로 해결되어야 할 문제라고 생각된다.[60)]

3. 節次的 參與勸 保障

과거에는 행정절차는 주로 사후구제제도인 행정구제제도를 보충하기 위하여 필요한 것으로 논의되었으나, 오늘날은 의회입법의 원리 내지는 법치주의가 여러 가지 한계를 나타내어 행정에 대한 민주적 통제기능을 제대로 수행하지 못하고 있다는 인식 아래서 행정절차를 행정에 대한 민주적 통제를 실현하기 위한 국민의 행정에의 능동적 참여수단으로 필요하다.[61)] 특히 행정절차법의 제정은 국민의 행정참여로 행정의 공정성 · 투명성 · 신뢰성을 확보하고 국민의 권익을 보호하는 획기적인 계기가 되었다. 그러나 장교의 휴직처분은 '공무원 인사관계법령에 의한 징계 기타 처분'에 해당되어 행정절차법의 적용대상이 아니다(행정절차법 제3조 제2항 제9호, 동법시행령 제2조 제3호).[62)] 따라서 군인사법

59) 박우종, 전게논문, 196면; 공군본부, 공군법령해석질의응답집(제3집), 2003, 38면에서는 "입법론적으로 형사사건으로 기소된 자가 공소기각의 재판이나 면소판결을 받은 경우 위와 같은 재판이나 판결이 무죄판결과 같은 의미를 지니고 있거나 무죄판결을 받을 수 있었음에도 법리상의 이유로 공소기각이나 면소의 재판을 받은 경우에는 위와 같이 봉급의 차액을 보전해 주고 인사상에도 불이익을 주지 않는다는 명문상의 규정을 두는 것이 타당하다."라고 하였다.

60) 박우종, 전게논문, 196면.

61) 박윤흔, 행정법강의(하), 박영사, 2002, 471면.

상의 휴직처분에도 행정절차법상의 사전구제절차인 의견제출 및 변명의 기회 부여, 처분사유설명서 교부제도 도입, 고지제도의 도입이 필요하다.

가. 意見提出 및 辨明의 機會 附與

행정절차법상 의견제출절차란 행정청이 어떠한 행정작용을 하기에 앞서 당사자 등이 의견을 제시하는 절차로서 청문이나 공청회에 해당하지 아니하는 절차를 말한다(행정절차법 제2조 제7호). 행정절차법 제22조 제3항에는 "행정청이 당사자에게 의무를 과하거나 권익을 제한하는 처분을 함에 있어서 청문 또는 공정회 외에는 당사자 등에게 의견제출의 기회를 주어야 한다."라고 규정하고 있다.[63] 휴직처분 시에도 이러한 행정절차법상의 의견제출 및 변명의 기회를 부여하여 위법 부당한 침해를 미연에 방지하도록 하는 절차를 마련하는 것이 필요하다. 최근에 제정된 육군의 장교보직해임시행방침에 의하면 보직해임 시에는 보직해임심의위원회의 심의 절차를 거치는 것을 원칙으로 하였고, 보직해임 당사자에게 소명기회를 부여하였으며, 필요시에는 직접 대면하여 소명할 수 있도록 하였다. 사전구제절차를 도입한 진일보한 조치로 보인다. 휴직처분 시에도 이를 준용하는 것이 필요하다.

나. 處分事由說明書 交付制度 導入

행정절차법 제23조에 행정청은 행정처분을 하는 경우에는 당사자에게 그 근거와 이유를 제시하여야 한다고 하여 처분의 이유제시절차에 대해 규정하고 있다.[64] 또한 국가공무원법 제75조에는 "공무원에 대하여 징계처분을 행할 때나

62) 육법제18500-030168(2003. 8. 21.) 인사소청 관련 법령질의(회신).

63) 행정절차법 제21조 제1항, 제4항, 제22조 제1항 내지 제4항에 의하면, 행정청이 당사자에게 의무를 과하거나 권익을 제한하는 처분을 하는 경우에는 미리 처분하고자 하는 원인이 되는 사실과 처분의 내용 및 법적 근거, 이에 대하여 의견을 제출할 수 있다는 뜻과 의견을 제출하지 아니하는 경우의 처리방법 등의 사항을 당사자 등에게 통지하여야 하고, 다른 법령 등에서 필요적으로 청문을 실시하거나 공청회를 개최하도록 규정하고 있지 아니한 경우에도 당사자 등에게 의견제출의 기회를 주어야 하되, 당해 처분의 성질상 의견청취가 현저히 곤란하거나 명백히 불필요하다고 인정될 만한 상당한 이유가 있는 경우 등에는 처분의 사전통지나 의견청취를 하지 아니할 수 있도록 규정하고 있으므로, 행정청이 침해적 행정처분을 함에 있어서 당사자에게 위와 같은 사전통지를 하거나 의견제출의 기회를 주지 아니하였다면 사전통지를 하지 않거나 의견제출의 기회를 주지 아니하여도 되는 예외적인 경우에 해당하지 아니하는 한 그 처분은 위법하여 취소를 면할 수 없다(대법원 2000. 11. 14. 선고 99두5870 판결). 이 판례에 대한 평석으로는 김학세, "침해적 행정처분과 사전통지, 의견청취제도", JURIST, 2002. 12. 70-78면 참조.

64) 처분의 이유제시절차는 첫째, 사전통지절차와 함께 행정절차의 기본이념인 투명성, 공정성과 신뢰보호 이념을

강임 · 휴직 · 직위해제 또는 면직처분을 행할 때에는 그 처분권자 또는 처분제청권자는 처분의 사유를 기재한 설명서를 교부하여야 한다. 다만, 본인의 원에 의한 강임 · 휴직 또는 면직처분은 그러하지 아니하다."라고 하여 인사상 불이익 처분에 대해서는 처분의 사유를 기재한 설명서를 교부하도록 하고 있다. 휴직처분에 대해서도 휴직권자에게 휴직처분의 사유를 기재한 설명서를 교부하도록 하는 제도를 도입하는 것이 필요하다.

다. 告知制度의 導入

고지제도란 행정청이 처분을 함에 있어서 처분의 상대방이 법적 구제방법을 사용하려고 하는 경우에 필요한 사항(불복행정청, 불복기간, 불복절차)을 구체적으로 상대방에게 알리는 비권력적 사실행위를 말한다. 고지제도는 처분의 상대방으로 하여금 행정불복의 기회를 보장하고 처분을 보다 신중하게 하여 행정의 적정화를 기하는 데 그 목적이 있다.[65] 행정절차법 제26조에는 "행정청이 처분을 하는 때에는 당사자에게 그 처분에 관하여 행정심판을 제기할 수 있는지 여부, 기타 불복을 할 수 있는지 여부, 청구절차 및 청구기간 기타 필요한 사항을 알려야 한다."라고 하여 고지제도에 관하여 규정하고 있다.

휴직처분은 진급 및 인사관리 면에 있어서 상대방에게 불이익을 주는 처분이다. 따라서 휴직처분의 상대방에게 법적 구제방법을 알려 주는 고지제도의 도입은 권리구제 측면에서 그 의의가 있다. 그러나 현재 실무 운영을 보면 휴직처분이 된 경우에 있어서는 인사명령의 형태로 상대방에게 통보될 뿐이며 불복의 방법 등에 대해서는 고지하지 않고 있다. 고지제도의 도입이 필요하다.[66]

처분절차에 있어서 구체화하는 기능, 둘째, 행정청과 국민 간에 공감대를 형성하는 기능, 셋째, 국민의 권리구제에 기여하는 기능, 넷째, 행정청에 스스로 투명하고 공정한 행정을 할 것을 요구하는 기능을 갖는다(오준근, 행정절차법, 삼지원, 1998, 350면).

65) 박철우, 축조해설 행정절차법, 한국사법행정학회, 1998, 309면; 오준근, 행정절차법, 삼지원, 1998, 363면.

66) 기소휴직제도는 공무원의 신분보장과 이익보장이라는 점에서 지극히 충분하지 못하다. 예를 들어 형사사건 재판에서 무죄가 되더라도 그 시점에서 휴직처분이 종료될 뿐 휴직 기간 중에 발생된 불이익은 휴직처분이 취소되지 않는 한 회복되지 않는다. 휴직처분은 당사자에게 미치는 불이익이 매우 크며, 실질적으로 벌금형이나 감봉처분을 받은 것과 같은 결과(제재)를 초래할 가능성도 있다. 따라서 입법론적 관점에서는 기소휴직을 징계절차의 일환으로 구성하는 것, 형사재판 결과를 토대로 징계처분을 내리는 것 등에 대해 검토할 필요가 있다는 견해가 있다(戸松秀典, "기소휴직", 공무원판례백선, 1986, 53면).

14. 기소휴직자가 공소 기각된 경우 봉급 차액 지급 여부*
(대법원 2004. 8. 20. 선고 2004다22377 판결)

목 차

Ⅰ. 대상판결

1. 사실관계

1) 원고 A는 의무부사관으로 임관된 이후 여러 군부대, 병원 등에서 근무하다가 원사로서 1996. 6.경부터 1998. 12.경까지 국군창동병원에서 외래과 담당관으로 일하였고 2000. 11. 21. 뇌물공여혐의(이른바 병역비리)로 구속되어 같은 해 12. 8. 피고산하 국방부보통군사법원 2000고45호 뇌물공여사건(후에 2001고13호 뇌물공여사건이 병합됨, 이하 형사사건이라 한다.)으로 기소되었다.

2) 그러나 위 각 기소 당시 각 공소장 기재 범죄사실에 부합되는 진술을 하였던 군의관 이○○과 성△△은 2001. 3. 28. 13:00경 열린 위 군사법원 제2차 공판기일에서 증인으로 진술함에 있어, 위 원고로부터 뇌물을 받은 바 없고 이와 다른 내용의 종전 진술은 모두 허위였다는 취지로 각 진술하였다. 당시 공소유지검찰관 소외 이□□는 그 자리에서 원고 A에 대한 위 각 공소를 취소하였고, 위 법원은 같은 날 위 원고에 대하여 검사의 공소취소를 이유로 한 위 형사

* 게재지: 법률신문(제3313호 2004. 11. 11.)

사건의 공소기각결정을 고지하였으며 이에 따라 위 원고는 당일 석방되고 자동 복직되었다가 2001. 6. 30. 군인사법 제41조 제1호에 따라 전역하였다.

3) 원고 A는 구속 이후 군인사법 제48조 제2항에 따라 기소 휴직되면서 봉급의 1/2를 수령하게 되었고 형사사건 종료 후에 전역 이전인 2001. 5.경까지 지급이 유보된 임금 및 수당의 합계 금 6,880,270원을 청구하자 국방부는 원고 A가 무죄선고를 받지 않았다는 이유로 그 지급을 거절하였다. 이에 원고 A는 급여반환청구소송을 제기하게 되었다.

2. 1심, 항소심, 대법원 판결요지

1) 대법원은 "군인사법 제48조 제2항은, '장교 · 준사관 및 하사관이 형사사건으로 기소된 때(약식명령이 청구된 경우를 제외한다.)에는 임용권자는 휴직을 명할 수 있다.', 제4항은 '…… 제2항의 규정에 의한 휴직기간에는 봉급의 반액을 지급 …… 한다. 다만, 제2항의 규정에 해당되어 휴직된 자가 무죄의 선고를 받은 때에는 그 봉급의 차액을 소급하여 지급한다.'라고 규정함으로써, 형사사건으로 기소되어 휴직명령을 받아 봉급의 반액을 지급받은 자는 '무죄의 선고를 받은 때' 그 차액을 소급하여 수령할 수 있도록 규정하고 있는바, 헌법 제28조는 '형사피의자 또는 형사피고인으로서 구금되었던 자가 법률이 정하는 불기소처분을 받거나 무죄판결을 받은 때에는 법률이 정하는 바에 의하여 국가에 정당한 보상을 청구할 수 있다.'라고 규정하는데, 이에 따른 형사보상법은 단순히 무죄선고뿐만 아니라 면소 또는 공소기각의 재판을 받은 경우에도 그와 같은 재판을 할 만한 이유가 없었더라면 무죄의 재판을 받을 만한 현저한 사유가 있었을 때에는 국가에 대하여 구금에 대한 보상을 청구할 수 있다고 규정(형사보상법 제25조 참조)하여 그 보상범위를 확대하고 있는 점, 헌법상 인정되는 인간의 존엄권 및 기본적 인권 보장, 평등권, 무죄 추정의 법리 등 헌법이념에 비추어 보면, 위 군인사법 제48조 제4항 후단의 '무죄의 선고를 받은 때'라 함은 헌법이념에 합치되게 해석하여, 형식상 무죄판결뿐 아니라 공소기각재판을 받았다 하더라도 그와 같은 공소기각의 사유가 없었더라면 무죄가 선고될 현저한 사유가 있는 이른바 내용상 무죄재판의 경우까지로 확대 해석함이 상당하다고

판단하였는바 원심의 판단은 법률의 문의적(文義的) 한계 내의 합헌적 법률해석에 따른 정당한 것으로 수긍이 가고”라고 판시하였다.

2) 제1심(서울지방법원 2003. 8. 28. 선고 2002가단256464 판결)과 항소심(서울고등법원 2004. 4. 14. 선고 2003나61452 판결)도 대법원과 같이 “군인사법 제48조 제4항 후단의 ‘무죄의 선고를 받은 때’라 함은 헌법이념에 합치되게 해석하여, 형식상 무죄판결뿐 아니라 공소기각재판을 받았다 하더라도 그와 같은 공소기각의 사유가 없었더라면 무죄가 선고될 현저한 사유가 있는 이른바 내용상 무죄재판의 경우까지로 확대 해석함이 상당하다.”고 판시하였다.

Ⅱ. 기소휴직제

1. 의의

기소휴직이란 임용권자가 장교 · 준사관 · 부사관에 대하여 형사사건으로 기소된 때에 일정한 기간 동안 휴직을 명하는 것을 말한다(군인사법 제48조). 공법상 휴직제도는 일정기간 동안 직무에 종사할 수 없는 사유가 발생한 경우 공무원관계는 계속 유지하되 본인의 신청 또는 행정기관이 직권으로 직무수행의무만을 해제하는 것을 말한다. 직업공무원제도를 표방하고 있는 대부분의 국가에서 채택하고 있는 신분보장제도의 일종이다(졸저, 군인사법, 법률문화원, 2004, 710면).

휴직은 공무원의 신분을 계속 갖고 있으면서 직무에는 종사하지 않는 점에서 직위해제 · 정직처분과 같으나 본인의 원에 의하여 휴직할 수도 있고 제재적인 효과가 없다는 점에서 직위해제와 구별되고 징계처분과 휴직은 그 목적 및 성격이 다를 뿐만 아니라 징계사유가 휴직사유에 해당하지 않는 점에 비추어 휴직과 징계와는 구별된다. 특히 정직처분은 징계처분의 일종으로 징계절차에 따라 자기에게 유리한 사실을 진술하거나 필요한 증거를 제출할 수 있는 절차적 권리가 보장된다는 면에서 차이가 있다.

2. 제도의 취지

형사사건으로 기소된 경우를 휴직사유로 규정한 취지는 형사사건으로 기소된 군인으로 하여금 계속해서 공무를 담당하도록 하는 경우 발생할 수 있는 공무나 행정기관에 대한 국민의 불신을 방지하고, 한편 피고인인 군인에게도 공무담당의 의무를 일시적으로 해제하여 소송당사자로서 공판과정에서 변론준비 등 충분히 방어권을 행사할 수 있는 기회를 부여함으로써 해당 군인 자신을 보호하기 위한 취지이다. 국가공무원법 제72조의 2, 지방공무원법 제65조의 2에서는 형사사건으로 기소된 경우를 직위해제 사유로, 일본 국가공무원법 제79조에서는 휴직사유로 규정하고 있다.

판례도 "기소휴직제도의 취지 · 목적은 일반적으로 기소된 직원이 계속 직무를 수행하는 것에 의해 직무의 수행, 직장규율 내지 질서유지에 대한 지장을 초래하고, 그 직무수행에 대한 국민의 신뢰가 흔들리고 나아가서 관직 전체의 신용을 추락시킬 우려가 있고, 또한 기소된 직원은 원칙적으로 공판기일에 출두할 의무를 지는 등으로 공무의 정상적 운영에 지장을 초래할 우려가 있을 뿐만 아니라 기소되어 장차 실직할지도 모를 불안정한 지위에 있는 자를 계속 직무에 종사시키는 것으로 공무의 능률적인 운영에 지장을 초래할 우려가 있으므로 해당 직원을 그 신분을 보유시키면서 일시적으로 직무에 종사시키지 않는 것으로 하여, 이로 인해 직장규율 내지 질서를 유지하고 직원의 직무수행에 대한 국민의 신뢰 나아가서는 관직 전체의 신용을 보지(保持)하고, 더욱이 공무의 정상적인 운영을 확보하는 것을 의도하는 것이다."라고 판시하고 있다(東京高 昭 45. 4. 27. 判, 行裁集 21권 4호 741면).

3. 요건 및 효과

1) 휴직권자는 임용권자가 되며, 휴직기준은 "장교 · 준사관 · 부사관이 형사사건으로 기소된 때"에 휴직을 명할 수 있다고 규정하고 있을 뿐 구체적인 규정을 두고 있지 않다. 따라서 기소휴직의 요건으로는 "형사사건으로 기소된 것" 만으로 족하고, 범죄의 성부나 신체의 구속 유무를 묻지 않는다(東京地 昭 32.

10. 4. 判, 行裁集 8권 10호 1858면). 다만, 약식명령의 경우에는 제외된다. 휴직기간은 '당해 사건의 계속기간' 동안이다.

2) 휴직 중인 군인은 직무에 종사하지는 않으나 군인신분은 계속 유지된다. 따라서 군인의 의무 중 그 신분상 당연히 지게 되는 의무(비밀엄수 · 품위유지 등)는 부담하게 되나 직무에는 종사하지 못하기 때문에 직무상 의무(직장이탈금지 등)는 원칙적으로 부담하지 않는다. 휴직기간에는 봉급의 반액을 지급하고, 다만, 휴직된 자가 무죄의 선고를 받은 때에는 그 봉급의 차액을 소급하여 지급한다(군인사법 제48조 제4항).

Ⅲ. 판결의 쟁점

군인사법 제48조 제4항 후단의 '무죄의 선고를 받은 때'를 형식상 무죄뿐만 아니라 내용상의 무죄까지 확대할 수 있을까? 그동안 국방부 실무는 공소기각과 면소판결의 경우에는 무죄와 동일시할 수 없다는 이유로 봉급의 차액을 소급하여 지급하지 않았다(국법무810－98(1972. 2. 5.)). 일반직공무원의 경우 공소기각판결은 인사관계법령에서 정한 유 · 무죄 여부를 판단할 근거가 없다는 이유로 보수의 차액을 소급하여 지급하고 있었다. 본 사안에 있어서 원고는 처음부터 계속 범행을 부인하고 있었고, 군의관들의 허위 진술, 또한 원고와 군의관들 사이의 금품수수내역을 입증할 만한 다른 정황증거는 없었던 사실 등의 전후 사정에 비추어 보면, 당시 검찰관의 공소취소가 없었더라면 원고는 범죄의 증명이 없는 경우에 해당되어 무죄판결을 선고받을 수 있었다. 군인사법은 휴직된 자가 무죄판결을 받은 경우에는 휴직으로 인한 각종 불이익을 회복시켜 주는 규정을 두고 있으나 공소기각이나 면소판결을 받은 경우에 명확한 규정을 두고 있지 않기 때문에 이에 대한 보호방안의 필요성이 계속 제기되었다(임천영, 군인사법상의 기소휴직제, 저스티스(통권 제79호), 2004/6. 146면).

Ⅳ. 대상판결의 의의

이 판결은 "군인사법 제48조 제4항 후단의 '무죄의 선고를 받은 때'를 헌법 이념에 합치되게 해석하여, 형식상 무죄판결뿐 아니라 공소기각재판을 받았다 하더라도 그와 같은 공소기각의 사유가 없었더라면 무죄가 선고될 현저한 사유가 있는 이른바 내용상 무죄재판의 경우까지로 확대 해석"함으로써 군인의 권익보호에 크게 기여한 판결로 보인다. 이 판결은 개인의 권익에 관계된 조문에 있어서 법률의 문의적(文義的) 합헌적 법률해석 선례를 제시한 판결이다. 행정 실무자 입장에서는 명확한 법문의 규정이 없이 내용상 무죄재판까지 확대 해석하여 봉급의 차액을 지급하기는 어려웠을 것으로 이해가 가나, 위 판결은 앞으로 행정해석에 있어서 좋은 선례가 될 것이다.

15. 군인사법상의 육아 · 임신 · 출산휴직제*

목 차

Ⅰ. 개념

1. 의의 및 취지[1]

육아휴직(育兒休職, parental leave)이란 생후 1년 미만의 영아를 가진 남녀근로자가 그 영아의 양육을 위하여 신청하여 이행하는 휴직을 말한다(남녀고용평등법 제19조 제1항).[2] 육아휴직제도는 부모가 직접 영아기 자녀를 돌보게 됨으로써 보육시설이 가지는 근본적인 단점을 보완하고 개별가정에서 가장 적절한 아동양육을 가능케 하는 근로자의 육아지원제도이다. 이러한 육아휴직제도는 자녀를 가진 근로부모들이 출산 후 직접 자녀를 기를 수 있기 때문에 부모의 심리를 만족시켜 주고 휴직 이후 원래의 직장에 복귀함으로써 개인과 가정의 복지를 증진시킬 뿐 아니라 기업과 국가로서도 양질의 노동력 확보라는 측면을

---

* 게재지: 국방저널(제362호), 국방부, 2004. 2.

1) 조영자, "우리나라 육아휴직제도의 효율적 운영에 대한 연구", 안동대(석사학위논문), 2002; 김현경, "근로여성의 복지증진방안에 관한 연구", 동국대(석사학위논문), 2002; 부가청, "육아휴직제도의 제 · 개정과정에 관한 연구", 서울대(석사학위논문), 2002; 유은혜, "육아휴직제도의 실태와 개선방향에 관한 연구", 동덕여대(석사학위논문), 2001; 김은희, "근로여성 모성권의 법적보장에 관한 연구", 이화여대(석사학위논문), 2001.

2) 이병태, 최신 노동법, 현암사, 1999, 812면; 이상윤, 근로기준법, 법문사, 1999, 860면.

볼 때 유용한 제도가 될 수 있을 것이다.[3] 육아휴직제도는 헌법상 평등의 원칙(제11조)과 가족제도의 보존(제36조 제1항), 모성보호(헌법 제36조 제3항)에 비추어 볼 때 직장과 가정의 양립을 위해 필요한 제도이며, 최근 들어 여성의 사회진출이 증가하고 맞벌이 부부가 늘어 감에 따라 그 중요성이 더욱 강조되고 있다.

2. 관련법규

군인사법 제48조 제3항에는 "임용권자는 장기복무장교, 준사관 및 장기복무부사관과 단기복무 중인 여자군인이 자녀(휴직신청 당시 3세 미만인 자녀에 한한다.)를 양육하거나 임신 또는 출산하게 되어 필요하여 휴직을 원하는 경우에는 업무수행 및 인력운영상 지장을 초래하지 아니하는 범위 안에서 휴직을 명할 수 있으며, 또한 자녀(휴직신청 당시 3세 미만인 자녀에 한한다.)를 양육하거나 여자군인이 임신 또는 출산하게 되어 필요한 때 경우에는 대통령령이 정하는 특별한 사정이 없는 한 휴직을 명하여야 한다."라고 하여 육아휴직제에 관하여 규정하고 있다. 또한 동 조 제6항에는 "임용권자는 제3항 제4호의 규정에 의한 휴직을 이유로 인사상 불리한 처우를 하여서는 아니 된다."라고 하여 여자군인이 육아휴직으로 인하여 불리한 처우를 받지 않도록 규정하고 있다. 남녀고용평등법 제19조,[4] 국가공무원법 제71조 제2항, 지방공무원법 제63조 제2항 제4호, 교육공무원법 제44조 제7호에서 육아휴직제도에 대해 규정하고 있다.[5]

---

3) 유은혜, "육아휴직제도의 실태와 개선방향에 관한 연구", 동덕여대(석사학위논문), 2001, 7면.

4) 남녀고용평등법 제19조(육아휴직)

① 사업주는 생후 1년 미만의 영아를 가진 근로자가 그 영아의 양육을 위하여 휴직(이하 '육아휴직'이라 한다.)을 신청하는 경우에 이를 허용하여야 한다. 다만, 대통령령으로 정하는 경우에는 그러하지 아니하다.

② 제1항의 규정에 의한 육아휴직기간은 1년 이내로 하되, 당해 영아가 생후 1년이 되는 날을 경과할 수 없다.

③ 사업주는 제1항의 규정에 의한 육아휴직을 이유로 해고 그 밖의 불리한 처우를 하여서는 아니 되며, 육아휴직 기간 동안은 당해 근로자를 해고하지 못한다. 다만, 사업을 계속할 수 없는 경우에는 그러하지 아니하다.

④ 사업주는 제1항의 규정에 의한 육아휴직 종료 후에는 휴직 전과 동일한 업무 또는 동등한 수준의 임금을 지급하는 직무에 복귀시켜야 한다. 또한 제2항의 육아휴직기간은 근속기간에 포함한다.

⑤ 육아휴직의 신청방법 및 절차 등에 관하여 필요한 사항은 대통령령으로 정한다.

5) 기타 육아휴직 등의 업무대행 및 탄력 근무에 관한 훈령(국방부훈령 제1222호 2010. 1. 11)이 있다.

3. 연혁

가. 군인사법상 육아휴직제의 도입

군인사법상 육아휴직제는 1999. 1. 29. 법률 제5703호 군인사법 제48조의 개정으로 도입되었다. 도입하게 된 배경은 일반공무원과의 형평성을 맞추기 위해 국가공무원법상의 육아휴직제도를 도입 · 시행하였으며 그 내용도 국가공무원법의 예에 준하여 만 1세 미만의 자녀 양육을 위하여 필요한 경우에 휴직을 허가할 수 있도록 하였다. 2003. 육아 등을 위한 휴직의 범위를 확대하여 여자군인의 사기를 진작시키기 위하여 국가공무원법과 같이 3세 미만의 자녀 양육을 위해 그 범위를 확대하였다.[6] 2007. 12. 21. 만 6세 이하의 초등학교 취학전 자녀 양육으로 더욱 확대하였다.

나. 국가공무원법상의 육아휴직제

육아휴직제는 1994. 12. 22. 국가공무원법을 개정하여 도입되었다. 그 후 1999년 개정 시 특별한 사정이 없는 한 육아휴직을 허가하도록 하는 한편, 휴직을 이유로 인사상 불리한 처우를 하여서는 아니 되도록 하였고, 2002년 1월 개정 시에는 육아휴직 신청대상 자녀의 연령을 1세 미만에서 3세 미만으로 확대하는 한편 임신 또는 출산으로 인한 휴직을 법률에 명확히 규정함으로써 모성보호와 함께 직장과 가정의 양립을 도모하기 위한 제도적 보완을 해 왔다.[7]

---

6) 국회 여성위원회에서 국방위원회에 계류 중인 군인사법중개정법률안(정부제출)에 대한 의견서의 내용은 "육아휴직범위를 확대하고 여자군인의 휴직요건을 완화하는 개정안 제48조 제3항은 육아휴직관련규정을 국가공무원법 등 여타의 관련 법률에 맞추어 정비하려는 것으로서 여타의 공무원과의 형평성, 모성보호 등의 측면에 비추어 바람직한 것으로 사료됨. 다만, 국가공무원법과 비교할 때 인사상 불이익에 관한 최소한의 규정조차 두고 있지 않는바, 현재 극히 저조한 육아휴직의 활성화를 위하여 육아휴직제도의 활용에 따른 인사상 불이익한 처우를 하여서는 아니 된다는 규정을 명시하는 등 인사상 불이익을 최소화하기 위한 제도적 보완이 필요할 것으로 보임."이었다(국회 여성위원회, "군인사법중개정법률안에 대한 심사경과 및 의견서", 2003. 11. 9면).

6) 국가공무원법의 육아휴직제 변천과정(국회 여성위원회, "군인사법중개정법률안에 대한 심사경과 및 의견서", 2003. 11. 5면에서 인용)

Ⅱ. 내용

1. 신청권자

장기복무장교, 준사관, 장기복무부사관, 단기복무 중인 여자군인이 신청할 수 있다. 여자군인뿐만 아니라 그 배우자인 남자군인도 신청할 수 있다. 이는 여자군인 대신에 그 배우자가 영아의 양육을 담당할 수도 있기 때문이다.[8] 다만, 부부가 군인인 경우에는 한 사람만 인정된다.[9] 육아휴직을 신청한 경우 임용권자는 대통령령에 특별한 규정이 없는 한 휴직을 명하여야 한다.

2. 신청시기 및 기간

1) 휴직신청 당시 3세 미만인 자녀이면 족하고 휴직기간이 경과함으로써 3세를 초과하는 것은 무방하다.[10] 자녀에는 친생자는 물론 양자까지 포함되며, 양육하는 자녀의 수에는 아무런 제한이 없다. 육아휴직은 공무원복무규정 제20조 제2항의 출산휴가와는 법적 근거, 성격, 요건이 다르므로 별도로 신청할 수 있고 출산휴가를 사용한 후에도 1년 이내의 육아휴직을 신청할 수 있다.[11]

2) 휴직기간은 3년 범위 내에서 가능하다(군인사법 제49조 제3항).[12] 육아휴

연도	주요조치 내용
1994	• 국가공무원법 개정: 육아휴직제도 · 가사휴직제도 도입
1999	• 국가공무원법 개정: 육아휴직기간의 호봉합산 • 국가공무원복무규정 개정 -여성출산휴가 60일 의무화, 1년 미만 유아를 가진 여성공무원에게 1일 1시간 육아시간 부여
2001	• 국가공무원복무규정 개정 -출산휴가 기간을 60일에서 90일로 연장 • 공무원수당 등에 관한 규정 개정: 육아휴직수당 20만 원 신설
2002	• 국가공무원법 개정: 육아휴직 신청요건 완화 -자녀 1세 미만→3세 미만, 임신 중에도 육아휴직 신청 가능 • 공무원보수규정 개정 -육아휴직 승급산입기간 현행 5할→10할로 확대

8) 이상윤, 근로기준법, 법문사, 1999, 860면.

9) 김중양, 한국인사행정론, 법문사, 2002, 373면.

10) 현재는 “만 6세 이하의 초등학교 취학전 자녀”이면 가능하다.

11) 김중양, 한국인사행정론, 법문사, 2002, 373면.

12) 국가공무원법상의육아휴직제도

직기간은 의무복무기간(동법 제7조)과 진급최저복무기간(동법 제26조)에 포함되지 않는다(동법 제49조 제4항). 또한 육아휴직기간 동안에는 봉급을 지급하지 아니한다(동법 제48조 제4항). 일반직공무원의 경우에는 육아휴직을 한 경우 그 기간의 5할에 해당하는 기간을 승급기간에 산입하며(공무원보수규정 제15조), 육아휴직이 30일 이상인 경우에는 휴직일로부터 최초 1년 범위 내에서 매월 30만 원을 지급한다(공무원수당 등에 관한 규정).[13)]

3. 인사상 불리한 처우 금지

군인사법 제48조 제6항에는 "임용권자는 제3항 제4호의 규정에 의한 휴직을 이유로 인사상 불리한 처우를 하여서는 아니 된다."라고 하여 여자군인이 육아휴직으로 인하여 불리한 처우를 받지 않도록 규정하고 있다. 인사상 불리한 처우를 못 하도록 한 것은 직무에 복귀하였을 때 보직을 부여하거나 승진심사 과정에서 단지 휴직을 했다는 사유로 불리하게 대우해서는 안 된다는 것을 의미한다.[14)]

종 류	육 아 휴 직
요 건	• 3세 미만(신청 당시)인 자녀를 양육하기 위하여 필요하거나, 여자공무원이 임신 또는 출산하게 된 때(친생자, 양자 포함)
기 간	• 1년 이내→ 1년 범위 내에서 연장 시 그 시점에 자녀가 3세를 초과하여도 무방하며, 자녀 1인당 1년 이내 휴직 가능(쌍생아인 경우 2년 범위 내에서 가능)
재직 · 경력 인정	• 승진연수: 제외 • 경력평정: 제외
결원보충	• 6개월 이상 휴직 시 결원보충 가능
봉 급	• 지급 안 함
수 당	• 월 30만 원 지급(1년 이내)
연봉적용자	• 지급 안 함
비 고	• 출산휴가 별도 신청 가능 • 복직일에 휴직기간을 승급기간에 산입

13) 2010년도 육아휴직수당은 월 50만원을 지급하고 있다.

14) 김중양, 한국인사행정론, 법문사, 2002, 373면; 이상윤, 근로기준법, 법문사, 1999, 861면(육아휴직을 이유로 한 불리한 처우란 다른 합리적인 이유 없이 육아휴직을 이유로 여성근로자에게 행해지는 차별대우를 말하며, 여기에는 복직을 시키지 아니하거나 근무지를 불합리하게 변경하는 경우, 육아휴직기간을 승진, 승급, 퇴직금 또는 상여금 산정, 연차휴가일수 가산 등의 기초가 되는 근속기간에 포함시키지 아니하는 경우 등이 해당된다.).

4. 임신 및 출산휴직

국가공무원법상의 임신 · 출산휴직제를 도입한 것으로 여자군인이 임신하거나 출산한 경우에는 휴직을 할 수 있다. 여자군인의 모성보호를 도모하고 있다. 이는 2003년 군인사법개정으로 도입된 것이다.

Ⅲ. 개선방안

군인사법 제49조 제4항에서는 휴직기간을 의무복무기간 또는 진급 최저복무기간에 산입하지 아니하고 있다. 이러한 규정 등으로 인해 2002년 말까지 총 40명의 여군만이 육아휴직을 활용[15]하는 등 군인사법상 육아휴직의 활용이 극히 저조한 하나의 원인이 되고 있는바, 육아휴직기간을 일정부분이라도 진급최저소요연수에 포함시켜야 한다는 의견이 있으며,[16] 장기복무장교, 준사관, 부사관의 경우에는 이미 직업 공무원화되고 있다는 점을 감안할 때 육아 등을 위한 휴직에 따른 인사상 불이익을 최소화하기 위한 보다 적극적인 방안이 모색되어야 할 것이다.[17] 여자 군인에 대하여 일반 공무원과 동등한 수준으로 육아휴직 제도를 실시할 필요가 있다.[18]

---

15) 국가 및 지방공무원의 경우 2001년 1,188명(남자 58명, 여자 1,130명)이 육아휴직을 사용했음(자료: 행정자치부 통계연보 2002).

16) 이에 대해서는 의무복무기간제도의 취지와 장기복무자의 복무기간이 진급에 있어서의 최우선기준으로 활용되고 있는 군인사제도의 현실에 비추어 육아휴직기간을 진급최저소요연수에 포함시키는 것이 타당한지에 대한 신중한 논의가 필요하며, 국가공무원법상 육아휴직의 경우에도 승진연수에서 제외하고 있는 점에 비추어 크게 형평을 잃은 것은 아니라 볼 수도 있다.

17) 이러한 지적에 따라 2006. 3. 3. 법률 제7852호로 군인사법을 개정하여 육아휴직기간은 진급최저복무기간에 산입하게 되었다(군인사법 제49조 제4항 단서 신설).

18) 육아휴직 개선방안으로는 첫째, 현재 무급인 육아휴직기간 중에 임금을 전부 또는 일부를 보상하는 조치가 필요하다. 이를 위해서는 고용보험에서 육아휴직 소득보장의 재원을 마련해야 한다. 둘째, 전일 육아휴직제도의 개선이 필요하다. 이를 위해 근로시간을 단축해 주거나 시차근무제, 노동시간 변경 등을 도입해야 한다. 셋째, 고용보장의 문제이다. 즉 명백한 육아 휴직 후 복직에 관한 조항과 불리한 처우에 대한 강화된 세부적 규제책이 필요하다. 넷째, 전통적 성별분업 의식의 해소와 육아에 대한 사회적 책임의식의 전환이 필요하다(유은혜, 전게논문, 75－77면).

제7편
보수

16. 자살한 군인의 국가유공자(순직군경) 해당 여부*
(대법원 2004. 3. 12. 선고 2003두2205 판결)

목 차

Ⅰ. 대상판결

1. 사실관계

원고의 아들인 A는 2000. 3. 13. ○○부대에 전입하여 근무하던 중 내성적이고 소극적인 성격으로 상명하복의 엄격한 통제사회인 군 생활에 쉽게 적응하지 못하고 있었는데, 선임병인 최△△은 "제대로 하지 않으면 죽여 버린다."고 협박하며 잠을 재우지 않고, 고참병 서열 등을 암기하도록 강요하고, 흡연 금지구역에서 담배를 피웠다는 이유로 뺨을 1회 폭행했다. 또한 A는 위와 같이 육체적 · 정신적으로 심한 고통을 받아 오던 중 자신의 어머니에게 전화하여 "선임병들의 강요행위 등으로 인해 너무 힘들어 죽고 싶다."는 말을 하였고, A의 외삼촌은 포대장에게 전화하여 "선임병들로부터 암기강요 등을 당하면서 잠을 못 자고 있으니 조치해 달라."고 하였으나, 특별한 조치는 취해지지 아니하였으며, 전화한 사실이 알려져 선임병들로부터 따돌림까지 당하게 되었다. 2000. 3. 30. 부대 간부와 면담을 하면서 "조종수를 못 하겠으니 운전병으로 보직 조정을 해

* 게재지: 법률신문(제3299호 2004. 9. 16.)

달라."는 부탁을 하자 "군대에서 하기 싫으면 나가라, 인마, 이 새끼야, 개새끼야" 등의 욕설 · 폭언을 당하자, "선임병의 횡포가 싫다."는 내용의 유서 5장을 남기고 목을 매어 자살을 하였다. 이에 원고는 보훈청에 국가유공자유족등록 신청을 하였으나 피고(보훈청장)는 자해행위로 인한 사망에 해당하여 순직군경에 해당되지 않는다는 이유로 국가유공자유족비해당결정을 하자 이를 취소해 달라는 소송을 제기하였다.

2. 1심, 항소심 및 대법원 판결요지

가. 1심 및 항소심 판결요지

"일반사회와는 달리 엄격한 규율과 집단행동이 중시되는 군대 사회에서는 그 통제성과 폐쇄성으로 인하여 상급자로부터의 강요 등 가혹행위와 그로 인한 피해가 일반 사회에서의 그것보다 피해자에게 미치는 영향이 훨씬 크다는 점에 비추어 달리 망인이 자살할 만한 특별한 사정을 찾아볼 수 없는 이 사건에서 망인의 사망은 선임병 등의 위와 같은 강요 등 가혹행위와 상당인과관계가 있다 할 것이고, 망인의 정상적이고 자유로운 의지의 범위를 벗어난 것이어서, 위와 같은 경우의 망인의 자살은 국가유공자 등 예우 및 지원에 관한 법률(이하 '법'이라 함) 시행령 제3조의 2 단서 제4호 소정의 '자해행위'에 해당하지 아니한다 할 것이므로, 망인은 법 제4조 제1항 제5호 가목 소정의 군인으로서 직무수행 중 사망한 경우에 해당한다 할 것이다."라고 판시하였다(1심: 서울행정법원 2002. 5. 22. 선고 2002구합110 판결, 항소심: 서울고등법원 2003. 1. 23. 선고 2002누9034 판결).

나. 대법원 판결요지

"법시행령 제3조의 2 단서 제4호 소정의 자해행위로 인한 사망은 자유로운 의지에 따른 사망을 의미한다고 할 것인데, 군인이 상급자 등에게 당한 가혹행위가 자살을 결의하게 하는 데 직접적인 동기나 중요한 원인이 되었다는 것만으로는 자유로운 의지에 따른 것이 아니라고 할 수 없고, 자살이 자유로운 의지에 따른 것인지의 여부는 자살자의 나이와 성행, 가혹행위의 내용과 정도, 자살자의 신체적 · 정신적 심리상황, 자살과 관련된 질병의 유무, 자살자를 에워싸고 있는 주위상황, 가혹행위와 자살행위의 시기 및 장소, 기타 자살의 경위 등을 종합적으로 고려하여 판단하여야 할 것이다. 이 사건에서 선임병 등의 위와 같은 가혹행위는 망인으로 하여금 자살을 결의하게 하는 데 직접적인 동기와 중요한 원인이 되었다고 할 것이므로 선임병 등의 위와 같은 가혹행위와 망인의 자살과 사이에 상당인과관계가 있음을 부정할 수는 없지만, 망인의 나이와 성행, 가혹행위의 내용과 정도, 망인을 에워싸고 있는 주위상황, 가혹행위와 자살행위의 시기 및 장소의 근접성, 망인이 자살하기 전에 남긴 유서의 내용과 그로부터 짐작할 수 있는 망인의 정신상태 및 심리상태 등을 종합하여 보면, 망인의 자살은 나약한 성격에 기인한 것이기는 하나 군 생활에 제대로 적응하지 못한 그의 자유로운 의지에 따라 행하여진 것이라 할 것이어서 망인의 사망은 법시행령 제3조의 2 단서 제4호 소정의 자해행위로 인한 사망에 해당한다고 할 것이다."라고 판시하였다.

Ⅱ. 자살 군인에 대한 보상 제도

1. 관련법규

군인사법 제54조에서는 군인이 전사 · 전상 또는 공무로 인하여 질병에 걸리거나, 부상 또는 사망하였을 때에는 법률의 정하는 바에 의하여 본인 또는 그 유족은 그에 대한 상당한 보상을 받는다고 규정하여 군복무 중에 발생하는 각종 재해에 대하여 상당한 보상을 받게 함으로써 국민 전체에 대한 봉사자로서 직무에 전념할 수 있도록 보상규정을 두고 있다.[1] 군의 전 · 공사상자의 구분과 확인 등에 관하여 규정하고 있는 전공사상자처리규정(국방부훈령 제392호 1989. 9. 7.) 제3조에서는 사망을 전사, 순직, 사망으로 구분하고 사망을 일반사망, 변사, 자살로 구분하고 있으며, 자살이란 스스로 자기의 생명을 끊거나 그로 인한 결과로 사망한 것으로 정의하고 있다. 현재 자살자에 대해서는 국립묘지 안장

1) 임천영, 군인사법, 법률문화원, 2004, 791면.

대상자 제외사유가 되며, 또한 1인당 500만 원을 '사병 사망위로금' 명목으로 지급하고 있다.[2)]

2. 자살자 보상 처리

군인이 직무집행과 관련하여 사망한 경우에는 군인연금법, 국가배상법, 국가유공자 등 예우 및 지원에 관한 법에 의하여 보상 및 배상을 받을 수 있다. 즉 군인이 직무집행과 관련하여 사망한 경우에는 국가배상법 제2조 제1항 단서 소정의 직무집행과 관련한 순직에 해당하고, 그 유족은 법 소정의 연금과 군인연금법 소정의 재해보상금을 지급받을 수 있다. 다만, 그 사망이 법 제4조 제5항 제4호의 '자해행위로 인한 경우'에 해당하거나, 군인연금법시행령 제75조 제2호 소정의 고의에 의한 것일 경우에는 법 소정의 연금이나 군인연금법 소정의 재해보상금을 지급받을 수 없다. 특히 법과 법시행령은 국가를 위하여 공헌하거나 희생한 국가유공자와 그 유족에 대한 응분의 예우를 행함으로써 이들의 생활안정과 복지향상을 도모하고 국민의 애국정신함양에 이바지함을 목적으로 그 공헌과 희생의 정도에 대응하여 실질적인 보상으로서 국가유공자 및 그 유족에게 연금을 비롯한 각종의 보상제도(報償制度)를 두고, 이러한 목적과 기본이념 및 보상제도에 따라 국가유공자를 엄격하게 제한적으로 열거하면서, 자해행위로 인한 사망 등에 대해서는 국가유공자에 해당하지 않는 것으로 규정하고 있다.

군인에 대한 보상 및 배상제도로는 첫째로, 군인이 교육훈련 또는 직무수행 중 사망한 경우에는 국가유공자법 제4조 제1항 제5호 가목에 의해 국가유공자로서 지정받을 수 있으며, 이러한 경우에는 국가유공자법에 의한 각종 지원과 혜택을 받을 수 있다. 둘째로, 군인이 질병에 걸리거나 부상을 당하거나 또는 사망한 경우에는 재해보상금을 지급받을 수 있다(군인연금법 제31조 제1항). 셋째로, 군인이 다른 군인의 직무집행과 관련하여 피해를 입은 경우에는 국가배상법 제2조 제1항에 의해 배상을 받을 수 있으나 다만, 동 조 동 항 단서에 의해 국가배상이 제한될 수 있다.

그러나 군인이 자살한 경우, 즉 스스로 자기의 생명을 끊거나 그로 인한 결과

---

2) 육방침 01-4호 2001. 1. 26. 사병 사망위로금 지급방침.

로 사망한 경우에는 위 관련 법규에서 보상 및 배상을 제한하고 있다. 즉 '자해행위로 인한 경우'에 해당하는 경우(국가유공자법 제4조 제5항 제4호) 법 제4조 제5항 제4호(이 조항은 2002. 1. 26. 법률 제6648호로 신설되었는바 구 법시행령(2002. 3. 30. 대통령령 제17565호로 개정되기 전의 것) 제3조의 2 제4호 규정을 가져옴)의 자해행위로 인한 사망이란 '자유로운 의지에 따른 사망'을 의미하는 것으로서, 그 입법취지는 공무상의 질병으로 인한 사망에 해당할 수 없는 경우를 확인적 · 주의적으로 규정한 것에 그치고 자해행위로 인한 사망에 해당한다는 점에 대한 주장 · 입증책임을 상대방에게 부담시키는 것은 아니다(대법원 2004. 5. 14. 선고 2003두13595 판결).

Ⅲ. 최근 판례의 경향

1) 자해행위에 해당되지 않는다는 판례로는 대법원 2004. 5. 14. 선고 2003두13595 판결(의무경찰 복무 중 내성적인 성격으로 낯선 지역적 · 문화적 환경 속에서 엄격한 통제와 단체행동이 요구되는 부대생활에 제대로 적응하지도 못한 상태에서 상급자들의 모욕적이고 위압적인 질책과 언어폭력, 구타 등으로 인하여 극심한 정신적 스트레스로 말미암아 우울증이 발병하였고, 그에 대한 효과적인 치료를 받지 못하여 우울증의 정신병적 증상이 발현되어 자살한 경우임)과 대법원 1999. 6. 8. 선고 99두3331 판결(전투기 조종사의 공무로 인한 우울증과 자살 사이에 상당인과관계를 인정)[3)]이 있다.

3) 망인은 제10전투비행단에서 팬텀기조종사로 근무하면서 조종실력 기타 근무성적이 우수하다고 인정받아 1994. 12. 23. 합동참모의장 표창을 받았고, 전자전 과정 해외연수 대상자로 선발되어 미국 공군에서 1993. 2.부터 1993. 8.까지 연수를 받는 등 조종사로서 강한 자부심과 자신감을 가지고 있었으나, 제3훈련비행단으로 전출되어 교육훈련대대인 제213비행대대 2중대장으로 근무하게 된 후로는, 계급 간의 위계질서가 엄격하였던 제10전투비행단과 달리 제3훈련비행단은 계급이 아닌 부대 전입순서에 따라 보직이 결정되어 후배 장교들이 망인의 지시를 잘 듣지 않았고, 교육용 기종인 T-37기의 시트가 잘 맞지 않아 조종에 불편을 겪다가 전입 직후 교관으로서의 자격을 검증하는 연성평가에서 탈락되어 후배들 앞에서 평가관으로부터 '대위보다 못하다', '형편없다'는 등 질책을 받는 등으로 인하여 심한 좌절감에 빠지게 된데다, 연성평가의 재평가 준비를 하면서 실추된 명예를 회복하기 위한 심리적 부담이 가중되어 불면증과 집중력이 떨어지는 증세가 생기게 되자, 1996. 3. 26.경 신경정신과의원에서 진료받은 결과 우울신경증으로 진단되어 치료를 받게 되었고, 같은 해 4. 10.경부터는 부대의무대에서 우울증에 따른 치료를 받아 왔다. 그 후 망인은 소속부대장과의 수차 면담을 통하여 위와 같은 증상을 상의하였으나 호전되지 아니하자, 제3훈련비행단장은 1997. 5. 8. 망인을 면담하고 건강이 회복될 때까지 업무 부담이 적은 부서에서 근무할 것을 망인에게 권유한 후 토요일인 같은 달 11. 비행이 필요 없는 기지운항실장으로 1997. 5. 13.자로 보직을 변경하였는데, 같은 날 17:00경 망인은 보직변경이 확정된 후 집무실에서 자살하였다.

2) 자해행위에 해당된다는 판례로는 대법원 2003. 6. 13. 선고 2003두1325 판결(장병학술시험에 대리 응시한 행위가 적발되자 그에 대한 상급자들의 질책과 소속대원들에 대한 엄격한 군기훈련을 받게 될 경우 자신에게 쏟아질 비난을 감당할 수 없는 절망감을 느끼고 자살한 사안), 대법원 2003. 9. 5. 선고 2002두11 판결(군기교육은 군 조직을 유지, 통솔하기 위하여 필요불가결한 것으로서 정도의 차이는 있을지라도 어느 부대에나 있는 것이며, 군기교육이 엄하다고 하더라도 군인으로서는 마땅히 이를 극복함으로써 전쟁에서 승리할 수 있는 체력과 정신력을 길러야 한다면서 자해행위로 인정), 대법원 2003. 11. 14. 선고 2002두4136 판결(적응장애 사병이 육체적 · 심리적 긴장과 중압감 내지는 공포심을 수반할 수 있는 사격훈련에 참여하는 과정에서 긴장을 받은 것이 자살의 직접적인 동기가 됨), 대법원 2004. 3. 26. 선고 2003두14789 판결(상급자인 정비하사관의 가혹행위가 자살의 직접적인 동기가 됨), 대법원 2004. 3. 12. 선고 2003두10404 판결(해병대 근무 중 상급자로부터의 폭행 및 가혹행위가 자살의 직접적인 동기가 됨),[4] 서울고등법원 2004. 6. 25. 선고 2003누12846 판결(과중한 업무와 선임병들의 질책 등으로 자살을 결심한 사안) 등에 있어서는 상급자들의 폭행 및 가혹행위가 자살을 결의하게 하는 데 직접적인 동기나 중요한 원인이 되었다는 것만으로는 자유로운 의지에 따른 것이 아니라고 할 수 없다고 하면서 나약한 성격 탓에 군 생활에 적응하지 못한 나머지 자유로운 의지에 따른 사망이라고 하였다.

Ⅳ. 대상판결의 의의

대상판결은 군인이 상급자 등으로부터 당한 가혹행위가 자살을 결의하게 하

4) 위 판례에 대해 "위 대법원 판결은 상관의 폭행이나 가혹행위와 사망 사이의 상당인과관계를 인정하면서도 자해행위로 인한 사망의 요건 판단은 정상적이고 자유로운 의지에 의한 것인지 여부에 따라 별도로 해야 한다는 입장을 표명한 것이라는 점에 의의가 있다. 상관의 폭행이나 가혹행위 등의 요인은 업무 혹은 업무에 통상적으로 수반되는 것이라 볼 수 없으므로 이러한 사실만으로 업무수행성 내지 업무기인성 요건이 당연히 충족된다고 볼 수 없으며, 또한 폭행 또는 가혹행위 사실들이 있다고 해서 망인의 자살이 정상적이고 자유로운 의지에 의한 자해행위가 아니라고 단정할 수 없다는 점에 비추어 판례의 논리는 타당하다고 본다."(강세빈, "공무상의 질병 요건과 자해행위에 관한 고찰", 공군법률논집(통권 제24호), 공군본부, 192면).

는 데 직접적인 동기나 중요한 원인이 되었다는 것만으로는 자유로운 의지에 따른 것이 아니라고 할 수 없고, 자살자의 나이와 성행, 가혹행위의 내용과 정도, 자살자의 신체적 · 정신적 심리상황, 자살과 관련된 질병의 유무, 자살자를 에워싸고 있는 주위상황, 가혹행위와 자살행위의 시기 및 장소, 기타 자살의 경위 등을 종합적으로 고려하여 판단하여야 한다면서 정상적이고 자유로운 의지를 벗어난 범위를 제한적으로 해석하고 있다. 어떤 이유로든 자살한 군인을 국가유공자로 지정하여 국립묘지에 안장하거나 국가유공자로 지정하여 보상하는 것은 국민 정서상 괴리가 있어 국가유공자 인정을 제한적으로 해석하는 면은 수긍이 가나, 상급자들의 가혹행위 및 폭행이 자살의 직접적인 원인이 되는 경우에는 국가배상책임을 확대할 필요성이 있다. 즉 영내에서의 가혹행위는 내무생활이라는 특수성에 비추어 피해자에게 상당한 정신적 충격을 주는 점, 상급자에 의한 폭행인 경우 일방적으로 당할 뿐이며 다른 조치를 취할 수 없어 일반폭행과는 다른 점, 상급자의 폭행이나 가혹행위가 자살의 직접적인 원인이 된다는 통계 등에 비추어, 군대에서의 구타나 가혹행위로 인한 자살이라는 조건관계가 인정되면 경험칙상 자살이라는 결과의 발생을 통상 예견할 수 있다고 인정하여 국가배상 책임을 확대해 나가야 할 것이다.

17. 영내 자살사고에 대한 보상 및 배상 -대법원 판례를 중심으로- *

목 차

Ⅰ. 서

1. 개설

자살률 OECD국 중 최고 "지난해 인구 10명당 자살한 사람은 16.1명으로 1995년의 11.8명보다 2.2배 늘었으며, 경제협력개발기구(OECD) 회원국 중 최고 수준이었다. 국가별 연령구조 차이를 조정해 OECD기준인구로 표준화할 경우 한국은 지난해 10만 명당 24.7명으로 2004년에 이어 회원국 중 가장 높았다."[1] 자살은 인간 개인의 문제가 아니라 인간 모두의 문제이다. 최근 자살은 학생뿐만 아니라 노년층까지도 문제가 되면서 심각한 사회문제로 제기되고 있다. 군도 예외가 아니다. 군대에 들어와 훈련 중 또는 복무 중에 정신적 · 육체적 스트레스로 인하여 자살자가 발생하고 있음은 주지의 사실이다. 그러나 영내에서의 자살사고 발생은 해부대 지휘관 및 부대원의 사기에 직접적인 악영향을 줄 뿐만

* 게재지: 인사보(제100호), 육군본부, 2007. 4.

1) 한국일보, 2006. 9. 19. A9면.

아니라 사후 수습처리에 있어서도 많은 문제점을 제기하고 있다.

유족들은 자살이 발생한 경우 자살에 대한 각종 의혹을 제기하면서 사체인수 거부, 조사 절차에 대한 문제점 제기, 자살 원인 규명 및 의혹, 조사 및 수사결과의 불인정, 국립묘지 안장 요구, 국가에 대한 배상 및 보상요구뿐만 아니라 이를 위한 부대 앞 시위 등 각종 민원을 제기하고 있다.[2)]

이러한 자살사고는 군과 민의 정서적 괴리감을 더욱 깊게 하고, 또한 군에 대한 불신을 증폭하면서 자식을 가진 부모들과 그 주변 사람들에게도 많은 부담을 주고 있다. 이러한 점을 감안하여 국회, 시민단체 그리고 군에서도 자살자에 대한 처리를 지금과는 달리해야 한다는 의견이 대두되고 있으며, 2006. 11. 28. 군의문사진상규명위원회에서도 "군 내 자살처리자, 어떻게 대우할 것인가?"에 대해 전문가 초청토론회를 개최한 바 있다.

물론 현재로서도 자살자의 유가족들은 국가에 대한 국가배상청구, 자살의 동기를 직접적으로 제공한 자에 대한 민사상의 손해배상 청구, 국가유공자 지정신청 등을 할 수 있으나 사실조사 및 증거자료 확보 미비, 입증에 있어서 사실상 어려움을 가지고 있다. 현 제도하에서는 자살자 유족에 대한 배상과 보상이 제한적으로 운영되고 있다고 볼 수 있다. 군에서는 2001. 3. 1.부터 1인당 500만 원을 '사병 사망위로금' 명목으로 지급하고 있다.[3)]

2. 관련 법규

자살은 두 가지 측면, 즉 사전적(事前的) 자살 예방의 문제로 또 하나는 사후적 보상이라는 면에서 규정하고 있다. 현행법상 자살에 대해 규정하고 있는 관련 법규로는 부대관리훈령(국방부훈령 제1056호 2009. 5. 19.)이 있다. 종전에는 군 사고예방규정(2006. 11. 13. 국방부훈령 제803호), 구타 및 가혹행위 근절지침(국방부 2007. 1. 11.), 군 내 사망사고 발생 시 처리지침(국인근33163 – 3385('02. 12. 23.)), 사고처리신상필벌기준(2002. 3. 19. 국방부훈령 제702호), 전공사상자처리

2) 강민구, "군대 내 사망사고의 현황과 문제점", 군대 내 사망사고의 문제점 및 제도개선을 위한 공청회 자료집, 천주교인권위원회, 2000.

3) 국인복33176 – 2017(01. 1. 8.) 사병 사망위로금 지급방침보고(하달); 육방침 01 – 4호(2001. 1. 26.) 사병 사망위로금 지급방침.

규정(1989. 9. 7. 국방부훈령 제392호), 국가배상법 제2조, 국가유공자법[4] 제4조, 국인복33176－2017(01. 1. 8.)사병 사망위로금 지급방침보고(하달) 등이 있었다.

Ⅱ. 자살사건 처리 절차

1. 처리절차

가. 보고절차

사망자가 발생한 때에 소속부대장은 그 사실을 24시간 내에 소속 군 참모총장에게 전문 보고한 후 7일 내에 사망확인조서에 사망진단(시체검안)서를 첨부하여 서면 보고하여야 한다(전공사상자 처리규정 제5조 제1항). 이때 군사법경찰관은 사망확인조서를 작성하는데 사망원인뿐만 아니라 사망구분에 대한 소견까지 기재하여야 한다. 군 병원장은 입원환자 중 사망자가 발생한 때에는 그 사실을 24시간 내에 사망자의 소속 군 참모총장에게 전문 보고한 후 7일 내에 사망경위서에 사망진단(시체검안)서를 첨부하여 서면 보고한다(동 조 제2항).

나. 조사절차

군 내에서 사망사건이 발생하면 사고관할 군사법경찰관은 즉시 사고발생 장소로 출동을 하여 사체 검안을 위한 군의관, 기타 참여인 출석 협조를 의뢰한 후 조사에 착수한다. 이때 군사법경찰관의 검시를 거쳐 사인이 명백하고 그 사인에 대하여 유족이 수긍하는 경우에는 사인규명 후 검찰관의 지휘를 받아 유족에게 사체를 인도함으로써 사망사고 조사가 종결되는데, 범죄의 혐의가 없고 자살로 판명된 사건이라도 반드시 조사기록을 관할 검찰관에게 송부하여야 한다.[5]

다. 사망확인 통보 및 기록송부

각 군 참모총장은 사망이 확인된 경우 국가보훈처, 유족 등에게 통지하여야

4) 이하에서는 "국가유공자 등 예우 및 지원에 관한 법률"을 "국가유공자법"으로 약칭한다.

5) 육규 156(06. 7. 1.)범죄수사활동규정 제41조.

하며 연간 사망자 현황을 그다음 해의 1월 15일까지 국방부장관에게 보고하여야 한다(전공사상자 처리규정 제8조). 군사법경찰관은 범죄의 혐의가 인정되지 아니한 경우에나 인정되는 경우 모두 조사과정을 기록으로 작성하여 검찰관에게 송부하여야 하며, 검찰관이 사건기록을 송부받아 이를 검토하여 사인을 자살, 타살, 변사 등으로 변사사건부에 기재함으로써 사건을 종결한다.

2. 문제점 및 개선방안

군의문사 진상규명위원회에서 접수한 진정사건 중 자살처리사건과 관련하여 제기한 문제점은 다음과 같다. 첫째로 군 사망사건 처리과정의 일반적인 문제점으로는 사고발생 부대에 대해 ① 군 자살사고에 대한 유족과 군부대 인식의 차이, ② 조직의 폐쇄성, ③ 사고현장의 훼손 및 현장보존 미흡, ④ 군 지휘관에 대한 처벌의지 부족하며, 또한 군 사망사고 처리기관 및 제도에 대해서는 ① 군 수사기관의 독립성 부족, ② 수사관의 경험 및 장비 부족, ③ 현장감식 전담팀의 소극적 운영 및 운영제한, ④ 조사시간 문제, ⑤ 사망원인 규명 미흡과 미공개, ⑥ 성급한 언론보도로 인한 유가족 불만, ⑦ 영현처리절차상 문제를 지적하고 있다. 둘째로 자살 처리된 진정사건에 대한 군 조사기록 검토에서 드러난 문제점으로는 ① 엄격하지 못한 자살추정, ② 피상적이고 성급한 자살원인분석, ③ 사망의 경위에 대한 철저한 조사의지의 부족, ④ 유족의 신뢰 획득에 실패하거나 의혹의 증폭 등을 들고 있다.[6]

기타 군 내 사망사고 처리실태에 대해서는 다음과 같은 문제점이 있다. ① 사망사고 현장 훼손, ② 부적절한 사고 경위 설명 및 장례 등 시신인수를 강요, ③ 수사기관의 비독립성, ④ 수사 시 유가족 및 인권단체의 참여제한, ⑤ 현장감식의 전문성 부족, ⑥ 사망확인서 조서 작성의 문제점 등이 있으며,[7] 이에 대한 개선책으로 ① 철저한 현장보존, ② 수사기관과 사고대책반 임무/역할 구분, ③ 수사기관의 독립성 보장, ④ 수사의 전문성 향상, ⑤ 현장검증의 객관성 향상, ⑥ 사망확인조서는 수사 종결 단계에서의 작성 등 개선이 필요하다.

---

6) 김호철, “군의문사 진정사건을 통해 본 자살처리자 문제 현황”, 군의문사위 2006년 전문가 초청토론회 자료집, 군의문사진상규명위원회, 2006, 35－42면.

7) 백낙종, “군내 사망사건 처리실태 고찰”, 인사보(제94호), 육군본부, 2004. 12. 118－124면.

Ⅲ. 자살자에 대한 보상 및 배상

1. 문제의 제기

군인사법 제54조에서는 "군인이 전사 · 전상 또는 공무로 인하여 질병에 걸리거나, 부상 또는 사망하였을 때에는 법률의 정하는 바에 의하여 본인 또는 그 유족은 그에 대한 상당한 보상을 받는다."라고 규정하여 군복무 중에 발생하는 각종 재해에 대하여 상당한 보상을 받게 함으로써 국민 전체에 대한 봉사자로서 직무에 전념할 수 있도록 하는 보상규정을 두고 있다.[8] 군인에 대한 보상 및 배상제도로는 첫째로, 군인이 교육훈련 또는 직무수행 중 사망한 경우에는 국가유공자법 제4조 제1항 제5호 가목에 의해 국가유공자로서 지정받을 수 있으며, 이러한 경우에는 국가유공자법에 의한 각종 지원과 혜택을 받을 수 있다. 둘째로, 군인이 질병에 걸리거나 부상을 당하거나 또는 사망한 경우에는 재해보상금을 지급받을 수 있다(군인연금법 제31조 제1항). 셋째로, 군인이 다른 군인의 직무집행과 관련하여 피해를 입은 경우에는 국가배상법 제2조 제1항에 의해 배상을 받을 수 있으나 다만, 동 조 동 항 단서에 의해 국가배상이 제한될 수 있다.

그러나 군인이 자살한 경우 즉 스스로 자기의 생명을 끊거나 그로 인한 결과로 사망한 경우에는 위 관련 법규에서 보상 및 배상을 제한하고 있다. 즉 '자해행위로 인한 경우'에 해당하는 경우(국가유공자법 제4조 제5항 제4호), 본인의 고의 또는 중대한 과실로 인하여 재해보상금의 지급사유가 발생한 자(군인연금법시행령 제75조 제2호)에 대해서는 연금이나 재해보상금 지급을 제한하고 있다. 기타 자살자에 대해서는 국립묘지 안장 대상 제외사유이다. 다음에 소개하는 사례를 통하여 국가배상법상의 배상과 국가유공자법상의 보상 관계를 이해하는 데 도움이 될 것이다.

---

8) 임천영, 군인사법, 법률문화원, 2004, 791면.

2. 사례

1) 사실관계

원고의 아들인 A는 2000. 3. 13. ○○부대에 전입하여 근무하던 중 내성적이고 소극적인 성격으로 상명하복의 엄격한 통제사회인 군 생활에 쉽게 적응하지 못하고 있었는데, 같은 소속대 선임병인 최○○은 2000. 3. 22.부터 같은 달 26.까지 매일 일석점호 후 약 30분에서 1시간가량 소속대 내무실 등지에서 "제대로 하지 않으면 죽여 버린다."고 협박하며 잠을 재우지 않고, 고참병 서열, 암구호 전파방법, 티오티(TOT)사격절차, 포상정리정돈, 주변부대 차량번호 등을 암기하도록 강요하고, 같은 달 26. 07:30경에는 소속대 제6포상 진지 내 장약통 앞에서 흡연이 금지되어 있음에도 담배를 피웠다는 이유로 뺨을 1회 폭행했다. 또한 A는 위와 같이 육체적 · 정신적으로 심한 고통을 받아 오던 중 자신의 어머니에게 전화하여 "선임병들의 강요행위 등으로 인해 너무 힘들어 죽고 싶다."는 말을 하였고, A의 외삼촌은 포대장에게 전화하여 "선임병들로부터 암기강요 등을 당하면서 잠을 못 자고 있으니 조치해 달라."고 하였으나, 특별한 조치는 취해지지 아니하였으며, 전화한 사실이 알려져 선임병들로부터 따돌림까지 당하게 되었다.

그 후 2000. 3. 30. 부대 간부 중사 이○○와 면담을 하게 되었는데, 면담 시에는 간부로서, 통상 군대에 갓 들어온 신병은 소속대 전입 후에도 적응력이 부족하기 때문에 특별한 관심을 갖고 자상하게 상담에 응하여 군 생활에 적응하지 못한 이유가 무엇인지를 세심하게 파악하고 그 해결에 필요한 조치를 취하여야 한다는 사실을 잘 알고 있었음에도 불구하고 망인(A)이 위와 같이 육체적 · 정신적으로 심한 고통을 받고 있다는 사실을 간과한 채 "조종수를 못 하겠으니 운전병으로 보직 조정을 해 달라."는 부탁을 하자 "군대에서 하기 싫으면 나가라, 인마, 이 새끼야, 개새끼야" 등의 욕설 · 폭언을 당하자, 망인은 이에 절망하여 자살할 것을 결의하고 자신의 군인수첩에 "선임병의 횡포가 싫다."는 내용의 유서 5장을 남기고 목을 매어 자살을 하였다.

2) 소송의 경과

사망자의 유족들은 위 사실관계에 따른 사망자에 대한 보상과 배상을 위해 소송을 제기하였으나 8차례의 소송을 거쳐 배상을 받게 되었다. 이하에서는 8차례의 소송 진행 경과를 알아보고 문제점을 제기하기로 한다. 우선 유족들은 국가를 상대로 국가배상을 신청(① 판결)하였으나 패소하고, 다음으로 국가유공자법에 의한 보상(②, ③, ④, ⑤ 판결)을 신청하였으나 자해행위에 해당된다는 이유로 패소하자, 다시 국가배상을 신청(⑥, ⑦, ⑧ 판결)하여 배상을 받게 된 사안이다.

① 판결(서울중앙지방법원 2000. 12. 12. 선고 2000가합48802 판결)

유족들은 망인의 사망 후 피고(대한민국)를 상대로 손해배상청구 소송을 제기하였으나, 위 법원은 "최○○, 이○○이 망인을 훈계 내지 면담하면서 그 한계를 넘어 위와 같은 강요 내지 폭언 등을 한 행위는 외관상 위 최△△, 이○○의 직무집행과 밀접한 관련이 있다고 할 것이며, 일반 사회와는 달리 엄격한 규율과 집단행동이 중시되는 군대 사회에서는 그 통제성과 폐쇄성으로 인하여 상급자로부터의 강요 내지 폭언 및 그로 인한 피해의 의미가 일반 사회에서의 강요 내지 폭언 등의 행위와 망인의 자살 사이에는 상당인과관계가 존재한다고 할 것이므로, 특별한 사정이 없는 한 피고는 소속공무원인 최○○, 이○○이 위와 같은 행위를 하여 망인으로 하여금 자살하게 함으로써 망인 및 그 유족들인 원고가 입은 손해를 배상할 책임이 있다 할 것이다."라고 하였다.

이어서 법원은 "망인이 군인으로서의 직무집행과 관련하여 상급자로부터 강요행위 내지 폭언행위 등을 당하고 이로 인하여 사망하게 된 사실은 앞서 살펴본 바와 같으므로 망인의 사망은 국가배상법 제2조 제1항 단서 소정의 '순직'에 해당한다고 할 것이고, 이에 따라 망인의 유족인 원고는 국가유공자법 및 군인연금법의 각 보상규정에 따라 연금, 재해보상금 등을 지급받을 수 있다고 할 것이어서(국가유공자법시행령 제3조의 2 제4호는 자해행위로 인한 사망의 경우에는 위 법률의 적용대상에서 제외한다는 취지로 규정하고 있고, 군인연금법 시행령 제75조 제2호도 본인의 고의 또는 중대한 과실로 인하여 군인연금법상의 재해보상금의 지급사유가 발생한 경우에는 재해보상금을 지급하지 아니한다는 취지로 규정하고 있어 일견 자살한 망인의 경우에는 그 유족인 원고가 국가배상법에서 규정한 '다른 법령의 규정에 의하여 재해보상금 · 유족연금 등의 보상'을 지급받을 수 없는 것처럼 보이나, 앞서 살펴본 바와 같이 망인의 사망은 상급자로부터의 강요행위 내지 폭언행위 등에 기인한 것으로 업무상 입은 위 강요행위 내지 폭언행위 등과 상당인과관계가 있는 것이고 망인의 자유로운 의지의 범위를 벗어난 것이어서, 위와 같은 경우의 망인의 자살은 국가유공자법 시행령 제3조의 2 제4호 소정의 '자해행위' 내지 군인연금법 시행령 제75조 제2호 소정의 '본인의 고의 또는 중대한 과실로 인하여 군인연금법상의 재해보상금의 지급사유가 발생한 경우'에 해당하지 아니한다고 할 것이다(대판 1999. 6. 8. 99두3331 참조)), 원고는 망인의 위 사망을 원인으로 하여 피고에 대하여 국가배상법 및 민법의 규정에 의한 손해배상을 청구할 수는 없다."라고 하였다.

이 판결의 결과는 원고가 패소하였다. 즉 "망인이 직무집행과 관련하여 상급자로부터 강요 내지 폭언을 당하고 사망하게 된 것은 순직에 해당하여 원고는 국가유공자 등 예우 및 지원에 관한 법률 및 군인연금법의 각 보상규정에 따른 연금이나 재해보상금을 지급받을 수 있다."는 이유로 원고의 청구를 기각하였다.

② 판결(서울행정법원 2002. 5. 22. 선고 2002구합110 판결)

원고는 ① 판결을 받은 후 서울북부보훈지청에 국가유공자법에 의한 보상을 받기 위하여 국가유공자 유족등록 신청을 하였으나 2001. 10. 22. 서울북부보훈지청으로부터 망인의 자살은 자해행위에 해당한다는 이유로 국가유공자유족 비해당결정 통보를 받았다. 그 후 국가유공자 비해당처분에 불복하여 서울행정법원에 국가유공자등록거부취소의 소를 제기하였다. 위 법원은 "온순한 성격으로 전입한 지 얼마 되지 않아 모든 것이 생소한 시점에서 엄격한 통제가 요구되는 군 생활을 제대로 잘 적응하지 못하고 있던 망인에게 최○○, 이○○이 선임병 또는 간부로서 훈계나 교육의 한계를 넘어 강요, 구타, 폭언 등 가혹행위를 하였고, 일반 사회와는 달리 엄격한 규율과 집단행동이 중시되는 군대 사회에서는 그 통제성과 폐쇄성으로 인하여 상급자로부터의 강요 등 가혹행위와 그로 인한 피해가 일반사회에서의 그것보다 피해자에게 미치는 영향이 훨씬 크다는 점에 비추어, 달리 망인이 자살할 만한 특별한 사정을 찾아볼 수 없는 이 사건에서 망인의 사망은 선임병 등의 위와 같은 강요 등 가혹행위와 상당인과관계가 있다 할 것이고, 망인의 정상적이고 자유로운 의지의 범위를 벗어난 것이어서, 위와 같은 경우 망인의 자살은 법시행령 제3조의 2 단서 제4호 소정의 자해행위에 해당하지 아니한다 할 것이므로, 망인은 법 제4조 제1항 제5호 가목 소정의 군인으로서 직무수행 중 사망한 경우에 해당한다 할 것이다."라고 판시하였다.

이 판결의 결과는 원고가 승소하였다. 즉 비록 원고가 자살을 하였으나 국가유공자법상의 자해행위에 해당되지 않기 때문에 국가유공자로서 보상을 받을 수 있는 판결을 받았다.

③ 판결(서울고등법원 2003. 1. 23. 선고 2002누9034 판결)

위 ② 판결과 같은 이유로 "망인의 사망은 선임병 등의 위와 같은 강요 등 가혹행위와 상당인과관계가 있다 할 것이고, 망인의 정상적이고 자유로운 의지의 범위를 벗어난 것이어서, 위와 같은 경우의 망인의 자살은 법 시행령 제3조의 2 단서 제4호 소정의 '자해행위'에 해당하지 아니한다 할 것이므로, 망인은 법 제4조 제1항 제5호 가목 소정의 군인으로서 직무수행 중 사망한 경우에 해당한다 할 것이다."라고 하였다.

이 판결의 결과는 ② 판결과 같이 원고가 승소하였다. 즉 비록 원고가 자살을 하였으나 국가유공자법상의 자해행위에 해당되지 않기 때문에 국가유공자로서 보상을 받을 수 있다는 것이다.

④ 판결(대법원 2004. 3. 12. 선고 2003두2205 판결)

위 ③ 판결에 대해 서울북부보훈지청장이 대법원에 상고하였다. 상고심인 대법원에서는 "군인이 직무집행과 관련하여 사망한 경우, 이는 국가배상법 제2조 제1항 단서 소정의 직무집행과 관련한 순직에 해당하고, 이와 같은 경우 그 유족은 법 소정의 연금과 군인연금법 소정의 재해보상금을 지급받을 수 있다고 할 것이지만, 그 사망이 법시행령 제3조의 2 단서 제4호 소정의 자해행위로 인한 것이거나 군인연금법시행령 제75조 제2호 소정의 고의에 의한 것일 경우에는 법 소정의 연금이나 군인연금법 소정의 재해보상금을 지급받을 수 없다고 할 것이고, 한편 법과 법시행령은 국가를 위하여 공헌하거나 희생한 국가유공자와 그 유족에 대한 응분의 예우를 행함으로써 이들의 생활안정과 복지향상을 도모하고 국민의 애국정신함양에 이바지함을 목적으로 그 공헌과 희생의 정도에 대응하여 실질적인 보상으로서 국가유공자 및 그 유족에게 연금을 비롯한 각종의 보상제도(報償制度)를 두고, 이러한 목적과 기본이념 및 보상제도에 따라 국가유공자를 엄격하게 제한적으로 열거하면서, 자해행위로 인한 사망 등에 대해서는 국가유공자에 해당하지 않는 것으로 규정하고 있는바(법 제1조, 제2조, 제4조, 제7조, 법시행령 제3조의 2 단서 제1호 내지 제4호 등), 이러한 규정의 취지를 종합하여 보면, 법시행령 제3조의 2 단서 제4호 소정의 자해행위로 인한 사망은 자유로운 의지에 따른 사망을 의미한다고 할 것인데, 군인이 상급자 등으로부터 당한 가혹행위가 자살을 결의하게 하는 데 직접적인 동기나 중요한 원인이 되었다는 것만으로는 자유로운 의지에 따른 것이 아니라고 할 수 없고, 자살이 자유로운 의지에 따른 것인지의 여부는 자살자의 나이와 성행, 가혹행위의 내용과 정도, 자살자의 신체적 · 정신적 심리상황, 자살과 관련된 질병의 유무, 자살자를 에워싸고 있는 주위상황, 가혹행위와 자살행위의 시기 및 장소, 기타 자살의 경위 등을 종합적으로 고려하여 판단하여야 할 것이다. 이 사건에서 선임병 등의 위와 같은 가혹행위는 망인으로 하여금 자살을 결의하게 하는 데 직접적인 동기와 중요한 원인이 되었다고 할 것이므로 선임병 등의 위와 같은 가혹행위와 망인의 자살과 사이에 상당인과관계가 있음을 부정할 수는 없지만, 망인의 나이와 성행, 가혹행위의 내용과 정도, 망인을 에워싸고 있는 주위상황, 가혹행위와 자살행위의 시기 및 장소의 근접성, 망인이 자살하기 전에 남긴 유서의 내용과 그로부터 짐작할 수 있는 망인의 정신상태 및 심리상태 등을 종합하여 보면, 망인의 자살은 나약한 성격에 기인한 것이기는 하나 군 생활에 제대로 적응하지 못한 그의 자유로운 의지에 따라 행하여진 것이라 할 것이어서 망인의 사망은 법시행령 제3조의 2 단서 제4호 소정의 자해행위로 인한 사망에 해당한다고 할 것이다."라고 하였다.

이 판결의 결과는 ②, ③ 판결과는 다르게 원고가 패소하였다. 원고의 자살은 국가유공자법상의 자해행위에 해당한다고 하였다. 즉 "망인이 선임병 등으로부터 당한 가혹행위와 망인의 자살과 사이에 상당인과관계가 있다는 이유만으로 망인의 자살이 망인의 자유로운 의지의 범위를 벗어난 상태에서 이루어진 것으로서 법시행령 제3조의 2 단서 제4호 소정의 자해행위에 해당하지 아니한다고 한 원심의 판단은 위법이 있다."라고 한 것이다.

⑤ 판결(서울고등법원 2005. 2. 18. 선고 2004누8439 판결)

위 대법원 파기환송 판결에 의해 원고의 청구를 기각하는 판결을 하였다. 결국 원고는 이 사건 불법행위로 인한 손해에 대하여 국가유공자법 및 군인연금법 기타 다른 법령에 의한 구체적인 보상을 받을 수 있을 때에 해당되지 않는 것이 확정되었다.

⑥ 판결(서울중앙지방법원 2005. 10. 14. 선고 2005가합25682 판결)

원고는 위 판결에 따라 국가유공자로서 보상을 받지 못하자 다시 국가배상법에 의한 국가배상책임을 묻기 위해 민사소송을 제기하였다.[9] 서울중앙지방법원에서는 "망인은 2000. 3. 13. 소속대에 전입한 자로서 ⅰ) 부대에 근무한 지 불과 17일 만에 자살한 사실, ⅱ) 최○○이 망인에게 암기를 강요한 내용은 군 생활과 관련된 것들로서 망인이 군 생활에 보다 빨리 적응하고 임무를 잘 수행하도록 하기 위한 목적에서 그러한 암기강요가 행하여졌고, 비록 그 방법이 부당하였으나 단지 망인을 괴롭히기 위한 목적으로만 자행된 것은 아니었으며, 그 과정에서 망인이 암기를 하지 못하였다는 등의 이유로 망인에게 직접적인 폭행이 이루어진 바도 없었고, 암기강요가 이루어진 기간은 2000. 3. 22.부터 2000. 3. 26.까지 단 5일간 하루 30분 내지 1시간에 불과했던 사실, ⅲ) 망인은 장약통이 담배와 같은 화기에 노출되어 폭발할 경우 다수의 인명피해가 발생할 수도 있기 때문에 장약통 근처에서는 흡연이 금지되어 있음에도 불구하고 장약통 앞에서 담배를 피웠고 이를 목격한 최○○은 망인의 위험한 행동을 제지하고 위험성을 숙지시키는 과정에서 망인의 뺨을 1회 때리게 된 사실, ⅳ) 망인은 관심사병으로 분류되어 망인의 군 생활을 돌보아 주기 위한 후견인도 선정되었던 사실, ⅴ) 이○○은 망인의 갑작스러운 보직변경 요청을 받고 망인을 나무라는 과정에서 다소간의 폭언을 행한 사실, ⅵ) 망인이 군대에 입대하기 전 망인에게

9) 원고가 피고를 상대로 하여 이 사건 불법행위를 원인으로 한 손해배상청구소송을 제기하였다가 패소판결을 받았으므로 이 사건 청구는 위 전소 판결(① 판결)의 기판력에 저촉되는지 여부에 대해 위 법원은 "전소 패소판결의 기판력에 저촉된다고 볼 수 없다(대법원 1998. 7. 10. 선고 98다7001 판결 등 참조)."라고 하였다.

는 특별한 정신적 이상이나 성격적 결함 등이 발견되지 않았고, 오히려 밝고 원만한 편이었던 사실 등이 인정되는바, 이와 같은 가혹행위의 동기, 내용과 정도, 기간, 반복성의 유무, 망인의 평소 성행 등 이 사건에서 나타난 제반 사정을 종합해 보면, 아무리 군대 사회의 통제성과 폐쇄성으로 인하여 군대 내의 폭언이나 폭행이 가지는 의미가 일반 사회에서의 그것보다 심대하고, 특히 망인과 같이 군 생활을 갓 시작한 신병들에게 미치는 정신적 압박감이 크다고 하더라도, 군대 사회의 특성상 요구되는 엄격한 규율의 필요성과 징병제를 채택하고 있는 현실상황 등을 감안할 때, 단 5일간의 암기강요 행위, 폭발물 근처에서 담배를 피운 데 대해 뺨을 1회 때린 행위, 그리고 망인의 보직변경 요청을 거부하고 이에 대해 폭언을 가한 행위만으로는 사회통념상 최○○, 이○○ 또는 피고가 망인이 자살이라는 극단적인 선택까지 나아가리라는 것을 도저히 예견할 수 없었던 것으로 보인다."라고 하였다.

이 판결의 결과는 원고가 패소하였다. 원고의 자살은 상당인과관계가 인정되는 통상의 손해에 해당하지 않는다고 하였다. 즉 "암기강요, 폭행, 폭언 등의 위법행위로 인한 망인의 자살에 따른 손해는 사회 일반의 관념상 예견 가능성이 없는 것으로서 상당인과관계가 인정되는 통상손해에 해당하지 아니하고, 다만, 망인의 심약한 성격 내지 일반 신병들과는 다른 특수한 심리적 상태에서 기인한 특별한 사정으로 인한 손해로서 망인이 자살을 하리라는 사실을 최○○, 또는 피고가 알았거나 알 수 있었을 경우에 한하여만 책임을 부담한다고 할 것인데, 앞서 인정한 사실에 비추어 볼 때 최○○, 또는 피고가 이를 알았거나 알 수 있었다고 보기 어렵고, 달리 이를 인정할 만한 아무런 증거가 없다."라고 하였다.

⑦ 판결(서울고등법원 2006. 4. 6. 선고 2005나92054 판결)

위 ⑥ 판결에 대해 원고가 항소하였다. 이 항소심에서는 "일반 사회와 달리 엄격한 규율과 집단행동이 중시되는 군대 사회에서 특히 전입한 지 얼마 되지 않아 모든 것이 생소하고 두렵기만 한 시점에서 온순하고 내성적인 성격의 망인에게 행하여진 이러한 가혹행위는 그 통제성과 폐쇄성으로 인하여 그로 인한 피해가 일반 사회에서의 그것보다 망인에게 미치는 영향이 훨씬 크다는 점, 달리 망인이 자살할 만한 특별한 사정을 찾아볼 수 없다는 점 등에 비추어 볼 때, 위 가혹행위는 망인으로 하여금 자살을 결의하게 하는 데 직접적이고도 중요한 원인이 되었다고 할 것일 뿐 아니라, 위 선임병 등은 비교적 장기간의 군 생활을 통하여 군 내에서의 모든 가혹행위의 위험성 및 이로 인하여 발생하는 탈영·자살사고 등에 대하여 잘 알고 있었으리라 보이고, 특히 이○○은 망인이 군 생활에 잘 적응하지 못하여 관심사병으로 분류된 점도 알고 있어 사망에 대한 예견 가능성도 있었다고 할 것이므로, 위 가혹행위와 망인의 자살 사이에는 상당인과관계가 존재한다고 할 것이다."라고 판시하여 국가배상책임을 인정하였다.

한 법원은 망인의 행위에 대해서는 70%의 책임을 물었다. 즉 "망인으로서도 새로운 군 생활에 빨리 적응할 수 있도록 적극적으로 노력하면서 위와 같은 가혹행위에 대하여 지휘관 등에게 보고하는 등의 적절한 조치를 취하여야 함에도 불구하고, 이러한 노력 등을 게을리하다가 끝내는 자살이라는 비정상적이고도 극단적인 행동을 선택하였는바, 그렇다면 망인이 사망에 이르게 된 데에는 그 자신의 위와 같은 잘못도 중대한 원인이 되었다고 할 것이고, 이러한 망인의 잘못을 피고의 배상책임을 정함에 있어 이를 참작하기로 하되, 그 비율은 여러 가지 사정에 비추어 약 70%로 봄이 상당하다."라고 하였다.

이 판결의 결과는 ⑥ 판결과는 다르게 원고가 승소하였다. 즉 가혹행위와 망인의 사망과 상당인과관계가 존재하기 때문에 특별한 사정이 없는 한 피고는 국가배상법 제2조 제1항 본문에 의하여 유족들이 입은 손해를 배상할 책임이 있다고 하였다.

⑧ 판결(대법원 2006. 6. 28. 선고 2006다24391 판결)

위 ⑦ 판결에 피고인 국가가 대법원에 상고를 제기하였다. 이에 대해 대법원은 피고의 상고에 대해 상고를 기각하는 판결을 하였다. 결국 원고는 8번의 소송을 통하여 국가배상을 받게 되었다.[10)]

10) 위 사례를 보면 동일한 사실관계를 가지고 유족들은 보상 및 배상을 받기 위해 8차례의 소송을 거치게 된 것은 사법운영상의 문제점이 있다고 보인다.

3. 자살자에 대한 배상 및 보상

가. 국가유공자법에 의한 보상

1) 개요

국가유공자법은 국가를 위하여 공헌하거나 희생한 국가유공자와 그 유족에 대한 응분의 예우를 행함으로써 이들의 생활안정과 복지향상을 도모하고 국민의 애국정신함양에 이바지함을 목적으로 그 공헌과 희생의 정도에 대응하여 실질적인 보상으로서 국가유공자 및 그 유족에게 연금을 비롯한 각종의 보상제도를 두고 이러한 목적과 기본이념 및 보상제도에 따라 국가유공자를 엄격하게 제한적으로 열거하고 있다. 즉 군인이 복무 중 사망한 경우에는 순직군경에 해당되어 국가유공자가 될 수 있으나(제4조 제1항 제5호), 자해행위로 인한 사망은 국가유공자에서 제외된다(동 조 제5항 제4호).

2) 최근 판례의 경향[11)]

자해행위에 해당된다는 판례로는 대법원 2003. 6. 13. 선고 2003두1325 판결. (장병학술시험에 대리 응시한 행위가 적발되자 그에 대한 상급자들의 질책과 소속대원들에 대한 엄격한 군기훈련을 받게 될 경우 자신에게 쏟아질 비난을 감당할 수 없는 절망감을 느끼고 자살한 사안), 대법원 2003. 9. 5. 선고 2002두11 판결, 대법원 2003. 11. 14. 선고 2002두4136 판결, 대법원 2004. 3. 26. 선고 2003두14789 판결, 대법원 2004. 3. 12. 선고 2003두10404 판결, 서울고등법원 2004. 6. 25. 선고 2003누12846 판결(과중한 업무와 선임병들의 질책 등으로 자살을 결심한 사안) 등에 있어서는 상급자들의 폭행 및 가혹행위가 자살을 결의하게 하는 데 직접적인 동기나 중요한 원인이 되었다는 것만으로는 자유로운 의지에 따른 것이 아니라고 할 수 없다고 하면서 나약한 성격 탓에 군 생활에 적응하지 못한 나머지 자유로운 의지에 따른 사망이라고 하였다.

자해행위에 해당되지 않는다는 판례로는 대법원 2004. 5. 14. 선고 2003두13595 판결(상급자들의 모욕적이고 위압적인 질책과 언어폭력, 구타 등으로 인하여 극심한 정신적 스트레스로 말미암아 우울증이 발병하였고, 그에 대한 효과

---

11) 임천영, "자살한 군인의 국가유공자 해당 여부", 법률신문 제3299호, 2004. 9. 16.

적인 치료를 받지 못하여 우울증의 정신병적 증상이 발현되어 자살한 경우임)와 대법원 1999. 6. 8. 선고 99두3331 판결(전투기 조종사의 공무로 인한 우울증과 자살 사이에 상당인과관계를 인정)이 있다.

따라서 판례는 영내에서 자살한 군인은 특별한 사정이 없는 한 자유로운 의지에 의한 것으로 보고 있으며, 다만, 예외적으로 영내 자살자가 구타 · 가혹행위로 인하여 우울증 등 정신병으로 치료를 받다 그로 인해 자살한 경우에는 자살자의 정상적이고 자유로운 의지를 벗어난 자해행위에 해당하지 않는 것으로 보고 있다. 영내 자살자가 국가유공자로 지정받는 데에는 상당한 어려움이 있다.[12)]

나. 국가배상법에 의한 배상

1) 개요

군인이 군복무 중 자살로 인하여 사망한 경우에 그 유족들은 사망원인인 자살이 공무수행 중에 발생한 것으로 주장하여 국가배상을 청구하고 있다. 특히 상급자의 구타 · 질책 · 가혹행위와 자살 사이의 상당인과관계(相當因果關係)가 인정됨을 주장하여 보상을 청구하는 소송이 계속해서 늘어나고 있는 추세이다. 법률적으로 사병이 군부대 내에서 상급자의 구타나 가혹행위를 당한 후 비관 자살한 경우에 국가는 국가배상법 제2조 제1항 본문에 의하여 손해배상책임을 지는가? 국가배상법 제8조는 민법을 적용하고 있고, 민법 제763조에 의하면 불법행위의 경우에도 채무불이행에 관한 민법 제393조가 준용되므로, 이는 구타와 자살 사이의 상당인과관계의 유무 내지 특별손해에 대한 예견 가능성의 문제이다. 전통적인 상당인과관계설에 의하면 구타 후의 자살이라는 특별한 사정에 의하여 발생하는 손해에 대해서는 가해자에게 특별사정에 대한 예견 가능성이 인정되어야 국가배상책임이 인정되므로, 특별손해에 대한 예견 가능성이라는 요건을 어떻게 해석하는가에 달려 있다.[13)]

---

12) 임관시의 특기가 변경되어 새로 맡게 된 업무에 종사하지 못한 부사관이 자살한 사례에서 판례는 "군인이 직무수행 중의 스트레스로 인한 우울증이 직접적인 동기나 중요한 원인이 되어 자살에 이르게 되었다는 사정만으로는 자유로운 의지에 따른 사망이 아니라고 할 수 없고, 그 자살이 자유로운 의지에 따른 것인지 여부는 자살자의 나이와 성행 및 직위, 직무수행으로 인한 스트레스가 자살자에게 가한 긴장도 내지 중압감의 정도와 지속시간, 자살자의 신체적 · 정신적 상황과 자살자를 둘러싼 주위상황, 우울증의 발병과 자살행위의 시기 기타 자살에 이르게 된 경위, 기존 정신질환의 유무 및 가족력 등을 종합적으로 고려하여 신중히 판단하여야 한다."라고 하였다(대법원 2006. 9. 14. 선고 2005두14578 판결).

13) 황정근, "군내 구타로 인한 자살과 국가배상책임", 법률신문(제3191호, 2003. 8. 4.), 14면.

2) 판례

(가) 군 내의 구타 후 자살에 관한 사안을 다룬 대법원판결은 드물지만 상당인과관계의 존재를 전제로 하여 순직에 해당한다고 판단한 사례가 있다. 즉 "일반 사회와는 달리 엄격한 규율과 집단행동이 중시되는 군대 사회에서는 그 통제성과 폐쇄성으로 인하여 상급자로부터의 구타 내지 질책 및 그로 인한 피해의 의미가 일반사회에서의 그것과는 크게 다르다는 점에 비추어 볼 때, 구타 및 가혹행위가 망인으로 하여금 자살을 결의하게 하는 데 직접적이고도 중요한 원인을 제공하였고, 군에서 실시되는 각종 구타방지교육 등을 통하여 군 내에서의 구타 및 가혹행위의 위험성 및 이로 인한 탈영 · 자살사고 등에 대하여 알고 있어 예견 가능성도 있었다고 할 것이어서, 구타 및 가혹행위와 망인의 자살 사이에는 상당인과관계가 있다."고 판단하였다.[14)]

또 다른 판례에서는 "망인은 직무집행과 관련하여 상급자들로부터 가혹행위를 당하고 이로 인하여 사망하게 된 것이라고 할 것이어서 망인의 사망은 국가배상법 제2조 제1항 단서 소정의 '순직'에 해당하고 이에 따라 망인의 유족들은 국가유공자법 및 군인연금법의 각 보상규정에 따라 연금, 재해보상금 등을 지급받을 수 있다."라고 판시하였다.[15)]

(나) 하급심판결은, 군 내 구타와 자살 간의 상당인과관계를 부정한 사례[16)]와 긍정한 사례[17)]로 나뉘어 있다. 영내 자살자에 대한 서울지방법원 초기의 태도는 기본적으로 영내 구타 · 가혹행위는 직무와 밀접한 관련성이 있고, 군대사회는 엄격한 규율과 집단행동이 중시되고 통제성과 폐쇄성이 강하므로 영내 구타 · 가혹행위와 자살 간의 상당인과관계는 인정하면서도 이는 국가배상법 제2조 제1항 단서상의 순직에 해당하고 국가유공자법 소정의 자해행위에 해당하지 않아 국가유공자법 및 군인연금법의 각 보상규정에 따라 연금, 재해보상금 등을 지급받을 수 있으므로, 국가배상이 허용되지 않는다는 판결례가 주류였다.[18)] 서

14) 대법원 2002. 4. 26. 선고 2002다2812 판결.

15) 대법원 2000. 9. 5. 선고 2000다12914 판결.

16) 대구고등법원 2000. 9. 22. 선고 2000나424 판결(이 사례에서는 "훈계의 목적을 벗어난 가혹행위와 폭행이 비록 피해자에게 정신적인 충격과 육체적 고통을 주었다고 하더라도 그와 같은 가혹행위 및 폭행이 피해자로 하여금 자살을 결의하게 하고, 다시 그것을 실행에 옮기는 것은 일반적으로 일어날 수 있는 것은 아니라고 할 것이어서……"라면서 손해배상을 부정하였다.).

17) 서울고등법원 2002. 1. 11. 선고 2001나46695 판결; 서울지방법원 2001. 9. 21. 선고 2001가합2230 판결; 서울지방법원 2000. 11. 3. 선고 2000가합45834 판결; 서울지방법원 2000. 5. 9. 선고 99가합97402 판결.

울고등법원의 판결은 영내 구타 · 가혹행위의 정도에 비추어 자살자가 그로 인하여 의사능력이나 자유의지를 잃고 자살에 이르게 되었다고 볼 수 없으므로 국가유공자법에 따른 보상이나 군인연금법상의 재해보상금을 받을 수 없어 국가배상법 제2조 제1항 단서가 적용되지 않는다고 하면서 국가배상법 제2조 제1항 단서의 적용을 인정한 제1심판결을 취소하고 원고의 청구를 인용하였으나, 자살에 이르게 된 자살자의 책임부분을 과실 상계하였다.[19]

3) 소결론

군대 내에서 가해자가 그 직무를 집행하면서 고의로 법령에 위반하여 피해자에게 구타나 가혹행위를 하고 피해자가 그 후에 자살함으로써 피해자나 그 상속인에게 손해가 발생하였다면 이는 특별한 사정으로 인한 손해로서 가해자가 그러한 사정을 알았거나 알 수 있었을 때에 한하여 국가배상의 책임이 있다. 그러나 이 경우 상당인과관계는 그와 같은 불법행위로 인하여 자살이라는 결과가 발생할 개연성만이 아니라 불법행위의 태양과 정도 및 횟수, 그것이 피해자에게 미친 정신적 충격의 정도, 불법행위가 발생한 군대 내부생활의 특수성, 가해자가 평소 구타방지교육 등을 통하여 구타나 가혹행위의 위험성 및 이로 인한 탈영 · 자살사고에 대하여 알고 있는지 여부, 피해자의 연령과 신체적 심리적 상황, 피해자를 에워싸고 있는 주위상황, 자살에 이르게 된 경위 등을 종합 고려하여 경험칙상 예견 가능성이 추단된다면 이를 인정할 수 있다고 할 것이다.

영내에서 사병 사이에 발생하는 가혹행위는 내무생활이라는 특수성에 비추어 피해자에게 상당한 정신적 충격을 주는 점, 일반사회와는 달리 엄격한 규율과 집단행동이 중시되는 군대사회에서는 그 통제성과 폐쇄성으로 인하여 상급자의 폭행과 그로 인한 피해의 의미가 일반 폭행의 경우와는 크게 다른 점, 특히 피해자가 하급자인 경우 선임자의 가혹행위에 대하여 정상적인 절차에 따른 시정조치를 취하기가 사실상 어려운 점, 실제로 전입 신병의 경우 가혹행위를 견디지 못하여 자살에 이르는 경우가 적지 않고 군에서 실시되는 각종 구타방지교육 등을 통하여 군 내에서의 가혹행위 위험성 및 이로 인한 탈영 · 자살사고 등

18) 서울지방법원 2000. 12. 12. 선고 2000가합48802 판결.

19) 자살자에 대하여 배상을 인정한 하급심판결 중 가장 대표적인 예가 서울고등법원 2002. 1. 11. 선고 2001나46695 판결 사건이다. 동일한 취지의 판결로는 서울고판 2000나25813; 서울고판 99나57241.

에 대하여 널리 알려져 있는 점 등에 비추어 볼 때, 군대에서의 구타나 가혹행위로 인한 자살이라는 조건관계가 인정되면 경험칙상 자살이라는 결과의 발생이 통상 예견할 수 있다고 인정하여도 무방하리라고 생각한다.[20)]

4. 배상과 보상과의 관계

1) 영내 자살자의 유족들은 위에서 본 바와 같이 국가배상법에 의한 국가배상과 국가유공자법에 의한 각종 보상을 받을 수 있으나, 다만, 국가배상법 제2조 제1항 단서 특례규정에 의하여 일정한 경우에는 국가배상법 및 민법의 규정에 의한 손해배상을 청구할 수 없도록 하고 있다.[21)] 이하에서는 특례규정의 취지, 국가배상의 보충적 지위, 금액의 비교 등에 관하여 설명하기로 한다.

2) 국가배상법 제2조 제1항 단서규정에 따라 다른 법령의 규정에 의하여 재해보상금 · 유족연금 · 상이연금 등의 보상을 지급받을 수 있을 때에는 이 법 및 민법의 규정에 의한 손해배상을 청구할 수 없기 때문에 국가유공자법에 의한 보상이 인정되지 않는 경우에는 국가배상법 제2조 제1항 단서의 적용은 배제되고, 국가배상청구는 가능하다.[22)] 즉 국가배상책임을 묻기 위해서는 우선적으로 국가유공자법에 따른 보상 여부가 판단되어야 하고, 그 보상이 인정되지 아니하는 경우에 국가배상 여부가 판단되어야 한다. 따라서 국가배상은 국가유공자법에 대한 보상에 대하여 보충적으로 기능한 것이고, 결국 국가배상과 국가유공자법에 대한 보상은 포괄적으로 국가책임의 이행방식으로서 상호 대체적인 것으로 파악될 수 있다고 한다.[23)]

3) 국가배상과 국가유공자로서 보상 중 어느 것이 더 유리할까? 임성훈 서울중앙지방법원 판사가 분석한 자료에 의하면 "영내 자살자가 국가배상으로 받을 수 있는 금원은, 가장 최근에 선고된 판결로 보이는 서울고등법원 2003나58599

20) 황정근, 전게논문, 14면.

21) 국가배상법 제2조 제1항 단서 "다만, 군인 · 군무원 · 경찰공무원 또는 향토예비군대원이 전투 · 훈련 등 직무집행과 관련하여 전사 · 순직 또는 공상을 입은 경우에 본인 또는 그 유족이 다른 법령의 규정에 의하여 재해보상금 · 유족연금 · 상이연금 등의 보상을 지급받을 수 있을 때에는 이 법 및 민법의 규정에 의한 손해배상을 청구할 수 없다."

22) 대법원 1996. 12. 20. 선고 96다42178 판결.

23) 임성훈, "영내 구타 · 가혹행위로 인한 자살에 대한 배상과 보상", 행정판례연구Ⅹ, 한국행정판례연구회 편, 2005, 박영사, 260－261면.

사건을 보면, 자살자의 일실수입은 도시일용노임(위 사건에서는 2002. 9. 기준)을 기준으로 178,404,160원, 장례비는 300만 원으로 산정되므로 이에 대한 과실상계 70～80%를 하면, 그 배상액은 35,680,832원 내지 53,521,248원이 되고 여기에 위자료를 추가한 금액을 배상받는다. 반면에 국가유공자법에 의한 보상은 유족연금으로 매월 674,000원을 지급받고(20년간 연금을 지급받는다고 하고 호프만식 계산법에 의하여 중간이자를 공제한다고 하면 그 현가는 111,955,163원(674,000×166.10558375)에 이른다.), 생활 정도를 감안하여 매월 7만 원 내지 12만 원의 생활조정수당을 지급받을 수 있으며, 수업료면제, 학자금지급 등의 교육보호, 취업보호대상자의 우선채용 등의 취업보호, 보훈병원에서의 가료 등 의료보호, 장기저리로 금원대부, 고령자에 대한 국가양로시설에서의 보호, 대중교통시설의 요금할인, 고궁 및 공원의 무료이용, 주택의 우선분양, 국립묘지에의 안장 등의 혜택을 누릴 수 있다."고 한다.[24] 사안에 따라서는 국가유공자법에 의한 보상이 국가배상내용보다 적은 것은 아니다.

Ⅳ. 개선방안

최근 대법원은 산업재해보상보험법상 업무상 재해와 관련하여 근로자가 업무상 질병으로 요양 중 자살한 경우에 있어서도 사망과 업무와의 사이에 상당인과관계가 있다고 인정하고 있다. 행정법원에서도 심신이 건강한 상태로 입대한 병사가 구타 · 기합을 당하는 바람에 우울증 등 정신질환이 생겨 자살한 것은 공무와의 관련성을 인정하여 순직으로 인정하는 경향이 있다. 특히 "질병의 주된 발생 원인이 업무수행과 직접 관련은 없더라도 과로나 스트레스가 겹쳐서 질병을 유발 또는 악화시켰다면 인과관계가 있다고 봐야 한다."라고 하면서 자살에 대한 보상 범위를 넓혀 가고 있다.[25]

그동안 군에서 자살사고는 소극적이고 내성적인 성격의 소유자가 단체생활에 적응하지 못하고 발생하는 개인적인 문제로 보아 왔다. 그러나 군 내 자살을 개

---

24) 임성훈, 전게논문, 260면.

25) 서울행정법원 2006. 9. 7. 선고 2005구합40539 판결.

인적 요인이나 사회 환경 요인으로만 볼 것이 아니라, 군 환경 구조적 요인의 복합적이고 구조적 결과로 인해 발생한다는 시각으로의 변화가 요구된다. 군인 자살사고의 경우 병역의무의 강제성, 자살사고의 과실경합적 성격 등을 고려하여 민간보다 폭넓은 국가책임의 범위를 설정하되 국가배상이나 보훈이 아닌 재해보상 차원에서 접근해야 하며, 순직 등 여타 사망과 형평성 있는 보상 방안이 마련되어야 할 것이다.[26)]

우선적으로 자살에 대한 보상 입법은 장기적으로 추진되어야 할 사항이지만 현 상태하에서 자살자 유족에 대한 배상 대책으로는 국가배상을 활성화할 필요가 있다. 앞에서 살펴본 바와 같이 법원에서 최소한 폭행 · 가혹행위로 인하여 자살한 병에 대해 국가배상책임을 원칙적으로 인정하고 있다. 그렇다면 유족들에게 소송을 거치지 않고 각 군에 설치되어 있는 국가배상위원회를 통해 보다 간편한 절차를 통하여 적절한 배상을 받을 수 있도록 제도를 보완 · 운영할 필요가 있다. 임성훈 판사도 "만약 자살자에 대한 군 내부의 조사절차 투명성과 충실성이 확보된다면, 군복무 중 자살자에 대한 국가배상소송절차에서 군 내부의 조사결과 이상으로 그 조사결과를 번복할 만한 별다른 사실자료가 수집되기는 어렵고, 결국 군 내부의 조사결과에 의거하여 국가배상책임 여부 및 배상금액을 결정하게 될 것인데, 유족들에게 손쉽고 별다른 비용이 들지 않는 국가배상위원회를 통한 국가배상절차를 이용하는 것이 필요하다고 한다."[27)] 일반 법원에 소송을 제기하기보다는 군에 설치된 특별배상심의회를 통해 구제 절차가 이루어진다면 간이 · 신속하게 배상받을 수 있는 장점이 있으며 또한 군부대 근무환경 및 군조직의 특수성에 대해 잘 알고 있는 군법무관들이 참여함으로써 자살 원인 및 동기, 과실상계비율을 적정히 함으로써 자살 유형에 따른 일률적인 보상 기준을 마련할 수 있어 유족들에 대한 권리구제에 대해 만전을 기할 수 있으리라고 본다.

---

26) 안석기 · 정주성, 전게논문, 4면.

27) 임성훈, "군내 자살처리자 관련 판례 분석과 현 제도의 문제점", 군의문사위 2006년 전문가 초청토론회 자료집, 군의문사진상규명위원회, 2006, 116 - 117면.

18. 영내 자살사고 예방 및 사후 대책 –법적 배상 및 보상을 중심으로*

목 차

Ⅰ. 서론

1. 개설

자살률 OECD국 중 최고 "지난해 인구 10만 명당 자살한 사람은 26.1명으로 1995년의 11.8명보다 2.2배 늘었으며, 경제협력개발기구(OECD) 회원국 중 최고 수준이었다. 국가별 연령구조 차이를 조정해 OECD기준인구로 표준화할 경우 한국은 지난해 10만 명당 24.7명으로 2004년에 이어 회원국 중 가장 높았다. 헝가리가 22.6명(2003년 기준), 일본 20.3명이 뒤를 이었다. 지난해 남성의 자살이 여성보다 2배가량 많은 것으로 나타났다. 남성은 10만 명당 34.9명(여성

* 게재지: 육군 법무병과창설 60주년 기념논문집, 육군본부 법무실, 2007.

17.3명)이 자살로 목숨을 끊었다. 40대 이상의 남성자살 수는 여성의 3배 이상으로 뛰었다."[1)]

"자살 더 이상 방치하면 안 된다. 국가가 나서서 막겠다." 일본 자살자 수가 해마다 3만 명에 달하자 일본정부가 자살을 예방하기 위한 종합대책 마련에 나섰다고 아사히신문이 16일 보도했다. 정부 산하에 자살 방지대책센터를 설치하는가 하면 지방자치단체 · 비영리법인과 손잡고 자살 예방을 위한 전국네트워크를 마련한다. 각급 학교에 자살 예방을 위한 핸드북을 만들어 배포하고 관련 당국이 대규모 우울병 진단사업을 실시하는 방안도 추진된다. 일본의 최근 자살통계를 보면 2003년 3만 2,109건으로 사상 최대를 기록한 데 이어 2004년에도 3만 227명으로 2년 연속 3만 명을 넘어섰다. 이에 따라 일본 정부는 자살을 더 이상 개인의 일로 방치하지 않고 직접 나서 대책을 마련할 생각이다.[2)]

자살은 인간 개개인의 문제가 아니라 인간 모두의 문제이다. 최근 자살은 학생뿐만 아니라 노년층까지도 문제가 되면서 심각한 사회문제로 제기되고 있다. 군도 예외가 아니다. 군대에 들어와 훈련 중 또는 복무 중에 정신적 · 육체적 스트레스로 인하여 자살자가 발생하고 있음은 주지의 사실이다. 그러나 영내에서의 자살사고 발생은 해부대 지휘관 및 부대원의 사기에 직접적인 악영향을 줄 뿐만 아니라 사후 수습처리에 있어서도 많은 문제점을 제기하고 있다. 이하에서는 자살실태, 원인 및 예방대책, 배상 및 보상에 대해 알아보고 이에 대한 개선방안에 대해 알아보기로 한다.

2. 문제점

군복무를 위해 군에 자식을 맡긴 부모의 입장에서는 자식의 자살이라는 그 결과에 대해 어느 누구도 납득을 하지 못하는 것이 인지상정일 것이다. 군대에 들어오기 전까지는 건강하고 아무런 문제가 없었는데 왜 자살을 했겠느냐? 자살에 대한 각종 의혹을 제기하면서 사체인수거부, 조사 절차에 대한 문제점 제기, 자살 원인에 대한 의혹, 조사 및 수사결과의 불인정, 국립묘지 안장 요구, 국가에 대한 배상 및 보상요구, 부대 앞 시위 등 각종 민원을 제기하고 있다.[3)]

1) 한국일보, 2006. 9. 19. A9면.

2) 매일경제신문, 2005. 7. 18. A11면.

특히 유족들은 자살 사고에 대한 관리책임이 국가에 있다고 하면서, 자살원인에 대한 진상규명을 요구하고 있다. 그 후에는 자살이라는 사실을 인정하면서도 사병관리 부실 및 사망원인 제공 등을 근거로 국가배상책임을 청구하거나, 또한 군부대에서 발생한 자살은 공무수행 중에 발생한 것이므로 국가유공자로서의 보상과 예우를 요구하는 등 법적 분쟁이 계속되고 있다. 이러한 자살사고는 군과 민의 정서적 괴리감을 더욱 깊게 하고, 또한 군에 대한 불신을 증폭하면서 자식을 가진 부모들과 그 주변 사람들에게도 많은 부담을 주고 있다. 이러한 점을 감안하여 국회, 시민단체 그리고 군에서도 자살자에 대한 처리를 지금과는 달리해야 한다는 의견이 대두되고 있다.[4)]

국가에서는 군의문사진상규명 등에 관한 특별법을 제정하여 군에서 발생한 사망사고 중 의문이 제기된 사건에 대한 진상을 명확히 밝히려는 노력을 하고 있다. 2006. 11. 29. 의문사진상규명위원회에서는 "군 내 자살처리자 어떻게 대우할 것인가"에 대해 전문가 초청토론회를 개최하는 등 군 내 자살에 대해 많은 관심을 가지고 있다.[5)]

현재로서도 자살자의 유가족들은 국가에 대한 국가배상청구, 자살의 동기를 직접적으로 제공한 자에 대한 민사상의 손해배상 청구, 국가유공자 지정 신청 등을 할 수 있으나 사실조사 및 증거자료 확보 미비, 입증에 있어서 사실상 어려움을 가지고 있다. 현 제도하에서는 자살자 유족에 대한 배상과 보상이 제한적으로 운영되고 있다고 볼 수 있다. 군에서는 2001. 3. 1.부터 1인당 500만 원을 '사병 사망위로금' 명목으로 지급하고 있다.[6)]

---

3) 강민구, "군대 내 사망사고의 현황과 문제점", 군대 내 사망사고의 문제점 및 제도개선을 위한 공청회 자료집, 천주교인권위원회, 2000; 이덕우, "군대 내 사망사고 처리의 개선방향", 군대 내 사망사고의 문제점 및 제도개선을 위한 공청회 자료집, 천주교인권위원회, 2000.

4) 이행규, "군내 사망사고 조사과정의 문제점과 군의문사 재발방지를 위한 개혁방향", 군의문사 해결을 위한 공개토론회 발제(2003. 6. 20.)에서 "군의문사 재발방지를 위한 방안으로 ① 군의문사진상규명을 위한 특별법 제정, ② 군사법제도의 개혁, ③ 군 내 상시적인 조사위원회의 설치, ④ 군 내 인권교육 강화 및 인권담당관 제도의 도입"을 주장했다. 황학수, "군의문사진상규명특별법 제정의 필요성 및 의의", 군의무사 해결을 위한 공개토론회 발제(2003. 6. 20.)에서 "① 군사법제도 개혁을 통한 군수사의 신뢰성 확보, ② 군사망사고처리위원회(군대 내의 사망사고 조사에 군수사기관뿐만 아니라 유족대표, 인권단체, 국가인권위원회 등 민간이 참여하여 함께 조사할 수 있는 기구를 상설화), ③ 국가인권위원회를 통한 해결, ④ 특별법 제정"을 주장했다.

5) 군의문사라 함은 군인으로서 복무하는 중 사망한 사람의 사망원인이 명확하지 아니하다고 의심할 만한 상당한 사유가 있는 사고 또는 사건 중에서 1993년 2월 25일부터 이 법 시행일 전일까지의 기간에 발생한 것과 그 전에 발생한 사고 또는 사건으로서 제3조의 규정에 따라 설치된 군의문사진상규명위원회에서 그 진상규명이 필요하다고 결정하여 조사대상으로 선정한 것을 말한다(제2조).

6) 국인복33176 - 2017(01. 1. 8.) 사병 사망위로금 지급방침보고(하달); 육방침 01 - 4호(2001. 1. 26.) 사병

3. 관련 법규

자살은 두 가지 측면, 즉 사전적(事前的) 자살 예방의 문제로 또 하나는 사후적 보상이라는 면에서 규정하고 있다. 현행법상 자살에 대해 규정하고 있는 관련 법규로는 부대관리훈령(국방부훈령 제1056호 2009. 5. 19.)이 있다. 종전에는 군사고예방규정(2006. 11. 13. 국방부훈령 제803호), 구타 및 가혹행위 근절지침(국방부 2007. 1. 11.), 군 내 사망사고 발생 시 처리지침(국인근33163-3385('02. 12. 23.)), 사고처리신상필벌기준(2002. 3. 19. 국방부훈령 제702호), 전공사상자처리규정(1989. 9. 7. 국방부훈령 제392호), 국가배상법 제2조, 국가유공자법[7] 제4조, 국인복33176-2017(01. 1. 8.)사병 사망위로금 지급방침보고(하달) 등이 있었다.

Ⅱ. 현 실태 및 예방대책

1. 현황[8)9)]

가. 일반 자살통계와 군 자살통계의 비교

년도	전체 사망자 수	전체 자살 사망 수	전체 자살사망률 (십만 명당)	군 사망자 수	군 자살사망 수	군 자살사망률 (십만 명당)
1980				970	391	40.0
1981				806	362	45.0
1982				692	276	40.0
1983				675	179	26.5
1984				789	278	35.2

사망위로금 지급방침.

7) 이하에서는 "국가유공자 등 예우 및 지원에 관한 법률"을 "국가유공자법"으로 약칭한다.

8) 국방부, 2003년 국정감사 국회요구자료(I)(군사법원 소관), 2003. 9. 329면(위의 자료에 의한 2000년 자살사고 82건을 자살방식으로 구분하면, 의사가 49건, 투신 13건, 총기 10건, 음독 8건, 자해 1건, 자폭 1건이었다.).

9) 일본에서도 자살하는 자위대원이 크게 늘고 있다고 한다. 2002년에는 78명이 자살하였다. 2004년 4월부터 7월 말까지 4개월간 자위대원 31명이 자살했다. 소속별 자살자 수는 육상자위대 21명, 해상자위대 6명, 항공자위대 4명 등이며 계급별로는 준위와 하사관이 23명으로 가장 많다. 연령별로는 30대가 11명으로 가장 많고 다음에 20대 9명, 40대 6명, 50대 5명 순이다. 방위청은 냉전체제가 무너진 후 부대조직 개편 등으로 인사이동이 많아지면서 단신부임이 많아진 것도 자살자가 늘어난 원인의 하나인 것으로 보고 있다(연합뉴스 2004. 8. 19.).

1985	246,121	3,688	11.5	721	225	34.6
1986	244,782	3,457	11.2	653	260	40
1987	248,997	3,301	10.5	619	176	27
1988	239,926	2,947	9.2	538	190	29.2
1989	243,576	3,622	9.4	453	158	24.3
1990	248,991	3,157	9.8	430	172	26.5
1991	249,588	3,066	9.1	355	129	19.8
1992	243,054	3,533	9.7	367	125	19.2
1993	240,468	4,123	10.6	343	129	19.8
1994	248,377	4,211	10.5	416	155	23.8
1995	248,089	4,840	11.8	330	100	15.4
1996	245,588	5,856	14.1	359	103	15.8
1997	247,938	6,022	14.1	273	92	13.3
1998	248,443	8,569	19.9	248	102	14.8
1999	246,539	7,075	16.1	230	101	14.6
2000	247,346	6,460	14.6	182	82	11.9
2001	242,730	6,933	15.5	164	66	9.6
2002	246,515	8,631	19.1	158	79	11.4
2003	245,817	10,932	24.0	150	69	10
2004	245,771	11,523	25.2	135	67	9.7
2005	245,511	12,047	26.1	124	64	9.3

위의 표를 1980년부터 1994년에 이르는 15년 동안 군 자살사망률이 사회의 전체 자살사망률보다 2~3배 정도 높다. 이는 1980년대에 군 자살사망률이 매우 높게 나타난 것은 군의 사망자 수가 많았다는 점과 억압적이고 비민주적인 군 문화에 그 원인이 있다. 군 사망자 수는 1995년 이후부터 조금씩 줄어들기 시작하여 2000년대에 접어들면서 200명 이하로 대폭 감소하게 된다. 문민화 이후 군 내부의 개혁과 병영문화 개선이 사망자를 줄이는 데 큰 영향을 주었다고 볼 수 있다. 최근 통계를 보면 군 자살사망률은 인구 10만 명당 10명 이하로 나타나고 있다. 반대로 사회의 전체 자살사망률은 IMF 이후인 1998년부터 급격하게 상승하고 있다. 최근에는 25명을 넘어서고 있다. 즉 사회의 전체 자살사망률이 군보다 3배 이상 높은 것으로 나타나고 있다. 군의 자살사망률이 낮아지고

10) 김호철, "군의문사 진정사건을 통해 본 자살처리자 문제 현황", 군의문사위 2006년 전문가 초청토론회 자료집, 군의문사진상규명위원회, 2006, 5면에서 인용.

있는 것은 매우 고무적인 현상이지만 문제는 군의 사망사고자 가운데 자살자가 차지하는 비중은 오히려 커지고 있다.[11)]

나. 군 자살통계 분석

단위: 명

구분	총계	영내	영외							
			소계	휴가	외박	외출	군무이탈	기타		
								퇴근	휴직	공무
'02	79	35	44	11	2	1	16	14		
'01	66	34	32	8	3		10	9	1	1
'00	82	39	43	16	1	1	11	14		
'99	101	53	48	15	3	2	25	3		
'98	102	55	47	17	1	1	16	12		

2. 자살원인

2002년도 자살사고 원인을 분석한 결과에 의하면 상급자 질책 · 선임병 횡포 · 통제된 생활이 28.8%, 가정환경 비관이 24.3%, 업무부담 · 부적응이 15.1%, 지병 및 처벌우려가 12.7%, 성격결함 및 채무고민이 10.6%, 여자문제가 10.5%를 차지하고 있다.[12)] 최근 발생한 통계자료에 대한 자살원인은 크게 부대관계, 개인문제, 부대관계와 개인의 복합문제로 구분할 수 있다. 부대관계로는 구타 및 가혹행위, 복무부적응, 처벌우려, 복무부적응으로 인한 정신질환 등으로 개인문제로는 군 입대 전 개인부채, 내성적인 성격, 불우한 가정환경, 지병비관, 여자(애인)문제, 삶의 비관 등이 원인이 되었으며 부대관계와 개인문제가 복합되어 자살하는 것으로 나타났다.[13)]

11) 김호철, 전게논문, 6면.

12) 박상칠, "군내 자살사고 실태 및 예방대책", 「자살사고 예방대책」세미나, 육군3사관학교, 2003, 84면.

13) 국방부, 2003년 국정감사 국회요구자료(Ⅰ)(군사법원 소관), 2003. 9. 329면.

3. 자살자의 특징

자살하려는 사람들을 어떻게 미리 알아볼 수 있을까? 즉 자살 의도를 가지고 있는 사람의 언행상의 특징으로는 ① 과거에 자살 시도를 한 경력이 있는 경우, ② 극도로 우울해하고 불안해하면서 지쳐 있을 때, ③ 주위에 자살을 시도할 수 있는 도구나 여건이 마련되어 있을 때, ④ 자신의 죽음이 가족들에게 미칠 영향에 대하여 관심을 보일 때, ⑤ 자살할 생각이 있다고 자주 말할 때, ⑥ 많이 초조해하고 불안해하다가 갑자기 차분해지고 편안해할 때, ⑦ 최근 가족의 죽음이나 건강의 상실 등 삶의 어려운 일을 당하였을 때, ⑧ 가족 중에 자살하여 죽은 사람이 있을 때, ⑨ 죽은 가족에 대한 죄의식의 표현이 많이 나올 때, ⑩ 자신의 삶 무가치성을 강조하면서 의기소침해할 때, ⑪ 자신의 죄에 대하여 벌받기를 강력히 원할 때, ⑫ 생물학적 욕구(음식, 성, 수면, 일반활동)가 현저히 줄어들 때, ⑬ 알코올중독 상태일 때, ⑭ 타인의 도움받기를 거절할 때, ⑮ 미혼이거나 독신, 혼자 살고 있을 때 등이다.[14)]

4. 자살예방대책

군에서 할 수 있는 자살예방대책으로 전우택 교수는 "① 자살 예방 교육을 시켜야 한다. ② 평소 많은 대화를 동료들과 나눌 수 있는 기회와 분위기를 만들어 주어야 한다. ③ 힘들면 힘들다고 이야기하는 것이 격려되어야 한다. ④ 자살 유발자의 잘못된 행동들이 통제되어야 한다. ⑤ 삶의 더 높은 목표를 가지도록 하여야 한다."[15)] 육성필 박사는 "① 군 입대 전 입영대상자에게 군대에 대한 정보제공 및 준비의 필요성, ② 정신위생에 대한 교육(자살과 관련된 정확한 정보를 제공), ③ 자살을 처벌 위주의 관리에서 치료 위주로의 관리로의 전환, ④ 자살 등 정신질환이나 심리적인 문제를 다룰 수 있는 전문기관의 설치, ⑤ 자살 관련자들의 입원에 따른 파급효과의 고려, ⑥ 사병들의 가족 및 생활환경에 대한 체계적 관리, ⑦ 자살생각과 충동 등을 선별할 수 있는 도구 및 방

---

14) 전우택, "자살의 이해와 예방의 실제적 방법", 「자살사고 예방대책」세미나 발표자료, 육군3사관학교, 2003. 5 – 11면.

15) 전우택, 전게논문, 22 – 25면.

법의 개발"[16] 박상칠 육군 군종감은 "① 자살 징후 인지교육, ② 개인의 심리적 내성강화훈련, ③ 내무실 역기능성 제거, ④ 사회적 네트워크 활성화" 등을 제시하였다.[17]

국방부 군사고예방규정에 의하면 자살사고 예방을 위하여 ① 전입 신병들에 대한 적극적인 선도활동 강화 및 병영생활에 조기 동화 및 적응할 수 있는 방안강구, ② 부하장병에 대한 철저한 신상파악으로 자살 우려가 있는 장병을 조기에 발견하여 집중관찰 및 선도, ③ 일직 · 근무 · 경계근무 · 기타 근무기강을 확립하고 총기 및 실탄관리를 철저히 하여 취약요인의 사전예방, ④ 정신교육 · 인격지도교육을 실시하고 종교활동을 통하여 가치관 · 인생관 정립을 위한 선도조치를 하도록 정하고 있다(제36조).

육군에서는 자살사고 예방대책으로 첫째 자살우려자 식별대책 강구 대책으로 ① 신병 교육대에서는 최초 '병영생활 지도기록부' 작성 시 면담, '상담 check – List' 등을 활용하여 자살우려자(관심병사)에 대한 가분류 및 관리 실시, KMPI 검사를 실시하여 검사결과를 '병영생활지도 기록부'에 동봉하고, 신병훈련 간 관찰결과 의견을 추가 기록하여 자대 지휘관에게 통보하고, ② 실무부대에서는 주둔지 단위 지휘관은 전 인원을 대상으로 표준인성검사를 연 1회 이상 반드시 실시, 지휘관은 신병교육대의 KMPI 검사 결과 및 병영생활지도기록부 기록자료, 표준인성검사 결과 등을 활용하고, 입체적 면담을 실시하여 자살우려자를 식별하여 관리, ③ 대대급 이하 지휘관 및 간부에 대한 상담기법 교육강화를, 둘째로, 자살 징후 발견 및 즉각 보고체계 확립 대책으로 ① '상향식 일일결산' 및 '분대장 관찰 보고제도' 시행여건 보장, ② '기본권 전문 상담관'의 능동적인 상담활동체계 확립, ③ 실시간 보고체계 확립을, 셋째로, 자살 징후 발견 시 즉각 조치 및 관리대책 방안으로 ① KMPI 및 육군 표준인성검사 후속조치체계 확립(1단계 상급지휘관 보고 및 조치, 자살 예방 심리 치료 프로그램(비전 캠프)조치), ② 자살우려자에 대한 입체적인 관리대책(상급부대 군종 · 의무 · 헌병지원하에 즉각적인 대책 강구, 군종장교에 의한 24시간 동숙지도, 군의관 상담 및 병원진료, 헌병 수사관 면담, 지휘관 및 주임원사 면담 및 조치 등, 부

---

16) 육성필, "군내 자살의 원인 및 예방 프로그램", 「자살사고 예방대책」세미나, 육군3사관학교, 2003, 69 – 72면.
17) 박상칠, 전게논문, 97 – 117면.

모 · 친구 · 애인과 입체적인 상담 및 관리체계 확립, 복무 부적합 미처리 대상자에 대한 후속조치대책 강구)을 시행하고 있다.[18]

Ⅲ. 자살사건 처리절차

1. 처리절차

가. 보고절차

사망자가 발생한 때에 소속부대장은 그 사실을 24시간 내에 소속 군 참모총장에게 전문 보고한 후 7일 내에 사망확인조서에 사망진단(시체검안)서를 첨부하여 서면 보고하여야 한다(전공사상자처리규정 제5조 제1항). 이때 군사법경찰관은 사망확인조서를 작성하는데 사망원인뿐만 아니라 사망구분에 대한 소견까지 기재하여야 한다. 군 병원장은 입원환자 중 사망자가 발생한 때에는 그 사실을 24시간 내에 사망자의 소속 군 참모총장에게 전문 보고한 후 7일 내에 사망경위서에 사망진단(시체검안)서를 첨부하여 서면 보고한다(동 조 제2항).

나. 조사절차

군 내에서 사망사건이 발생하면 사고관할 군사법경찰관은 즉시 사고발생 장소로 출동을 하여 사체 검안을 위한 군의관, 기타 참여인 출석 협조를 의뢰한 후 조사에 착수한다. 이때 군사법경찰관의 검시를 거쳐 사인이 명백하고 그 사인에 대하여 유족이 수긍하는 경우에는 사인규명 후 검찰관의 지휘를 받아 유족에게 사체를 인도함으로써 사망사고 조사가 종결되는데, 범죄의 혐의가 없고 자살로 판명된 사건이라도 반드시 조사기록을 관할 검찰관에게 송부하여야 한다.[19]

여기서 군사법경찰관은 변사거나 변사의 의심이 있는 경우에는 관할 검찰관에게 신속히 보고하고 사고현장 주변 증거물을 확보하는 등 현장보존조치를 취한다.[20] 검찰관은 변사체의 검시와 현장검증 등을 통해 사인을 정확하게 분석하

18) 육군본부, 2006년 사고예방활동 추진지침(육지침 06 - 05호), 12 - 14면 참조.

19) 육규15(06. 7. 1.)범죄수사활동규정 제41조.

여 범죄의 혐의가 인정되는 때에는 검찰관이 직접 수사를 개시한다.[21] 모든 변사체는 부검을 원칙으로 하지만, 사인이 명백하고 변사자의 가족 등 이해관계인이 사인에 이의 없으며 부검을 원하지 않는 특별한 사정이 있는 경우에는 부검을 하지 않을 수 있다.

다. 사망확인 통보

각 군 참모총장은 사망이 확인된 경우 국가보훈처, 유족 등에게 통지하여야 하며 연간 사망자 현황을 그다음 해의 1월 15일까지 국방부장관에게 보고하여야 한다(전공사상자처리 제8조).

라. 기록송부

기록송부와 관련하여 군사법경찰관은 범죄의 혐의가 인정되지 아니한 경우에나 인정되는 경우 모두 조사과정을 기록으로 작성하여 검찰관에게 송부하여야 하며, 검찰관이 사건기록을 송부받아 이를 검토하여 사인을 자살, 타살, 변사 등으로 변사사건부에 기재함으로써 사건을 종결한다.[22]

2. 문제점 및 개선방안

군의문사 진상규명위원회에서 접수한 진정사건 중 자살처리사건과 관련하여 제기한 문제점은 다음과 같다. 첫째로 군 사망사건 처리과정의 일반적인 문제점으로는 사고발생 부대에 대해 ① 군 자살사고에 대한 유족과 군부대 인식의 차이, ② 조직의 폐쇄성, ③ 사고현장의 훼손 및 현장보존 미흡, ④ 군 지휘관에 대한 처벌의지 부족, 또한 군 사망사고 처리기관 및 제도에 대해서는 ① 군 수사기관의 독립성 부족, ② 수사관의 경험 및 장비 부족, ③ 현장감식 전담팀의 소극적 운영 및 운영제한, ④ 조사시간 문제, ⑤ 사망원인 규명 미흡과 미공개, ⑥ 성급한 언론보도로 인한 유가족 불만, ⑦ 영현처리절차상 문제를 지적하고 있다. 둘째로 자살 처리된 진정사건에 대한 군 조사기록 검토에서 드러난 문제

20) 군검찰업무처리지침 제14장 제3조(변사/검시에 관한 처리지침).

21) 동 지침 제14장 제6조.

22) 동 지침 제14장 제13조, 제14조.

점으로는 ① 엄격하지 못한 자살추정, ② 피상적이고 성급한 자살원인분석, ③ 사망의 경위에 대한 철저한 조사의지의 부족, ④ 유족의 신뢰 획득에 실패하거나 의혹의 증폭 등을 들고 있다.[23)]

기타 군 수사에 대해 유가족 및 관련 단체에서는 군 내 사망사고 처리에 대해 부정적인 측면에서 문제를 제기한 사항으로 ① 유가족 도착 시 제일 먼저 수사관이 예단하듯 사고경과 설명하는 것이 오해의 요인이 됨. ② 사고부대의 현장훼손/부대입장을 대변하는 듯한 수사관의 설명, ③ 현장감식 소홀/군 감정기관의 신뢰성 부족, ④ 장례식 및 시신인수 강요, ⑤ 유가족 및 시민단체의 수사참여여건 미보장 등을 제기하고 있다.

군 내 사망사고 처리실태에 대해서는 다음과 같은 문제점이 있다. ① 사망사고 현장 훼손, ② 부적절한 사고 경위 설명 및 장례 등 시신인수를 강요, ③ 수사기관의 비독립성, ④ 수사 시 유가족 및 인권단체의 참여제한, ⑤ 현장감식의 전문성 부족, ⑥ 사망확인서 조서 작성의 문제점 등이 있으며,[24)] 이에 대한 개선책으로 ① 철저한 현장보존, ② 수사기관과 사고대책반 임무/역할 구분, ③ 수사기관의 독립성 보장, ④ 수사의 전문성 향상, ⑤ 현장검증의 객관성 향상, ⑥ 사망확인조서는 수사 종결 단계에서의 작성 등 개선이 필요하다.[25)]

Ⅳ. 자살자에 대한 보상 및 배상

1. 문제의 제기

군인사법 제54조에서는 군인이 전사 · 전상 또는 공무로 인하여 질병에 걸리거나, 부상 또는 사망하였을 때에는 법률의 정하는 바에 의하여 본인 또는 그 유족은 그에 대한 상당한 보상을 받는다고 규정하여 군복무 중에 발생하는 각

23) 김호철, 전게논문, 35 – 42면.

24) 백낙종, "군내 사망사건 처리실태 고찰", 인사보(제94호), 육군본부, 2004. 12. 118 – 124면.

25) 사망사고 조사와 관련된 개선방안으로 ① 초동수사에서의 제한적인 검찰관 개입 – 보고규정 신설, ② 사망확인서를 검찰관이 작성, ③ 보상규정의 변사 용어 개정, ④ 군수사기관의 전문성 함양, ⑤ 군검찰의 독립성 보장이 필요하다고 한다(박지훈, "군내사망사건과 관련한 자살 기록송부에 대한 고찰", 군사법논집(제10집), 국방부, 2005, 139 – 141면).

종 재해에 대하여 상당한 보상을 받게 함으로써 국민 전체에 대한 봉사자로서 직무에 전념할 수 있도록 하는 보상규정을 두고 있다.[26] 군인에 대한 보상 및 배상제도로는 첫째로, 군인이 교육훈련 또는 직무수행 중 사망한 경우에는 국가유공자법 제4조 제1항 제5호 가목에 의해 국가유공자로서 지정받을 수 있으며, 이러한 경우에는 국가유공자법에 의한 각종 지원과 혜택을 받을 수 있다. 둘째로, 군인이 질병에 걸리거나 부상을 당하거나 또는 사망한 경우에는 재해보상금을 지급받을 수 있다(군인연금법 제31조 제1항). 셋째로, 군인이 다른 군인의 직무집행과 관련하여 피해를 입은 경우에는 국가배상법 제2조 제1항에 의해 배상을 받을 수 있으나 다만, 동 조 동 항 단서에 의해 국가배상이 제한될 수 있다.

그러나 군인이 자살한 경우, 즉 스스로 자기의 생명을 끊거나 그로 인한 결과로 사망한 경우에는 위 관련 법규에서 보상 및 배상을 제한하고 있다. 즉 '자해행위로 인한 경우'에 해당하는 경우(국가유공자법 제4조 제5항 제4호), 본인의 고의 또는 중대한 과실로 인하여 재해보상금의 지급사유가 발생한 자(군인연금법시행령 제75조 제2호)에 대해서는 연금이나 재해보상금 지급을 제한하고 있다. 기타 자살자에 대해서는 국립묘지 안장 대상 제외 사유다. 이하에서는 국가유공자법상의 '자해행위' 해당 여부 및 국가배상법상 자살자 배상에 대해 설명하기로 한다.

2. 사례

가. 사실관계

원고의 아들인 A는 2000. 3. 13. ○○부대에 전입하여 근무하던 중 내성적이고 소극적인 성격으로 상명하복의 엄격한 통제사회인 군 생활에 쉽게 적응하지 못하고 있었는데, 같은 소속대 선임병인 최○○은 2000. 3. 22.부터 같은 달 26.까지 매일 일석점호 후 약 30분에서 1시간가량 소속대 내무실 등지에서 "제대로 하지 않으면 죽여 버린다."고 협박하며 잠을 재우지 않고, 고참병 서열, 암구호 전파방법, 티오티(TOT)사격절차, 포상정리정돈, 주변부대 차량번호 등을 암기하도록 강요하고, 같은 달 26. 07:30경에는 소속대 제6포상 진지 내 장약통

26) 임천영, 군인사법, 법률문화원, 2004, 791면.

앞에서 흡연이 금지되어 있음에도 담배를 피웠다는 이유로 빰을 1회 폭행했다. 또한 A는 위와 같이 육체적 · 정신적으로 심한 고통을 받아 오던 중 자신의 어머니에게 전화하여 "선임병들의 강요행위 등으로 인해 너무 힘들어 죽고 싶다."는 말을 하였고, A의 외삼촌은 포대장에게 전화하여 "선임병들로부터 암기강요 등을 당하면서 잠을 못 자고 있으니 조치해 달라."고 하였으나, 특별한 조치는 취해지지 아니하였으며, 전화한 사실이 알려져 선임병들로부터 따돌림까지 당하게 되었다.

그 후 2000. 3. 30. 부대 간부 중사 이○○와 면담을 하게 되었는데, 면담 시에는 간부로서, 통상 군대에 갓 들어온 신병은 소속대 전입 후에도 적응력이 부족하기 때문에 특별한 관심을 갖고 자상하게 상담에 응하여 군 생활에 적응하지 못한 이유가 무엇인지를 세심하게 파악하고 그 해결에 필요한 조치를 취하여야 한다는 사실을 잘 알고 있었음에도 불구하고 망인(A)이 위와 같이 육체적 · 정신적으로 심한 고통을 받고 있다는 사실을 간과한 채 "조종수를 못 하겠으니 운전병으로 보직 조정을 해 달라."는 부탁을 하자 "군대에서 하기 싫으면 나가라, 인마, 이 새끼야, 개새끼야" 등의 욕설 · 폭언을 당하자, 망인은 이에 절망하여 자살할 것을 결의하고 자신의 군인수첩에 "선임병의 횡포가 싫다."는 내용의 유서 5장을 남기고 목을 매어 자살을 하였다.

나. 소송의 경과

사망자의 유족들은 위 사실관계에 따른 사망자에 대한 보상과 배상을 위해 소송을 제기하였으나 8차례의 소송을 거쳐 배상을 받게 되었다. 이하에서는 8차례의 소송 진행 경과를 알아보고 문제점을 제기하기로 한다. 우선 유족들은 국가를 상대로 국가배상을 신청(① 판결)하였으나 패소하고, 다음으로 국가유공자법에 의한 보상(②, ③, ④, ⑤ 판결)을 신청하였으나 자해행위에 해당된다는 이유로 패소하자, 다시 국가배상을 신청(⑥, ⑦, ⑧ 판결)하여 배상을 받게 된 사안이다.

① 판결 (서울중앙지방법원 2000. 12. 12. 선고 2000가합48802 판결)

유족들은 망인의 사망 후 피고(대한민국)를 상대로 손해배상청구 소송을 제기하였으나, 위 법원은 "최○○, 이○○이 망인을 훈계 내지 면담하면서 그 한계를 넘어 위와 같은 강요 내지 폭언 등을 한 행위는 외관상 위 최△△, 이○○의 직무집행과 밀접한 관련이 있다고 할 것이며, 일반 사회와는 달리 엄격한 규율과 집단행동이 중시되는 군대 사회에서는 그 통제성과 폐쇄성으로 인하여 상급자로부터의 강요 내지 폭언 및 그로 인한 피해의 의미가 일반 사회에서의 강요 내지 폭언 등의 행위와 망인의 자살 사이에는 상당인과관계가 존재한다고 할 것이므로, 특별한 사정이 없는 한 피고는 소속공무원인 최○○, 이○○이 위와 같은 행위를 하여 망인으로 하여금 자살하게 함으로써 망인 및 그 유족들인 원고가 입은 손해를 배상할 책임이 있다 할 것이다."라고 하였다.

이어서 법원은 "망인이 군인으로서의 직무집행과 관련하여 상급자로부터 강요행위 내지 폭언행위 등을 당하고 이로 인하여 사망하게 된 사실은 앞서 살펴본 바와 같으므로 망인의 사망은 국가배상법 제2조 제1항 단서 소정의 '순직'에 해당한다고 할 것이고, 이에 따라 망인의 유족인 원고는 국가유공자법 및 군인연금법의 각 보상규정에 따라 연금, 재해보상금 등을 지급받을 수 있다고 할 것이어서(국가유공자법시행령 제3조의 2 제4호는 자해행위로 인한 사망의 경우에는 위 법률의 적용대상에서 제외한다는 취지로 규정하고 있고, 군인연금법 시행령 제75조 제2호도 본인의 고의 또는 중대한 과실로 인하여 군인연금법상의 재해보상금의 지급사유가 발생한 경우에는 재해보상금을 지급하지 아니한다는 취지로 규정하고 있어 일견 자살한 망인의 경우에는 그 유족인 원고가 국가배상법에서 규정한 '다른 법령의 규정에 의하여 재해보상금 · 유족연금 등의 보상'을 지급받을 수 없는 것처럼 보이나, 앞서 살펴본 바와 같이 망인의 사망은 상급자로부터의 강요행위 내지 폭언행위 등에 기인한 것으로 업무상 입은 위 강요행위 내지 폭언행위 등과 상당인과관계가 있는 것이고 망인의 자유로운 의지의 범위를 벗어난 것이어서, 위와 같은 경우의 망인의 자살은 국가유공자법 시행령 제3조의 2 제4호 소정의 '자해행위' 내지 군인연금법 시행령 제75조 제2호 소정의 '본인의 고의 또는 중대한 과실로 인하여 군인연금법상의 재해보상금의 지급사유가 발생한 경우'에 해당하지 아니한다고 할 것이다(대법원 1999. 6. 8. 선고 99두3331 판결)), 원고는 망인의 위 사망을 원인으로 하여 피고에 대하여 국가배상법 및 민법의 규정에 의한 손해배상을 청구할 수는 없다."라고 하였다.

이 판결의 결과는 원고가 패소하였다. 즉 "망인이 직무집행과 관련하여 상급자로부터 강요 내지 폭언을 당하고 사망하게 된 것은 순직에 해당하여 원고는 국가유공자 등 예우 및 지원에 관한 법률 및 군인연금법의 각 보상규정에 따른 연금이나 재해보상금을 지급받을 수 있다."는 이유로 원고의 청구를 기각하였다.

② 판결(서울행정법원 2002. 5. 22. 선고 2002구합110 판결)

원고는 ① 판결을 받은 후 서울북부보훈지청에 국가유공자법에 의한 보상을 받기 위하여 국가유공자 유족등록 신청을 하였으나 2001. 10. 22. 서울북부보훈지청으로부터 망인의 자살은 자해행위에 해당한다는 이유로 국가유공자유족 비해당결정 통보를 받았다. 그 후 국가유공자 비해당처분에 불복하여 서울행정법원에 국가유공자등록거부취소의 소를 제기하였다. 위 법원은 "온순한 성격으로 전입한 지 얼마 되지 않아 모든 것이 생소한 시점에서 엄격한 통제가 요구되는 군 생활을 제대로 잘 적응하지 못하고 있던 망인에게 최○○, 이○○이 선임병 또는 간부로서 훈계나 교육의 한계를 넘어 강요, 구타, 폭언 등 가혹행위를 하였고, 일반 사회와는 달리 엄격한 규율과 집단행동이 중시되는 군대 사회에서는 그 통제성과 폐쇄성으로 인하여 상급자로부터의 강요 등 가혹행위와 그로 인한 피해가 일반사회에서의 그것보다 피해자에게 미치는 영향이 훨씬 크다는 점에 비추어, 달리 망인이 자살할 만한 특별한 사정을 찾아볼 수 없는 이 사건에서 망인의 사망은 선임병 등의 위와 같은 강요 등 가혹행위와 상당인과관계가 있다 할 것이고, 망인의 정상적이고 자유로운 의지의 범위를 벗어난 것이어서, 위와 같은 경우 망인의 자살은 법시행령 제3조의 2 단서 제4호 소정의 자해행위에 해당하지 아니한다 할 것이므로, 망인은 법 제4조 제1항 제5호 가목 소정의 군인으로서 직무수행 중 사망한 경우에 해당한다 할 것이다."라고 판시하였다.

이 판결의 결과는 원고가 승소하였다. 즉 비록 원고가 자살을 하였으나 국가유공자법상의 자해행위에 해당되지 않기 때문에 국가유공자로서 보상을 받을 수 있는 판결을 받았다.

③ 판결(서울고등법원 2003. 1. 23. 선고 2002누9034 판결)

위 ② 판결과 같은 이유로 "망인의 사망은 선임병 등의 위와 같은 강요 등 가혹행위와 상당인과관계가 있다 할 것이고, 망인의 정상적이고 자유로운 의지의 범위를 벗어난 것이어서, 위와 같은 경우 망인의 자살은 법 시행령 제3조의 2 단서 제4호 소정의 '자해행위'에 해당하지 아니한다 할 것이므로, 망인은 법 제4조 제1항 제5호 가목 소정의 군인으로서 직무수행 중 사망한 경우에 해당한다 할 것이다."라고 하였다.

이 판결의 결과는 ② 판결과 같이 원고가 승소하였다. 즉 비록 원고가 자살을 하였으나 국가유공자법상의 자해행위에 해당되지 않기 때문에 국가유공자로서 보상을 받을 수 있다는 것이다.

④ 판결 (대법원 2004. 3. 12. 선고 2003두2205 판결)

위 ③ 판결에 대해 서울북부보훈지청장이 대법원에 상고하였다. 상고심인 대법원에서는 "군인이 직무집행과 관련하여 사망한 경우, 이는 국가배상법 제2조 제1항 단서 소정의 직무집행과 관련한 순직에 해당하고, 이와 같은 경우 그 유족은 법 소정의 연금과 군인연금법 소정의 재해보상금을 지급받을 수 있다고 할 것이지만, 그 사망이 법시행령 제3조의 2 단서 제4호 소정의 자해행위로 인한 것이거나 군인연금법시행령 제75조 제2호 소정의 고의에 의한 것일 경우에는 법 소정의 연금이나 군인연금법 소정의 재해보상금을 지급받을 수 없다고 할 것이고, 한편 법과 법시행령은 국가를 위하여 공헌하거나 희생한 국가유공자와 그 유족에 대한 응분의 예우를 행함으로써 이들의 생활안정과 복지향상을 도모하고 국민의 애국정신함양에 이바지함을 목적으로 그 공헌과 희생의 정도에 대응하여 실질적인 보상으로서 국가유공자 및 그 유족에게 연금을 비롯한 각종의 보상제도(報償制度)를 두고, 이러한 목적과 기본이념 및 보상제도에 따라 국가유공자를 엄격하게 제한적으로 열거하면서, 자해행위로 인한 사망 등에 대해서는 국가유공자에 해당하지 않는 것으로 규정하고 있는바(법 제1조, 제2조, 제4조, 제7조, 법시행령 제3조의 2 단서 제1호 내지 제4호 등), 이러한 규정의 취지를 종합하여 보면, 법시행령 제3조의 2 단서 제4호 소정의 자해행위로 인한 사망은 자유로운 의지에 따른 사망을 의미한다고 할 것인데, 군인이 상급자 등으로부터 당한 가혹행위가 자살을 결의하게 하는 데 직접적인 동기나 중요한 원인이 되었다는 것만으로는 자유로운 의지에 따른 것이 아니라고 할 수 없고, 자살이 자유로운 의지에 따른 것인지의 여부는 자살자의 나이와 성행, 가혹행위의 내용과 정도, 자살자의 신체적 · 정신적 심리상황, 자살과 관련된 질병의 유무, 자살자를 에워싸고 있는 주위상황, 가혹행위와 자살행위의 시기 및 장소, 기타 자살의 경위 등을 종합적으로 고려하여 판단하여야 할 것이다. 이 사건에서 선임병 등의 위와 같은 가혹행위는 망인으로 하여금 자살을 결의하게 하는 데 직접적인 동기와 중요한 원인이 되었다고 할 것이므로 선임병 등의 위와 같은 가혹행위와 망인의 자살과 사이에 상당인과관계가 있음을 부정할 수는 없지만, 망인의 나이와 성행, 가혹행위의 내용과 정도, 망인을 에워싸고 있는 주위상황, 가혹행위와 자살행위의 시기 및 장소의 근접성, 망인이 자살하기 전에 남긴 유서의 내용과 그로부터 짐작할 수 있는 망인의 정신상태 및 심리상태 등을 종합하여 보면, 망인의 자살은 나약한 성격에 기인한 것이기는 하나 군 생활에 제대로 적응하지 못한 그의 자유로운 의지에 따라 행하여진 것이라 할 것이어서 망인의 사망은 법시행령 제3조의 2 단서 제4호 소정의 자해행위로 인한 사망에 해당한다고 할 것이다."라고 하였다.

이 판결의 결과는 ②, ③ 판결과는 다르게 원고가 패소하였다. 원고의 자살은 국가유공자법상의 자해행위에 해당한다고 하였다. 즉 "망인이 선임병 등으로부터 당한 가혹행위와 망인의 자살과 사이에 상당인과관계가 있다는 이유만으로 망인의 자살이 망인의 자유로운 의지의 범위를 벗어난 상태에서 이루어진 것으로서 법시행령 제3조의 2 단서 제4호 소정의 자해행위에 해당하지 아니한다고 한 원심의 판단은 위법이 있다."라고 한 것이다.

⑤ 판결(서울고등법원 2005. 2. 18. 선고 2004누8439 판결)

위 대법원 파기환송 판결에 의해 원고의 청구를 기각하는 판결을 하였다. 결국 원고는 이 사건 불법행위로 인한 손해에 대하여 국가유공자법 및 군인연금법 기타 다른 법령에 의한 구체적인 보상을 받을 수 있을 때에 해당되지 않는 것이 확정되었다.

⑥ 판결(서울중앙지방법원 2005. 10. 14. 선고 2005가합25682 판결)

원고는 위 판결에 따라 국가유공자로서 보상을 받지 못하자 다시 국가배상법에 의한 국가배상책임을 묻기 위해 민사소송을 제기하였다.[27] 서울중앙지방법원에서는 "망인은 2000. 3. 13. 소속대에 전입한 자로서 ⅰ) 부대에 근무한 지 불과 17일 만에 자살한 사실, ⅱ) 최○○이 망인에게 암기를 강요한 내용은 군 생활과 관련된 것들로서 망인이 군 생활에 보다 빨리 적응하고 임무를 잘 수행하도록 하기 위한 목적에서 그러한 암기강요가 행하여졌고, 비록 그 방법이 부당하였으나 단지 망인을 괴롭히기 위한 목적으로만 자행된 것은 아니었으며, 그 과정에서 망인이 암기를 하지 못하였다는 등의 이유로 망인에게 직접적인 폭행이 이루어진 바도 없었고, 암기강요가 이루어진 기간은 2000. 3. 22.부터 2000. 3. 26.까지 단 5일간 하루 30분 내지 1시간에 불과했던 사실, ⅲ) 망인은 장약통이 담배와 같은 화기에 노출되어 폭발할 경우 다수의 인명피해가 발생할 수도 있기 때문에 장약통 근처에서는 흡연이 금지되어 있음에도 불구하고 장약통 앞에서 담배를 피웠고 이를 목격한 최○○은 망인의 위험한 행동을 제지하고 위험성을 숙지시키는 과정에서 망인의 뺨을 1회 때리게 된 사실, ⅳ) 망인은 관심사병으로 분류되어 망인의 군 생활을 돌보아 주기 위한 후견인도 선정되었던 사실, ⅴ) 이○○은 망인의 갑작스러운 보직변경 요청을 받고 망인을 나무라는 과정에서 다소간의 폭언을 행한 사실, ⅵ) 망인이 군대에 입대하기 전 망인에게는 특별한 정신적 이상이나 성격적 결함 등이 발견되지 않았고, 오히려 밝고 원만한 편이었던 사실 등이 인정되는바, 이와 같은 가혹행위의 동기, 내용과 정도, 기간, 반복성의 유무, 망인의 평소 성행 등 이 사건에서 나타난 제반 사정을 종합해 보면, 아무리 군대 사회의 통제성과 폐쇄성으로 인하여 군대 내의 폭언이나 폭행이 가지는 의미가 일반 사회에서의 그것보다 심대하고, 특히 망인과 같이 군 생활을 갓 시작한 신병들에게 미치는 정신적 압박감이 크다고 하더라도, 군대 사회의 특성상 요구되는 엄격한 규율의 필요성과 징병제를 채택하고 있는 현실상황 등을 감안할 때, 단 5일간의 암기강요 행위, 폭발물 근처에서 담배를 피운 데 대해 뺨을 1회 때린 행위, 그리고 망인의 보직변경 요청을 거부하고 이에 대해 폭언을 가한 행위만으로는 사회통념상 최○○, 이○○ 또는 피고가 망인이 자살이라는 극단적인 선택까지 나아가리라는 것을 도저히 예견할 수 없었

27) 원고가 피고를 상대로 하여 이 사건 불법행위를 원인으로 한 손해배상청구소송을 제기하였다가 패소판결을 받았으므로 이 사건 청구는 위 전소 판결(① 판결)의 기판력에 저촉되는지 여부에 대해 위 법원은 "전소 패소판결의 기판력에 저촉된다고 볼 수 없다(대법원 1998. 7. 10. 선고 98다7001 판결 등 참조)."라고 하였다.

던 것으로 보인다."라고 하였다.

이 판결의 결과는 원고가 패소하였다. 원고의 자살은 상당인과관계가 인정되는 통상의 손해에 해당하지 않는다고 하였다. 즉 "암기강요, 폭행, 폭언 등의 위법행위로 인한 망인의 자살에 따른 손해는 사회 일반의 관념상 예견 가능성이 없는 것으로서 상당인과관계가 인정되는 통상손해에 해당하지 아니하고, 다만, 망인의 심약한 성격 내지 일반 신병들과는 다른 특수한 심리적 상태에서 기인한 특별한 사정으로 인한 손해로서 망인이 자살을 하리라는 사실을 최○○, 또는 피고가 알았거나 알 수 있었을 경우에 한해서만 책임을 부담한다고 할 것인데, 앞서 인정한 사실에 비추어 볼 때 최○○, 또는 피고가 이를 알았거나 알 수 있었다고 보기 어렵고, 달리 이를 인정할 만한 아무런 증거가 없다."라고 하였다.

⑦ 판결(서울고등법원 2006. 4. 6. 선고 2005나92054 판결)

위 ⑥ 판결에 대해 원고가 항소하였다. 이 항소심에서는 "일반 사회와 달리 엄격한 규율과 집단행동이 중시되는 군대 사회에서 특히 전입한 지 얼마 되지 않아 모든 것이 생소하고 두렵기만 한 시점에서 온순하고 내성적인 성격의 망인에게 행하여진 이러한 가혹행위는 그 통제성과 폐쇄성으로 인하여 그로 인한 피해가 일반 사회에서의 그것보다 망인에게 미치는 영향이 훨씬 크다는 점, 달리 망인이 자살할 만한 특별한 사정을 찾아볼 수 없다는 점 등에 비추어 볼 때, 위 가혹행위는 망인으로 하여금 자살을 결의하게 하는 데 직접적이고도 중요한 원인이 되었다고 할 것일 뿐 아니라, 위 선임병 등은 비교적 장기간의 군 생활을 통하여 군 내에서의 모든 가혹행위의 위험성 및 이로 인하여 발생하는 탈영·자살사고 등에 대하여 잘 알고 있었으리라 보이고, 특히 이○○은 망인이 군 생활에 잘 적응하지 못하여 관심사병으로 분류된 점도 알고 있어 사망에 대한 예견 가능성도 있었다고 할 것이므로, 위 가혹행위와 망인의 자살 사이에는 상당인과관계가 존재한다고 할 것이다."라고 판시하여 국가배상책임을 인정하였다.

또한 법원은 망인의 행위에 대해 70%의 책임을 물었다. 즉 "망인으로서도 새로운 군 생활에 빨리 적응할 수 있도록 적극적으로 노력하면서 위와 같은 가혹행위에 대하여 지휘관 등에게 보고하는 등의 적절한 조치를 취하여야 함에도 불구하고, 이러한 노력 등을 게을리하다가 끝내는 자살이라는 비정상적이고도 극단적인 행동을 선택하였는바, 그렇다면 망인이 사망에 이르게 된 데에는 그 자신의 위와 같은 잘못도 중대한 원인이 되었다고 할 것이고, 이러한 망인의 잘못을 피고의 배상책임을 정함에 있어 이를 참작하기로 하되, 그 비율은 여러 가지 사정에 비추어 약 70%로 봄이 상당하다."라고 하였다.

이 판결의 결과는 ⑥ 판결과는 다르게 원고가 승소하였다. 즉 가혹행위와 망인의 사망과 상당인과관계가 존재하기 때문에 특별한 사정이 없는 한 피고는 국가배상법 제2조 제1항 본문에 의하여 유족들이 입은 손해를 배상할 책임이 있다고 하였다.

⑧ 판결(대법원 2006. 6. 28. 선고 2006다24391 판결)

위 ⑦ 판결에 피고인 국가가 대법원에 상고를 제기하였다. 이에 대해 대법원은 피고의 상고에 대해 상고를 기각하는 판결을 하였다. 결국 원고는 8번의 소송을 통하여 국가배상을 받게 되었다.[28]

3. 국가유공자법에 의한 보상

가. 개요

국가유공자법은 국가를 위하여 공헌하거나 희생한 국가유공자와 그 유족에 대한 응분의 예우를 행함으로써 이들의 생활안정과 복지향상을 도모하고 국민의 애국정신함양에 이바지함을 목적으로 그 공헌과 희생의 정도에 대응하는 실질적인 보상으로서 국가유공자 및 그 유족에게 연금을 비롯한 각종의 보상제도(報償制度)를 두고 이러한 목적과 기본이념 및 보상제도에 따라 국가유공자를 엄격하게 제한적으로 열거하면서, 자해행위로 인한 사망 등에 대해서는 국가유공자에 해당하지 않는 것으로 규정하고 있다.

즉 국가유공자법상의 국가유공자 중의 일종에 해당하는 순직군경이란 군인으로서 교육훈련 또는 직무수행 중 사망한 자(공무상의 질병으로 사망한 자를 포함)와

28) 위 사례를 보면 동일한 사실관계를 가지고 유족들은 보상 및 배상을 받기 위해 8차례의 소송을 거치게 된 것은 사법운영상의 문제점이 있다고 보인다.

교육훈련 또는 직무수행 중 상이(공무상의 질병을 포함)를 입고 전역 또는 퇴직한 후 국가유공자 등록신청 이전에 그 상이로 인하여 사망하였다고 의학적으로 인정된 자를 말한다(제4조 제1항 제5호). 다만, 순직군경이라 할지라도 자해행위로 인해 사망한 경우에는 국가유공자에서 제외할 수 있다(동 조 제5항 제4호).

나. 최근 판례의 경향[29)]

1) 자해행위에 해당된다는 판례로는 대법원 2003. 6. 13. 선고 2003두1325 판결(장병학술시험에 대리 응시한 행위가 적발되자 그에 대한 상급자들의 질책과 소속대원들에 대한 엄격한 군기훈련을 받게 될 경우 자신에게 쏟아질 비난을 감당할 수 없는 절망감을 느끼고 자살한 사안), 대법원 2003. 9. 5. 선고 2002두11 판결(군기교육은 군 조직을 유지, 통솔하기 위하여 필요불가결한 것으로서 정도의 차이는 있을지라도 어느 부대에나 있는 것이며, 군기교육이 엄하다고 하더라도 군인으로서는 마땅히 이를 극복함으로써 전쟁에서 승리할 수 있는 체력과 정신력을 길러야 한다면서 자해행위로 인정), 대법원 2003. 11. 14. 선고 2002두4136 판결(적응장애 사병이 육체적 · 심리적 긴장과 중압감 내지는 공포심을 수반할 수 있는 사격훈련에 참여하는 과정에서 긴장을 받은 것이 자살의 직접적인 동기가 됨), 대법원 2004. 3. 26. 선고 2003두14789 판결(상급자인 정비하사관의 가혹행위가 자살의 직접적인 동기가 됨), 대법원 2004. 3. 12. 선고 2003두10404 판결(해병대 근무 중 상급자로부터의 폭행 및 가혹행위가 자살의 직접적인 동기가 됨),[30)] 서울고등법원 2004. 6. 25. 선고 2003누12846 판결(과중한 업무와 선임병들의 질책 등으로 자살을 결심한 사안) 등에 있어서는 상급자들의 폭행 및 가혹행위가 자살을 결의하게 하는 데 직접적인 동기나 중요한 원인이 되었다는 것만으로는 자유로운 의지에 따른 것이 아니라고 할 수 없다고 하면서 나약한 성격 탓에 군 생활에 적응하지 못한 나머지 자유로운 의지에

29) 임천영, "자살한 군인의 국가유공자 해당 여부", 법률신문 제3299호, 2004. 9. 16.

30) 위 판례에 대해 "위 대법원 판결은 상관의 폭행이나 가혹행위와 사망 사이에 상당인과관계를 인정하면서도 자해행위로 인한 사망의 요건 판단은 정상적이고 자유로운 의지에 의한 것인지 여부에 따라 별도로 해야 한다는 입장을 표명한 것이라는 점에 의의가 있다. 상관의 폭행이나 가혹행위 등의 요인은 업무 혹은 업무에 통상적으로 수반되는 것이라 볼 수 없음에 비추어 이러한 사실만으로 업무수행성 내지 업무기인성 요건이 당연히 충족된다고 볼 수 없으며, 또한 폭행 또는 가혹행위 사실들이 있다고 해서 망인의 자살이 정상적이고 자유로운 의지에 의한 자해행위가 아니라고 단정할 수 없다는 점에 비추어 판례의 논리는 타당하다고 본다."(강세빈, "공무상의 질병 요건과 자해행위에 관한 고찰", 공군법률논집(통권 제24호), 공군본부, 192면).

따른 사망이라고 하였다.

2) 자해행위에 해당되지 않는다는 판례로는 대법원 2004. 5. 14. 선고 2003두13595 판결(의무경찰 복무 중 내성적인 성격으로 낯선 지역적 · 문화적 환경 속에서 엄격한 통제와 단체행동이 요구되는 부대생활에 제대로 적응하지도 못한 상태에서 상급자들의 모욕적이고 위압적인 질책과 언어폭력, 구타 등으로 인하여 극심한 정신적 스트레스로 말미암아 우울증이 발병하였고, 그에 대한 효과적인 치료를 받지 못하여 우울증의 정신병적 증상이 발현되어 자살한 경우임)와 대법원 1999. 6. 8. 선고 99두3331 판결(전투기 조종사의 공무로 인한 우울증과 자살 사이에 상당인과관계를 인정)이 있다.

3) 자해행위로 인한 사망이란 '자유로운 의지에 따른 사망'을 의미하는 것으로서, 그 입법취지는 공무상의 질병으로 인한 사망에 해당할 수 없는 경우를 확인적 · 주의적으로 규정한 것에 그치고 자해행위로 인한 사망에 해당한다는 점에 대한 주장 · 입증책임을 상대방에게 부담시키는 것은 아니다(대법원 2004. 5. 14. 선고 2003두13595 판결). 군인이 상급자 등으로부터 당한 가혹행위가 자살을 결의하게 하는 데 직접적인 동기나 중요한 원인이 되었다는 것만으로는 자유로운 의지에 따른 것이 아니라고 할 수 없고, 자살이 자유로운 의지에 따른 것인지의 여부는 자살자의 나이와 성행, 가혹행위의 내용과 정도, 자살자의 신체적 · 정신적 심리상황, 자살과 관련된 질병의 유무, 자살자를 에워싸고 있는 주위상황, 가혹행위와 자살행위의 시기 및 장소, 기타 자살의 경위 등을 종합적으로 고려하여 판단하여야 할 것이다.[31] 따라서 판례는 영내에서 자살한 군인은 특별한 사정이 없는 한 자유로운 의지에 의한 것으로 보고 있으며, 다만, 예외적으로 영내 자살자가 구타 · 가혹행위로 인하여 우울증 등 정신병으로 치료를 받다 그로 인해 자살한 경우에는 자살자의 정상적이고 자유로운 의지를 벗어난 자해행위에 해당하지 않는 것으로 보고 있다.[32] 영내 자살자가 국가유공자로 지

31) 대법원 2004. 3. 12. 선고 2003두2205 판결.

32) 임관시의 특기가 변경되어 새로 맡게 된 업무에 종사하지 못한 부사관이 자살한 사례에서 판례는 "군인이 직무수행 중의 스트레스로 인한 우울증이 직접적인 동기나 중요한 원인이 되어 자살에 이르게 되었다는 사정만으로는 자유로운 의지에 따른 사망이 아니라고 할 수 없고, 그 자살이 자유로운 의지에 따른 것인지 여부는 자살자의 나이와 성행 및 직위, 직무수행으로 인한 스트레스가 자살자에게 가한 긴장도 내지 중압감의 정도와 지속시간, 자살자의 신체적 · 정신적 상황과 자살자를 둘러싼 주위상황, 우울증의 발병과 자살행위의 시기 기타 자살에 이르게 된 경위, 기존 정신질환의 유무 및 가족력 등을 종합적으로 고려하여 신중히 판단하여야 한다."라고 하였다(대법원 2006. 9. 14. 선고 2005두14578 판결).

정받는 데에는 상당한 어려움이 있다.

4. 국가배상법에 의한 배상

가. 문제의 제기

군인이 군복무 중 자살로 인하여 사망한 경우에 그 유족들은 사망원인인 자살이 공무수행 중에 발생한 것으로 주장하여 국가배상을 청구하고 있다. 특히 상급자의 구타 · 질책 · 가혹행위와 자살 사이의 상당인과관계(相當因果關係)가 인정됨을 주장하여 보상을 청구하는 소송이 계속해서 늘어나고 있는 추세이다. 법률적으로 사병이 군부대 내에서 상급자의 구타나 가혹행위를 당한 후 비관자살한 경우에 국가는 국가배상법 제2조 제1항 본문에 의하여 손해배상책임을 지는가? 국가배상법 제8조는 민법을 적용하고 있고, 민법 제763조에 의하면 불법행위의 경우에도 채무불이행에 관한 민법 제393조가 준용되므로, 이는 구타와 자살 사이의 상당인과관계의 유무 내지 특별손해에 대한 예견 가능성의 문제이다. 전통적인 상당인과관계설에 의하면 구타 후의 자살이라는 특별한 사정에 의하여 발생하는 손해에 대해서는 가해자에게 특별사정에 대한 예견 가능성이 인정되어야 국가배상책임이 인정되므로, 특별손해에 대한 예견 가능성이라는 요건을 어떻게 해석하는가에 달려 있다.[33)]

나. 판례 및 학설

(1) 판례

(가) 군 내의 구타 후 자살에 관한 사안을 다룬 대법원판결은 드물지만 상당인과관계의 존재를 전제로 하여 순직에 해당한다고 판단한 사례가 있다. 즉 "일반 사회와는 달리 엄격한 규율과 집단행동이 중시되는 군대 사회에서는 그 통제성과 폐쇄성으로 인하여 상급자로부터의 구타 내지 질책 및 그로 인한 피해의 의미가 일반사회에서의 그것과는 크게 다르다는 점에 비추어 볼 때, 구타 및 가혹행위가 망인으로 하여금 자살을 결의하게 하는 데 직접적이고도 중요한 원인을 제공하였고, 군에서 실시되는 각종 구타방지교육 등을 통하여 군 내에서의

33) 황정근, "군내 구타로 인한 자살과 국가배상책임", 법률신문(제3191호, 2003. 8. 4.), 14면.

구타 및 가혹행위의 위험성 및 이로 인한 탈영·자살사고 등에 대하여 알고 있어 예견 가능성도 있었다고 할 것이어서, 구타 및 가혹행위와 망인의 자살 사이에는 상당인과관계가 있다."라고 판시하였다.[34]

또 다른 판례에서는 "망인은 직무집행과 관련하여 상급자들로부터 가혹행위를 당하고 이로 인하여 사망하게 된 것이라고 할 것이어서 망인의 사망은 국가배상법 제2조 제1항 단서 소정의 '순직'에 해당하고 이에 따라 망인의 유족들은 국가유공자법 및 군인연금법의 각 보상규정에 따라 연금, 재해보상금 등을 지급받을 수 있다."라고 판시하였다.[35]

(나) 하급심판결은, 군 내 구타와 자살 간의 상당인과관계를 부정한 사례[36]와 긍정한 사례[37]로 나뉘어 있다. 영내 자살자에 대한 서울지방법원의 초기 태도는 기본적으로 영내 구타·가혹행위는 직무와 밀접한 관련성이 있고, 군대사회는 엄격한 규율과 집단행동이 중시되고 통제성과 폐쇄성이 강하므로 영내 구타·가혹행위와 자살 간의 상당인과관계는 인정하면서도 이는 국가배상법 제2조 제1항 단서상의 순직에 해당하고 국가유공자법 소정의 자해행위에 해당하지 않아 국가유공자법 및 군인연금법의 각 보상규정에 따라 연금, 재해보상금 등을 지급받을 수 있으므로, 국가배상이 허용되지 않는다는 판결례가 주류였다.[38] 서울고등법원의 판결은 영내 구타·가혹행위의 정도에 비추어 자살자가 그로 인하여 의사능력이나 자유의지를 잃고 자살에 이르게 되었다고 볼 수 없으므로 국가유공자법에 따른 보상이나 군인연금법상의 재해보상금을 받을 수 없어 국가배상법 제2조 제1항 단서가 적용되지 않는다고 하면서 국가배상법 제2조 제1항 단

34) 대법원 2002. 4. 26. 선고 2002다2812 판결(위 사례는 망인이 군 입대 후 그의 내성적이고 소극적인 성격으로 인하여 군 생활에 잘 적응하지 못하고 있던 중 같은 내무반원으로서 상급병인 김○○로부터 잦은 구타와 모욕적인 욕설을 당하면서 육체적·정신적으로 심한 고통을 겪게 되자 군 생활에 염증을 느끼고 절망감을 이기지 못하여 자살에 이르게 되었다.)

35) 대법원 2000. 9. 5. 선고 2000다12914 판결.

36) 대구고등법원 2000. 9. 22. 선고 2000나424 판결(이 사례에서는 "훈계의 목적을 벗어난 가혹행위와 폭행이 비록 피해자에게 정신적인 충격과 육체적 고통을 주었다고 하더라도 그와 같은 가혹행위 및 폭행이 피해자로 하여금 자살을 결의하게 하고, 다시 그것을 실행에 옮기는 것은 일반적으로 일어날 수 있는 것은 아니라고 할 것이어서 ……"라면서 손해배상을 부정하였다.).

37) 서울고등법원 2002. 1. 11. 선고 2001나46695 판결; 서울지방법원 2001. 9. 21. 선고 2001가합2230 판결; 서울지방법원 2000. 11. 3. 선고 2000가합45834 판결; 서울지방법원 2000. 5. 9. 선고 99가합97402 판결.

38) 서울지방법원 2000. 12. 12. 선고 2000가합48802 판결(군인이 직무집행과 관련하여 상급자로부터 강요 내지 폭언 등을 당한 후 자살하게 되었다 해도 이는 국가배상법 제2조 제1항 단서 소정의 '순직'에 해당, 그 유족은 국가유공자법과 군인연금법의 각 보상규정에 따라 연금, 재해보상금 등을 받을 수 있다고 할 것이어서 국가배상법 및 민법의 규정에 의한 손해배상을 청구할 수 없다.)

서의 적용을 인정한 제1심판결을 취소하고 원고의 청구를 인용하였으나, 자살에 이르게 된 자살자의 책임부분을 과실 상계하였다.[39)]

(2) 학설

"사고와 자살 사이의 인과관계에 관하여 ① 상당인과관계설(유추적용설), ② 기여도인정설, ③ 과실상계유추적용설 등을 소개하면서, 과실상계유추적용설은 사고와 자살 사이의 사실적 인과관계를 인정하고 과실상계규정을 유추 적용하여 자살의 원인이 된 심인적(心因的) 요인(피해자의 성격 등)을 기여비율로 손해배상액에서 참작하는 방법이다. 일반적으로 피해자의 심인적 요인이 손해의 발생·확대에 기여한 경우에는 손해의 공평한 분담이라는 견지에서 손해배상액 산정에서 참작한다는 법리를 자살에 의한 사례에도 적용하자는 것이다."라고 하면서 일본의 학설과 판례를 소개하고 있다.[40)]

(3) 소결론

불법행위에 민법 제393조를 준용하는 민법의 태도가 합리적인지에 관한 논란도 있지만, 군대 내에서 가해자가 그 직무를 집행하면서 고의로 법령에 위반하여 피해자에게 구타나 가혹행위를 하고 피해자가 그 후에 자살함으로써 피해자나 그 상속인에게 손해가 발생하였다면 이는 특별한 사정으로 인한 손해로서 가해자가 그러한 사정을 알았거나 알 수 있었을 때에 한하여 국가배상의 책임이 있다. 그러나 이 경우 상당인과관계는 그와 같은 불법행위로 인하여 자살이라는 결과가 발생할 개연성만이 아니라 불법행위의 태양과 정도 및 횟수, 그것이 피해자에게 미친 정신적 충격의 정도, 불법행위가 발생한 군대 내부생활의 특수성, 가해자가 평소 구타방지교육 등을 통하여 구타나 가혹행위의 위험성 및 이로 인한 탈영·자살사고에 대하여 알고 있는지 여부, 피해자의 연령과 신체적 심리적 상황, 피해자를 에워싸고 있는 주위상황, 자살에 이르게 된 경위 등을 종합 고려하여 경험칙상 예견 가능성이 추단된다면 이를 인정할 수 있다고

39) 자살자에 대하여 배상을 인정한 하급심판결 중 가장 대표적인 예가 서울고등법원 2002. 1. 11. 선고 2001나46695 판결이다. 이 판결 내용은 아래 ≪판례 1≫ 참조. 동일한 취지의 판결로는 서울고판 2000나25813; 서울고판 99나57241.

40) 황정근, 전게논문, 14면.

할 것이다.

영내에서 사병 사이에 발생하는 가혹행위는 내무생활이라는 특수성에 비추어 피해자에게 상당한 정신적 충격을 주는 점, 일반사회와는 달리 엄격한 규율과 집단행동이 중시되는 군대사회에서는 그 통제성과 폐쇄성으로 인하여 상급자의 폭행과 그로 인한 피해의 의미가 일반 폭행의 경우와는 크게 다른 점, 특히 피해자가 하급자인 경우 선임자의 가혹행위에 대하여 정상적인 절차에 따른 시정조치를 취하기가 사실상 어려운 점, 실제로 전입 신병의 경우 가혹행위를 견디지 못하여 자살에 이르는 경우가 적지 않고 군에서 실시되는 각종 구타방지교육 등을 통하여 군 내에서의 가혹행위 위험성 및 이로 인한 탈영 · 자살사고 등에 대하여 널리 알려져 있는 점 등에 비추어 볼 때, 군대에서의 구타나 가혹행위로 인한 자살이라는 조건관계가 인정되면 경험칙상 자살이라는 결과의 발생이 통상 예견할 수 있다고 인정하여도 무방하리라고 생각한다.[41]

5. 배상과 보상과의 관계

가. 문제의 제기

영내 자살자의 유족들은 위에서 본 바와 같이 국가배상법에 의한 국가배상과 국가유공자법에 의한 각종 보상을 받을 수 있으나, 다만, 국가배상법 제2조 제1항 단서 특례규정에 의하여 일정한 경우에는 국가배상법 및 민법의 규정에 의한 손해배상을 청구할 수 없도록 하고 있다.[42] 이하에서는 특례규정의 취지, 국가배상의 보충적 지위, 금액의 비교 등에 관하여 설명하기로 한다.

나. 국가배상법 제2조 제1항 단서 특례 규정

국가유공자법에 의한 보상은 피해자의 생활을 배려하기 위한 사회보장적 성격을 가지는 것으로서 국가배상과는 그 성질을 달리하며, 그 결과 국가배상과

41) 황정근, 전게논문, 14면.

42) 국가배상법 제2조 제1항 단서 "다만, 군인 · 군무원 · 경찰공무원 또는 향토예비군대원이 전투 · 훈련 등 직무집행과 관련하여 전사 · 순직 또는 공상을 입은 경우에 본인 또는 그 유족이 다른 법령의 규정에 의하여 재해보상금 · 유족연금 · 상이연금 등의 보상을 지급받을 수 있을 때에는 이 법 및 민법의 규정에 의한 손해배상을 청구할 수 없다."

국가유공자법에 의한 보상은 이중배상이 되는 것은 아니다.[43] 판례도 "국가유공자법에 의하여 국가유공자 등에게 연금, 각종 수당 등 보상금을 지급하는 제도는 그들의 생활안정과 복지향상을 도모한다는 사회보장적 성격을 가질 뿐만 아니라 그들의 국가를 위한 공헌이나 희생에 대한 응분의 예우를 시행하는 것으로서 손해를 배상하는 제도와는 그 취지나 목적을 달리한다고 할 것이므로, 같은 법 제11조, 제12조, 같은 법시행령 제20조의 각 규정에 의하여 지급받았거나 지급받게 될 사망급여금이나 유족연금은 국가가 배상하여야 할 손해액에서 공제하여서는 안 된다."라고 판시하였다.[44]

다. 국가배상의 보충적 지위

국가배상법 제2조 제1항 단서규정에 따라 다른 법령의 규정에 의하여 재해보상금 · 유족연금 · 상이연금 등의 보상을 지급받을 수 있을 때에는 이 법 및 민법의 규정에 의한 손해배상을 청구할 수 없기 때문에 국가유공자법에 의한 보상이 인정되지 않는 경우에는 국가배상법 제2조 제1항 단서의 적용은 배제되고, 국가배상청구는 가능하다.[45] 즉 국가배상책임을 묻기 위해서는 우선적으로 국가유공자법에 따른 보상 여부가 판단되어야 하고, 그 보상이 인정되지 아니하는 경우에 국가배상 여부가 판단되어야 한다. 따라서 국가배상은 국가유공자법에 대한 보상에 대하여 보충적으로 기능하는 것이고, 결국 국가배상과 국가유공자법에 대한 보상은 포괄적으로 국가책임의 이행방식으로서 상호 대체적인 것으로 파악될 수 있다고 한다.[46]

라. 국가배상과 국가보상과의 금액 비교

국가배상과 국가유공자로서 보상 중 어느 것이 더 유리할까? 임성훈 서울중

---

43) 김동희, 행정법Ⅰ, 박영사, 2004, 498면.

44) 대법원 1998. 2. 10. 선고 97다45914 판결.

45) 대법원 1996. 12. 20. 선고 96다42178 판결(군인, 군무원 등 국가배상법 제2조 제1항 단서에 열거된 자가 전투 · 훈련 기타 직무집행과 관련하는 등으로 공상을 입은 경우라고 하더라도 군인연금법 또는 국가유공자예우 등에 관한 법률에 의하여 재해보상금, 유족연금, 상이연금 등 별도의 보상을 받을 수 없는 경우에는 국가배상법 제2조 제1항 단서의 적용 대상에서 제외된다.).

46) 임성훈, "영내 구타 · 가혹행위로 인한 자살에 대한 배상과 보상", 행정판례연구Ⅹ, 한국행정판례연구회 편, 2005, 박영사, 260-261면.

앙지방법원 판사가 분석한 자료에 의하면 "영내 자살자가 국가배상으로 받을 수 있는 금원은, 가장 최근에 선고된 판결로 보이는 서울고등법원 2003나58599 사건을 보면, 자살자의 일실수입은 도시일용노임(위 사건에서는 2002. 9. 기준)을 기준으로 178,404,160원, 장례비는 300만 원으로 산정되므로 이에 대한 과실상계 70－80%를 하면, 그 배상액은 35,680,832원 내지 53,521,248원이 되고 여기에 위자료를 추가한 금액을 배상받는다. 반면에 국가유공자법에 의한 보상은 유족연금으로 매월 674,000원을 지급받고(20년간 연금을 지급받는다고 하고 호프만식 계산법에 의하여 중간이자를 공제한다고 하면 그 현가는 111,955,163원(674,000×166.10558375)에 이른다.), 생활 정도를 감안하여 매월 7만 원 내지 12만 원의 생활조정수당을 지급받을 수 있으며, 수업료 면제, 학자금 지급 등의 교육보호, 취업보호대상자의 우선채용 등의 취업보호, 보훈병원에서의 가료 등 의료보호, 장기저리로 금원대부, 고령자에 대한 국가양로시설에서의 보호, 대중교통시설의 요금할인, 고궁 및 공원의 무료이용, 주택의 우선분양, 국립묘지에의 안장 등의 혜택을 누릴 수 있다."고 한다.[47] 사안에 따라서는 국가유공자법에 의한 보상이 국가배상내용보다 적은 것은 아니다.

≪판례≫

1. 국가배상법 제2조 제1항의 국가배상책임을 인정한 사례

"망인이 선임병들의 잦은 암기강요와 가혹행위를 당하여 자살한 것은 군 생활에 적응하지 못하고 스스로 목숨을 끊은 것으로 국가유공자법시행령 제3조의 2 제4호의 '자해행위' 또는 군인연금법시행령 제75조 제2호의 '본인의 고의 또는 중대한 과실로 인하여 군인연금법상의 재해보상금의 지급사유가 발생한 경우'에 해당한다고 할 것이어서 위 각 규정에 의하여 재해보상금을 지급받을 수 없게 되어 그 유족인 원고들은 국가배상법에서 규정한 '다른 법령의 규정에 의하여 재해보상금 · 유족연금 등의 보상'을 지급받을 수 없다고 할 것이어서 피고의 국가배상법 제2조 제1항 단서에 근거한 주장은 이유 없다. 비록 선임병들의 잦은 욕설과 폭언 등 가혹행위가 있었다고 하더라도 망인은 사고 당시 20세인 남자이고, 전문대학을 다니는 고학력자임에도 망인이 쉽사리 자살을 하게 된

47) 임성훈, 전게논문, 260면.

것은 원고의 내성적이고 소극적인 성격에 상당부분 기인한다고 할 것이므로 이를 피고의 손해배상액 산정에 참작하기로 하되 그 비율은 70%로 함이 상당하다."[48][49]

2. 국가유공자법상의 자해행위에 해당된다고 인정한 사례

1) 망인이 소속부대의 상급자들로부터 폭행과 따돌림을 당하여 정신적인 스트레스와 압박감을 느낀 점은 인정되지만, 더 나아가 망인이 스트레스로 인하여 정상적인 인식능력이나 정신적 억제력이 현저히 저하된 상태에서 자살에 이르렀다고 볼 만한 증거가 없고, 오히려 자존심 강한 망인의 성격과 망인이 사랑했던 김○○로부터 자신의 존재를 확인하지 못한 실망감 등이 부대의 상급자들로부터 받은 스트레스와 복합적으로 작용하여 망인으로 하여금 자살에까지 이르게 하였다고 보이며, 설령 상급자로부터 폭행과 질책을 받은 것이 자살을 결심하게 한 유일한 원인이 되었다고 하더라도, 부대 구성원 개개인이 타인의 생명과 신체에 중대한 위해를 가할 수 있는 무기를 소지하고 다루는 군 조직을 정상적으로 유지하고 또한 안전사고를 방지하기 위해서는 필연적으로 구성원 개개인들에 대한 어느 정도의 군기교육이나 질책은 필요불가결하고, 또 그 과정에서 다소 과격한 폭언이 나온다 하더라도, 이미 육체적, 정신적으로 어느 정도 성숙한 단계에 이른 군인으로서는 마땅히 이를 감내하고 극복하여야 할 것인바, 망인이 군 생활에 적응하지 못하여 상급자들로부터 받은 위와 같은 질책이나 경미한 폭행은 통상 군인으로서 마땅히 감수하거나 극복하기가 심히 곤란하다고 인정되기가 어려울 정도의 것으로서, 그것이 망인의 의사능력이나 자유 의지를 잃게 하여 망인으로 하여금 자살에 이르게까지 할 정도의 과도한 것이라 보기 어렵다.[50]

---

48) 서울고등법원 2002. 1. 11. 선고 2001나46695 판결.

49) 이 판결의 1심판결인 서울지방법원 2001. 7. 13. 선고 200가합84198 판결에서는 "부대원의 관리를 제대로 하지 못함으로써 망인이 심한 스트레스로 인한 정신적 고통을 이기지 못하여 자살을 한 것으로 보이고, 선임병들이 망인에게 욕설 및 폭언 등을 하면서 암기를 강요하거나 가혹행위를 한 것은 외관상 그들의 직무집행과 밀접한 관련이 있고, 선임병들의 위와 같은 잦은 폭언, 암기강요 및 가혹행위와 망인의 자살 사이에는 인과관계가 있다고 인정되므로"라고 하여 국가책임을 인정하였다.

50) 전주지방법원 2003. 5. 15. 선고 2002구합1967 판결(망인은 2001. 1. 30. 육군에 입대하여 ○○사단에서 복무하던 중 2001. 6. 4.부터 같은 달 8.까지 휴가를 나왔으나 귀대하지 않고 같은 달 10. 10:00경 대전 시내 아파트 옥상에서 목을 매 자살한 사건으로, 유족들은 망인의 사망이 입대 후 소속대에서 선임병들에 의한 폭행과 따돌림으로 인해 정상적이고 자유로운 의지에 따른 자해행위가 아니므로, 망인은 공무수행 중 사망한

2) 군기교육은 군 조직을 유지, 통솔하기 위하여 필요불가결한 것으로서 정도의 차이는 있을지라도 어느 부대에나 있고, 더욱이 해병대는 군기가 엄하기로 소문난 부대인 점, 중대장 김○○이 평소 엄한 군기교육을 시켰으나 망인뿐만 아니라 중대원 전원에게 그러하였고, 다른 중대원들은 이를 잘 이겨 낸 것으로 보아 그 군기교육이 도저히 감당할 수 없을 정도는 아니었던 것으로 보이고, 또 군기교육이 엄하다고 하더라도 군인으로서는 마땅히 이를 극복함으로써 전쟁에서 승리할 수 있는 체력과 정신력을 길러야 하는 점, 망인이 술에 취하여 상급자의 멱살을 잡은 행위에 대하여 징계처분을 한 것이 잘못이라고 볼 수 없는 점, 망인은 대학까지 다닌 사람으로서 위와 같은 사리를 충분히 알 수 있었고, 평소 군 생활에 적응하지 못하여 문제를 일으키는 경우는 있었지만 일상의 업무수행에 있어 정상적인 판단을 하지 못할 정도의 정신적인 이상상태를 보인 적이 없었으며, 자살 직전에는 동료들에게 앞서 본 바와 같은 마지막 인사까지 한 점 등을 고려하면 망인의 자살은 나약한 성격으로 인한 것이기는 하나 자유로운 의지에 따른 것으로서 …… 자해행위로 인한 사망에 해당한다고 할 것이다.[51]

3. 국가유공자법상의 자해행위에 해당하지 않는 사례

"근로자의 업무와 질병 또는 질병에 따르는 사망 사이의 인과관계에 관해서는 이를 주장하는 측에서 입증하여야 하지만, 그 인과관계는 반드시 의학적, 자연과학적으로 명백히 입증하여야만 하는 것이 아니라 제반 사정을 고려하여 업무와 질병 또는 사망 사이에 상당인과관계가 있다고 추단되는 경우에도 그 입증이 있다고 보아야 할 것이므로, 근로자가 업무상 질병으로 요양 중 자살한 경우에 있어서는 자살자의 질병 내지 후유증상의 정도, 그 질병의 일반적 증상, 요양기간, 회복 가능성 유무, 연령, 신체적 심리적 상황, 자살자를 에워싸고 있는 주위상황, 자살에 이르게 된 경위 등을 종합적으로 고려하여 상당인과관계가 있다고 추단할 수 있으면 그 인과관계를 인정하여야 한다고 함이 대법원의 입장이고(대법원 1993. 12. 14. 선고 93누9392 판결; 대법원 1993. 10. 22. 선고 93누13797 판결 등 참조), 이와 같은 법리는 군인 또는 경찰공무원의 사망이 법

것이라 할 수 있고, 따라서 국가유공자법상의 '공상군인'에 해당한다고 주장한 사건이었다.).

51) 대구고등법원 2001. 11. 30. 선고 2001누1049 판결.

제4조 제1항 제5호에서 정한 공무상의 질병에 의한 것인지 여부를 판단함에 있어서도 마찬가지로 적용된다. ……(중략)…… 우울증이 그 발생에 있어서 업무에 따른 스트레스와 상당한 인과관계가 있다고 의학적으로 판명된 질병이고 망인이 업무와 관련된 일 이외에 달리 신변에 심리적 부담을 줄 만한 사정이 없었다면, 망인의 공무와 그가 앓고 있던 위 우울증 사이의 인과관계는 우선 추단된다고 보아야 할 것이고, 기록에 나타난 자료들에 의하더라도, 우울증은 그 상태가 경한 경우 정서적으로 우울하고 슬픈 느낌을 가지며 자신감과 생의 의욕이 없고 피곤한 증상을 보일 뿐이지만, 심하게 되면 성불능이나 수면장애가 나타나고 지속적인 불안, 걱정, 긴장, 장래의 위해에 대한 느낌과 걱정 및 초조감 등이 동반되며, 무력감, 고립무원감, 분노와 공격의 감정, 죄책감, 자기징벌의 욕구 또는 망상 등의 이유로 자살을 시도하거나 자해하는 경우가 있고, 특히 자살은 심한 우울증에서 회복될 때 가장 빈번히 일어난다는 것이 정신의학상 인정되고 있음을 알 수 있으므로, 그와 같은 사정과 망인이 자살 당시 보인 증세 및 발병으로부터의 기간 등으로 미루어 볼 때, 공무로 인하여 발생한 망인의 위 우울증은 이미 위 정신의학에서 말하는 심한 우울증의 상태에까지 진행되어 있었다고 보인다. ……"라고 판시하였다.[52)]

Ⅴ. 군 내 자살자에 대한 국가책임의 근거와 범위

1. 국가책임의 근거

이재승 교수는 자살군인에 대한 국가책임의 근거를 귀책원리, 위험책임원리, 사회적 진보원리, 공적원리, 특수위험에 따른 국가책임으로 설명하고 있다. ① 귀책원리는 고의/과실 등의 귀책사유를 근거로 삼아 책임유무 책임 정도를 확정하고, 발생된 손해를 책임에 맞게 조정하여 배상을 추구한다. 귀책원리에 기초한 손해배상방식은 개별적인 행위자(가해자)와 개별적인 피해자 간, 개별적인 주체들 간의 권리의무관계를 규율하는 데 적합하다. ② 위험책임원리란 손해를

52) 대법원 1999. 6. 8. 선고 99두3331 판결.

야기했던 위험원(危險源)을 합법적으로 창출하고 관리한 자는 그 위험원으로부터 현실화된 부정적 결과를 인수하여 부담하는 것이 공평하다는 논리이다. 여기에서는 위험의 현실화로서 그 결과발생에 있어서 관리자의 위법한 행위 여부나 귀책사유 유무가 문제 되지 않는다. 책임근거가 고의나 과실과 같은 귀책사유가 아니라 위험원의 창출과 운영에 있기 때문이다. ③ 사회적 전보원리는 개인이 부담하게 되는 희생을 사회적 연대의 차원에서 분배하려는 원칙이다. 자살한 군인에 대하여 당연히 위험의 사회적 분산원칙에 따라 귀책사유 존재 여부를 묻지 않고, 배분적 정의의 관점에서 국가나 사회가 전체로서 책임을 감당하게 된다. 자살은 그 동기가 어디에 있는지에 상관없이 국가(공동체)에 대한 병역의무의 이행과정에서 생겨난 사고(재해)이기 때문에 일종의 사회보험 형태로 해결할 수 있다. ④ 공적원리란 특별한 긍정적 결과를 야기한 자에 대한 승인원칙을 말한다. 공과원칙에서 공적의 측면을 다루고 있다. 여기에서는 기본적으로 국가나 사회에 대한 특수한 공적이 중요한 의미를 가진다. 포상은 이러한 공적에 대하여 국가나 사회구성원의 집단적 승인행위이다. 국가유공자등록결정이 그 예이다. ⑤ 특수위험에 따른 국가책임으로 군인의 자살에 대하여 국가책임의 원리를 강조하는 것은 군인의 자살에 대하여 국가는 다른 경우와 달리 특수한 책임이 존재한다는 데에 있다. 즉 산업재해에서 보듯이 사회적 전보의 원리는 회피할 수 없는, 그러나 사회에 만연하고, 예측 가능한 위험을 사회가 하나의 공동체로서 인수하는 책임이다.[53)]

2. 국가책임의 범위

군복무 중 자살의 원인은 구타 · 가혹행위 이외에도 다양한 원인이 존재하는데, 과연 어느 범위까지 군복무 중 자살자에 대한 국가배상책임을 인정할 것인가? 현행 국가배상제도의 해석론상으로는 기본적으로 국가책임의 근거로서 '귀책원리'를 채택할 수밖에 없기 때문에 국가책임을 인정함에 있어 자살에 대한 '국가의 의무위반'을 어떻게 구성할 것인지가 가장 중요한 문제가 되고, 이 경우 각 자살원인에 있어 국가에 어떠한 주의의무를 부과할 수 있는지에 따라 각

53) 이재승, "군내 자살처리자에 대한 국가책임의 근거와 범위", 군의문사위 2006년 전문가 초청토론회 자료집, 군의문사진상규명위원회, 2006, 79 - 84면.

경우에 있어 국가배상책임을 인정할 수 있는지 여부가 결정된다고 한다. 특히 병(兵)의 자살에 있어서는 기본적으로 우리나라는 의무복무제로서 자신의 의사와 관계없이 성인남성은 군대에 징집되어 복무하여야 하고, 군에 복무하는 중에는 개인의 기본권이 상당히 제한된다는 점에 비추어 보면, 국가로서는 병(兵)이 별다른 문제없이 군 생활을 할 수 있도록 지도 · 관리할 의무를 인정할 수 있고, 최근 군에서 자살사고를 예방하기 위한 대책으로 자살징후 발견 및 자살우려자 식별, 자살징후 발견 시 즉각적인 조치, 자살우려자에 대한 지속적인 보호 및 관리가 강조되고 있어, 자살자의 지휘관 및 상급자, 동료에 대하여 자살예방을 위한 주의의무의 정도가 강화되고 있다 할 것이므로, 자살사고가 발생한 경우 지휘관 및 상급자, 동료들이 그와 같은 자살방지를 위한 구체적인 조치를 취할 수 있었음에도 불구하고 그와 같은 조치를 취하지 아니하였고, 위 조치가 취하여졌을 경우 자살이 방지될 수 있었으리라고 보이는 경우에는 국가배상책임이 인정될 수도 있으리라 생각된다.[54)]

Ⅵ. 입법론

이에 대한 방안으로는, 첫째로 민법상의 위험책임법리를 도입하자는 견해가 있다. 이 주장은 유가족은 사회와 격리된 군대에 자기 자식을 맡기는 것으로 폐쇄적이고 상하명령에 따라 움직이며 자유가 제한되는 군대라는 특수한 조직에서는 일단 군 일원이 된 자를 안전하게 훈련시키고 복무시켜 제대시킬 의무가 있는데 이 의무를 다하지 못한 것에 대한 일종의 위험책임을 부담해야 한다는 것이다. 그러나 비록 군대가 폐쇄적이고 통제된 사회라 하더라도 민법상의 위험책임법리를 도입하는 것은 다소 섣부른 감이 없지 아니하다. 왜냐하면 아무리 군대라 할지라도 병에게도 어느 정도의 자유의지도 있고 자신의 의사전달도 과거에 비해 비교적 활발히 이루어지고 있기 때문이다.

둘째로, 자살자에 대한 특별법을 제정하자는 견해이다. 자살자를 국가유공자

54) 임성훈, “군내 자살처리자 관련 판례 분석과 현 제도의 문제점”, 군의문사위 2006년 전문가 초청토론회 자료집, 군의문사진상규명위원회, 2006, 108 – 109면.

내지는 전공사상자와 같은 범위에서 처리하게 되면 전공사상자들이 어떤 반감을 가질 수 있으므로 일종의 특별법을 만들어 군대 내 자살자를 위한 보상금 지급 내지는 합동묘역을 설치하자는 것이다. 국가유공자와 같이 국립묘지에 안장시키거나 국가유공자법에 의하여 지원을 해 주는 것은 국민적인 합의가 이루어지기 힘들므로 따로 법률을 제정한다는 견해에 일리가 있다고 본다. 그렇게 한다면 유가족들의 신원도 해소되고 군에 대한 불신도 감소될 것이며 군과 민 사이의 정신적 괴리감도 많이 없어질 것으로 보인다. 어찌되었든 현재와 같이 군 내 자살자에 대하여 아무런 조치 및 대책도 없이 단지 자살자라는 이유 때문에 방치하는 것은 문제가 있다고 본다. 이에 대한 논의는 법을 개정하거나 제정하는 것이 필요하기 때문에 국민들 간의 컨센서스가 충분히 이루어져야 한다고 본다.[55)]

셋째로, 법원 및 사회 일반의 인식에 따라 구타 · 가혹행위로 인한 자살자에 대한 보상체계가 전반적으로 검토되어야 한다면서 “자살자의 유족에 대하여 국가유공자가 아니라 국가배상의 길을 터 주는 방향으로 보상을 제도화하여야 할 것이다.”라는 주장이 있다.[56)] 즉 자살사고처리과정에서 자살원인으로서 구타 및 가혹행위의 점 및 자살과의 인과관계를 명확히 하고, 배상요건이 인정되는 경우 유족들에 대하여 국가배상신청을 유도하며 국가배상심의위원회에서도 법원에서 인정되는 기준에 따라 자살 관련 손해배상을 적극적으로 인정한다면 자살 관련 민원의 감소 및 조기해소가 가능할 것이다. 또한 관련 문제로서 자살자의 사체안치와 관련하여 국립현충원의 일부를 자살자의 납골을 위한 공간으로 제공하는 방안과 사체인수거부와 관련하여 국립묘지관련법규에 유가족이 인수를 거부하는 사체를 납골하여 보관할 수 있는 규정의 신설이 필요하다.

넷째로, 자살 사망자에 대한 합리적 보상방안으로는 크게 예우 측면에서 ① 사망사고에 대한 진상규명이 장기화되거나 유족이 영헌인수를 거부한 경우에 비용 및 관리 부담의 문제가 발생하기 때문에 진상규명 전 별도의 봉안장소 마련이 필요하다. ② 사망사고자에 대한 사망자묘역을 마련하여야 한다. 보상 측면에서는 ① 자살 관련 재해보상체계정비가 필요하다. 즉 보상체계는 직업군인

55) 한웅재, “군의 전공사상자에 대한 보상제도”, 법령연구논집(제2집), 해군본부 법무감실, 2001, 200면.
56) 임성훈, “국가유공자 사건”, 2002년도 주요송무사례집, 육군본부, 2003, 142면.

의 경우 산재법상의 자살 요건을 포괄하는 것이 타당하며 의무복무군인의 경우 다소 포괄적인 자살에 대한 보상이 추진되어야 한다. 현재 민간직업인을 대상으로 적용되는 산재법에서도 업무 관련성에 따른 정신장해로 인한 자살의 경우 재해보상으로 인정하고 있다. 따라서 직업군인의 직업성을 감안 시 현행 군인연금법에서 배제하고 있는 자살에 대한 요건도 최소한 현재의 산재법 수준의 요건을 수용해야 한다. 의무복무군인의 경우 복무의 강제성, 자율성 제한 등을 고려하여 볼 때 산재법상의 자살요건을 포함함은 물론 자살이 군부대 환경적 사유로 인한 자해 사망과 개인적 귀책사유로 인한 자해 사망도 포괄하여 보상하는 것이 타당하다. 그러나 자살 사유별 요건 간에 차등화를 두어 보상체계와 분류 기준을 달리해야 할 것이다. ② 사회보험성격의 재해보험제도를 도입, 즉 국가와 의무복무자가 공동으로 비용을 부담하는 의무복무군인재해사망보상보험제도를 도입하자는 견해가 있다.[57)]

군 내 자해사망자에 대한 보상체계를 재정립하는 방향은, 현재 군인의 재해 및 사망의 보상에 관련된 두 법률(국가유공자법, 군인연금법)을 개정하거나 새로운 법률의 제정을 통해 국가책임을 적극적으로 수용해 나가는 방안들을 중심으로 제안해 보고자 한다. 앞서 살펴본 것처럼 군인연금법은 직업군인에 대한 재해보상과 생활보장의 두 가지 성격을 동시에 가지고 있고, 국가유공자법은 보훈 목적으로 시행되는 제도로서, 그 법의 제정 취지를 근거로 군 내 자해사망자에 대한 보상의 여지를 배제하고 있다. 그러나 이재승 교수의 지적처럼, 군인의 특수신분으로부터 야기된 불행한 결과에 대하여 국가가 전면적으로 배려하는 것이 국가공동체의 존속과 화합적 발전에 기여하는 일이라면, 군 내 자해사망자의 경우도 현행 법률체계의 재편을 통해 적극적으로 포용해 나갈 필요가 있으며, 필요하다면 새로운 법률의 제정도 적극적으로 고려해 나가야 할 것이다.[58)]

57) 안석기 · 정주성, "군복무 중 사망자(자살)의 국가책임에 대한 소고", 주간국방논단(제973호), 2003. 12. 4 - 6면.

58) 김광식, "군내 자살처리자 처우에 대한 대안 모색에 대한 토론", 군의문사위 2006년 전문가 초청토론회 자료집, 군의문사진상규명위원회, 2006, 196면.

Ⅶ. 결론

자살은 이미 사회문제화된 지 오래이다. 통계청 자료에 의하면 2005년 자살률은 OECD국 중 최고 수준을 유지하고 있으며 각종 언론에 보도되고 있는 최고위층의 자살사고는 자살에 대한 충격을 무감각하게 만들고 있다.

최근 판례에서도 업무상 과로와 스트레스가 겹쳐 자살했다면 업무상 재해로 볼 수 있다는 판결이 나오고 있다. 특히 "질병의 주된 발생 원인이 업무수행과 직접 관련은 없더라도 과로나 스트레스가 겹쳐서 질병을 유발 또는 악화시켰다면 인과관계가 있다고 봐야 한다."라고 하면서 자살에 대한 보상 범위를 넓혀가고 있다.[59)]

그동안 군에서는 자살사고는 소극적이고 내성적인 성격의 소유자가 단체생활에 적응하지 못하고 발생하는 개인적인 문제로 보아 왔다. 그러나 군 내 자살을 개인적 요인이나 사회 환경 요인으로만 볼 것이 아니라, 군 환경 구조적 요인의 복합적이고 구조적 결과로 인해 발생한다는 시각으로의 변화가 요구된다.[60)] 군인 자살사고의 경우 병역의무의 강제성, 자살사고의 과실경합적 성격 등을 고려하여 민간보다 폭넓은 국가책임의 범위를 설정하되 국가배상이나 보훈이 아닌 재해보상 차원에서 접근해야 하며, 순직 등 여타 사망과 형평성 있는 보상 방안이 마련되어야 할 것이다.[61)]

우선적으로 자살에 대한 보상 입법은 장기적으로 추진되어야 할 사항이지만 현 상태하에서 자살자 유족에 대한 배상 대책으로는 국가배상을 활성화할 필요가 있다. 즉 군인 또는 군무원이 타인에게 가한 손해에 대한 배상신청사건을 심의하기 위하여 국방부에 설치한 특별심의회를 활용하여야 할 것이다.

임성훈 판사는 "법원에서 최소한 폭행 · 가혹행위로 인하여 자살한 병(兵)에 대한 국가배상책임을 원칙적으로 인정하고 국가에 손해배상을 명하고 있는 이상 군 내부에서도 자살자에 대한 합당한 배상을 하여야 한다는 인식의 확산이 필요하고, 그와 같은 인식하에서 자살자 처리 절차에서 유족들이 소송을 거치지

59) 서울행정법원 2006. 9. 7. 선고 2005구합40539 판결.

60) 안석기 · 정주성, 전게논문, 3면.

61) 안석기 · 정주성, 전게논문, 4면.

않고 각 군에 설치되어 있는 국가배상위원회를 통한 국가배상절차 등의 보다 간편한 절차를 통하여 적절한 배상을 받을 수 있도록 제도를 보완·운영할 필요가 있다. 자살자에 대한 군 내부의 조사절차의 투명성과 충실성이 확보된다는 전제를 한다면, 군복무 중 자살자에 대한 국가배상소송절차에서 군 내부의 조사결과 이상으로 그 조사결과를 번복할 만한 별다른 사실자료가 수집되기는 어렵고, 결국 군 내부의 조사결과에 의거하여 국가배상책임 여부 및 배상금액을 결정하게 될 것인데, 지금까지와 같이 법원에의 소송을 통하여 배상을 받아야 한다면, 이는 유족들에게 무익한 고통을 안겨 주는 것이 될 것이다. 따라서 유족들의 위와 같은 고통을 덜어 주기 위하여 유족들에게 보다 손쉽게 국가책임을 이행받을 수 있는 길을 마련해 줄 필요가 있는데, 가장 현실적이고 별다른 비용이 들지 않는 방법이 각 군에 설치되어 있는 국가배상위원회를 통한 국가배상절차를 이용하는 것이다. 즉 군으로서는 자살자에 대한 국가책임에 최소한 법원기준에 따른 국가배상을 인정한다는 원칙하에, 군 내부의 조사절차가 종료된 경우 유족들에게 국가배상제도를 이용할 수 있음을 안내하거나, 자살자 처리 절차에서 자체적으로 국가배상이 인정될 수 있는 사안으로 판단되는 경우에는 자체적으로 국가배상절차를 개시하여 유족들이 보다 손쉽게 국가배상을 받을 수 있도록 절차를 구성하여야 할 것이고, 군의문사위로서는 유족들에 대한 보상제도의 개선을 위하여 입법론적인 대책 이전에 보다 현실적으로 손쉽게 추진할 수 있는 방안으로 국방부에 대하여 자살자 유족이 보다 손쉽게 국가배상제도를 이용할 수 있도록 권고적 의견을 제시할 필요가 있다고 보인다."라고 주장하고 있다.[62] 일반 법원에 소송을 제기하기보다는 특별배상심의회를 통해 구제 절차가 이루어진다면 간이·신속하게 배상받을 수 있는 장점이 있으며 또한 군부대 근무환경 및 군조직의 특수성에 대해 잘 알고 있는 군법무관들이 참여하여 자살원인 및 동기, 과실상계비율을 적정히 함으로써 자살 유형에 따른 일률적인 보상 기준을 마련할 수 있어 유족들에 대한 권리구제에 대해 만전을 기할 수 있으리라고 본다.

62) 임성훈, "군내 자살처리자 관련 판례 분석과 현 제도의 문제점", 군의문사위 2006년 전문가 초청토론회 자료집, 군의문사진상규명위원회, 2006, 108－109면.

참고자료

육군3사관학교, 「자살사고 예방대책」 세미나 자료집, 2003.

임천영, 군인사법, 법률문화원, 2004.

임천영, "자살한 군인의 국가유공자 해당 여부", 법률신문 제3299호(2004. 9. 16.)

김호철, "군의문사 진정사건을 통해 본 자살처리자 문제현황", 군의문사위 2006년 전문가 초청토론회 자료집, 군의문사진상규명위원회, 2006.

이재승, "군내 자살처리자에 대한 국가책임의 근거와 범위", 군의문사위 2006년 전문가 초청토론회 자료집, 군의문사진상규명위원회, 2006.

임성훈, "군내 자살처리자 관련 판례 분석과 현 제도의 문제점", 군의문사위 2006년 전문가 초청토론회 자료집, 군의문사진상규명위원회, 2006.

임성훈, "영내 구타 · 가혹행위로 인한 자살에 대한 배상과 보상", 행정판례연구Ⅹ, 한국행정판례연구회편, 박영사, 2005.

김광식, "군내 자살처리자 처우에 대한 대안 모색에 대한 토론", 군의문사위 2006년 전문가 초청토론회 자료집, 군의문사진상규명위원회, 2006.

박지훈, "군내사망사건과 관련한 자살 기록송부에 대한 고찰", 군사법논집(제10집), 국방부, 2005.

강세빈, "공무상 질병 요건과 자해행위에 관한 고찰", 공군법률논집(제24호). 백낙종, "군내 사망사건 처리실태 고찰", 인사보(제94호), 육군본부, 2004. 12.

황정근, "군내 구타로 인한 자살과 국가배상책임", 법률신문 제3191호(2003. 8. 4.).

안석기 · 정주성, "군복무중 사망자(자살)의 국가책임에 대한 소고", 주간국방논단(제973호), 2003.

한웅재, "군의 전공사상자에 대한 보상제도", 법령연구논집(제2집), 해군본부, 2001.

이행규, "군내 사망사고 조사과정의 문제점과 군의문사 재발방지를 위한 개혁방향", 군의문사 해결을 위한 공개토론회 발제(2003. 6. 20.).

황학수, "군의문사진상규명특별법 제정의 필요성 및 의의", 군의문사 해결을 위한 공개토론회 발제(2003. 6. 20.).

오윤성, "군내 사망사건 중 의문제기 감소방안에 대한 연구", 한국경찰학회보(제10호), 2005.

19. 군인연금법 위헌 판결의 소급효*
(대법원 2009 6. 11. 선고 2008두21577 판결)

목 차

Ⅰ. 대상판결

1. 사실관계

1) 원고(선정당사자, 이하 '원고'라고만 한다.) 및 선정자들은 군인으로 재직하다가 퇴역하여 군인연금법에 따라 퇴역연금을 지급받으면서 구 군인연금법(1995. 12. 29. 법률 제5063호로 개정되고, 2000. 12. 30. 법률 제6327호로 개정되기 전의 것) 제21조 제5항 제2호, 제3호, 구 군인연금법 시행규칙(2008. 1. 22. 국방부령 제0643호로 개정되기 전의 것) 제4조 제1항 및 [별표]가 정하고 있는 서울특별시 도시개발공사, 전쟁기념사업회, 한국공항공단, 인천국제공항공사, 한국한센복지협회, 독립기념관에 각 근무하면서 보수 기타 급여를 지급받았다.

2) 그런데 원고 및 선정자들이 서울특별시 도시개발공사, 전쟁기념사업회, 한국공항공단, 인천국제공항공사, 한국한센복지협회, 독립기념관에 각 근무하는 동안 위 각 법률조항들 및 구 군인연금법 시행령(2006. 10. 23. 대통령령 제19708호로 개정되기 전의 것) 제42조 제2항에 의하여 퇴역연금의 2분의 1에 해

---

* 게재지: 남성대(제2호), 육군종합행정학교, 2009. 12.

당하는 금액이 각 지급 정지되었다.

3) 그런데 이러한 퇴역연금의 지급정지와 관련하여 헌법재판소는 2003. 9. 25. 2001헌가22결정으로 "구 군인연금법(1995. 12. 29. 법률 제5063호로 개정된 것으로, 2000. 12. 30. 법률 제6327호로 개정되기 전의 것) 제21조 제5항 제2호는 퇴역연금 지급정지대상기관인 정부투자기관 · 재투자기관을 국방부령으로 정하도록 위임하고 있는 점과 퇴역연금 지급정지의 요건과 내용을 대통령령으로 정하도록 위임하고 있는 점에서 헌법상 포괄위임금지의 원칙에 위배되며, 이와 동일하게 규정되어 있는 같은 항 제3호 내지 제5호도 같은 이유로 위헌"이라는 내용의 결정(이하 '이 사건 1차 위헌결정'이라고 한다.)을 선고하였다.

4) 이 사건 1차 위헌결정 이후 피고는 원고 및 선정자들에게 2003. 10.분부터 퇴역연금전액을 지급하게 되었고, 원고 및 선정자들은 피고에게 퇴역연금의 각 지급정지 시점부터 2003. 9.까지 사이에 지급 정지한 별지 미지급 퇴역연금 목록 기재 각 금원의 반환을 신청하였으나, 피고는 이 사건 위헌결정의 소급효가 없다는 취지로 미지급 퇴역연금의 반환을 거절하였다.

5) 그 후 헌법재판소는 2005. 12. 22. 2004헌가24호로 구 군인연금법(1995. 12. 29. 법률 제5063호로 개정되기 전의 것) 제5항 제3호도 이 사건 1차 위헌결정과 같은 이유로 위헌이라는 내용의 결정(이하 '이 사건 2차 위헌결정'이라고 한다.)을 선고하였다.

2. 대법원 판결요지

헌법재판소 위헌결정의 효력은 위헌제청을 한 당해사건, 위헌결정이 있기 전에 이와 동종의 위헌 여부에 관하여 헌법재판소에 위헌제청을 하였거나 법원에 위헌제청신청을 한 사건과 따로 위헌제청신청은 아니 하였지만 당해 법률 또는 법률 조항이 재판의 전제가 되어 법원에 계속 중인 사건뿐만 아니라, 위헌결정 이후에 위와 같은 이유로 제소된 일반사건에도 미친다고 할 것이나, 위헌결정의 효력은 그 미치는 범위가 무한정일 수는 없고 다른 법리에 의하여 그 소급효를 제한하는 것까지 부정되는 것은 아니며, 법적 안정성의 유지나 당사자의 신뢰보호를 위하여 불가피한 경우에 위헌결정의 소급효를 제한하는 것은 오히려 법치주의의 원칙상 요청되는 바라고 할 것이다(대법원 1994. 10. 25. 선고 93다42740 판결, 대법원 2005. 11. 10. 선고 2005두5628 판결 등 참조).

원심이 제1심판결 이유를 인용하여 적법하게 확정한 사실과 기록에 의하여 인정되는 다음과 같은 사정, 즉 "구 군인연금법(2000. 12. 30. 법률 제6327호로 개정되기 전의 것) 제21조 제5항 제2호 내지 제5호는 헌법에 위반된다."고 결정한 헌법재판소 2003. 9. 25. 2001헌가22 결정(이하 '1차 위헌결정'이라 한다.)의 취지는 "퇴역연금수급권은 전체적으로 재산권적 보호의 대상이기는 하지만 퇴역연금 지급정지제도는 기본적으로 그 목적이 퇴직 후의 소득상실보전에 있고 그 제도의 성격이 사회보장적인 것이므로, 연금수급권자에게 임금 등 소득이 퇴직 후에 새로 생겼다면 이러한 소득과 연계하여 퇴역연금 일부의 지급을 정지함으로써 지급 정도를 입법자가 사회 정책적 측면과 국가의 재정 및 기금의 상황 등 여러 가지 사정을 참작하여 폭넓은 재량으로 축소하는 것은 원칙적으로 가능한 일이어서 퇴역연금 지급정지제도 자체가 위헌이라고 볼 수는 없지만, 위 법률조항이 퇴역연금 지급정지 대상기관의 선정 및 지급정지의 요건과 내용에 관한 규정을 함에 있어 구체적으로 범위를 정하여 위임하여야 함에도 불구하고, 그러한 범위를 정하지 아니한 채 포괄적으로 국방부령 또는 대통령령에 위임한 것이므로 헌법상 요구되는 포괄위임금지원칙에 위반된다."는 것인 점, 위 1차 위헌결정 이후에 법원에 제소된 일반사건에 대해서도 위 1차 위헌결정의 소급효가 인정된다고 볼 경우 헌법재판소가 위와 같이 합헌이라고 판단한 바 있는 퇴역연금 지급정지제도 자체의 적용이 전면적으로 배제되어 결과적인 과잉급부를 방지할 수 없게 되는 점, 또한 위 1차 위헌결정의 소급효가 일반사건에 대하여 인정됨으로써 위 법률조항이 시행된 2001. 1. 1.부터 이 사건 위헌결정이 있었던 2003. 9. 25.까지 퇴역연금 수급자 중 퇴역연금 지급정지 대상기관의 임·직원으로 재직하고 보수 기타 급여를 받았음을 이유로 피고가 그 지급을 정지한 퇴역연금을 전부 소급하여 지급하게 될 경우 현실적으로 연금기금을 조성하는 현역군인과 국고의 초과부담을 초래하게 된다는 점 등을 종합하여 보면, 위 1차 위헌결정 이후 제소된 일반사건인 본건에 대하여 위헌결정의 소급효를 인정할 경우 그로 인하여 보호되는 원고 및 선정자들의 권리구제라는 구체적 타당성 등의 요청에 비하여 종래의 법령에 의하여 형성된 군인연금제도에 관한 법적 안정성의 유지와 신뢰보호의 요청이 현저하게 우월하므로 위 1차 위헌결정의 소급효는 제한되어 본건에는 미치지 아니한다고 할 것이다(대법원 2006. 6. 9. 선고 2006두1296 판결, 대법원 2006. 6. 15. 선고 2005두10569 판결 등 참조).

헌법재판소는 앞서 본 바와 같이 1차 위헌결정에서 "구 군인연금법(2000. 12. 30. 법률 제6327호로 개정되기 전의 것) 제21조 제5항 제2호 내지 제5호는 헌법에 위반된다."고 결정한 이후, 2005. 12. 22. 선고 2004헌가24 결정(이하 '2차 위헌결정'이라 한다.)에서 "구 군인연금법(1995. 12. 29. 법률 제5063호로 개정되기 전의 것) 제21조 제5항 제3호는 헌법에 위반된다."고 결정하였다. 그런데, 구 군인연금법 제21조 제5항 제3호는 1982. 12. 28. 법률 제3587호로 개정된 이후 2000. 12. 30. 법률 제6327호로 개정되면서 같은 조 제5항 전부가 삭제되기까지 전혀 개정된 바 없으므로, 결국 1차 위헌결정에 의해 위헌으로 결정된 구 군인연금법 제21조 제5항 제3호는 1982. 12. 28. 법률 제3587호로 개정된 후 2000. 12. 30. 법률 제6327호로 개정되면서 삭제되기 전의 것이라고 할 것이다. 따라서 2차 위헌결정은 위에서 본 바와 같이 이미 1차 위헌결정이 위헌으로 결정함으로써 그 효력을 상실한 '1982. 12. 28. 법률 제3587호로 개정된 후 2000. 12. 30. 법률 제6327호로 개정되면서 삭제되기 전의' 구 군인연금법 제21조 제5항 제3호 중 일부에 대한 것으로 보아야 하는바, 이러한 2차 위헌결정은 그 위헌결정에 이르게 한 당해 사건에 대해 그 위헌결정의 소급효를 인정할 수 있음은 별론으로 하고 그 밖의 다른 사건에 대해서까지 소급효를 인정할 것은 아니다.

Ⅱ. 위헌 판결의 소급효

1. 개요

2003. 9. 25. 헌법재판소는 군인연금법 제21조 제5항 제2호 내지 제5호가 구체적인 퇴역연금 지급정지대상기관의 선정을 국방부령에 위임하고 지급정지의

요건 및 내용을 대통령령에 위임하면서 구체적으로 범위를 정하지 아니하여 헌법상 포괄위임금지의 원칙에 위배된다는 이유로 위 각 규정에 대하여 위헌결정을 하였다(2001헌가22 사건). 위 헌재 결정 이후에 그동안 퇴역연금 지급정지로 인하여 지급받지 못한 퇴역연금을 돌려 달라는 퇴직연금지급청구소송이 줄을 이었다. 즉 연금지급정지조항이 위헌결정을 받았고, 위 위헌결정의 효력은 그 결정 이후에 제기된 사건에도 미친다고 주장하면서 퇴직연금지급청구소송을 제기한 것이다. 이하에서는 위헌결정의 소급효 이론에 대한 일반적인 사항과 판례는 어떻게 처리하고 있는지에 관해 설명한다.

2. 주요 학설

현행 헌법은 헌법재판소가 위헌결정을 한 경우에 위헌법률의 법적 효력은 물론 그 위헌결정이 어떤 사건에까지 미칠 수 있는지의 문제에 대하여 아무런 명시적인 규정을 두고 있지 않다. 다만, 헌법재판소법은 제47조 제2항에서 "위헌으로 결정된 법률 또는 법률의 조항은 그 결정이 있는 날로부터 효력을 상실한다. 다만, 형벌에 관한 법률 또는 법률의 조항은 소급하여 그 효력을 상실한다." 라고 규정하고 있을 뿐이다. 이 규정에 대한 해석에 관하여 많은 논란이 있으며 대법원과 헌법재판소의 견해도 일치하지 않고 있다.

우선 소급효를 제한적으로만 인정하는 설과 원칙적으로 소급효를 인정하여야 한다는 설로 크게 구분할 수 있다. 소급효를 제한적으로 인정하는 설에는 ① 당해 사건에 대해서만 소급효를 인정하는 입장: 이 견해는 단순위헌결정의 소급효를 확장하는 것은 헌법재판소법 제47조 제2항에 정면으로 배치되고, 이러한 확대해석은 사법부의 해석, 적용권의 범위를 벗어나 법의 창조, 즉 입법에 해당하여 사법작용의 본질을 일탈한 것이므로 허용될 수 없고, 다만, 헌법 제107조 제1항, 헌법재판소법 제75조 제7항, 제8항 등의 규정에 비추어 볼 때 제청법원의 제청 또는 헌법소원의 청구를 통하여 헌법재판소에 법률 또는 법률조항의 단순위헌결정을 위한 계기를 부여한 당해 사건에 대해서는 예외적으로 소급효를 인정할 수 있다고 한다. ② 상반되는 헌법적 가치를 비교, 형량하여 예외적으로 소급효를 인정하는 입장: 단순위헌결정의 효력에 관하여 장래효주의를 취하느냐, 소급효주의를 취하느냐는 헌법적으로, 만약 헌법이 공백이면 입법적으로 선택이 가능한 문제인데, 우리나라의 입법자는 비형벌법규에 대해서는 장래효주의를 취하는 입법을 하였음이 명백하다고 한다. 다만, 헌법재판소법 제47조 제2항의 해석과 적용에 있어서는 장래효주의의 바탕 위에서 예외적으로 소급효주의를 가미하는 입장을 취할 수 있으나 그 소급효가 지나치게 확장되어 장래효주의를 무의미하게 만드는 견해는 헌법재판소법이 개정되지 않는 한 받아들이기 어렵다고 한다.

또한 원칙적으로 소급효를 인정하여야 한다는 설에는 ① 헌법재판소법 제47조 제2항이 위헌이라는 설: 이 입장은 단순위헌결정이 소급효를 가지는가의 여부는 법률에 의하여 결정될 수 있는 성질의 것이 아니고 헌법에 의하여 결정되어야 하는데, 우리의 헌법해석상 단순위헌결정은 원칙적으로 소급효를 가지는 것으로 해석되어야 하므로 이에 저촉되는 헌법재판소법 제47조 제2항은 위헌이라고 한다. 다만, 이 입장에서도 단순위헌결정의 소급효를 무제한적으로 인정할 수는 없고 법적 안정성이라는 다른 법리에 의하여 소급효를 제한하는 것은 가능하다면서 그 예로 확정판결의 기판력, 행정처분의 확정력 등을 들고 있다. ② 위헌결정의 기속력에 근거한 입장: 이 입장은 단순위헌결정은 헌법재판소법 제47조 제1항에 따라 법원 기타 국가기관 및 지방자치단체를 구속하는 기속력이 있고, 이러한 기속력은 당해 법률 또는 법률조항을 법령집에서 제거하는 효력, 즉 단순위헌결정의 제거효가 발생하기 전에 생긴 사실에 대해서도 미친다고 하여 결과적으로 소급효를 인정한다. 다만, 헌법에 위반된 법률은 원칙으로 무효라고 할 것이지만 일반적으로 무효라고 볼 수는 없고 당해 위헌법률을 무효로 해석하는 것이 헌법위반의 결과의 방지 및 시정에 특별히 도움이 되지 아니하고 오히려 국가안전보장, 질서유지 또는 공공복리를 침해하는 극히 부당한 결과를 초래하는 경우에는 당해 위헌법률을 유효한 것으로 보아 이를 적용할 수 있다고 한다.[1] ③ 오스트리아의 재판설에 근거한 입장: 법원과 행정청은 단순위헌결정의 효력이 발생하는 때로부터 이 시점 이전에 구체화된 요건에 대해서도 폐지된 법률을 더 이상 적용할 수 없다는 오스트리아의 재판설을 지지하면서 원칙적으로는 헌법재판소가 단순위헌결정을 하면서 장래효의 의미를 구체적으

1) 장윤기, "헌법재판소에서 위헌으로 결정된 법률의 효력", 민사재판의 제 문제 제7권, 1993. 713면 이하.

로 정하여 경과규정에 대한 혼란을 막아야 할 것이나 이에 관하여 침묵한 경우에는 오스트리아의 재판설에 준하여 단순위헌결정의 효력을 해석함이 타당하다고 한다.[2] ④ 위헌법률은 당연 무효라는 입장: 헌법 제27조 제1항, 제103조, 제107조, 제111조와 헌법의 최고규범성 및 법질서의 단계적 구조 등에 비추어 볼 때 법률이 위헌인 경우에는 그 법률은 처음부터 당연히, 그리고 그에 따라 법률과 헌법이 충돌하게 된 시점부터 무효라고 본다. 즉 위헌법률이 잠정적으로라도 유효한 것으로 인정되어 적용된다면 이는 헌법의 최고규범성을 부인하는 결과가 되며, 헌법이 스스로 위헌법률의 적용을 허용하는 것은 위헌적 입법행위를 용인하는 결과를 초래하여 궁극적으로 헌법의 최고규범성과 법질서의 단계구조를 붕괴시키고 말 것이라고 한다.[3]

3. 헌법재판소의 입장

헌법재판소는 위헌결정 효력의 문제는 특단의 사정이 없는 한 헌법적합성의 문제라기보다는 입법자가 법적 안정성과 개인의 권리구제 등 제반이익을 비교형량하여 가면서 결정할 입법정책의 문제로 보고 있으며, 단순위헌결정의 소급효가 예외적으로 인정될 수 있는 경우는 ① 구체적 규범통제의 실효성 보장의 견지에서 법원의 제청, 헌법소원의 청구 등을 통하여 헌법재판소에 법률의 단순위헌결정을 위한 계기를 부여한 사건('당해사건'이라고 한다.), ② 단순위헌결정이 있기 전에 이와 동종의 위헌 여부에 관하여 헌법재판소에 위헌제청을 하였거나 법원에 위헌제청신청을 한 사건과 따로 위헌제청신청을 아니 하였지만 당해 법률 또는 법률의 조항이 재판의 전제가 되어 법원에 계속 중인 사건('병행사건'이라고 한다.), ③ 당사자의 권리구제를 위한 구체적 타당성의 요청이 현저한 반면에 소급효를 인정하여도 법적 안정성을 침해할 우려가 없고 나아가 구법에 의하여 형성된 기득권자의 이익이 해쳐질 사안이 아닌 경우로서 소급효의 부인이 오히려 정의와 형평 등 헌법적 이념에 심히 배치되는 사건으로 보고 있다.

---

2) 황우여, "위헌결정의 효력" 『琴浪김철수교수 화갑기념 헌법재판의 이론과 실제』, 1993, 301쪽 이하; 황우여, "위헌결정의 효력" 사법논집 제21집, 1990, 5쪽 이하.

3) 남복현, 헌법재판소 결정의 효력에 관한 쟁점 및 해결방안, 『헌법재판소결정의 효력에 관한 연구』(헌법재판소, 헌법재판연구 제7권), 1996, 238－253면.

헌법재판소는 "우리나라 헌법은 헌법재판소에서 위헌으로 선고된 법률 또는 법률 조항의 시적 효력범위에 관하여 직접적으로 아무런 규정을 두지 아니하고 하위법규에 맡겨 놓고 있는바, 그렇다면 헌법재판소에 의하여 위헌으로 선고된 법률 또는 법률의 조항이 제정 당시로 소급하여 효력을 상실하는가 아니면 장래에 향하여 효력을 상실하는가의 문제는 특단의 사정이 없는 한 헌법적합성의 문제라기보다는 입법자가 법적 안정성과 개인의 권리구제 등 제반이익을 비교 형량하여 가면서 결정할 입법정책의 문제인 것으로 보인다. 다시 말하면 위헌결정에 소급효를 인정할 것인가를 정함에 있어 '법적 안정성 내지 신뢰보호의 원칙'과 '개별적 사건에 있어서의 정의 내지 평등의 원칙'이라는 서로 상충되는 두 가지 원칙이 대립하게 되는데, 개별적 사건에서의 정의 내지 평등의 원칙이 대립하게 되는데, 개별적 사건에서의 정의 내지 평등의 원칙이 헌법상의 원칙임은 물론 법적 안정성 내지 신뢰보호의 원칙도 법치주의의 본질적 구성요소로서 수호되어야 할 헌법적 가치이므로(헌법재판소 1989. 3. 17. 88헌마1 결정; 헌법재판소 1989. 12. 18. 선고, 89헌마32, 33(병합) 결정 등 참조), 이 중 어느 원칙을 더 중요시할 것인가에 관해서는 법의 연혁 · 성질 · 보호법익 등을 고려하여 입법자가 자유롭게 선택할 수 있도록 일임된 사항으로 보인다. 결국 우리의 입법자는 법 제47조 제2항 본문의 규정을 통하여 형벌법규를 제외하고는 법적 안정성을 더 높이 평가하는 방안을 선택하였는바, 이에 의하여 구체적 타당성이나 평등의 원칙이 완벽하게 실현되지 않는다고 하더라도 헌법상 법치주의 원칙의 파생인 법적 안정성 내지는 신뢰보호의 원칙에 의하여 정당화된다 할 것이고, 특단의 사정이 없는 한 이로써 헌법이 침해되는 것은 아니라 할 것이다. 제청법원이나 청구인들은 헌법재판소에서 위헌으로 선고된 법률 또는 법률의 조항은 언제나 소급하여 효력을 상실하여야 한다고 주장하면서, 그 헌법적 근거로 자유민주적 기본질서를 규정한 헌법 전문과 이 밖에 헌법 제10조, 제11조 제1항, 제13조 제2항, 제23조, 제27조 제1항, 제37조 제2항, 제103조 등을 들고 있다. 그러나 위헌법률의 효력 상실시기에 관한 명문의 규정이 없는 우리 헌법상, 위 규정들을 근거로 위헌법률이 일률적으로 소급하여 효력을 상실한다는 헌법상의 명제를 도출할 수 없다. 다만, 여기에서 형벌법규 이외의 일반 법규에 관하여 위헌결정에 불소급의 원칙을 채택한 법 제47조 제2항 본문의 규정 자체에 대해 기본적으로 그 합헌성에 의문을 갖지 않지만 위에서 본바 효력이 다양할 수밖에 없는 위헌결정의 특수성 때문에 예외적으로 그 적용을 배제시켜 부분적인 소급효의 인정을 부인해서는 안 될 것이다. 우선 생각할 수 있는 것은, 구체적 규범통제의 실효성 보장의 견지에서 법원의 제청 · 헌법소원의 청구 등을 통하여 헌법재판소에 법률의 위헌결정을 위한 계기를 부여한 당해사건, 위헌결정이 있기 전에 이와 동종의 위헌 여부에 관하여 헌법재판소에 위헌제청을 하였거나 법원에 위헌제청신청을 한 경우의 당해 사건, 그리고 따로 위헌제청신청을 아니하였지만 당해 법률 또는 법률의 조항이 재판의 전제가 되어 법원에 계속 중인 사건에 대해서는 소급효를 인정하여야 할 것이다. 또 다른 한 가지의 불소급 원칙의 예외로 볼 것은, 당사자의 권리구제를 위한 구체적 타당성의 요청이 현저한 반면에 소급효를 인정하여도 법적 안정성을 침해할 우려가 없고 나아가 구법에 의하여 형성된 기득권자의 이익이 해쳐질 사안이 아닌 경우로서 소급효의 부인이 오히려 정의와 형평 등 헌법적 이념에 심히 배치되는 때라고 할 것으로, 이때에 소급효의 인정은 법 제47조 제2항 본문의 근본취지에 반하지 않을 것으로 생각한다. 어떤 사안이 후자와 같은 테두리에 들어가는가에 관해서는 다른 나라의 입법례에서 보듯이 본래적으로 규범통제를 담당하는 헌법재판소가 위헌선언을 하면서 직접 그 결정주문에서 밝혀야 할 것이나, 직접 밝힌 바 없으면 그와 같은 경우에 해당하는가의 여부는 일반 법원이 구체적 사건에서 해당 법률의 연혁 · 성질 · 보호법익 등을 검토하고 제반이익을 형량에서 합리적 · 합목적적으로 정하여 대처할 수밖에 없을 것으로 본다. 생각건대, 일률적인 소급효의 인정이 부당한 결과를 발생시키듯이 일률적인 소급효의 완전부인도 부당한 결과를 발생할 수 있다고 할 것이다. 결론적으로 법 제47조 제2항 본문의 규정을 특별한 예외를 허용하는 원칙규정으로 이해 해석하는 한, 헌법에 위반되지 아니하며, 따라서 일률적 소급효를 인정하여야 합헌이 된다는 전제하에 법 제47조 제2항 본문의 규정이 헌법위반이 된다는 주장은 그 이유 없다."라고 판시하였다.[4)]

4) 헌법재판소 1993. 05. 13. 92헌가10 결정; 위와 같은 취지의 결정으로는 헌법재판소 2000. 8. 31. 2000헌바6 결정; 헌법재판소 2001. 12. 20. 2001헌바7 결정; 헌법재판소 2008. 9. 25. 2006헌바108 결정.

4. 대법원의 입장

대법원은 단순위헌결정의 소급효가 미치는 범위를 점진적으로 확대하여 왔는데 현재는 단순위헌결정이 있은 이후 제소된 일반사건(당해사건과 병행사건을 제외한 개념이다.)에 대해서도 원칙적으로 소급효를 인정하면서 예외적으로 그 소급효를 제한하고 있다. 다만, 예외적으로 단순위헌결정의 소급효를 제한한 경우로는 ① 기판력에 저촉됨을 이유로 한 경우,[5] ② 행정처분의 확정력을 이유로 한 경우,[6] ③ 법적 안정성을 이유로 한 경우[7] 등이다.

판례도 "헌법재판소의 위헌결정 효력은 위헌제청을 한 당해 사건, 위헌결정이 있기 전에 이와 동종의 위헌 여부에 관하여 헌법재판소에 위헌 여부 심판을 제청하였거나 법원에 위헌 여부 심판제청 신청을 한 경우의 당해 사건과 따로 위헌제청 신청은 하지 아니하였지만 당해 법률 또는 법률의 조항이 재판의 전제가 되어 법원에 계속 중인 사건뿐만 아니라 위헌결정 이후에 위와 같은 이유로 제소된 일반사건에도 미친다고 할 것이나, 그 미치는 범위가 무한정일 수는 없고 법원이 위헌으로 결정된 법률 또는 법률의 조항을 적용하지는 않더라도 다른 법리에 의하여 그 소급효를 제한하는 것까지 부정되는 것은 아니라 할 것이며, 법적 안정성의 유지나 당사자의 신뢰보호를 위하여 불가피한 경우에 위헌결정의 소급효를 제한하는 것은 오히려 법치주의의 원칙상 요청되는 바라 할 것이다."고 판시하였다.[8]

---

5) 대법원 1993. 4. 27. 선고 92누9777 판결.

6) 대법원 1994. 10. 28. 선고 92누9463 판결(위헌인 법률에 근거한 행정처분이 당연 무효인지의 여부는 위헌결정의 소급효와는 별개의 문제로서, 위헌결정의 소급효가 인정된다고 하여 위헌인 법률에 근거한 행정처분이 당연무효가 된다고는 할 수 없고, 오히려 이미 취소소송의 제기기간을 경과하여 확정력이 발생한 행정처분에는 위헌결정의 소급효가 미치지 않는다고 보아야 한다.).

7) 대법원 1994. 10. 25. 선고 93다42740 판결(위헌결정의 효력은 그 미치는 범위가 무한정일 수는 없고 법원이 위헌으로 결정된 법률 또는 법률의 조항을 적용하지는 않더라도 다른 법리에 의하여 그 소급효를 제한하는 것까지 부정되는 것은 아니라 할 것이며, 법적 안정성의 유지나 당사자의 신뢰보호를 위하여 불가피한 경우에 위헌결정의 소급효를 제한하는 것은 오히려 법치주의의 원칙상 요청되는 바라 할 것이다.).

8) 대법원 1994. 10. 25. 선고 93다42740 판결.

Ⅲ. 맺음말

위 대법원 판결은 판결요지에서 밝힌 바와 같이 “위헌결정 이후 제소된 일반사건인 본건에 대하여 위헌결정의 소급효를 인정할 경우 그로 인하여 보호되는 원고 및 선정자들의 권리구제라는 구체적 타당성 등의 요청에 비하여 종래의 법령에 의하여 형성된 군인연금제도에 관한 법적 안정성의 유지와 신뢰보호의 요청이 현저하게 우월하므로 위헌결정의 소급효는 제한된다.”라는 기존의 대법원 입장을 그대로 인용하면서 원고들의 퇴직금 반환청구를 인정하지 않았다.[9)]

9) 참고서적 및 논문: 계희열, 법률에 대한 위헌판결의 효력, 『법률의 위헌결정과 헌법소원의 대상』(헌법재판소, 헌법재판연구 제1권), 1989; 남복현, 헌법재판소 결정의 효력에 관한 쟁점 및 해결방안, 『헌법재판소결정의 효력에 관한 연구』(헌법재판소, 헌법재판연구 제7권), 1996; 문광삼, 헌법재판소 변형결정의 유형과 그 문제점, 『헌법재판소결정의 효력에 관한 연구』(헌법재판소, 헌법재판연구 제7권), 1996; 박일환, 법률의 시적효력범위, 법조 제38권 제11호(1989. 11.); 손용근, 위헌결정의 소급효가 미치는 범위에 관한 비판적 고찰, 사법논집 제24집, 1993; 윤진수, 위헌법률의 효력, 헌법논총 제1집, 1990; 윤진수, 헌법재판소 위헌결정의 소급효, 『헌법문제와 재판』 상, 1996; 이강국, 위헌법률의 효력, 『心泉계희열박사화갑기념 공법학의 현대적 지평』, 1995; 조배숙, 위헌결정의 소급효, 『翠峰김용철선생 고희기념 법학논집』, 1993; 황우여, 위헌결정의 효력, 『琴浪김철수교수 화갑기념 헌법재판의 이론과 실제』, 1993 ; 황우여, 위헌결정의 효력, 사법논집 제21집, 1990.

20. 반국가 행위자에 대한 급여제한*

목 차

Ⅰ. 관련 법규

1. 군인연금법 제33조

군인연금법 제33조 제3항에는 "형법 제2편 제1장(내란의 죄) · 제2장(외환의 죄), 군형법 제2편 제1장(반란의 죄) · 제2장(이적의 죄), 국가보안법(제10조를 제외한다.)에 규정된 죄를 범하여 금고 이상의 형을 받은 경우에는 이 법에 의한 급여를 지급하지 아니한다."라고 하여 반국가 행위자에 대해서는 급여를 제한하는 규정을 두고 있다. 이 규정은 1994. 1. 5. 법률 제4705호로 신설되었다. 공무원연금법에도 이와 유사한 규정을 두고 있다. 즉 공무원연금법 제64조 제3항에 "형법 제2편 제1장(내란의 죄), 제2장(외환의 죄), 군형법 제2편 제1장(반란의 죄), 제2장(이적의 죄), 국가보안법(제10조를 제외한다.)에 규정된 죄를 범하여 금고 이상의 형을 받은 경우에는 이미 납부한 기여금의 총액에 민법의 규정에 의한 이자를 가산한 금액을 반환하되 급여는 지급하지 아니한다."라고 하여 반국가 행위자의 급여를 제한하고 있다.[1]

* 게재지: 법무공보(제82호), 육군본부 법무실, 2004. 11. 1.

1) 반국가 행위자에 대한 급여제한 규정은 이미 공무원연금법에서는 1982. 12. 28. 법률 제3586호로 신설되었다.

2. 연혁

1) 제정 군인연금법 1963. 1. 28. 법률 제1260호

제33조(급여의 제한) ① 군인 또는 군인이었던 자가 복무 중의 사유로 인하여 다음 각 호의 1에 해당하게 된 때에는 각령의 정하는 바에 의하여 급여의 전부 또는 일부를 지급하지 아니할 수 있다. 1. 자격정지 이상 형의 선고를 받고 그 형이 확정된 때, 2. 파면된 때

② 군인 또는 군인이었던 자가 국적을 상실한 때에는 급여의 전부를 지급하지 아니한다.

2) 1987. 11. 28. 법률 제3957호 개정

제33조(급여의 제한) ① 군인 또는 군인이었던 자가 복무 중의 사유로 인하여 다음 각 호의 1에 해당하게 된 때에는 대통령령의 정하는 바에 의하여 급여의 전부 또는 일부를 지급하지 아니할 수 있다. 1. 금고 이상 형의 선고를 받고 그 형이 확정된 때, 2. 파면된 때

② 군인 또는 군인이었던 자가 국적을 상실한 때에는 급여의 전부를 지급하지 아니한다.

3) 1991. 12. 27. 법률 제4454호 개정

제33조(급여의 제한) ① 군인 또는 군인이었던 자가 복무 중의 사유로 인하여 다음 각 호의 1에 해당하게 된 때에는 대통령령의 정하는 바에 의하여 급여의 전부 또는 일부를 지급하지 아니할 수 있다. 1. 금고 이상 형의 선고를 받고 그 형이 확정된 때, 2. 파면된 때

② 연금을 받을 권리가 있는 자가 국적을 상실한 때에는 연금에 갈음하여 국적을 상실한 달을 기준으로 한 1년 연금액의 4배에 상당하는 금액을 지급한다.

4) 1994. 1. 5. 법률 제4705호 개정

제33조(형벌 등에 의한 급여제한) ① 군인 또는 군인이었던 자가 복무 중의

공무원연금법의 제64조 제3항의 규정을 군인연금법에 도입한 것이다.

사유로 인하여 금고 이상의 형을 받았거나 군인이 징계에 의하여 파면된 때에는 대통령령이 정하는 바에 따라 급여액의 일부를 감액하여 지급한다. ② 형법 제2편 제1장(내란의 죄) · 제2장(외환의 죄), 군형법 제2편 제1장(반란의 죄) · 제2장(이적의 죄), 국가보안법(제10조를 제외한다.)에 규정된 죄를 범하여 금고 이상의 형을 받은 경우에는 이 법에 의한 급여를 지급하지 아니한다. ③ 연금을 받을 권리가 있는 자가 국적을 상실한 때에는 연금에 갈음하여 국적을 상실한 달을 기준으로 한 1년 연금액의 4배에 상당하는 금액을 지급한다.[2)]

5) 1995. 12. 29. 법률 제5063호 개정

제33조(형벌 등에 의한 급여제한) ① 군인 또는 군인이었던 자가 다음 각 호의 1에 해당하는 경우에는 대통령령이 정하는 바에 의하여 퇴직급여 및 퇴직수당의 일부를 감액하여 지급한다. 1. 복무 중의 사유로 금고 이상의 형을 받은 때, 2. 징계에 의하여 파면된 때, ② 복무 중의 사유로 금고 이상의 형에 처할 범죄행위로 인하여 수사가 진행 중에 있거나 형사재판이 계속 중에 있는 때에는 대통령령이 정하는 바에 의하여 퇴직급여 및 퇴직수당의 일부에 대하여 지급을 정지할 수 있다. 이 경우 급여의 제한사유에 해당하지 아니하게 된 때에는 그 잔여금에 대통령령이 정하는 이자를 가산하여 지급한다. ③ 형법 제2편 제1장(내란의 죄) · 제2장(외환의 죄), 군형법 제2편 제1장(반란의 죄) · 제2장(이적의 죄), 국가보안법(제10조를 제외한다.)에 규정된 죄를 범하여 금고 이상의 형을 받은 경우에는 이 법에 의한 급여를 지급하지 아니한다. ④ 연금을 받을 권리가 있는 자가 국적을 상실한 때에는 연금에 갈음하여 국적을 상실한 달을 기준으로 한 1년 연금액의 4배에 상당하는 금액을 지급한다.

6) 2000. 12. 30. 법률 제6327호

제33조(형벌 등에 의한 급여제한) ① 군인 또는 군인이었던 자가 다음 각 호의 1에 해당하는 경우에는 대통령령이 정하는 바에 의하여 퇴직급여 및 퇴직수

---

2) 부칙

① (시행일) 이 법은 1994년 7월 1일부터 시행한다.

② (급여사유 발생에 관한 경과조치) 이 법 시행 전에 급여의 사유가 발생한 자에 대한 급여에 관해서는 종전의 규정에 의한다.

당의 일부를 감액하여 지급한다. 1. 복무 중의 사유로 금고 이상의 형을 받은 때, 2. 징계에 의하여 파면된 때, ② 복무 중의 사유로 금고 이상의 형에 처할 범죄행위로 인하여 수사가 진행 중에 있거나 형사재판이 계속 중에 있는 때에는 대통령령이 정하는 바에 의하여 퇴직급여 및 퇴직수당의 일부에 대하여 지급을 정지할 수 있다. 이 경우 급여의 제한사유에 해당하지 아니하게 된 때에는 그 잔여금에 대통령령이 정하는 이자를 가산하여 지급한다. ③ 형법 제2편 제1장(내란의 죄) · 제2장(외환의 죄), 군형법 제2편 제1장(반란의 죄) · 제2장(이적의 죄), 국가보안법(제10조를 제외한다.)에 규정된 죄를 범하여 금고 이상의 형을 받은 경우에는 이 법에 의한 급여를 지급하지 아니한다.

Ⅱ. 제도의 취지

일반적으로 사회보험제도에서는 형벌 등에 의한 급여제한을 두고 있지 않으나, 공무원연금제도는 장기간 성실히 근무하고 퇴직하였을 때 급여를 지급한다는 제도 도입 당시의 목적에서 볼 수 있듯이 순수한 사회보험의 성격뿐만 아니라 공로보상 내지는 부양제도적인 성격을 내포하고 있기 때문에 급여의 목적에 반하는 행위를 한 경우에는 일정한 제한을 가하고 있는 것이다. 또한 이는 공무원연금제도가 공무원이라는 특수직역을 대상으로 하는 직역연금으로서, 그 적용대상인 공무원의 신분상 특수성을 고려한 인사정책적인 차원에서 특별한 제한을 가하는 것이라고도 볼 수 있다.[3)]

판례도 "공무원인 군인이 죄를 범하여 금고 이상의 형사처분을 받는 경우에는 공직 전체에 대한 신뢰를 실추시켜 공공의 이익을 해하는 결과를 초래하게 되므로 금고 이상의 형사처분을 받은 공무원에게 그 급여에도 제한을 가하여 국민의 군인에 대한 신뢰를 유지하면서 이들이 범죄를 범하지 않고 국민의 공복으로서 충성스럽게 근무하도록 유도할 필요성이 있으므로 군인연금법상의 급여제한은 그 목적이 정당하다고 할 것이다. ……(중간 생략)…… 군인이 임무에 충실하지 못하고 범죄에까지 나아갈 경우에는 그로 인하여 국가 및 사회의 안

3) 김중양 · 최재식, 공무원연금제도, 법우사, 2004, 348－349면.

전과 국민의 생명·자유 및 재산에 대하여 매우 심각한 손해를 초래할 위험이 클 것이므로, 이를 방지하기 위한 여러 가지 수단의 하나로서 복무 중 범죄를 저질러 금고 이상의 형을 선고받아 확정된 군인에 대하여 당초 예정된 퇴역연금급여에 제한을 가한다고 하더라도, 그러한 제한에 의하여 보호하고자 하는 공익이 범죄를 범한 군인 개개인의 재산권 내지 사회보장급부라는 사익에 비하여 결코 가볍다고 볼 수는 없을 것이다. 따라서 구법 제33조 제1항에 의하여 보호하려는 공익과 이로 인하여 침해되는 사익 사이에는 법익의 균형이 이루어져 있다고 볼 수 있다."라고 판시하였다.[4)]

Ⅲ. 구체적 내용

1. 반국가 범죄

반국가 범죄 유형으로는 형법 제2편 제1장(내란의 죄)·제2장(외환의 죄), 군형법 제2편 제1장(반란의 죄)[5)]·제2장(이적의 죄),[6)] 국가보안법(제10조를 제외한다.)에 규정된 죄를 범한 자이다. 형법 제1장 내란의 죄에는 내란죄(형법 제87조), 내란목적의 살인죄(동법 제88조)가 있으며, 형법 제2장 외환의 죄에는 외환유치죄(동법 제92조), 여적죄(동법 제93조), 모병이적죄(동법 제94조), 시설제공이적죄(동법 제95조), 시설파괴이적죄(동법 제96조), 물건제공이적죄(동법 제97조), 간첩죄(동법 제98조), 일반이적죄(동법 제99조), 전시군수계약불이행죄(동법 제103조)가 해당한다.

2. 복무 중 사유 발생 여부

군인연금법 제33조 제1항에는 군인 또는 군인이었던 자가 복무 중의 사유로

4) 서울고등법원 2004. 1. 9. 선고 2003누4562 판결.

5) 군형법 제1장 반란의 죄에는 반란죄(군형법 제5조), 반란목적의 군용물탈취(동법 제6조), 반란불보고죄(동법 제9조)가 해당된다.

6) 군형법 제2장 이적의 죄에는 군대 및 군용시설제공죄(군형법 제11조), 군용시설 등 파괴(동법 제12조), 간첩죄(동법 제13조), 일반이적죄(동법 제14조)가 해당된다.

금고 이상의 형을 받은 때에는 대통령령이 정하는 바에 의하여 퇴직급여 및 퇴직수당의 일부를 감액하여 지급한다고 규정하고 있다. 그렇다면 반국가적 범죄도 복무 중에 발생한 경우에만 급여를 제한할 수 있는가의 문제가 제기될 수 있다. 이와 관련하여서는 군인연금법 제33조 제3항과 똑같은 규정을 두고 있는 공무원연금법 제64조 제3항이 2002. 7. 18. 헌법재판소에서 한정위헌으로 결정되었다.[7] 즉 재직 중의 반국가적 범죄를 범하여 금고 이상의 형벌을 받은 경우에만 공무원연금법 제64조 제3항을 적용하고 있다. 따라서 군인의 반국가적 범죄행위로 급여를 제한하는 경우에도 복무 중에 발생한 경우로 제한하여야 할 것이다.

3. 제한 급여액

군인연금법 제33조 제1항의 일반형사범의 경우에는 퇴직급여 및 퇴직수당의 일부를 감액하고 있으나 반국가 행위자에 대해서는 "이 법에 의한 급여를 지급하지 아니한다."라고 규정하고 있다. 또한 군인연금법상의 재해보상금인 사망보상금과 장애보상금을 지급하지 않도록 명문 규정을 두고 있다(군인연금법시행령

7) 헌법재판소 2002. 7. 18. 2000헌바57 결정(가. 공무원연금법 제64조 제3항에 의한 급여의 제한사유인 범죄행위를 공무원으로 재직하던 중에 범한 죄로 한정하여 보는 한, 연금제도와 같은 사회보장 분야에 관한 입법에 있어 입법자가 광범위한 입법형성권을 갖는 점에 비추어 볼 때 이 사건 법률조항이 사유재산권을 보장한 헌법규정에 위반하여 퇴직급여청구권의 본질적인 내용을 침해하거나 입법형성권의 범위를 벗어나 과잉금지의 원칙에 반하는 자의적인 것이라고는 볼 수 없다. 그러나 이 사건 법률조항에 의한 급여제한의 사유가 퇴직 후에 범한 죄에도 적용되는 것으로 보는 것은, 입법목적을 달성하기 위한 방법의 적정성을 결하고, 공무원이었던 사람에게 입법목적에 비추어 과도한 피해를 주어 법익균형성을 잃는 것으로서 과잉금지의 원칙에 위배하여 재산권의 본질적 내용을 침해하는 것으로 헌법에 위반된다 할 것이다.
나. 이 사건 법률조항은 급여청구권을 제한 내지 박탈하는 부담적 성격을 갖고 있는 규정이므로 명확성의 원칙에 관하여 엄격한 기준이 적용되는 것인데도, 이 사건 법률조항은 그 앞의 제1항, 제2항에서 "재직 중의 사유로"라고 그 사유의 발생시기를 명확히 하고 있는 것과는 달리, 그 사유가 '재직 중의 사유' 만인지 '퇴직 후의 사유' 도 해당되는지에 관하여 일체의 언급이 없이 해당 범죄의 종류만을 열거하고 있다. 이러한 법문상의 표현은 입법의 결함이라고 할 것이고, 이로 인하여 대립적 해석을 낳고 있는바, 이러한 불명확한 규정에 의하여 '퇴직 후의 사유' 를 급여제한의 사유에 해당하는 것으로 본다면, 이는 법규정이 불명확하여 법집행 당국의 자의적인 법해석과 집행을 가능하게 하는 것으로서 헌법상의 명확성 원칙에 어긋나는 조항이라 하겠다.
다. 이 사건 법률조항을 '재직 중의 사유' 로 한정하여 보는 입장을 취할 경우, 공무원 재직 중에 일반범죄를 범한 자와 재직 중 반국가적 범죄를 범한 자 사이에는 제한되는 급여의 범위에 차등이 있으나, 이러한 차별은 공무원이 재직 중 반국가적 범죄를 범할 경우 국가에 대한 위해가 일반범죄의 경우보다 훨씬 크기 때문에 이를 방지하기 위한 것으로서 합리적 이유가 있으므로 평등의 원칙에 위반된다고 할 수 없다. 그러나 이 사건 법률조항을 퇴직 후의 범죄에 대해서도 적용되는 것으로 해석한다면, 공무원이 퇴직 후 일반범죄를 범하는 경우와 반국가적 범죄를 범하는 경우에 큰 차별이 있게 된다. 퇴직 후 일반범죄를 저지른 자는 퇴직급여청구권에 아무런 제한이 없는데, 국가보안법위반죄 등 반국가적 범죄를 저지른 자는 퇴직한 후 시일이 얼마나 경과하였는지에 상관없이 퇴직급여를 소급하여 박탈당하게 되는 것으로 평등의 원칙에 위배된다.

제75조 제1호). 이런 경우 이미 납부한 기여금에 대해서는 어떻게 처리해야 하는가? 군인연금법에는 이에 대한 규정을 두고 있지 않다. 입법론으로는 공무원연금법 제64조 제3항 후단 규정처럼 "이미 납부한 기여금의 총액에 민법의 규정에 의한 이자를 가산한 금액을 반환"하는 명문 규정을 두는 것이 바람직하다.

Ⅳ. 관련 문제

1. 구 군인연금법 제33조 제1항의 위헌성[8)]

가. 위헌주장

1) 군인연금의 재원은 연금수급권자인 군인이 납부하는 기여금과 국가가 부담하는 부담금(군인의 기여금과 국가의 부담금이 각 1/2씩이다.) 및 그 이자로 공동 조성되므로, 군인연금청구권은 군인이 퇴직 후 자신과 가족의 생계유지를 위한 최소한의 기본적 수요를 충족하기 위하여 오랜 재직기간 중 기여금을 납부하여 온 것이어서 가사 금고 이상의 형이 확정되었다고 하더라도 이를 이유로 연금청구권을 제한하는 경우 군인의 기여금 비율인 50/100을 초과하여 연금청구권 전액을 박탈한다는 것은 인간의 존엄과 가치를 유지할 수 있는 최소한의 경제적 수요를 박탈하는 가혹한 처사로서 헌법 제10조에 배치되며, 또한 제한방법의 상당성 및 법익의 균형성을 일탈하여 재산권을 침해함으로써 헌법 제23조 제1항, 제37조 제2항에 위배된다.

2) 군인에 대한 퇴역연금은 후불임금의 성격을 띠고 있고 군인 역시 국가와 고용계약을 체결하고 임금을 목적으로 노동을 제공하는 근로자이므로 군인에 대해서도 근로기준법상의 임금에 관한 전액지불의 원칙(근로기준법 제42조), 위약예정의 금지원칙(같은 법 제27조)이 적용되어야 할 것인바, 군인연금법의 규정은 이러한 근로기준법의 규정취지를 위반하여 군인이거나 군인이었던 근로자에게 일정한 귀책사유가 있을 경우 퇴역연금의 지급을 제한하도록 하는 것이어서 합리적인 이유 없이 일반근로자에 비하여 차별적인 취급을 하였으므로, 이는

8) 여기서 구 군인연금법이란 1994. 1. 5. 법률 제4705호로 개정되기 전의 것을 말한다.

헌법 제11조에 규정된 평등의 원칙에 위배된다.

나. 서울고등법원의 판단[9)]

1) 인간의 존엄성, 재산권보장, 과잉금지원칙 위반 주장에 관하여

① 군인연금법상의 급여는 기본적으로 모두 사회보장적 급여로서의 성격을 가짐과 동시에 공로보상 및 후불보상으로서의 성격도 함께 가진다고 할 것인바, 특히 군인의 퇴역연금청구권은 장기간에 걸친 군복무와 금전적 기여를 통하여 취득한 권리로서 헌법 제 23조에 의하여 보장되는 재산권이므로, 이를 제한하는 법률이라도 헌법 제37조 제2항에 따라 그 제한의 목적이 정당하고 제한하는 방법이 상당하여야 하며 입법에 의하여 보호하려는 공익과 이로 인하여 침해되는 사익을 비교 형량하여 양자 사이에 법익의 균형을 갖추어야 하는 등 과잉금지의 원칙에 반하여서는 아니 된다. 한편, 입법자는 군인연금의 사회보장적 성격에 비추어 군인연금의 보험료, 연금수급자격 및 급여수준 등을 구체적으로 어떻게 정할 것인가에 관하여 국민의 소득수준, 경제활동연령, 정년퇴직연령, 평균수명, 연금재정 등 여러 가지 사회적, 경제적 사정을 참작하여 폭넓게 그 형성재량으로 결정할 수 있을 뿐 아니라 합리적인 이유가 있다면 일단 군인연금의 급여를 받게 된 자에 대해서도 본질적인 내용을 침해하지 않는 범위 내에서 급여에 제한을 가할 수 있다고 할 것이다.

② 그런데, 공무원인 군인이 죄를 범하여 금고 이상의 형사처분을 받는 경우에는 공직 전체에 대한 신뢰를 실추시켜 공공의 이익을 해하는 결과를 초래하게 되므로 금고 이상의 형사처분을 받은 공무원에게 그 급여에도 제한을 가하여 국민의 군인에 대한 신뢰를 유지하면서 이들이 범죄를 범하지 않고 국민의 공복으로서 충성스럽게 근무하도록 유도할 필요성이 있으므로 군인연금법상의 급여제한은 그 목적이 정당하다고 할 것이다.

그리고 입법자가 일정한 기간 이상 복무 후 퇴직하는 군인에 대하여 퇴역 후의 생활안정과 복리향상을 위하여 퇴역연금을 지급하는 제도를 시행하는 것은 군인으로 하여금 복무하는 동안 성실하게 국토와 국민의 생명 · 자유 및 재산을 지킨다는 본연의 임무에 전념케 하려는 입법목적을 실현하기 위한 것이라고 할

---

9) 서울고등법원 2004. 1. 9. 선고 2003누4562 판결.

것인바, 그와 같은 급여를 법에 정해진 대로 확실하게 지급함으로써 달성될 뿐 아니라, 군인이 복무하는 동안 그 임무에 위반한 일정한 경우에는 구법 제33조 제1항이 정하는 바와 같이 오히려 급여를 제한할 수도 있다는 내용을 둠으로써 더욱 효과적으로 달성할 수 있을 것이다. 이와 같은 정책적 고려 아래 입법자는 군인으로서 성실하게 복무한 군인에게는 법에 정해진 대로 확실하게 연금급여를 실시하되, 만일 복무 중 본연의 임무에서 벗어나 범죄를 저질러 금고 이상의 형을 선고받은 경우에는 급여의 전부 또는 일부를 제한받을 수 있다는 내용의 위 법조항을 둔 것이라고 할 것이므로, 이는 입법목적의 달성을 위한 적합한 방법이라고 보아야 할 것이다.

또한 군인이 임무에 충실하지 못하고 범죄에까지 나아갈 경우에는 그로 인하여 국가 및 사회의 안전과 국민의 생명 · 자유 및 재산에 대하여 매우 심각한 손해를 초래할 위험이 클 것이므로, 이를 방지하기 위한 여러 가지 수단의 하나로서 복무 중 범죄를 저질러 금고 이상의 형을 선고받아 확정된 군인에 대하여 당초 예정된 퇴역연금급여에 제한을 가한다고 하더라도, 그러한 제한에 의하여 보호하고자 하는 공익이 범죄를 범한 군인 개개인의 재산권 내지 사회보장급부라는 사익에 비하여 결코 가볍다고 볼 수는 없을 것이다. 따라서 구법 제33조 제1항에 의하여 보호하려는 공익과 이로 인하여 침해되는 사익 사이에는 법익의 균형이 이루어져 있다고 볼 수 있다.

③ 그리고 구법 제33조 제1항이 군인이 복무 중 범죄로 인하여 금고 이상 형의 선고를 받고 그 형이 확정된 경우에 군인의 기여금 비율인 50/100을 초과하여 퇴역연금 등 급여 전액의 지급을 제한한다고 하더라도, 이는 앞서 본 구 군인연금법 제4조가 군인연금을 전혀 지급받지 못하는 자에 대해서도 군인연금적립에 있어서 군인이 납부한 기여액에 대해서는 그 반환을 인정하고 나아가 그 기여액에 대해서는 일정한 이자까지 붙이도록 규정하고 있으므로, 원고들이 주장하는 것처럼 인간의 존엄과 가치를 유지할 수 있는 최소한의 경제적 수요를 박탈하는 가혹한 처사로서 부당하다고 여겨지지 않고, 또한 앞서 관계 법령에서 본 각 구 군인연금법시행령 제42조 제2호는 군인이 복무 중 범죄로 인하여 금고 이상 형의 선고를 받아 확정된 자라고 하더라도 집행유예의 판결을 받은 자이거나 집행이 정지된 자에 대해서는 퇴역연금 등 급여 전액의 지급을 제한하

지 않고 급여의 100분의 70 내지는 100분의 50에 상당하는 금액만의 지급을 제한하고 있으므로, 구법 제33조 제1항은 그 제한의 정도도 최소한에 그친다고 보아야 할 것이다.

④ 따라서 구법 제33조 제1항은 위에서 본 바와 같은 입법의 목적, 이유, 법익의 균형, 재산권 또는 사회보험급여에 대한 제한의 정도, 기여액 및 이에 대한 이자의 반환 등을 종합적으로 고려할 때 과잉금지원칙을 규정한 헌법 제37조 제2항, 인간의 존엄과 가치를 규정한 헌법 제10조, 재산권보장을 규정한 헌법 제23조에 위반된다거나 입법자의 정당한 입법재량 범위를 벗어났다고 할 수 없다.

2) 평등원칙 위반 주장에 관하여

헌법 제11조에서 규정한 평등의 원칙은 일체의 차별적 대우를 부정하는 절대적 평등을 의미하는 것이 아니라 입법과 법의 적용에 있어서 합리적인 근거가 없는 차별을 하여서는 아니 된다는 상대적 평등을 뜻하므로 합리적 근거가 있는 차별 또는 불평등은 평등의 원칙에 반하는 것이 아니다. 따라서 입법자는 입법목적의 달성을 위하여 필요하다고 판단하는 경우에는 합리적인 이유에 의하여 일단 군인연금의 급여를 받게 된 자에 대해서도 군인연금의 재산권적인 성격이나 사회보장적 성격 등에 비추어 그 본질적인 내용을 침해하지 않는 범위 내에서 급여에 제한을 가할 수도 있다고 할 것이다.

원고들은 그들이 군인이었다는 이유로 근로기준법의 위 규정들에 의한 보호를 받지 못한 결과 일반근로자들에 비하여 차별대우를 받고 있다고 주장하나, 공무원인 군인의 복무관계와 일반근로자의 근로관계는 그 성격, 내용, 성립이나 소멸의 원인, 지휘감독의 정도, 규율하는 법령 등에 있어서 동일하지 않으므로 군인이었던 군인들에 대해서도 근로기준법상의 모든 규정을 똑같이 적용해야 한다고 할 수는 없고, 위와 같이 성격이나 규율법령 등을 달리하는 법률관계에 있는 두 사안을 똑같이 취급하는 것은 오히려 '같은 것은 같게, 다른 것은 다르게' 취급해야 한다는 이른바 상대적 평등원칙에 반한다고 할 것이다. 한편, 군인이 아닌 일반공무원의 퇴직연금에 대해서도 구법 제33조 제1항과 같은 애용의 제한 규정이 있는데(공무원연금법 제64조 제1항) 군인이었던 원고들을 일반

공무원의 경우와 달리 취급하여야 할 특별한 근거를 찾아보기도 어렵다. 그리고 구법 제33조 제1항으로 말미암아 공무원 또는 공무원이었던 사람이 위 근로기준법상의 각 규정을 적용받는 일반근로자와 비교할 때 불리한 차별대우를 받는 것이라고 볼 수 있는 면이 없지 않더라도 이는 앞서 본 바와 같은 구법 제33조 제1항의 입법목적, 제한의 정도, 공무원의 복무관계와 일반근로자의 근로관계 차이 등에 비추어 합리적인 이유가 있다고 할 것이다. 따라서 구법 제33조 제1항이 평등의 원칙을 침해한 규정이라고 할 수 없다.

2. 소급적용의 문제

가. 문제의 제기

군인연금법상의 반국가 행위자에 대한 급여 제한 규정은 1994. 1. 5. 법률 제4705호로 도입되었다. 이 개정 법률이 시행되기 전에 이미 급여 받을 권리를 취득한 자에 대해서는 어떤 법률을 적용하여야 하는가? 즉 반국가 행위자에 대한 급여 제한 규정이 적용되기 전에 이미 군인연금수급권을 취득한 자가 이 조항의 시행 후에 반국가 행위자로 처벌이 확정된 경우 어떻게 처리할 것인가의 문제이다. 반국가 행위자에 대한 급여 제한 관련 규정이 수차례 변경되어 해석상 문제가 발생하였고 실제로 이에 대한 소송이 진행되어 법원의 판결이 있었다.[10] 이하 내용을 소개한다.

나. 군인연금법시행령 개정 경과

1) 1985. 12. 13. 제정 각령 제1189호

제40조(급여의 제한) ① 군인이 법 제33조 제1항의 규정에 해당하게 된 때에는 그자에게 지급될 급여액 중에서 다음 각 호의 1에 해당하는 금액을 지급하지 아니할 수 있다. 1. 자격정지 또는 금고 이상 형의 선고를 받고 그 형이 확정되어 퇴직되는 경우는 전액, 2. 자격정지 또는 금고 이상 형의 선고를 받고 그 형의 집행정지 또는 그 형의 집행유예가 확정되어 퇴직되는 경우는 100분의

10) 원고들은 국가를 상대로 퇴역연금청구 소송을 제기하였다. 1심은 서울행정법원 2003. 2. 14. 선고 2002구합31626 판결, 2심은 서울고등법원 2004. 1. 9. 선고 2003누4562 판결, 3심은 대법원 2004. 5. 27. 선고 2004두2431 판결(공보불게재).

70에 상당하는 금액, 3. 징계에 의하여 파면 퇴직되는 경우는 100분의 70에 상당하는 금액

2) 1987. 12. 31. 대통령령 제12356호

제42조(급여의 제한) 군인 또는 군인이었던 자가 법 제33조 제1항의 규정에 해당하게 된 때에는 그자에게 지급될 급여액 중에서 다음 각 호의 1에 해당하는 금액을 지급하지 아니한다. 이 경우 그 급여가 퇴역연금 또는 상이연금인 경우에는 그 사유에 해당하게 된 날이 속하는 달까지는 제한하지 아니한다. 1. 금고 이상 형의 선고를 받고 그 형이 확정된 경우에는 전액, 2. 금고 이상 형의 선고를 받고 그 형의 집행정지 또는 그 형의 집행유예가 확정된 경우에는 100분의 50에 상당하는 금액, 3. 징계에 의하여 파면되는 경우에는 100분의 50에 상당하는 금액

3) 1992. 1. 4. 대통령령 제13568호

제41조(급여의 제한) 군인 또는 군인이었던 자가 법 제33조 제1항의 규정에 해당하게 된 때에는 그자에게 지급될 급여액 중에서 다음 각 호의 1에 해당하는 금액을 지급하지 아니한다. 이 경우 그 급여가 퇴역연금 또는 상이연금인 경우에는 그 사유에 해당하게 된 날이 속하는 달까지는 제한하지 아니한다. 1. 금고 이상 형의 선고를 받고 그 형이 확정된 경우에는 전액, 2. 금고 이상 형의 선고를 받고 그 형의 집행정지 또는 그 형의 집행유예가 확정된 경우에는 100분의 50에 상당하는 금액, 3. 징계에 의하여 파면되는 경우에는 100분의 50에 상당하는 금액

4) 1994. 6. 30. 대통령령 제14302호 개정[11]

제70조(형벌 등에 의한 급여의 제한) 군인 또는 군인이었던 자가 법 제33조 제1항의 규정에 해당하게 된 때에는 그자에게 지급될 급여액 중에서 다음 각 호의 1에 해당하는 금액을 감액하여 지급한다. 이 경우 그 급여가 퇴역연금 또

11) 부칙 제5조(형벌 등에 의한 급여의 제한에 관한 경과조치) 이 영 시행 전에 형이 확정된 자에 대한 급여의 제한은 제70조의 규정에 불구하고 종전의 규정에 의한다.

는 상이연금인 경우에는 그 사유에 해당하게 된 날이 속하는 달까지는 감액하지 아니한다. 1. 금고 이상 형의 선고를 받은 경우에는 급여액의 100분의 50에 상당하는 금액, 2. 징계에 의하여 파면되는 경우에는 급여액의 100분의 50에 상당하는 금액

5) 1994. 12. 31. 대통령령 제14503호 개정

제70조(형벌 등에 의한 급여의 제한) 군인 또는 군인이었던 자가 법 제33조 제1항의 규정에 해당하게 된 때에는 그자에게 지급될 급여액 중에서 다음 각 호의 1에 해당하는 금액을 감액하여 지급한다. 이 경우 그 급여가 퇴역연금 또는 상이연금인 경우에는 그 사유에 해당하게 된 날이 속하는 달까지는 감액하지 아니한다. 1. 금고 이상 형의 선고를 받은 경우에는 급여액의 100분의 50에 상당하는 금액, 2. 징계에 의하여 파면되는 경우에는 급여액의 100분의 50에 상당하는 금액

다. 해석상의 문제점

1) 사실관계

원고 A는 1955. 9. 4. 육군 소위로 임관하여 1985. 12. 16. 육군대장으로 퇴역한 자로서 1986. 1.부터 퇴역연금을 받아 왔고, 원고 B는 1957. 6. 12. 육군 소위로 임관하여 1989. 4. 15. 육군대장으로 퇴역한 자로서 1989. 5.부터 퇴역연금을 받아 왔다. 1996. 12. 16. 서울고등법원에서 원고 A, B는 군복무 중에 범한 반란모의 참여 등 범죄로 각 징역 7년과 5년을 선고받았고, 그 판결은 대법원에서 1997. 4. 17. 상고가 기각됨에 따라 그대로 확정되었다. 이에 국방부장관은 1997. 5. 23. 원고 A에 대하여 구 군인연금법(1994. 1. 5. 법률 제4705호로 개정되기 전의 것) 제33조 제1항, 구 군인연금법시행령(1985. 12. 13. 대통령령 제11797호로 개정되기 전의 것) 제42조, 제43조, 원고 B에 대해서는 구 군인연금법(1994. 1. 5. 법률 제4705호로 개정되기 전의 것) 제33조 제1항, 구 군인연금법시행령(1989. 10. 17. 대통령령 제12824호로 개정되기 전의 것) 제42조의 규정(이하 원고들에게 적용된 위 법령들을 모두 '구 법령'이라 한다.)에 의거하여 원고들에게 퇴역연금의 전액을 지급하지 아니하기로 하는 퇴역연금지급제

한처분(이하 '이 사건 연금지급제한처분'이라 한다.)을 하였고, 이에 원고들은 1997. 5.부터 퇴역연금을 전혀 지급받지 못하게 되었다.

2) 원고들의 주장

원고들의 퇴역 당시에 시행된 구 법령은 형법 제2편 제1장(내란의 죄), 제2장(외환의 죄), 군형법 제2편 제1장(반란의 죄), 제2장(이적의 죄), 국가보안법(제10조를 제외한다.)에 규정된 죄(이하, '내란의 죄 등'이라 한다.)와 다른 일반 범죄(이하, 일반 범죄라 한다.)를 구별하지 아니하고 금고 이상 형의 선고를 받고 그 형이 확정된 경우에는 퇴역연금 전액의 지급을 제한하고 있었으나, 퇴역 이후에 개정된 구 군인연금법(1995. 12. 29. 법률 제5063호로 개정되기 전의 것, 이하 신법이라 한다.) 제33조 제1항, 제2항과 구 군인연금법(1997. 1. 13. 법률 제5291호로 개정되기 전의 것, 이하 이는 현행법과 같으므로 현행법이라 한다.) 제33조 제1항, 제3항, 구 군인연금법시행령(1994. 12. 31. 대통령령 제14503호로 개정되기 전의 것, 이하 신법시행령이라 한다.) 제70조는 '내란의 죄 등'과 다른 일반 범죄를 구별하여 '내란의 죄 등'을 범하여 금고 이상 형의 선고를 받고 그 형이 확정된 경우에는 퇴역연금 전액의 지급을 제한하지만, 다른 일반 범죄를 범하여 금고 이상 형의 선고를 받은 경우에는 급여액의 100분의 50에 상당하는 금액을 감액하여 지급하는 것으로 변경하여 규정하고 있다.

그런데, 이 사건 처분 당시인 1997. 5. 23.경에 시행되던 현행법 부칙 제2조에 의하면 "이 법 시행 전에 급여의 사유가 발생한 자에 대한 급여에 관해서는 종전의 규정에 의한다."라고 규정하고 있으므로, 1985. 12. 16.과 1989. 4. 15.경에 각 퇴역하여 퇴역연금급여의 사유가 발생한 원고들의 경우에는 퇴역 당시에 시행되던 구 군인연금법(1994. 1. 5. 법률 제4705호로 개정되기 전의 것, 이하 구법이라 한다.) 제33조 제1항이 적용되어야 한다(즉 '내란의 죄 등'의 경우에 필요적으로 퇴역연금 전액의 지급을 제한하고 있는 퇴역 이후의 개정된 신법과 현행법이 적용되지 아니한다.).

그리고 이 사건 처분 당시인 1997. 5. 23.경에 시행되던 신법시행령 부칙 제5조의 "이 영 시행(1994. 7. 1.부터 시행) 전에 형이 확정된 자의 급여 제한은 제70조의 규정에 불구하고 종전의 규정에 의한다."는 규정의 반대해석에 의하면

1997. 4. 17.경 형이 확정된 원고들의 경우와 같이 신법시행령 시행일인 1994. 7. 1. 이후에 복무 중의 사유로 금고 이상의 형이 확정된 자들에 대해서는 신법시행령 제70조 제1호가 적용되어야 한다. 결국 원고들의 경우에는 군인연금법은 구법 제33조 제1항이, 군인연금법시행령은 신법시행령 제70조 제1호가 적용되어야 한다고 주장한다.

3) 법원의 판단[12)]

(1) 원고들에게 적용되어야 할 군인연금법

원고들의 경우 신법 시행 전인 1985. 12. 16. 또는 1989. 4. 15. 퇴역하여 급여의 사유가 발생하였으므로 이 사건 처분 당시에 시행되던 현행법 부칙 제2조의 "이 법 시행 전에 급여의 사유가 발생한 자에 대한 급여에 관해서는 종전의 규정에 의한다."는 규정에 의하여 구법 제33조 제1항 제1호가 적용된다.

(2) 원고들에게 적용되어야 할 군인연금법시행령

원고들이 퇴역할 당시에 시행되던 구법 제33조 제1항, 구 군인연금법시행령(1985. 12. 13. 대통령령 제11797호로 개정되기 전의 것) 제42조, 제43조, 구 군인연금법시행령(1989. 10. 17. 대통령령 제12824호로 개정되기 전의 것) 제42조가 복무 중의 사유로 금고 이상의 형을 선고받고 그 형이 확정된 자에 대하여 범죄의 종류를 묻지 않고 급여 전액의 지급을 제한할 수 있도록 규정한 것과 달리, 원고들의 퇴역 이후에 개정된 신법 제33조 제1항과 현행법 제33조 제1항에서 일반 범죄를 범하여 금고 이상의 형을 받은 자에 대해서는 대통령령이 정하는 바에 따라 급여의 일부만 지급을 제한할 수 있도록 규정하는 한편, 신법 제33조 제2항과 현행법 제33조 제3항에서 "내란죄 등"을 범하여 금고 이상의 형을 받은 자에 대해서는 종전과 같이 급여 전액의 지급을 제한하도록 규정하고 있는바, 위 개정 전후의 법문을 비교하여 보면, 신법 제33조 제1항과 현행법 제33조 제1항에 의하여 대통령령에 위임된 사항은 일반범죄를 범하여 금고 이상의 형을 받은 자에 대한 급여지급제한의 범위에 국한되는 것으로 보이고, 그 위임에 기하여 신법시행령 제70조가 "법 제33조 제1항의 규정에 해당하게 된

12) 서울고등법원 2004. 1. 9. 선고 2003누4562 판결(이에 대한 상급심인 대법원 2004. 5. 27. 선고 2004두2431 판결에서도 서울고등법원의 판단은 정당하다고 하였다.).

때"에 대한 급여지급 제한의 범위를 규정하고 있는 것이므로, 신법시행령 제70조에서 말하는 "법 제33조 제1항의 규정에 해당하게 된 때"라 함은 일반범죄를 범하여 금고 이상의 형을 받은 경우만을 가리키는 것으로 봄이 상당하고, 따라서 "내란죄 등"을 범하여 금고 이상의 형을 받은 경우는 여기에 해당하지 아니한다고 할 것이다.

그리고 신법시행령 부칙 제5조는 "본래 신법시행령 제70조가 적용될 사안이라도 신법시행령 시행 전에 형이 확정된 경우에는 신법시행령 제70조를 적용하지 아니한다."라는 취지의 규정으로서, 이를 반대 해석하면, "본래 신법시행령 제70조가 적용될 사안(즉 일반범죄를 범하여 금고 이상의 형을 받은 경우) 중 신법시행령 시행 이후에 형이 확정된 경우에 대해서만 신법시행령 제70조를 적용한다."라는 내용이 되므로, 당초부터 신법시행령 제70조가 적용될 수 없는 사안(즉 "내란죄 등"을 범하여 금고 이상의 형을 받은 경우)이라면, 신법시행령 부칙 제5조의 해석 여하와 관계없이 신법시행령 제70조의 적용대상이 될 수 없다.

따라서 원고들의 경우에 신법시행령 제70조가 적용될 여지는 없고, 한편 현행법 부칙 제2조에 의하여 구법 제33조 제1항이 계속 적용되는 경우에는 구법 제33조 제1항의 위임에 기하여 원고 A에 대해서는 구 군인연금법시행령(1985. 12. 13. 대통령령 제11797호로 개정되기 전의 것) 제42조, 제43조가, 원고 B에 대해서는 구 군인연금법시행령(1989. 10. 17. 대통령령 제12824호로 개정되기 전의 것) 제42조가 역시 계속하여 효력을 가진다 할 것이므로, 결국 원고들은 구 법령에 의하여 퇴역연금의 전액을 받지 못하게 된다.

≪유권해석: 군인연금수령자의 유죄확정시 기지급된 연금의 환수가부≫

질의요지

12 · 12 및 5 · 18 사건 관련자에 대한 1997년 4월 7일 대법원판결에 따라 동 사건 관련자들이 금고 이상 형의 선고를 받고 그 형이 확정되었는바, 이들에 대하여 이미 지급한 군인연금(퇴역연금)을 환수하여야 하는지 여부[13)]

회답

군인연금의 수급권자가 1997년 4월 17일에 금고 이상 형의 선고를 받고 그

13) 국방관계법령해석질의응답집(제22집), 84－87면.

형이 확정되었다면, 군인연금법 제33조 제3항의 규정이 신설된 법률 제4705호 군인연금법중개정법률의 시행일(1994년 7월 1일) 전에 급여의 사유가 발생한 자에 대해서는 이미 지급한 퇴역연금을 환수할 수 없다.

이유

군인연금법상 급여의 제한에 관한 규정은 1963년 1월 28일에 제정 · 공포되어 같은 해 1월 1일부터 적용된 법률 제1260호 군인연금법(이하 "제정당시법"이라 한다.) 제33조에 규정된 후, 1988년 1월 1일부터 시행된 법률 제3957호 군인연금법중개정법률(이하 "제9차개정법"이라 한다.), 1994년 7월 1일부터 시행된 법률 제4705호 군인연금법중개정법률(이하 "제13차개정법"이라 한다.) 및 1996년 1월 1일부터 시행된 법률 제5063호 군인연금법중개정법률(이하 "현행법"이라 한다.)에서 각각 개정된 바 있고, 군인연금수급권자 중 12 · 12 및 5 · 18 사건에 관련되어 내란의 죄 또는 반란의 죄로 1997년 4월 17일에 금고 이상의 형이 확정된 자(이하 "이 질의 관련자"라 한다.)들의 경우 제정당시법과 제9차개정법의 시행기간 중에 각각 현역에서 퇴직하여 급여의 사유가 발생하게 된 시기가 서로 다르므로, 이미 지급한 퇴역연금의 환수 여부는 이 질의 관련자들의 퇴직시기에 따라 두 부류로 나누어 고찰하여야 한다.

먼저, 이 질의 관련자 중 제9차개정법의 시행기간(1988년 1월 1일부터 1994년 6월 30일까지) 중에 퇴직한 자들의 경우에 관하여 살펴보면, 현행법 제33조 제1항 제1호에는 군인 또는 군인이었던 자가 복무 중의 사유로 금고 이상의 형을 받은 경우에는 대통령령이 정하는 바에 의하여 퇴직급여 및 퇴직수당의 일부를 감액하여 지급한다고 되어 있고, 동 조 제3항의 규정에 의하면 "형법 제2편 제1장(내란의 죄) · 제2장(외환의 죄), 군형법 제2편 제1장(반란의 죄) · 제2장(이적의 죄), 국가보안법(제10조를 제외한다.)에 규정된 죄를 범하여 금고 이상의 형을 받은 경우에는 이 법에 의한 급여를 지급하지 아니한다."고 되어 있으나, 현행법 부칙 제2조의 규정에 의하면, "이 법 시행 전에 급여의 사유가 발생한 자에 대한 급여에 관해서는 종전의 규정에 의한다."고 되어 있고, 그 이전의 제13차개정법 부칙 제2항의 규정도 "이 법 시행 전에 급여의 사유가 발생한 자에 대한 급여에 관해서는 종전의 규정에 의한다."고 되어 있으므로, 이 질의 관련자 중 제9차개정법의 시행기간 중에 퇴직한 자들에 대해서는 현행법 제33조 및 제13차개정법 제33조의 규정에 적용되지 아니하고, 제9차 개정법의 규정을 적용하여야 한다.

제9차개정법 제33조 제1항 제1호의 규정에 의하면, 군인 또는 군인이었던 자가 복무 중의 사유로 인하여 금고 이상 형의 선고를 받고 그 형이 확정된 때에는 대통령령이 정하는 바에 의하여 급여의 전부 또는 일부를 지급하지 아니할 수 있다고 되어 있고, 이에 따른 제9차개정법시행령(1987년, 12월 31일, 대통령령 제12356호로 개정 · 공포되어 1988년 1월 1일부터 시행된 군인연금법시행령을 말한다. 이하 같다.) 제42조 제1호의 규정에 의하면, 금고 이상 형의 선고를 받고 그 형이 확정된 경우에는 급여 전액을 지급하지 아니한다고 하면서, 동 조 본문 후단의 규정에 의하면, 그 급여가 퇴역연금 또는 상이연금인 경우에는 그 사유에 해당하게 된 날이 속하는 달까지는 제한하지 아니한다고 되어 있는바, 이 규정에서 "그 사유에 해당하게 된 날"이라 함은 제9차개정법 제33조 제1항 및 제9차개정법시행령 제42조 본문의 규정에 의한 "금고 이상 형의 선고를 받고 그 형이 확정된 때"를 가리키는 것이라 할 것이고, 이 질의와 관련이 있는 급여는 퇴역연금이므로, 이 질의 관련자 중 제9차개정법의 시행기간 중에 퇴직한 자들에 대해서는 금고 이상의 형이 확정된 날이 속하는 달인 1997년 4월분까지는 퇴역연금을 제한할 수 없고, 그 후로만 퇴역연금 전액을 지급하지 않게 되며, 따라서 이미 지급된 퇴역연금도 환수할 수 없다.

다음으로, 이 질의 관련자 중 제정당시법의 시행기간(1963년 1월 1일부터 1987년 12월 31일까지) 중에 퇴직한 자의 경우에 대하여 살펴보면, 제정당시법 제33조 제1항 제1호의 규정에 의하면, 군인 또는 군인이었던 자가 복무 중의 사유로 인하여 자격정지 이상 형의 선고를 받고 그 형이 확정된 때에는 각령이 정하는 바에 의하여 급여의 전부 또는 일부를 지급하지 아니할 수 있다고 되어 있고, 제정당시법의 하위법령으로 1963년 2월 5일 공포된 각령 제1189호 군인연금법시행령 제41조의 규정에 의하면, 퇴역연금을 받을 권리가 있는 자가 복무 중의 사유로 금고 이상 형의 선고를 받고 그 형이 확정된 경우 급여 전액을 지급하지 아니할 수 있다고 되어 있었으나, 제정당시법시행령을 대체한 제9차개정법시행령에서는 제42조 본문 후단에 "그 급여가 퇴역연금인 경우에는 그 사유에 해당하게 된 날이 속하는 달까지는 제한하지 아니한다."는 규정을 신설하면서, 같은 시행령 부칙에서는 개정규정에 관한 경과조치를 두지 아니하고 "이 영은 1988년 1월 1일부터 시행한다."고 규정하고 있어, 제정당시법 시행기간 중에 퇴직한 자라도 제9차개정법시행령이 시행된 후에 급여 제한 사유가 발생하였다면 제9차개정법시행령이 적용되게 되므로, 이 질의 관련자 중 제정당시법 시행 중에 퇴직한 자의 경우, 제9차개정법 시행기간 중에 퇴직한 자와 마찬가지로 현행법 및 제13차개정법의 규정이 적용되지 아니할 뿐만 아니라, 제정당시법 제33조 제1항 및 제정당시법시행령 제41조의 규정도 적용되지 아니하고, 제9차개정법시행령 제42조가 적용되는 결과, 이미 지급한 퇴역연금은 환수할 수 없다.

따라서 이 질의 관련자들에 대해서는 제정당시법 시행기간 중에 퇴직한 자이든, 제9차개정법 시행기간 중에 퇴직한 자이든, 어느 경우에도 이들에 대하여 이미 지급한 퇴역연금은 환수할 수 없다.[14)]

14) 위 사안은 국방부에서 법제처에 재질의한 사안이었다(법제처 행법11010-256 1997. 9. 5).

21. 명예전역수당 환수처분의 법적 근거*
(서울고등법원 2009. 2. 12. 선고 2008누26543 판결)

목 차

Ⅰ. 대상판결

1. 사실관계

원고 A는 해군대령으로 근무 중 2003. 11. 30. 명예전역수당 9,800만 원을 수령하면서 명예전역을 한 후, 2004. 1. 2. 군인공제회 건설산업본부에 채용되었고, 원고 B는 해군대령으로 근무 중 2004. 12. 31. 명예전역수당 6,000만 원을 수령하면서 명예전역을 한 후, 2005. 2. 21. 군인공제회 경영지원본부에 채용되었다. 피고 해군중앙경리단장은 원고 A, B에 대하여 각 2004. 7. 1.과 2005. 3. 31.부로 "원고들은 국방부 산하기관인 군인공제회의 채용예정자로서 명예전역수당의 지급대상이 아님에도 불구하고 명예전역수당을 지급받았다."는 이유로 원고들이 수령한 위 각 명예전역수당을 환수하는 처분(이하 '이 사건 각 환수처분'이라고 한다.)을 하였다. 2005. 9. 6. 피고 서대문세무서장과 반포세무서장은

* 게재지: 법률신문(제3818호 2010. 2. 18.)

피고 해군경리단장으로부터 환수금의 징수의뢰를 받아 원고 A, B의 재산에 대해 각 압류처분을 하였다. 원고들은 명예전역을 할 당시 시행되던 군인사법 제53조의 2에는 명예전역수당의 지급에 관한 규정만 있었을 뿐이고, 명예전역수당의 환수에 관한 규정은 존재하지 않았으므로 해군경리단장의 이 사건 각 환수처분은 법률에 근거 없이 행해진 것으로서 그 하자가 중대하고 명백하여 당연 무효에 해당한다고 주장하였다.

2. 판결요지

1) 1심 판결요지는 첫째로 국가공무원법 제74조의 2 제3항이 이 사건 각 환수처분의 법률적 근거가 될 수 있는지의 여부에 관하여 "군인사법은 군인의 책임 및 직무의 중요성과 신분 및 근무조건의 특수성을 고려하여 그 임용 · 복무 · 교육훈련 · 사기 · 복지 및 신분보장 등에 관하여 국가공무원법에 대한 특례를 규정함을 목적으로 제정된 것으로서 군인에 대하여 국가공무원법보다 우선하여 적용되나, 군인사법이 제정되었다고 하여 군인에 대하여 국가공무원법의 적용이 전면 배제되는 것은 아니고, 군인사법이 미처 규율하고 있지 못한 부분에 관해서는 여전히 국가공무원법이 군인사법을 보완하여 군인에 대하여 적용된다 할 것이다."라고 판시하였다. 또한 국방부장관의 명예전역수당지급업무처리지침에 대해서는 "이 사건 처리지침은 비록 국방부장관의 훈령 형식으로 되어 있지만 이 사건 지급규정의 위임에 따라 그 규정의 내용을 보충하는 기능을 가지면서 그와 결합하여 대외적 효력을 발생하게 되므로, 지급대상범위에 해당하는지 여부를 판단하는 법률상의 근거가 된다."라고 판시하였다(서울행정법원 2008. 8. 22. 선고 2008구합12054 판결).

2) 2심 판결요지는 "이 사건에서는 원고들이 명예전역 당시 이미 군인공제회에 채용이 예정되어 있었다는 점을 인정하기 부족하다는 이유로 이 환수처분은 위법하다. 이 사건에 있어서도 원고들이 명예전역 후 한 달 내지 50일 남짓 만에 각 군인공제회에 채용된 점 등에 비추어 원고들이 명예전역 당시 실제 군인공제회에 채용이 예정되어 있지 않았다고 하더라도, 적어도 이 사건 환수처분 당시에는 원고들이 명예전역 당시 채용이 예정되어 있었다고 오인할 만한 객관

적인 사정이 존재하였다고 할 것이라고 하면서 이 사건 환수처분은 당연 무효라고 볼 수 없다."라고 판시하였다(서울고등법원 2009. 2. 12. 선고 2008누26543 판결).

3) 대법원은 심리불속행으로 원고의 상고를 기각하는 판결을 하였다(대법원 2009. 5. 28. 선고 2009두5077 판결).

Ⅱ. 명예전역수당 환수제도

1. 의의 및 제도의 취지

공무원의 명예퇴직수당제도는 정년 이전에 퇴직하는 공무원에게 정년 이전의 퇴직으로 받게 되는 불이익, 즉 계속 근로로 받을 수 있는 수입의 상실이나 새로운 직업을 얻기 위한 비용지출 등에 대한 보상으로 명예퇴직수당을 지급함으로써 정년 이전의 퇴직을 유도하여 조직의 신진대사를 촉진하고자 하는 데 그 취지가 있다(대법원 2001. 11. 9. 선고 2000두2389 판결, 대법원 2006. 7. 28. 선고 2006두5021 판결 등 참조).

명예퇴직 환수제도는 명예퇴직수당을 초과하거나 지급대상이 아닌 자가 지급받은 경우에 기지급된 명예퇴직수당을 환수하는 것을 말한다. 즉 명예퇴직수당을 지급받고 명예퇴직하였던 공무원이 다시 경력직 공무원으로 재임용된다면, 명예퇴직수당을 지급하였던 본래의 취지가 몰각되므로 기지급된 명예퇴직수당을 환수할 필요가 있다는 것이다(대법원 2007. 11. 15. 선고 2005다24646 판결).

2. 관련 법규

국가공무원 명예퇴직수당의 환수 제도는 국가공무원법 제74조의 2, 국가공무원 명예퇴직수당 등 지급규정(대통령령 제21082호 2008. 10. 14.) 등에 의해 시행되고 있다. 군인의 명예전역수당지급제도는 국가공무원법 제74조 2의 명예퇴직수당제도와 같은 취지로 1989. 3. 22. 군인사법에 도입되었다(임천영, 군인사법(제3판), 법률문화원, 2007, 831면). 군인의 명예전역수당 환수 관련 조항은 군인사법 제53조의 2, 군인 명예전역수당지급규정(대통령령 제21884호, 2009. 12. 15.) 및 기타 국방부 지침 및 지시에 의거하여 시행되고 있다. 2009. 12. 15. 군인 명예전역수당지급규정 중 환수 관련 조항이 개정되었다. 즉 환수대상 공무원의 확대(제9조), 환수금 산정기준 변경 및 정산금 신설(제10조), 환수금 연체이자율을 「소송촉진 등에 관한 특례법」의 법정이율을 적용(제11조)하는 내용이었다.

3. 환수 대상

군인사법 제53조의 2 제4항 제2호에서는 환수대상자로 "대통령령이 정하는 공무원으로 재임용되는 경우"를 규정하고 있으며, 군인 명예전역수당지급규정 제9조에서는 대통령령이 정하는 공무원에는 "지방공무원법 제2조 제2항에 따른 경력직공무원과 국가공무원법 제2조 제3항 또는 지방공무원법 제2조 제3항에 따른 특수경력직공무원"을 규정하고 있다. 이에 따르면 군인공제회, 한국국방연구원, 국방과학연구소 등 국방부 산하기관에 취업한 자는 환수대상에 포함되지 아니한다.

Ⅲ. 판결의 쟁점

1. 문제의 제기

원고 A, B가 전역할 당시는 군인사법에 환수제도가 없었다. 다만, 국방부 지침인 구 「군인명예전역수당지급업무 처리지침」(2005. 4. 7. 인사관리과-2986호로 개정되기 전의 것을 말함)에서는 "국방부 산하기관 채용예정자를 명예전역수당지급 심사대상자에서 제외한다."라는 규정을 두고 있었다. 2005. 3. 31. 법률 제7429호로 개정된 「군인사법」 제53조의 2 제4항에 명예전역수당 환수대상 및 절차에 관한 규정이 신설된 후 구 군인명예전역수당지급업무 처리지침(이하 '처리지침'으로 한다.)상의 위 규정은 삭제되었다. 위 처리지침에 따라 명예전역수당지급심사 당시에 국방부 산하기관에 채용될 예정인 명예전역수당지급 제외자에게 명예전역수당을 지급한 경우에 이를 어떻게 처리할 것인가의 문제이다. 이를 위해서는 우선 처리지침의 법적 성격을 규명하고 또한 군인사법에 환수조항이 흠결된 경우 「국가공무원법」 제74조의 2 제3항에 근거하여 이미 지급된 명예전역수당의 환수를 명할 수 있는지 여부가 쟁점이다.

2. 구 「군인명예전역수당지급업무 처리지침」의 법적성격

위 지침이 이 사안에 있어서 명예전역수당의 환수 근거가 될 수 있을까? 이에 대해서는 "위 지침 규정은 명예전역수당을 지급하기 위한 심사기준에 관한 사항으로 이 사안에서와 같이 명예전역수당지급심사 당시에는 국방부 산하기관의 채용이 예정되어 있지 않아 명예전역수당을 지급받았던 자가 사후에 국방부 산하기관에 채용된 경우에 적용되기 어려울 뿐만 아니라, 이미 지급된 명예전역수당에 대하여 공권력 행사로서 환수를 명하는 것은 국민의 재산권을 제한하는 침익적인 행정처분으로서 이러한 권한을 행사하기 위해서는 반드시 환수에 관하여 별도로 법령에 명시적인 근거가 있어야 할 것인바, 구 「군인사법」에는 지급된 명예전역수당에 관하여 환수를 명할 수 있는 근거가 규정되어 있지 아니하며 달리 그러한 권한이 하위법령 등에 위임되어 있다고 볼 수도 없으므로, 명예전역수당지급심사의 대상 제한에 관한 구 처리지침을 근거로 이미 지급된 명예전역수당에 대하여 공권력 행사로서 환수를 명할 수는 없다."라고 하여 부정하는 견해가 있으나(법제처 유권해석 2008. 7. 8.). 판례는 이를 긍정하였다. 즉 "이 사건 처리지침은 비록 국방부 장관의 훈령 형식으로 되어 있지만, 이에 의한 명예전역수당의 지급대상범위 제한은 이 사건 지급규정의 위임에 따라 그 규정의 내용을 보충하는 기능을 가지면서 그와 결합하여 대외적 효력을 발생하게 되므로, 그 보충규정의 내용이 위 법령의 위임한계를 벗어났다는 등 특별한 사정이 없는 한 명예전역수당의 지급대상범위에 해당하는지 여부를 판단하는 법령상의 근거가 된다."(대상판결의 1심 판결).

3. 국가공무원법 제74조의2 제3항의 적용여부

위 조문이 이 사안에 있어서 명예전역수당의 환수 근거가 될 수 있을까? 이에 대해서도 이를 부정하는 견해와 긍정하는 견해가 있다. 법제처는 "「국가공무원법」 제74조의 2 제3항의 환수규정은 2002. 1. 19. 법률 제6622호로 「국가공무원법」이 개정되면서 도입되었는바, 위 「국가공무원법」 제74조의 2 제3항이 이 사안 명예전역수당의 환수를 명할 수 있는 법적 근거가 될 수 있는지에 관하여 살펴보면, '군인'은 「국가공무원법」 제2조 제2항 제2호의 특정직공무원의 하나로 「국가공무원법」상의 공무원에는 포함되나, 「국가공무원법」 제74조의 2 제4항 및 「국가공무원 명예퇴직수당 등 지급 규정」 제3조에 따른 「국가공무원법」상의 명예퇴직수당 지급 대상범위에는 '군인'이 포함되어 있지 아니한바, 「국가공무원법」 제74조의 2 제3항의 명예퇴직수당 환수에 관한 규정은 명예퇴직수당의 지급을 전제로 한 규정이므로 「국가공무원법」 제74조의 2 제3항의 명예퇴직수당 환수규정도 군인에 대해서는 적용되지 않는다고 할 것이며, 이미 지급된 명예퇴직수당을 국가가 강제로 환수하는 침익적인 공권력 행사에 관한 규정을 법에 명시된 적용대상이 아닌 자에게 무리하게 유추 해석하거나 확장 해석하여 적용할 수는 없다."라고 하여 부정하였다(법제처 유권해석 2008. 7. 8.). 그러나 판례는 "군인사법은 군인의 책임 및 직무의 중요성과 신분 및 근무조건의 특수성을 고려하여 그 임용 · 복무 · 교육훈련 · 사기 · 복지 및 신분보장 등에 관하여 국가공무원법에 대한 특례를 규정함을 목적으로 제정된 것으로서 군인에 대하여 국가공무원법보다 우선하여 적용되나, 군인사법이 제정되었다고 하여 군인에 대하여 국가공무원법의 적용이 전면 배제되는 것은 아니고, 군인사법이 미처 규율하고 있지 못한 부분에 관해서는 여전히 국가공무원법이 군인사법을 보완하여 군인에 대하여 적용된다."라고 판시하여 이를 긍정하였다(대상판결의 1심 판결).

Ⅳ. 평석

대상판결은 "이 사건 처리지침은 법령보충적 행정규칙이다."라는 1심의 내용을 그대로 인용하고 있다. 그러나 다른 판결에서는 "군인사법 제53조의 2 제4항은 명예전역수당의 지급대상범위, 지급액, 지급절차 기타 필요한 사항은 대통령령으로 정하도록 규정하고 있고, 이에 근거한 군인명예전역수당지급규정은 지급대상, 지급신청절차, 지급대상자 심사결정 등에 관한 사항을 규정하는 한편, 제9조에서 명예로운 전역의 기준, 수당지급대상자의 선정과 심사방법, 지급절차, 명예전역심사위원회의 구성과 운영 기타 이 영의 시행에 관하여 필요한 세부사항은 국방부장관이 정하도록 규정하고 있다. 국방부장관은 이에 터 잡아 처리지침을 마련하였는바, …… 위 처리지침은 그 규정형식과 내용에 비추어 볼 때 행정청 내부에서 명예전역수당지급 대상자 선정, 절차 등에 관한 법령해석 내지 사무처리 기준을 규정한 행정규칙으로서 대외적으로 국민이나 법원을 구속하는 법규적 효력은 없다고 보인다."라고 판시한 바 있다(서울행정법원 2004. 12. 23. 선고 2004구합12100 판결). 대상판결에서는 위 처리지침의 법적 성격을 "대외적 효력이 없는 법령해석 내지 사무처리 기준을 규정한 행정규칙"으로 보고 있는 다른 하급심 판례와는 다르게 "법령보충적 행정규칙"으로 보고 있다. 그러나 판결문에서는 법령보충적 행정규칙으로 판단한 이유에 대해 명확히 설시가 되어 있지 않다. 위 처리지침의 법적 성격에 대한 상급심의 판단을 기대해 본다.

22. 명예전역수당지급제도의 개선방안*

목 차

Ⅰ. 개설

2005. 3. 31. 법률 제7249호로 명예전역수당 환수 근거를 마련하기 위한 군인사법이 개정되었고, 최근에 명예전역수당지급과 관련된 법적 분쟁이 계속하여 발생하고 있다. 특히 명예로운 전역에 해당하는지 여부에 관하여 다투면서 명예전역수당을 지급해 달라는 것이 주 내용이다. 이하에서는 명예전역수당지급제도의 의의, 요건, 절차, 개선방안에 대해 설명하기로 한다.

1. 의의

명예전역수당지급제도란 군인으로서 20년 이상 근속한 자가 정년 전에 자진

* 게재지: 인사보(제95호), 육군본부, 2005. 9. 15.

하여 명예롭게 전역하는 경우에 예산의 범위 안에서 명예전역수당을 지급하는 것을 말한다(법 제53조의 2). 이 제도는 인사적체를 해소하기 위하여 장기근속자에게 전역수당을 지급함으로써 조기전역을 유도하자는 데 그 입법취지가 있으며, 국가공무원법 제74조의 2에 규정된 국가공무원 명예퇴직제도를 군인사법에 도입한 것이다. 명예전역은 재직기간과 신청기간이 특별히 제한되어 있고 또한 본인의 신청이 있더라도 임용권자의 엄정한 심사행위가 수반된다는 측면에서 원에 의한 전역과 다르며 또한 일정한 사유나 요건의 성립으로 당연히 효력이 발생하는 정년전역과 달리 요건과 함께 일정한 법적 절차가 중시된다는 점에 특성이 있다(임천영, 군인사법, 법률문화원, 2004, 780면).

헌법재판소는 공무원의 명예전역수당에 대하여 “우리 헌법은 제7조 제1항에서 ‘공무원은 국민 전체에 대한 봉사자이며, 국민에 대하여 책임을 진다.’, 같은 조 제2항에서 ‘공무원의 신분과 정치적 중립성은 법률이 정하는 바에 의하여 보장된다.’라고 정하고 있는바, 공무원은 그 직무를 수행함에 있어서 여러 가지 직무상 의무와 청렴의무 등 고도의 윤리적 · 도덕적 의무를 부담하며, 이러한 바탕 위에서 직업공무원제도의 보장에 의하여 정치적 중립성, 신분보장, 생활보장을 받는 지위에 있다고 할 것인바, 국가공무원법은 이를 구체화하여 제74조에서 공무원의 직무 종류별 및 계급별 정년을 규정하여 공무원에 대한 신분보장의 일환으로 정년보장을 규정하고 있고, 제74조의 2에서 명예퇴직의 요건과 명예퇴직수당에 대해 규정하는바, 공무원의 명예퇴직수당은 위와 같이 정년이 보장된 공무원이 정년이 되기 전에 공무원 신분을 종료하는 자에 대하여 엄격한 요건하에, 공무원의 특별한 책임과 의무를 성실히 수행한 데 대해 생활보장의 일환으로 지급되는 것으로 일반기업에서 지급되는 명예퇴직수당과 그 성격에 있어서 다르다. …… 현실적으로 민간기업에 비해 열악한 공무원의 보수현실에서 위와 같이 정년이 보장된 공무원의 정년 전 퇴직에 대한 보상을 실효적으로 보장하여 공무원에 대한 생활보장을 도모하고 자발적인 명예퇴직을 유도하여 공무원의 인사적체를 해소하고 공무원 조직의 능률을 향상시킴으로써 궁극적으로는 국민에게 보다 양질의 행정서비스를 제공하기 위한 입법목적을 지닌 것으로 볼 수 있다.”라고 하였다(헌법재판소 2002. 12. 18. 2001헌바55 결정).

2. 연혁

1989. 3. 22. 법률 제4085호 군인사법 개정 시에 명예전역수당지급에 관한 제53조의 2 조문이 신설되었으며, 1989. 12. 30. 병과장으로 전역하는 자로서 현역정년의 잔여기간이 1년 이상인 자에 대해서도 명예전역 대상자로 확대되었다. 1999. 1. 29. 개정 시에 임기제 전역자 및 정년단축자에게도 명예전역수당을 지급할 수 있도록 개정되었다. 군인의 명예전역과 관련된 법규로는 군인사법 제53조의 2, 군인명예전역수당지급규정(2001. 3. 27. 대통령령 제17158호), 명예전역수당지급업무처리지침[국방부 인관33145－1378(1995. 9. 7.)], 국방부 인사관리과－7377(2004. 12. 4.) 05년도 군인명예전역시행계획 하달에 의거하여 시행하고 있다.

3. 제도의 취지

군인사법에서는 네 가지 경우에 명예전역수당을 지급할 수 있도록 규정하고 있다. 첫째로 군인사법 제53조의 2 제1항의 일반적 명예전역수당지급제도는 인사적체를 해소하기 위하여 장기근속자에게 전역수당을 지급함으로써 조기전역을 유도하자는 데 그 입법 취지가 있다. 둘째로 군인사법 제53조의 2 제2항의 병과장 명예전역수당지급제도로 병과장이 그 직 및 유사직위의 보직을 마치고 정년 전에 군인사법 제21조 제3항의 규정에 의하여 당연 전역되는 경우에는 지급할 수 있다. 셋째로 군인사법 제53조의 2 제2항의 임기제 진급자 명예전역수당지급제도는 인력운용상 필요하거나 전문인력을 필요로 하는 분야로서 대통령령이 정하는 직위에 보하기 위하여 필요한 경우에는 임기를 정하여 1계급을 진급시킬 수 있고 이러한 자의 임기는 2년으로 하고 그 임기가 만료되는 경우에는 전역되므로 이러한 경우에도 명예전역수당을 지급하기 위한 것이다. 넷째로 군인사법 제8조 제4항 또는 제5항의 규정에 의하여 정년보다 단축된 정년으로 명예전역을 하는 군인에게도 명예전역수당을 지급할 수 있도록 하고 있다.

Ⅱ. 법적 성격

1. 명예전역수당의 법적 성질

명예전역수당은 군인사법 및 군인명예전역수당지급규정에 의하여 예산의 범위 안에서 지급되는 것으로서 군인연금법상의 급여에 해당되지 않는다. 다만, 명예전역수당은 그 직에서 전역하는 자에 대하여 재직 중 직무집행의 대가로서 지급되는 후불적 임금으로서 보수의 성질을 아울러 가지고 있다고 할 것이므로 퇴직금과 유사하다. 따라서 명예전역수당은 민사집행법 제246조 제1항 제4호 소정의 압류금지채권인 퇴직금 기타 유사한 급여채권에 해당되기 때문에 명예전역수당의 2분의 1 상당액은 압류하지 못한다(대법원 2000. 6. 8.자 2000마1439 결정).

2. 명예전역수당지급 처분의 법적 성질

명예전역수당의 지급 여부에 관한 처분은 재량행위이다. 즉 명예전역수당의 지급 여부는 각 군 참모총장이 명예전역심사위원회의 심사(임의적)를 거쳐 각 계급별 인력운영의 현황, 상위계급, 장기근속, 예비역편입지원 여부 및 명예로운 전역 여부 등을 고려하여 국방부장관에게 수당지급대상자를 추천하고, 국방부장관이 예산 및 각 군 간의 균형을 고려하여 최종적으로 심사, 결정한 결과를 통보받아 그 내용에 따라 하는 재량적 처분으로서 그 상대방에게 금전적 혜택을 주는 수익적 행정행위이다(서울행정법원 2004. 12. 23. 선고 2004구합12100 판결).

3. 명예전역수당지급신청권

군인에게 명예전역수당지급신청권을 인정할 수 있을까? 군인이 일정한 요건을 갖춘 경우에는 명예전역수당지급신청권을 가진다. 판례도 이를 인정하고 있다. 즉 서울행정법원은 "군인사법 제53조 2의 위임에 따른 군인명예전역수당지급규정은 20년 이상 근속한 군인으로서 현역정년의 잔여기간이 1년 이상 10년 이내인 자 중 자진하여 명예롭게 전역하는 중장 이하의 장교, 준사관 및 부사관을 명예전역수당의 지급대상으로 열거하고 있고(제2조 제1항 제1호), 수당을 지급받고자 하는 자는 수당지급신청기간 내에 수당지급신청서를 소속부대의 장을 거쳐 각 군 참모총장에게 제출하여야 한다고 규정(제5조)하여 모든 명예전역수당지급신청자에 대하여 위 수당지급신청서를 제출하도록 규정하고 있으므로, 소장으로 전역하는 원고에게도 명예전역수당의 지급을 신청할 법규상의 권리가 있다."라고 하였다(서울고등법원 2004. 10. 28. 선고 2003누20366 판결).

Ⅲ. 요건

1. 명예전역수당지급 결정권자

군인의 명예전역수당지급 여부에 대한 결정권자는 누구인가? 각 군 참모총장이 아니라 국방부장관에게 결정권이 있는 것으로 보인다. 그 이유는 첫째로, 군인명예전역수당지급규정 제6조 제1항의 "각 군 참모총장은 수당지급신청서를 받은 때에는 30일 이내에 이를 심사하고, 수당지급대상자를 선정하여 국방부장관에게 추천하여야 한다."라는 규정과 동 조 제3항의 "국방부장관은 제1항의 규정에 의하여 각 군 참모총장으로부터 수당지급대상자의 추천을 받은 때에는 …… 수당지급대상자를 최종적으로 심사 · 결정한다."라는 규정에 의하면 각 군 참모총장은 추천권자이고 최종적 심사 · 결정권자는 국방부장관임을 명시적으로 규정하고 있기 때문이다. 둘째로, 공무원의 경우에는 일반 퇴직과 다른 명예퇴직이라는 별개의 퇴직제도가 있는 것이 아니라 퇴직하는 공무원 중 일정한 요건에 해당하는 자에 대하여 그 신청에 따라 심사를 하여 명예퇴직수당이라는 별도의 수당을 지급하는 것일 뿐이므로 그 퇴직 자체를 청약과 승낙에 의한 근로관계의 합의해지라고 보기는 어렵다. 따라서 명예전역수당지급 결정권자는 국방부장관이다.

2. 일반적인 명예전역수당 경우

군인명예전역수당지급규정 제2조 제1항 제1호에는 "현역정년의 잔여기간이 1년 이상 10년 이내인 자 중 자진하여 명예롭게 전역하는 중장 이하의 장교, 준사관, 부사관"이라고 하여 지급대상자에 대한 구체적인 규정을 두고 있다. 이하에서는 실무상 문제 되는 사항에 관하여 설명하기로 한다.

1) 현역정년에 관한 문제이다. 명예전역수당을 지급받기 위해서는 현역정년의 잔여기간이 1년 이상 10년 이내여야 한다. 군인의 경우 현역정년에는 연령정년, 계급정년, 근속정년이 있으나, 정년 잔여기간의 계산은 현역정년 중 먼저 도래하는 정년을 기준으로 한다(위 규정 제2조 제3항). 정년일자는 군인사법 제36조의 전역일을 말하며(지침 제4조), 정년이 되는 달의 다음 달 말일이 전역일자다. 여기서의 현역정년 개념은 군인사법 제8조의 현역정년과 같은 개념이다. 다만, 사관학교 교수요원에 대해서는 군인사법 제8조 제3항에 의거하여 근속정년과 계급정년을 적용하지 않고 연령정년 60세를 적용한다.

2) 자진하여 명예롭게 전역하는 자여야 한다. 명예롭게 전역하는 자에 대하여 군인사법과 군인명예전역수당지급규정에는 없고 국방부명예전역수당지급업무처리지침에서 규정하고 있다. 동 지침 제1조에서는 "① 징계위원회에 회부되어 계류 중이거나 징계처분을 받은 자(단, 시효기간 만료된 자 제외), ② 군사법원에 기소되어 계류 중이거나 유죄판결이 확정된 자, ③ 각 군 참모총장이 명예전역 부적격자로 인정한 자"는 자진하여 명예롭게 전역하는 자에 해당하지 않는 자로 정하고 있으며, 국방부의 2005년도 전반기 군인명예전역 시행계획에 의하면 명예전역 선발제외 대상자로 ① 군인사법 제39조에 의거하여 정년전역이 보류된 자, ② 군사법원에 기소되어 형사사건 계류 중이거나, 유죄판결을 받은 자(단 약식명령이 청구된 경우와 형이 실효된 자는 제외), ③ 징계위원회에 회부되어 계류 중이거나 징계처분을 받은 자(단, 징계기록말소기간 경과자 제외), ④ 현역복무부적합 사유에 해당되어 조사 중이거나 부적합자로 의결된 자, ⑤ 명예전역 수혜기간 내에 공무원 및 군무원, 국방부 산하기관 채용예정인 자, ⑥ 기타 명예전역자로 선발관리가 부적합한 자를 규정하고 있다. 따라서 이에 해당하는 자는 명예전역수당을 지급받을 수 없다.

3) 벌금형 처분을 받았으나 기간의 경과로 형이 실효된 장교도 명예전역수당 지급 대상자로 선발이 가능하나, 의무심사 대상자는 명예전역대상자가 될 수 없다. 즉 의무심사 이전에 본인이 원할 경우 군인사법 제36조의 원에 의한 전역에 해당될 때에는 명예전역대상이 될 수 있다. 다만, 의무심사 후 심신장애전역자로 결정된 때에는 명예전역대상이 될 수 없다. 즉 심신장애자 전역을 위하여 의무조사위원회에서 장애판정을 받아 전역심사위원회에 회부된 자는 명예전역자가 되기 위한 요건 중 '자진하여' 전역하는 경우가 아니므로 위 전역심사위원회의 결정이 있기 전까지는 명예전역을 신청할 수 없다(육본 법제과－120(04. 7. 12.) 명예전역과 심신장애전역에 대한 법령질의). 심신장애로 인한 전역과 명예전역은 동시에 적용할 수 없다.

Ⅳ. 절차

1) 명예전역수당지급절차는 ① 지급신청, ② 지급대상자의 심사 · 결정, ③ 지급대상자의 통지, ④ 수당지급대상자의 전역원 제출순으로 이루어진다. 수당을 지급받고자 하는 자는 수당지급 신청기간 내에 수당지급신청서를 소속부대의 장을 거쳐 각 군 참모총장에게 제출하여야 하며(지침 제4조), 각 군 참모총장은 수당지급신청서를 받은 때에는 신청기간 경과 후 30일 이내에 이를 심사하고, 수당지급대상자를 선정하여 국방부장관에게 추천하여야 한다(지침 제3조). 국방부장관은 각 군 참모총장으로부터 수당지급대상자의 추천을 받은 때에는 각 군간의 균형을 고려하여 수당지급대상자를 최종적으로 심사 · 결정한다(군인명예전역수당지급규정 제6조). 국방부장관은 수당지급대상자를 결정한 때에는 결정일로부터 10일 이내에 그 결과를 각 군 참모총장에게 시달하여야 하고, 그 시달을 받은 각 군 참모총장은 …… 신청인에게 통지하여야 한다(동 규정 제7조). 수당지급을 통지받은 자는 그 통지를 받은 날로부터 30일 이내에 소속부대의 장에게 전역원을 제출하여야 한다(동 규정 제8조).

2) 군인이 명예전역을 신청하고 심사 전에 사망한 경우에 명예전역수당을 지급할 수 있을까? 신청 당시 요건을 갖추고 사망한 경우에는 신청의 효력이 당

연 무효로 되는 것도 아니고, 유족 등에게 수당을 지급받을 권리가 상속될 수 있으므로 사망한 경우라도 심사대상에 포함시킬 필요성이 있다. 국가공무원명예퇴직수당등지급업무처리지침(2002. 7. 16. 행정자치부예규 제96호)상의 심사기준에 의하면 "명예퇴직수당지급 심사는 원칙적으로 명예퇴직수당지급 신청기간 중에 재직하고 있는 자를 대상으로 하며, 신청 후 자의로 퇴직하거나 사망한 경우에도 이를 심사대상에 포함함. 다만, 퇴직 또는 사망 당시에 근속기간과 정년잔여기간이 요건에 적합하여야 함"이라고 하여 이를 인정하고 있다.

Ⅴ. 명예전역의 취소

1) 명예전역대상자로 확정되었다 할지라도 일정한 사유가 발생한 경우에는 명예전역을 취소할 수 있다. 국방부 명예전역수당지급업무처리지침 제10조에 의하면 "명예전역 확정 후 중징계 이상의 처벌을 받은 자와 군사법원에 기소되어 유죄판결을 받은 자는 명예전역의 효력을 상실한다."라고 규정하고 있으며, 제11조에는 "명예전역 취소는 원칙적으로 인정하지 아니한다. 다만, 부득이한 경우 각 군 명예전역 심사위원회의 의결을 거쳐 추천권자(각 군 참모총장)가 상신할 경우 사안별로 전역권자가 결정한다."라고 하여 명예전역취소를 인정하고 있다. 동 지침 제11조 단서의 "부득이한 경우"란 어떤 경우를 말하는 것인가? 이에 대해서는 2005년 국방부 군인명예전역시행계획에 다음과 같이 상세히 규정하고 있다. 첫째로, 명예전역취소 및 전역일 조정이 되는 경우란 ① 명예전역대상 제외사유에 해당하는 경우(기소, 중징계, 심신장애, 공무원, 군무원 취업 등), ② 본인 및 직계가족의 질병(장기이식 포함)과 관련된 경우, ③ 법이나 정책에 의하여 정년 또는 임기가 변경된 경우, ④ 취업, 갑작스런 재난 등으로 조기전역을 상신한 경우(전역연기는 불가)를 말하며, 위의 경우에 해당된다 하더라도 각 군 명예전역심사위원회의 의결서, 각종 증빙 문서 및 서류를 반드시 제출하여야 승인검토 대상이 된다.

둘째로, 명예전역취소 및 전역일 조정 승인에서 제외되는 경우란 ① 취업을 전제로 명예전역을 지원 선발되었다가 취업이 안 된 경우(비상계획관, 예비군지휘관, 민간기업 등 불문), ② 가정경제의 악화 또는 호전을 사유로 하는 취소 및 전역연기, ③ 위의 승인기준에 해당되지 않는 모든 개인적인 사유를 말한다.

2) 명예전역이 취소되어 기지급된 명예전역수당을 반납하기 위해서는 국고반납절차에 의거하여 해당 연도의 경우에는 명예전역수당 지출부대인 각 군 본부로 반납하고, 연도 이월 시는 각 군 본부 세입징수관에게 통보하여 처리하여야 한다.

Ⅵ. 사후구제

위법 부당한 명예전역수당지급 처분에 대해서는 인사소청위원회에 인사소청을 제기하거나 또는 행정소송을 제기하여 권리구제를 받을 수 있다.

1. 인사소청 제기

위법하거나 부당한 명예전역수당 거부처분으로 인하여 권리 침해를 받은 자는 군인사법 제51조에 규정된 인사소청위원회에 인사소청을 제기할 수 있다. 즉 군인사법 제50조에서는 위법 · 부당한 전역 · 제적 및 휴직 등 그 의사에 반한 불리한 처분에 대하여 인사소청을 할 수 있도록 규정하고 있다. 따라서 명예전역수당 거부처분은 본인의 의사에 반한 불리한 처분에 해당되기 때문에 인사소청의 대상이 된다. 따라서 명예전역수당 거부처분이 있음을 안 날로부터 30일 이내에 이에 대한 심사를 청구할 수 있다. 예외적으로 행정청(육군참모총장)이 심판청구기간을 알리지 아니한 때에는 처분이 있은 날로부터 180일 이내에 인사소청을 제기할 수 있다(행정심판법 제18조 제6항).

2. 행정소송의 제기

위법한 명예전역수당 거부처분에 대하여 행정소송을 제기할 수 있다. 군인사법 제51조의 2에서는 “전역 또는 제적과 징계 및 기타 본인의 의사에 반한 불리한 처분에 관한 행정소송은 군인사법 제51조의 규정에 의한 소청심사위원회 …… 의 심사·결정을 거치지 아니하면 제기할 수 없다."라고 규정하고 있기 때문에 위법한 명예전역수당 거부처분에 대하여 행정소송을 제기하기 위해서는 반드시 인사소청위원회의 심사를 거쳐야 한다. 명예전역수당의 지급 여부에 관한 처분은 재량행위라 할지라도 군인사법과 명예전역수당지급규정 등 관계 법령에서 정한 명예전역수당지급 여부에 관한 재량권을 행사함에 있어 권한의 일탈 또는 남용이 있을 경우에는 위법한 처분으로 행정소송의 대상이 된다.

Ⅶ. 개선방안

1. 명예전역 신청 자격 요건 완화

군인명예전역수당지급규정 제2조 제1항 제1호에서는 명예전역 대상자를 현역 정년의 잔여기간이 1년 이상 10년 이내인 자로 제한하고 있다. 따라서 정년 잔여기간이 1년 미만인 경우와 정년 잔여기간이 10년 이상인 자는 명예전역수당을 지급받을 수 없다. 그러나 정년 잔여기간이 10년 이상인 자를 명예전역수당 지급 대상자로 제외한 것은 문제가 있다. 국가공무원명예퇴직수당 등 지급규정 제3조 제1항에는 "…… 20년 이상 근속한 자로서 정년퇴직일 전 1년 이상의 기간 중 자진 퇴직하는 자로 한다."라고 하여 국가공무원은 정년 잔여기간의 상한을 제한하지 않고 명예퇴직수당을 지급할 수 있음에도 불구하고, 군인은 합리적인 이유 없이 이를 제한하는 것은 문제이다. 군인사법 제53조의 2에서는 20년 이상 근속한 자가 정년 전에 자진하여 명예롭게 전역하는 경우로 정하고 있을 뿐이며 잔여기간에 관하여 제한하지 않음에도 불구하고 대통령령에서는 법의 위임도 없이 잔여기간이 1년 이상 10년 이내인 자로 제한하는 것은 위법의 소지가 있다. 따라서 정년 잔여기간이 10년 이상인 자도 명예전역수당지급을 신청할 수 있도록 하고 명예전역수당을 10년 범위 내로 제한하는 것이 타당할 것이므로 군인명예전역수당지급규정을 개정할 필요성이 있다.

2. 명예전역수당지급 제외자 조문을 대통령령에 규정

1) 명예전역수당지급업무처리지침 제1조 다항에서 명예전역 제외 대상자에 대해 규정하고 있다. 최근에 위 명예전역수당지급업무처리지침은 "그 규정형식과 내용에 비추어 볼 때 행정청 내부에서 명예전역수당지급 대상자 선정, 절차 등에 관한 법령해석 내지 사무처리 기준을 규정한 행정규칙으로서 대외적으로 국민이나 법원을 구속하는 법규적 효력은 없다."라고 하였다(서울행정법원 2004. 12. 23. 선고 2004구합12100 판결). 명예전역수당지급 여부를 결정하는 기준은 개인의 권익에 영향을 미치는 중요한 사항임에도 불구하고 행정청의 내부에만 효력을 미치는 행정규칙으로 규정하고 있는 것은 문제이다. 국가공무원과 지방공무원의 경우에는 대통령령에 대상지급 제외자를 규정하고 있다. 따라서 군인의 경우에도 행정규칙인 명예전역수당지급업무처리지침에 규정하기보다는 국가공무원과 지방공무원처럼 대통령령인 군인명예전역수당지급규정에 규정할 필요가 있다.

2) 명예전역수당지급업무처리지침 제1조 다항 3호에 "각 군 참모총장이 명예전역 부적격자로 인정한 자"는 수당 지급 제외자로 규정하고 있으나, 각 군 참모총장에게 포괄적인 권한을 부여한 것으로서 남용될 소지가 있으므로 이를 구체적으로 규정할 필요가 있다. 참고로 국가공무원명예퇴직수당 등 지급업무처리지침(행정자치부예규 제96호 2002. 7. 16.)에서는 위와 유사한 규정으로 "기타 위 각 항목에 준하는 사유로 명예퇴직수당을 지급하기에 부적격하다고 인정되는 자"는 지급대상에서 제외되는 규정을 두고 있다.

3. 고지제도의 도입

고지제도란 행정청이 처분을 함에 있어서 처분의 상대방이 법적 구제방법을 사용하려고 하는 경우에 필요한 사항(불복행정청, 불복기간, 불복절차)을 구체적으로 상대방에게 알리는 비권력적 사실행위를 말한다. 고지제도는 처분의 상대방으로 하여금 행정불복의 기회를 보장하고 처분을 보다 신중하게 하여 행정의 적정화를 기하는 데 그 목적이 있다(김동희, 행정법Ⅰ, 613면). 행정절차법 제26

조에는 “행정청이 처분을 하는 때에는 당사자에게 그 처분에 관하여 행정심판을 제기할 수 있는지 여부, 기타 불복을 할 수 있는지 여부, 청구절차 및 청구기간 기타 필요한 사항을 알려야 한다.”, 행정심판법 제42조 제1항에는 “행정청이 처분을 서면으로 하는 경우에는 그 상대방에게 처분에 관하여 행정심판을 제기할 수 있는지의 여부, 제기하려는 경우의 심판청구절차 및 청구기간을 알려야 한다.”라고 하여 고지제도에 관하여 규정하고 있다. 행정청이 심판청구기간을 알리지 아니한 때에는 처분이 있는 날부터 180일 이내에 심판청구를 할 수 있다(행정심판법 제18조 제6항).

명예전역수당지급 대상자에서 제외되는 처분은 상대방에게 불이익을 주는 처분이기 때문에 상대방에게 법적 구제방법을 알려 주는 고지제도의 도입은 권리구제 측면에서 그 의의가 있으며, 또한 고지제도의 불고지로 인해 행정심판청구기간이 연장되어 당해 처분이 장기간 불확정한 상태로 방치되는 것을 방지하는 효과도 있다. 그러나 현재 실무 운영을 보면 명예전역대상로 선발된 경우에 이 결과를 공지하는 형태로 상대방에게 통보될 뿐이며 불복의 방법 등에 대해서는 고지하지 않고 있다. 따라서 고지제도의 도입이 필요하다.

23. 군인 명예전역수당의 결정권자[*]
(서울고등법원 2004. 10. 28. 선고 2003누20366 판결)

목 차

Ⅰ. 대상판결

1. 사실관계

원고는 1968. 3. 1. 육군 소위로 임관하여 1997. 4. 소장으로 진급하였고, 1999. 11.경부터는 육군본부 ○○참모부장으로 근무하여 왔다. 원고는 2001. 9. 초와 2001. 10. 1. 두 차례에 걸쳐 청와대와 국방부의 인터넷사이트에 육군의 편중인사 문제를 지적하는 내용의 글을 게재하였는바, 이로 인해 2001. 10. 8. 피고 육군참모총장에 의해 ○○참모부장에서 보직 해임되었다. 그 후 원고는 2001. 10. 22. 전역지원서를 제출한 데 이어 2001. 10. 29. 피고(육군참모총장)에게 명예전역수당지급신청서(이하, '이 사건 신청서'라 한다.)를 제출하였다. 이에 국방부장관은 2001. 11. 6. 원고에 대하여 군인사법 제35조(원에 의한 전역), 제41조(퇴역)의 규정에 의하여 2001. 11. 10.자로 퇴역을 명하는 인사명령을 하였다. 원고는 2001. 10. 29. 육군참모총장에게 명예전역수당지급신청을 하였는데도, 국방부장관 및 육군참모총장이 이에 대해 아무런 조치를 취하지 않고 있

* 게재지: 법률신문(제3338호 2005. 2. 14.)

다면서 이러한 피고들의 부작위는 위법하다며 부작위위법확인소송을 제기하였다.

2. 판결요지

1) 1심 판결요지는 첫째로 피고 국방부장관에 대한 청구부분의 적법 여부에 관하여 "명예전역수당지급신청만을 한 원고로서는 이에 대한 응답을 받지 못하고 있다면 피고 육군참모총장을 상대로 이를 다툴 수 있음은 별론으로 하더라도 피고 국방부장관이 명예전역신청에 대한 응답을 하지 않았음을 이유로 하여 위 피고를 상대로 부작위위법확인을 구할 원고 적격은 없다 할 것이므로 이 사건 소 중 원고의 위 피고에 대한 청구부분은 부적법하다.", 둘째로 피고 육군참모총장의 부작위 여부에 관해서는 "원고가 위 통지를 받은 이후인 2001. 10. 29. 이 사건 명예전역수당지급신청을 하였다면, 피고 육군참모총장으로서는 위 통지와 별도로 위 신청에 대하여 응답을 다시 하여 줄 법률상 의무를 부담한다고 할 것임에도 불구하고, 피고 육군참모총장이 이에 대하여 아무런 조치를 취하지 아니하고 있는 것은 법률상 응답의무를 이행하지 아니하고 있는 것으로서 위법하다고 할 것이다."라고 판시하였다(서울행정법원 2003. 10. 21. 선고 2003구합9879 판결).

2) 2심 판결요지는 첫째로 원고에게 명예전역 수당지급신청권이 있는지 여부에 관하여 "군인사법 제53조 2의 위임에 따른 군인명예전역수당지급규정 제2조 제1항 제1호, 제5조 등에 의하여 모든 명예전역수당지급신청자에 대하여 위 수당지급신청서를 제출하도록 규정하고 있으므로, 소장으로 전역하는 원고에게도 명예전역수당의 지급을 신청할 법규상의 권리가 있다 할 것이고, …… 따라서 위 신청에 대하여 군인명예전역수당지급규정 제6조 및 제7조에 정한 기간과 절차에 따라 신청을 인용하는 적극적 처분 또는 각하하거나 기각하는 등의 소극적 처분을 하고, 이를 신청인에게 통지하여야 할 법률상 응답의무가 있다 할 것이다.", 둘째로 이 사건 신청이 중복신청인지 여부에 관해서는 "가사 피고의 주장과 같이 2001. 10. 24. 육군본부 장군인사실 담당자가 ○○참모부 행정과장인 장△△ 대령을 통하여 원고에게 명예전역 부결 결정을 구두로 통지하였다 하더라도 명예전역 부결 결정과 같이 상대방 있는 행정처분에 있어서는, 달리

특별한 규정이 없는 한, 그와 같은 처분을 하였음을 그 상대방에게 서면으로 고지하여야만, 그 상대방에 대하여 그와 같은 행정처분이 있었다는 효력이 발생한다고 볼 것이므로(대법원 1996. 12. 20. 선고 96누9799 판결 등 참조) 원고에게 위 처분을 구두로 통지하였다는 사실만으로는 원고에 대한 응답의무를 다한 것으로 볼 수 없어 원고의 이 사건 신청을 이미 응답을 받았음에도 중복하여 한 신청이라고 할 수 없다."라고 판시하면서 1심 판결이 정당하다고 하였다(대상판결).

Ⅱ. 명예전역수당지급제도

1. 의의

명예전역수당지급제도란 군인으로서 20년 이상 근속한 자가 정년 전에 자진하여 명예롭게 전역하는 경우에 예산의 범위 안에서 명예전역수당을 지급하는 것을 말한다(군인사법 제53조의 2). 이 제도는 인사적체를 해소하기 위하여 장기근속자에게 전역수당을 지급함으로써 조기전역을 유도하기 위한 것이며, 국가공무원법 제74조의 2에 규정된 국가공무원 명예퇴직제도를 군인사법에 도입한 것이다(졸저, 군인사법, 법률문화원, 2004, 780면). 명예전역은 재직기간과 신청기간이 특별히 제한되어 있고 또한 본인의 신청이 있더라도 임용권자의 엄정한 심사행위가 수반된다는 측면에서 원에 의하는 전역과 다르며 또한 일정한 사유나 요건의 성립으로 당연히 효력이 발생하는 정년전역과 달리 요건과 함께 일정한 법적 절차가 중시된다는 점에 특성이 있다.

2. 제도의 취지

군인사법에서는 네 가지 경우에 명예전역수당을 지급할 수 있도록 규정하고 있다. 첫째로 군인사법 제53조의 2 제1항의 일반적 명예전역수당지급제도는 인사적체를 해소하기 위하여 장기근속자에게 전역수당을 지급함으로써 조기전역을 유도하자는 데 그 입법 취지가 있다. 둘째로 군인사법 제53조의 2 제2항의 병과장 명예전역수당지급제도로 병과장이 그 직 및 유사직위의 보직을 마치고 정년 전에 군인사법 제21조 제3항의 규정에 의하여 당연 전역되는 경우에는 지급할 수 있다. 셋째로 군인사법 제53조의 2 제2항의 임기제 진급자 명예전역수당지급제도는 인력운용상 필요하거나 전문인력을 필요로 하는 분야로서 대통령령이 정하는 직위에 보하기 위하여 필요한 경우에는 임기를 정하여 1계급을 진급시킬 수 있고 이러한 자의 임기는 2년으로 하고 그 임기가 만료되는 경우에는 전역되므로 이러한 경우에도 명예전역수당을 지급하기 위한 것이다. 넷째로 군인사법 제8조 제4항 또는 제5항의 규정에 의하여 정년보다 단축된 정년으로 명예 전역하는 군인에게도 명예전역수당을 지급할 수 있도록 하고 있다.

3. 절차

군인의 명예전역수당지급절차는 군인명예전역수당지급규정(2001. 3. 27. 대통령령 제17158호), 명예전역수당지급업무처리지침[국방부인관33145 - 1378(1995. 9. 7.)](이하 '지침'이라 함)에 규정되어 있으며, ① 지급신청, ② 지급대상자의 심사 · 결정, ③ 지급대상자의 통지, ④ 수당지급대상자의 전역원 제출순으로 이루어진다. 수당을 지급받고자 하는 자는 수당지급 신청기간 내에 수당지급신청서를 소속부대의 장을 거쳐 각 군 참모총장에게 제출하여야 하며(지침 제4조), 각 군 참모총장은 수당지급신청서를 받은 때에는 신청기간 경과 후 30일 이내에 이를 심사하고, 수당지급대상자를 선정하여 국방부장관에게 추천하여야 한다(지침 제3조). 국방부장관은 각 군 참모총장으로부터 수당지급대상자의 추천을 받은 때에는 각 군 간의 균형을 고려하여 수당지급대상자를 최종적으로 심사 · 결정한다(군인명예전역수당지급규정 제6조). 국방부장관은 수당지급대상자를 결정한 때에는 결정일로부터 10일 이내에 그 결과를 각 군 참모총장에게 시달하여야 하고, 그 시달을 받은 각 군 참모총장은 …… 신청인에게 통지하여야 한다(동 규정 제7조). 수당지급을 통지받은 자는 그 통지를 받은 날로부터 30일 이내에 소속부대의 장에게 전역원을 제출하여야 한다(동 규정 제8조).

Ⅲ. 판결의 쟁점

군인의 명예전역수당지급 여부에 대한 결정권자는 누구인가? 각 군 참모총장이 아니라 국방부장관에게 결정권이 있는 것으로 보인다. 그 이유는 첫째로, 군인명예전역수당지급규정(2001. 3. 27. 대통령령 제17158호) 제6조 제1항의 "각 군 참모총장은 수당지급신청서를 받은 때에는 30일 이내에 이를 심사하고, 수당지급대상자를 선정하여 국방부장관에게 추천하여야 한다."라는 규정과 동 조 제3항의 "국방부장관은 제1항의 규정에 의하여 각 군 참모총장으로부터 수당지급대상자의 추천을 받은 때에는 …… 수당지급대상자를 최종적으로 심사 · 결정한다."라는 규정에 의하면 각 군 참모총장은 추천권자이고 최종적 심사 · 결정권자는 국방부장관임을 명시적으로 규정하고 있기 때문이다. 둘째로, 대법원은 공무원이 아닌 일반 기업체의 명예퇴직에 관하여 "명예퇴직이란 근로자가 명예퇴직의 신청(청약)을 하면 사용자가 요건을 심사한 후 이를 승인(승낙)함으로써 합의에 의하여 근로관계를 종료시키는 것"이라고 하여 명예퇴직은 청약과 승낙에 의한 근로관계의 합의해지로 보고 있다(대법원 2000. 7. 7. 선고 98다42172 판결). 그러나 공무원의 경우에는 일반 퇴직과 다른 명예퇴직이라는 별개의 퇴직제도가 있는 것이 아니라 퇴직하는 공무원 중 일정한 요건에 해당하는 자에 대하여 그 신청에 따라 심사를 하여 명예퇴직수당이라는 별도의 수당을 지급하는 것일 뿐이므로 그 퇴직 자체를 청약과 승낙에 의한 근로관계의 합의해지라고 보기는 어렵다(김영천, "20년 이상 근속한 지방공무원이 명예퇴직수당 지급대상자로 확정되기 전에 그 명예퇴직수당 채권에 대하여 압류할 수 있는지 여부", 대법원판례해설(통권 제38호), 2002, 339면). 그렇다면 군인의 명예전역수당지급에 대한 결정권자는 군인에 대한 전역권자가 누구이냐에 따라서 결정되어야 할 문제인 것이다. 군인사법 제43조에는 "장교……의 전역은 임용권자가 행한다."라고 하여 임용권자가 전역권자임을 규정하고 있고, 군인사법 제13조에는 "장교의 임용은 참모총장의 추천에 의하여 국방부장관의 제청으로 대통령이 행한다. 다만, 대령 이하의 장교에 대해서는 임용권자의 위임에 의하여 국방부장관이 행할 수 있으며 ……"라고 하여 임용권자를 규정하고 있다. 이 규정에 의하면 장관급 장교에 대해서는 각 군 참모총장은 전역권자가 아님을 알 수 있다. 한편 장관급장교에 대해서는 임용권자가 대통령이 되며, 또한 전역권자도 임용권자인 대통령이 될 것이나, 위 군인명예전역수당지급규정에 의거하여 명예전역수당지급 결정에 관해서는 국방부장관에게 위임되어 있다고 볼 수 있다(내부 위임된 경우 전역권자가 누구인가에 대해서는 서울고등법원 1992. 12. 23. 선고 92구12478 판결, 서울고등법원 1993. 1. 26. 선고 92구14955 판결 참조).

Ⅳ. 평석

대상판결의 1심 재판에서는 "관계 법령을 검토하여 보더라도 명예전역수당지급신청절차 및 이에 대한 지급 여부 결정에 대한 규정과 별도로 명예전역신청절차 및 이에 대한 결정이 존재한다고 볼 만한 규정은 보이지 아니하고, 원고의 피고 육군참모총장에 대한 명예전역수당지급신청으로써 피고 국방부장관에 대한 명예전역신청도 아울러 이루어졌다고 보기도 어렵다. 그렇다면, 명예전역수당지급신청만을 한 원고로서는 이에 대한 응답을 받지 못하고 있다면 피고 육군참모총장을 상대로 이를 다툴 수 있음은 별론으로 하더라도 피고 국방부장관이 명예전역신청에 대한 응답을 하지 않았음을 이유로 하여 위 피고를 상대로 부작위위법확인을 구할 원고 적격은 없다 할 것이므로 이 사건 소 중 원고의 위 피고에 대한 청구부분은 부적법하다 할 것이다."라고 하면서 육군참모총장을 상대로 부작위위법소송을 제기하여야 한다고 하였다. 최근에 서울행정법원 2004. 12. 23. 선고 2004구합12100 판결에서 원고는 국방부장관을 상대로 위 소송을 제기하였으나 재판부는 2004. 11. 4. 피고를 국방부장관에서 육군참모총장으로 피고 경정결정을 하였다. 그러나 위에서 살펴본 바와 같이 군인명예전역수당지급규정 제6조의 규정, 군인명예전역은 원에 의한 전역과는 다른 별개의 전역제도가 아니라 전역하는 군인 중 일정한 요건에 해당하는 자에 대하여 그 신청에 따라 심사를 하여 명예전역수당이라는 별도의 수당을 지급하는 것일 뿐이므로 명예전역수당의 결정권자는 국방부장관으로 보아야 할 것이다.

24. 국립묘지 안장대상자에 대한 법적 검토*

목 차

Ⅰ. 개설

1. 의의[1)2)]

국립묘지는 국가가 관리·운영하는 묘지로서 국가유공자와 군인을 안장하는 서울·대전국립묘지와 특정한 역사적 사건과 관련하여 그 희생자 및 공로자를 안장하는 국립4·19묘지, 국립3·15묘지, 국립5·18묘지 등 총 5곳이 있다.[3)]

---

* 게재지: 국방저널(제361호 2004/1), 국방부 2004. 1.

1) 현재 국립묘지에 대한 근거 법률은 「국립묘지의 설치 및 운영에 관한 법률」이다. 위 법률은 2005. 7. 29. 법률 제7649호로 제정되었다. 그 이유는 "현재 국립묘지 관련 법령에는 대통령령인 「국립묘지령」, 「국립4·19묘지규정」 및 「국립5·18묘지규정」이 있으나 국립묘지의 설치 및 운영에 관한 기본적인 사항을 규정한 법률이 존재하지 아니하므로 국립묘지의 설치 및 운영에 관한 법률적 근거를 마련"하려는 것이다. 또한 국립묘지령은 2006. 2. 16.부로 폐지되었다. 이 논문은 위 법이 제정되기 이전에 작성된 것으로 그간의 유권해석 및 각종 자료를 정리한 내용이다.

2) 김용환, "보훈행정의 여건변화에 따른 보훈행정제도의 개선에 관한 연구", 서울대(석사학위논문), 1995; 이형모, "국토의 효율화를 위한 묘지제도 개선에 관한 연구", 국방참모대학(1996학년도 연구보고서), 1996; 김건신, "민족정기 선양사업의 활성화 방안", 국방대(연구논문), 1998; 이삼식 외, 국립묘지 운영현황과 발전방향, 한국보건사회연구원, 2000; 정길호·최광표·김안식, 국립묘지 운영실태 분석 및 발전방향연구, 한국국방연구원, 2001. 12; 채동식, "국립묘지의 관리에 관한 근거법률이 필요하다", 국회보(통권437호), 국회사무처, 2003. 3.

3) 최초의 국립묘지는 서울 동작동에 위치한 국립묘지로서 1955년 6·25전쟁 중 전사한 군인을 안장하는 국군묘지로 창설되었으며, 1965년부터 군인 외에 국가유공자도 안장하게 되었으며, 1979년도에 대전국립묘지가 추가

일반적으로 국가가 위기에 처했을 때 나라와 겨레를 지키기 위해 공훈을 세웠거나 조국수호의 제단에 신명을 바친 분들의 은공에 보답하고 국민들로 하여금 그분들의 숭고한 유업을 본받아 애국하는 것이 거룩한 일임을 일깨워 주고 민족정기를 선양하기 위하여 민족정기 선양시설물을 설치 · 관리하고 있다.[4] 이러한 선양시설물에는 각종 기념관, 묘역, 전시관, 순국지, 전적지, 기념상징물 등 다양한 형태가 있으며 국립묘지, 전쟁기념관, 독립기념관이 대표적인 관련 시설물이다. 특히 국립묘지는 조국과 민족을 위해 산화한 순국선열과 호국영령들이 안장되어 있는 성역으로 민족정신의 구심적 역할을 수행할 수 있는 시설물이다.[5]

2. 관련 법규 및 연혁

우선 국립묘지령(1997. 12. 20. 대통령령 제15543호)이 있다. 국립묘지령은 국립묘지 설치 목적, 안장대상, 묘역설치 등 국립묘지 관리에 대한 기본규정이라 할 수 있다. 장사 등에 관한 법(2002. 12. 30. 법률 제6841호),[6] 국가유공자법 제69조, 제대군인지원법 제16조, 참전유공자예우에 관한 법(2002. 1. 26. 법률 제6649호) 제9조, 국장 · 국민장에 관한 법(1967. 1. 16. 법률 제1884호),[7] 각 군 규정이 있다.

국립묘지령은 1965. 3. 30. 대통령령 제2092호로 제정되었고 제3조에서 안장(安葬)대상을 규정하고 있다. 그 전에는 1956. 4. 13. 대통령령 제1144호로 제정된 군묘지령이 제2조에서 안장대상에 관하여 규정하고 있었는데, 1965. 3. 30. 국립묘지령이 제정되면서 부칙 제2항에 의하여 군묘지령이 폐지되었다. 한편,

---

로 조성되어 운영되고 있다. 국립4 · 19묘지, 국립3 · 15묘지, 국립5 · 18묘지는 원래는 시립묘지로서 창설되어 서울시 · 마산시 · 광주시가 관리하여 오다가 국립4 · 19묘지는 1997년, 국립3 · 15묘지와 국립5 · 18묘지는 2002년에 각각 국립묘지가 되었다(채동식, 전게논문, 107면).

4) 김건신, “민족정기 선양사업의 활성화 방안”, 국방대(연구논문), 1998, 26면.

5) 국립묘지 조성의 의미는 첫째로, 호국영령의 충의와 위훈을 추앙하는 장으로서 유구한 민족사의 정통성을 지켜온 선조들의 강인한 호국의지와 단일문화 민족으로서의 공동체 의식을 북돋아 주는 민족정신의 구심점 역할을 수행한다. 둘째, 호국영령의 충의와 위훈을 기리는 실증적 호국교육헌장인바, 역사의 주체로서 오늘을 살고 있는 우리들에게 국난 극복사를 통한 민족 공동체 의식과 통일의지와 시대적 사명감을 일깨워 주는 실증적 호국교육 도장으로서 역할을 수행한다(이삼식 외, “국립묘지 운영현황과 발전방향”, 한국보건사회연구원, 2000, 48면).

6) 이 법은 매장화장 및 개장에 관한 사항과 묘지화장장납골시설 및 장례식장의 설치관리 등에 관한 사항을 규정함으로써 보건위생상의 위해를 방지하고, 국토의 효율적 이용 및 공공복리의 증진에 이바지함을 목적으로 한다(제1조).

7) 이 법은 국가 또는 사회에 현저한 공훈을 남김으로써 국민의 추앙을 받는 자가 서거한 때에 그 장의를 경건하고 엄숙하게 집행하는 데 필요한 사항을 규정함을 목적으로 한다(제1조).

군묘지령 제정 이후 국립묘지령이 제정되기 전인 1962. 4. 16. 법률 제1053호로 국가유공자 및 월남귀순자 특별원호법이 제정되어 제22조에서 "애국지사의 유골 또는 시체는 유족이 원하는 경우에는 국군묘지에 안장할 수 있다."는 규정이 신설되고, 제24조에서는 "본법 시행에 관하여 필요한 사항은 각령으로 정한다."고 하여 시행령의 근거를 두었으며, 1974. 12. 24. 법률 제2715호로 법률의 명칭이 국가유공자 등 특별원호법으로 바뀌고 제22조의 개정으로 국군묘지가 국립묘지로 바뀌었다. 그 후 1984. 8. 2. 법률 제3742호로 국가유공자법이 제정되면서 부칙 제2조에 따라 국가유공자 등 특별원호법이 폐지되었는데, 국가유공자법 제69조에서 "국가유공자 중 대통령령이 정하는 자의 유골 또는 시체는 본인 또는 유족의 희망에 따라 국립묘지에 안장할 수 있다.", 제84조에서 "이 법 시행에 관하여 필요한 사항은 대통령령으로 정한다."는 규정을 둔 이래 현재까지 유지되고 있고, 다만, 법률의 명칭만 1997. 1. 13. 법률 제5291호로 현행과 같이 국가유공자법으로 바꾸었다. 그런데 위 국가유공자 및 월남귀순자 특별원호법은 그 당시에 아무런 근거법률 없이 존재하던 군묘지령에 의하여 이미 설치된 군묘지 내지 국군묘지에 군인이 아닌 애국지사도 안장할 수 있도록 하려는 취지를 담고 있는 것이고, 위 법률에서 발령근거를 둔 시행령은 국가유공자 및 월남귀순자 특별원호법 시행령의 형식으로 제정되는 것이므로, 1962. 4. 16. 제정된 국가유공자 및 월남귀순자 특별원호법이 그 당시에 이미 존재하던 군묘지령의 근거법률이 된다거나 또는 그 후에 제정되는 국립묘지령의 근거법률이 된다고 보기는 어렵다. 또한 현행 국가유공자법도 아무런 근거법률 없이 존재하는 국립묘지령에 따라 이미 설치된 국립묘지에 국가유공자의 유골 또는 시체를 희망에 따라 안장할 수 있다는 취지를 담고 있는 것이고, 그에 따른 대통령령은 국가유공자법 시행령의 형식으로 제정되어 있으므로, 국가유공자법을 국립묘지령의 근거법률이라고 볼 수도 없다.[8)]

3. 국립묘지의 역사

조국의 광복과 더불어 군이 창설되어 국토방위의 임무를 수행하여 오던 중

8) 서울고등법원 2002. 2. 1. 선고 2001누10631 판결(원심판례: 서울행정법원 2001. 6. 7. 선고 2000구32341 판결).

북한 인민군의 국지적 도발과 여수/순천사건 및 각 지구의 공비토벌작전으로 전사한 장병들을 서울 장충사에 안치하였다. 그 후 1949년 말 육군본부 인사참모부에서 서울근교에 묘지 후보지를 물색하던 중 6 · 25전쟁으로 묘지 설치 문제는 중단되었고 각 지구 전선에서 전사한 전몰장병의 영현은 부산의 금정사와 범어사에 순국 전몰장병 영현 안치소를 설치, 봉안하여 육군병참단 묘지등록 중대에서 관리하였다. 1952. 5. 6. 국방부 국장급 회의에서 육군묘지 설치 문제에 대하여 논의한 결과, 3군종합묘지 설치를 추진하되, 묘지의 명칭은 국군묘지로 칭할 것을 결의하였다. 1952. 5. 26. 국방부 주관으로 국군묘지 후보지 선정을 위하여 3군 합동답사반을 편성하고, 동년 11. 3. 군묘지설치위원회를 구성한 후, 답사 결과 동작동 현 위치를 국군묘지 후보지로 선정하여 1953. 9. 29. 이승만 대통령의 재가를 받아 국군묘지 부지로 확정하고 1954. 3. 1.에 묘역을 조성하였다. 1955. 7. 15. 군묘지 업무를 관장할 국군묘지관리소가 발족되고, 이어서 1956. 4. 13. 대통령령으로 군묘지령이 제정되어 군묘지 운영 및 관리를 위한 제도적 기틀이 마련되어 전사 또는 순직한 군인, 군무원이 안장되고 덧붙여 순국선열 및 국가유공자는 국무회의 의결을 거쳐 안장이 이루어지게 되었다. 한편, 6 · 25전쟁으로 발생한 많은 전사장병 처리를 위해 지금까지 군인 위주로 이루어져 왔던 군묘지 안장업무가 1965. 3. 30. 국립묘지령으로 재정립되어 애국지사, 경찰관 및 향토예비군까지 대상이 확대됨으로써 국가와 민족을 위해 고귀한 삶을 희생하고 아울러 국가발전에 커다란 발자취를 남긴 분들을 국민의 이름으로 모시게 되어 그 충의와 위훈을 후손들에게 영구히 보존, 계승시킬 수 있는 겨레의 성역으로서 국립묘지 위상을 갖추게 되었다.[9)]

Ⅱ. 국립묘지 안장권

국립묘지 안장권이란 일정한 요건을 갖춘 경우에 국립묘지에 안장될 수 있는 권리를 말한다. 이 국립묘지 안장권에 대해 서울행정법원은 “국립묘지령 제3조, 같은 령 시행규칙 제2조 등 관계 법령의 취지를 종합하여 보면, 장관급 장교로

9) http://www.mnd.go.kr:8088/html/history_html/history.html

군에 복무하다가 전역한 자이기만 하면 바로 그에게 국립묘지에 안장될 권리가 발생하는 것은 아니고, 그 후 그가 사망한 경우에 유가족 등의 국립묘지 안장신청에 따라 국방부장관이 국립묘지 피안장자 지정처분을 한 때에 비로소 유가족에게 사망자를 국립묘지에 안장시킬 권리가 발생한다고 봄이 상당하다(여기에서 국방부장관의 지정행위는 관계 법령의 문언이나 그 취지에 비추어 국립묘지령 제3조 제1항 제2호 소정의 다른 요건이 갖추어지면 반드시 해야만 할 기속행위가 아니라 다른 공익적 요소를 고려할 수 있는 재량행위라고 봄이 상당하다.).” 라고 판시하였다.[10)]

따라서 국립묘지에 안장될 구체적인 권리는 유가족이 국방부장관에게 국립묘지 안장신청을 하여 국방부장관으로부터 지정처분을 받은 후에야 비로소 국립묘지에 안장될 구체적인 권리를 취득한다.[11)] 국립묘지 안장권은 국립묘지 안장신청권과는 구별된다.

Ⅲ. 안장대상자

1. 관련 법규

가. 국립묘지령 제3조 제1항

1) 국립묘지령 제3조 제1항에서는 “묘지에는 다음 각 호의 1에 해당하는 자의 유골(수장된 자 기타 시체를 찾을 수 없는 자의 모발을 포함) 또는 시체를 안장한다. 다만, 그 유가족이 이를 원하지 아니하는 경우에는 그러하지 아니하다.”라고 하여 안장대상자를 규정하고 있다.[12)]

10) 서울행정법원 2000. 12. 20. 선고 2000구26377 판결(원고 김○원 외 4명은 장관급 장교로 군에 복무하다가 전역하였고, 군인사법 제10조 제2항 각 호 소정의 결격사유도 없으므로 국립묘지령 제3조 제1항 제2호에 따라 사망 시 각 국립묘지에 안장될 권리가 있음의 확인을 구하는 소송을 제기하였으나 서울행정법원은 “원고들이 국립묘지 안장의 지정절차를 밟는 방법으로 국립묘지에 안장될 구체적인 권리를 취득하지도 못하였고, 장차 위와 같은 권리를 취득할 충분한 개연성이 있다고도 보이지 아니하는 상태에서 곧바로 당사자소송으로 국립묘지에 안장될 권리의 확인을 구하는 것은 허용되지 않는다(대법원 1994. 5. 24. 선고 92다35783 판결 참조). 따라서 원고들이 확인의 소 대상적격이 없는 권리관계의 확인을 구하는 이 사건 소는 이 점에 있어서도 부적법하다.”라고 판시하였다.).

11) 서울행정법원 2000. 12. 20. 선고 2000구26377판결.

가) 현역군인(무관후보생을 포함) · 소집 중의 군인 및 군무원(종군자를 포함)으로서 사망한 자. 다만, 불명예스러운 사망자는 제외한다(제1호).

(1) 연혁적으로 국립묘지에 안장될 기본적인 자는 현역군인 · 소집 중의 군인 · 군무원으로서 사망한 자이다. 다만, 불명예스러운 사망자는 제외된다. "불명예스러운 사망자"에 해당하는 자를 국립묘지령시행규칙 제1조에서는 형사자(제1호), 자해자(제2호), 도망 또는 탈영 중 사망한 자(제3호), 순직자 이외의 변사자(제4호)로 규정하고 있다. "불명예스러운 사망자"에 해당하는지 여부는 국립묘지 설치 취지에 비추어 볼 때 그 충의와 위훈을 영구히 추앙할 정도의 군인이냐 아니냐에 따라 결정되는 것이다.

(2) 시행규칙상 '형사자'의 개념을 명확히 규정하고 있지는 않지만 국립묘지령 제3조에서는 "금고 이상 형의 선고를 받은 자"는 국립묘지 안장을 제한하고 있으므로 벌금, 구류, 과료형을 선고받은 자는 안장될 수 있다.

(3) 또한 '순직자 이외의 변사자'의 개념에 대해서도 명확히 규정하고 있지 않기 때문에 해석상 국립묘지 설치 취지에 따라 그 충의와 위훈을 영구히 추앙할 정도에 해당되는지 여부에 따라 판단할 수밖에 없다. 즉 순직 여부는 공상이냐 아니냐에 따라 판단해야 한다. 따라서 현역군인이 휴가, 외출, 외박기간 중에 교통사고, 질병 등으로 사망하여 비전공상(일반사망)으로 처리된 경우에는 국립묘지에 안장될 수 없다.[13]

---

12) 국립묘지령 제3조 제1항(안장자격) 연혁

호	대 상 자	일자	대통령령
1	현역 · 소집 중인 군인, 군무원	1965. 3. 30.	제2092호
2	전투에 참가하여 무공이 현저한 자 장관급 장교 20년 이상 군에 복무한 자	1965. 3. 30. 1980. 11. 18. 1980. 11. 18.	제2092호 제10068호 제10068호
3	국장으로 장의된 자 국민장으로 장의된 자	1965. 3. 30. 1981. 12. 31.	제2092호 제10659호
3의2	순국선열 · 애국지사	1981. 12. 31.	제10659호
4	전사 경찰관 전투 참가하여 전사한 향토예비군 순직경찰관	1965. 3. 30. 1970. 12. 14. 1981. 12. 31.	제2092호 제5403호 제10659호
5	국가 · 사회에 공헌한 공로자	1965. 3. 30.	제2092호
6	상이군경 · 전투종사군무원 등 국가유공자법 제74조의 공상군경	1970. 12. 14. 1997. 12. 20.	제5403호 제15543호
7	대한민국에 공로가 현저한 외국인	1970. 12. 14.	제5403호

(4) "소집 중의 군인"이란 병역법에 의해 소집된 자를 말한다. 소집(召集)이란 국가가 병역의무자 중 예비역 · 보충역 또는 제2국민역에 대하여 현역복무 외의 군복무의무 또는 공익분야에서의 복무의무를 부과하는 것을 말한다(병역법 제2조 제1항 제2호). 따라서 소집 중인 방위병이 군부대 또는 정부기관 등에 배치되어 근무 중 병사, 순직, 전사한 경우에는 국립묘지 안장대상자이나[14] 향토예비군설치법에 의해 소집된 향토예비군대원의 경우에는 이에 해당하지 않는다.[15]

나) 전투에 참가하여 무공이 현저한 자, 장관급 장교 또는 20년 이상 군에 복무(복무기간 계산은 군인연금법 제16조의 규정을 준용한다.)한 자 중 전역 · 퇴역 또는 면역된 후 사망한 자로서 국방부장관이 지정한 자. 다만, 군인사법 제10조 제2항 각 호의 1에 해당하는 자는 제외한다(제2호).

제2호에서는 전투에 참가하여 무공이 현저한 자와 장관급 장교 또는 20년 이상 군에 복무한 자 중 전역 · 퇴역 · 면역된 후 사망한 자로서 국방부장관이 지정한 자를 안장대상자로 규정하고 있다.

(1) "전투에 참가하여 무공이 현저한 자" 조항은 1997. 12. 20. 대통령령 제15543호로 개정되었다. 즉 개정되기 전에는 "'군복무 중' 전투에 참가하여 무공이 현저한 자"라고 하여 군인만을 대상으로 하였으나 군인이 아닌 자로서 무공훈장을 받은 자도 국립묘지 안장대상자로 확대하였다.[16] 다만, 전투에 참가하여 무공이 현저한 자에 해당하는지 여부에 대해 구체적인 기준을 정하고 있는 하위규정은 없다. 이에 대한 구체적인 기준이 필요하다. 한때 6 · 25사변 시 무공훈장을 받은 군속은 국립묘지령상 군복무 중 전투에 참가하여 무공이 현저한 자에 해당되지 않는다고[17] 하였으나 현재는 군인, 군무원, 경찰관도 이에 해당

13) 국방관계법령해석질의응답집(제20집), 133 – 134면; 국방관계법령해석질의응답집(제21집), 85 – 86면.

14) 국방관계법령해석질의응답집(제13집), 34면.

15) 국방관계법령해석질의응답집(제7집), 45 – 46면.

16) 경찰관으로서 실시한 전투의 목적도 군의 전투목적과 같으며, 경찰관이 받은 무공훈장도 대한민국의 상훈법에 따라 군인에게 수여되는 훈장과 똑같은 훈장이 군 지휘관에 의하여 전수되기도 했음에도 무공훈장을 기준으로 하는 안장대상을 경찰관 등 사람의 신분을 기준으로 하여 차별하는 것은 국민의 평등권을 제한하는 규정이라는 주장이 제기되어 왔다.

17) 국방관계법령해석질의응답집(제22집), 99 – 100면("군복무 중 전투에 참가하여 무공이 현저한 자"에 6 · 25사변 당시 군속(현 군무원)의 신분으로 무공훈장을 받은 자도 포함되는지 여부에 관하여 국방부는 "포함되지 않

되므로 이 유권해석은 변경되어야 한다.

(2) 장관급장교와 20년 이상 군에 복무한 자 중 전역 후 사망한 자가 국립묘지 안장대상자로 규정된 것은 1980. 11. 18. 대통령령 제10068호의 개정에 의해서이다.[18] 이 대통령령은 부칙에 의해 1981. 1. 1.부터 시행한다고 되어 있는바, 이 영이 시행되기 이전에 사망한 자도 국립묘지에 안장될 수 있을까? 이 영은 1981. 1. 1.부터 시행한다고만 규정하고 소급효를 인정하는 경과규정이 없으므로 20년 이상 군에 복무하고 전역된 후 1981. 1. 1. 이후 사망한 자만이 국립묘지 안장대상자가 될 수 있다.

(3) 단서 조항에서는 "군인사법 제10조 제2항 각 호의 1에 해당하는 자는 제외한다."라고 규정하고 있다. 군인사법 제10조 제2항 제4호(금고 이상의 형을 받고 그 집행이 종료되거나 집행을 받지 아니하기로 확정된 후 5년을 경과하지 아니한 자), 제5호(금고 이상의 형을 받고 집행유예 중에 있거나 그 집행유예기간이 종료된 날로부터 2년을 경과하지 아니한 자)에서는 일정기간(5년과 2년)의 경과기간을 두고 있다. 이러한 경과기간을 경과한 자를 어떻게 처리할 것인가. 즉 "장관급장교가 전역 또는 퇴역한 후 수형 등으로 군인사법 제10조 제2항 각 호의 1에 해당하였다가 사망 당시에는 동 조 동 항 각 호의 1에 해당되지 않는 경우 국립묘지령 제3조 제1항의 규정에 의하여 안장대상으로 지정할 수 있는지의 여부"의 문제가 제기된다. 이에 대해 법제처에서는 "귀 부의 질의요지는 국립묘지령 제3조 제1항 제2호 단서의 규정에 의하여 군인사법 제10조 제2항 각 호에서 규정하는 수형 등 사실이 있기만 하면 안장대상으로 지정할 수 없는 것인지 또는 수형 등 사실이 있더라도 사망 당시를 기준으로 하여, 예컨대 동 조

는 것으로 판단됨. 동 조 제1항 제2호는 '군복무 중 전투에 참가하여 무공이 현저한 자'라고 규정하고 있음. 위 질의는 군무원이 위 조항 제1문 전단에 규정하고 있는 군복무자인지 여부에 따라 결론이 달라지는바, 위 규정의 군복무자 개념을 분석하여 보면, 첫째, 동 조항은 20년 이상 군 복무한 자를 언급하면서 복무기간의 계산을 위해서는 군인연금법의 해당 규정만을 준용하도록 언급하고 있고, 둘째, 동 조항은 전역·퇴역 또는 면역이라는 용어를 사용하고 있는데, 위 용어는 군무원에 대해서는 사용하지 아니하며(군무원에 대해서는 퇴직·면직이라는 용어를 씀.), 셋째, 국립묘지 안장대상 중 군인사법상의 결격사유가 있는 자는 제외하고 있으면서 군무원으로서 결격사유가 있는 자에 대해서는 언급하고 있지 않음을 알 수 있음. 그러므로 위 조항은 군무원을 상정하여 규정한 것으로 보이지는 아니하므로 동 규정상의 군 복무자에는 군무원이 포함되지 않는 것으로 판단됨." 이라고 하였다.).

18) 국립묘지령 제3조 제1항 제1호에 의해 20년 이상 군 복무한 자라도 비전공상(일반사망)으로 사망한 자는 국립묘지에 안장이 불가능하지만 같은 항 제2호에서는 "20년 이상 근무하다가 전역 후에 사망한 자"는 전공상이냐, 비전공상이냐에 관계없이 안장대상자가 될 수 있으므로 현역과 예비역 간에 형평을 잃고 있다는 문제점이 있다. 이에 대한 개정이 필요하다(국국제 24001-280('93. 12. 3.) 비전공사망으로 처리된 군인의 국립묘지 안장 여부).

동 항 제4호 및 제5호에서 정한 기간이 경과하였으면 안장대상으로 지정할 수 있는 것인지를 묻는 것이라고 할 것인바, 국립묘지령 제1조에서 군인 · 군무원과 국가에 유공한 자로서 사망한 자를 안장하여 그 충의와 위훈을 영구히 추앙하기 위한 것이라는 규정에 비추어 보면 수형 등의 사실이 있기만 하면 안장대상으로 지정할 수 없다는 견해가 있을 수 있으나, 안장대상에 관하여 직접 규정하고 있는 국립묘지령 제3조 제1항 제2호 단서는 안장대상으로 지정할 수 없는 사유로 '군인사법 제10조 제2항 각 호의 1에 해당하는 자'로 되어 있고, 군인사법 제10조 제2항 각 호 예컨대 제4호 및 제5호는 수형사실과 일정기간이 경과되지 아니할 것의 두 가지 요건을 정하고 있으므로 설사 수형사실이 있더라도 일정기간이 경과하여 사망 당시에 군인사법 제10조 제2항 각 호의 1에 해당하는 자가 아니면 안장대상으로 지정할 수 있다고 생각됨."이라고 하였다.[19)]

이에 대해 1992. 12. 29. 국방부 법무관리관실에서는 "장관급장교 및 20년 이상 군복무자에게 수형사실 후 일정기간 경과 시 안장할 경우, 상이자는 금고 이상 형의 선고를 받았을 때에는 안장대상자에서 제외되는 것과 비교할 때 형평에 맞지 않는다는 점과 또한 국가에 대한 유공 여부에 따라 결정되어야 할 안장대상 여부가 수형사실이 있은 후 사망시기에 따라서 각각 다른 결과가 되므로 불합리하다. 따라서 군인사법 제10조 제2항 각 호에서 규정한 유예기간을 국립묘지령에서 원용하고 있는 것은 아님"이라고 하였다.[20)]

(4) 안장대상 여부에 대해서는 국방부장관이 지정하도록 되어 있다. 이러한 국방부장관 지정행위의 법적 성격에 대해 국무총리실행정심판위원회에서는 "국립묘지는 군인으로서 사망한 자와 국가에 유공한 자의 유골 또는 시체를 안장하고 그 충의와 위훈을 영구히 추앙하기 위하여 대통령령인 국립묘지령에 따라 설치된 묘역으로서 위 영은 제3조 제1항의 각 호에서 안장대상자의 자격과 결

19) 국방관계법령해석질의응답집(제17집), 122면(위 사안은 국방부에서 법제처로 재질의 한 내용임).

20) 이러한 해석을 하게 된 배경은 "1992. 8. 25. 감사원에서는 국립현충원 정기감사를 통해 수형사실이 있는 자를 국립묘지 안장대상자로 하는 것은 문제가 있고 관련규정을 개정 요구한 것에 기인하는 것 같다." 즉 감사원의 1992. 8. 25.자 감사결과 처분요구내용 서면에 의하면, 국립묘지령 제3조 제1항 제2호에서 군인사법 제10조 제2항 각 호의 1에 해당하는 자만을 안장대상자에서 제외하도록 규정함으로써 반국가적 · 반사회적 범죄를 저지르고도 일정기간이 경과하면 국립묘지에 안장될 수 있게 되어 횡령 및 공문서 위조 등의 반사회적 범죄를 저지르고 금고 이상의 확정판결을 받은 범죄자임에도 국립묘지에 각각 안장되어 민족의 성역인 국립묘지의 경건성 및 신성성을 훼손하고 있으므로 반국가적 · 반사회적 범죄자는 국립묘지 안장대상자에서 제외되도록 국립묘지령 제3조 제1항 제2호 단서규정을 합리적으로 개정할 것이 요망된다고 기재되어 있다(월간법제(통권 제550호), 2003. 10. 96면).

격사유를 정하고 있는바, 위 각 호의 안장대상자 중 제2호, 제3호의 2, 제5호 내지 제7호에 해당하는 자는 국방부장관이나 대통령의 지정행위가 있어야만 비로소 국립묘지 안장자격을 취득하게 되며, 이러한 해당 법령의 문언과 국립묘지 설치의 취지에 비추어 볼 때, 이들에 대한 국방부장관이나 대통령의 지정행위는 재량행위에 해당한다."라고 하였다.[21)]

다) 국장(國葬) 또는 국민장으로 장의된 자(제3호)

국장 · 국민장에 관한 법률(제정 1967. 1. 16. 법률 제1884호) 제3조에는 "다음 각 호의 1에 해당하는 자가 서거한 때에는 주무부장관의 제청으로 국무회의의 심의를 거쳐 대통령이 결정하는 바에 따라 이를 국장 또는 국민장으로 할 수 있다. 1. 대통령 직에 있었던 자, 2. 국가 또는 사회에 현저한 공훈을 남김으로써 국민의 추앙을 받은 자"라고 하여 국장 · 국민장 대상자를 규정하고 있다. 이에 따라 국장 또는 국민장으로 장의된 자는 국립묘지에 안장된다.

라) 국가유공자법 제4조 제1항 제1호 및 제2호의 규정에 의한 순국선열 및 애국지사로서 국가보훈처장의 요청에 의하여 국방부장관이 지정한 자(제3의 2호)

마) 전투에 참가하여 전사한 향토예비군대원과 임무수행 중 전사 또는 순직한 경찰관(국가유공자법 제73조의 2의 규정에 의한 국가유공자에 준하는 경찰관을 포함)(제4호)

(1) 전투에 참가하여 전사한 향토예비군대원은 국립묘지 안장대상자이다. 향토예비군대원으로 국립묘지의 안장대상자가 되기 위해서는 그 향토예비군대원이 국립묘지령 제3조 제1항 제1호의 "소집 중인 군인" 또는 제4호의 "전투에 참가하여 전사한 향토예비군대원"에 해당하거나, 국가유공자법 제4조 제1항 제5호의 "군인 또는 경찰공무원으로서 교육훈련 또는 직무수행 중 사망한 자(순직군경)"에 준하여 취급할 수 있어야 할 것이다. 따라서 근무연습 소집(병역법 제55조) 중 사망한 예비역 군인은 국립묘지에 안장할 수 있다.[22)] 그러나 향토예비

21) 03 – 01370 국립묘지안장거부처분취소청구(2003. 9. 8. 의결).

22) 국방관계법령해석질의응답집(제13집), 41 – 42면.

군설치법 제6조에 의하여 훈련을 위하여 소집된 향토예비군이 훈련 중 사망한 경우에는 안장대상이 아니며,[23] 또한 향토예비군대원이 집단교육훈련종료 후 귀가 중 차량전복으로 사망한 자는 국립묘지에 안장할 수 없다.[24]

(2) 임무수행 중 전사 또는 순직한 경찰관(국가유공자법 제73조 2의 규정에 의한 국가유공자에 준하는 경찰관을 포함)은 안장대상자이다. 해양경찰대 대원이 순직한 경우 국립묘지 안장대상이 되는가? 즉 "해군의 작전 통제하에 해상대간첩 작전 임무를 수행하고 있던 해양경찰대 소속 경비정이 서해 북방 경비한계선 근해에서 북괴 간첩선을 포착 이를 섬멸코자 항진하던 중 심한 폭풍에 조난 침몰하여 대원이 순직한 경우에 국립묘지령 제3조 제1항 제4호에 의한 안장대상에 해당하는지 여부"에 관하여 국방부는 "'임무수행 중 적의 공격으로 인하여 사망한 경우'란 적과의 직접적인 전투 또는 교전 중 사망한 경우는 물론 이를 위한 준비행위 중 사망한 경우도 포함된다고 볼 것인바, 귀문의 경우 간첩선을 포착 섬멸하기 위하여 항진 중 심한 풍랑으로 인하여 경비정이 침몰되어 사망한 경우에는 전술한 적과의 전투 준비 행위 중 사망한 경우에 포함된다."라고 하였다.[25]

재직 당시 공상이 원인이 되어 사망한 경우도 임무수행 중 순직한 경찰관으로 볼 수 있는가? 즉 정년퇴직한 경찰관이 재직 당시의 공상이 원인이 되어 사망함으로써 순직 처리된 경우 국립묘지령 제3조 제1항 제4호의 "임무수행 중 순직한 경찰관"에 해당되는지 여부에 관해 국방부는 "위 규정의 문리해석상 안장대상이 되는 경찰관은 '임무수행 중' 사망한 자만을 의미하는 것이고 그 외에 재직 중 공상을 입고 퇴직한 후 그 공상으로 인하여 사망한 자는 포함되지 않는다고 보임. 다만, 동 항 제6호가 적용될 여지가 있을 뿐이고 ……"이라고 하였다.[26]

---

23) 국방관계법령해석질의응답집(제21집), 119－120면; 국방관계법령해석질의응답집(제7집), 45－46면; 국방관계법령해석질의응답집(제11집), 24－25면; 국방관계법령해석질의응답집(제13집), 39－40면(훈련을 위하여 소집된 향토예비군대원이 소집 중 사망한 경우는 국립묘지의 안장대상이 아니다. 그 이유는 국립묘지령 제3조 제1항 제1호 소정의 소집 중의 구인이라 함은 병역법 제4장 소정의 절차에 따라 소집되어 실역에 복무하는 자를 말한다고 할 것인바, 향토예비군설치법 제6조의 규정에 의하여 소집되었음이 분명한 경우에는 소집 중의 군인의 범위에 포함되지 아니한다 할 것이므로 국립묘지령 제3조의 제1항 제2호 내지 7호의 규정에 해당하는 경우에는 별론으로 하고 제1호에 의한 국립묘지 안장대상이 되지는 아니한다.).

24) 국방관계법령해석질의응답집(제9집), 56－57면.

25) 국방관계법령해석질의응답집(제14집), 167면.

26) 국방관계법령해석질의응답집(제23집), 83－84면.

무공훈장을 받은 경찰관은 국립묘지 안장대상자인가? 즉 공비토벌 등 전투에 참가하여 무공이 현저하여 태극 · 을지 등의 무공훈장을 받은 경찰관이 국립묘지령 제3조 제1항 제2호의 안장대상자에 해당하는지 여부에 관하여 국방부는 "경찰관으로서 서훈을 받은 자는 '군복무 중 전투에 참가하여 무공이 현저한 자'에 해당되지 아니함이 법문상 명백하므로 국립묘지령 같은 항 제5호에 의한 안장대상이 됨은 별론으로 하고 제2호의 안장대상에는 포함되지 아니한다."라고 하였다.[27)]

바) 국가 또는 사회에 공헌한 공로가 현저한 자 중 사망한 자로서 국방부장관의 제청에 의하여 국무회의의 심의를 거쳐 대통령이 지정한 자[28)](제5호)

여기서 "국가 또는 사회에 공헌한 공로가 현저한 자"의 기준이 되는 것은 무엇일까? "국가 또는 사회에 공헌한 공로가 현저한 자" 해당 여부는 원칙적으로 지정권자 등이 재량범위 내에서 정책적으로 결정할 문제이므로 일률적인 기준은 제시할 수 없으나, 공헌도에 관한 판단을 함에 있어서 최소한의 기준을 제시하면, 첫째로 입법목적을 고려하여야 할 것이다. 즉 국립묘지는 전몰군경 및 전상군경을 비롯한 국가유공자의 공헌과 희생이 우리들과 그 자손들에게 숭고한 애국정신의 귀감으로서 항구적으로 존중되도록 그 충의와 위훈을 영구히 추앙하기 위한 것이므로 위 입법취지에 부합하는 정도의 국가 또는 사회에 기여한 자여야 하며, 둘째로 현행 안장자격을 규정한 조문을 고려하여야 할 것이다. 즉 국립묘지 안장자격을 규정한 제3조 제1항 각 호를 참조하여 국가수호를 위해 목숨을 헌신한 자와 상이자, 순국선열 및 애국지사, 국장 또는 국민장으로 장의될 정도에 버금가는 공헌도가 있어야 하고, 셋째로 과거의 사례를 참조하여야 할 것이다. 과거 위 조항에 의하여 인정된 사례와 비교하여 공헌의 정도가 유사

27) 국방관계법령해석질의응답집(제17집), 126면.

28) 국립묘지령 제3조 제1항 제5호에 따라 국무회의 심의를 거친 후 대통령의 재가를 이어 국립묘지에 안장이 가능하도록 규정되어 있는 것을 국방부장관이 위 국무회의 심의를 거치지 않고 대통령에게 사후보고 형식의 절차로 대체가 가능한지 여부에 관하여 국방부는 "대체할 수 없다. 현행 국립묘지령 제3조 제l항 제5호에 의하면, 국가 또는 사회에 공헌한 공로가 현저한 자 중 사망한 자로서 국방부장관의 제청에 의하여 국무회의 심의를 거쳐 대통령이 지정한 자는 국립묘지에 그 유골 또는 시체를 안장할 수 있도록 그 안장대상을 규정하고 있는바, 귀문의 경우와 같이 비록 절차의 간소화 및 이중 안장에서 오는 비용절감을 위한다는 이유로 국방무장관이 위 국무회의 심의를 거치지 않고 대통령에게 사후보고 형식의 절차로 대체하는 것은 명백히 동령 제3조 제1항 제5호에 위반되는 것이므로 위 국립묘지령을 개정하지 않는 한 불가하다고 사료됩니다."라고 하였다(국방관계법령해석질의응답집 제15집, 64면).

하거나 적어도 그에 준하는 정도의 공헌도가 있어야 하며 또한 기존의 심의기준인 「국인근33166－259('96. 2. 29.) 국립묘지 국가유공자 안장제청기준」[29]을 참고하고 기타 국립묘지 운영과 관련된 현실적인 문제(묘지부족으로 인한 안장자 제한 필요성) 등을 고려하여 결정하여야 할 것이다.

사) 군인 · 군무원 또는 경찰관으로 전투 또는 공무수행 중 국가유공자법시행령 제14조의 규정에 의한 상이를 입고 전역 · 퇴역 · 면역 또는 퇴직한 자(국가유공자법 제74조의 규정에 의하여 전상군경 또는 공상군경으로 보아 보상을 받는 자를 포함)로서 사망한 자 중 국방부장관이 지정한 자. 다만, 사망하기 전에 금고 이상 형의 선고를 받은 자는 그러하지 아니하다(제6호).

1996. 12. 31. 대통령령 제15256호로 전투 및 공무수행 중 상이를 입은 군인, 군무원, 경찰관은 상이등급에 관계없이 안장대상자로 확대되었다. 부칙에서 이 조항은 1997. 1. 1.부터 시행된다. 군인으로서 군복무 전에 금고 이상 형의 선고를 받은 자를 국립묘지에 안장할 수 있을까? 군인이 그 신분취득 전에 금고 이상 형의 선고를 받은 경우 이로 인해 군인사법상의 임용결격 사유가 됨은 별론으로 하되 단서 조항에서 말하는 "금고 이상 형의 선고를 받은 자"란 군인의 경우 그 신분취득 후 사망하기 전에 금고 이상 형의 선고를 받은 자를 의미한다.[30]

아) 대한민국에 공로가 현저한 외국인 사망자 중 국방부장관의 제청에 의하여 국무회의의 심의를 거쳐 대통령이 지정한 자(제7호)

2) 국립묘지령 제3조 제2항에서는 "제1항의 규정에 의하여 묘지에 안장된 자의 배우자는 그 본인 또는 유가족의 희망에 따라 합장할 수 있다."라고 하여 배우자도 국립묘지에 안장될 수 있도록 규정하고 있다. 국립묘지에 안장된 자가 생전에 전처의 사망으로 재혼한 경우 전처 및 재혼배우자 모두를 국립묘지령

---

29) 국가유공자에 대한 국방부장관의 제청기준은 ① 국민장으로 장의된 자, ② 집무 중 직무와 관련하여 집무장소에서 순직한 1급 이상 또는 이와 동등한 공무원으로서 국가 또는 사회에 끼친 공적이 현저한 자, ③ 자기 자신을 희생하여 국민의 생명과 재산을 보호함으로써 그 공적이 현저한 자, ④ 학술 · 문화 · 예술 등 각계를 대표할 만한 저명인사로서 국가적 공헌도가 특히 현저한 자, ⑤ 국무총리, 국회의장, 대법원장 역임자로서 국가 또는 사회에 끼친 공적이 현저한 자, ⑥ 애국지사와 국위선양 및 정치 · 경제 발전에 공적이 현저한 자 등이다.

30) 국방관계법령해석질의응답집(제21집), 111면.

제3조 제2항에 의하여 합장할 수 있는지 여부에 관해 국방부는 "전처 및 재혼 배우자 모두를 합장할 수 있다고 판단됨. 배우자의 개념 및 범위에 관해서는 별도의 규정이 없으므로, 이에 관해서는 민법상의 배우자 개념을 기초로 하여 국립묘지령의 취지에 부합되게 해석하여야 할 것임. 그런데, 민법상 배우자란 혼인관계가 있는 남녀를 말하고, 위 배우자관계는 당사자 일방의 사망, 혼인의 무효, 취소 또는 이혼으로 인하여 소멸되는 것이므로 이를 엄격하게 해석할 경우 '국립묘지에 안장된 자의 배우자'라는 개념은 생각할 수 없다 할 것임. 따라서 이 경우의 배우자는 위의 민법상의 개념과 종래의 전통적인 장의규범 및 사회상규에 합치되는 부부관계를 맺고 있던 배우자에게도 국립묘지안장의 영예를 부여하려는 국립묘지령의 취지를 종합하여 판단할 때, 이를 완화하여 혼인의 취소나 이혼 등에 의하여 부부관계가 해소된 경우 또는 부의 사망 후 처가 친가에 복적하거나 재혼한 경우 등을 제외하고 '국립묘지에 안장된 자의 배우자였던 자'로 해석함이 타당하다고 할 것임. 그러므로 본 사안과 같이 국립묘지에 안장된 자가 생전에 전처의 사망으로 재혼함으로써 배우자가 복수로 되었을 경우, 사망 당시의 배우자였던 자로 제한 해석하여야 할 합리적인 근거가 없는 점과 복수의 처 합장에 관한 전통적인 장의규범 및 위 규정의 취지 등을 고려하여 종합 판단할 때, 재혼배우자뿐만 아니라 전처도 위와 같이 '국립묘지에 안장된 자의 배우자였던 자'로서 함께 합장대상자가 될 수 있다고 판단됨."이라고 하였다.[31)]

나. 국가유공자법 제69조, 동법시행령 제88조

국가유공자법시행령 제88조에서는 "법 제69조에서 '대통령령이 정하는 자'라 함은 다음 각 호의 1에 해당하는 자를 말한다. 1. 법 제4조 제1항 제3호 가목 또는 제5호 가목에 해당하는 자, 2. 법 제4조 제1항 제3호 나목제4호제5호 나목 또는 제6호에 해당하는 자로서 사망한 자 중 국가보훈처장의 요청에 의하여 국방부장관이 지정하는 자. 다만, 사망하기 전에 금고 이상 형의 선고를 받은 자를 제외한다."라고 하여 국립묘지 안장대상자를 규정하고 있다.

---

31) 국방관계법령질의해석응답집(제21집), 121－122면; 같은 취지의 유권해석으로는 국방관계법령질의해석응답집(제15집), 45－46면.

다. 제대군인지원에 관한 법률 제16조, 동법시행령 제18조의 2

제대군인지원에 관한 법시행령 제18조의 2 제1항에서는 "법 제16조에서 '대통령령이 정하는 자'라 함은 다음 각 호의 1에 해당하는 자 중 금고 이상 형의 선고를 받은 사실이 없는 자를 말한다. 1. 국가유공자 등 예우 및 지원에 관한 법률 제4조 제1항 제3호 내지 제7호의 1에 해당하는 자, 2. 참전군인 등 지원에 관한 법률 제2조 제2호의 규정에 의한 참전군인 등, 3. 법 제2조 제2항의 규정에 의한 장기복무제대군인"이라고 하여 국립묘지에 안장될 수 있는 자를 규정하고 있다.

라. 참전유공자예우에 관한 법률(2003. 5. 29. 법률 제6922호) 제9조

참전유공자예우에 관한 법 제9조 제1항에서는 "참전유공자로 등록된 자의 유골은 본인 또는 유족의 희망에 따라 국립묘지(제4항의 규정에 의하여 위탁하여 조성하거나 조성할 묘지를 포함한다.)나 국가 또는 지방자치단체가 조성경비의 100분의 50 이상을 부담한 시설에 안장 또는 안치할 수 있다. 다만, 제3조 제2항 각 호의 1에 해당하는 사실이 있는 자는 그러하지 아니하다."라고 하여 참전유공자도 국립묘지에 안장될 수 있는 자를 규정하고 있다.

2. 안장대상자 여부 검토

가. 형 실효선고를 받은 자가 국립묘지 안장대상자가 되는지 여부

국가유공자법시행령 제4조 제1항 제4호 또는 제6호에 해당하는 전 · 공상 군경이 금고 이상의 형을 선고받고 그 형이 실효된 경우에 동법시행령 제88조 제2호 및 국립묘지령 제3조 제1항 제6호의 규정에 의한 국립묘지 안장대상자가 될 수 있는가? 이에 대해 법제처는 "국가유공자법시행령 제4조 제1항 제4호 또는 제6호에 해당하는 전 · 공상 군경이 금고 이상의 형을 선고받고 그 형이 실효된 경우 동법시행령 제88조 제2호 및 국립묘지령 제3조 제1항 제6호의 규정에 의한 국립묘지의 안장대상자가 되지 아니한다고 할 것입니다. 그 이유는 다음과 같습니다. 국립묘지에 안장될 수 있는지 여부를 판단하기 위해서는 우선 국가유공자법, 국립묘지령, 형의 실효 등에 관한 법률 및 형법 중 형의 실효에 관한 관련 규정의 입법취지를 종합적으로 고려하여야 할 것입니다. 그런데 국가유공자법 및 국립묘지령에서 국가유공자를 국립묘지에 안장하는 제도를 둔 취지는 국가유공자법 제1조 제2조, 국립묘지령 제1조의 규정을 살펴볼 때 국가에 공로가 있는 분들의 공헌과 희생이 우리들과 우리들의 자손들에게 숭고한 애국정신의 귀감으로서 항구적으로 존중되도록 국가가 응분의 예우를 행하며, 그 충의와 위훈을 영구히 추앙하게 하기 위한 것입니다.

한편, 형의 실효 등에 관한 법률 및 형법 중 형의 실효에 관한 관련 규정의 입법취지는 형이 소멸되어도 형 선고의 법률상 효력은 소멸되지 아니하므로 이로 인하여 각종 자격에 제한을 받게 되는 점을 고려하여 일정한 기간이 경과하면 법률상 자동적으로 또는 형의 실효 재판에 의하여 형 선고의 효력을 소멸시킴으로써 범죄인의 갱생과 사회복귀를 용이하게 하려는 데 그 취지가 있다고 할 것입니다. 따라서 형의 실효 경우에는 그 형이 실효되었다고 하더라도 그 형의 선고에 기한 법적 효력은 단지 장래에 향하여 소멸된다는 것일 뿐이며, 형의 선고를 받은 사실 자체까지 없어지는 것은 아닙니다. 이러한 관계법률의 입법취지를 종합하여 볼 때 국가유공자법 및 국립묘지령의 입법취지와 형의 실효 등에 관한 법률 및 형법 중 형의 실효에 관한 관련 규정의 입법취지는 서로 상이하다고 할 것이므로 이 건 질의에 해당하는 자의 경우에는 형의 실효에 의하여 장래의 일상적인 사회생활에 있어서 정상인과 동일하게 활동할 수 있음은 당연하다고 할 것이나, 국가유공자법시행령 제88조 제2호 및 국립묘지령 제3조 제1항 제6호의 규정에 의한 국립묘지의 안장대상은 될 수 없습니다. 더 나아가 살펴보면 형의 실효는 일정한 기간이 경과되는 것을 그 요건으로 하고 있으므로, 금고 이상 형의 선고를 받은 자가 형이 실효되는지 여부는 그 형의 선고를 받은 자의 사망시기에 따라 결정될 것인데, 이와 같이 국가유공자법시행령 제88조 제2호 및 국립묘지령 제3조 제1항 제6호의 규정에 의한 국립묘지의 안장대상자가 되는지 여부가 사망의 시기에 따라 결정된다면 국가유공자법 및 국립묘지령의 입법취지가 흐려진다고 할 것입니다. 이러한 점에 비추어 보더라도 이 건 질의에 해당하는 자는 국가유공자법시행령 제88조 제2호 및 국립묘지령 제3조 제1항 제6호의 규정에 의한 국립묘지의 안장대상자가 되지 아니한다고 할 것입니다."라고 하였다.[32)]

나. 자살자가 국립묘지 안장대상자가 되는지 여부

1) 자살자도 국립묘지에 안장될 수 있을까? 현행법상 자살자는 국립묘지에 안장될 수 없다. 즉 국립묘지령 제3조 제1항 제1호에서는 "현역군인 · 소집 중의 군인 및 군무원으로서 사망한 자. 다만, 불명예스러운 사망자는 제외한다."라고 하여 국립묘지 안장 비대상자에 대해 규정하고 있고, 국립묘지령 시행규칙(1996. 7. 25. 국방부령 제471호) 제1조에서는 ① 형사자(제1호), ② 자해자(제2호), ③ 도망 또는 탈영 중 사망한 자(제3호), ④ 순직자 이외의 변사자(제4호)는 국립묘지에 안장될 수 없다고 규정하고 있다.

국방부는 국무총리행정심판위원회에 제출한 답변서에서 "유족에 대한 생활안정과 복지향상을 도모하기 위하여 공무 중 사망한 자를 국가유공자로 결정하는 것을 목적으로 하는 국가유공자 등 법의 목적과 안장자의 위훈과 충의를 영구히 추앙하기 위한 민족의 성역 상징성을 목적으로 하는 국립묘지령의 목적이 서로 다른바, 고인의 자살이 공무상 질병인 우울증 때문이라고 하더라도 이러한 우울증 때문에 자살하는 경우는 극히 일부이므로 군 생활에 적응하지 못하고 자살한 군인까지 국립묘지에 안장해야 한다면 이는 명예롭게 제대한 자와의 형평에도 맞지 않으며 군인은 명예를 존중하고 투철한 충성심, 진정한 용기, 필승의 신념, 임전무퇴의 기상과 죽음을 무릅쓰고 책임을 완수하는 숭고한 애국애족의 정신을 굳게 지켜 전쟁의 승리를 이끈다는 군인복무규율 제4조에 규정한 군인의 사명과 정신에도 정면으로 위배되는 것이다. 국립묘지령 제3조 및 국립묘지령 시행규칙 제1조에서 자해자 등 불명예스러운 사망자는 안장을 제한하도록 규정하고 있는바, 고인이 공무상 질병인 우울증의 발현으로 자살하였다고 하더라도 이러한 자살 군인까지도 국립묘지에 안장하게 되면 부대 문제 해결을 위한 법적 · 제도적 구제 장치가 마련되어 있음에도 부대 내 자살을 방조하는 결과를 초래하게 되어 긍정적인 면보다 부정적인 면이 더 많다."라고 하였다.[33]

2) 국무총리행정심판위원회에서는 우울증으로 자살한 사람도 국립묘지에 안장될 수 있다고 하였다. 즉 공군 팬텀기 조종사로 근무하다 교관으로서의 자격을 검증하는 평가에서 탈락, 질책을 당하는 등으로 심한 좌절감에 빠지면서 우

32) 국방관계법령해석질의응답집(제21집), 111면; http://www.moleg.go.kr/(법제처/법제자료/법령해석질의응답)

33) 국무총리행심위의결 01－2372(2001. 4. 9.) 국립묘지안장거부처분취소청구.

울증 치료를 받던 중 자살을 한 경우 이는 공무상 질병에 의한 것으로 국립묘지령 및 동 규칙에 의한 불명예스러운 사망이 아니므로 국립묘지에 안장된다고 하였다.[34] 그 이유에서 "보훈보상을 목적으로 하는 국가유공자법의 목적 · 취지와 국립묘지 안장자의 충의와 위훈을 영구히 추앙하기 위하여 국립묘지를 설치하도록 한 국립묘지령 제1조의 목적 · 취지가 다르기 때문에 법원의 판결로 국가유공자로 지정이 된 자살자라 할지라도 국립묘지 안장은 곤란하다고 주장하나, 위 인정사실에 의하면, 청구인을 국가유공자유족으로 인정한 2000. 5. 24. 서울고등법원 제8특별부 판결의 주된 근거는 고인의 사망은 공무상 질병에 의한 것으로서 고인의 자유로운 의지의 범위를 벗어난 것이어서 국가유공자법시행령 제3조의 2 제4호에서 정하고 있는 자해에 의한 사망에 해당하지 아니한다는 데 있고, 이러한 판단은 국립묘지 안장대상의 제외자를 자해에 의해 불명예스럽게 사망한 자로 규정하고 있는 국립묘지령 제3조 제1항 제1호 및 국립묘지령 시행규칙 제1조 제2호의 해석이라고 하여 달리 적용될 것은 아니라고 할 것이다. 따라서 고인은 자해에 의하여 불명예스럽게 사망한 것이 아니라 공무상 질병에 의하여 사망한 것으로 인정된다 할 것이므로 고인을 자해자로 판단하여 국립묘지 안장을 거부한 피청구인의 이 건 처분은 위법 · 부당하다고 할 것이다."라고 하였다.

다. 사면 · 복권된 자가 국립묘지 안장대상자가 되는지 여부

1) 국립묘지령 제3조 제1항 제2호 및 제6호에는 금고 이상 형의 선고를 받은 자는 국립묘지 안장 비대장자로 규정하고 있고, 국가유공자법시행령 제88조에서도 사망하기 전에 금고 이상 형의 선고를 받은 자를 제외하고 있으며, 또한 제대군인지원에 관한 법시행령 제18조의 2 제1항에서도 금고 이상 형의 선고를 받은 사실이 있는 자는 국립묘지에 안장할 수 없도록 규정하고 있다. 이는 민족

34) 국무총리행심위의결 01－2372(2001. 4. 9.) 국립묘지안장거부처분취소청구(공군 소령으로 복무하다가 우울증으로 자살한 청구외 김○기의 처인 청구인이 서울북부보훈지청장을 상대로 국가유공자유족등록거부처분취소소송을 제기하여 대법원에서 승소판결을 받자 공군참모총장을 경유하여 국립대전현충원장에게 고인을 국립묘지에 안장시켜 줄 것을 신청하였으나, 피청구인(국방부장관)이 국립대전현충원장에게 국가유공자법에 의한 국가유공자로 등록이 된 자라 하더라도 군복무 중 자해한 자는 국립묘지 안장대상이 아니라는 유권해석을 통보하였고, 국립대전현충원장이 이 사실을 청구인에게 통보하자, 청구인이 피청구인에게 고인을 국립묘지에 안장시켜 줄 것을 직접 요구하였으나 피청구인이 2000. 11. 16. 청구인에게 고인이 국립묘지 안장대상이 아니라는 통지를 하였다. 이에 대해 청구인이 국립묘지안장거부처분취소청구 행정심판을 제기한 사안이었다).

의 성역인 국립묘지에 전과자를 안장하는 것은 국립묘지의 경건성과 신성성을 훼손하는 것을 방지하기 위한 것이다.

2) 금고 이상 형의 선고를 받은 자가 사면·복권된 경우에는 다시 국립묘지에 안장될 수 있는 자격을 회복할 수 있을까? 이는 사면·복권의 효력을 어떻게 볼 것인가에 따라 달라질 수 있다. 사면법(제정 1948. 8. 30. 법률 제2호) 제5조에는 "일반사면은 형 언도의 효력이 상실되며 형의 언도를 받지 않은 자에 대해서는 공소권이 상실된다. 단, 특별한 규정이 있을 때에는 예외로 한다. 특별사면은 형의 집행이 면제된다. 단 특별한 사정이 있을 때에는 이후 형 언도의 효력을 상실케 할 수 있다. 복권은 형 언도의 효력으로 인하여 상실 또는 정지된 자격을 회복한다. 형의 언도에 의한 기성의 효과는 사면, 감형과 복권으로 인하여 변경되지 않는다."라고 하여 사면 및 복권의 효력에 대하여 규정하고 있다.[35] 판례도 "특별사면에 의하여 위 금고 이상의 형 선고의 효력이 상실되었다 할지라도 사면법 제5조 제2항에 의하면 형의 선고에 관한 기성의 효과는 사면으로 인하여 변경되지 않는다고 되어 있고 이는 사면의 효과가 소급하지 아니함을 의미하는 것이므로"라고 판시하고 있다.[36] 또 다른 판례에서도 "형의 선고

35) 전직대통령이 금고 이상의 형을 받아 전직대통령예우에 관한 법률 제7조 제2항 제2호의 규정에 의하여 전직대통령으로서의 예우를 하지 아니하였으나 후에 특별사면 및 복권된 경우에 다시 전직대통령으로서의 예우를 하여야 하는지 여부에 관하여 전직대통령이 금고 이상의 형을 받아 전직대통령예우에 관한 법률 제7조 제2항 제2호의 규정에 의하여 전직대통령으로서의 예우를 받을 수 없게 된 경우에 특별사면 및 복권되었다 하더라고 다시 전직대통령으로서의 예우를 받을 수는 없다고 하였다. 그 이유는 "전직대통령예우에 관한 법률은 국가에 기여한 전직대통령의 공로를 기리고 퇴임 후 전직대통령의 품위유지 및 생활안정 등을 위하여 연금의 지급, 기념사업의 지원 기타 예우를 하도록 하고 있으나, 동법 제7조 제2항 제2호의 규정에 의하면 전직대통령이 금고 이상 형의 선고를 받아 확정된 경우에는 경호·경비를 제외하고는 동법에 의한 예우를 하지 아니하도록 하고 있습니다. 동 규정은 전직대통령이 동법의 기본취지에 위배되는 행위를 한 경우에 예우를 배제하기 위하여 둔 규정으로서, 금고 이상의 형이 확정되었다는 객관적 사실이 있으면 별도의 예우 제외 처분 없이 직접 법률 규정에 의하여 장래에 향하여 예우가 배제되는 법률효과가 발생한다 할 것입니다. 그리고 특별사면이나 복권이 형의 선고 효력을 상실시키거나 형이 선고가 있었다는 기왕의 사실 자체의 효과까지 소멸시키는 것은 아니므로(대법원 1986. 11. 11. 선고 86도2004 판결) 예우가 배제된 전직대통령이 후에 특별사면 및 복권되었다고 하여 전직대통령에 대한 형의 확정이라는 동법의 취지에 위배되는 사실이 없던 것으로 되고 전직대통령의 명예가 회복되어 결과적으로 예우를 받을 권리가 되살아난다고 볼 수는 없을 것입니다. 한편, 특별사면은 형의 집행이 면제될 뿐이므로(사면법 제5조 제1항 제2호) 형 확정판결의 효력은 그대로 유지되고 있어 특별사면이 예우를 재개할 수 있는 이유가 될 수 없습니다. 또한 복권은 형의 언도의 효력으로 인하여 상실 또는 정지된 자격을 회복하나, 형의 언도에 의한 기성의 효과는 변경되지 않는바(사면법 제5조 제1항 제5호 및 동 조 제2항), 이와 같이 복권의 효과는 소급하지 아니하는 결과 이미 상실된 자격이나 지위가 다시 회복되지 않으므로(대법원 1993. 6. 8. 선고 93다852 판결; 대법원 1983. 2. 8. 선고 81누121 판결) 복권이 있다고 하더라고 법률의 규정에 의하여 이미 배제된 예우가 재개될 수는 없다 할 것입니다. 그리고 복권의 효과가 소급될 수 없는 이상 전직대통령으로서 연금 등의 예우를 받을 권리가 복권에 의하여 회복되는 자격의 범위에 포함되는지 여부에 관하여 논의할 실익이 없다 할 것입니다. 따라서 예우를 재개할 수 있는 다른 규정이 없는 한 금고이상의 형이 확정되어 전직대통령으로서의 예우를 받을 수 없게 된 경우에 그 전직대통령이 특별사면 및 복권되었다 하더라도 다시 전직대통령으로서의 예우를 받을 수는 없습니다."라고 하였다(법제처 유권해석).

를 받은 자가 특별사면을 받아 형의 집행을 면제받고 또 후에 복권이 되었다 하더라도 형 선고의 효력이 상실되는 것은 아니므로 실형을 선고받아 복역타가 특별사면으로 출소한 후 3년 이내에 다시 범죄를 저지른 자에 대한 누범가중은 정당하다."라고 판시하고 있다.[37)]

따라서 사면 · 복권은 단지 형의 선고를 소멸시켜 사회갱생의 기회를 제공한다는 것일 뿐 범죄사실 자체까지 소멸시키는 것은 아니므로 국립묘지의 성역 이미지를 실추시킬 수 있으므로 사면 · 복권되었다고 하여 당연히 국립묘지 안장권이 회복되는 것은 아니다. 수형사실이 있는 자의 안장은 그 위훈과 충의를 영구히 추앙하는 국립묘지 설립취지와 민족의 성역으로 여기는 국민정서에 반한다고 볼 수 있다.[38)]

라. 기타

1) 대통령경호실 직원의 국립묘지 안장자격

대통령경호실법 제5의 8, 동법시행령 제12조의 6 제3항에 의거하여 순직하거나 상이를 입고 퇴직한 자가 사망 후, 국립묘지 당연 안장대상자에 포함되는지 여부에 관하여 "국립묘지 당연 안장대상자에 포함되지 않음. 대통령경호실법 제5조의 8에서 직원으로서 제3조 제1항 각 호에 규정된 임무수행 또는 그와 관련하여 상이를 입고 퇴직한 자와 그 가족 및 사망한 자의 유족에 대해서는 대통령령이 정하는 바에 따라 국가유공자법에 의한 보상을 실시한다는 규정과 동법 시행령 제12조의 6에 의하여 전상군경, 공상군경, 전몰군경 또는 순직군경으로 보아 국가유공자법에 의한 보상을 실시하도록 하는 규정에 기하여 국립묘지 안장대상에 해당하는지 여부를 질의하였음. 국가유공자법에 의한 국가유공자에 대한 예우 및 지원에는 보상금, 교육보호, 취업보호, 의료보호, 대부 및 기타 보호가 있으며, 기타 보호의 하나로서 국립묘지에의 안장이 있는바, 대통령경호실법 제5조의 8에 규정된 '보상'은 '보상금 지원'을 의미하는 것으로 보이며, '국립묘

---

36) 대법원 1993. 6. 8. 선고 93다852 판결; 같은 취지의 판결로는 대법원 1983. 2. 8. 선고 81누121 판결.

37) 대법원 1986. 11. 11. 선고 86도2004 판결.

38) 과실범 특히 교통사고로 인한 금고 이상 형의 선고를 받은 자를 국립묘지에 안장할 수 없도록 하는 현행 제도가 과연 입법 정책적으로 타당한 것인지에 대해 의문이 있다. 고의범이나 중과실범을 국립묘지에 안장하지 않는 것은 이해가 되나 비난 가능성이 적은 과실범에 대해서까지 아무런 차별 없이 안장을 제한하는 것은 재검토할 필요가 있다.

지에의 안장'을 당연히 포함하는 것으로 볼 수는 없다."라고 하였다.[39)]

2) 특례보충역에 편입된 자가 국립묘지의 안장대상이 되는지 여부

병역의무의 특례규정에 관한 법 제3조 제1항 제2호에 따라 특례보충역에 편입된 자가 당해 군수업체나 연구기관에서의 의무종사기간 중 군수물자 생산 또는 연구 분야에 종사하다가 사망한 경우, 국립묘지령 제3조 제1항 제1호에 의하여 국립묘지의 안장대상이 되는지 여부에 관하여 국방부는 "국립묘지의 안장대상이 되지 아니한다. 병역의무의 특례규제에 관한 법 제3조 제1항에서는 동항 제2호 소정의 군수조달에 관한 특별조치법에 따른 군수업체 및 연구기관에 종사하는 자로서 대통령령으로 정하는 기술자 및 기능사로 특례보충역으로 편입할 수 있도록 되어 있으며, 또한 동법 제5조 제2항에 의하면 위 특례보충역으로 편입된 자가 그 군수업체 및 연구기관에서 5년 이상을 종사한 때에는 역종의 변경 없이 현역복무 기간을 마친 것으로 본다고 규정하고 있는바, 국립묘지령 제3조 제1항 제1호 소정의 소집 중인 군인이라 함은 병역법 제4장 소정의 절차에 따라 소집되어 실역에 복무하는 자를 말한다고 할 것이므로 귀문 기재와 같이 병역의무의 특례규정에 관한 법 제3조 제1항에 의하여 특례보충역으로 편입된 자가 당해 군수업체나 연구기관에서 군수물자의 생산 또는 연구 분야에 종사하다가 사망한 경우에는 위 소집 중인 군인의 범위에 포함되지 아니한다고 보이므로 결국 동령 제3조 제1항 제1호에 의한 국립묘지의 안장대상이 되지는 아니한다."고 하였다.[40)]

3) 교정시설 경비교도의 국립묘지 안장 여부

교정시설 경비교도로 전임되어 근무 중 순직한 자를 국립묘지령 제3조 제1항 제1호에서 규정한 "소집 중의 군인"으로 보아 국립묘지의 안장대상으로 할 수 있는지 여부에 관하여 국방부는 "안장대상이 아님. '소집 중의 군인'이란 예비역 · 보충역 또는 제2국민역으로서 현역복무의 군복무 의무가 부과된 자를 말하는 것이므로(병역법 제2조 제1항 제2호) 교정시설 경비교도로 전임되어 실제로

---

39) 국방관계법령해석질의응답집(제24집), 88 - 89면.

40) 국방관계법령해석질의응답집(제15집), 60 - 61면.

군에 복무하지 아니하는 자는 '소집 중의 군인'이라고 할 수는 없는 것이어서 국립묘지령 제3조 제1항 제1호에 의한 '소집 중의 군인'으로 보아 국립묘지의 안장대상으로 할 수 없다."라고 하였다.[41)]

4) 전직대통령의 국립묘지 안장자격

전직대통령이 국장 또는 국민장으로 안장되지 않았고, 기타 국립묘지령 제3조 제1항 각 호의 사유에 해당되지 않을 경우, 전직대통령이라는 사유만으로 국립묘지에 안장될 수 있는지와 전직대통령에게 금고 이상의 범죄사실이 있거나 재직 중 탄핵을 받았던 경우라도 국장 또는 국민장으로 안장된 경우에는 국립묘지에 안장될 수 있는지에 대해 국방부는 "국립묘지령은 제3조에서 안장대상을 한정적으로 열거하고 있으므로, 국립묘지령 제3조 각 호의 사유에 해당되지 않는 자는 전직대통령이라도 국립묘지에 안장될 수 없음. 다만, 국립묘지령 제3조 제1항 제3호는 국장 또는 국민장으로 장의된 자를, 같은 조 제5호는 국가 또는 사회에 공헌한 공로가 현저한 자 중 사망한 자로서 국방부장관의 제청에 의하여 국무회의의 심의를 거쳐 대통령이 지정한 자를 각 국립묘지 안장대상으로 할 수 있으므로 전직대통령을 국립묘지에 안장하려면 위와 같은 규정을 적용할 수 있을 것으로 사료됨. 또한 국립묘지령 제3조 제1항은 제2호, 제6호 등에서 금고 이상의 형을 받은 경우 등을 국립묘지 안장 제외 사유로 열거하고 있으나, 같은 조 제3호는 다만, 국장 또는 국민장으로 장의된 자일 것만을 요건으로 하고 있으므로 이 경우에도 국립묘지 안장이 가능함. 특히 전과자 또는 탄핵을 받은 자임에도 불구하고 국장 또는 국민장으로 장의식을 거행한 자를 굳이 국립묘지에 안장치 못할 실질적 이유도 없다고 사료됨."이라고 하였다.[42)]

5) 테러 등에 의해 사망한 자의 위패봉안

국립묘지령 제5조 제2항의 위패봉안 대상에 테러 등에 의해 사망한 국가사회유공자가 포함되는지의 여부에 관하여 국방부는 "국립묘지령 제1조, 제3조 제1항 본문, 제5조 제2항에 의거하여 위패봉안 대상에 테러 등에 의해 사망한 국가

41) 국방관계법령해석질의응답집(제17집), 124면; 국방관계법령해석질의응답집(제18집), 144면; 국방관계법령해석질의응답집(제21집), 125－126면.

42) 국방관계법령해석질의응답집(제24집), 90－91면.

사회유공자가 포함되는지 여부에 관하여 보면, 동령 제1조의 취지에 비추어 동령 제5조 제2항은 국립묘지안장대상자로서 사망한 자의 유골이나 모발조차도 불가항력으로 인하여 찾을 수 없어 안장이 불가능한 경우에도 그 사망한 자의 충의를 기리기 위한 규정이라 해석되고, 위 조문 중 '전몰자'를 반드시 적과 교전 중 사망한 자에 국한시킬 것은 아니므로, 테러 등에 의해 사망한 자라도 동령 제3조 제1항 제5호의 요건을 충족시킨다면 동령 제5조 제2항에 규정된 위패봉안 대상이 된다."라고 하였다.[43)]

6) 상해임시정부요인의 국립묘지안장

상해 대한민국임시정부의 원수급 요인들에 대하여 국렵묘지령 제6조 소정의 국가원수급으로 예우할 수 있는지 여부에 관해 국방부는 "현행 헌법 전문에는 '3 · 1운동으로 건립된 대한민국임시정부의 법통'을 계승한다고 명시하고 있는 바, 이 의미는 임시정부가 3 · 1운동 이후 우리 민족을 대표하는 독립 · 운동의 유일 최고기관으로서의 지위를 유지하였으며, 대한제국의 봉건군주제를 포기하고 근대적인 국민주권원리와 민주공화정의 원리를 도입하고 있는 정부형태를 취하였고, 이를 대한민국이 인정하고 승계한다는 것임. 또 다른 의미로는 대한민국이 한반도에서 민족사의 정통성을 이어받은 유일한 주체임을 선언하는 한편 임시정부의 정부형태나 지위 등의 승계를 선언한 것이므로 임시정부 요인들에 대한 지위나 예우도 인정, 승계한 것이라 사료됨. 따라서 현행 헌법의 기본정신에 비추어 임시정부 헌법상 국가원수의 지위를 갖는 요인에 대해서도 국가원수로 예우하여야 한다고 판단됨."이라고 하였다.[44)]

Ⅳ. 안장심사위원회

국립묘지 안장과 관련된 사항을 심사하기 위하여 국방부에 안장심사위원회를 둔다(국립묘지령 제3조의 2 제1항). 위원회는 위원장을 포함한 8인 이내의 위원

43) 국방관계법령해석질의응답집(제18집), 145면.

44) 국방관계법령해석질의응답집(제20집), 135면.

으로 구성하되, 위원장은 국방부제1차관보가 되고, 위원은 내무부 · 국방부 · 문화체육부 · 총무처 · 국가보훈처 · 국무총리행정조정실의 2급 · 3급공무원 또는 이에 상당하는 공무원과 학식과 덕망이 있는 자 중에서 국방부장관이 임명 또는 위촉하는 자로 한다(동 조 제2항). 위원장은 위원회를 대표하며, 위원회를 소집하고 그 의장이 된다. 위원장이 사고가 있을 때에는 위원장이 지정하는 위원이 그 직무를 대행한다(동 조 제3항). 위원회에 간사를 두되, 간사는 국방부 인사복지국 소속 공무원 중에서 위원장이 위촉한다(동 조 제4항). 위원회의 회의에 출석한 위원과 간사는 직무상 지득한 비밀사항을 누설하여서는 아니 된다(동 조 제5항). 간사는 위원장의 명을 받아 위원회에 부의할 안건의 정리와 서무를 처리한다(동 시행규칙 제2조의 2 제3항). 위원회는 "① 제3조 제1항 제5호 및 제7호에 규정된 자의 안장 여부에 관한 사항(동 조 제1항 제1호), ② 안장될 자의 묘지번호 부여에 관한 사항(제2호), ③ 기타 묘지의 관리운영에 관하여 필요한 사항(제3호)을 심사한다(국립묘지령 동 조 제1항)."

안장심사위원회는 위원장을 포함한 재적위원 과반수의 출석과 출석위원 3분의 2 이상의 찬성으로 의결한다(동 시행규칙 제2조의 2 제1항). 위원회에는 회의록을 비치하고 회의를 개최할 때마다 그 심의사항을 기록 · 관리하여야 한다(동 조 제2항). 동 시행규칙에 규정한 것 이외에 위원회의 운영에 관하여 필요한 사항은 위원회의 의결을 거쳐 위원장이 정한다(동 시행규칙 제2조의 2 제4항).

Ⅴ. 안장절차

1) 현역군인(무관후보생 포함), 소집 중인 군인 · 군무원(종군자 포함), 전투에 참가하여 전사한 향토예비군대원의 유가족은 각 군 본부에 신청서를 제출하여야 하며, 각 군 참모총장은 이를 확인한 후 지체 없이 그 신청서를 국립현충원장에게 제출하여야 한다(동 시행규칙 제2조 제1항). 임무수행 중 전사 · 순직한 경찰관은 경찰청에 신청한다.[45)]

2) 순국선열 및 애국지사, 전투에 참가하여 무공이 현저한 자, 군인 · 군무원

45) 국립현충원(http://www.mnd.go.kr:8088/html/petition_html/petition.html)

또는 경찰관으로 전투 또는 공무수행 중 상이를 입고 전역 · 퇴역 · 면역 또는 퇴직 후 사망한 자의 유가족은 국가보훈처에 신청서를 제출한다. 장관급장교 또는 20년 이상 군복무자는 재향군인회에 신청서를 제출한다. 국장 또는 국민장으로 장의된 자는 행정자치부에 신청한다. 위 신청서를 접수한 국가보훈처장, 재향군인회장, 행정자치부장관은 국방부에 신청한다.

3) 국가 또는 사회에 공로가 현저한 자와 대한민국에 공로가 현저한 외국인의 경우에는 국무회의 심의를 거쳐야 한다.

4) 국립묘지안장신청 후 그 거부처분 전에 관계 법령이 개정된 경우, 거부처분에 적용될 법령은 무엇인가? 행정행위는 처분 당시에 시행 중인 법령에 의하여 하는 것이 원칙이고, 1996. 12. 31. 개정된 국가유공자법시행령이나 국립묘지령 부칙에 아무런 경과규정이 없으므로, 개정된 법령이 시행된 후에 한 국립묘지안장거부처분에 적용될 법령은 위 개정된 법령이다.[46] 즉 "원고의 남편인 김○학이 상이등급 6급의 공상군경으로 1995. 7. 10. 사망하자, 원고가 7. 14. 망인을 국립묘지에 안장하여 달라는 신청을 하였고, 피고(대한민국)는 1996. 12. 31. 이전에 사망한 상이등급 6급의 공상군경은 국립묘지 안장 대상이 아니라는 이유로, 1997. 8. 7. 이를 거부하는 처분을 한 사실을 인정한 다음, 1996. 12. 31. 개정된 국가유공자법시행령 제88조 제2호 및 국립묘지령 제3조 제1항 제6호에 의하면, 국립묘지 안장 대상이 상이등급 6급의 공상군경까지 확대되었으나, 이는 위 법령이 시행된 1997. 1. 1. 이후 사망한 자에게만 적용되므로, 그 이전에 사망한 망인은 안장 대상자가 될 수 없어, 위 거부처분은 적법하다고 판단하였다.[47] 그러나 행정행위는 처분 당시에 시행 중인 법령에 의하여 하는 것이 원칙이고(대법원 1998. 3. 27. 선고 96누19772 판결 참조), 1996. 12. 31. 개정된 국가유공자법시행령이나 국립묘지령 부칙에 아무런 경과규정이 없으므로, 개정된 법령이 시행된 후에 한 이 사건 거부처분에 적용될 법령은 위 개정된 법령이다."라고 판시하였다.[48]

46) 대법원 1998. 11. 10. 선고 98두13812 판결.

47) 서울고등법원 1998. 7. 8. 선고 98누696 판결.

48) 서울고등법원은 원고 패소판결을 선고하였으나 대법원은 서울고등법원의 판결 내용이 위법하다면서 서울고등법원으로 환송한 사안이었다.

Ⅵ. 이장제도

1) 국립묘지령 제15조에는 "① 피안장자의 유가족이 묘지에 안장된 유골 또는 시체를 묘지 이외의 장소에 이장할 것을 요청할 때에는 국방부장관은 이에 응하여야 한다. ② 국방부장관은 유가족이나 관계부처의 장이 묘지 이외의 장소에 안장된 제3조 제1항 각 호의 1에 해당하는 자의 유골 또는 시체를 묘지에 이장할 것을 요청할 때에는 이를 묘지에 안장하게 할 수 있다."라고 규정하고 있다.

2) 장관급장교가 전역 또는 퇴역한 후 수형 등으로 사망 당시 군인사법 제10조 제2항 각 호의 1에 해당되어 일반묘지에 안장되었다가 일정기간 경과로 군인사법 제10조 제2항 제4호, 제5호 등의 결격사유가 해소된 경우 국립묘지령 제15조 제2항의 규정에 의하여 국립묘지로 이장을 하게 할 수 있을까? 이에 대해 법제처는 "국립묘지령 제15조 제2항의 규정에 의한 국립묘지로의 이장제도 입법취지는 사망 당시에 국립묘지에의 안장대상이 되거나 안장대상으로 지정될 수 있는 자가 유가족이 국립묘지에의 안장을 원하지 아니한 경우 등의 사유로 국립묘지에 안장되지 아니한 경우 그 후 적절한 시기에 국립묘지에 이장할 수 있도록 하려는 것이라 할 것이므로, 사망 당시에 안장대상이 되거나 안장대상으로 지정될 수 있어야 그 후에 이장대상도 된다고 해석되며 귀 질의의 경우와 같이 사망 당시에 군인사법 제10조 제2항 각 호의 1에 해당되어 국립묘지의 안장대상이 아니 되었다면 이장대상도 되지 아니한다."라고 하였다.[49)]

3) 사망 당시에는 안장대상자가 되지 않아 국립묘지에 안장되지 않다가 국립묘지령 개정에 의하여 안장대상자가 된 경우에 이장할 수 있다는 행정법원 판결이 있다.

≪서울행정법원 2004. 3. 18. 선고 2003구합30736 판결≫

1. 사실관계

1) 원고 김○○은 소외 망 김□□의 아들로서, 위 김□□는 1948. 5. 25. 육군에 입대하여 복무하던 중 6·25전쟁에 참전하여 무공을 세워 상사로 복무하

49) 국방관계법령해석질의응답집(제17집), 123면(위 사안은 법제처에 재질의 것으로 "법제처 기획02102－7('85. 2. 28.) 국립묘지 안장 및 이장대상"으로 회신된 내용이다.).

여 무공을 세워 상사로 복무하던 당시인 1951. 6. 12. 및 1952. 11. 10. 각 화랑 무공훈장을 수훈하였고, 이후 육군중위로 퇴역하여 1978. 12. 23. 사망하였다.

2) 피고(대한민국)는 국립묘지안장대상으로 국립묘지령 제3조 제1항 제2호에서 규정하고 있는 군복무 중 전투에 참가하여 무공이 현저한 자에 속하는 대상의 범위를 종전 태극 · 을지 무공훈장 수상자로 한정하였다가, 1996. 12. 31. 충무 · 화랑 · 인헌 무공훈장 수상자도 1997. 1. 1.부터 국립묘지안장대상에 포함시킨다는 취지의 국립묘지 안장대상 확대조치를 확정하고 이를 재향군인회 등에 통보하였다.

3) 이에 원고들은 피고에게 위 망인들이 해당 무공수훈자라는 이유로 위 망인들을 국립묘지에 이장하여 줄 것을 신청하였으나, 피고는 위 망인들이 위 안장대상 확대 이전(1997. 1. 1. 이전)에 사망하여 국립묘지 이장대상자가 아니라는 이유로 원고들의 신청을 거부하는 처분을 하였다.

2. 원고들의 주장

국립묘지 안장대상 선정과 관련하여 어느 범위의 수훈자를 안장대상에 포함할 것인지는 국립묘지의 수용능력, 국가유공자법, 국립묘지령 등 관계법령의 입법취지, 대상자의 범위 및 국립묘지의 합리적 활용방안 등을 종합적으로 면밀히 검토하여 결정할 사항이라는 점에 비추어 보면 이 사건 처분은 위와 같은 사항들에 대하여 충분한 검토 없이 이루어진 것으로서, 비례의 원칙에 위배될 뿐만 아니라 사망의 시기라는 우연한 사정에 따라 같은 수훈자를 부당하게 차별하게 되는 등 형평의 원칙에 위배된 것이어서, 재량권 일탈 · 남용의 위법한 처분이다.

3. 법원의 판단

일반적으로 국립묘지의 안장대상 기준을 설정하고 그에 따라 안장대상자로 지정하거나 제외시키는 행위는 위와 같은 관련 규정의 취지 등에 비추어 볼 때 그 법률적 성질이 재량행위에 속한다고 할 수가 있겠으나 그렇다고 하더라도 이러한 재량의 행사는 국립묘지를 설치 운영하는 제도의 취지상 무공 등을 통한 국가에의 공헌도와 국립묘지의 수용능력을 함께 고려하여 객관적으로 볼 때 합리성이 유지되는 것이어야 할 것이다. 이 사건에서 위 인정사실에 의하면 위 망인들이 모두 무공훈장의 수훈자여서 국가에의 공헌도 측면에서는 피고 측의 안장대상자 범위 확대조치의 대상이 됨에 아무런 문제가 없고, 단지 그 사망시기로 인하여 안장대상에서 제외된 것이어서 오로지 국립묘지의 수용능력의 측면에서 안장대상자에서 제외된 것이므로 실제로 위 망인들과 같은 확대조치시행 이전에 사망한 자를 안장대상자에 포함시킬 경우 국립묘지의 수용능력에 이례적인 부담을 초래하여 국립묘지의 운영에 지장을 주는 것인지 여부가 문제되나 위 망인들과 같이 1997. 1. 1. 이전에 사망한 자들로서 충무 · 화랑 · 인헌무공수훈자 중 이장 예상자는 1,853명을 밑도는 정도로서 국립묘지의 수용능력이 한정되어 있다는 점을 고려하더라도 이를 국립묘지의 수용능력에 이례적인 부담을 초래하여 그 운영에 지장이 있을 정도라고는 하기 어렵고 또 위와 같은 정도의 이장으로 인하여 다른 낭비적 요소가 있다고도 하기가 어려우므로 결국 위 망인들을 안장대상자에서 제외시키는 것은 1997. 1. 1. 이후 사망한 같은 수훈자가 안장대상자로 선정되는 것과 비교할 때 국가공헌도의 측면에서는 별다른 차이가 없음에도 사망 시기라는 우연한 사정에 기하여 불합리한 차별을 하는 것에 다름이 아니라 할 것이다.

그렇다면 원고들의 안장신청을 거부한 이 사건 처분은 비례의 원칙 또는 형평의 원칙에 위배된 재량권 일탈, 남용의 처분으로서 위법하다고 할 것이므로 그 취소를 구하는 원고들의 이 사건 청구는 이유 있어 이를 인용하고 소송비용은 패소자인 피고가 부담하도록 정하여 주문과 같이 판결한다.

Ⅶ. 입법론(국립묘지 설치 법적 근거 마련 필요)

헌법 제40조에 의하면 입법권은 국회에 속하고, 헌법 제75조에 의하면 대통령은 법률에서 구체적으로 범위를 정하여 위임받은 사항에 관한 대통령령인 '위임명령'과 법률을 집행하기 위하여 필요한 사항에 관한 대통령령인 '집행명령'을 발할 수 있을 뿐이므로, 대통령이 대통령령을 제정하기 위해서는 법률의 근거가 필요하다. 그런데 현행 국립묘지령은 현행법상 근거법률이 존재하지 않는 대통령령이다. 법률의 근거 없이 제정된 대통령령이라도 국민의 권리의무가 직접 관계가 없이 행정조직 내부의 조직과 활동에 관한 사무처리준칙을 정한 경우에는 이 범위 내에서 그 대통령령이 유효하다고 볼 수 있음은 별론으로 하고, 그것이 국민의 권리의무와 직접 관계가 있는 경우라면 법규명령으로서 규범적 효력을 가질 수는 없다고 할 것이다. 그런데 이 사건 처분의 근거와 관련하여 국립묘지령 제3조에서는 국립묘지 안장의 요건에 관하여 규정함으로써 국민의 권리의무와 직접 관련된 사항에 관하여 규정하면서도 아무런 법률적 근거를 갖고 있지 아니하므로 이러한 대통령령에 국민으로 하여금 권리, 의무를 발생하게 할 수 있는 규범적 효력을 부여할 수는 없고, 따라서 국립묘지령 제3조는 이 사건 처분의 적법성을 심사하는 기준으로 삼을 수 없다.[50] 따라서 국립묘지령의 설치에 대한 법적 근거 마련이 필요하다.[51] 또한 현재 각각 별개의 대통령령으로 되어 있는 국립묘지관리규정들을 폐지하고 통합된 국립묘지관리법을 제정하여 그 근거법을 마련하고 법령체계를 정비함과 아울러 국방부와 국가보훈처로 이원화되어 있는 국립묘지관리 소관부처를 일원화는 제도개선이 필요하다.[52]

50) 서울고등법원 2002. 2. 1. 선고 2001누10631 판결; 같은 취지의 판례로는 서울고등법원 2003. 7. 1. 선고 2001누17557 판결.

51) 국립묘지의 관리에 관해서는 국립5 · 18묘지만이 광주민주유공자예우에 관한 법률에 근거하고 있을 뿐 나머지 국립묘지는 근거법률이 없이 바로 대통령령의 형식으로 그 관리에 관한 규정(국립묘지령과 국립4 · 19묘지 규정)을 두고 있다. 즉 광주민주유공자예우에 관한 법률 제63조를 보면 광주민주유공자로서 사망한 자를 안장하기 위하여 국립5 · 18묘지를 설치할 수 있도록 법률에 근거를 두고 그 시행을 위하여 대통령령인 국립5 · 18묘지규정이 제정되어 운영되고 있는 반면에, 국립묘지령은 서울 · 대전국립묘지, 국립4 · 19묘지규정은 국립4 · 19묘지와 국립3 · 15묘지의 관리 · 운영을 규율하고 있음에도 불구하고 해당 근거법률 자체가 없이 바로 대통령령으로만 규율하고 있을 뿐이다(채동식, 전게논문, 108면).

52) 채동식, 전게논문, 109면.

제8편
징계

25. 군인 징계제도의 개선방안에 관한 연구*

목 차

Ⅰ. 군인 징계제도의 개관

1. 군인 징계제도의 개념

가. 징계의 의의

징계(懲戒)라 함은 특별권력관계에 있어서 그 내부질서를 유지하기 위하여 질서문란자에게 특별권력에 기하여 과하는 제재행위를 말한다. 이러한 징계에 의한 제재벌(制裁罰)을 징계벌(懲戒罰) 또는 징벌(懲罰)이라고 하고 징계벌을 과하는 행위를 징계처분(懲戒處分)이라고 한다. 그 과벌의 원인이 되는 의무위반행위를 징계범(懲戒犯) 또는 징계사범(懲戒事犯)이라 한다. 또한 이와 같이 징계범에 대하여 징계벌을 과할 수 있는 권력을 징계권(懲戒權)이라 하고 징계벌

* 게재지: 군사법논집(제13집), 국방부, 2009. 4.

을 받을 지위를 징계책임(懲戒責任)이라고 한다.[1]

나. 징계벌과 형벌

의무위반행위에 대하여 과하여지는 책임으로는 징계벌과 형벌이 있다. 그러나 이 양자는 서로 성질을 달리하는 별개의 것이다. 양자는 제재(制裁)라는 점에서 같으며, 하나의 의무위반행위가 징계벌의 대상이 됨과 아울러 형벌의 대상이 되는 일이 있으나, 양자는 성질상 다음과 같은 차이가 있다.[2]

첫째로 권력기초의 차이가 있다. 즉 징계와 형벌은 그 권력적 기초에 있어서 다르다. 형벌은 국가의 일반통치권(형벌권)에 근거를 두는 데 대하여 징계벌은 국가 또는 지방자치단체가 공법상 특별권력관계에 있어서 권력주체로서 갖는 특별권력에 근거를 두고 있다.

둘째로 목적의 차이가 있다. 징계와 형벌은 그 목적에 있어서 차이가 있다. 형벌은 일반사회 법질서의 유지를 직접 목적으로 함에 대하여 징계벌은 공무원관계의 내부질서를 유지함을 목적으로 한다.

셋째로 내용상 차이가 있다. 형벌에 있어서는 주로 행위(범죄)가 문제 되고 제재의 내용은 신분적 이익이 박탈에 그치지 아니하고 재산적 이익 때로는 인간으로서의 자유나 생명까지도 박탈함을 그 내용으로 하는 데 대하여, 징계벌에 있어서는 주로 행위자의 신분이 문제 되고 제재의 내용도 신분적 이익의 전부 또는 일부를 박탈함에 그치는 것을 그 특징으로 한다. 따라서 형벌은 일반 국민의 지위에서 받는 제재이고 공무원의 신분에 의거하여 받는 것이 아닌 까닭에 공소권 또는 형집행이 시효로 인하여 소멸하지 않는 한 퇴직 후라도 언제든지 재직 중의 행위에 대하여 과할 수 있는 데 대하여 징계벌은 공무원이라는 특수신분에 의거하여 과하는 제재인 까닭에 공무원 신분의 존재를 전제로 하고 퇴직 후에는 과할 수 없음을 특징으로 한다.

또한 징계벌은 의무위반이라는 객관적 사실에 주로 착안하여 과하는 제재인 까닭에 형벌에 있어서와 같이 고의를 요하는 것도 아니며 부하공무원의 의무위반에 대한 감독상의 책임도 면하지 못하는 점에서 행위책임의 원리에 의하여

---

1) 임천영, 군인사법(제3판), 법률문화원, 2007, 976면.

2) 박윤흔, 최신 행정법강의(하), 267면; 홍정선, 행정법원론(하), 288면.

과하여지는 형벌과 구별된다.

2. 징계의 연혁

가. 해방 전 제도

우리 군이 처음으로 징계제도를 갖추기 시작한 것은 구한말부터이다. 1896년(건양원년) 1월 24일 칙령 제11호 "육군징벌령"을 제정 · 공포한 것이 시초이며, 그 이후 1906년(광무 10년) 10월 16일 칙령 제61호로 "육군징벌령"이 제정 · 공포되었다. 당시 육군징벌령에 의하면 징계사유에 관하여 29개의 범행내용을 열거하고, 영창처분의 부과일수는 1일에서 30일까지로 규정하고 있었으며, 근신 · 영창 · 금족 · 고역 등의 징벌을 부과하였다.[3)]

나. 해방 후 미군정시기의 제도

8 · 15해방 후에는 미군정 치하에서 국방경비대와 해안경비대가 창설되어 1948. 7. 5. 남조선과도정부법률로서 국방경비법과 해안경비법을 제정하여 군사법제도를 확립하였으며, 그중 국방경비법 제102조와 해안경비법 제71조가 지휘관의 징계처분권을 규정하여 훈계 · 견책 · 특전정지 · 노동 · 중노동 · 근신 · 영창 등 7종의 징계벌을 부과하였다.[4)]

다. 정부수립 후의 제도

정부수립 후 정규 육군과 해군이 발족하자 1949. 6. 25. 대통령령 제134호로서 국군징계령을 제정하여 우리나라의 독자적 군징계제도를 수립하였다. 국군징계령의 주요내용은 다음과 같다. ① 징계사유로 "군율에 위반하며 풍기를 문란케 하는 등 그 본분에 배치되는 비행이 있는 자"(제1조), ② 징계를 중징계와 경징계로 구분(제3조), ③ 중징계 벌목으로 파면, 강등, 신분정지, 정직, 감봉으로 구분(제4조), ④ 경징계로는 중영창, 경영창, 중근신, 경근신, 중노동, 금족

3) 최성보, "영창제도에 관한 연혁적 고찰", 육군 법무병과 창설 60주년 기념논문집, 육군본부, 2007, 303면 이하 참조(이 논문에서는 칙령 제11호 및 제61호의 육군징벌령에 대해 자세하게 설명하고 있다.).

4) 국방경비법상의 징계제도에 관해서는 위 각주 논문 내용 참조.

또는 상륙금지, 견책으로 구분(제11조), ⑤ 징계위원은 부득이한 경우를 제외하고는 피심사자와 동급 이상의 자로써 충당하며 위원 중 1명은 법무장교여야 한다. 단, 소속부대에 법무장교가 없을 경우에는 법률의 소양이 있는 타 장교를 임명할 수 있다(제26조), ⑥ 징계처분이 부당 또는 과중하다고 사료하는 자는 징계권자의 상관에게 서면으로써 항고할 수 있다(제38조), ⑦ 징계처분을 받은 자는 별단의 규정이 없는 한 특별진급의 예를 제외하고는 차기의 진급을 정지한다(제39조).

라. 군인사법의 제정(1962. 1. 20. 법률 제1006호)

그 후 제3공화국에 이르러 구법정리사업의 일환으로 국군징계령이 폐지되고[5] 군인사법, 군인사법 시행령, 군인사법 시행규칙 등이 제정 공포되어 현재의 징계제도를 규정하여 오늘에 이르고 있다. 제정 당시에는 군인사법 제10장 징계에서 징계사유(제56조), 징계의 종류(제57조), 징계권자(제58조), 징계위원회(제59조), 항고(제60조) 규정을 두고 있었다.

마. 군인사법 개정

1) 1997. 1. 13. 법률 제5267호

병의 징계벌목 조정, 징계권자 조정, 항고제기기간 조정, 징계유예제도 신설이 있었다. 첫째로 병의 징계벌목 개정으로 장교 · 준사관 · 부사관에 대한 징계종류 중 감봉이 중징계로 구분되어 있던 것을 경징계로 조정하고, 근신처분의 실효성을 확보하기 위하여 근신기간을 15일에서 10일로 축소하며, 근신처분의 내용을 일상근무를 금지하고 일과시간 중에 근신처분을 부과하던 것을 일상근무에 복무토록 하되 일과시간 외에 근신처분을 부과하고 영내이탈을 금지토록 개선하고, 병에 대한 중징계와 경징계 구분을 폐지하고 병에게 적용이 어려웠던 감봉 및 견책을 폐지하는 대신에 휴가제한을 신설하였다. 둘째로 징계권자의 조정이 있었다. 부사관에 대한 경징계권을 중대장이 행사하던 것을 대대장이 행사하도록 상향 조정하여 부사관의 권익을 배려하였다. 초급 지휘관의 병에 대한

---

5) 군인사법 시행령(1962. 2. 6. 대통령령 제426호) 부칙 제2조에 "국군징계령은 이를 폐지한다."고 규정하여 국군징계령은 폐지되었다.

지휘권 보장차원에서 병에 대한 모든 징계권을 중대장이 행사할 수 있도록 하고 병에 대한 징계 중 강등의 경우에는 기본권보호와 신중을 기할 목적으로 연대장이 사전 승인할 수 있는 근거를 마련하였다. 셋째로 항고제기기간이 조정되었다. 항고제기기간을 60일에서 30일로 단축하여 군지휘 및 통솔의 효율성을 도모하였다. 그 이유는 현역복무부적합자조사위원회 회부 등 신속한 관련 후속조치로 이러한 인사관리부담을 해소하고, 국가공무원법 제76조에 의거하여 공무원 징계처분자의 소청심사청구기간이 30일로 되어 있는 점과의 형평성을 고려한 것이다. 넷째로 징계유예제도가 신설되었다. 징계유예란 원심징계권자에게 장교 · 준사관 및 부사관의 모든 경징계처분에 대하여 일정기간 동안 징계 유예할 수 있는 권한을 부여하는 것으로 징계유예기간 경과 시 불문으로 확정된다. 군인사법에는 근거규정이 없고 군인사법 시행령(1997. 4. 14. 대통령령 제15346호) 제77조에 근거규정을 마련하였다.

2) 2006. 4. 28. 법률 제7932호

징계사유의 구체화(제56조), 해임 징계 벌목 추가(제57조), 징계권자 명확화 및 변경(제58조), 징계 항고제도의 정비(신설, 제60조), 징계권자의 재심사청구권 명문화(제60조), 영창처분 시 인권담당법무관의 사전심사제가 도입(제59조의 2)되었다.

첫째로 징계사유가 구체화되었다(제56조). 현재 포괄적 · 추상적으로 정하고 있는 군인의 징계사유를 국가공무원법과 같이 구체화하였다. 즉 징계사유를 "군율에 위반하여 군 풍기를 문란하게 하거나, 그 본분에 배치되는 행위를 한 자"를 "1. 직무상의 의무를 위반하거나 직무를 태만히 한 때, 2. 직무의 내외를 불문하고 품위를 손상하는 행위를 한 때, 3. 이 법 또는 이 법에 의한 명령에 위반한 때"로 개정하였다.

둘째로 해임 징계 벌목 추가되었다(제57조). 군인의 경우 퇴직금의 삭감 없이 징계처분으로 강제 퇴직시킬 방법이 없었는바, 이를 시정하기 위하여 해임처분을 신설하였다. 파면은 군인 신분관계로부터의 배제, 5년간 공직취임 금지, 퇴직금 50% 감액하는 처분을 말하며, 해임은 군인 신분관계로부터의 배제, 3년간 공직취임을 금지하는 처분이다. 또한 정직과 감봉에 대하여 감액기준을 정액화하였다. 종전의 "정직은 1/3～1/5 감액, 감봉은 1/3～1/10 감액"을 "정직은 2/3, 감봉은 1/3으로 정액화"로 개정하였는데 이는 징계위원회 결정 시 형평에 반하여 '1/10 감액' 등 감액 수위가 낮은 처분을 받는 경우가 있어 이를 시정하기 위한 것이다.

셋째로 징계권자를 명확히 하였다(제58조). 장관급 장교에 대한 징계권자는 국방부장관, 합동참모의장, 각 군 참모총장임을 명문화하였고, 방위사업청장은 소속 장관급 장교 외의 장교·준사관 및 부사관에 대한 징계권을 가진다.

넷째로 징계권자의 재심사청구권을 명문화하였다(제60조). 징계권자는 징계위원회의 의결이 경하다고 인정하는 경우에는 '법무장교가 배치된 차상급부대'에 재심사의결을 청구할 수 있다. 이는 징계권자가 징계위원회에 회부하였으나 아주 경한 심의결과가 이루어진 경우 징계위원회 결정에 이의를 제기할 수 있는 법적 권한을 부여하기 위한 것이다. 종전에 징계권자는 징계위원회의 중한 심의결과에 대하여 감경 또는 확인권한만을 행사할 수 있었다.

다섯째로 징계 항고제도의 정비가 있었다(신설, 제60조). 징계항고권을 실질적으로 보장하기 위하여 징계항고심사권자를 상향 조정하였다. 즉 징계항고는 '장관급 장교가 지휘하는 차상급부대의 장'에게 항고하도록 하였다. 예를 들어 중대장이 병사를 징계한 경우 대대에 징계항고를 하였으나 대대장이 중대장에게 미치는 영향력 등을 고려하면 실질적으로 효과적인 권리구제방법이라고 보기가 어려웠으나, 개정법은 중대 병사가 징계 항고한 경우 사/여단급 부대의 장에게 징계 항고하도록 하여 실질적 권리구제방법을 강구하였다. 또한 영창처분에 대한 항고 시 집행정지 효력을 부여하였다. 현재는 영창처분에 대하여 항고하여도 계속 구금되어 있어 사실상 항고가 거의 이루어지지 않고 있었으나 실질적인 항고권 보장을 위해 항고 시 집행정지 효력을 부여한 것이다.

여섯째로 영창처분 시 인권담당법무관의 사전심사제가 도입되었다(제59조의 2). 병에 대한 영창처분 남발을 제한하기 위하여 영창처분 결정 시 그 행사요건을 제한하였으며, 또한 영창은 징계위원회의 의결을 거쳐 병의 인권보호를 담당하는 군법무관(인권담당군법무관)의 적법성 심사를 거친 후에 징계권자가 이를 행하도록 하였다. 인권담당법무관은 징계사유, 징계절차 및 양정의 적정성 등 영창처분의 적법성에 관한 심사를 하고 그 의견을 징계권자에게 통보하여야 한다.

바. 군인징계령의 제정(2007. 8. 22. 대통령령 제20232호)

1) 제정 이유

지금까지 군인의 징계는 군인사법 제10장과 군인사법 시행령 제8장에서 군인의 징계제도의 대강을 정하고, 군인사법 제57조 제3항에 의해 세부적인 시행은 국방부장관과 각 군 참모총장이 정하도록 함에 따라 신분상 불이익 처분인 징계가 행정규칙인 국방부 훈령 및 각 군 규정에 의해 운영되고 있었으며, 또한 각 군마다 상이한 징계제도를 운영하고 있었다. 또한 징계과정에서 군인의 절차적 권리보장이 미흡한 점이 있었다. 이에 따라 군인의 징계절차에 있어서 절차적 권리를 강화하고 각 군 간 징계의 형평성 등을 강화하기 위한 것이다. 기존의 군인사법 시행령 제8장(제61조부터 제96조)을 삭제하고 타 공무원과 같이 별도의 징계령(예컨대 공무원징계령, 경찰공무원징계령, 교육공무원징계령 등)을 제정하게 되었다.[6]

2) 주요 내용

주요 내용으로는 징계대상 군인의 절차적 권리보장(제9조부터 제11조), 통일적인 징계양정기준의 마련(제13조), 인권담당군법무관의 적법성 심사 절차 구체화(제18조), 징계의 감정 및 유예제도의 개선이 있었다(제20조 및 제21조).

첫째로 절차적 권리가 보장되었다(제9조부터 제11조). 징계심의대상자는 징계위원회에 출석하여 진술할 수 있고, 출석을 할 수 없는 경우에는 서면진술서를 제출할 수 있으며, 그 밖에 자기에게 유리한 자료를 제출하거나 증인의 심문을 신청할 수 있고, 징계와 관련된 자료를 열람하거나 복사할 수 있도록 하였다. 둘째로 통일적인 징계양정기준을 마련하였다(제13조). 현재 각 군마다 별도의 징계양정기준을 마련하여 시행하고 있어 각 군 간 징계처분 등에 형평성의 문제가 있었다. 징계위원회 및 징계권자는 징계심의대상자의 근무성적, 공적, 개전의 정, 그 밖의 정상을 참작하여 징계의결 및 징계처분을 하고, 그 구체적인 징계양정기준은 국방부령으로 정하도록 하였다. 셋째로 인권담당군법무관의 적법성 심사 절차를 구체화하였다(제18조). 병에 대한 영창처분의 적법성 심사를 위

6) 군인징계령은 군인사법 제56조 내지 제61조에서 위임된 사항과 그 시행에 관하여 필요한 사항을 규정함을 목적으로 한다(제1조).

하여 「군인사법」에 인권담당군법무관제도가 도입되었는바, 내실 있는 운영을 위해서는 그 심사절차에 관한 자세한 규정을 둘 필요가 있어, 적법성 심사의 요청, 징계심의대상자에 대한 심문 및 심사의견통보 등 적법성 심사절차를 구체적으로 정하였다. 넷째로 징계의 감정 및 유예제도의 개선이 있었다(제20조 및 제21조). 현재 징계위원회의 징계의결에 대하여 징계권자가 감경하거나 유예할 수 있는 사유 및 범위가 구체적으로 규정되어 있지 아니하여 징계 감경 및 유예 권한이 남용될 수 있다는 비판이 있다. 징계감경 및 유예사유를 표창수상, 적극적 업무처리로 인한 부득이한 과실 등으로 한정하고, 공금의 횡령이나 유용으로 인한 징계인 경우에는 감경이나 유예를 하지 못하도록 구체적으로 정하였다.

3. 입법례

가. 미국[7)]

1) 개요

미국 군징계제도의 가장 큰 특징은 별도의 징계만을 위한 입법을 하지 않고 군사법 통일법전(Uniform Code of Military Justice: U. C. M. J) 내에 징계에 관한 포괄적인 규정을 두고 있다는 점이다.[8)] 즉 군사법기관으로서 일반군사법원(General Court Martial), 특별군사법원(Special C. M)을 두어 군사범죄에 대한 사법적 처벌절차를 규정하고 있는 한편, 지휘관은 경미한 사항에 대하여 위와 같은 일반군사법원을 통하지 아니하고 직접 휘하 장병을 징계할 수 있는바, 이를 비재판적 처벌(Nonjudicial Punishment)이라고 한다.[9)] 다만, 여기서 일반군사법원이 아닌 특별 또는 약식 군사법원의 경우 그 재판부의 구성이 비교적 간이하며, 형벌로서 강등 · 봉급몰수 · 감봉 · 구금 · 중노동 등을 과할 수 있게 되어 있으

---

7) 김혁중, "미군의 징계제도", 군사법논집(제8집), 2003; 홍창식, "미국의 군사법제도", 군사법논집(제7집), 국방부, 2002; 김진섭, "미 육군 징계제도 고찰", 군사법연구(제11집), 육군본부, 1993; UCMJ 815면. Commanding officers non-judicial Punishment: 권순억, "미군사법 통일법전", 군사법연구(제5집), 육군본부, 1987; 이태종, "미군 징계제도에 관한 고찰", 군사법논문집-제6회 법무관 세미나-, 공군본부, 1987; 육군본부, 미국군사법원교범(Manual for Courts-Martial), 1984.

8) United States Code Service(USCS) Title 10(Lawyers Edition(979), pp.1-905, pp.316-317).

9) 미군의 Nonjudicial Punishment가 우리의 징계제도와 일치하는 것은 아니다. 우리의 경우 징계벌은 형사벌과 전혀 별개의 것으로 인식함에 반하여 미군의 경우에는 비행인에게 군법회의청구권 등을 인정하여 양자를 정도의 차이, 즉 경미한 것은 Nonjudicial Punishment로, 중대한 것은 군법회의(Court Martial)로 처리하는 경향이 있다.

므로 그 형벌의 내용에 있어서의 유사성 때문에 이를 징계의 일종이라고 해석하는 견해[10]와, 형사처분과 징계의 구별이 처벌의 내용에 따라 구분되는 것이 아니고, 사법적 절차에 의한 불이익 처분 부과인지의 여부에 따라 구분되는 것이라는 점을 고려하면 위와 같은 군사법원에서의 처벌과 징계벌과의 유사점이 인정된다 하더라도 이는 형벌의 종류를 군의 특성에 맞추어 다양화한 입법례에 불과할 뿐 이를 징계의 일종이라고 보기에는 어렵다는 견해가 있다.[11] 미군 징계제도의 근거가 되는 규정은 군사법통일법전 제15조이다. 따라서 보통 미국징계제도를 제15조 처벌이라고 한다. 이 징계제도는 우리나라에서는 단순한 행정상의 제재벌로 인식되지만, 미국에서는 단순한 행정적 교정수단보다는 그 정도가 강하고 군법회의에 의한 처벌보다는 약한 것으로서 양자의 중간적인 성질을 가지는 것으로 생각되고 있다.

2) 주요내용[12]

(1) 징계권자

군사법원 관할권을 행사하는 장관급 장교와 그 외의 영관급 장교가 징계권을 행사할 수 있으며, 지휘관(Commanding Officers) 자신이 징계권을 행사하는 것이 원칙이나 장관급 장교인 지휘관이거나 군법회의 관할관인 지휘관은 자신의 징계권을 자기의 수석보조관(Principal assistant)에게 위임할 수 있다.

(2) 징계의 내용

징계의 종류로는 강등(Reduction in grade), 자유박탈(Loss of liberty punishments)에는 영창에 해당하는 교정수감(Correctional custody)과 과외근무(Extra duty) 2종류가 있으며, 근신(Restriction), 영내대기(Arrest in quarters), 봉급의 몰수(Forfeiture of pay), 경고 및 견책(Admonition and reprimand) 등이 있다.[13] 장교 및 준사관에 대해서는 30일 이내의 거처제한, 2개월간 1/2 봉급의 몰수, 60일 이내의 근신, 3개월간 1/2 감봉의 지불보류를 과하며 그 이외의 예하 부사관 및 사병에게

10) 안영률, "현행 징계절차의 문제점과 개선방안", 군사법논집(제2집), 육군본부, 1984, 442면.

11) 오양호, "군 징계에 대한 연구", 군서법연구(제5집), 1987, 106면.

12) 권순억, 전게논문, 149~151면.

13) 김진섭, 전게논문, 197면 이하; 김혁중, 전게논문, 88~94면.

는 7일 이내의 구류, 7일분 이내의 감봉(reduction to the next inferior pay grade), 14일 이내의 과외근무(extra duty), 14일 이내의 근신, 감봉 지불보류 등을 과할 수 있으며 군사법원의 관할관이 아닌 영관장교 이상의 장교인 지휘관은 하사관 및 병에 대한 징계만을 담당한다.

(3) 징계의 절차

징계는 다음의 절차로 진행된다. ① 징계절차의 개시는 지휘관이 소속 부대원이 규정을 위반하였다는 보고서의 접수로 시작되며, 위 보고서를 접수한 지휘관은 이에 관하여 비공식적인 예비조사(a preliminary inquiry)를 시행한다. ② 지휘관이 징계절차에 의할 것을 선택하였으면 비행인에게 징계절차에 의한다는 통지(Notice)를 하여야 한다. ③ 징계절차에 있어서 비행인은 고지받을 권리, 재판청구권(Right to demand trial), 변호인의 조력을 받을 권리, 공개절차청구권, 대변인(Spokesman) 선임권 등이 보장된다. ④ 비행혐의자의 선택권, ⑤ 증거법칙(Rules of Evidence), ⑥ 혐의 유무결정(Decision on Guilt or Innocence)의 단계를 거쳐 징계처분을 행하게 된다.[14] 징계처분을 받은 비행인은 징계처분이 비행에 비추어 부당하거나, 위법할 때에는 차상급 지휘관에게 항고(Appeal)할 수 있다.

(4) 군징계의 특징

미군징계제도의 특징은 현실적으로 다양한 징계종류를 채택하고 있다는 점, 봉급몰수나 유치에 관한 종류와 처벌이 다양하다는 점, 인권 및 신분보장이 철저하다는 점, 처벌의 적시성을 보장하고 있다는 점, 징계에 관한 별도의 법률 없이 군사법을 적용하고 있다는 점을 들 수가 있다.[15]

나. 독일

독일군도 징계제도를 운영하고 있다. 독일 군인법 제23조에서는 군인이 직무

14) 이태종, 전게논문, 136면 이하.

15) 김혁중, 전게논문, 106면에서는 미군의 징계제도는 ① 우선 징계제도를 형사적인 제재의 수단으로 인식하고 있다는 점, ② 미군의 징계절차는 그 절차나 형식에 있어 일원화가 되어 있어서 간결하고 명확하다는 점, ③ 징계절차 전 과정에서 징계대상자에게 형사재판절차와 마찬가지로 여러 절차적 권리를 가지며 이를 위해 통지제도가 잘 발달되어 있다는 점을 지적하고 있다.

상 의무를 위반하면 징계의 대상이 된다고 규정하고 있다. 또한 동법 제23조 제3항에서는 "직무위반의 책임추궁에 관한 상세한 사항은 군인징계법이 규정한다."라고 하여 징계절차에 대해서는 군인징계법에서 규정하고 있다. 군인징계법은 148개 조문으로 이루어져 있다.

징계에는 경징계와 중징계로 구분하고 있다. 경징계는 지휘관이 직접 부과한다. 경징계는 의무복무군인이든 직업군인이든 기간제 군인이든 구별하지 않는다. 경징계는 견책, 엄중견책, 징계범칙금, 외출제한, 징계구금 다섯 종류이다. 경고는 군인의 직무위반행위에 대한 형식을 갖춘 비난이다(군인징계법 제23조 제1항). 엄중경고는 부대에 공시되는 비난이다(동 조 제2항). 징계범칙금은 1개월 급여를 초과하지 않는다(동법 제24조). 외출제한은 허락 없이 직무상의 숙소를 떠나는 것을 금지하는 조치이고, 중한 경우에는 금지기간 동안 또는 특정 날짜에 공유공간의 출입과 면회접수를 금지시킬 수 있다. 외출제한은 1일 이상 3주 이하의 기간 동안 가능하다(동법 제25조). 징계구금은 자유의 박탈이다. 징계구금은 우리의 영창처분과 동일하다. 징계구금은 3일 이상 3주 이하의 기간 동안 가능하다(동법 제26조). 경징계 중에서 가장 무거운 징계는 징계구금이다. 징계구금조치를 취하는 경우에는 관할부대직무법원 판사의 동의를 얻어야 한다(동법 제40조). 중징계는 징계법원에 의해서 내려지는 징계조치이다. 중징계조치는 직업군인과 기간제 군인에 대해서만 가해진다. 중징계의 종류는 감봉조치, 승진금지, 호봉강등, 계급강등, 해임이다(동법 제58조).[16]

징계구금 즉 영창의 벌목을 선고할 때에는 판사가 관여하여야 한다. 영창은 관할군사법원의 판사가 동의한 후에 비로소 선고될 수 있다. 판사는 징계처분이 적법, 적절하다고 판단한 경우 이미 선고된 영창처분에 동의하며, 동의를 하는 경우에는 결정 시에 이유를 설시할 필요가 없다. 판사는 군 질서의 유지를 위하여 필요한 경우 즉시 집행을 명할 수 있고, 그 명령에는 이유를 첨부하여야 한다. 판사가 영창처분에 동의하지 않거나 기간을 단축하여야 한다고 판단한 경우에는 그 의견에 이유를 제시하여야 한다. 이 경우에 징계권자는 판사의 결정고지 후 1주일 이내에 사건을 군사법원에 이송할 수 있다. 판사가 사법적 징계에 회부함이 타당하다고 판단할 때에는 기록을 개시관청에 송부하여 결정하도록

16) 국가인권위원회, 외국 군 인사 복무 관련 법령 및 제도 등 실태조사: 독일의 법령과 제도를 중심으로, 90－91면.

한다. 영창처분에 대한 항고는 군사법원에 제기하여야 한다. 국방부장관이나 군인고충처리법에 열거된 징계권자가 영창을 선고한 경우에는 연방행정법원이 항고에 대한 결정권을 갖는다.[17)]

4. 징계절차

징계권의 행사는 특별권력관계에 복종하는 자의 비위행위에 대한 신체적 · 신분적 제재를 가하는 것이므로 군사재판절차와 마찬가지로 법적인 규제를 요하며 이러한 징계절차에 대하여 군인사법 및 군인징계령에서 자세하게 규정하고 있다. 이러한 징계절차는 크게 다음과 같이 네 가지로 구분된다.

첫째, 징계권자는 군인 · 군무원으로서 그 의무에 위반하여 군기를 문란케 하는 행위, 즉 징계사범을 인지한 때에는 징계절차를 개시하고 징계조사관인 간사에게 명하여 조사 · 보고하게 하여야 한다(조사절차).

둘째, 간사로부터 조사결과를 보고받은 징계권자는 당해 징계사범에 대하여 징계벌을 과하여야 할 필요가 있다고 판단한 때에는 당해 사건을 징계위원회에 회부하고, 그로 하여금 징계혐의사실을 심의하여 징계의사를 결정케 하여야 한다(결정절차).

셋째, 징계위원회의 의결에 의하여 당해 징계사건에 관한 징계의사가 결정되면 징계권자 또는 승인권자는 이에 대하여 확인(또는 승인)조치를 하고 징계처분을 하여야 한다(처분절차).

넷째, 이와 같은 절차에 의하여 징계처분이 행하여지면 징계권자는 스스로 또는 다른 집행기관으로 하여금 비행인에게 처분내용을 집행케 한다(집행절차).

다섯째, 위법 · 부당한 징계처분에 대해서는 상급부대에 항고를 제기하거나 또는 행정법원에 행정소송을 제기할 수 있다(구제절차). 공무원법에서는 징계에 대해 소청제도를 인정하고 있으나 군인의 경우에는 소청제도 대신에 상급기관(부대)에 항고를 제기하는 항고제도를 운영하고 있다. 항고심 결정에 대해서는 행정소송을 제기할 수 있다.

---

17) 이상철, "군징계 제도 개선에 관한 연구", 육사논문집 제60집 제1권, 2004, 47면.

Ⅱ. 군인 징계제도의 현 실태 및 문제점

1. 징계의 종류

가. 현 실태

1) 장교, 준사관, 부사관

징계벌은 군복무관계를 계속 유지하면서 장래의 의무위반행위를 방지하기 위하여 신분적 또는 신체적 이익의 일부를 박탈하는 교정징계(대부분 군인사법상 징계벌이 여기에 속한다.)와 군복무관계를 완전히 배제함을 내용으로 하는 배제징계(파면이 여기에 속한다.)로 구분할 수 있다. 장교 · 준사관 및 부사관에 대한 징계처분은 중징계와 경징계로 하고, 중징계는 이를 파면 · 해임 · 강등 또는 정직으로, 경징계는 이를 감봉 · 근신 또는 견책으로 구분하되, 징계종류별 내용은 다음과 같다(법 제57조 제1항).[18]

(1) 파면: '파면'은 그 장교 · 준사관 또는 부사관의 신분을 박탈함을 말한다(법 제57조 제1항 제1호). 파면된 경우에는 5년간 공직취임이 금지되며, 퇴직금의 50%를 감액한다.

---

18) 장교 · 준사관 · 부사관에 대한 징계처벌의 종류와 내용.

구 분	종 류	내 용
중 징 계	파면	• 제적, 관직 및 예우박탈 • 5년간 공직취임 불가 • 퇴직금 50% 감액
	해임	• 제적, 관직 및 예우박탈 • 5년간 공직취임 불가 • 퇴직금 전액 지급
	강등	• 당해 계급에서 1계급 내림 (장교에서 준사관으로, 부사관에서 병으로의 강등은 불가) • 진급시킬 수 없는 사유 해당, 임시계급은 원계급으로 복귀 • 현역복무부적합 심사대상
	정직	• 1개월 이상 3개월 이내 기간 동안 직무종사의 금지 • 정직기간 중 현역복무기간 불산입 • 호봉승급 지연(18개월) • 정직기간 중 봉급의 2/3감액 조치 • 현역복무부적합 심사대상 • 진급시킬 수 없는 사유에 해당, 임시계급은 원계급으로 복귀
경 징 계	감봉	• 1개월~3개월 이내 기간 봉급의 1/3 감액 • 호봉승급 지연(12개월)
	근신	• 10일 이내의 기간 동안 평상근무 후 징계권자가 지정한 영내의 일정한 장소에서 비행을 반성 • 호봉승급 지연(6개월)
	견책	• 비행을 규명하여 장래를 훈계 • 호봉승급 지연(6개월)

(2) 해임: '해임'은 그 장교 · 준사관 또는 부사관의 신분을 박탈함을 말한다(법 제57조 제1항 제1호). 다만, 해임된 경우에는 5년간 공직취임이 금지되며, 퇴직금은 전액 지급한다. 종전까지는 퇴직금의 삭감 없이 징계처분으로 강제 퇴직시킬 방법이 없었으나, 일반공무원과 같이 해임의 징계벌목을 신설하게 되었다.

(3) 강등: '강등'은 당해 계급에서 1계급 내림을 말한다. 다만, 장교로부터 준사관으로, 부사관으로부터 병으로는 강등시키지 못한다(동 항 제2호). 여기서 당해 계급에는 임시계급을 포함하지 아니한다(군인징계령 제2조).

(4) 정직: '정직'은 그 직책을 보유하나 직무에 종사하지 못하고 일정한 장소에서 근신하게 함을 말하며 그 기간은 1개월 이상 3개월 이하로 한다. 정직기간에는 봉급의 3분의 2에 해당하는 금액을 감액한다(법 제57조 제1항 제3호). 종전에는 1/3 내지 1/5 범위 내에서 감액할 수 있었으나 감액 비율을 정액화하였다.

(5) 감봉: '감봉'은 봉급의 3분의 1에 해당하는 금액을 감액함을 말하며 그 기간은 1개월 이상 3개월 이하로 한다(동 항 제4호).

(6) 근신: '근신'은 평상근무 후 징계권자가 지정한 영내의 일정한 장소에서 비행을 반성하게 함을 말하고 그 기간은 10일 이내로 한다(동 항 제5호). 근신에 대한 구체적인 집행 내용에 대해 아무런 규정을 두고 있지 않고 있다. 징계의 목적을 달성하기 위해 지휘관이 근신의 내용을 정할 수 있으나 근신의 집행 내용에 대해 통일적인 규정을 마련하는 것이 필요하다.

(7) 견책: '견책'은 비행을 규명하여 장래를 훈계함을 말한다(동 항 제6호). 원래 견책은 전과(前過)에 대하여 훈계하고 회개하게 하는 것으로서 전과와 훈계 내용은 징계처분장에 기재하여야 한다.

2) 병

법 제57조 제2항에서는 병에 대한 징계처분은 이를 ① 강등, ② 영창, ③ 휴가제한, ④ 근신으로 구분하고 있다. 1997. 1. 13. 개정법률 제5267호로 개정되기 전에는 병에 대한 징계처분을 중징계와 경징계로 구분하여 중징계는 이를 파면 · 강등 · 정직 및 감봉으로, 경징계는 이를 영창 · 근신 및 견책으로 나누고 있었으나, 현행법은 병에 대한 징계처분을 중징계와 경징계로 구분하는 것을 폐지하였다.[19]

(1) 강등

당해 계급에서 1계급 내림을 말한다. 여기서 당해 계급에는 임시계급을 포함하지 아니한다(군인징계령 제2조).

(2) 영창(營倉)

영창이라 함은 15일 이내의 일정기간 내 부대, 함정의 영창 기타 구금장에 감금하는 징계처분을 말한다. 영창의 특징으로 다른 징계벌목은 당해 군인의 군대 조직 내에서의 특수한 복무조건의 변경에 그 본질이 있는 반면에 영창은 그 본질이 해당 병사의 신체를 사실적으로 감금하는 데 있고 복무조건의 변경은 부수적인 효과에 불과한 것이다.

(3) 휴가 제한

휴가 제한은 휴가일수를 제한하는 것을 말하고 그 기간은 1회에 5일 이내로 하며 복무기간 중 총제한일수는 15일을 초과하지 못한다. 병에 대하여 휴가제한제도를 신설한 이유는, 현재 장교·준사관 및 부사관의 경우에는 징계처분이 진급 및 보수에 지대한 영향을 주지만, 병의 경우에는 전역 후 사회생활에 영향이 없기 때문에 징계의 실효성이 없으며, 특히 신세대 병사들의 지나친 개인주의적 가치관이 군기강과 단결에 부정적 영향을 주는 경우가 있어 지휘통솔에 어려움을 주고 있는 반면, 달리 효율적인 통제수단이 없어 휴가일수를 제한하여서라도 군 기강을 세우기 위해 휴가제한제도를 신설하려는 것이며 또한 군인복무규율 제42조에 규정되어 있는 휴가제한규정의 입법화 의미도 있다.[20]

(4) 근신

근신은 훈련 또는 교육의 경우를 제외하고는 평상근무에 복무함을 금하고 일

19) 병에 대한 징계처분의 종류와 내용.

종 류	내 용
강 등	당해 계급에서 1계급 내림
영 창	15일 이내의 범위에서 부대, 함정의 영창, 기타 구금장에 감금함. * 영창처분기간은 군복무기간 미산입 등
휴가제한	휴가(연가) 일수를 비위 정도에 상응하여 1회 5일 이내의 범위 내에서 제한하며 복무기간 중 총제한일수는 15일을 초과할 수 없고, 휴가 횟수(매 휴가 시 최소 5일은 보장)의 박탈은 불가함.
근 신	15일 이내의 범위에서 훈련 또는 교육의 경우를 제외하고는 평상근무에 복무함을 금하고 징계권자가 지정하는 일정 장소에서 비행을 반성하게 함. * 징계권자는 근신기간 중 수행할 과외 업무를 지정 가능 등

20) 1996. 12. 국회 국방위원회, 군인사법중개정법률안 심사보고서, 7면.

정한 장소에서 비행을 반성하게 함을 말하며 그 기간은 15일 이내로 한다.

(5) 영내대기(營內待期)의 문제

군인사법상의 징계 벌목에는 해당하지 아니하나 일부 부대에서 시행되고 있는 영내대기에 대해서는 많은 논의가 제기되고 있다. 영내대기란 지휘관이 징계절차를 거치지 아니하고, 일정한 과오를 범한 자에 대하여 문책 또는 징계성의 의미로 일정기간 동안 영외출입을 금지시키면서 영내에 잔류하도록 명하는 것을 말한다.[21] 영내대기는 영외거주를 할 수 있는 장교, 준사관, 부사관(하사는 2호봉 이상)에게 의미가 있으며, 영외거주가 제한되는 경우와 외출·외박의 제한이 되는 경우와는 구별된다.[22] 이러한 영내대기는 지휘관의 초급간부에 대한 제재수단으로서 광범위하게 활용되고 있는 실정이나, 신체의 자유, 거주 및 이전의 자유 등 기본권을 제한하는 불이익 처분임에도 불구하고 이에 대한 법적 근거가 명확하지 아니하다는 점에 문제가 있다. 관련 법규로는 군인사법 제57조, 군인복무규율 제19조·제22조·제29조·제42조, 국군병영생활규정 제3조, 육규 135(2006. 7. 1.) 육군복무규정 제51조·제52조 등이 있다.

영내대기의 유형으로는 영내대기는 긴급사유 발생 시, 포괄적 지휘권 행사의 일환으로, 또는 징벌(형사벌, 징계벌)로서 시행되는 영내대기로 구분할 수 있다. 첫째로, 지휘관은 부대임무를 수행함에 있어서 긴급한 경우 부대의 외출·외박 및 휴가를 제한할 수 있다(군인복무규율 제42조 제1항). 둘째로, 징벌로서 시행되는 영내대기는 2가지로 구분할 수 있다. 우선 형사벌로서의 영내대기 즉 구속영장이 기각되었을 때 지휘관이 피의자에 대해 영내대기를 통하여 사실상 구속을 하는 영내대기는 위법한 처분이다. 징계벌로서의 영내대기는 징계벌목인 근신처분의 대용으로 사용하는 것을 말하며 적법한 징계절차에 의하지 아니한 위법한 처분이다. 셋째로, 지휘관이 부대를 지휘·통솔 및 관리차원에서 부하의 과오를 시정하기 위하여 업무가 수반된 단기간의 영내대기를 발한 경우가 있다. 특히 이러한 경우 그 허용 범위 및 한계에 대해 많은 논의가 제기되고 있다.

영내대기가 가능한지 여부[23]에 대해서는 1) 법률유보와 관련하여 특별권력관

21) 정탁교, "행정법상 내부관계에 대한 법적 고찰", 고려대(박사학위논문), 2004, 142면; 전규형, "영내대기에 대한 법적 검토", 법무공보(제85호), 육군본부, 2005. 10. 122면.

22) 상근예비역에 대해서는 근신처분의 일환으로 영내대기를 허용할 수 없다(육본 법제과 - 299〈2006. 7. 24.〉 - 상근예비역의 근신기간 중 영내대기의 적법 여부에 관한 재질의).

계 내부에는 전형적인 의미에서의 법률유보가 적용되는 것이 아니고 군(내부)의 일정한 목적 달성을 위해서는 법률에 근거 없이도 내부를 통제할 수 있는 재량권이 인정된다고 할 것이므로 군 특성에 비추어 지휘관에게는 부대를 지휘 · 통솔 및 관리하기 위해서, 그리고 부하의 과오를 시정하기 위하여 업무가 수반된 단기간의 영내대기 조치를 취하는 것은 지휘권한 내의 적법한 권한행사로 보는 견해와, 2) 법류유보의 범위와 관련하여 어떠한 학설을 취하든지 간에 침익적 행정과 관련하여서는 현재의 모든 학설이 그에 대한 법률적 근거를 요구하고 있는바, 영내대기는 신체의 자유 및 거주 · 이전의 자유를 침해하는 침익적 행정작용이므로 법률적 근거가 없는 영내대기는 위법하다는 견해가 있다.[24] 3) 육군본부 유권해석은 "군인이 수행하는 직무의 특성상 작전 · 훈련 및 군통수작용상 필요하고도 중대한 임무(예: 전시, 대간첩작전, 재난구호활동, 각종 기동훈련 등)를 위하여 상관이 발한 영내 비상대기 명령은 적법한 지휘권의 행사이므로, 이에 복종하여야 함. 군인복무규율 제22조 제1항, 제29조, 국군병영생활규정 제16조, 육군규정 135(육군복무규정) 제48조 · 제49조, 군인사법 제57조 등 위 관련 규정과 군 특성에 비추어 지휘관에게는 부대를 지휘 · 통솔 및 관리하기 위한 폭넓은 재량이 인정된다고 할 것이어서 부하의 과오를 시정하기 위하여 업무가 수반된 단기간의 영내대기 조치를 취하는 것은 지휘권한 내라고 판단됨. 또한 영내대기 명령의 적법성 여부는 하급간부의 과오의 중대성, 긴급한 조치를 취하여야 할 필요성, 부수된 직무의 내용 등 정황을 고려하여 지휘관의 지휘권 행사의 범위 내에서 행사되었는지 여부에 따라 판단되어야 할 것이고, 다만, 지휘관의 직무와 관련 없는 자의적 결정이나 기본권의 본질을 침해할 정도의 장기간 대기지시 등은 위 군인복무규율 제22조를 위반할 우려가 있으므로 영내대기 지시를 신중히 해야 할 필요성이 있음"이라고 해석하였다.

23) 이병희, "영내거주 부사관에 대한 영내대기 명령의 적법성과 항명죄의 성립 여부", 군판사 세미나(2004), 24면; 정탁교, 전게논문, 143~147면; 전규형, 전게논문, 124-131면.

24) 전규형, 전게논문, 131면.

나. 문제점

1) 징계벌 종류의 제한 및 실효성 문제

현행의 징계벌목은 너무 단순하여 징계권자의 적절한 징계권행사를 제한하고 있으며, 징계관련 규정에 언급되지 않은 부수효과가 너무 많아 징계권을 행사하는 자나 징계대상자 양자가 징계에 따른 효과를 예상하지 못하거나 또는 그 효과에 대하여 과도하게 부담을 가져 징계권자의 적절한 징계권행사에 많은 장애가 있을 뿐만 아니라, 징계로 인한 인사상의 불이익이 과도하고 그 내용이 각종 지침 등에 의하여 수시로 변경됨으로써 징계를 받은 자는 쉽게 군 생활의 장래를 비관하게 되거나 막연한 불안감을 가지고 군복무를 할 수밖에 없어 오히려 징계권의 행사가 부대의 통합과 개인의 역량발휘에 부정적 효과를 발생시키고 있다. 부수효과 때문에 징계가 적절하게 이루어지지 않는 경우를 쉽게 예상할 수 있다.

현재 병에게 실시되는 징계벌로서 강등, 감봉, 영창, 근신, 견책, 휴가제한이 있으나 영창 이외의 다른 징계벌은 실효성이 없는 것으로 판단되고 있다. 강등은 병의 경우에 그 신분상 불이익이 적다고 할 수는 없지만 군대 내의 병 상호간의 관계는 군 경력에 따라 좌우되는 면이 있으므로 그 실효성이 크다고 할 수 없다. 또한 감봉도 직업군인이 아닌 의무복무군인에게 있어서 급료 자체가 적기 때문에 제재로서의 효과가 없다고 할 수 있다. 근신이나 견책은 더욱이 실효성이 없다고 할 수 있다. 휴가제한은 어느 정도 효력이 있다고 할 수 있으나 휴가제한에 대한 제한을 규정하고 있어 징계로서의 실효성이 약하다고 할 수 있다. 이러한 이유로 지휘관들은 영창을 선호하고 있으며 영창의 숫자는 해마다 증가하는 추세에 있다.[25)]

2) 영내대기의 문제점

영내대기란 지휘관이 징계절차를 거치지 아니하고, 일정한 과오를 범한 자에 대하여 문책 또는 징계성의 의미로 일정기간 동안 영외출입을 금지시키면서 영내에 잔류하도록 명하는 것을 말한다. 이러한 영내대기는 지휘관의 초급간부에 대한 제재수단으로서 광범위하게 활용되고 있는 실정이나, 신체의 자유, 거주

25) 이상철, 전게논문, 49－50면.

및 이전의 자유 등 기본권을 제한하는 불이익 처분임에도 불구하고 이에 대한 법적 근거가 명확하지 아니하다는 점에 문제가 있다.

그러나 군인이 수행하는 직무의 특성상 작전 · 훈련 및 군통수작용상 필요하고도 중대한 임무(예: 전시, 대간첩작전, 재난구호활동, 각종 기동훈련 등)를 위하여 상관이 발한 영내 비상대기 명령은 적법한 지휘권의 행사에 해당된다. 또한 군 특성에 비추어 지휘관에게는 부대를 지휘 · 통솔 및 관리하기 위한 폭넓은 재량이 인정된다고 할 것이어서 부하의 과오를 시정하기 위하여 업무가 수반된 단기간의 영내대기 조치를 취하는 것은 지휘권한 내라고 판단된다. 따라서 영내대기 명령의 적법성 여부는 하급간부 과오의 중대성, 긴급한 조치를 취하여야 할 필요성, 부수된 직무의 내용 등 정황을 고려하여 지휘관의 지휘권 행사의 범위 내에서 행사되었는지 여부에 따라 판단되어야 할 것이고, 다만, 지휘관의 직무와 관련 없는 자의적 결정이나 기본권의 본질을 침해할 정도의 장기간의 대기지시 등은 위 군인복무규율 제22조를 위반할 우려가 있으므로 영내대기 지시를 신중히 해야 할 필요성이 있다. 현재 특별권력관계에 대한 일반적인 견해는 특별권력관계에서도 기본적으로 법률유보의 원칙이 적용되나 각 개별적인 특별권력관계의 목적과 기능을 유지하기 위하여 필요한 범위 내에서 상대적으로 법치주의가 다소 완화될 수 있다는 입장이다. 따라서 영내대기의 문제도 제한 및 통제의 측면에서 논의가 이루어져야 한다는 전제하에 군의 일정한 목적 달성을 위하여 지휘관에게 인정된 지휘권의 범위에 따라 결론이 달라질 수 있다.[26] 지휘관에게는 전 · 평시 인원관리에 대한 책임이 있으므로 인원관리 측면에서 일정한 범위와 한계 내에서 영내대기가 가능하다고 본다.[27] 위에서 본 바와 같이 영내대기의 유형이 다양하므로 그 형태에 따라 허용범위 및 한계를 어느 정도 인정할 것인가가 논의되어야 한다.

---

26) 정탁교, 전게논문, 146면.

27) 특별권력관계의 목적에 필요한 경우 법률의 근거가 없는 경우에도 제한적인 범위 내에서 징계가 가능하다고 해석되는 점, 국군병영생활규정 제3조에서 지휘관에게 포괄적인 권한을 부여하고 있어 이를 개괄적인 근거조항으로 볼 수 있는 점, 부하의 과오에 대해 지휘관이 가시적인 일정한 제제를 가함으로써 교육효과를 달성하며 당사자에게도 유리할 수 있다는 점을 근거로 법리상 영내대기가 가능하다고 한다(이상호, “징계권자가 과잉금지의 범위 내에서 영내 대기를 명할 수 있다는 사견임”, JAGC 〈Q/A〉).

2. 영창처분

가. 현 실태

1) 개념

영창이라 함은 15일 이내의 일정기간 내 부대, 함정의 영창 기타 구금장에 감금하는 징계처분을 말한다. 영창의 특징으로 다른 징계벌목은 당해 군인의 군대 조직 내에서의 특수한 복무조건의 변경에 그 본질이 있는 반면에 영창은 그 본질이 해당 병사의 신체를 사실적으로 감금하는 데 있고 복무조건의 변경은 부수적인 효과에 불과한 것이다.[28] 영창은 비행인의 인신을 구금장에 감금한다는 점에서 형사벌로서의 징역 · 금고 특히 구류와 사실상 다를 바 없다.[29] 그러나 양자는 그 법적 성질에 있어서 엄격히 구별된다. 즉 권력적 기초 · 대상 · 목적 · 절차 · 효과 등의 여러 가지 점에서 구별된다.[30]

2) 내용

(1) 대상: 영창은 병에게만 부과되는 징계처분이다. 즉 장교 · 준사관 및 부사관에게는 적용되지 않는다. 이는 위계질서의 존엄성이 특히 강조되는 군대사회 간부의 신분과 지위를 고려한 것이다.

(2) 기간: 영창의 기간은 15일 이내이다. 즉 1회 영창처분의 장기가 15일이므로 15일을 초과하는 영창처분은 위법한 처분이다. 그러나 단기에 관해서는 제한을 하고 있지 아니하므로 비행사실을 고려하여 징계권자가 정할 수 있다. 그렇지만 조리상 1일 이하의 영창처분 즉 시간으로 정하는 영창처분은 안 된다.[31] 징계권자는 병에 대한 징계벌로서 영창처분을 할 때 수회에 걸쳐 무제한적으로

---

28) 최성보, "영창제도의 문제점과 개선방안에 관한 연구", 서울대(석사학위논문), 2006, 8면.

29) 2000. 10. 27. 제215회 법사위 국정감사 시 한나라당 이주영 의원은 영창처분을 즉결심판에 포함시킬 의향이 있는지 여부에 관하여 서면 질의한 바 있으며, 국방부는 이에 대한 답변에서 "병에 대한 영창처분은 군인사법에 의한 징계벌의 일종으로서 중대급 이상의 부대에서 운영하는 징계위원회의 결정으로 이루어지는바, 이는 군 조직의 특성상 지휘관에게 보다 강한 지휘권을 보장하여 주어야 할 필요성에 따른 것입니다. 한편 군사법원법은 즉결심판에 관한 절차법과 달리 즉결심판의 대상에서 구류를 제외하고 있는바, 이는 병에 대한 징계의 벌목에 영창과 영내대기(근신)가 있어 구류와 동일한 효과를 얻을 수 있고, 법원에서도 실무상 구류를 거의 선고하지 않고 있기 때문으로 사료됩니다. 따라서 영창을 즉결심판 대상으로 포함시키는 것은 고려하고 있지 않습니다."라고 밝혔다.

30) 공군본부, 군법, 383면.

31) 공군본부, 군법, 384면.

할 수 있을까? 예를 들면 영창처분을 10일씩 3회에 걸쳐 총 30일 이상을 실시하는 것이 가능한 것인가가 문제이다. 현행법 해석상 영창처분에 대해서는 장기 15일만 제한하는 규정을 두고 있지 총계로는 제한하고 있지 아니하므로 30일 이상도 가능하다고 볼 수 있으나 병 재직기간 동안 일정일수를 초과하지 못하도록 제한하는 것이 필요하다고 본다. 더욱이 영창기간이 군복무기간에 포함되지 않아 사실상 법률이 정한 군복무기간을 행정처분에 의하여 연장하는 결과를 초래하므로 법률로서 군복무기간 동안 영창처분의 일수를 제한하여야 한다.[32]

(3) 감금: 영창의 내용은 비행인을 부대, 함정의 영창 또는 기타 구금장에 감금하는 것이다. 여기서 '영창 또는 기타 구금장'이라 함은 형사기결수나 미결수를 수용하기 위하여 항구적인 시설을 한 장소나 또는 필요에 의하여 부대 또는 함정에 임시로 시설한 장소를 불문하고 피구금자로 하여금 소정구역 외로 나가지 못하도록 외곽선시설과 감시수단을 강구한 공적 설비를 말한다.[33] '감금'이라 함은 직접 신체에 구속을 가하는 경우는 물론, 어떠한 방법이든 불문하고 사람을 일정한 장소에 출입하는 자유를 빼앗는 것을 말한다. 그리고 영창처분의 결과로서 구금장에 감금된 자는 원칙적으로 평상근무에 복무함이 금지된다.[34]

(4) 대우: 영창처분을 받은 자에 대하여 어떠한 대우를 할 것인가? 즉 식사, 침구 등의 급식기준, 급여나 보수를 어떻게 할 것인가에 대하여 군인사법에는 아무런 제한규정을 두고 있지 아니하므로 당해 계급에 대한 보수는 계속 지급하여야 한다. 또한 영창으로 인해 진급에 있어서 불이익을 받는다.

(5) 최후성: 영창이 남발되는 것을 막기 위해 영창은 휴가제한 · 근신 등으로 직무수행의 의무를 이행하게 하는 것이 불가능하고 복무규율의 유지를 위하여 신체구금이 필요한 때에 한하여 처분하여야 한다(법 제59조의 2 제1항).

3) 절차

영창처분에 대해서는 2006. 4. 28. 군인사법 개정(법률 제7932호)으로 영창처분에 대해 적법성을 심사하는 새로운 제도가 도입되었다. 영창에 대한 적법성

32) 법 제57조 제2항 제3호의 휴가제한규정인 "그 기간은 1회 5일 이내로 하며 복무기간 중 총제한일수는 15일을 초과하지 못한다."와 같이 영창처분에 대해서도 군복무기간 중 총제한일수를 법률로 규정하여야 한다.

33) 공군본부, 군법, 384면.

34) 공군본부, 군법, 384면.

심사제도란 징계위원회에서 영창처분이 의결된 경우에 병의 인권보호를 담당하는 군법무관(이하 '인권담당군법무관'이라 한다.)[35]의 적법성 심사를 거친 후에 집행할 수 있는 것을 말한다(법 제59조의 2 제2항). 영창처분의 절차로서 적법성 심사의뢰, 징계권자에 대한 통보, 영창처분의 통지, 영창처분의 집행, 항고에 대해서는 아래 제4절 적법성 심사제도－인권담당군법무관제도에서 설명하기로 한다.

4) 효과

영창기간은 군복무기간에 산입되는가? 병역법 제18조 제2항에서는 현역병이 영창처분을 받은 경우에는 그 영창일수는 현역복무기간에 산입하지 아니한다고 규정하고 있다. 종전에는 영창처분을 군복무기간에 산입하였으나 1997. 1. 13. 병역법 개정 시에 군복무기간에서 제외하였다. 영창처분은 일종의 신체적 제재이므로 신분상 어떠한 영향을 주는 법적 효과는 원칙적으로 따르지 않는다. 다만, 진급·포상을 함에 있어서 그 기준으로서 복무성적을 고려하는 경우에 불리하게 참작될 뿐이다. 영창을 받은 자는 1회 진급 시 누락시키고 있다.

나. 문제점

1) 영창처분의 남발

각급 부대에서 영창처분이 남발되고 있다. 병에 대한 징계처분의 약 96%에 달하고 있다. 영창처분이 남발되고 있는 이유는 영창 이외에 실효성 있는 법적 징계처분이 존재하지 않기 때문이다. 그러나 영창처분은 신체를 구금하는 것으로서 헌법이 보장하는 영장 없이 신체의 자유를 제한하는 것이므로 이를 제한할 필요가 있는 것이다. 사안의 경중에 무관하게 획일적으로 영창처분을 남발하는 것은 법의 일반원리로서의 비례의 원칙에 반하는 것이다. 따라서 가벼운 비위사실에 대한 영창처분은 제한하는 것이 바람직하다.

2) 영창처분에 대한 구제 제도의 미비

국가인권위원회의 보고서에 의하면 2000년과 2001년 징계를 받은 사병은 모

35) 인권담당군법무관은 국방부와 그 직할 부대 또는 기관의 경우에는 국방부장관이 그 소속 군법무관 중에서, 각 군의 경우에는 참모총장이 그 소속 군 법무관 중에서 임명한다(법 59조의 2 제4항).

두 22,938명인데 그중 징계항고권을 행사한 예는 단 1건에 불과하다고 한다. 영창처분에 대한 구제절차로는 행정소송과 징계항고제도가 있는데 행정소송절차에서 영창처분이 취소된 예는 한 건도 없으며 위에서 본 바와 같이 징계항고의 실적은 거의 전무한 형편이다. 따라서 예하부대에서 남발되고 있는 영창처분에 대한 구제제도가 활성화되지 못함으로써 사병들에 대한 권익구제제도에 문제가 있다.

3) 영창처분에 대한 집행의 문제점

영창처분은 피징계자를 영창 기타 구금장소에 감금하는 징계벌에 해당된다. 현행 실무상 헌병대 영창에는 형의 선고를 받은 수형자와 구속된 형사피의자 그리고 징계입창자를 모두 수용하도록 규정되어 있다(육규150 제97조). 군행형법의 적용을 받는 기결수와 미결수에 적용되는 규정이 사실상 그대로 징계입창자에게 적용되는 것을 바람직하지 못하며 영창처분의 구체적인 집행내용이 보다 합리적으로 개선되어야 한다. 이는 징계처벌을 받은 자와 형사처분을 받은 자를 같은 대상자로 보고 있으며 또한 대우에 있어서도 양자를 구별하지 않고 있는 문제점을 가지고 있다.

4) 영창 폐지의 문제[36)]

(1) 영창제도 폐지론의 논거

첫째로 자의적 구금의 금지원칙을 위반할 소지가 있다. 영창제도 폐지론의 첫 번째 논거는 법관의 결정 없이 지휘관의 명령에 의해 신체의 자유를 박탈하는 영창제도는 세계인권선언 및 국제인권 B규약에서 규정한 자의적 구금의 금지원칙을 위반하고 있으며, 나아가 신체의 자유를 침해하는 강제처분을 하는 경우에 법관의 결정 절차를 요구하는 우리 헌법정신에 위배될 소지가 있다는 것임.

둘째로 징계벌로서의 영창제도의 문제점이다. 영창제도 폐지론은 영창제도가 그 외에도 ① 지휘관의 자의적인 처분에 따라 동일 사건에 대한 징계가 달라지는 등 징계의 기준이 모호하여 군 기강 확립에 오히려 역효과를 가져올 수 있는 점, ② 경우에 따라서는 기소되어야 할 범죄행위가 지휘관에 의해 형벌이 아

36) 국방위원회 수석전문위원, 군인사법일부개정법률안(임종인 의원 대표발의) 검토보고서, 2005. 6. 5 - 10면.

닌 징계에 해당하는 영창처분을 내리는 것으로 끝날 수도 있는 점, ③ 군인사법령상의 징계절차가 현실적으로 제대로 준수되고 있는지 의문이라는 점, ④ 사병들의 징계항고권이 거의 행사되지 않고 있으며 현실적으로 그 행사가 어렵다는 점 등의 문제점을 가지고 있다는 입장임.

셋째로 여타 징계수단의 사용 가능성이 있다. 또한 영창제도 외에 군인사법에 규정된 강등, 휴가제한, 근신 등의 징계수단을 효과적으로 사용할 수 있다는 것이 영창제도 폐지론의 주장임. 우선, 휴가제한의 경우 15일을 초과할 수 없다는 규정을 개정하여 그 이상도 제한할 수 있도록 하는 방안을 생각할 수 있고, 근신의 경우는 근신기간 중에 수행할 과외업무의 개발을 통하여 활용할 수 있으며, 현재 비공식적으로 활용되고 있는 군기교육대를 법률에 그 근거를 두고 운영하면서, 인권침해의 소지가 없도록 절차와 교육내용 등을 명확히 규정한다면 영창제도에 대한 대안으로 활용할 수 있다는 것임.

(2) 영창제도 유지론

첫째로 병에 대한 실효성 있는 유일한 징계수단이다. 영창제도 유지론의 가장 중요한 논거는 군 기강 확립과 지휘권의 보장이라는 징계벌의 목적 달성의 관점에서 영창제도가 병에 대한 유일한 실효적 수단이라는 것임. 우선, 강등은 사병의 경우 계급보다는 입대일자가 우선되는 분위기 아래에서 계급에 연연해하지 않고 의무복무기간만 마치면 되므로 실질적인 피해가 없고, 휴가제한은 1회 5일 이내의 범위 내에서 제한하며 복무기간 중 총제한일수는 15일은 초과할 수 없다는 제한이 있으며, 영내대기나 외출금지를 의미하는 근신은 이미 영내 생활이 강제되고 있는 사병들에게는 별다른 효과가 없는 등 여타 징계수단의 실효성이 부족하다는 것임. 둘째로 영장주의 위반 소지에 대한 반론이 가능하다. 징계벌로서 인신 구속을 행할 수 있는지 여부를 별론으로 한다면 우리 헌법상 규정되어 있는 인신 구속에 대한 영장주의 원칙은 형사절차상의 강제처분 내지는 사회 일반질서 유지를 위해 행정권이 행사하는 행정상 즉시강제와 같은 행정처분에 적용되는 것으로, 이를 특별권력관계 내부의 질서유지를 위하여 행하여지는 징계처분인 영창제도에 그대로 적용하는 것은 신중한 검토를 요한다는 것임. 셋째로 제도 보완을 통해 인권침해소지를 줄이면서 운영 가능하다. 특별권력관계 내부의 징계처분이라도 헌법이 규정한 처벌에 있어서의 법률유보와 적법절차의 원칙은 준수되어야 하며, 이에 비추어 볼 때 현재 영창제도의 절차적 측면이 일부 문제가 있으나, 이는 ① 인권담당법무관에 의한 영창처분 적법성 심사 규정 마련, ② 절차위반 시 취소권한 부여, ③ 영창처분에 대한 항고제기 시 집행정지 효력 부여 등의 제도개선책 마련을 통해 보완이 가능하다는 입장임. 넷째로 비교법적으로 미국이나 독일 등에서도 영창제도를 인정하고 있다는 것임. 미국은 미군통일군사법전에서 영창(Correctional Custody)을 인정하며, E－3 이하의 사병에 대하여 부대 또는 함정의 영창에 구금할 수 있도록 하고 있음. 독일은 독일 군징계법에서 영창(Disziplinararrest)을 인정하며, 군판사 동의하에 3일에서 3주 사이의 영창 집행이 가능함.[37)]

(3) 국회 국방위원회 검토보고

국방위원회 검토의견은 영창제도 존폐 여부는 ① 중립적 사법권이 아닌 지휘권의 일환으로 행사되는 인신의 구속이 장병 기본권에 미치는 영향, ② 평시 군기강 및 지휘권 확립의 필요성, ③ 영창제도 폐지 시 여타 징계수단의 대체적 활용의 가능성 등을 신중히 비교 형량하여 판단하여야 할 것으로 보임. 다만, 후속 보완책이 없는 영창제도의 폐지 또는 현 영창제도의 보완 없는 유지의 경우 군 기강 유지나(폐지의 경우), 장병 기본권 보호(유지의 경우) 등에 있어 문제가 발생할 수 있다. 영창제도의 유지를 전제로 한 보완 방안으로는 "영창제도의 유지가 불가피하다는 입법정책적인 결정이 내려진 경우에는 현재의 영창제도를 헌법에 규정되어 있는 처벌에 있어 법률유보와 적법절차의 원칙에 맞도록 개선하는 작업이 뒤따라야 할 것임. 여기에는 ① 가벼운 비행사실에 대한 영창처분 제한, ② 징계혐의자에 대한 고지 · 청문 · 변명 등의 방어기회 보장, ③ 독일과 같이 군판사 동의 후 영창처분 집행, ④ 영창처분에 대한 항고제기 시 집행정지 효력 부여, ⑤ 징계입창자 처우에 관한 국방부 차원의 독립된 규정 마련 등이 포함될 수 있을 것임"이라고 하였다.

37) 미국의 영창(Correctional Custody)과 독일의 영창(Disziplinararrest)에 대해서는 최종보, 전게논문, 58－76면 참고.

3. 적법성 심사제도 – 인권담당군법무관제도

가. 현 실태

1) 개요

2006. 4. 28. 군인사법 개정(법률 제7932호)으로 영창처분에 대해 적법성을 심사하는 새로운 제도가 도입되었다. 최근 영창제도에 대한 위헌성 제기 및 영창폐지론이 주장되어 왔으며, 또한 군에서도 사병들에 대한 인권보장 차원에서 영창처분에 대해서는 인권담당군법무관에 의해 적법성 심사를 거친 후에 시행하도록 제도 개선이 이루어졌다.[38] 영창에 대한 적법성 심사제도란 징계위원회에서 영창처분이 의결된 경우에 병의 인권보호를 담당하는 군법무관(이하 '인권담당군법무관'이라 한다.)[39]의 적법성 심사를 거친 후에 집행할 수 있는 것을 말한다(법 제59조의 2 제2항). 인권담당군법무관이란 군법무관 중 국방부장관 또는 참모총장으로부터 인권담당군법무관으로 임명된 자로서 징계위원회의 징계의결 중 영창벌목에 대하여 적법성 심사를 하고, 징계처분을 받은 자의 항고제기에 대하여 조력하는 자를 말한다.[40] 인권담당군법무관은 징계권자의 영창처분 집행 전 적법성 심사 및 징계처분에 대한 항고조력 등 징계절차에 있어서 일부 통제기능만을 수행할 수 있을 뿐이며 군 내 인권 전반에 대한 감독·시정 등의 조치권한은 없어 일부 제한적인 역할만을 수행할 수 있다.

2) 내용

(1) 적법성 심사 의뢰

징계위원회에서 병에 대한 영창처분의 의결이 있을 때에는 인권을 담당하는 군법무관의 적법성 심사를 거친 후에 징계권자가 이를 행한다. 따라서 징계권자는 영창처분을 하기 전에 인권담당군법무관에게 적법성 심사를 의뢰하여야 한다. 징계권자가 적법성 심사를 요청할 때에는 적법성 심사요청서에 징계의결서

---

38) 이 제도 시행 전에도 육규 및 부대 내규에서 법무참모가 예하부대의 징계업무를 지도·감독하며, 또한 영창처분에 있어서는 피징계자를 입창하기 전에 반드시 법무참모부를 통해 사전심사를 받도록 하는 입창 전 사전심사 제도가 시행되고 있었다.

39) 인권담당군법무관은 국방부와 그 직할 부대 또는 기관의 경우에는 국방부장관이 그 소속 군법무관 중에서, 각 군의 경우에는 참모총장이 그 소속 군 법무관 중에서 임명한다(법 59조의 2 제4항).

40) 윤원기, "인권담당군법무관 제도에 대한 고찰", 육군법무병과 창설 60주년 기념논문집, 육군본부, 2007, 262면.

와 관련 서류를 첨부하여 제출하여야 한다(군인징계령 제18조 제1항). 다만, 해외순방 중인 함정 그 밖에 대통령령이 정하는 긴급한 사유로 인하여 인권담당군법무관의 적법성 심사를 받을 수 없는 경우에는 그러하지 아니하다(법 제59조의 2 제2항 단서). 여기서 "대통령령이 정하는 긴급한 사유"라 함은 해외 훈련 중인 함정에 승선하거나 전시 · 사변 그 밖에 이에 준하는 사태를 말한다(군인징계령 제18조 제5항). 단서규정에 따라 인권담당군법무관의 적법성 심사를 거칠 수 없는 경우에는 인권담당군법무관에게 그 긴급한 사유가 명시된 통지서와 징계처분장 및 징계의결서 사본을 송부하여야 한다(동 조 제6항).

(2) 적법성 심사 방법 및 내용

인권담당군법무관은 군인사법 제56조 및 징계양정기준에 의하여 적법성 심사의뢰서와 징계기록을 기초로 영창처분의 적법성 심사를 한다. 인권담당군법무관은 징계대상자가 요청하거나 그 밖에 적법성 심사를 위하여 필요하다고 인정하는 때에는 징계대상자를 심문할 수 있고, 징계권자는 그 심문에 필요한 협조를 하여야 한다(동 조 제2항). 적법성 심사의 대상으로 징계사유, 징계절차, 양정의 적정성 등을 예시하고 있다. 따라서 비행사실이 법 제56조의 규정에 의한 징계사유에 해당하는지의 여부, 징계위원회 개최 여부, 징계대상자에 대한 진술권 및 출석권 보장 여부, 징계 양정의 적정성이다. 징계 양정의 적정성에는 비행사실이 징계사유에는 해당하나 영창처분을 하기에는 과하다고 판단되는 경우, 즉 징계벌목 선택의 문제(특히 보충성의 문제)와 영창사유에는 해당하나 영창일수가 과하다고 판단되는 경우 등에 대해 심사할 수 있다.[41]

(3) 징계권자에 대한 통보

인권담당군법무관은 징계사유, 징계절차 및 양정의 적정성 등 영창처분의 적법성에 관한 심사를 하고 그 의견서를 작성하여 당해 징계권자에게 통보하여야 한다(법 제59조의 2 제3항, 군인징계령 제18조 제3항). 심사의견을 통보받은 징계권자는 그 의견을 존중하여야 한다. 이 경우 징계위원회의 징계의결사유가 제56조의 규정에 의한 징계사유에 해당되지 아니한다는 의견인 때에는 당해 영창

41) 이에 대한 자세한 내용은 윤원기, 전게논문, 273-278면 참조.

처분을 하여서는 아니 되고, 징계대상자에 대하여 진술기회를 부여하지 아니한 경우 등 중대한 절차상 하자가 있다고 인정한 의견인 때에는 다시 징계위원회에 회부할 수 있다(법 제59조의 2 제5항). 징계권자는 인권담당군법무관의 의견과 달리 징계처분을 하는 경우에는 징계의결서에 그 사유를 명시하여 징계의결서 사본을 송부하여야 한다(군인징계령 제18조 제4항).

(4) 영창처분의 집행

징계권자가 영창처분을 집행할 때에는 영창 기타 구금장을 관리하는 부대(부서)의 장에게 적법성 심사통보서를 첨부하여 관련 서류를 송부하여야 한다. 영창 기타 구금장을 관리하는 부대(부서)의 장은 병에 대한 영창처분을 집행할 때 관련 서류를 통하여 적법성 심사를 거쳤는지 여부를 확인하고, 적법성 심사를 누락한 경우 인권담당군법무관에게 그 사실을 통보하여야 한다.

(5) 항고

영창처분을 받은 자는 인권담당군법무관의 조력을 받아 그 처분의 통지를 받은 날부터 30일 이내에 장관급 장교가 지휘하는 징계권자의 차상급부대 또는 기관의 장에게 항고할 수 있다(법 제60조 제1항). 영창처분에 대한 항고가 제기된 경우에는 그 집행을 정지하여야 한다(동 조 제5항). 항고에 대한 실질적인 구제책으로 집행정지원칙을 채택한 것이다.

나. 문제점

1) 인권담당군법무관의 역할 수행에 있어서의 문제점

현재 사단급 이상 부대에 법무부가 설치되어 군법무관이 근무하고 있다. 사단을 예로 들면 사단 법무부는 법무참모 1명, 검찰관 1명으로 구성되어 있는 경우가 많고, 사단 징계위원회가 열릴 경우 법무참모나 검찰관 중 한 명이 징계간사가 된다. 그리고 사단의 경우 현재 법무참모와 검찰관 2인이 인권담당군법무관으로 임명되고 있다. 그렇다면 군법무관 1인이 검찰관, 징계간사, 인권담당군법무관이라는 세 직책을 중복하여 맡게 되는 것이다. 따라서 이러한 직책 중복에 따른 역할충돌이 필연적으로 생기게 된다. 즉 첫째로, 징계간사로서의 역할과 인권담당 군법무관(항고 조력자)으로서의 역할, 둘째, 인권담당군법무관으로서의 업무상 역할 충돌, 셋째, 검찰관으로서의 역할과 인권담당군법무관으로서의 역할이 상호 충돌하게 된다.[42)]

2) 인권담당군법무관의 적법성 심사에 있어서의 문제점

첫째로 적법성 심사의견에 대하여 징계권자는 비행사실이 징계사유에 해당하지 아니하는 경우 및 징계위원회 의결에 중대한 절차상 하자가 있는 경우에만 법적으로 기속되도록 규정되어 있고 양정의 적정성 판단에 대해서는 의견을 존중하여야 한다고만 하여 기속력이 인정되지 않고 있다. 이는 적법성 심사제도의 효과를 상당 부분 제약하고 있는 것이다. 둘째, 적법성 심사는 서면심사를 원칙으로 하되 필요한 경우 징계혐의대상자를 소환할 수 있도록 규정하고 있다. 하지만 위원회 출석 및 변론기회의 보장 등 절차상 중대한 하자가 있는지 여부는 징계혐의자의 진술을 듣지 않으면 확인할 수 없는 문제가 있다. 셋째, 지휘관 및 인권담당군법무관의 갈등이 우려된다. 적법성 심사제도는 징계내용까지 심사범위로 명시되어 있기 때문에 인권담당군법무관의 의견에 대하여 불만이 있는 경우가 있을 수 있다. 징계권은 지휘관의 고유권한이고, 부적법 의견을 통보받게 되는 지휘관은 지휘권 행사에 제한이 가해진다고 받아들이게 될 염려가 있다. 넷째로 예하부대의 업무부담이 가중될 것이다. 예하부대에서는 적법성 심사를 받기 위해 징계의결기록을 가지고 법무부가 있는 상급부대로 와야 하고, 또 입창 시에 또다시 법무부를 경우해서 징계혐의대상자를 헌병대 영창으로 이동시켜야 하기 때문에 기존에 비해 행정소요가 발생하게 된다.

4. 지휘책임

가. 현실태

1) 개념

넓은 의미에 있어서 지휘책임이란 지휘관이 지휘와 관련하여 부담하는 모든 책임을 말한다. 여기서 지휘란 지휘권에 입각하여 부대를 이끌어 가는 일체의

42) 윤원기, 전게논문, 286－288면.

행위로서 임무를 달성하기 위하여 부대의 활동을 계획, 지시, 협조하는 기능을 말한다. 즉 지휘란 부여된 임무를 수행함에 있어서 무엇을, 어떻게 수행할 것인가를 결정하는 결심수립, 가용한 자원을 효율적으로 사용하기 위한 관리, 부하의 능력을 최대한으로 발휘하게 하는 지휘통솔을 포함한다.

지휘관의 책무(責務)는 “지휘관은 부대의 핵심으로 부대를 지휘, 관리 및 훈련하며, 부대의 성패에 대하여 책임을 진다. 그러므로 지휘관은 부대의 모든 역량을 통합하여 부여된 임무를 완수하여야 한다. 부대의 엄정한 군기와 완성한 사기 그리고 굳은 단결은 지휘관에게 달려 있음을 명심하여 지휘권을 엄정하게 행사하고, 부하를 지도, 감독하며, 부하의 복지향상과 자원의 효율적 관리에 힘써야 한다.”라고 규정하고 있다.[43] 따라서 지휘관은 부대의 성패에 대한 포괄적인 지휘책임을 가진다.

좁은 의미에 있어서 지휘책임이란 부하에 의하여 전쟁법의 위반행위가 행하여졌을 경우 그의 상관(지휘관)이 지는 형사 또는 징계책임을 말한다. 지휘책임은 분대장급 이상 지휘관(자)에게 부여되며 부대지휘에 관련된 모든 책임을 말한다. 즉 지휘책임이란 사건, 사고와 관련되어 있는 부하직원의 비위 사실 등과오, 위법행위를 예방하기 위해 적절한 조치를 하지 않은 등 구체적인 감독의무위반 행위에 대한 책임을 말한다.[44]

2) 지휘책임의 근거 및 내용

공무원법상에서 부하직원의 비위에 대한 감독상의 책임을 지우기 위해서는 당해 공무원이나 부하직원이 구체적으로 어떠한 직무수행상 태만이나 고의가 있었는지 구체적인 감독의무위반 사실을 밝혀 증거에 의하여 이를 인정하여야 한다.[45] 부하직원들에게 비위사실이 있었다는 사실만으로 감독자가 직무를 태만히 하거나 성실의 의무를 위반한 것으로 볼 수 없다.[46] 따라서 부하직원의 비위사실에 대하여 그 감독자에게 지휘감독책임을 묻기 위해서는 증거에 의하여 감독의무를 태만한 것이라는 데 관한 구체적인 사실의 인정이 있어야 한다.[47]

43) 부대관리훈령(국방부훈령 제1056호 2009. 5. 19.)제5조.

44) 부대관리훈령(국방부훈령 제1056호 2009. 5. 19.)제18조.

45) 대법원 1989. 12. 26. 선고 89누589 판결.

46) 대법원 1978. 8. 22. 선고 78누164 판결.

특히 지휘감독책임과 관련하여 종래에는 사안의 내용과는 관계없이 관련자 중 상위 계급자보다 하위 계급자에 대하여 중한 문책을 하는 사례가 많았으나, 업무의 성질 및 업무와의 관련 정도 등을 고려하여 중요한 정책결정 사항에 관한 비위에 있어서는 하위 계급보다는 결재권자인 상위 계급자를 중하게 문책하는 등 징계운영에 있어서 공정성을 기하여야 할 것이다.

3) 지휘감독자에 대한 문책 기준

현재 군에서는 지휘감독자에 대한 문책기준에 대해서는 사고처리신상필벌기준(2002. 3. 19. 국방부훈령 제702호) 제6조에서 규정하고 있다. 즉 "① 사고자를 지휘 · 통제 및 관리하는 책임선상의 분대장급 이상 1차 · 2차 · 3차 상급 지휘 · 감독자까지 문책함을 원칙으로 하고, 극히 중대한 사고 발생 시에는 그 이상도 문책이 가능하다. ② 문책대상 직위에 겸직 발령되어 있거나 공석 중일 경우 실질적이고 직접적인 지휘 · 감독권을 행사하는 자를 문책하여야 한다. ③ 피해를 최소화하거나 사태 수습에 공적이 뚜렷한 장병은 발굴하여 포상한다."라고 하여 지휘감독자에 대한 문책기준에 대해 규정하고 있다.[48][49] 여기서 1차 지휘 · 감독자라 함은 사고자를 직접 지휘 · 감독하거나 평정계통에 있는 자를 말하며, 2차 · 3차 감독자라 함은 사고발생과 관련하여 1차를, 3차는 2차를 지휘 · 감독하는 임무를 부여받은 자를 말한다(동 기준 제3조 제3항). 국가공무원의 경우 공무원 징계양정 등에 관한 규칙(2005. 5. 16. 행정자치부령 제282호) 제3조에서 비위행위자와 감독자에 대한 문책기준에 대해 규정하고 있다.

47) 대법원 1979. 11. 13. 선고 79누245 판결.

48) 별표 1호 사고처리 관련 문책대상/권한에 의하면 ① 사고유형별 사고결과와 영향에 따라 문책대상을 결정하고, ② 사고유형별 명시되지 않은 사고는 각 군 총장에게 위임, ③ 불가항력적으로 발생한 사고는 개인 책임만 부여하고 개인적 원인에 의해 발생한 사고는 문책에서 제외하되, 반복 시에는 문책권자가 경고 조치할 수 있다. ④ 간부 사고 시에도 상기 기준을 적용하되, 지휘 · 감독 계통이 불분명한 경우의 문책대상은 평정계통의 상급 지휘 · 감독자를 문책한다.

49) 현재는 부대관리훈령 (국방부훈령 제1056호 2009. 5. 19) 제18조에서 규정하고 있다.

지휘 책임한계 기준별표 3(제17조)

구분 / 사고규명	지휘책임	문책			조치권자	참 고
		지휘감독자로서 통상의 의무를 현저히 태만히 할 경우	지휘감독자로서 통상의 임무를 태만히 할 경우	지휘감독자로서 통상의 임무를 하였으나 불충분한 경우		
극히 중대한 사고	2차 지휘관까지	중징계	경징계	경고	차상급 지휘관	하급지휘관 및 감독 책임자에 대한 문책은 당해 지휘관의 문책과 균형 유지
중대한 사고	1차 지휘관까지	〃	〃	〃	〃	
경미한 사고	감 독 책임자	〃	〃	〃	〃	

나. 문제점

군인복무규율에 의하면 지휘책임에 관하여 명령은 지휘계통에 따라 하달되어야 하며(제20조), 발령자는 명령의 하달 및 실행을 감독 · 확인하여야 한다(제22조 제2항). 또한 발령자는 자신이 내린 명령의 실행결과에 대하여 책임을 진다(동 조 제3항)고 규정하고 있다. 지휘관은 자신이 발한 명령의 실행결과에 대하여 결과 책임을 지게 되어 있다. 그러나 위에서 본 바와 같이 공무원법상의 지휘책임은 단순한 결과책임을 지는 것이 아니라 부하직원이 구체적으로 어떠한 직무수행상 태만이나 고의가 있었는지 구체적인 감독의무위반 사실을 밝혀 증거에 의하여 이를 인정하여야 한다는 것이 대법원의 확고한 판례이다. 그런데 군에서는 언론에 보도된 중요한 사건, 또는 지휘관이 관심을 가지는 사건 등에 있어서는 지휘책임이라는 명목하에 하급 지휘관 및 참모들에게 과도한 징계가 시행되고 있다는 점이다. 실무 경험에 비추어 보면 언론 및 주요지휘관 관심사건에 대해서는 국방부, 육본, 군사령부 등 3－5부 합동 조사 등에 의하여 많은 관련자들을 지휘감독소홀이라는 명분으로 과도하게 징계위원회에 회부하는 사례가 있다. 또한 현재 지휘감독소홀에 대한 징계 양정 기준을 제시하고 있으나 개괄적이고 추상적이어서 징계 양정 기준을 명확히 제시하고 있지 못하고 있는 실정이다. 마지막으로 지휘감독소홀책임에 대하여 상급 지휘관보다는 초급지휘관들에게 그 책임이 집중되는 문제점이 있다.

5. 절차적 참여권

가. 현 실태

1) 개요

군인 징계제도가 타 공무원에 비하여 가장 미비한 부분이 절차적 참여권이 보장되지 못한 것이었다. 공무원 징계령에 의하면 징계혐의자의 출석권(제10조), 심문과 진술권(제11조), 증거제출권(제11조 제2항), 증인 심문 신청권(제11조 제3항) 등이 보장되어 징계절차에 있어서 징계혐의자의 의견을 충분히 반영할 수 있었다. 군인의 경우도 2006. 4. 28. 군인사법(법률 제7932호) 제59조 제4항을 개정하여 "징계위원회는 징계심의대상자에게 서면 또는 구술로 진술한 기회를 주어야 한다."라는 조항을 신설하였다. 이러한 진술권의 보장은 사전구제절차로서의 중요한 의미를 가진다. 또한 군인징계령을 제정할 때에 징계대상자의 사전절차 참여권으로 출석권(군인징계령 제9조), 진술권 및 증거제출권(동령 제10조 제2항), 증인심문권(동 조 제3항) 등을 보장하는 규정을 두고 있다.

2) 징계심의대상자의 출석권 및 진술권

(1) 관련 법규

징계위원회는 징계심의대상자에게 서면 또는 구술로 진술할 기회를 주어야 한다(법 제59조 제4항). 이 조항은 2006. 4. 28. 개정(법률 제7932호) 시 신설되었다. 이러한 진술권의 보장은 사전구제절차로서의 중요한 의미를 가진다. 이러한 징계대상자의 사전절차 참여권으로는 출석권(군인징계령 제9조), 진술권 및 증거제출권(군인징계령 제10조 제2항), 증인심문권(동 조 제3항) 등을 보장하고 있다. 이와 관련하여 최근에는 적법절차에 대한 인식이 강화되면서 징계절차위반 여부와 그 절차위반이 있다고 판단되는 경우 징계처분의 효력을 인정하지 않는 등 그 징계절차의 중요성이 강조되고 있다.[50] 징계혐의자에 대한 출석통지는 징계혐의자로 하여금 자기에게 이익이 되는 사실을 진술하거나 증거자료를 제출할 수 있는 기회를 부여하는 데 목적이 있으므로 징계위원회가 진술의 기

50) 최진갑, "징계위원회 개최 1일 전에 근로자에 대하여 한 출석통지와 징계절차의 위반 여부", 재판연구관 세미나자료 대법원판례해설(통권 제18호), 법원행정처, 1993.

회를 부여하였음에도 징계혐의자가 진술권을 포기하거나 출석통지서의 수령을 거부하여 진술권을 포기한 것으로 간주되는 경우 징계위원회는 차후 징계혐의자에 대하여 징계위원회 출석통지를 할 필요 없이 서면심사만으로 징계의결을 할 수 있다.[51] 징계사건을 심의할 때 반드시 징계혐의자를 출석시켜 진술의 기회를 부여해야 하고 이를 전혀 부여하지 않은 경우에는 그 징계의결은 무효이다. 다만, 본인이 반드시 징계위원회에 출석해야 하는 것은 아니며 출석요구를 전화로 통지하고 전화회답까지 하였다면 방어기회가 충분히 부여된 것으로 적법하다.[52]

(2) 출석권

징계위원회가 징계심의대상자의 출석을 명할 때에는 '출석통지서'를 교부하되, 징계위원회 개최일 3일 전에 징계심의대상자에게 도달되도록 하여야 한다. 다만, 부득이한 경우가 있는 경우에는 그 기간을 단축할 수 있다(군인징계령 제9조 제1항). 징계위원회는 주소불명 그 밖의 사유로 징계심의대상자에게 출석통지서를 직접 전달하는 것이 곤란하다고 인정할 때에는 출석통지서를 징계대상자의 소속 부대 또는 기관의 장에게 전달하여 징계심의대상자에게 교부하게 할 수 있다. 이 경우 출석통지서를 전달받은 부대 또는 기관의 장은 지체 없이 징계심의대상자에게 이를 교부한 후 그 교부상황을 징계위원회에 통보하여야 한다(동 조 제2항). 징계위원회는 징계심의대상자가 그 징계위원회에서 진술하기 위하여 출석하는 것을 원하지 아니할 때에는 '진술권포기서'를 제출하게 하여 기록에 첨부하고 서면심사만으로 징계결정을 할 수 있다(동 조 제3항). 징계심의대상자가 정당한 사유서를 제출하지 아니한 때에는 출석을 원하지 아니하는 것으로 보아 그 사실을 기록에 명시하고 서면심사에 따라 징계결정을 할 수 있다(동 조 제4항). 징계심의대상자가 국외에 체재하거나 형사사건으로 인한 구속 그 밖의 사유로 징계의결이 요구된 날부터 50일 이내에 출석할 수 없을 때에는 서면진술서를 제출하게 하여 징계결정을 할 수 있다. 이 경우 서면진술서를 제출하지 아니할 때에는 진술 없이 서면심사에 따라 징계결정을 할 수 있다(동 조

51) 대법원 1993. 5. 25. 선고 92누8699 판결.

52) 대법원 1984. 5. 15. 선고 83누714 판결.

제5항).

징계심의대상자가 출석통지서의 수령을 거부한 경우에는 징계위원회에서의 진술권을 포기한 것으로 본다. 다만, 징계심의대상자는 출석통지서의 수령을 거부한 경우에도 징계위원회에 출석하여 진술할 수 있다(동 조 제6항). 징계심의대상자의 소속 또는 감독 부대나 기관의 장이 제2항 전단의 규정에 따라 출석통지서를 교부한 경우 징계심의대상자가 출석통지서의 수령을 거부할 때에는 제2항 후단의 규정에 의하여 출석통지서 교부 상황을 통보할 때에 수령을 거부한 사실을 증명하는 서류를 첨부하여야 한다(동 조 제7항).

(3) 진술권 및 증거제출권

징계위원회는 징계심의대상자에게 충분한 진술을 할 수 있는 기회를 부여하여야 하며, 징계심의대상자는 서면 또는 구술로 자기에게 이익이 되는 사실을 진술하거나 증거를 제출할 수 있다(군인징계령 제10조 제2항).

(4) 증인심문권

징계심의대상자는 증인의 심문을 신청할 수 있다. 이 경우에 위원회는 그 채택 여부를 결정하여 징계심의대상자에게 통보하여야 한다(동 조 제3항).

(5) 징계심의대상자의 열람 · 등사권

징계심의대상자는 본인의 진술이 기재된 서류나 자신이 제출한 자료에 대하여 열람하거나 복사할 수 있다(군인징계령 제11조 제1항). 징계심의대상자는 제1항에 규정된 서류나 자료 외에도 본인의 징계와 관련된 서류나 자료에 대하여 위원장에게 열람이나 복사를 신청할 수 있다. 다만, 위원장은 다음 각 호의 어느 하나에 해당하는 경우에는 열람이나 복사를 허가하지 아니할 수 있다(동 조 제2항). ① 기록의 공개로 사건관계인의 명예 · 사생활의 비밀 또는 생명 · 신체의 안전이나 생활의 평온을 침해할 우려가 있는 경우(제1호), ② 기록의 내용이 국가기밀인 경우(제2호), ③ 기록의 공개로 인하여 국가의 안전보장, 선량한 풍속 기타 공공질서나 공공복리를 침해할 우려가 있는 경우(제3호)이다.

나. 문제점

군인사법의 개정과 군인징계령의 개정으로 그동안 타 공무원법에 비해 미비했던 절차적인 권리가 상당 부분 보장되었다. 그러나 아직도 일부 미비한 점이 있다. 특히 다음과 미군 징계제도상의 절차참여권을 보장하지 않고 있다.[53] 첫째로 통지를 받을 권리의 보장이다. 미군의 경우 징계권자가 징계절차에 의할 것을 선택하였으면 징계혐의자에게 징계절차에 회부된 취지뿐만 아니라 U.C.M.J (Uniform Code of Military Justice) 제31조 b항의 권리, 변호인의 조력을 받을 권리, 회부되는 비행사실의 요지 및 적용법규, 증거의 요지, 재판청구권이 있는 경우에는 이 권리 등을 포함하여 통지하여야 한다. 징계혐의자에게 처분하려는 징계의 종류나 범위 등은 통지할 필요가 없으나, 징계혐의자의 요구가 있는 경우에는 부과될 수 있는 최대 징계벌, 만일 군사재판에 회부되었더라면 선고될 수 있는 최고법정형 등을 알려 주어야 한다.

둘째로 진술거부권을 고지받을 권리이다. U.C.M.J 제31조 b항에서도 "어떠한 사람도 피고인이나 피의자에게 범행의 성질 및 범행에 관한 진술거부권을 알리지 아니하거나, 혹은 피고인이나 피의자가 진술한 것은 재판에서 증거로 쓰일 수 있다는 사실을 고지하지 아니하고는 피고인이나 피의자를 신문, 조사할 수 없다."고 규정하고 있으며 혐의자들은 자신들이 혐의를 받고 있다는 사실을 통지받아야 하며, 묵비권이나 자신들의 진술이 재판에서 불리한 증거로 쓰일 수 있다는 사실을 고지받을 권리가 있다.

셋째로 재판청구권의 보장이다. 징계혐의자가 선박에 소속되어 승선한 경우가 아니면, 징계처분이 결정되기 이전에 징계절차 대신에 군사재판에 의한 재판절차로 사건을 처리해 줄 것을 청구할 권리가 있다. 이를 위해 지휘관은 징계혐의자에게 72시간을 주어 변호인과 상담을 거친 후 재판청구권을 행사할 것인지의 여부를 결정하여야 한다. 72시간이 경과하였음에도 징계혐의자가 재판을 청구하지 아니한 이상 징계가 가능하지만 그 기간 내에 재판절차를 청구하면 반드시 징계절차는 중지하여야 한다. 그러나 이러한 경우에 징계권자는 징계혐의자를 반드시 군사재판에 회부하여야 하는 것은 아니다.

넷째로 변호인의 조력을 받을 권리의 보장이다. 징계혐의자는 징계처분에 관

53) 이태종, 전게논문, 137 - 140면.

한 자신의 의사표시를 하기 이전에 변호인과 상담할 권리가 있다. 우리나라의 경우에는 징계절차에서 징계혐의자에게 변호인의 조력을 받을 권리가 명문의 규정에 의해 보장되고 있지 않고 있다. 여기에서 변호인이란 군법무관, 혹은 군이 고용한 민간변호사 제도가 Defense Counsel을 별도의 독립기관을 설치하고 고정 법무관을 임명하여 변호인 고유업무를 수행하고 있다.

다섯째, 공개절차청구권의 보장이다. 징계혐의자가 자신이 무혐의라는 사실이나 혹은 정상참작사유가 있음을 나타내고자 할 때에는 공개절차에 의해 징계절차를 진행할 것을 청구할 수 있다. 이러한 청구권은 비상사태이거나 일반에게 공개해서는 아니 될 안보적 이익이 있지 아니한 경우에는 받아들여져야 한다.

여섯째, 대변인선임권의 보장이다. 징계가 구두견책, 14일 이내의 과외노역, 14일 이내의 영창을 초과하는 경우에는 징계혐의자는 대변인을 선임할 수 있다. 대변인의 자격에는 별 제한이 없으나, 여비 등의 비용은 지급되지 아니하며, 대변인이 출석하지 아니하여도 절차는 연기되지 아니한다. 대변인은 징계혐의자를 위하여 변론할 수 있으나, 징계권자가 재량에 의해 허락한 경우를 제외하고는 증인을 신문할 수 없다.

일곱째, 징계혐의자의 선택권 보장이다. 징계혐의자는 일정한 기간이 경과하기 이전에 다음과 같은 선택권을 가진다. 첫째로 군사재판에 의한 재판을 청구하거나, 둘째로 공개절차에 의하여 징계를 처리할 것을 요구하거나, 셋째로 위 양자를 모두 포기하되 정상 참작사유 등의 방어자료를 제출하는 것에 그치든지, 넷째로 위의 모든 권리를 포기하고 유죄임을 인정하거나 묵비하는 것이다. 또한 징계혐의자는 징계권자가 자기의 사건과 관련하여 조사하였으며 자기에 대한 징계처벌의 기초로 삼으려 하고 있는, 자신에게 불리한 서류나 물건들을 조사할 수 있다.

6. 항고제도

가. 현 실태

1) 개요

징계처분에 대해서는 항고를 제기할 수 있다. 징계는 인사상의 불이익 처분에 해당하지만 징계처분에 대해서는 인사소청을 제기할 수 없고 항고만을 인정하고 있다. 징계처분을 받은 자는 인권담당군법무관의 조력을 받아 그 처분의 통지를 받은 날부터 30일 이내에 항고를 제기할 수 있다(법 제60조 제1항). 항고제도는 징계처분을 받은 자가 청구하는 것으로 징계권자가 청구하는 심사 또는 재심사 청구와는 구별된다(법 제59조 제5항).

2) 내용

(1) 항고 제기기간 및 기관

징계처분을 받은 자는 당해 처분이 위법 또는 부당하다고 인정할 때에는 그 처분의 통지를 받은 날부터 30일 이내에 장관급 장교가 지휘하는 징계권자의 차상급부대 또는 기관의 장에게 항고할 수 있다. 징계항고는 장관급 장교가 지휘하는 징계권자의 차상급부대 또는 기관의 장에게 항고할 수 있다. 다만, 국방부장관이 징계권자이거나 장관급 장교가 지휘하는 징계권자의 차상급부대 또는 기관이 없는 경우에는 국방부장관에게 항고할 수 있다(군인사법 제60조 제1항). 다만, 중징계를 받은 장교 및 준사관은 국방부장관에게, 중징계를 받은 부사관은 소속 참모총장에게 항고할 수 있다(동 조 제2항). 방위사업청장이 징계권을 가지는 방위사업청 소속 군인이 징계처분을 받은 경우에는 국방부장관에게 항고할 수 있다(동 조 제3항). 징계처분을 받은 자의 소속이 변경된 때에는 항고 당시의 소속 부대 또는 기관의 차상급부대 또는 기관의 장에게 항고하여야 한다. 징계항고 시 항고인은 변호사를 선임할 수 있으며, 변호사를 항고인의 대리인으로 선임한 때에는 그 위임장을 항고심사위원회에 제출하여야 한다(군인징계령 제27조).

(2) 항고제기 효과

종전에는 항고에 대한 결정이 있을 때까지는 당해 징계처분의 효력이 정지되지 아니한다(구군인사법 제60조 제1항)는 명문규정을 두고 있었다. 하지만 개정법에서는 영창처분에 대한 항고가 제기된 경우에는 그 집행을 정지하여야 한다는 집행정지원칙을 채택하고 있을 뿐(군인사법 제60조 제5항), 나머지 징계벌목에 대해서는 아무런 규정을 두고 있지 않고 있다. 영창처분 이외의 징계벌목에 대해서는 집행부정지의 원칙이 적용된다. 항고를 받은 국방부장관과 부대 또는 기관의 장은 항고심사위원회의 심사를 거쳐 원징계처분을 취소 또는 감경할 수 있으나, 원징계처분보다 과중하게 처분할 수 없다(동 조 제6항).

(3) 항고심사위원회

징계처분에 대한 항고를 심사하기 위하여 장관급 장교가 지휘하는 징계권자의 차상급부대 또는 기관에 항고심사위원회를 둔다. 다만, 국방부장관이 징계권자인 경우와 국방부장관에게 항고한 경우에 이를 심사하기 위한 항고심사위원회는 국방부에 둔다(군인사법 제60조의 2 제1항). 항고심사위원회는 장교 5인 이상 9인 이내의 위원으로 구성한다. 이 경우 위원 중 1인은 군법무관 또는 법률에 소양이 있는 장교로 하여야 한다(동법 제60조의 2 제2항). 항고심사위원회의 사무를 처리하기 위하여 항고심사위원회에 간사 1인을 둔다(동 조 제2항). 항고심사위원회의 위원은 항고인보다 선임인 장교 중에서 항고심사권자가 임명한다. 다만, 항고심사위원이 군법무관인 경우에는 항고인보다 선임이 아닌 경우에도 위원으로 임명할 수 있다(군인징계령 제30조 제1항). 항고심사위원회는 항고심사위원 3분의 2 이상의 출석과 출석위원 과반수의 찬성으로 의결하고 의견이 나뉘어 과반수에 이르지 못하는 때에는 출석위원 과반수에 이르기까지 항고인에게 가장 불리한 의견에 차례로 유리한 의견을 더하여 가장 유리한 의견을 합의된 의견으로 본다(군인징계령 제31조 제1항). 항고심사위원회는 각하, 기각, 인용 의결을 한다(군인징계령 제31조 제2항). 즉 ① 각하: 항고제기가 부적법하거나 소정의 기간 내에 보정하지 아니한 경우(1호), ② 기각: 항고의 제기가 이유 없다고 인정한 경우(2호), ③ 인용: 항고의 제기가 이유 있다고 인정하여 징계처분을 취소·무효확인 또는 변경하는 것으로 의결한 경우(3호).

(4) 항고심사권자 조치

항고심사권자는 항고심사의결서를 송부받은 때에는 7일 이내에 이에 대한 결정을 하고, 징계권자와 항고인에게 서면으로 통보하여야 한다(군인징계령 제33조). 항고심사권자는 항고심사위원회의 의결에 대하여 감경할 수 있다(군인징계령 제35조, 제20조). 징계유예는 할 수 없다. 문제는 항고심사권자가 항고심사위원회의 심의 없이 징계권자(항고를 받은 부대의 장 또는 국방부장관)의 직권으로 취소할 수 있을까? 직권취소는 불가능하다. 징계처분이란 일련의 법적 절차를 거쳐서 이루어지게 되는 행위로서 일단 이루어지게 되면 절대무효인 경우를 제외하고는 비록 하자가 있었다고 하더라도 법적 안전성의 필요상 확정력을 발생하게 되어 징계권자 자신의 직권으로나 또는 상급감독청의 감독권 발동에 의해서나 그를 함부로 취소 변경할 수는 없는 것이며 취소하려면 다만 그에 대한 쟁송수단이 남아 있을 때에 한하여 그 쟁송절차에 따라서 취소될 뿐이다.[54]

나. 문제점

1) 항고제도의 이용 실적 저조의 문제

위에서 살펴본 바와 같이 2000년과 2001년 징계를 받은 사병은 모두 22,938명인데 그중 징계항고권을 행사한 예는 단 1건에 불과하다고 한다. 예하부대에서 남발되고 있는 영창처분에 대한 구제제도가 활성화되지 못함으로써 사병들에 대한 권익구제제도에 문제가 있다. 항고 실적이 저조한 이유는 사병들이 항고제도를 몰라서 이용하지 못하는 경우, 법의 무지로 항고하는 것이 지휘관에 대한 항명으로 생각하고 있다는 점, 또한 사고예방 차원에서 영창처분이 확정되면 바로 입창을 시키므로 영창기간이 도과하여 항고를 제기해 보아야 그 실익이 없다는 점 등을 들 수 있다. 문제는 영창기간은 군복무기간에 산입되지 않고 있기 때문에 잘못된 영창처분에 대해서는 항고제도를 활성화하는 방안을 강구할 필요가 있다.

2) 항고심사위원회의 전문성 부족의 문제

항고심사위원회는 장교 5인 이상 9인 이내의 위원으로 구성한다. 이 경우 위원 중 1인은 군법무관 또는 법률에 소양이 있는 장교로 하여야 한다(군인사법 제60조의 2 제2항). 항고심사위원회의 위원은 항고인보다 선임인 장교 중에서 항고심사권자가 임명한다. 다만 항고심사위원이 군법무관인 경우에는 항고인보다 선임이 아닌 경우에도 위원으로 임명할 수 있다(군인징계령 제30조 제1항). 이들 규정에 의하면 징계항고위원회는 비전문 위원으로 구성되어 있고 징계항

54) 국방부 법무과 질의 회신(1966. 4. 20.).

고사건이 있을 경우에만 항고심사권자가 징계위원을 임명하거나 위촉하는 징계항고위원회를 운영하는 비상설기구이다. 따라서 징계항고위원회가 비상설 위원회이고 비전문위원임으로 인하여 징계항고심사결과가 현격한 차이가 발생하여 항고인 상호 간에 형평성 문제가 대두된다. 즉 징계항고심사위원회가 어디에서 개최되었는지 여부뿐만 아니라 동일한 징계항고심사위원회라고 하더라도 동 위원회의 구성시기에 따라 위원구성이 달라 징계항고심사결과에 심각한 차이가 발생할 수 있다. 이는 징계처분에 대한 권위를 실추시킬 뿐만 아니라 징계처분의 본래 목적인 군 기강 확립에도 실질적인 효과가 없다. 따라서 징계항고심사위원회 위원의 비전문성과 동 위원회의 비상설 기구로 인하여 발생하는 문제점을 개선하는 방안이 모색되어야 할 것이다.

3) 항고심사권자의 감경권 문제

항고를 받은 국방부장관과 부대 또는 기관의 장은 항고심사위원회의 심사를 거쳐 원징계처분을 취소 또는 감경할 수 있다(군인사법 제60조 제6항). 그러나 군인징계령 제35조에서는 항고심사권자에게 군인징계령 제20조만을 준용하고 징계유예를 규정하고 있는 제21조를 준용하고 있지 않아 항고심사권자는 감경권만을 가지고 있으나, 징계유예권은 가지고 있지 않고 있다. 따라서 현재 항고심사권자는 항고심사위원회의 심사결과에 대하여 감경권을 행하고 있다. 이러한 감경권을 항고심사권자에게 인정하는 것은 징계항고심사위원회에서는 징계항고인에게 원심징계처분보다 유리한 결정이 아니었지만 항고심사권자에게 다시 유리한 결정을 획득할 수 있는 기회 내지 희망을 부여하여 당사자를 구제한 점은 있으나 항고심사권자에 따라 감경권 행사 기준이 상이한 것이 현실이고 항고심사권자는 항고인에 대하여 직접적으로 지휘권을 행사하는 지위에도 있지 아니함을 고려할 때 항고인 상호 간의 항고심사결과에 대하여 심각한 불균형이 발생할 수 있다. 따라서 궁극적으로는 징계처분에 대한 권위 실추와 군 기강 확립에 부정적인 영향을 미칠 수 있다.

7. 징계기록말소

가. 현 실태

1) 개념 및 취지

징계기록말소제도란 징계처분을 받은 자가 일정기간 동안 성실하게 근무한 경우에 그 징계처분기록을 말소하여 주는 것을 말한다. 이러한 공무원의 징계 등 처분기록말소제도는 징계뿐만 아니라 직위해제나 경고처분을 받고 당해 처분 후 일정기간 성실하게 근무한 경우 그 기록을 말소함으로써 공직자로서의 긍지회복과 사기진작을 도모하고자 1986. 10. 24. 공무원인사기록 및 인사사무처리 규칙을 제정하여 시행하게 된 제도이다.[55] 징계 등 처분기록말소제도는 징계나 직위해제 등 처분을 받은 공무원이 법령상 규정된 각종 불이익이나 제한을 받은 후 일정기간 성실하게 근무하고 있음에도 인사기록카드상에 등재된 관계기록 때문에 장래에 대한 인사상의 사실상 불이익을 받게 될 소지를 제거하는 데 그 목적이 있는 것이다.[56] 따라서 임용권자는 말소사유가 생기면 인사기록카드의 징계 등 처분사실에 대하여 기록말소를 하거나 인사기록카드를 재작성하여야 한다.

징계기록말소제도는 군인뿐만 아니라 공무원에게도 인정되는 제도이다. 공무원의 경우는 국가공무원법 제19조, 공무원인사기록 및 인사사무처리 규정(2008. 2. 29. 대통령령 제20741호), 공무원징계등기록말소제시행지침(2004. 2. 1. 행정자치부 예규 제133호)에 의거하여 공무원에 대한 징계기록말소제를 시행하고 있다. 군인의 경우는 「국인사24150－2531(1986. 12. 19.) 징계처분 등 기록말소제 시행(지시)」으로 각 군에 징계처분 등 기록말소제 시행을 지시한 바 있다. 현재 각 군에서는 방침 및 각 군 규정에서 징계기록말소제도에 대해 규정하고 있다. 즉 육군은 각종 처벌과 관련된 인사기록들이 개인 인사관리에 중대한 영향을 미친다는 점을 고려하여 「처벌기록 인사관리 적용 개선 지시(육지시09－1039호)」으로 시행하고 있으며,[57] 해군은 「해규3－21(2006. 3. 30.) 인사기록규

55) 임천영, 군인사법(제3판), 법률문화원, 2007, 1059면.

56) 서울고등법원 1996. 11. 27. 선고 96구7924 판결.

57) 처벌기록이란 개인의 징계벌, 형사벌, 과사실 보고 등에 대한 기록을 의미하며 장교, 준사관, 부사관, 군무원을 대상으로 적용하고 있다.

정」 제15조 제20호 처벌기록에서,[58] 공군은 「공규13 – 7(2006. 7. 1.) 인사기록관리」 제3장에서 규정하고 있다.

2) 말소기간

말소기간이란 징계처분의 각 기산점(징계벌은 징계처분일, 보직해임은 명령일)으로부터 소정의 기간이 경과하여 해당 처벌기록을 폐기 및 삭제할 때까지의 기간을 말한다. 징계기록은 처분일자를 기준으로 기산(起算)하여 말소기간 경과 시 말소한다. 일반사면령에 의거하여 시행되는 처벌기록 말소는 사면령에 명시된 사면일자를 기준으로 말소한다. 소청심사위원회나 법원에서 처분의 무효·취소 결정이 확정된 경우에는 확정일을 기준으로 무효·취소 처리한다. 이때, 전산자력표의 원천자료를 삭제하여 관련 사실이 나타나지 않도록 한다. 비행자의 처벌기록이 말소기간을 경과하기 전에 또 다른 처벌을 받았을 경우에는 선행 처벌기록 말소일로부터 기산하여 후행 처벌의 말소기간이 경과한 후에 관련 기록을 말소한다. 육군의 말소기간은 다음과 같다.[59]

정직	감봉	근신	견책	보직해임
7년	5년	3년	2년	2년

3) 말소효과

처벌기록이 말소되었을 경우에는 말소된 처벌기록을 이유로 진급, 전속, 보직, 교육 등 인사관리상 불리한 처우를 하지 아니한다. 처벌기록이 말소되었다고 하더라도 처벌로 인해 이미 받은 법령상의 불이익(보수, 재직기간 등)은 회복될 수 없다. 공군은 말소된 징계 등 처분 기록을 이유로 진급(승진), 전속, 보직, 포상, 근무성적평정 등의 인사관리에 있어서 불리한 처우를 할 수 없다(동 규정 제19조 제1항). 인사기록표상에 징계기록이 말소되었다고 하여 징계 등 처분으

58) 해군의 처벌기록 기재는 "(1) 처벌기록에는 군사법원의 유죄판결과 징계처분사항을 근거문서에 의하여 기재한다. (2) 처벌기록은 붉은 글씨로 기재한다. (3) 소속과 계급란에는 처벌 당시의 소속과 계급을 기재한다. (4) 내용란은 확정된 죄명 및 처벌사유를 아래와 같이 기재한다. (5) 처벌일자에는 근거문서의 처벌 확정일자를 기재한다."

59) 말소기간 적용에 있어서 육군과 다른 점은 해군의 경우에는 견책은 3년, 강등은 7년이며, 공군의 경우에는 경고는 1년, 견책은 3년이다.

로 인해 이미 받은 법령상의 불이익(보수, 재직기간 등)은 회복될 수 없다. 다만, 징계 등 처분으로 인하여 승급이 제한되었던 기간은 호봉승급기간에 다시 산입한다(이때, 정직 및 직위해제기간은 호봉 및 재직기간에 산입하지 아니한다.)(동조 제2항). 군 경력증명서 및 전력조사 회보서 작성 시 말소된 징계 등 처분은 기재하지 않는다. 다만, 군무원의 임용(신규채용, 승진임용 등)요건 확인 등을 위한 경력평정이나 호봉합산에 사용되는 전력조사 회보서 및 군 경력증명서를 발급할 때는 말소된 징계 등 처분을 기재한다(동 조 제3항).

나. 문제점

1) 말소기간의 장기로 인한 실효성의 문제

징계처분의 종류에 따라 그 말소기간이 너무 장기간이다. 군의 특수성이 있음에도 불구하고 일반 공무원의 징계말소기간과 동일하게 적용하도록 되어 있어 군인 징계기록말소제도의 실효성에 의문이 간다. 즉 군인은 엄격한 계급구조를 가지고 있으며 또한 계급별 진급기회가 2회 내지 3회밖에 주어지지 아니한 상황에서 징계처분을 받은 경우에는 사실상 진급이 불가능하기 때문에 군복무를 포기하거나 근무의욕을 상실함으로써 군 전투력 약화를 가져오고 이로 인해 징계권자는 징계혐의대상자에 대한 징계처분을 기피하게 되고 징계혐의자 상호간에 형평성의 문제가 제기되고 있다.[60]

2) 근거법령의 미비

징계기록말소제의 근거는 육군의 경우는 「처벌기록 인사관리 적용 방침(육방침06－05)」으로 시행하고 있으며, 해군은 「해규3－21(2006. 3. 30.) 인사기록규정」 제15조 제20호 처벌기록에서, 공군은 「공규13－7(2006. 7. 1.) 인사기록관리」 제3장에서 규정하고 있다. 공무원의 경우에는 공무원인사기록 및 인사사무처리 규정(2008. 2. 29. 대통령령 제20741호)에서 징계기록말소제도를 규정하고 있다. 개인의 신분에 영향을 미치는 중요한 사항을 행정내부규정에 불과한 각 군 규정 및 지침으로 규정하고 있는 것은 문제이다.

60) 박종형, 전게논문, 225면.

Ⅲ. 군인 징계제도의 개선방안

1. 징계의 종류 개선방안

가. 병에 대한 징계벌의 실효성 문제

그동안 병에 대한 징계의 종류가 제한적이고 실효성이 없다는 지적이 많이 제기되었다. 특히 영창처분에 대해서는 아래에서 설명하는 바와 같이 많은 개선안이 제기되었다. 기타 병에 대한 징계벌목에 관해서도 직업군인제를 전제로 한 감봉제도는 폐지하는 것이 바람직하고, 특별근무, 군기교육대 교육, 얼차려, 경고처분 등 새로운 징계벌을 도입 확대하여야 한다.[61]

나. 영내대기의 규정화

영내대기를 허용한다 할지라도 어느 범위 내에서 허용할 것인가? 하급 간부의 과오의 중대성, 긴급한 조치를 취하여야 할 필요성, 부수된 직무의 내용 등 정황을 고려하여 지휘관의 지휘권 행사의 범위 내에서 행사되었는지 여부에 따라 판단할 수 있겠다. 영내대기는 인권침해 및 징계제도를 잠탈할 수 있으므로 그 허용범위 및 한계에 설정하여 법령에 규정하는 것이 필요하다. 즉 지휘관이 초급 간부에 대한 교육 및 관리, 지휘 · 감독의 수단으로 영내대기가 필요한 경우 이를 시행할 수 있도록 영내대기의 주체, 사유, 요건, 기간, 대상, 내용, 절차, 불복 및 이의신청, 구제방안 등에 대하여 구체적인 명문규정을 두어야 한다.

2007. 7. 31. 국회에 제출된 군인복무기본법안 제14조에는 "① 지휘관은 영내거주 의무가 없는 군인을 근무시간 외에 영내에 대기하도록 하여서는 아니 된다. 다만, 다음 각 호의 어느 하나에 해당하는 경우에는 그러하지 아니하다. 1. 전시 · 사변, 그 밖에 이에 준하는 국가비상사태가 발생한 경우, 2. 방어준비태세나 국지도발 상황 등 작전상황이 발생한 경우, 3. 경계태세의 강화가 필요한 경우, 4. 천재지변이나 그 밖의 재난이 발생한 경우, 5. 소속부대의 교육, 훈련, 평가, 검열이 실시 중인 경우, 6. 군인이 피의자, 피고인 또는 징계심의대상자인

61) 이상철, 전게논문, 52면.

경우, ② 제1항 단서에 따라 영내대기를 시킬 수 있는 세부기준 등 필요한 사항은 대통령령으로 정한다."라고 하여 영내대기를 금지하고 있다.[62)]

2. 영창처분의 개선방안

가. 영창제도의 점진적 폐지

영창처분은 군인사법에 규정되어 있는 병사에 대한 징계처분의 일종으로 비행혐의가 있는 병사를 부대, 함정의 영창 기타 구금장에 감금하는 처분이다. 이는 그 형식은 군대 내의 특수한 신분적 지위에 있는 병사에 대하여 부과하는 징계처분이나 그 실질은 병사의 신체를 구금하는 것으로서 구류형에 해당한다. 그 과정에서 비록 인권담당군법무관의 적법성 심사를 받기는 하나 체포 · 구속과 같은 형사절차상의 강제처분과 달리 군사법원이나 군판사가 개입하거나 통제할 수 있는 수단은 없다. 다시 말해 군대 내에서는 법원의 영장을 필요로 하지 않는 구금이 가능하게 되는 것이다. 영창처분은 1896년 칙령 제11호 육군징벌령에서 최초로 규정되었다. 그리고 그보다 앞서 명치 18년(1885년) 일본의 문헌에서 영창의 존재가 확인된다. 그러므로 우리나라에 영창처분이 법제화되는 데는 일본의 영향을 받은 것이 아닌가 생각된다. 해방된 이후 영창처분이 군대 내의 징계처분의 일종으로 도입된 것은 1948년 국방경비법에 규정되면서부터이다. 그런데 국방경비법은 1948년 개정 이전의 미육군전시법(Articles of War)을 그대로 번역한 것으로 알려져 있다. 이후 1949년에 제정된 국군징계령, 1962년에 제정된 군인사법에서부터 현재에 이르기까지 영창제도는 한 세기 동안 계속 운영되고 있다.

영창제도는 1896년 최초로 규정된 이래로 무려 한 세기를 넘어 현재까지 그 생명력을 유지하고 있다. 지난 한 세기 동안 조선왕조가 붕괴되고, 일제 식민지

62) 국회 국방위원회의 군인복무기본법안 검토보고서에서는 "안 제14조는 지휘관들에 의해 임의로 시행되던 영내대기를 금지하도록 하여 영내 거주 의무가 없는 군인들의 기본적 권리인 휴식권을 보장하고, 예외적으로 법률에 규정된 경우에 한하여 이를 허용하고 있다. 과거 지휘관이 간부에 대한 통제를 목적으로 징벌적 성격의 영내대기를 임의로 지시하는 경우가 있었으나 이는 아무런 법적 근거가 없이 당사자의 인신을 병영 내로 구속하는 효과를 발생시켜 인권침해의 소지가 다분하였는바, 원칙적으로 영내대기를 금지해야 하며 전시 또는 작전상 등 필요한 경우에 한하여 법률로써 허용해야 함. 다만 법률안에 명시된 제1호부터 제6호까지의 사유 중 제6호 피의자, 피고인 또는 징계심의대상자에게도 영내대기가 가능하도록 한 것은 헌법 제12조 제3항에 규정된 영장주의를 넘어서서 지휘관에게 과도한 권한을 부여하는 것으로서 보다 신중한 검토가 필요하다."라는 검토의견이다.

를 거쳐 해방을 맞이하였으며, 대한민국이 건국되었다. 그 기간 동안 우리의 법제도에서는 특별권력관계이론이 해체되고, 영장주의가 도입되었으며, 적법절차의 원리가 헌법에 규정되었다. 그럼에도 불구하고 영창제도는 군대 내에서 변함없이 유지되고 있다. 우리의 군대사법제도의 발전에 비추어 본다면 어쩌면 부끄러운 일인지도 모르겠다. 제도의 위헌성이 있다면 그 위헌성을 제거하는 것이 당연하다. 따라서 영창제도를 점진적으로 폐지하되 폐지하기 전에는 군판사의 영장이나 동의를 받도록 하는 것이 옳을 것이다.[63]

나. 영창처분의 집행개선

영창처분의 구체적인 집행내용이 보다 합리적으로 개선되어야 하며 기결수와 미결수가 동일한 영창에 구금되어 군행형법을 동일하게 적용하는 것은 금지되어야 한다. 장기적으로는 징계가 영창시설을 별도로 설치하여 기결수와 미결수 입창자를 별도 수용하는 것이 바람직하다. 영창자의 처우에 대해서는 법률이나 법률의 위임을 받은 명령에서 규정하여야 하며 입창자들에게 부과할 수 있는 사역의 내용 및 그 명령의 주체 등에 대하여 명확한 규정을 두어야 한다.[64]

3. 적법성 심사제도의 개선방안

첫째로 인권담당군법무관 제도는 기존의 입창 전 사전심사 제도에서 진일보한 제도로서 도입된 것이니 만큼 기존에 법무관들이 해 오던 영창처분에 대한 심사보다 한층 심도 있는 심사가 이루어져야 할 것이고, 기존의 잘못된 인권침해 관행이 있었다면 그것을 과감히 깰 수 있는 용기와 열의가 필요할 것이다. 새로운 제도 시행의 정착을 위해 인권담당군법무관들의 노력이 필요하다.

둘째로 기속력의 문제에 대한 개선이 필요하다. 즉 인권담당군법무관의 영창처분에 대한 적법성 심사 의견에 대하여 징계권자는 비행사실이 징계사유에 해당하지 아니하는 경우 및 징계위원회 의결에 중대한 절차상 하자가 있는 경우에만 법적으로 기속되도록 규정되어 있고 적정성 판단에 대해서는 의견을 존중

63) 최성보, "영창제도에 관한 연혁적 고찰", 328－329면.

64) 이상철, 전게논문, 54면.

하여야 한다고만 하여 기속력이 인정되지 않고 있다. 부당한 영창처분에 대한 인권담당군법무관의 적정성 판단에 대해서도 지휘관이 특별한 사유가 없는 한 이에 기속되도록 하는 것이 바람직할 것이다.

셋째로 적법성 심사 시 징계권자의 의견을 진술할 기회를 보장하는 것이 필요하다. 육규 180 징계규정(2008. 7. 1.) 제28조의 2 제2항에 의하면 적법성 심사를 요청할 때에는 적법성 심사요청서(별지 제9－1호 서식)에 징계의결서와 관련 서류를 첨부하여 제출하도록 규정하고 있다. 인권담당군법무관의 징계위원회의 의결에 대한 적법성 심사 결과에 대해 징계권자와 견해 차이가 발생할 수 있다. 이러한 경우 적법성 심사제도에 대해 지휘관들이 불만을 가질 수 있다. 이러한 경우는 징계혐의대상자에 대한 주변 사정들이 기록에 나타나 있지 않을 경우에 발생할 수 있다. 즉 인권담당군법무관은 기록에 나타나지 않은 사정에 대해서는 신이 아닌 이상 모든 것을 알 수 없기 때문이다. 현재 적법성 심사 요청서에는 징계심의대상자, 징계건명, 심의대상사실, 징계종류, 의결일자, 징계기록목록과 기타 징계의결서 및 관련 서류를 첨부하도록 되어 있다. 따라서 인권담당군법무관과 징계권자와의 사이에 인식의 차이가 발생할 수 있다. 따라서 이와 같은 인식의 차이를 사전에 차단하기 위해서는 적법성 심사 요청서에 지휘관이 의견을 제시할 수 있도록 관련 규정을 개정할 필요가 있다.

넷째로 예하대의 부담을 경감할 수 있는 방안을 마련할 필요가 있다. 위에서 본 바와 같이 적법성 심사제도로 인해 적법성 심사를 받기 위해서 또한 징계입창을 위해 두 번 법무부에 오고 가는 행정소요가 발생할 수 있다. 이러한 예하부대의 행정소요를 경감하기 위해서는 전자결재 시스템을 통한 사전심사 프로그램을 개발하는 방법 등 다양한 방안을 강구할 필요가 있다.

다섯째로 용어의 통일이 필요하다. 적법성 심사제도를 규정하고 있는 군인사법 제59조의 2에서는 “영창의 절차 등”으로 조문 제목을 규정하고 있다. 그런데 실무나 일부 문서에서는 징계에 대한 적법성 심사제도를 “인권담당군법무관제”로 사용하고 있다. 인권담당군법무관은 징계뿐만 아니라 인권과 관련된 많은 업무를 취급하고 있다. 인권담당군법무관이 징계에 대한 적법성을 심사하는 것은 업무의 일부분에 해당함에도 불구하고 적법성 심사제도를 인권담당군법무관제로 사용하는 것은 시정할 필요가 있다.

4. 지휘책임의 개선방안

위에서 살펴본 바와 같이 지휘감독소홀이라는 명분하에 지휘관들에게 과도한 징계책임을 묻는 것은 시정되어야 한다. 특히 언론 및 지휘관 관심사건이라고 하여 각종 조사기관에 따라 일정한 기준 없이 사건을 마무리하기 위하여 초급 지휘관을 지휘감독소홀로 인한 징계위원회로 회부되는 것은 지양되어야 한다. 또한 현재 지휘감독자에 대한 문책기준을 정하고 있는 사고처리신상필벌기준(2002. 3. 19. 국방부훈령 제702호)을 개정할 필요가 있다. 지휘관으로서 할 수 있는 조치를 다한 경우에는 지휘감독소홀이라는 지휘책임을 과감하게 묻지 말아야 할 것이다. 지휘감독소홀 책임은 업무의 정도 및 관련도에 따라 구체적으로 구분하여 결정되어야 한다.

5. 절차적 참여권의 개선방안

가. 징계절차에서의 사전절차 참여권 확대

그동안 발표된 징계 관련 논문들을 살펴보면 징계혐의대상자에 대한 징계절차상의 권리를 도입하자는 의견이 많이 있었다. 즉 징계혐의자의 인권보장과 관련하여 징계혐의자로 하여금 징계절차의 당사자로서 자신의 권익을 보호할 수 있도록 대변인선임권, 국선변호인제도의 도입 등을 주장(김호룡, 전게논문, 72면), 군의 민주화 실현과 징계혐의자의 기본권 보장을 위해 미군의 징계절차에서 보장되고 있는 징계혐의자의 권리를 도입하자는 주장(정석영, 전게논문, 96면), 변호인선임권, 징계 관련 서류 및 증거물 열람권, 진술거부권 및 이익이 되는 사실 진술권, 유리한 자료(증거)제출권을 신설하고 징계혐의자의 출석권을 실질적으로 보장하기 위하여 혐의사실을 인정하지 아니한 때에는 반드시 출석케 하여 진술하도록 하는 주장(김은효, 전게논문, 87면) 등이 있다. 이에 따라 개정된 군인사법에서는 징계심의대상자에게 진술권을 보장하고 있다. 이러한 진술권의 보장은 사전구제절차로서의 중요한 의미를 가진다. 현행 제도하에서는 출석권(군인징계령 제9조), 진술권 및 증거제출권(군인징계령 제10조 제2항), 증인심문권(동 조 제3항) 등을 보장하고 있다.

나. 변호인의 조력을 받을 권리 보장 확대

헌법 제12조 제4항은 누구든지 체포·구속을 당한 때에는 즉시 변호인의 도움을 받을 권리를 가진다고 규정하고 있다. 현행 병에 대한 영창처분은 실질적으로 인신구금의 성격을 띠는 것으로서 이에 대한 법적 도움 내지 자문을 받을 권리가 절실히 요청된다 할 것이다. 현행 실무상 병에 대한 영창처분 시 변호인이 참여하여 징계혐의대상자의 권익을 대변하는 일이 전무한 형편이다. 따라서 헌법상 적법절차의 원리와 변호인의 조력을 받을 권리를 보장하여야 한다. 또한 병에 대한 인권보장 차원에서 징계절차에 있어서도 군법무관에 의한 국선변호인제도를 도입할 필요가 있다.[65)]

다. 미군 징계제도상의 절차참여권 보장 확대

위에서 검토한 바와 같이 미군 징계제도상의 절차참여권을 보장하는 방안을 확대 검토할 필요가 있다. 첫째로 통지받을 권리의 보장이다. 둘째로 진술거부권을 고지받을 권리이다. 셋째로 재판청구권의 보장이다. 넷째로 공개절차청구권의 보장이다. 다섯째, 대변인선임권의 보장이다. 여섯째, 징계혐의자의 선택권 보장이다. 징계혐의자는 일정한 기간이 경과하기 이전에 다음과 같은 선택권을 가진다. ① 군사재판에 의한 재판을 청구하거나, ② 공개절차에 의하여 징계를 처리할 것을 요구하거나, ③ 위 양자를 모두 포기하되 정상 참작사유 등의 방어자료를 제출하는 것에 그치든지, ④ 위의 모든 권리를 포기하고 유죄임을 인정하거나 묵비하는 것이다.

6. 항고제도의 개선방안

첫째로, 항고고지제도를 도입하여야 한다. 항고조력에 있어서도 항고에 대한 고지 규정이 없어 징계혐의대상자가 항고제도 및 절차에 대한 무지로 항고를 할 기회를 잃는 경우가 생길 수 있다. 실무상 항고 고지를 하더라도 "30일 이내에 항고할 수 있다." 정도만을 고지하는 경우가 대부분일 것이고 처분장에도 위 내용만 들어가 있는바, 실질적인 항고권 보장을 위해서는 항고제도가 어떠한 것

65) 정해윤, "21세기 장병에 대한 징계제도 개선안", 군사법논집(제8집), 2003, 205－206면.

인지, 그 절차는 어떠하며 인권담당군법무관의 조력을 받을 수 있다는 등 구체적인 고지가 필요하므로 이에 대한 규정이 법령의 규정에 포함되는 것이 바람직하다고 생각된다. 또한 항고조력의 절차 및 범위에 대한 구체적인 규정이 없어 실무 운영상 어려움이 있을 것으로 생각된다. 법령 제·개정 시 명확히 규정하는 것이 필요하며, 징계교육을 통하여 징계혐의대상자에게 항고절차 및 방법에 대한 상세한 고지가 이루어지도록 해야 한다. 또한 입창 전 사전 심사제도를 활용하여 인권담당군법무관이 직접 징계혐의대상자를 대면하여 항고제도에 대해 실질적으로 조언하고 조력하도록 해야 할 것이다.[66]

둘째로, 항고심사위원회 구성을 개선할 필요가 있다. 징계항고심사위원회 위원의 비전문성과 동 위원회의 비상설 기구로 인하여 발생하는 문제점을 개선하기 위해서는 위원 구성에 있어서 군 관련 인사 외에 외부전문가를 위촉하여 현재 위원의 비전문성을 보완하는 방안과 징계항고심사위원을 징계사건이 발생할 때마다 위촉하는 것이 아니라 위원의 임기를 정하여 일정한 기간 동안 항고심사위원으로 활동하게 하는 방안, 징계항고심사위원회의 수를 현재보다 줄여서 상설기구화하는 방안 등을 고려할 수 있다. 또한 위원 구성을 인사소청심사위원회의 위원구성과 유사하게 운영하는 것이 타당할 것이다.[67]

셋째로 항고심사권자의 감경권을 삭제하는 것이 타당하다. 항고심사권자의 감경권 행사는 형평성의 문제가 발생할 수 있다. 항고심사권자는 지휘권과 밀접한 관계가 적다는 점, 원심징계권자에게만 감경·유예권을 인정하더라도 지휘권 내지 군 기강 확립의 목적을 달성할 수 있다는 점, 항고심사권자에게 감경권을 인정하는 경우에 발생하는 항고인 상호 간의 형평성 문제가 당사자에 대한 개별적 시혜조치보다 중요한 점 등을 참작하여 징계항고심사위원회의 결정에 대한 항고심사권자의 감경권을 삭제하는 것이 타당하다.[68]

7. 징계기록말소제도의 개선방안

첫째로, 말소기간을 단축할 필요가 있다. 위에서 본 바와 같이 징계처분의 종

66) 윤원기, 전게논문, 290-291면.

67) 박종형, 전게논문, 222-223면.

68) 박종형, 전게논문, 224-225면.

류에 따라 그 말소기간이 너무 장기간이다. 징계로 인한 각종 불이익 특히 진급이 사실상 불가능하게 되는 것은 큰 문제이다. 따라서 현행 공무원과 같은 말소기간을 단축하는 방안을 강구하여야 한다. 또한 징계처분을 받은 경우에는 많은 부분에 있어서 불이익을 받게 되어 사실상 징계를 하지 못하는 경우도 발생하므로 징계에 따른 불이익을 최소화할 필요가 있다. 적극적으로 징계를 상쇄할 수 있는 제도를 활성화하여 재기의 기회를 부여하는 것도 바람직할 것이다.

둘째로 근거법령을 대통령령 이상으로 제정하여야 한다. 군인의 경우는 행정내부규정으로 그 근거를 두고 있으나 공무원과 같이 대통령령으로 근거법령을 마련해야 할 것이다.

Ⅳ. 결론

위에서 현행 군인 징계제도의 현 실태 및 문제점 그리고 그 개선방안에 대해 알아보았다. 징계라 함은 공법상의 특별권력관계에 있어서 그 내부질서를 유지하기 위하여 내부적 질서유지의무를 위반한 자에게 특별권력에 기하여 과하는 제재를 말한다. 그동안 군인에 대한 징계제도는 군의 특수성, 지휘권 보장, 군기강 확립이라는 명분하에 법치주의 원리, 적법절차, 징계혐의자의 인권보호 측면에서는 일부 소홀한 감이 있었다. 특히 영창처분은 그 형식은 병에 대한 징계처분의 일종에 해당하나 그 실질은 병사의 신체를 구금하는 것으로서 구류형에 해당한다. 최근에 비록 인권담당군법무관의 적법성 심사를 받기는 하지만 헌법상 보장된 영장주의에 위배되는 실질적인 구금에 해당한다. 또한 영창처분에 대한 구제제도인 항고가 전혀 이루어지지 않은 것은 사병에 대한 권익보호에 큰 문제점이 있었다.

지금까지 징계의 종류에 대해서는 징계별 종류의 제한 및 실효성 문제와 영내대기의 문제점을 지적하고 다양한 징계벌목의 신설과 영내대기의 규정화를 제시하였다. 영창처분에 대해서는 영창처분의 남발과 구제제도의 미비점을 지적하고, 영창제도의 점진적 폐지와 영창집행의 개선방안을 제시했다. 적법성 심사제도에서는 인권담당군법무관의 역할 수행 및 심사과정에 있어서 문제점을 지적하고 새로운 제도 시행에 따른 인권담당군법무관의 노력, 기속력 보장, 지휘관의 의견 진술 기회 부여 등을 개선방안으로 제시하였다. 또한 지휘관들의 지휘책임 문책기준의 미비점에 대해서는 이에 대한 문책기준의 규정화를 개선방안으로 제시하였다. 절차적 참여권에서는 변호인의 조력을 받을 권리 보장 등 각종 참여권에 대한 제도 도입의 필요성을 제시하였다. 항고제도에서는 항고고지제도, 항고심사위원회의 구성, 항고심사권자의 감경권 제한에 대한 개선방안을 제시하였고, 징계기록말소제도에 있어서는 말소기간의 단축과 대통령령 이상의 법적 근거 마련을 개선방안으로 제시하였다.

마지막으로 영창처분에 대해서는 획기적인 개선책이 필요하다. 1896년 최초로 규정된 이래 현재까지 그 명목을 유지하고 있는데 헌법상의 영장주의 및 적법절차에 비추어 그 위헌성까지 문제가 되고 있다. 병에 대한 실효성 있는 유일한 징계수단이라고 하여 현재까지 계속 유지되고 있으나 병에 대한 다른 실효적인 징계수단을 마련하는 데 노력을 하지 않았는지 반성할 필요가 있다. 따라서 영창제도는 점진적으로 폐지하는 것이 마땅하며, 폐지하기 전까지는 군판사의 영장이나 동의를 받도록 하고 또한 영창 집행에 대해서는 그 개선책을 마련하여야 할 것이다.

그동안 징계제도에 대해서는 많은 문제점과 개선방안에 대한 연구가 이루어져 왔다. 그리고 이에 대한 일부 제도에 대해서는 군인사법 개정 및 군인징계령 제정을 통해 상당 부분 개선된 것도 사실이다. 그러나 아직도 일부 개선할 부분이 남아 있다. 이에 대한 개선이 요구된다.

참고문헌

윤원기, "인권담당군법무관 제도에 대한 고찰", 육군법무병과 창설 60주년 기념논문집, 2007.

박종형, "징계관련 각종 불이익과 그 구제수단", 육군법무병과 창설 60주년 기념논문집, 2007.

최성보, "영창제도에 관한 연혁적 고찰", 육군법무병과 창설 60주년 기념논문집, 2007.

최성보, "영창제도의 문제점과 개선방안에 관한 연구", 서울대(석사학위논문), 2006.

전규형, "영내대기에 대한 법적 검토", 법무공보(제85호), 육군본부, 2005. 10. 122면.

윤웅중, "군징계 제도의 문제점과 개선책", 군사법논집(제10집), 국방부, 2005.

이상철, "군징계 제도 개선에 관한 연구", 육사논문집(제60집 1권), 2004.

김혁중, "미군의 징계제도", 군사법논집(제8집), 2003.

국중권, "합참의장의 합동부대 및 작전부대에 대한 권한", 군사법논집(제8집), 2003.

정해윤, "21세기 장병에 대한 징계제도 개선안", 군사법논집(제8집), 2003.

마영설, "군인의 각종 처벌에 따른 신분상 불이익에 관한 소고", 군사법논집(제7집), 국방부, 2002.

임천영, "징계기록말소제도 검토", '02군사법연구논문, 육군본부, 2002.

김의환, "군인사법의 개정으로 징계처분 중 감봉이 중징계에서 경징계로 변경된 경우, 군인사법에 의한 전역심사를 함에 있어 확정된 감봉처분을 중징계로 볼 것인지 아니면 경징계로 볼 것인지 여부의 기준 법률", 대법원판례해설 36호(2001 상반기), 법원행정처, 2001.

조동양, "군정과 군령, 그 운용상의 문제점－합참의장의 작전 · 합동부대원에 대한 징계권 행사 문제를 중심으로", 군사법논집(제7집), 국방부, 2000.

김진현, "징계사면의 군인 · 군무원에 대한 효과", 군사법논집(제4집), 국방부, 1999.

현성룡, "군 지휘책임과 처벌의 개선에 관한 연구", 연세대(석사학위논문), 1997.

장보식, "군인 · 군무원의 징계에 관한 몇 가지 제안", 공군법률논집(제2집, 통권 제16호), 공군법무감실, 1997.

김기준, "병에 대한 징계 및 그 유사제도에 관한 고찰", 군사법연구(제13집), 육군본부, 1996.

고기영, "징계처분으로 인한 불이익과 그 구제수단에 관한 고찰", 공군법률논집(제1집, 통권 제15호), 공군법무감실, 1996.

오민근, "군징계제도의 문제점과 개선방안", 군사법논집(제2집), 국방부, 1995.

김은효, "현행 징계제도의 문제점과 그 개선방안", 군사법논집(제1집), 국방부, 1994.

김진섭, "미 육군 징계제도 고찰, 군사법연구"(제11집), 육군본부, 1993.

최창림, "군징계제도에 관한 비교법적 연구", 군사법연구(제11집), 육군본부, 1993.

정석영, "군 징계제도에 관한 소고", 군사법논문집(제11집), 공군본부, 1992.
김창해, "군 징계제도 개선방향", '92년 병과원전공별세미나, 육군본부, 1992.
김호룡, "육군징계제도의 개요 및 문제점, '92년 병과원전공별세미나, 육군본부, 1992.
오양호, "군 징계에 관한 연구", 군사법연구(제5집), 육군본부, 1987.
권순억, "미군사법 통일법전", 군사법연구(제5집), 육군본부, **1987.**
이태종, "미군 징계제도에 관한 고찰", 군사법논문집(제6집), 공군본부, 1986.
김용진, "군징계제도에 관한 연구 - 그 성질과 절차를 중심으로 - ", 군사법논집(제3집), 육군본부, 1985.
박상옥, "징계의 실태 및 효과적 운용에 관한 개선책", 군사법논집(제2집), 육군본부, 1984.
안영률, "현행 징계절차의 문제점과 개선방안", 군사법논집(제2집), 육군본부, 1984.
서주홍, "군징계제도의 문제점 고찰", 군사법논문집(제2집), 공군본부, 1983.

제9편 보칙

26. 군인사법상 약식명령이 확정된 자에 대한 법적 지위*

목 차

Ⅰ. 서론

공무원은 국민 전체에 대한 봉사자로서 고도의 윤리·도덕성을 갖추어야 할 뿐 아니라, 그가 수행하는 직무 그 자체가 공공의 이익을 위한 것이고 원활한 직무수행을 위해서는 공무원 개개인이나 공직에 대한 국민신뢰가 기본바탕이 되어야 한다. 공무원이 범죄행위로 인하여 형사처분을 받은 경우에는 당해 공무원에 대한 국민의 신뢰가 손상되어 원활한 직무수행에 어려움이 생기고, 이는 곧바로 공직 전체에 대한 신뢰를 실추시켜 공공의 이익을 해하는 결과를 초래하게 되므로, 범죄행위로 인하여 형사처분을 받은 공무원에게 그에 상응하는 신

* 게재지: 인사보(제99호), 육군본부, 2007. 2.

분상의 불이익을 과하는 것은 국민 전체의 이익을 위해 적절한 수단이 될 수 있고 공무원에게 공무를 위임한 국민의 일반의사에도 부합된다고 할 것이다. 그런데 범죄행위로 인하여 형사처분을 받은 공무원에 대하여 신분상 불이익 처분을 하는 법률을 제정함에 있어서 형사처분을 받은 사실 그 자체를 이유로 일정한 신분상 불이익 처분이 내려지도록 법률에 규정하는 방법과 별도의 징계절차를 거쳐 신분상 불이익 처분을 하는 방법 중 어느 방법을 선택할 것인가는 입법자의 재량에 속한 것으로서, 그중 어느 방법만이 헌법에 합치하고 다른 방법은 헌법에 위반된다고 단정할 수는 없으나, 다만 형사처분을 받은 사실 그 자체만으로 별도의 징계절차를 거치지 아니하고 신분상 불이익 처분을 하는 경우에는 형사처분에 따라 공무원에 대하여 부과되는 신분상 불이익과 그로 인하여 보호하려고 하는 공익이 합리적 균형을 이루어야 한다는 헌법적 제약이 따른다고 할 것이다.[1)]

이하에서는 형사처분 절차의 일종인 약식명령제도, 군인이 유죄판결을 받았을 때에 형사상, 사회생활상, 군인사법상에 있어서 받는 불이익, 약식명령이 확정된 자에 대한 인사관리, 이와 관련된 문제 등에 대해 설명하기로 한다.[2)]

Ⅱ. 약식명령

1. 개념

약식절차란 보통군사법원의 관할에 속하는 사건에 대하여 검찰관의 청구가 있을 때 공판절차에 의하지 않고 검찰관이 제출한 자료만을 조사하여(서면심리) 약식명령으로 피고에게 벌금 · 과료 · 몰수의 형을 과하는 간편한 재판절차를 말한다(군사법원법 제501조의 2).[3)] 이러한 약식절차에 의하여 형을 선고하는 재판

---

1) 헌법재판소 2002. 8. 29. 2001헌마788 결정.

2) 임천영, "선고유예 판결을 받은 자의 인사처리 방안", 육군2004 1/2(통권 제267호), 73 - 75면(유죄판결을 선고받은 자에 대해 군인사법에서는 임용결격 사유 및 제적사유, 현역복무부적합조사사유, 전역심사위원회 회부사유, 진급낙천사유, 진급시킬 수 없는 사유, 명예전역수당지급 제외사유, 군인연금법상 급여 제한 사유 등 각종 불이익을 받고 있다.).

3) 배종대 · 이상돈, 형사소송법, 홍문사, 2004, 860면.

을 약식명령이라고 한다. 경미한 형사사건이고 범중이 명백한 경우에는 복잡한 공판심리절차를 거치지 않고 서면심리만으로 피고인에게 벌금이나 과료를 과하는 것이 소송경제와 피고인의 이익보호를 위해서 유익한 제도이다.[4)]

2. 약식명령의 청구

1) 약식명령을 청구할 수 있는 사건은 보통군사법원의 관할에 속하는 사건으로 벌금 · 과료 또는 몰수에 처할 수 있는 사건이어야 한다(군사법원법 제501조의 2 제1항). 이러한 경우에도 추징 기타 부수의 처분을 할 수 있다(동 조 제2항).

2) 약식명령의 청구는 공소의 제기와 동시에 서면으로 하여야 하며(동법 제501조의 3), 약식명령에 필요한 증거서류 및 증거물도 함께 법원에 제출하여야 한다.

3. 약식절차의 심판

1) 약식명령의 청구가 있으면 법원은 검찰관이 제출한 서류 및 증거물에 대한 서면심사를 하게 된다. 약식절차에서도 사실조사와 증거조사는 허용된다. 그러나 약식절차는 심판을 간이 · 신속 · 비공개로 행하는 점에 특색이 있다.

2) 약식명령의 청구가 있는 경우에 그 사건이 약식명령으로 할 수 없거나 약식명령으로 하는 것이 적당하지 아니하다고 인정한 때에는 공판절차에 의하여 심판하여야 한다(동법 제501조의 4). 여기서 "약식명령을 할 수 없을 때"란 약식명령이 법률상 허용되지 아니한 경우를 말하며, 예컨대 법정형에 벌금 또는 과료가 규정되어 있지 않은 경우가 이에 해당된다. "약식명령으로 하는 것이 적당하지 아니한 때"란 법률상으로는 약식명령이 가능하나 사건의 성질과 내용에 비추어 공판절차에 의해서 심판하는 것이 상당하다고 인정되는 경우를 말하며, 피고인 또는 피해자를 신문할 필요가 있는 경우가 이에 해당된다.[5)]

---

4) 백형구, 조해 형사소송법, 법률문화원, 2002, 1055면.

5) 백형구, 전게서, 1060면.

4. 약식명령

1) 약식명령에는 범죄사실 · 적용법령 · 주형 · 부수처분과 약식명령의 고지를 받은 날부터 7일 이내에 정식재판의 청구를 할 수 있음을 명시하여야 한다(동법 제501조의 5). 약식명령의 고지는 검찰관과 피고인에 대한 재판서의 송달에 의하여야 한다(제501조의 6).

2) 약식명령은 정식재판의 청구기간이 경과하거나 그 청구의 취하 또는 청구기각의 결정이 확정된 때에는 확정판결과 동일한 효력이 있다(제501조의 11).

5. 정식재판의 청구

1) 정식재판의 청구는 약식절차에 의하여 법원이 약식명령을 하는 경우 그 재판에 불복이 있는 자가 정식 재판절차에 의한 심판을 구하는 소송행위를 말한다.

2) 약식명령에 대해 불복이 있는 검찰관 또는 피고인은 정식재판을 청구할 수 있다. 즉 약식명령의 고지를 받은 날부터 7일 이내에 정식재판의 청구를 할 수 있다. 다만, 피고인은 정식재판의 청구를 포기할 수 없다(제501조의 7 제1항). 이러한 경우 정식재판의 청구는 약식명령을 한 군사법원에 서면으로 제출하여야 한다(동 조 제2항). 정식재판의 청구가 있는 때에는 군사법원은 지체 없이 검찰관 또는 피고인에게 그 사유를 통지하여야 한다(동 조 제3항). 정식재판의 청구는 제1심판결선고 전까지 이를 취하할 수 있다(제501조의 8).

3) 정식재판의 청구가 법령상의 방식에 위반하거나 청구권의 소멸 후인 것이 명백한 때에는 결정으로 기각하여야 한다(제501조의 9 제1항). 기각결정에 대하여 즉시 항고할 수 있다. 정식재판의 청구가 적법한 때에는 공판절차에 의하여 심판하여야 한다(동 조 제3항). 공판절차에서 심판하는 경우 사실인정, 법령적용, 양형 등 모든 부분에 대해 법원은 약식명령에 구속되지 않고 자유롭게 판단할 수 있다.

피고인이 정식재판을 청구한 사건에 대해서는 약식명령의 형보다 중한 형을 선고하지 못한다(제501조의 12). 피고인만이 정식재판을 청구한 경우에 한해서 불이익변경금지의 원칙이 적용되며, 검찰관만이 정식재판을 청구한 경우, 피고인과 검찰관 쌍방이 정식재판을 청구한 경우에는 본 조가 적용되지 아니한다.[6)]

4) 정식재판 청구에 의한 판결이 있는 때에는 약식명령은 당연히 효력을 상실한다(제501조의 10). 여기서 판결이 있는 때란 판결이 확정된 경우를 의미하며, 판결에는 공소기각결정도 포함된다.[7)]

Ⅲ. 형 확정 명령

1. 의의

군사법원 형 확정 명령은 군사법원에서 확정된 재판결과를 수록한 명령을 말한다. 다만 구 약식 확정사건은 제외한다(육규 162(06. 4. 1.) 일상명령 발령 규정 제3조). 보통군사법원이 설치되어 있는 부대의 장은 군사법원 재판의 결과를 수록한 형 확정 명령을 발령하여야 한다. 군사법원 명령은 보통군사법원 형 확정 명령, 고등군사법원 형 확정 명령, 대법원 형 확정 명령으로 구분한다(동 규정 제14조).[8)]

2. 발령 시기 및 절차

재판이 확정되기 전에는 이 명령을 발령할 수 없다. 재판의 확정이란 상소 기타 통상적 불복의 방법으로 다툴 수 없는 상태에 이른 것을 말한다. 불복이 허용되지 아니하는 재판은 선고 또는 고지 시에 확정되며 불복이 허용되는 재판은 불복신청기간의 경과 불복신청의 포기, 취하, 불복신청을 기각하는 재판의 확정에 의하여 확정된다. 재판이 확정되면 지체 없이 '형 확정 명령'을 발령하

6) 백형구, 전게서, 1069면.

7) 배종대 · 이상돈, 전게서, 860면.

8) 형 확정 명령은 군사법원법의 규정에 의하여 작성하는 문서가 아닌 일반행정문서이다. 군사법원 서기가 문서의 기안자로서 작성하게 되지만 군사법원 업무와는 무관한 것이며 이때의 신분은 군사법원의 직원이 아니라 그 소속부대(법무참모부) 직원의 자격으로 작성하는 것이다(육군군사법원, 군사법원실무제요, 2002, 478면).

여야 한다. 이 명령 발령 이후에 따르는 업무의 신속한 처리를 위해서이다. 군사법원 명령은 신분별 구분 없이 혼합 발령하되 사건별 신분순위로 발령한다(동 규정 제15조).

3. 수록의 범위

이 명령에는 군사법원 판결내용을 수록하도록 규정하고 있다(동 규정 제13조). 그러므로 공소기각결정은 이에 해당되지 않는다 할 것이나 공소기각결정도 종국재판이므로 이에 포함시키는 것이 타당하다.[9]

1995. 10. 1.부터 약식명령이 확정된 경우와 구 약식 사건이 군사법원의 공판절차에 회부되거나 약식명령에 불복하여 검찰관 또는 피고인이 정식재판을 청구하여 정식재판에서 선고된 벌금형 이하의 형에 대해서는 형 확정 명령을 발령하지 아니하였다.[10] 그 이유는 최초 군사법원법에 약식명령제도를 도입할 때에 약식명령에 대해서는 인사상 불이익을 주지 말자는 취지에서 형 확정 명령을 발령하지 아니한 것이다. 즉 1994. 1. 5. 군사법원법 개정으로 약식명령제도가 도입되었을 때 "약식명령에 의한 처벌자는 처벌 자체에 따른 인사관리상의 불이익 반영 또는 인사기록을 배제하고 죄질에 따라서 징계회부 여부 결정 및 징계결과에 따라서 불이익을 반영하여 ① 진급낙천사유 제외, ② 진급감점 적용 제외, ③ 현역복무부적합 회부 제외 사유로 규정하고 있었다."[11] 위 육방침

---

9) 육군군사법원, 군사법원실무제요, 2002, 478면.

10) 육법심 37151 - 191(95. 10. 10.) 심판업무처리지침(지시).

11) 육인관 37126 - 61('95. 10. 4.) 벌금형 처분자 인사관리 불이익 반영(육방침 제32호).

1. 목적
   군사법원의 약식명령제도 도입 시행에 따라 벌금형 이하의 형벌을 받은 군인 및 군무원에 대하여 인사관리상 불이익 처분 기준을 합리적으로 개선하여 인사관리의 적정화를 기하고 복무의욕을 고취시키는 데 있음.
2. 방침
   가. 벌금형 이하의 경미한 형벌상의 처벌에 대해서 인사관리상 불이익 적용기준을 현실에 맞게 합리적으로 조정한다.
   나. 약식명령에 의한 처벌자는 처벌 자체에 따른 인사관리상의 불이익 반영 또는 인사기록을 배제한다.
   다. 그러나 죄질에 따라서 징계회부 여부 결정 및 징계결과에 따라서 불이익을 반영하여 징계처벌과의 연계성을 유지하고 처벌에 따른 인사관리상의 불이익 처분의 형평성을 도모한다.
3. 벌금형 이하의 형벌에 대한 인사관리상 불이익 적용기준
   가. 정식기소(재판)에 의한 유죄판결자: 현행 원칙 준수
      (1) 진급낙천(법시행령 제38조, 동 규칙 제26조), (2) 진급감점 적용, (3) 현역 복무 부적합 회부(시행규칙 제57조)
   나. 약식명령에 의한 유죄판결자

에 따라 약식명령에 대해서는 형 확정 명령을 발령하지 않은 것이다.

2000. 6. 1. 군사법원 운영에 관한 심판업무처리지침에 의하면 “기소(구 공판)되어 정식재판을 받은 자(공소기각결정을 받은 자도 포함)에 대해서는 현행과 같이 형 확정 명령을 발령한다. 다만 약식명령이 청구되어 약식명령을 받은 자에 대해서는 형 확정 명령을 발령하지 아니한다.”라고 하였다.[12] 현재 실무는 약식명령이 청구되어 약식명령을 받은 자 이외에는 형 확정 명령을 발령하고 있다. 따라서 공판절차에의 이행 즉 약식명령의 청구가 있는 경우에 그 사건이 약식명령으로 할 수 없거나 약식명령으로 하는 것이 적당하지 아니하다고 인정되어 공판절차에 의하여 심판한 경우(군사법원법 제501조의 4)와 둘째로 정식재판이 청구된 경우, 즉 검찰관 또는 피고인은 약식명령의 고지를 받은 날부터 7일 이내에 정식재판의 청구를 한 경우(군사법원법 제501조의 7)에도 형 확정 명령을 발령하고 있다.

---

(1) 약식명령에 의한 처벌 자체에 대한 인사기록 반영 또는 불이익은 배제하되
(2) 죄질을 고려 징계회부 여부 결정 및 징계 결과에 따라 불이익을 반영한다.
(가) 벌금형 처분자 징계 회부 기준
○ 음주운전으로 교통사고를 발생한 자, ○ 절도/공갈/강도, ○ 직무와 관련된 금품수수/향연,
○ 강간/축첩(남녀 불륜), ○ 군수품 부정유출/처분, ○ 자해/방화, ○ 사기/횡령/배임, ○ 폭행치사상(대민사고),
○ 공문서 위조 및 변조, ○ 직무상의 의무 위반, ○ 도박/무고 행위, ○ 시설공사와 관련된 부정/부조리
○ 기타 공직자로서 체면 또는 위신손상

4. 행정사항
가. 본 방침은 95. 10. 1.부터 시행한다.
나. 각관의 임무
○ 법무참모: (1) 정식재판에 의한 처벌자는 현행과 같이 형 확정 명령을 발령하여 인사 관련 부서에 통보한다. (2) 약식명령에 의한 처벌자는 형 확정 명령을 발령치 않고 위 징계회부 기준에 의거 징계회부 여부를 결정하여 징계를 받은 경우에만 그 결과를 현행 인사처리절차에 따라 인사 관련 부서에 통보한다.
○ 인사참모(부관참모): (1) 정식재판에 의한 유죄판결을 받은 자는 현행과 같이 인사기록 또는 불이익을 반영한다.
(2) 약식명령에 의한 처벌자로서 징계 회부되어 처벌을 받은 경우에만 현행 징계 처벌자에 대한 인사처리 절차에 의거 인사관리상의 불이익을 반영한다.

12) 육법심37151－43(2000. 5. 22.) 군사법원 운영에 관한 심판업무처리지침.

Ⅳ. 유죄판결을 받은 자의 불이익

1. 개념

유죄판결이란 범죄의 증명이 있는 때에 선고하는 판결을 말하며, 현행법상 유죄판결에는 '형의 선고'의 판결, '형의 면제'의 판결, '형의 선고유예'의 판결이 있다(군사법원법 제375조). 전과(前科)란 이전에 처벌받은 형을 말하며, 전과자란 이전의 범죄에 대하여 형벌이 과해진 자를 말한다. 형벌이 과해진 자라고 하여 모두 법률상의 전과자로 취급되어 불이익을 받는 것은 아니다. 전과기록 등에 대해 규정하고 있는 법은 형의 실효 등에 관한 법률(2005. 12. 5. 법률 제7624호)이다. 유죄판결을 받은 자는 전과자로서 기록 · 관리되는 불이익을 받으며, 기타 사회생활상에 있어서의 불이익은 각 개별법에서 규정하고 있다.

2. 전과자로 기록 · 관리되는 불이익

전과자는 전과기록으로 관리된다. '전과기록'이란 수형인명부 · 수형인명표 · 범죄경력자료를 말한다.[13] ① '수형인명부'란 자격정지 이상의 형을 받은 수형인[14]을 기재한 명부로서 검찰청 및 군검찰부에서 관리하는 것을 말한다(동 조 제2호).[15] ② '수형인명표'란 자격정지 이상의 형을 받은 수형인을 기재한 명표로서 수형인의 본적지, 시 · 구 · 읍 · 면사무소에서 관리하는 것을 말한다(동 조 제3호).[16] ③ '범죄경력자료'란 수사자료표[17] 중 벌금 이상 형의 선고 · 면제 및 선고유예, 보호감호, 치료감호, 보호관찰 그 밖에 대통령령이 정하는 사항에 관

13) 형의 실효 등에 관한 법률 제2조 제7호.

14) 수형인이란 형법 제41조에 규정된 형을 받은 자를 말한다(동법 제2조 제1호). 형법 제41조에 규정된 형이란 "1. 사형, 2. 징역, 3. 금고, 4. 자격상실, 5. 자격정지, 6. 벌금, 7. 구류, 8. 과료, 9. 몰수"를 말한다.

15) 형의 실효 등에 관한 법률 제2조 제2호.

16) ① 제7조 또는 「형법」 제81조의 규정에 따라 실효된 때, ② 형의 집행유예기간이 경과한 때, ③ 자격정지기간이 경과한 때, ④ 일반사면이나 형의 선고 효력을 상실하게 하는 특별사면 또는 복권이 있은 때에는 수형인명부는 그 해당란을 삭제하고 수형인명표는 이를 폐기한다(동법 제8조 제1항). 삭제는 수형인명부의 해당란에 가로로 두 줄을 긋고 수형인명부관리자의 직인을 날인하는 방법으로 한다(동법시행령 제8조).

17) 수사자료표란 수사기관이 피의자의 지문을 채취하고 피의자의 인적사항과 죄명 등을 기재한 표(전산 입력되어 관리되거나 자기테이프, 마이크로필름 그 밖에 이와 유사한 매체에 기록 · 저장된 표를 포함한다.)로서 경찰청에서 관리하는 것을 말한다(동 조 제4호).

한 자료를 말한다(동 조 제5호). 지방검찰청 및 지청과 보통검찰부에서는 자격정지 이상의 형을 선고받은 수형인에 대한 수형인 명표를 작성하여 수형인의 본적지를 시 · 구 · 읍 · 면사무소에 송부하여야 한다(동법 제4조). 수사자료표에 의한 범죄경력조회 및 수사경력조회를 할 수 있는 경우로는 ① 각 군 사관생도의 입학 및 장교의 임용에 필요한 경우, ② 병역의무의 부과와 관련하여 현역병 및 공익근무요원의 입영에 필요한 경우, ③ 다른 법령에서 규정하고 있는 공무원임용, 인 · 허가, 서훈, 대통령표창, 국무총리표창 등의 결격사유 또는 공무원연금 지급제한사유 등을 확인하기 위하여 필요한 경우 등이다(동법 제6조).

3. 사회생활상의 각종 불이익

각 개별법에 규정되어 있는 불이익으로는 ① 선거권 · 피선거권의 제한 사유가 된다. 금고 이상 형의 선고를 받은 자는 공법상의 선거권과 피선거권이 상실되거나 일정기간 정지된다(공직선거 및 선거부정방지법 제18조, 제19조). ② 공무원 · 국영기업체직원의 자격이 제한된다. 국가공무원법 제33조, 지방공무원법 제31조, 군인사법 제10조, 경찰공무원법 제7조에서는 공무원의 임용결격 사유가 되며, 사회의 일반기업체들도 전과자의 고용을 사실상 회피하고 있다. ③ 각종 면허, 인가, 허가 등의 제한 사유가 된다. 금고 이상의 형을 받고 그 집행을 종료하거나 집행을 받지 아니하기로 확정된 후 3년이 경과하지 아니한 자는 변호사, 공증인, 의사, 공인회계사, 공인감정사, 공인중개사, 건축사, 건설업자, 보험업의 임원, 가스업자 등의 자격 취득이 불가능하다.[18] ④ 해외여행, 취업의 제한 사유가 된다. 형사사건으로 기소되어 있는 자, 금고 이상의 형을 받고 집행이 종료되지 아니하거나 집행을 받지 아니하기로 확정되지 아니한 자 등에 대한 여권발급을 제한할 수 있다(여권법 제8조). ⑤ 약혼의 해제사유가 된다. 즉 약혼 당사자 일방이 약혼 후 자격정지 이상의 형을 선고받은 경우 상대방은 약혼을 해제할 수 있다(민법 제804조).[19][20]

---

18) 변호사법 제5조, 공증인법 제13조, 의료법 제8조, 공인회계사법 제4조, 부동산 가격공시 및 감정평가 등에 관한 법률 제24조, 공인중개사의 업무 및 부동산 거래 신고에 관한 법률 제6조, 건축사법 제9조, 건설산업기본법 제13조, 보험업법 제13조, 도시가스사업법 제4조 등.

19) 군검찰에서 기소유예, 공소권 없음 처분을 하거나 군사법원에서 공소기각 처분을 한 경우에는 법무계통에 의한 과사실보고 대상이 된다. 다만 혐의 없음, 죄가 안 됨, 무죄 처분사항은 과사실보고 대상이 아니다. 따라서 불기

4. 군인사법상의 불이익

군인사법[21]상 받는 불이익으로는 ① 휴직사유, 즉 장교·준사관·부사관이 형사사건으로 기소된 때에는 휴직사유가 된다(법 제48조 제2항).[22] ② 진급발령 취소 사유(법 제31조 제2항), ③ 진급시킬 수 없는 사유, 즉 군사법원에 기소되었을 경우는 진급시킬 수 없는 사유에 해당된다(시행령 제38조 제1항). ④ 현역복무부적합 해당 여부 조사 사유, 즉 군사법원에서 유죄판결을 받은 자(약식명령의 청구에 의하여 유죄판결을 받은 자를 제외한다.)로서 제적되지 아니한 자에 대해서는 현역복무부적합자 조사위원회에 회부하여 해당 여부를 조사하게 하여야 한다(시행규칙 제57조). ⑤ 명예전역수당지급 제외 사유, 즉 군사법원에 기소되어 계류 중이거나, 유죄판결이 확정된 자는 명예전역수당지급 대상에서 제외된다(국방부 명예전역수당지급업무 처리지침 제1조). ⑥ 제적사유, 즉 법 제10조 제2항에 해당하게 되었을 때에는 장교·준사관·부사관은 제적된다(법 제40조 제1항). ⑦ 퇴직급여 및 퇴직수당 제한 사유, 즉 군인 또는 군인이었던 자가 복무 중의 사유로 금고 이상의 형을 받은 경우에 퇴직급여 및 퇴직수당은 2분의 1만 지급된다(군인연금법 제33조 제1항, 동법시행령 제70조).

Ⅴ. 약식명령 확정자에 대한 인사처리

1. 일반적 효과

1) 위에서 살펴본 바와 같이 약식명령이 확정되면 확정판결과 동일한 효력이

소처분을 받은 경우에는 인사기록에 기재되지 않고 있으며, 또한 과사실보고 대상이 될 뿐이며 기타 신분상 불이익은 없다.

20) 재범 시 받는 불이익으로는 첫째로 선고유예·집행유예의 실효 사유가 되며(형법 제61조 제1항, 제63조), 둘째로 누범가중 사유가 된다(형법 제35조).

21) 이하에서는 군인사법은 '법'으로, 군인사법 시행령은 '시행령'으로, 군인사법 시행규칙은 '시행규칙'으로 한다.

22) 휴직으로 인한 불이익으로는 ① 봉급의 반액 지급(법 제48조 제4항), ② 복무기간에 불산입(군인보수법 제11조 제2항, 제7조, 제8조), ③ 의무복무기간에 불산입(법 제6조 제4항), ④ 임시계급을 부여받은 자는 원계급 복귀사유(시행령 제42조 제2항), ⑤ 퇴직수당 계산 시 휴직기간은 그 기간의 2분의 1만 복무기간에 산입(군인연금법 제16조 제11항).

있다. 따라서 약식명령이 확정된 자는 유죄판결과 같은 효력이 발생한다. 유죄판결을 받은 자는 위에서 본 바와 같은 불이익을 받고 있다. 그러나 약식명령은 비록 유죄판결의 일종이기는 하지만 경미한 사안에 대하여 벌금·과료 등의 형을 부과하는 처분이기 때문에 이러한 벌금형 이하의 형벌을 받은 군인에 대해서는 인사관리의 적정화 및 복무의욕을 고취시키기 위하여 인사관리상 불이익을 받지 않도록 하고 있다. 즉 법에서는 약식명령에 대해서는 ① 진급시킬 수 없는 사유의 예외, ② 기소휴직의 예외, ③ 현역복무부적합조사위원회 회부사유의 예외 등 인사상 불이익을 배제하는 규정을 두고 있다. 이하에서는 이에 대해 설명하기로 한다.

2) 약식명령에 대해 인사관리상 불이익을 제외하고 있는 이유는 무엇일까? 판례는 "약식명령으로 고지할 수 있는 형이 벌금, 과료, 몰수에 불과하여 검찰관이 기소와 동시에 약식명령을 청구한 사건은 그 범죄사실이 일반적으로 정식기소한 사건의 범죄사실보다 죄질이 비교적 가볍다는 점도 들 수 있겠으나, 약식명령이 청구된 사건과 정식 기소된 사건의 본질적인 차이는 공판절차를 거치는지 여부와 재판의 형식이 판결인지 명령인지 여부에 있다 할 것이고 정식으로 기소된 사건에서 약식명령 못지않는 가벼운 벌금형을 선고받더라도 유죄판결을 받는 한 진급할 수 없도록 되어 있는 점에 비추어 보면 공판절차를 거치지 아니한 채 명령으로 형을 고지하는 약식명령의 경우에는 공판절차를 거쳐 판결로써 형을 선고하는 경우보다 오류의 가능성이 그만큼 높다는 점이 함께 고려된 것으로 볼 수 있다.

한편 군사법원법 제501조의 4에 의하면 약식명령의 청구가 있는 경우에 그 사건이 약식명령으로 할 수 없거나 약식명령으로 하는 것이 적당하지 아니하다고 인정한 때에는 공판절차에 의하여 심판하여야 한다고 규정하고 있고, 여기에서 약식명령으로 할 수 없는 경우란 벌금, 과료, 몰수 이외의 형을 선고하거나 그 밖에 무죄, 면소, 공소기각 등의 판결을 선고하여야 하는 경우를 말하고, 약식명령으로 하는 것이 적당하지 아니한 경우란 공판절차를 거치지 아니하고는 유·무죄 여부 등을 판단하기 어려운 경우를 말한다 할 것인바, 약식명령이 청구된 사건이라 하더라도 일단 법원에 의하여 공판절차에 회부된 경우에는 정식으로 군사법원에 기소된 경우와 차이가 있다고 볼 수 없으므로 이는 시행령 제

38조 제1항 제1호가 정한 진급발령 전에 진급시킬 수 없는 사유에 해당한다고 봄이 상당하다(만약 이와 반대로 해석하면 약식명령이 청구되었으나 벌금의 형을 선고하는 것이 적당하지 아니하다고 인정되어 정식재판에 회부된 후 보다 중한 징역형이 선고된 경우에 있어서도 법 제31조 제2항에 해당되지 아니한다는 불합리한 결과가 발생된다는 점도 지적할 수 있다.). 다만, 정식재판에 회부한 사유가 그 범죄사실에 대하여 무죄판결 등을 하는 경우라면 그 판결 이후에 시행령 제38조 제1항 제1호 단서가 적용되어 진급될 뿐이다. 따라서 약식명령 청구 후 정식재판에 회부된 경우 진급시킬 수 없는 사유에 해당하지 아니한다는 원고의 주장은 이유 없다."라고 하였다.[23] 앞으로 군인사법 해석 및 운영에 있어서 위 판례의 취지를 참조하여야 할 것이다.

2. 진급낙천사유의 예외

진급낙천자라 함은 진급선발대상권에 포함된 대령 이하의 장교로서 장교진급 선발위원회에서 진급될 자격이 없다고 인정되어 진급심사대상에서 제외된 자 및 제31조의 규정에 의하여 취소 또는 삭제된 자를 말한다(법 제32조). 육군은 진급선발 심사 시 진급낙천사유가 발생한 경우에는 진급낙천자 심의를 거쳐 진급선발 심사대상자에서 제외하고 있으며, 진급낙천사유로 "군사법원 유죄판결자(단, 약식명령의 청구에 의하여 유죄판결을 받은 자 제외)"[24]를 규정하고 있다.[25] 약식명령의 청구에 의하여 유죄판결을 받은 자는 진급낙천자가 되지 않는다.

약식명령이 청구되어 벌금형이 확정된 경우가 군인사법상의 진급낙천 사유에 해당하는지 여부에 대해 "약식명령이 청구되어 벌금형이 확정된 자는 군인사법상의 진급낙천 사유에 해당하지 않는다."라고 하였다. 그 이유는 "진급낙천 사유에 대해 시행령 제38조 제1항 제1호에 명시적으로 규정되어 있는바, 이에는 형사범에 대한 형의 종류와 무관하게 군사법원에 기소된 경우는 진급낙천사유

23) 서울행정법원 2004. 12. 28. 선고 2004구합22114 판결(군인사법상 약식명령을 어떻게 취급할 것인가에 관한 최초의 판결이다.).

24) 약식명령의 청구에 의하여 '유죄판결'을 받은 자의 규정에 대해 약식명령의 청구가 있는 경우에 공판절차에 회부되지 아니하는 경우에는 약식명령이 고지가 될 뿐이므로 여기에서의 '유죄판결'이란 오기임이 명백하여 이를 약식명령으로 해석하여야 한다(서울행정법원 2004. 12. 28. 선고 2004구합22114 판결).

25) 육군본부, 2007년도 장교 진급지침, 2006, 33면.

이나 그 단서에서 약식명령이 청구된 경우는 제외한다고 명문으로 규정하고 있으며, 약식명령이 정식재판의 청구기간이 경과하거나 그 청구의 취하 또는 청구기각의 결정이 확정된 때에는 확정 판결의 벌금형과 동일한 효력이 있다고 형사소송법 제457조에 규정되어 있으나 시행령 제38조에서는 형사범의 재판결과 효력과는 무관하게 단지 군사법원에 정식 기소되었는지 아니면 약식명령이 청구된 경우인지의 형식에 의해 진급낙천 사유를 규정한 것으로 약식명령은 그 결과의 효력에 무관하게 진급낙천 사유에서 제외한다고 해석하여야 할 것임"이라고 하였다.[26)]

3. 진급감점사유

육규 126 장교진급관리규정 제27조에 의하면 약식명령에 대해서는 말소기간 2년, 감점기준은 3점을 적용하도록 되어 있고,[27)] 각급 제대 법무참모는 군사법원에서 형사벌이 확정된 후 10일 이내에 그 결과를 규정된 양식에 의거하여 영관급장교 이하는 인사사령부(인사운영처)로, 장관급 장교는 인사참모부(장군인사과)로 통보하여야 한다.[28)]

약식절차가 군사법원법에 도입된 이래 육방침 95 - 32호(육인관 37126 - 61 ('95. 10. 4.) 벌금형 처분자 인사관리 불이익 반영)에 의거하여 약식명령에 대해서는 형 확정 명령을 발령하지 않고 있었으며 또한 진급감점사유로 하지 않고 다만 과사실보고 대상으로 하여 잠재역량에 있어서 참고자료로 활용하고 있었다.

그러나 2004. 3.경 육군에서는 "약식명령으로 처벌받은 자는 대부분 음주운전 등 현행법을 위반한 자로서 죄질 면에서 경징계보다 중한 과오이나, 과사실 통보대상으로 규정하여 진급심사 시 감점 없이 참고사항으로 활용될 뿐이어서 인사관리상 형평성이 결여되어 처벌 유형별 감점 및 말소기간의 형평성을 유지할 필요가 있다."는 의견에 따라 약식명령이 확정된 자에게는 진급심사 시 - 3점의 감점을 적용하게 되었다.[29)]

26) 육법제18501 - 040011('04. 1. 8.) - 약식명령이 청구된 자가 진급낙천 사유에 해당 여부 질의 회신.

27) 약식명령에 대한 감점은 3점을 부여하는 규정은 「처벌기록 인사관리 적용 방침」(육방침 제06 - 5호) 및 2007년도 장교 진급지침 Ⅲ. 11. 인사처리기록 적용기준에도 명시되어 있다.

28) 인사기록 인사관리 적용 방침(육방침 제06 - 5호); 처벌기록 인사관리 적용 개선지시 (육지시 09-1039호 2009. 8. 1.)

4. 진급시킬 수 없는 사유의 예외

1) 장교진급선발위원회에 의하여 선발된 자는 진급권자가 당해 전군에 그 명단을 공표하고 궐원에 따라 선임순으로 수시로 진급 발령한다. 다만 공표된 자라 할지라도 진급발령 전에 진급시킬 수 없는 사유가 발생하였을 때에는 진급권자는 이를 진급예정자 명단에서 삭제할 수 있다(법 제31조 제2항). 시행령 제38조는 진급시킬 수 없는 사유로 ① 군사법원에 기소되었을 경우(약식명령이 청구된 경우는 제외하며 무죄 판결된 자는 예정대로 진급시키며, 진급예정일이 경과한 때에는 그 무죄로 확정된 일자 이후의 첫 진급 시에 발령한다.), ② 중징계 처분을 받은 경우, ③ 전역심사위원회에 회부될 경우 등을 열거하고 있다.[30)]

2) 최초 약식명령이 청구되었으나 법원에서 정식재판에 회부되어 벌금형이 선고되고 확정된 경우, 진급시킬 수 없는 사유의 하나인 "군사법원에 기소되었을 경우"에 해당하는지 여부에 대해 "법 제31조 및 시행령 제38조의 진급시킬 수 없는 사유에 해당함"이라고 하였다. 그 이유는 "장교진급선발위원회에 의하여 선발되어 전군에 그 명단이 공표된 자라 할지라도 진급발령 전에 진급시킬 수 없는 사유가 발생하였을 때에는 진급권자는 이를 진급예정자 명단에서 삭제할 수 있고(법 제31조 제2항), 시행령 제38조 제1항은 '진급시킬 수 없는 사유' 중 하나로 '군사법원에 기소되었을 경우(약식명령이 청구된 경우를 제외한다.)'를 규정하고 있음(동 항 제1호). 사안의 경우 최초에는 정식 기소된 것이 아니라 약식명령이 청구되었던 것이므로 위 조항의 적용이 배제되는 것은 아닌가 하는 의문이 있을 수 있음. 위 규정이 약식명령이 청구된 경우를 제외하고 있는 이유는, 약식명령이라는 제도가 경미한 사안에 대하여 정식 공판 절차를 거치지 않고 벌금 · 과료 등의 형을 과하려는 절차임에 비추어, 경미한 사안의 경우에까지 진급시킬 수 없는 사유로 하는 것은 너무 가혹하다는 고려에 바탕을 두고 있는 것으로 보임. 그런데 약식명령의 청구가 있는 경우에 그 사건이 약식명령으로 할 수 없거나 약식명령으로 하는 것이 적당하지 않은 경우에는 공판절차

29) 처벌기록 인사관리 적용 방침(육방침 04-35 2004. 7. 23.)

30) 국방부명예진급시행지침(99. 7. 15.)에 의하면 ① 군사법원에 기소되었을 경우(약식명령이 청구된 경우는 제외), ② 현 계급에서 중징계의 처분을 받거나 경징계 2회 이상 받은 자에 대해서는 명예진급 시에 있어서 진급시킬 수 없는 사유로 규정하고 있다. 따라서 약식명령이 청구된 경우에는 명예 진급할 수 있다.

에 의하여 심판하여야 하고, 이 사건 정식재판의 회부 또한 위 규정에 근거한 것임. ① 정식재판에 회부한 경우에는 애초에 정식 기소한 경우와 동일한 절차가 진행된다는 점, ② 경미한 사안의 경우를 '진급시킬 수 없는 사유'로 하지 않으려는 위 규정의 취지가 사안과 같은 경우에까지 관철되기는 어려운 점 등에 비추어, '약식명령이 청구되었으나 정식재판에 회부된 경우'를 위 시행령 제38조 제1항 제1호의 '약식명령이 청구된 경우'로 보기는 어렵고, 따라서 법령상의 '진급시킬 수 없는 사유'에 해당한다고 봄이 타당함."이기 때문이다.[31]

3) 군검찰에 의해 약식 기소되어 약식명령을 받은 피고인이 정식재판을 청구하여 형이 확정된 경우 제반 규정상 진급시킬 수 없는 사유에 해당하는지 여부에 대해 "약식명령에 대한 정식재판의 청구에 의해 형이 확정된 경우라 하더라도 여전히 제반규정상 진급낙천사유, 명예전역선발 및 명예진급 제외사유의 예외규정에 해당함"이라고 하였다. 그 이유는 "시행령 제31조 제2항은 진급시킬 수 없는 사유로 '군사법원에 기소되었을 경우(약식명령이 청구된 경우를 제외한다.)'라고 규정하고 있고, 군인명예전역수당지급규정 제2조 제1항 제1호, 국방부 명예진급시행지침 제3조 다항 제4호도 동일하게 규정하고 있음. 육규126 장교진급관리규정 제23조 제1항 가호의 (1)은 진급심사대상에서 제외되는 사유로서 '군사법원 유죄 판결자(단, 약식명령의 청구에 의하여 유죄판결을 받은 자는 제외한다.)'라고 규정하고 있음. 그런데 형사소송법 제456조는 '약식명령은 정식재판의 청구에 의한 판결이 있는 때에는 그 효력을 잃는다.'라고 규정하고 있어, 군검찰에 의해 약식 기소되어 약식명령을 받은 피고인이 이에 불복하여 정식재판을 청구한 경우 정식재판 결과만 그 효력을 발생하므로 결국 위 제반규정상 진급낙천사유, 명예전역선발 및 명예진급 제외사유의 예외규정에 해당하지 않는지가 문제 됨. 한편 형사소송법 제457조의 2는 '피고인이 정식재판을 청구한 사건에 대해서는 약식명령의 형보다 중한 형을 선고하지 못한다.'라고 규정하고 있어, 약식명령에 대한 피고인의 (정식)재판청구권을 보호하고 있음. 또한 재판청구권은 헌법상 보장된 권리로서 불이익변경금지의 원칙은 이러한 재판청구권을 실질적으로 보장하기 위한 핵심적인 내용임. 그리고 이러한 불이익은 실질적인 불이익을 의미한다 할 것이므로 당해 사건뿐만 아니라 정식재판 청구로 인

31) 법제과 – 14('04. 5. 11.) – 장교 진급발령에 관한 법령질의에 대한 회신

한 신분상 불이익까지 포함한다 할 것임. 사안의 경우 시행령 제31조 제2항에 규정된 '약식명령이 청구된 경우는 제외한다.'라는 것은 그 문언적 의미만으로도 약식명령이 청구된 경우 피고인이 정식재판을 청구했는지 여부를 불문하고 더 이상의 불이익을 주지 않겠다는 의미로 해석되고, 육규126 장교진급관리규정 제23조 제1항 가호의 (1)은 '약식명령의 청구에 의하여 유죄판결을 받은 자는 제외한다.'라고 규정하고 있는데, 이는 '약식명령의 청구에 의하여 약식명령에 의해 유죄판결을 받은 자는 제외한다.'는 의미뿐만 아니라, '약식명령의 청구에 의하여 약식명령을 받은 자가 정식재판을 청구하여 유죄판결을 받은 자는 제외한다.'는 의미까지 포함한 것으로 해석해야 함"이기 때문이다.[32]

즉 법무실의 유권해석은 피고인의 재판청구권을 보호하기 위해 피고인이 정식재판을 청구한 경우에도 진급시킬 수 없는 사유에 해당한다고 한다. 그러나 첫째로 위 서울행정법원 판례와 같이 약식명령에 대해 인사관리상 불이익을 제외하고 있는 이유는 "사안이 경미한 것일 뿐만 아니라, 공판절차를 거치지 아니한 채 명령으로 형을 고지하는 약식명령의 경우에는 공판절차를 거쳐 판결로써 형을 선고하는 경우보다 오류의 가능성이 그만큼 높다는 점이 함께 고려된 것으로 볼 수 있다."고 한 점과, 둘째로 현행 군사법원 실무상에서도 약식명령이 청구되었는지의 여부에 따라 형 확정 명령을 발령하는 것이 아니라 공판절차를 거쳤느냐 아니냐에 따라 형 확정 명령을 발부하고 있으므로 실무와 통일시킬 필요가 있다는 점, 셋째로 정식재판 절차를 거치는 것이 본인의 재판청구권을 더욱더 보호하는 것이며, 형사재판 절차와 인사관리상의 처리문제와는 별개의 문제인 점을 보면 피고인이 정식재판을 청구하여 공판절차를 거쳐 벌금형이 선고된 경우에는 진급시킬 수 없는 사유에 해당된다고 보는 것이 타당할 것이다.

4) 중사진급예정자로 선발되어 진급예정자 명단에 쓰이고 그 명단이 공표된 자가 진급발령 전에 군사법원에 약식명령이 청구된 경우 진급권자가 진급발령을 할 수 있는지 여부에 대해 "진급발령을 할 수 있음."이라고 하였다. 그 이유는 "법 제31조 제2항은 '제1항의 규정에 의하여 공표된 자라 할지라도 진급발령 전에 진급시킬 수 없는 사유가 발생하였을 때에는 진급권자는 이를 진급예

32) 육본 법제과 - 437(05. 7. 15.) - 군검찰에 의해 약식명령을 받은 자가 정식재판을 청구하여 확정된 경우 진급심사 등에서 제외되는지 여부에 관한 법령 질의 회신.

정자 명단에서 삭제할 수 있다.'라고 규정하고 있고, 시행령 제38조 제1항 제1호는 진급시킬 수 없는 사유의 하나로 '군사법원에 기소되었을 경우'를 규정하고 있는바, 위 법 제31조 제2항의 '진급예정자 명단에서 삭제할 수 있다.'는 규정의 취지는 진급권자가 동 조항의 진급시킬 수 없는 사유가 발생한 자에 대하여 진급예정자 명단에서 반드시 삭제하여야 한다는 것이 아니라 기소된 사안의 성격, 경중, 판결결과 등 여러 가지 사정을 고려하여 그 삭제 여부를 결정할 수 있는 고유권한이 있음을 나타내고 있는 것으로 판단됨."이기 때문이다.[33]

5. 기소휴직 예외 사유

1) 기소휴직이란 임용권자가 장교 · 준사관 · 부사관에 대하여 형사사건으로 기소된 때에 일정한 기간 동안 휴직을 명하는 것을 말한다.[34] 법 제48조 제2항에 "장교 · 준사관 · 부사관이 형사사건으로 기소된 때(약식명령이 청구된 경우를 제외한다.)에는 임용권자는 휴직을 명할 수 있다."라고 규정하여 기소휴직제의 법적 근거를 마련하고 있으며 약식명령이 청구된 경우를 제외하고 있다. 약식명령의 경우에 휴직을 하지 않는 이유는 군검찰관의 공소제기가 있었다 하더라도 기소와 약식명령 간의 기간이 단기에 불과하고 사안 자체도 경미하여 공판에 의하지 아니하고 서면심리로써 판결할 뿐만 아니라 형량도 벌금형에 지나지 않아 군인의 신분변동(장교임용결격 사유에 해당하지 않음)과 직무수행에 아무런 영향을 미치지 않기 때문이다.[35]

2) 검찰관의 약식명령 청구가 있었으나 공판절차회부와 정식재판청구가 되어 통상의 공판절차로 재판이 진행될 경우에 휴직명령을 발령하여야 하는가? 간부 기소 시 휴직처리에 관한 지침 제2조에 의하면 약식명령이 청구된 사건은 정식재판에 회부하더라도 휴직 · 직위해제 명령을 의뢰하지 않도록 하고 있으나 공판절차로 회부된 경우에는 이미 약식절차로서의 기능을 상실하였으므로 휴직명령을 발령하여야 한다고 본다. 약식명령의 청구가 되었다 할지라도 공판절차회부와 정식재판청구의 경우에는 통상의 공판절차에 의해 재판이 진행될 수 있다.

33) 국방부('94. 12. 19. 국제 24001－273)

34) 임천영, "군인사법상의 기소휴직제", 인사보(제93호), 육군본부, 2004. 4. 102면.

35) 김중양, 한국인사행정론(제4판), 법문사, 2002, 380면.

3) 검찰관이 폭력행위 등 처벌에 관한 법률위반행위로 약식명령이 청구된 사안에 대하여 군판사가 사안을 중시하여 직권으로 정식재판에 회부('97. 2. 19.)하여 징역 1년 집행유예 2년이 선고된 사건으로서 피고인이 이에 불복하여 항소('97. 5. 19.)하여 국방부 고등군사법원에서 심리 중인 사건에 대하여 최초 약식명령청구로 휴직처리 제외대상이었으나 정식재판에 회부됨으로써 정식재판 회부일인 '97. 2. 19.부로 휴직명령이 발령된 사안에 있어서 그 적법성 여부에 대해 "휴직적격자에 대한 휴직여부 및 휴직시기는 임명권자의 재량사향이므로 정식재판 회부 시로 하든지 항소 시로 하든지 부적법하다 할 수 없음"이라고 하였다. 그 이유는 "법 제48조(휴직) 제2항 '장교·준사관 및 하사관이 형사사건으로 기소된 때(약식명령이 청구된 경우를 제외한다.)에는 임명권자는 휴직을 명할 수 있다.' 육규 111. 장교복무규정 제24조 제2호 '형사사건으로 기소된 때(약식명령이 청구된 경우 제외)에는 휴직을 명할 수 있다.'고 규정하고 있으며 이와 관련하여 더 이상의 임명권자 휴직권에 대한 제한규정이 없으므로 휴직의 여부 및 휴직시기에 대해서는 임명권자에게 위임되었다 할 것이고 그렇다면 약식명령청구 후 정식재판에 회부되어 기소된 자의 휴직과 관련하여 임명권자가 정식재판회부(기소) 후 어느 때 하더라도 이를 부적법하다고 판단할 수는 없다 할 것임. 다만, 이와 관련하여 육군 고등검찰부 간부기소사건 휴직업무처리지침은 '약식명령이 청구된 경우에는 원칙적으로 휴직의뢰를 하지 않다가 피고인이 정식재판에 회부되어 제1심에서 임용결격 사유에 해당하는 선고를 받고 항소한 경우에는 항소시를 기준으로 휴직의뢰 할 것'이라고 권고하고 있는바 이 지침은 휴직대상자에 대한 성급한 휴직처분으로 인한 과도한 불이익을 방지하고 항소 시에 휴직처리를 하더라도 휴직처분의 기대효과를 충분히 인정할 수 있다는 고려에서 하달되었고 그 내용이 임명권자의 재량권을 침해하는 것도 아니므로 약식기소 후 정식재판에 회부된 간부들의 휴직처리에 관한 기준으로 타당성이 있다고 할 것임."이기 때문이다.[36]

36) 육군본부, 군사법령질의응답집(제4집), 1999, 12－13면.

6. 현역복무부적합조사위원회 회부사유의 예외

가. 관련 규정

시행규칙 제57조에서는 "군사법원에서 유죄판결을 받은 자(약식명령의 청구에 의하여 유죄판결을 받은 자를 제외한다.)로서 제적되지 아니한 자에 대해서는 제59조의 규정에 의한 조사위원회에 회부하여 제56조(제4항 제5호를 제외한다.)에 규정된 현역복무부적합자 기준에의 해당 여부를 조사하게 하여야 한다." 라고 규정하여 약식명령의 청구에 의하여 유죄판결을 받은 자에 대해서는 현역복무부적합조사위원회 회부사유의 예외로 하고 있다.[37]

나. 취지 및 해석

약식명령의 청구에 의하여 유죄판결을 받은 자에 대해서는 현역복무부적합조사사유에서 제외시키고 있으나 이는 단지 약식명령을 받았다는 사정만으로 그 사유를 불문하고 바로 조사위원회에 회부할 수 없다는 취지에 불과한 것으로서, 약식명령을 받은 사유 등을 고려하여 달리 조사위원회에 회부할 사유가 있다고 인정되는 경우에 그에 따른 회부까지 일체 허용하지 않는 규정이라고 할 수 없다.[38] 즉 약식명령을 받은 사실 자체만으로는 현역복무부적합조사위원회 회부대상에서 제외된다 하겠으나, 소속지휘관이 약식명령을 받은 사유와 함께 부하 운전병에 대한 폭행, 가혹행위 등 그 외의 사유 등을 들어 시행규칙 제56조 내지 제57조의 현역복무부적합자에 해당한다고 보고 조사위원회 설치권자에게 보고한 경우에는 조사위원회 설치권자는 위 시행규칙 제57조 제7호, 제58조 제1항에 따라 조사위원회에 회부하여 현역복무부적합 여부를 심리하도록 하여야 하고 이때 조사위원회는 이미 약식명령을 받은 사실에 대해서도 현역복무부적합 여부를 판별하는 정상참작사유로 삼을 수 있다 할 것이다.[39]

---

37) 임천영, 군인사법, 법률문화원, 2004, 571－572면.
38) 대법원 1999. 7. 9. 선고 97누11799 판결.
39) 대전고등법원 1997. 6. 20. 선고 96구2703 판결.

7. 명예전역수당지급 제한 사유의 예외

명예전역수당지급 대상자는 "자진하여 명예롭게 전역하는 자"여야 한다. 따라서 불명예스럽게 전역하는 자는 지급 대상자에서 제외된다. 명예로운 전역 기준에 대해 군인사법과 군인명예전역수당지급규정(2006. 3. 29. 대통령령 제19412호)에는 아무런 규정을 두고 있지 않다. 다만 국방부명예전역수당지급업무처리지침 제1조에서는 ① 징계위원회에 회부되어 계류 중이거나 징계처분을 받은 자(단, 시효기간 만료된 자 제외), ② 군사법원에 기소되어 계류 중이거나 유죄판결이 확정된 자, ③ 각 군 참모총장이 명예전역 부적격자로 인정한 자는 자진하여 명예롭게 전역하는 자에 해당하지 않는 자로 정하고 있다.

국방부의 2006년도 후반기 군인명예전역 시행계획[40]에 의하면 명예전역 선발 제외 대상자로 "군사법원에 기소되어 형사사건 계류 중이거나, 유죄판결을 받은 자(단 약식명령이 청구된 경우와 형이 실효된 자는 제외)"를 규정하고 있다. 위 관련 규정에 의하면 약식명령이 청구된 경우에는 명예전역수당을 지급받을 수 있다. 그 이유는 약식명령제도가 경미한 범죄사실에 대해 경미한 형을 선고하기 때문에 명예전역수당을 지급하기로 한 것이다.

8. 군인연금의 제한 사유의 예외

군인 또는 군인이었던 자가 복무 중의 사유로 금고 이상의 형을 받은 때에는 대통령령이 정하는 바에 의하여 퇴직급여 및 퇴직수당의 일부를 감액하여 지급한다(군인연금법 제33조 제1항). 여기서 "재직 중의 사유"라 함은 형벌의 원인이 되는 사유가 군인신분 보유 중에 발생한 것이면 족하고, 반드시 직무와 관련되어 발생한 것이어야 하는 것은 아니다. 따라서 약식명령은 금고 이상의 형에 해당되지 않기 때문에 약식명령이 확정되었다 하더라도 군인연금에 대해서는 어떠한 제한도 받지 아니한다.

40) 국인사관리과 - 12110(05. 12. 2.) 2006년도 군인명예전역시행계획 하달.

Ⅵ. 개선방안

지금까지 약식명령이 확정된 자에 대하여 군인사법에서 어떻게 취급하고 있는지에 관해 상세하게 알아보았다. 약식명령과 관련하여 개선할 사항으로는 첫째로, 약식명령을 청구하여 약식명령이 고지된 경우에도 형 확정 명령을 발부하여야 한다. 실무는 약식명령을 청구한 경우에 공판절차를 거쳤느냐 거치지 않았느냐에 따라 공판절차를 거친 경우에는 형 확정 명령을 발령하고, 공판절차를 거치지 않은 경우에는 형 확정 명령을 발령하지 않고 있다. 그 이유는 약식명령이 청구되어 약식명령이 고지된 경우에는 인사상 불이익을 주지 말자는 취지에서 비롯된 것이다(육방침95－32호 벌금형 처분자 인사관리 불이익 반영 참조). 그러나 육방침 제06－5호 처벌기록 인사관리 적용 방침[41]에 의하면 약식명령에 대해 3점을 감점하고 있다. 약식명령에 대해 인사상 불이익을 배제하자는 취지가 없어진 마당에는 구태여 약식명령에 대해 형 확정 명령을 발령하지 않을 이유가 없게 된 것이다. 따라서 약식명령이 청구되어 약식명령이 고지되어 확정된 경우에도 다른 형사처분과 같이 형 확정 명령을 발부하여야 할 것이다. 이로 인해 업무의 통일을 기하고 형사처분 기록 누락을 방지할 수 있을 것이다. 둘째로, 약식명령이 확정된 자에 대하여 일괄적으로 진급심사 시 감점을 적용할 것이 아니라 약식절차 제도의 취지를 살려 일부 과실범에 대해서는 감점 대상자에서 제외하는 방안을 검토할 필요가 있다. 예를 들면 경미한 과실로 인해 발생한 교통사고 운전자의 경우 등 사회적으로 비난 가능성이 없어 약식명령이 고지되어 확정된 경우에는 무조건적으로 3점을 적용하여 진급까지 제한하는 것은 너무 가혹한 것이다. 따라서 약식명령이 확정된 자에 대해서는 무조건 3점 감점을 적용할 것이 아니라 진급지침이나 진급선발위원회에서 일부 자를 구제하는 방안을 고려하여야 한다.

41) 현재는 "육지시 09－1039호 처벌기록 인사관리 적용 개선 지시"로 시행되고 있다.

참고문헌

김중양 · 김명식, 공무원법, 박영사, 2000.

김중양, 한국인사행정론(제4판), 법문사, 2002.

배종대 · 이상돈, 형사소송법, 홍문사, 2004.

백형구, 조해 형사소송법, 법률문화원, 2002.

임천영, 군인사법, 법률문화원, 2004.

육군본부, 간부용 군법교재, 2003.

김도형, "군인 등에게 신분상의 불이익을 가져오는 경우에 대한 연구", 군사법논집(제1집), 국방부, 1994.

마영설, "군인의 각종 처벌에 따른 신분상 불이익에 관한 소고", 군사법논집(제7집), 국방부, 2002.

이상재, "군사재판에 있어서 간부와 병사의 양형상 차별에 대한 타당성 검토", 군판사 세미나 자료, 육군본부, 2003.

이연주, "군사법원의 양형에 따른 급여제한의 문제점", 군판사 세미나 자료, 육군본부, 2003.

임천영, "군인사법상의 기소휴직제", 저스티스(제79호), 한국법학원, 2004. 6.

임천영, "군인사법상의 기소휴직제", 인사보(제93호), 육군본부, 2004. 4.

임천영, "선고유예 판결을 받은 자의 인사처리 방안", 육군2004 1/2(통권 제267호).

임천영, "군인사법상의 징계말소제도에 관한 고찰", '02. 군사법연구논문(3－4/4분기).

27. 선고유예의 유죄판결을 받은 자에 대한 인사처리 방안*

목 차

Ⅰ. 서

장교, 준사관, 부사관이 군복무 중에 발생한 사유로 인해 군사재판에 회부되어 선고유예를 선고받는 경우가 종종 발생한다. 선고유예를 선고받은 자는 어떠한 불이익을 받을까? 선고유예가 무엇이며, 어떠한 경우에 선고유예를 선고할 수 있는가? 또한 최근에 헌법재판소에서는 선고유예와 관련된 지방공무원법 조항에 대하여 위헌결정을 한 바 있으며, 2003. 9. 25.에도 "군인사법 제40조 제1항 제4호 중 제10조 제2항 제6호 부분(1989. 3. 22. 법률 제4085호로 개정된 것)은 헌법에 위반된다."라는 결정을 한 바 있다. 군사재판에서 선고유예의 유죄판결을 받은 자에 대하여 군인사법상 어떻게 처리할 것인가에 대하여 알아보기로 한다.

---

42) 게재지: 육군(제267호 2004년 1·2).

Ⅱ. 선고유예의 의의 및 요건

1. 의의

형의 선고유예란 범정(犯情)이 경미한 범죄인에 대하여 일정기간 동안 형의 선고를 유예하고 그 유예기간을 특정한 사고 없이 무사히 경과하면 형의 선고를 면하게 하는 제도를 말한다(형법 제59조). 선고유예 제도는 유죄판결을 받을 피고인에게 사회복귀를 용이하게 하려는 특별예방 목적에 그 취지가 있다.

2. 요건

형의 선고유예를 하기 위해서는 첫째로, 1년 이하의 징역, 금고, 자격정지 또는 벌금의 형을 선고할 경우에 해당할 것, 둘째로, 양형의 조건을 참작하여 개전의 정상이 현저하여야 한다. 여기서 양형의 조건에는 범인의 연령, 성행, 지능과 환경, 피해자에 대한 관계, 범행의 동기, 수단과 결과, 범행 후의 정황 등이다. 셋째로, 자격정지 이상의 형을 받은 전과가 없어야 한다(형법 제59조 제1항).

선고유예의 판결을 할 것인가의 여부는 법원의 재량에 속한다. 선고유예도 유죄판결의 일종이므로 선고유예의 판결을 하는 경우에는 범죄사실과 선고할 형을 결정해야 한다. 형의 선고유예를 받은 날로부터 2년을 경과한 때에는 면소(免訴)된 것으로 간주한다(형법 제60조). 다만 선고유예의 판결을 받은 자가 유예기간 중 자격정지 이상의 형에 처한 판결이 확정되거나 자격정지 이상의 형에 처한 전과가 발견된 때에는 유예한 형을 선고한다(형법 제61조 제2항).

Ⅲ. 군인사법에서의 선고유예의 판결에 대한 취급

선고유예를 선고받은 자는 임용결격 사유 및 제적사유, 현역복무부적합조사사유, 전역심사위원회 회부사유, 진급낙천사유, 명예전역수당지급 제외사유, 군인연금법상 급여 제한사유 등 각종 불이익을 받고 있다.

1. 임용결격 사유

'자격정지 이상 형의 선고유예를 받은 경우에 그 선고유예 기간 중에 있는 자'는 장교·준사관·부사관이 될 수 없다(군인사법 제10조 제2항 제6호). 즉 선고유예 기간 중에 있는 자는 임용결격 사유가 된다. 다른 공무원법에서도 선고유예는 임용결격 사유의 일종으로 하고 있다. 국가공무원법 제33조 제1항 제5호, 지방공무원법 제31조 제5호에서는 "금고 이상 형의 선고유예를 받는 경우에 그 선고유예 기간 중에 있는 자"는 공무원에 임용될 수 없다고 규정하고 있다. 또한 경찰공무원법 제7조 제2항 제5호에서는 "자격정지 이상 형의 선고유예를 받고 그 선고유예 기간 중에 있는 자"라고 규정하고 있다.

국가공무원과 지방공무원의 임용결격 사유로는 "금고 이상의 형"의 선고유예를 받은 경우에 그 선고유예 기간 중에 있는 자로 규정하고 있지만 군인과 경찰공무원은 "자격정지 이상의 형"의 선고유예를 받은 경우를 임용결격 사유로 하고 있다. 따라서 군인과 경찰공무원이 국가공무원과 지방공무원보다 임용결격 사유에 있어서는 더 제한적이다. 그 이유는 국민의 생명·신체 및 재산의 보호와 범죄의 예방·진압 및 수사 등 공공의 안녕과 질서유지를 그 임무로 하여 일정한 범위 내에서 무기의 사용이 허용되는 경찰공무원에게는 일반공무원보다 더 높은 윤리성과 성실성 등이 요구되기 때문이다(헌법재판소 1998. 4. 30. 96헌마7). 또한 "자격정지 이상 형의 선고를 받은 경우"란 재판의 효력이 발생한 날을 말하고 재판의 효력은 그 판결의 내용이 확정된 날로부터 발생하게 된다.

2. 현역복무부적합자로 조사받을 사유

군사법원에서 유죄판결을 받은 자(약식명령의 청구에 의하여 유죄판결을 받은 자를 제외한다.)로서 제적되지 아니한 자는 군인사법 제59조의 규정에 의한 현역복무부적합자조사위원회에 회부하여 군인사법 제56조에 규정된 현역복무부적합자기준에의 해당 여부를 조사하게 하여야 한다(군인사법 시행규칙 제57조 제1호). 선고유예는 유죄판결의 일종이므로 선고유예를 받은 자는 현역복무부적합조사위원회에 회부된다.

3. 전역심사위원회 회부 사유

참모총장은 군사법원에서 유죄판결을 받은 자에 대하여 군본부전역심사위원회에 회부할 수 있다(군인사법 시행규칙 제58조 제2항). 따라서 선고유예를 선고받은 자에 대하여 참모총장은 현역복무부적합조사위원회의 회부를 거치지 않고 바로 군본부전역심사위원회에 회부할 수 있다.

4. 진급낙천 사유

진급낙천자라 함은 진급선발대상권에 포함된 대령 이하의 장교로서 장교진급선발위원회에서 진급될 자격이 없다고 인정되어 진급심사대상에서 제외된 자와 진급예정자라 할지라도 진급발령 전 진급시킬 수 없는 사유가 발생하여 진급권자에 의하여 진급예정자 명단에서 삭제된 자를 말한다(군인사법 제32조). 육군은 군사법원에서 유죄판결을 받은 자를 진급낙천 사유로 정하고 있다(육규 126('02. 2. 1.) 장교진급관리규정 제23조). 또한 군사법원에 기소된 자는 진급시킬 수 없는 사유가 된다(군인사법시행령 제38조 제1항 제1호).

5. 명예전역수당지급 제외사유

명예전역수당이란 군인으로서 20년 이상 근속한 자가 정년 전에 자진하여 명예롭게 전역하는 경우에 예산의 범위 안에서 명예전역수당을 지급하는 것을 말한다(군인사법 제53조의 2). 군사법원에서 유죄판결이 확정된 자는 명예전역수당지급 대상자에서 제외하고 있다(국방부 명예전역수당지급업무처리지침 제1조).

6. 급여 제한 사유

군인 또는 군인이었던 자가 복무 중의 사유로 금고 이상의 형을 받은 때에는 대통령령이 정하는 바에 의하여 퇴직급여 및 퇴직수당의 일부를 감액하여 지급한다(군인연금법 제33조 제1항). 여기서 재직 중의 사유라 함은 형벌의 원인이 되는 사유가 군인신분보유 중에 발생한 것이면 족하고, 반드시 직무와 관련되어 발생한 것이어야 하는 것은 아니다. 선고유예를 받은 경우에는 그 유예기간(2년간)을 무사히 경과하면 면소된 것으로 간주되므로 제한을 받았던 급여를 지급받을 수 있다. 따라서 선고유예는 퇴직급여 제한 사유는 되지 않으나 급여제한 시기(퇴직일로부터 2년)에 제한을 받는다.

7. 제적사유

2002. 12. 26. 법률 제6808호로 개정되어 시행되고 있는 현행 군인사법 제40조 제1항 제4호에 의하면 장교, 준사관, 부사관이 선고유예의 판결을 선고받은 경우에는 제적사유의 하나로 규정하고 있다. 제적이란 군인으로서의 신분을 상실시키는 처분으로 해당 군 병적에서 제외되는 것을 말한다. 그러나 위 조항은 2003. 9. 25. 헌법재판소에서 위헌판결을 받았다. 즉 "군인사법 제40조 제1항 제4호 중 제10조 제2항 제6호 부분(1989. 3. 22. 법률 제4085호로 개정된 것)은 헌법에 위반된다."라고 하였다. 따라서 헌법재판소의 위헌결정에 따라 선고유예의 판결은 받은 자는 제적사유가 아닌 것으로 되었다.

Ⅳ. 헌법재판소의 군인사법 제40조 제1항 제4호에 대한 위헌 결정

헌법재판소의 위헌 결정이유의 요지는 "직업군인이 자격정지 이상 형의 선고유예를 받은 경우에 군 공무원직에서 당연히 제적하도록 규정되어 있는 이 사건 법률조항은 자격정지 이상의 선고유예 판결을 받은 모든 범죄를 포괄하여 규정하고 있을 뿐 아니라, 심지어 오늘날 누구에게나 위험이 상존하는 교통사고 관련 범죄 등 과실범의 경우마저 당연제적의 사유에서 제외하지 않고 있으므로 최소침해성의 원칙에 반한다. 오늘날 사회구조의 변화로 인하여 '모든 범죄로부터 순결한 공직자 집단'이라는 신뢰를 요구하는 것은 지나치게 공익만을 우선한 것이며, 오늘날 사회국가원리에 입각한 공직제도의 중요성이 강조되면서 개개 공무원의 공무담임권 보장의 중요성은 더욱 큰 의미를 가지고 있다. 일단 공무원으로 채용된 공무원을 퇴직시키는 것은 공무원이 장기간 쌓은 지위를 박탈해 버리는 것이므로 같은 입법목적을 위한 것이라고 하여도 당연제적 사유를 임용결격 사유와 동일하게 취급하는 것은 타당하다고 할 수 없다. 결국 이 사건 법률조항은 헌법 제25조의 공무담임권을 침해하였다고 할 것이다."라고 하였다.

Ⅴ. 결론

국가공무원법 및 지방공무원법에서도 선고유예를 선고받은 경우에 공무원이 되는 데 일정한 제한 사유가 되는 임용결격 사유가 되거나 또는 공무원 신분을 잃게 되는 당연퇴직 사유로 하고 있다(국가공무원법 제33조, 제69조). 구 지방공무원법 제61조에서 "금고 이상 형의 선고유예를 받은 경우에 그 선고유예기간 중에 있는 자"를 당연퇴직 사유로 규정하고 있었으나, 2002. 8. 28. 헌법재판소에서는 위에서 본 바와 같이 군인사법 제40조에 대한 위헌결정과 같은 이유로 위헌결정을 하자 국가공무원법과 지방공무원법을 개정하였다. 국방부에서도 "자격정지 이상 형의 선고유예를 받은 경우"에 제적사유로 되어 있는 군인사법 제40조 조항을 개정하기 위하여 군인사법중개정법률안을 2003. 7. 28. 국회에 제출하여 현재 개정추진 중에 있다. 이 개정안에 대해 국방위원회 전문위원의 검토보고서에 의하면 위 군인사법중개정법률안의 개정 내용은 타당성이 있다고 하였다.

위에서 본 바와 같이 선고유예를 선고받은 자에 대해서는 그 범죄사실의 내용에 관계없이 무조건 현역복무부적합심사위원회에 회부하도록 되어 있다. 현행 실무 운영을 보면 현역복무부적합심사위원회에 회부된 경우에 대부분이 '현역적합'으로 결정하고 있어 이 제도에 대한 실효성 여부가 문제로 되고 있다. 또한 교통사고로 인한 과실범으로 선고유예를 받아도 죄질의 경중을 구분하지 않고 현역복무부적합심사위원회에 회부되고 있다. 따라서 앞으로는 선고유예를 선고받은 자에 대하여 무조건 현역복무부적합심사위원회에 회부하기보다는 일정한 범죄, 예를 들면 뇌물수수, 업무상 횡령, 강도, 강간 등 간부로서 자질이 없다고 인정되는 범죄로 한정하여 현역복무부적합심사위원회에 회부하는 방안으로 군인사법을 개정하는 것이 필요하다.

색 인

임천영

▮ 약 력

우신고등학교 졸업(1979)
국민대학교 법학과 졸업(1983)
경희대학교 경영대학원 경영학석사(2006)
한남대학교 대학원 법학과 박사과정 수료(2010)

제8회 군법무관임용시험 합격(1988)
사법연수원 수료(1991)
39사단 군판사(1992)
26사단 법무참모(1994)
육군본부 6군단 군판사(1995)
3군사령부 법무과장(1996)
6군단 법무참모(1998)
수도방위사령부 법무참모(2000)
국방부 법무관리관실 법제과장(2002)
육군본부 법무감실 법제과장(2003)
육군본부 법무감실 고등검찰부장(2004)
1군사령부 법무참모(2006)
육군군사법원장(2007)
국방대학교 안전보장대학원 안보과정(2008)
육군종합행정학교 법무학처장(2009)
현) 국방부 법무관리관실 규제개혁법제담당관

국방부 중앙인사소청심사위원, 국방부 특별국가배상심의위원, 국방부 징계심사위원
육군본부 전역심사위원, 5년차 전역심사위원, 인사소청심사위원
전 · 공상심사위원, 전사상심의위원, 징계심의위원, 행정심판위원
인사검증위원회 자문위원, 연대장반 · 대대장반 교관 등 역임

▮ 주요 저서

『군인사법(제3판)』, 법률문화원, 2007.
「군인의 신분보장제 개선방안에 관한 연구」(석사학위논문).
「군인사법상의 진급취소의 제한: 대법원 판례를 중심으로」
외 다수

軍人事法 I

초판인쇄 | 2010년 5월 17일
초판발행 | 2010년 5월 17일

지은이 | 임천영
펴낸이 | 채종준
펴낸곳 | 한국학술정보㈜
주　소 | 경기도 파주시 교하읍 문발리 파주출판문화정보산업단지 513-5
전　화 | 031) 908-3181(대표)
팩　스 | 031) 908-3189
홈페이지 | http://www.kstudy.com
E-mail | 출판사업부 publish@kstudy.com
등　록 | 제일산-115호(2000. 6. 19)

ISBN 978-89-268-1024-8 93360 (Paper Book)
978-89-268-1025-5 98360 (e-Book)

내일을여는지식 은 시대와 시대의 지식을 이어 갑니다.